天然气长输管道
安全生产培训教材

郑小银　王少一　郑晓彪　编著

中国石化出版社

图书在版编目（CIP）数据

天然气长输管道安全生产培训教材/郑小银，王少一，郑晓彪编著．—北京：中国石化出版社，2022.12
ISBN 978-7-5114-6935-9

Ⅰ.①天… Ⅱ.①郑… ②王… ③郑… Ⅲ.①天然气输送-长输管道-安全生产-安全培训-教材
Ⅳ.①TE973

中国版本图书馆 CIP 数据核字（2022）第 218664 号

中国石化出版社出版发行

地址：北京市东城区安定门外大街 58 号
邮编：100011　电话：(010)57512500
发行部电话：(010)57512575
http://www.sinopec-press.com
E-mail:press@sinopec.com
北京富泰印刷有限责任公司印刷
全国各地新华书店经销
*
787×1092 毫米 16 开本 27.75 印张 696 千字
2023 年 2 月第 1 版　2023 年 2 月第 1 次印刷
定价：198.00 元

编 委 会

前　言

天然气以低碳、清洁、高效的优势，已逐步成为我国现代清洁能源体系的主体能源之一。湖北省天然气发展有限公司自2009年成立以来，在省政府的领导下，依托三峡集团、湖北能源、国家管网优势，全力做好省内天然气项目的投资、建设和经营管理，在增强省天然气资源调控能力、促进省天然气市场健康有序发展方面发挥了重要作用。

为进一步促进公司人才队伍建设，提升员工的业务素质，助力公司安全生产持续平稳向好，公司组织编写了《天然气长输管道安全生产培训教材》。

教材编写由湖北省天然气发展有限公司安全、工艺、储运、设备、电气、计量、消防等专业技术和管理人员以及中国石化集团中原油田培训中心相关专业老师共同携手完成，内容覆盖了公司业务的相关知识，在总结公司多年安全生产实践经验的基础上做了相应的补充完善。

教材共分为3章：第1章介绍天然气及管输系统的基本知识；第2章介绍安全管理的各基本要素和职业健康；第3章分别介绍天然气场站、天然气管输工艺、自动化仪表及控制系统、通信传输、天然气计量、天然气管输设备、电气系统、天然气管道的管理、消防安全、管道应急抢修、盐穴储气库11个方面的内容。

教材内容涵盖了公司各个安全生产板块，并在保证内容完整性的基础上力求突出针对性和实用性，兼顾普及性和专业性。因教材整体篇幅有限，各章节内容未做进一步的深入阐述和详尽解释。教材适合公司新入职员工或新晋升管理人员的培训学习，也可以用于在岗员工的业务提升学习。

编写过程中，各编写小组人员通力合作、克服困难、辛勤投入。在此感谢中原油田培训中心给予教材编写工作的大力支持。

尽管在编写本书过程中做了大量细致的工作，并进行反复修改和完善，但由于天然气安全生产业务涉及多专业、多学科内容，且本书编写时间紧、编写人员水平有限，难免存在疏漏之处，恳请读者批评指正。

目　录

第1章　天然气储运基本知识

1.1　天然气基本知识

1.1.1　天然气的定义

广义上讲，天然气是指自然界中天然存在的一切气体，包括大气圈、水圈和岩石圈中各种自然过程形成的气体(包括油田气、气田气、泥火山气、煤层气和生物生成气等)。

狭义上讲，人们长期以来通用的"天然气"的定义，是从能量角度出发，是指天然蕴藏于地层中的烃类和非烃类气体的混合物。

在石油地质学中，通常指油田气和气田气。其组成以烃类为主，并含有非烃气体。

在采气工程上，天然气是以石蜡族低分子饱和烃为主的烃类气体和少量非烃气体组成的混合气。

1.1.2　天然气的分类

天然气主要存在于油田气、气田气、煤层气、泥火山气和生物生成气中，也有少量出于煤层。天然气可分为伴生气和非伴生气两种。伴随原油共生，与原油同时被采出的油田气叫伴生气；非伴生气包括纯气田天然气和凝析气田天然气两种，在地层中都以气态存在。凝析气田天然气从地层流出井口后，随着压力的下降和温度的升高，分离为气液两相，气相是凝析气田天然气，液相是凝析液，叫凝析油。

1.1.3　天然气的组分

天然气是由多种可燃和不可燃的气体组成的混合气体。以低分子饱和烃类气体为主，并含有少量的非烃类气体。在烃类气体中，甲烷(CH_4)占绝大部分，乙烷(C_2H_6)、丙烷(C_3H_8)、丁烷(C_4H_{10})和戊烷(C_5H_{12})含量不多，庚烷以上(C_{5+})烷烃含量极少。另外，所含的少量非烃类气体一般有二氧化碳(CO_2)、一氧化碳(CO)、氮(N_2)、氢(H_2)、硫化氢(H_2S)和水气(H_2O)以及微量的惰性气体氦(He)、氩(Ar)等。

目前天然气主要应用于民用燃料、工业燃料、燃气发电、交通燃料和化工原料等领域。天然气因其清洁性近年受到我国政策大力支持，2015—2019年，我国消费量年化增长率高达13.16%，全球消费量年化增长率为3.10%。

表1-1-1　不同产地、不同矿藏类型天然气成分差异

体积分数/%	四川威远气藏气	陕西靖边气藏气	大庆杏南伴生气	华北任北伴生气	新疆柯克亚凝析气	华北苏桥凝析气
C_1	86.36	93.95	68.26	59.37	74.68	78.58
C_2	0.11	0.77	10.58	6.48	8.38	8.26
C_3		0.5	11.2	12.02	4	3.13

续表

体积分数/%	四川威远气藏气	陕西靖边气藏气	大庆杏南伴生气	华北任北伴生气	新疆柯克亚凝析气	华北苏桥凝析气
C_4			5.96	9.21	3.31	1.43
C_5			1.91	3.81	2.69	0.55
C_6			0.66	1.34	2.68	0.39
C_7			0.36	1.4		5.45
二氧化碳	5.01	4.7	0.2	4.58	0.26	1.41
氮气	7.2		0.55	1.79	3.99	0.8
氦气	0.3					
氩气	0.03					
硫化氢	0.99	0.08				

从表1-1-1中可以看到，对于不同产地、不同矿藏类型的天然气，其成分会有巨大差异。因此对于开采出的天然气需要加工处理，通常会去除其中水和硫化物等不可燃杂质后，再把比甲烷更重的烃类分离，以提高甲烷占比。其中乙烷到戊烷这部分烃类在常温常压下易凝结为液体，故被称作天然气凝析液(Natural Gas Liquid，NGL)，从天然气凝析液中，可进一步分离出乙烷、液化石油气、石脑油和天然汽油等化工原料或燃料产品，见图1-1-1。

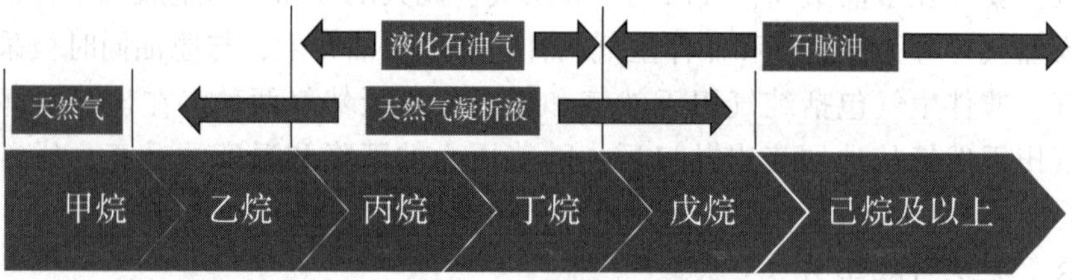

图1-1-1　轻质烷烃分类

1.1.4　天然气杂质及其危害

1.1.4.1　天然气的杂质

天然气中主要杂质有气体、液体、固体三种。液体杂质有水和油、重烃；固体杂质有泥沙、岩石颗粒、硫化亚铁等；气体杂质有 H_2S、CO_2 等。

1.1.4.2　杂质对输气场站的危害(表1-1-2)

表1-1-2　杂质对输气场站的危害

序号	杂质类别		杂质危害
1	固体杂质	砂、岩屑粉尘、铁锈等	固体杂质随天然气在管道和输气管道中的高速流动(低压管道不大于3m/s，中压燃气管道不大于20m/s，次高压以上管道不大于30m/s)，会严重磨损输气管道、压缩机和仪表等过流部件，严重时会造成破坏。尤其是压缩机和以天然气为燃料的发动机对粉尘非常敏感，粒径在5μm以上的粉尘会使叶轮在短时间内遭到破坏；有些可造成管道弯头被击穿；阀门造成内漏，也有可能造成仪表及控制的失灵

续表

序号	杂质类别		杂质危害
2	液体杂质	水	天然气中的水以水蒸气的形态存在，会降低天然气的热值和降低管道输送能力。如果以液态水存在，则会造成管道腐蚀；减少管道流通面积，增加输气阻力；在管道内壁上形成一层水膜，遇到天然气中的硫化氢、二氧化碳等酸性气体会形成酸性水溶液，对管道内壁造成严重腐蚀，对于几兆帕甚至更高压力的天然气输气管道来说，若恰巧遇到管道有原始缺陷的点或管段，后果将不可估计；另外，在一定的压力、温度条件下，水还会与甲烷、乙烷等烃类和硫化氢、二氧化碳等形成水合物，造成管道“冰堵”
		液态烃	在管道低凹处积聚会降低管道输气能力，严重时将引起管道堵塞，危及管道的安全运行。因此，必须严格控制管输天然气的气质。进入长输管道的天然气必须经过净化处理，达到管道输送天然气气质标准
3	气体杂质	CO_2	天然气中的二氧化碳也是一种有害成分，在有水存在的情况下，它会产生碳酸腐蚀管道；无水情况下，它是一种无效成分，若含量过多，会形成无效输送造成浪费
		硫化物	天然气中的硫化物分为无机硫和有机硫，无机硫中的硫化氢(H_2S)占90%～95%。 硫化氢是一种活性腐蚀剂。在高压、高温、有水情况下，其腐蚀作用更加剧烈。硫化氢的腐蚀可分为两种，一种是硫化氢和氧在干燥的钢管内壁发生缓慢的腐蚀作用；另一种是硫化氢与氧和管内壁上的水膜，共同作用腐蚀管道，这种腐蚀非常危险，即使硫化氢含量不大，金属的腐蚀速度也很高。硫化氢和氧的浓度越高，腐蚀越剧烈。硫化氢的燃烧产物二氧化硫也具有腐蚀性。 硫化氢既是严重的腐蚀介质，也是对人体有害的剧毒气体。硫化氢具有强烈的刺鼻气味，对眼黏膜和呼吸道有损坏作用

1.1.5 天然气储运形态

1.1.5.1 液化天然气

天然气在常压下，冷却至约 -162℃时，则由气态变成液态，称为液化天然气(英文Liquefied Natural Gas，简称LNG)。LNG的主要成分为甲烷，还有少量的乙烷、丙烷以及氮等。天然气在液化过程中进一步得到净化，甲烷纯度更高，几乎不含二氧化碳和硫化物，且无色无味、无毒。

1.1.5.2 压缩天然气

压缩天然气(Compressed Natural Gas，CNG)是天然气加压并以气态储存在容器中。压缩天然气除了可以用油田及天然气田里的天然气外，还可以人工制造生物沼气。压缩天然气与管道天然气的组分相同，主要成分为甲烷(CH_4)。CNG可作为车辆燃料使用。

1.1.6 天然气常见参数介绍

1.1.6.1 天然气热值

天然气热值为其完全燃烧(燃烧反应后生成最稳定的氧化物或单质)所发出的热量，用千焦每立方米表示，单位为kJ/m^3，4.1868kJ = 1kcal(千卡)见表1-1-3。天然气热值有高热值(或总热值)和低热值(或净热值)之分。天然气自身完全燃烧后发出的热量加上燃烧生成的水蒸气又凝析成水所放出的汽化潜热的热值为高热值，水的汽化潜热为2256.7kJ/kg。气体燃烧时，由于烟筒内烟道气温还很高，水蒸气常不可能凝析成水，汽化潜热常不能利用，所以低热值就是从高热值中减去这部分汽化潜热所获得的净热值，工程上通常用的是这部分热值。

表 1-1-3 纯组分的理想发热值表

组分	101.325kPa，273.15K		101.325kPa，293.15K	
	高热值/(kJ/m^3)	低热值/(kJ/m^3)	高热值/(kJ/m^3)	低热值/(kJ/m^3)
甲烷	39829	35807	37033	33356
乙烷	69759	63727	64877	59362
丙烷	99264	91223	92331	84978
正丁烷	128629	118577	119655	110463
异丁烷	128257	118206	119307	110116
正戊烷	158087	146025	147063	136034
异戊烷	157730	145668	146729	135700
己烷	187528	173454	174459	161589
氢气	12789	10779	11889	10051
一氧化碳	12618	12618	11763	11763
硫化氢	25141	23130	23393	21555

在实际燃烧中，烟气排放温度均比水蒸气冷凝温度高得多，水蒸气并没有冷凝，其冷凝潜热得不到利用。所以在工程计算中，一般采用低热值。

1.1.6.2 天然气重要参数介绍

(1)天然气的水露点：是指在一定压力下与天然气的饱和水蒸气量对应的温度；天然气的绝对湿度是指在 $1m^3$ 天然气中所含水蒸气的克数；天然气的烃露点是指在一定压力下，气相中析出第一滴“微小”的烃类液体的平衡温度。

GB 50251—2003《输气管道工程设计规范》中规定：进入输气管道的气体水露点应比输送条件下最低环境温度低5℃；当输送天然气的水露点较高时，符合生成天然气水合物的条件，会造成站场生产运行过程中出现冰堵现象，严重影响管道的安全运行。

(2)天然气爆炸极限：当天然气在空气中浓度达到15%以上时，可以正常燃烧。若天然气在空气中浓度为5%～15%的范围内，遇明火即可发生爆炸，这个浓度范围即为天然气的爆炸极限。若压力低于6.65kPa(50mmHg)时，天然气与空气的混合物不可燃；压力高于101.325kPa时，随着压力的增加，爆炸上限也显著增加。

爆炸极限的计算公式：

$$L_m = 1/(Y_1/L_1 + Y_2/L_2 + Y_3/L_3) \tag{1-1-1}$$

式中，L_m 为混合气体爆炸极限,%；Y_1、Y_2、Y_3 为混合物中组成,%；L_1、L_2、L_3 为混合气体各组分相应的爆炸极限,%。

1.1.6.3 天然气的压缩性和膨胀性

天然气分子之间的距离大，因此有很大的可压缩性。天然气等温压缩系数一般简称为压缩系数或弹性系数，它是指：在等温条件下，天然气随压力变化的体积变化率，或称气体压缩率。

天然气分子之间的内聚力不大，有多大容积的天然气就占多大的体积，这就是天然气的膨胀性。

1.2 天然气管输系统基本知识

1.2.1 天然气产业链

在天然气产业链中的生产环节(图1-2-1)，国产气主要来自气田开采或油田开采时的伴生气，此外在原油预处理和炼油常减压分离过程中也可能产生一些天然气(图1-2-2)。这些天然气经过加工净化流程后，最终得到商品天然气。商品天然气可以直接进入管道销往市场，也可进一步低温液化，以LNG的形式进行运输。此外，由于物流基建能力有限、销售利润较低、产气品质不佳等原因，天然气也可回注气田或油田用于提高其产量。

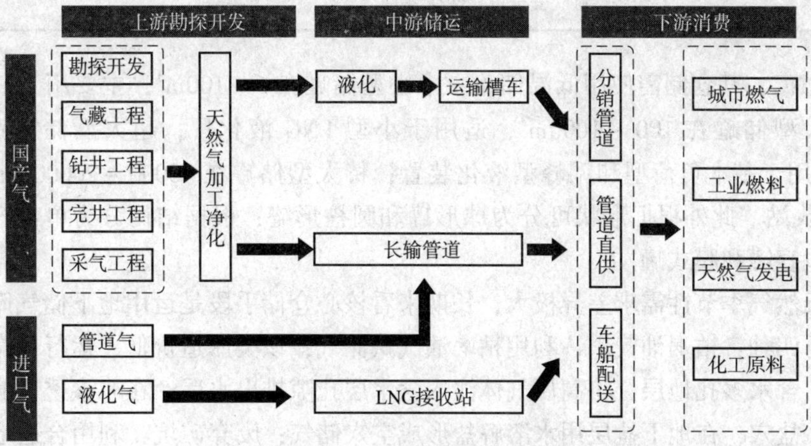

图1-2-1 天然气产业链

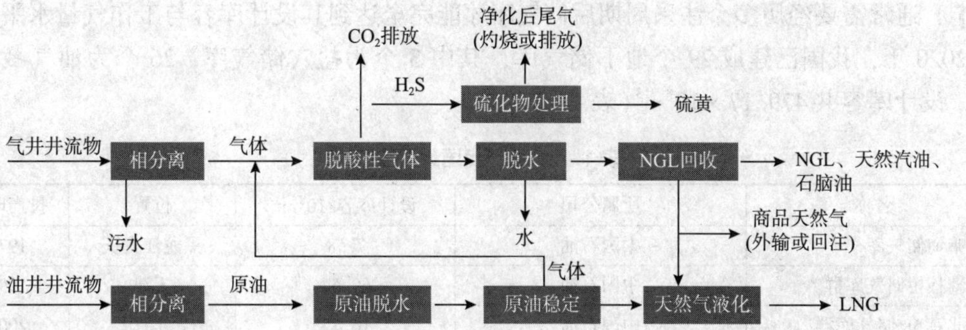

图1-2-2 天然气加工净化流程

1.2.2 天然气仓储方式

天然气行业总体采取以需定产、以输定销的思路，对于下游需求的季节性波动和调峰也常会通过提高供给多元化和物流能力来应对。仓储上主要有四种方式，分别是地面储罐储气、管道储气、LNG储罐储气和地下储气库储气(表1-2-1)，大规模仓储以后两种方式为主。

表1-2-1 天然气仓储方式特点

储存方式	天然气状态	优点	缺点	应用范围
地面储罐	气态、常温低压或高压	建造简单	容量小，成本高，占地面积大，经济效益低，对安全性要求高	调节城市昼夜和小时用气不均衡
管道	气态、常温高压	建造简单，利用已有天然气管道	储气量小，调节范围窄	调节城市昼夜和小时用气不均衡
LNG储罐	液态、低温	有限空间内天然气储存量大	钢材用量和建设投资巨大，能耗高	适宜于沿海地区、海运天然气的国家应急储备、调峰、战略储备

续表

储存方式	天然气状态	优点	缺点	应用范围
地下储气库	气态、常温高压	容量大，储气压力高，占地面积小，受气候影响小，经济性好，安全可靠性高	要求合适的地质构造，建设投资大，建设周期长	季节性调峰、战略储备、应急储备

对于 LNG，其仓储需使用低温储罐。中小型储罐在 5 ~ 100m³，主要用于消费地小型气化站；大型储罐在 100 ~ 1000m³，适用于小型 LNG 液化厂；超大型储罐在 10000 ~ 40000m³，用于基本负荷型和调峰型液化装置；特大型储罐在 40000 ~ 200000m³，主要用于 LNG 接收站。此外根据形状可分为球形罐和圆柱形罐；根据结构分为单包容罐、双包容罐、全包容罐和膜式罐。

由于天然气季节性需求差异极大，长期来看核心仓储手段是运用地下储气库。地下储气库有以下四种：枯竭油气田，利用枯竭油气藏储气，该类库造价低、运行可靠，是最常见的一种；含水多孔地层，将高压气体注入含水层孔隙排出水后，在非渗透性的含水层盖层下储气；盐穴，在地下盐层用水溶解盐形成空穴储气；废弃矿坑，利用合适地质条件的废弃矿坑储气。对地下储气库，在夏季时将天然气注入，然后冬季时抽出。由于地质条件影响，通常需要经历多个注采周期后储气库才能完全达到其设计库容与工作气量水平。截至 2020 年，我国已建成 29 个地下储气库，其中 3 个为盐穴储气库，26 个为油气藏储气库，设计库容共 $479.17 \times 10^8 m^3$（表 1－2－2）。

表 1－2－2　我国地下储气库

名称	所属公司	设计库容/$10^8 m^3$	位置	投产时间
喇嘛甸储气库	中国石油	7.58	黑龙江大庆	1975
大港板桥储气库群	中国石油	69.57	天津	1999
华北京 58 储气库群	中国石油	16.77	北京	2007
江苏刘庄储气库	中国石油	4.55	江苏淮阴	2011
中原文 96 储气库	中国石化	4.3	河南濮阳	2012
华北苏桥储气库群	中国石油	67	河北	2013
新疆呼图壁储气库	中国石油	107	新疆	2013
西南相国寺储气库	中国石油	42.6	重庆	2013
辽河双 6 储气库	中国石油	36	辽河油田	2013
大港板南储气库群	中国石油	10.13	天津	2014
长庆陕 224 储气库	中国石油	10.4	陕西靖边	2014
中国石油金坛盐穴储气库	中国石油	7.9	江苏金坛	2016
中国石化金坛盐穴储气库	中国石化	4.59	江苏金坛	2016
港华金坛储气库	香港中华煤气、港华燃气集团	1.53	江苏金坛	2018
中原文 23 一期	中国石化	84	河南濮阳	2019
雷 61 储气库	中国石油	5.25	辽河油田	2020

1.2.3　天然气的输送方式

天然气的基本输送流程为：天然气从气井采出，经过集气管线输送到集气站，在集气站进行调压、分离、计量后再输送至天然气净化厂（如果天然气气质达到管输标准，可以不经过净化处理）。在净化厂内进行脱水、脱硫、脱油，使天然气达到管输标准后输入输气干线或直接输往用户或利用其他方式将天然气输送至用户。根据不同的输送方式，可将天然气输送方式分为管道输送和非管道输送两类（表 1－2－3）。

表 1－2－3　天然气输送方式

序号	输送方式		概述	特点
1	非管道输送		非管道输送是指将气体从气源地采用非管道运输的方式，将液化气体装在专门的容器中，用车、船等运输设备运输，将天然气运送到用气地而进行使用	天然气在输送过程中，由于供气管网建设不完善或距离气源地较远，采用管输供气技术不经济等原因，造成天然气无法利用管道输送，不得不采用非管道如汽车、船舶等交通工具作为天然气输送方式来满足城市的天然气使用
2	管道输送	不加压输送	天然气管道输送方式是将油气井采出的天然气，通过与油气井相连的各种管道及相应的设施、设备网络输送到不同地区的不同用户的一种运输方式。天然气管道输送的方式应根据上述的主要输送工艺参数以及下游用户的用气压力需求来共同确定	直接利用天然气已具有的压力不加压输送满足用户的用气需求。该方式主要用于天然气压力较高而输送距离较短时的工况
		加压输送		天然气压力不能满足输气或用气压力要求时需设置增压装置来对天然气增压。该方式主要用于管输距离不是很长，而天然气具有的原始压力低于用户用气需求或直接利用该原始压力输送不能满足用户需求的情况
		加压和不加压兼备输送		利用天然气具有的原始压力不加压输送一定的距离后，再在管线的中间设置增压装置以满足用户的用气需求。该方式主要用于天然气压力较高、输送距离较长的工程。 若上述两种情况同时存在时，则需在管道的起点以及若干中间点设置增压装置以满足用户的用气需求

1.2.4　管道输送风险介绍

根据天然气输送管道口径大、压力高、输送介质易燃易爆，管道线路特殊，距离长，管道沿线地质、地形、气象、水文、社会、人文条件复杂等特点，管道面临的主要风险见表 1－2－4。

表 1－2－4　管道输送风险

序号	主要风险	风险描述
1	自然灾害	天然气管道沿线途经山区、丘陵、水网、平原地段，地貌多样，地质水文条件复杂。主要表现为山地高低起伏大、坡陡谷深、基岩裸露，管道爬山、穿越大型河流、峡谷工程较多，部分路段险峻无公路通行，还有些地区存在季节性暴雨、洪汛、地面沉降、地质断裂带、滑坡、崩塌、泥石流、雷击、高温、冰冻、大雾等潜在威胁因素。发生自然灾害时，有可能造成管道破裂、光缆断裂、设备损坏、悬管漂管、桥梁破坏、管道冰堵等危害

续表

序号	主要风险	风险描述
2	天然气泄漏引起的中毒、窒息和环境污染	因设备自身密闭性不强、阀门、法兰、引压管路接头密封不严、设备存在设计或焊接缺陷、管道腐蚀、第三方破坏等都可能造成站场天然气泄漏。天然气泄漏，人体吸入会引起急性中毒，出现头昏、头痛、乏力等症状，严重的还可能出现神经衰弱综合征等后遗症。如果天然气发生大量泄漏，会造成泄漏点附近人员窒息、昏迷。此外，由于泄漏、放空等释放的天然气弥漫到大气中，会造成泄漏点周围环境污染，更会带来火灾、爆炸的威胁
3	冰堵危害	天然气输配场站发生冰堵的位置一般都存在节流现象，如变径管、过滤分离器、调压器、流量调节阀等设备都会对气流产生节流，气体在节流处会受到节流效应的影响，一般情况下天然气的压力每下降1MPa，天然气的温度要降低3~5℃，很容易达到形成冰堵所需的水含量条件和温度条件，造成设备发生冰堵。冰堵的危害主要有设备设施的损坏、变形扭曲等
4	噪声伤害	站场产生噪声的设备包括：节流阀、安全阀、汇管、阀门、分离器、燃气发电机等。设备噪声会干扰现场人员交流和正常操作，对工作人员的听力会有不良影响，影响的程度取决于设备的噪声强度和员工工作时间的长短。噪声过大时，人的听觉器官易发生急性外伤，致使鼓膜破裂出血。长时间接触噪声，会引起员工听觉永久性损伤，并产生情绪激动、烦躁和神经衰弱等症状
5	高处坠落	操作人员在分离器、排污罐、室外灯杆、吊装设备等高处界面进行检修或作业时，可能由于设施缺陷、外力撞击或人员状态不佳等因素发生高处坠落事故
6	火灾爆炸	天然气中的烃类、硫化氢均属于易燃物质，泄漏后与空气混合比例达到5%~15%时，遇点火源即会发生爆炸并产生火灾，造成人员伤害及财产损失，影响社会安全。此外在放空或清理分离器、收球作业过程中如未按操作规程要求注水操作，也有可能引起管道腐蚀产物硫化亚铁(FeS)在空气中发生自燃现象，导致火灾爆炸风险
7	电气危害	站场存在大量电气设备，如电气设备或线路有漏电或破损，保护失效，人员触及带电体时有触电风险。雷雨季节，天然气管线、设备接地不良，有遭受雷击的危险。天然气泄漏环境在雷击情况下直接引发火灾爆炸的风险。电子设备由于接地系统不完善，易受雷击风险。阴极保护系统受雷电干扰会导致失效造成管道腐蚀的风险。电气检修作业安全措施不到位或违反操作规程，造成事故或人身触电风险
8	硫化物伤害	长期输送可能会对管线内部产生影响，导致管道内涂层损坏、腐蚀、穿孔、破裂。个别站场处于化工企业厂区内，很可能因外部环境因素接触硫化氢及含硫物质，造成人员中毒、皮肤灼伤、器官损坏等伤害。同时含硫化合物形成的酸雨或酸雾会对站场管道、设备、电缆造成不同程度的腐蚀伤害，导致设备损坏、漏电、天然气泄漏等事故
9	通信中断	SCADA系统故障、光缆断裂、设备故障、服务器故障、公共网络瘫痪或电脑病毒破坏，均会导致管道设备失效、天然气停输、计量失效、通信中断、数据丢失等事故
10	机械伤害	管线日常管理涉及许多设备操作过程和设备维修维护作业，甚至现场施工、应急抢险等，这些工作均会涉及大量机械操作。违反作业规程造成操作事故或管道设备缺陷、损伤等任何一种因素都有可能导致物体打击、焊缝开裂、机械工具伤人等事故发生，造成人员伤害、设备损坏、财产损失

续表

序号	主要风险	风险描述
11	第三方施工	场站、管道沿线第三方施工较多，如场站通信、自控月度巡检、场站改扩建工程以及管道沿线施工等，这些第三方施工一般会涉及大型机械、关键设备操作、人员管理等问题，如管理措施不到位，极易造成设备损坏、财产损失，严重影响管线的正常安全生产
12	管道占压	管道占压对管道安全和公共安全危害较大，易使地下管线沉降变形，加速腐蚀，导致管线破裂。更严重的是形成“盲段”，无法进行正常的检测和维护

1.2.5 天然气输配系统

1.2.5.1 天然气管输系统

天然气管输系统是一个联系气田(天然气生产气井)与用户间的由复杂而庞大的管道及设备组成的采、输、供系统。一般而言，天然气从气井中采出至输送到用户，其基本输送过程(即输送流程)是：气井(或油井)→油气田矿场集输管网→天然气净化及增压→输气干线→城镇或工业区配气管网→用户。

对于低压含硫气井气采出的天然气进入输气干线的流程为气井(或油井)→集气站→天然气增压站→脱硫厂→输气干线首站→输气干线。

1.2.5.2 天然气长输管道

天然气长输管道是连接净化厂和城市门站之间的管道，它的任务是根据用户的需求把净化处理符合标准的天然气输送到城市或大型用户。一般而言，需要具有计量、增压、接收和分输、截断、调压、清管、储气调峰等功能。

1.2.5.3 输气管道系统介绍(表1-2-5)

表1-2-5 输气管道系统

序号	名称	组成	功能和作用
1	矿场集气网	整个系统的源头部分，矿场集输管网包括矿场集输支线、干线、集气站、气体处理厂等。连接形式一般有三种：树枝状、放射状和环状	矿场集输支线是气井井口装置到集气站的管线，它是将各气井采出来的天然气输送到集气站做初步处理，如分离除掉杂质和游离水，脱出凝析油，并节流降压和对气、油、水进行计量。 矿场集输干线是集气站到天然气处理厂或增压站或输气干线首站的管线。含硫天然气通过天然气矿场集输干线送往处理厂(压力较低的天然气要增压后再送往天然气处理厂)；气质达到要求的天然气直接由集气站送往输气干线首站(根据压力高低确定是否设置增压机组)。 集气站可分为常温分离和低温分离两种集气站。集气站的任务是将各气井输送来的天然气进行节流调压，分离天然气的液态水和凝析油，对气、油、水进行计量。低温集气站可分离出天然气中的水蒸气和凝析油。 天然气处理厂，亦称天然气净化厂，它的任务是将天然气中的含硫成分和气态水脱出，使之达到天然气管输气质要求，减缓天然气中含杂质成分对管线设备的腐蚀作用，同时从中回收硫黄等，供工农业等使用

续表

序号	名称	组成	功能和作用
2	输气干线管网	输气干线管网由输气首站、储气库、压气站、清管站、分输计量站、防腐站等组成	输气干线是天然气处理厂或输气干线首站到城镇配气或工矿企业一级站的管线。它将经过脱硫(水)处理后符合气质要求的天然气或不含硫(水)成分已符合管输气质要求的天然气，由天然气处理厂或输气干线首站输往城镇配气站或工矿企业一级输气站等。 在输气干线首站，主要是对进入干线的气体质量进行检测控制并计量，同时具有分离、调压和清管发送功能。 中间分输站的功能与首站差不多，主要作用是给沿线城镇供气(或接收其他支线和气源来气)。 天然气增压站的任务是给天然气补充能量，将机械能转化为天然气的压能，增加天然气的压力，提高管道输气能力。根据管线输气压力及用户需求来确定增压站的设置。 输气管道末站通常和城市门站合建，除具有分离、调压和计量功能外，还要给各类用户配气。有时，为了提高管道末段储气调峰能力，给末站进行增压。 在输气干线管网中，为了满足调峰作用，有时也和地下储气库和储配气站相连接，在用气低峰时，将天然气暂时储存起来，高峰时将天然气抽出来供应。 干线截断阀室是为了及时进行事故抢修、检修而设。 输气站和配气站通常相结合建设，它的主要任务是将上游站场输来的天然气分离除尘，调压计量后输往下一站，同时根据用户要求平稳供气。也可起到干线截断阀站作用，排放干线中的天然气，以备检修输气干线等任务。 清管站目的是定期清除管道中的杂物，以满足和提高管输效率。站内一般设置有收发球装置，利用发球装置向下游管道内发送清管器，清除管线内的污水等杂质。为了节约投资和场地，一般和输气站合建。 防腐站的任务是对输气管线进行阴极保护和向输气管道内定期注入缓蚀剂，从而防止和延缓埋在地下输气管线外部遭受电化学腐蚀及天然气中少量酸性气体分子成分及水的结合物对输气管线内壁的腐蚀
3	城市配气管网	通常包括：①城市门站或配气站，又是城市配气系统的首站，它主要用于城市燃气配送、计量、调压、添加臭味添加剂等；②各种类型的储气和调峰设施；③配气管网及用户支线；④气体调压站	城市配气指从配气站(即干线终点)开始，通过各级配气管网和气体调压站按用户要求直接向用户供气的过程。配气站是干线的终点，也是城市配气的起点与枢纽。气体在配气站内经分离、调压气计量和添味后输入城市配气管网。城市一般均设有储气库，可调节输气与供气之间的不平衡

1.2.5.4　现阶段国内外天然气管输系统介绍

当前，国际社会对以天然气为代表的清洁能源的需求不断增加，需要输送的天然气流量越来越大，天然气长输管道的单管输量要求也越来越大。

(1)国外代表性天然气管输系统(表1-2-6)。

表1-2-6　国外代表性天然气管输系统

序号	代表性管道	管道概述
1	巴甫年科沃—乌恰管道	巴甫年科沃—乌恰管道是大管径超大输量的代表性管道。 管道长度为1106km，包括2条Φ1420mm管道，并行敷设，设计压力11.8MPa，在俄罗斯首次采用类似于X80的K65钢级。单管设计输量为580亿m^3/a，两条管道总设计输量1150亿m^3/a

续表

序号	代表性管道	管道概述
2	北溪管道	北溪管道是采用高压输送方式的超大输量代表性管道。 北溪1号天然气管道是一条横跨波罗的海的海底天然气管道，沿途最大水深为210m。北溪2号天然气管道项目是北溪1号管道的后续计划。 北溪2号管道的设计总输量也是550亿 m^3/a。因此，北溪1号管道和北溪2号管道总设计能力为1100亿 m^3/a。这是世界上最大的海底管道项目
3	中俄东线天然气管道	中俄东线天然气管道工程包括俄境内西伯利亚力量管道和中俄东线天然气管道工程中方境内段(即黑河—上海)，共计7000多千米。 西伯利亚力量管道长3968km，管径 Φ1420mm，工作压力9.8MPa，输气能力380亿 m^3/a。 中俄东线天然气管道从黑河市中俄边境进入我国，末站位于上海市，途经9个省份，拟新建管道3171km。其中黑河—长岭段的管径为1422mm，设计压力12MPa，设计输量380亿 m^3/a

(2)国内代表性天然气管输系统(表1-2-7)。

我国进口天然气管道陆续开通，国家基干管网基本形成，部分区域性天然气管网逐步完善，非常规天然气管道蓬勃发展，"西气东输、北气南下、海气登陆、就近外供"的供气格局已经形成，互联互通相关工作正在全面开展。

表1-2-7 国内代表性天然气管输系统

序号	代表性管道		管道概述
1	天然气进口通道	西北天然气进口通道	2014年5月31日，中亚C线天然气管道(简称中亚C线)建成投产，该管道与已建中亚A线天然气管道(简称中亚A线)、中亚B线天然气管道(简称中亚B线)主体并行敷设，管道长度1830km，管径1219mm，设计输气能力250亿 m^3/a。已建中亚A线、中亚B线、中亚C线三条管道输气能力达550亿 m^3/a，截至2017年底，输气总量达2030亿 m^3。中亚D线天然气管道已完成工程设计工作，并于2014年9月在塔吉克斯坦举行了项目开工仪式，该管道设计输气能力为300亿 m^3/a
		西南天然气进口通道	2013年7月28日，中缅天然气管道开始向我国供气。该管道为我国西南地区战略能源通道，与中缅原油管道并行敷设，干线管道起点为缅甸若开邦皎漂，入境点为云南省瑞丽市，干线管道全长为2520km，其中我国境内1727km，管径1016mm，设计压力10MPa，设计输量120亿 m^3/a
		东北天然气进口通道	中俄东线天然气管道是我国东北地区第一条进口天然气管道，气源来自俄罗斯境内的恰扬金气田和科维克金气田，通过俄罗斯境内"西伯利亚力量"天然气管道输送至中俄边境。境外管道于2014年9月开工建设，2017年底已建成1300km。我国境内干线管道起自黑龙江省黑河市，止于西气东输一线天然气管道(简称西一线)上海市白鹤末站，全长超过3000km
		东南沿海天然气进口通道	截至2018年2月，我国东南沿海已建成17座LNG接收站，储罐容量812万 m^3，总接收能力达6340万t/a，分别由中国海油、中国石油、中国石化和部分私营企业投资建设。其中，建成最早的LNG接收站是广东大鹏LNG接收站

续表

序号	代表性管道		管道概述
2	国家基干天然气管网	西气东输管道系统	西一线干线起自新疆维吾尔自治区轮南镇，止于上海市白鹤镇，长3839km，管径1016mm，设计压力10MPa，设计输量170亿m^3/a。 西气东输二线天然气管道（简称西二线）包括1条干线、8条支线。干线起自新疆霍尔果斯市，止于广东省广州市，长4918km，管径1219mm，设计压力12MPa，设计输量300亿m^3/a。支线长约3760km。 西三线包括1条干线和8条支线。干线西起新疆霍尔果斯市，终于福建省福州市，全长5220km，管径1219mm，设计压力12MPa，设计输量300亿m^3/a
		陕京天然气管道系统	陕京一线天然气管道（简称陕京一线）干线起自陕西省靖边首站，止于北京市石景山区衙门口末站，干线长约846km，管径660mm，设计压力6.4MPa，设计输量30亿m^3/a。 陕京二线天然气管道（简称陕京二线）干线起自陕西省靖边首站，止于北京市通州区通州末站，长约980km，管径1016mm，设计压力10MPa，设计输量170亿m^3/a。 陕京三线天然气管道（简称陕京三线）干线起自陕西省榆林首站，止于北京市昌平区西沙屯末站，大体并行陕京二线，长约1000km，管径1016mm，设计压力10MPa，设计输量150亿m^3/a。 陕京四线干线起自陕西省靖边首站，止于北京市顺义区高丽营末站，长约1098km，管径1219mm，设计压力12MPa，设计输量250亿m^3/a
		川气东送天然气管道系统	川气东送天然气管道是中国石化已建最长天然气管道。干线管道起自普光首站，止于上海末站，全长1700km，管径1016mm，设计压力10MPa，设计输量120亿m^3/a，于2010年建成投产。 中国石油忠武天然气管道与川气东送天然气管道主体并行敷设，干线管道起自重庆市忠县，止于武汉末站，长约719km，管径711mm，设计压力为7.0MPa，设计输量30亿m^3/a，于2004年建成投产
		联络天然气管道系统	冀宁联络线天然气管道（简称冀－宁线）起自陕京二线的安平分输站，终于西气东输管道系统青山分输站，全长886km，管径711～1016mm，设计压力10MPa，设计输量90亿m^3/a，于2005年底建成投产。 兰州—银川联络线天然气管道（简称兰－银线）起自涩北—西宁—兰州天然气管道河口分输压气站，经西一线中卫联络站，终于银川末站。管道长度约401km，管径610mm，设计压力10MPa，设计输量35亿m^3/a，于2007年7月建成投产。 中卫—贵阳联络线天然气管道（简称中－贵线）起自宁夏回族自治区中卫首站，止于贵州省贵阳末站。该管道长约1613km，管径1016mm，设计压力10MPa，设计输量150亿m^3/a，于2013年10月全线建成投产。 中卫—靖边联络线天然气管道（简称中－靖线）起自西三线中卫压气站，止于陕京天然气管道系统靖边压气站，长376.57km，管径1219mm，设计压力12MPa，设计输量300亿m^3/a，于2017年11月建成投产
3	重点区域天然气管网	京津冀区域天然气管网	京津冀区域天然气管网主要由陕京天然气管道系统、大港—永清天然气管道系统、永清—唐山—秦皇岛天然气管道、冀－宁线、大唐煤制气管道、北京天然气管网和在建中俄东线天然气管道组成，供气能力约1100亿m^3/a，可接收中亚、俄罗斯等进口天然气，也可接收新疆地区、长庆油田等国产天然气，并配套建设有LNG接收站、华北储气库群等储气调峰设施

续表

序号	代表性管道		管道概述
3	重点区域天然气管网	长三角区域天然气管网	长三角区域天然气管网主要包括西一线、西二线上海支干线、冀－宁线、江苏 LNG 外输管道、如东—海门—崇明岛天然气管道、角直—宝钢天然气管道、南京—芜湖天然气管道、常州—长兴天然气管道、川气东送等干线管道，总供气能力约600 亿 m^3/a，并配套建设有金坛盐穴储气库、刘庄油气藏储气库和江苏如东 LNG 接收站、启东 LNG 接收站、上海 LNG 接收站、浙江 LNG 接收站等储气调峰设施
		珠三角区域天然气管网	珠三角区域天然气管网主要包括中国石油西二线南宁支干线、广－深支干线、香港支线等天然气管道，中国海油珠海—中山南海天然气管道、南海南屏分输站—珠海临港分输站天然气管道等天然气管道，以及广东 LNG 外输管道、广西 LNG 外输管道等天然气管道，并配套建设有广东大鹏、珠海、粤东、九丰等 LNG 接收站

1.2.6 天然气管道安全风险以及预防

1.2.6.1 管道安全所面临的风险

从本质安全和环境安全角度，管道安全主要面临以下七个方面风险：

(1)规划与建设。随着我国城市化进程的不断深入，城市规模不断扩张，很多远离建筑物的输气管道被新建的开发区所包围，成为高后果区，给安全与环境带来了极大的风险。其主要原因是城市规划与管道规划未衔接好。该问题如果不能解决，不仅历史问题依然存在，新的问题还会不断产生。

(2)制造与施工缺陷。目前我国进入管道大发展阶段，过快的制管和建设速度，给管道的本体安全带来了隐患。从施工验收、后期运行、检测情况看，我国管道焊缝中存在咬边、烧穿、夹渣、未融合、未焊透、焊接裂纹等缺陷，同时管道本体也存在划伤、凹坑等施工缺陷。这些问题是管道事故的根源所在。

(3)管道腐蚀。我国老旧管道普遍采用沥青防腐层，老化现象严重。目前，我国新建管道大部分采用防腐性能好的三层 PE 防腐层，很大程度上改善了管道的腐蚀问题。然而，由于现场施工条件的限制，三层 PE 防腐层补口质量存在一定的不合格率，会带来相应的隐患。另外，其特殊的电容、电阻等物理特性导致管道的阴极保护电位普遍偏负，可能在局部管道漏点处发生析氢，引起氢脆，需得到足够的重视。

(4)工艺运行误操作。工艺误操作可致使局部管段压力过大，导致焊缝开裂泄漏，甚至造成人员伤亡。

(5)第三方施工。随着国家经济建设的快速发展，管道沿线工程建设日益频繁，各类交叉施工数量显著上升。由第三方施工造成的断缆和管道破损事故也屡见不鲜，其主要原因为部分施工单位违规施工。

(6)管道占压。管道占压对管道安全和公共安全危害较大，易使地下管线沉降变形，加速腐蚀，导致管线破裂。更严重的是形成“盲段”，无法进行正常的检测和维护。

(7)自然灾害。我国管道分布广，途经地区地理环境复杂，给管道的设计和管理工作带来极大困难。管道穿越的高原、戈壁、峻岭、河流，地形起伏、气象条件多变。冻胀融沉、泥石流、滑坡、水毁等地质灾害所诱发的管体变形，给管道的韧性、塑性、疲劳强度等造成不良影响。

1.2.6.2 管道风险的识别

随着社会安全环保意识的不断提升，对管道的风险识别工作也应围绕“管道、安全与环境”的理念开展工作，通过考虑环境变化对管道的影响以及管道失效对环境的影响，开展管体安全评价、高后果区识别以及风险评价等工作。可通过开展管道内、外检测，获取管体缺陷、防腐层缺陷、阴极保护效果等信息。依据管体可靠性评价，制定相应整改方案，有效控制管道本体安全。另外，可通过开展地质灾害调查、防洪评价、冻胀融沉等地质活动监测工作，识别地质环境变化对管道安全的影响。通过IMU内检测数据分析，开展基于应变的管道安全评价工作，制定相应风险管控措施。针对人口稠密区，与城市管网交叉，穿越河流、铁路、公路、隧道等管段进行高后果区识别与风险评价等相关工作。

1.2.6.3 管道风险的管控

输气管道风险来源多元化，对其管控也应该是一项企业主责，政府监管，群众配合的全社会、综合性的管理工作。管道风险管控主要内容如下：

(1)管道安全风险告知。做好管道沿线特别是人口稠密区群众的告知工作。利用宣传品和地上、墙上宣传标识，明确告知违反管道保护法应承担的法律责任及其后果；告知群众发生事故时的应对措施以及发现管道异常时的联系方式等内容。

(2)管道维修与维护。管道维修、维护是管道风险管控、消除风险因素的重要环节。根据管道内外检测结果、地质灾害监测结果、风险评价等，制定相应的管道维修、维护方案并加以实施。主要措施有：管道巡护、第三方施工监护、管体缺陷修复、防腐层修复、阴极保护系统整改、水工保护、滑坡治理、制定针对性预案等。

(3)事故应急预案管理。根据具体风险制定有针对性的事故应急预案，如制定针对人口稠密区，与城市管网交叉，穿越河流、铁路、公路、隧道等管段的应急预案。

第 2 章　安全管理基础知识

2.1　安全生产责任落实

2.1.1　建立安全生产责任制的必要性

《安全生产法》第四条明确规定："生产经营单位必须遵守本法和其他有关安全生产的法律、法规，加强安全生产管理，建立健全全员安全生产责任制和安全生产规章制度，加大对安全生产资金、物资、技术、人员的投入保障力度，改善安全生产条件，加强安全生产标准化、信息化建设，构建安全风险分级管控和隐患排查治理双重预防机制，健全风险防范化解机制，提高安全生产水平，确保安全生产。"

安全生产责任制是生产经营单位各项安全生产规章制度的核心，是生产经营单位行政岗位责任制和经济责任制度的重要组成部分，也是最基本的职业健康安全管理制度。建立安全生产责任制，一是增强生产经营单位各级主要负责人、各管理部门、管理人员及各岗位人员对安全生产的责任感；二是明确责任，充分调动各级人员和各管理部门安全生产的积极性和主观能动性，加强自主管理，落实责任；三是责任追究的依据。

安全生产责任制是根据我国的安全生产方针"安全第一，预防为主，综合治理"和安全生产法规建立的各级领导、职能部门、工程技术人员、岗位操作人员在劳动生产过程中对安全生产层层负责的制度。生产经营单位的安全生产责任制的核心是实现安全生产的"五同时"，就是在计划、布置、检查、总结、评比生产工作的时候，同时计划、布置、检查、总结、评比安全工作。其内容大体可分为两个方面：一是纵向方面各级人员的安全生产责任制，即各类人员（从最高管理者、管理者代表到一般职工）的安全生产责任制；二是横向方面各职能部门（如安全、设备、技术、生产、基建、人事、财务、设计、档案、培训、宣传等部门）的安全生产责任制。安全生产是关系到生产经营单位全员、全层次、全过程的大事。因此，生产经营单位必须建立安全生产责任制。把"安全生产，人人有责"从制度上固定下来。从而增强各级管理人员的责任心，使安全管理纵向到底、横向到边，责任明确、协调配合，共同努力把安全工作真正落到实处。

2.1.2　全员安全生产责任制总体要求及安全生产责任体系

2.1.2.1　全员安全生产责任制总体要求

(1)中国长江三峡集团有限公司实行全员安全生产责任制，坚持"人民至上、生命至上"，坚持"管行业必须管安全、管业务必须管安全、管生产经营必须管安全"的原则，明确从集团公司主要负责人、各级管理人员至基层一线岗位人员的安全生产职责，构建"党政同责、一岗双责、齐抓共管、失职追责"安全生产责任体系和"层层负责、人人有责、各负其责"安全生产工作体系，促进全员切实履行安全生产责任，有效防范化解各类安全风险，不断提升安全管理水平。

(2)全员安全生产责任制应明确各岗位的责任人员、责任范围和考核标准等内容，明确相应的监督考核机制，做到可操作、可检查、可考核。

(3)全员安全生产责任制应涵盖企业全部生产经营活动，做到横向到边、纵向到底，实现全覆盖、无死角、无盲区。

(4)各岗位的责任人员应在工作范围内履行安全生产职责，对岗位尽责，对上级逐级负责，对下级领导、监督、检查和指导。

2.1.2.2 集团公司安全生产责任体系

全集团安全生产责任主体分为集团公司、二级单位(含特设机构、非法人二级单位、分子公司)、基层单位(含集团公司三级及以下的全资公司和控股公司等并表子企业)等层级。

各级责任主体应按照“管行业必须管安全、管业务必须管安全、管生产经营必须管安全”原则，分层分级建立安全生产保证、监督和支持三个责任体系。

1. 安全生产保证责任体系

安全生产保证责任体系是安全生产工作的基础与核心，以专业管理部门为主，包括直接从事与安全生产有关的基建、生产、技术、运行、检修、维护等部门、机构及所有岗位人员，共同履行对企业安全生产的管理主体责任。

安全生产保证责任体系以企业全部生产经营活动的全过程管理为立足点和重心，把握基建、生产等过程中的设备设施和技术发展规律，从规划、政策、制度、标准、审批和生产决策指挥、执行运行、工艺技术、设备设施等方面，落实安全管理要求，开展检查指导，督促和加强安全管理，夯实本质化安全基础。

2. 安全生产监督责任体系

安全生产监督责任体系对安全生产起监督检查和协调指导作用，以安全监督管理部门为主，包括安全监管、纪检、巡视、审计等部门、机构及所有岗位人员，共同履行对企业安全生产的监督主体责任。

安全生产监督责任体系按照安全生产的规律性，从全局和宏观上整体对待和把握安全生产的要求，负责安全综合监管、事故调查处理、应急综合管理、安全统计分析、安全宣传教育培训等综合性工作，以及在纪检、巡视、审计等过程中对安全生产开展监督工作。

3. 安全生产支持责任体系

安全生产支持责任体系对安全生产工作起支持保障作用，包括综合行政、计划发展、资产财务、人力资源、党群、工会、法律合规、企业管理、科技创新、招标采购等部门、机构及所有岗位人员，共同履行对企业安全生产的支持主体责任。

安全生产支持责任体系围绕影响和制约安全生产工作的各方面因素，在综合行政、计划规划、安全生产投入、安全管理等专业人才队伍建设、政治思想教育、企业人文环境培育、合法合规、激励约束机制建设、科技创新、发承包管理等方面提供资源支持。

各级责任主体内设机构党政主要负责人是本机构的安全生产第一责任人，应健全并落实本机构的安全生产责任制，监督、检查和指导本机构全体员工安全生产责任落实情况并开展考核与评价工作。

各岗位人员对本岗位安全生产负责，应严格落实岗位安全责任，遵守本单位的安全生产规章制度和操作规程，服从管理，正确佩戴和使用劳动防护用品，确保作业安全。

2.1.3 安全生产责任制建立与编制

各级责任主体应建立健全并落实全员安全生产责任制，承担其管辖范围内的安全生产责任，落实本层级的安全生产工作主体责任，并实行上级对下级领导、监督、检查和指导，以及下级对上级逐级负责，做到分级负责，各司其职，各负其责。

2.1.3.1 安全生产责任制的编制要求

各级责任主体的全员安全生产责任制在各级安全生产委员会领导下编制，由各级安委会办公室会同人力资源部门牵头组织，起草企业领导安全生产责任清单，汇总、审核各内设机构安全生产责任清单和考核标准，报本单位安委会讨论审定，经由本单位主要负责人批准，以正式文件发布，并报上级单位安全监督管理部门和相关业务主管部门备案。

各级责任主体内设机构负责人应依据机构职责组织本机构全体员工充分辨识有关法律法规和制度标准，识别与评估岗位安全风险，在安委会办公室和人力资源部门协助下，起草编制本机构全体岗位安全生产责任清单和考核标准，报安委会办公室和人力资源部。

责任制应做到简明、具体、实用、可操作性强、上下配套、逐级衔接、不留空白，形成完整的安全生产责任体系。

2.1.3.2 岗位安全责任应包含的主要内容

(1)在安全生产领导、技术、监督和现场管理等方面的安全责任的具体内容。

(2)岗位负责、组织、协调、参与以及监督检查等安全生产工作的具体职责内容。

(3)岗位负责管控的安全风险与负责落实的防范措施等。

2.1.3.3 安全生产责任考核标准应包含的主要内容

(1)岗位安全责任落实不到位的考核要求。

(2)违反安全生产规章制度的考核要求。

(3)事故隐患整改要求、安全风险管控措施要求不落实的考核要求。

(4)安全生产工作安排不明确责任、标准，导致工作未落实的考核要求。

(5)安全生产管理事项不闭环的考核要求。

2.1.3.4 安全生产责任制的修订及其他要求

各级责任主体的全员安全生产责任制至少每三年修编一次。当组织机构、业务领域、生产规模等发生变化时，应及时组织进行完善和修订。

对于特许经营项目、接受委托管理的参股企业，或代管(代建)、承包、承租、承监与集团公司无资产关系的项目，承揽单位应按要求建立健全并落实全员安全生产责任制，并在委托或代管协议中明确双方安全管理体制机制建立要求、安全管理的内容、范围、方式以及双方承担的安全生产责任。

发包单位应将承包单位、承租单位纳入安全生产统一管理，履行安全生产统一协调、管理责任，监督、指导其落实全员安全生产责任制，定期进行安全检查，发现安全问题的，应当及时督促整改。

2.1.4 安全生产责任制的落实与考核

2.1.4.1 安全生产责任制的落实

按照“个人主责，上级监管”的原则，个人对本岗位安全责任的落实负主体责任；上级负责人要对下级对象的安全生产责任落实情况进行日常监督、指导，并承担监督、指导、考核与评价的主体责任。

各级责任主体应建立健全监督检查机制，加强对全员安全生产责任制建立健全和落实情况的监督检查。各级责任主体负责监督、检查本单位和下级单位的全员安全生产责任制建立与落实情况，每年至少组织开展一次专项监督检查，对有效经验做法和典型问题进行通报，对本单位的全员安全生产责任制落实情况提出考核和奖惩建议。

2.1.4.2　安全生产责任制的考核

各级责任主体应建立全员安全生产责任落实情况的考核与评价机制，并将全员安全生产责任落实情况的考核与评价同本单位全员安全风险责任金清算兑现配套，同步推进实施。由各级安委会办公室会同人力资源部门具体组织落实。

集团公司实行安全生产责任追究制度，依据《安全生产奖惩管理办法》《生产安全事故报告与调查处理管理办法》对事故单位和相关责任人进行处理。

集团公司实行安全生产“一票否决”制度，各级责任主体应明确细化“一票否决”事项，要在年度绩效考核、评先评优、职务晋升、薪酬分配(特别是安全风险责任金)等方面坚决执行。

各级责任主体对认真履行岗位安全生产责任、加强安全生产工作、承担安全生产专项重要工作等方面有显著成绩和重要贡献的单位和个人，应当按照有关规定给予表彰奖励。

2.1.5　如何强化安全生产责任的落实

有感领导、直线责任和属地管理就是明晰并落实全员安全生产责任制的有效方式和具体体现，也是健全和落实安全环保责任制的必然要求。其中，有感领导重点是指要通过领导干部以身作则的良好安全行为带动全员积极主动参与安全生产管理，可通过制订履行安全承诺、实施个人安全行动计划、参与行为安全审核等方式实现；直线责任重点是指机关职能部门应改进完善安全生产职责，明确“管工作必须管安全”的工作原则；属地管理重点是指基层员工通过明确属地区域、建立属地管理职责来落实安全生产管理责任，可通过岗位日常巡检、参加工作前安全分析、参与作业许可的申请和监督等方式来实现(图2－1－1)。

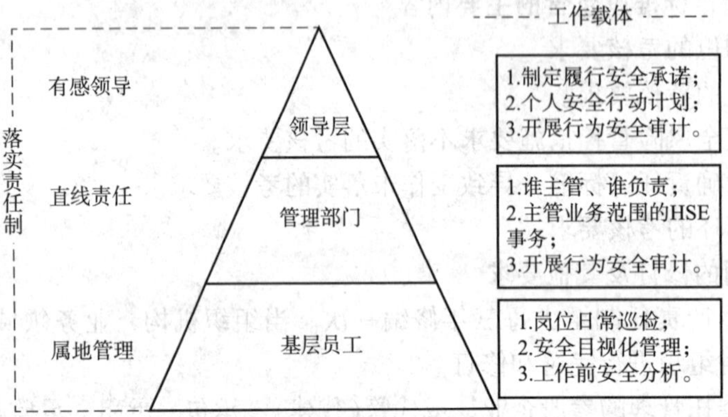

图2－1－1　有感领导、直线责任和属地管理逻辑图

2.1.5.1　践行有感领导

有感领导是指企业各级领导通过以身作则的个人安全行为，体现出良好的领导行为和组织行为，使员工真正感知到安全生产的重要性，感受到领导做好安全工作的示范性，感悟到自身做好安全工作的必要性。

有感领导是从杜邦公司引入的安全管理理念，是杜邦公司在安全文化建设方面的一个重要组成部分，它的核心是从关心人的生命角度出发，要求领导带头引领全员参与，要求从人力、财力、物力和相应的时间去管理安全工作。

2.1.5.2　落实直线责任

直线责任是指组织的各职能部门和管理层次及其管理人员，承担其工作业务范围内相应的健康、安全与环境责任。直线责任是指落实各项工作的负责人对各下属部门和个人及自己承担工作的直接负责，做到“谁主管谁负责、谁组织谁负责、谁执行谁负责”。

做好安全工作，保护自身及他人的健康和生命安全是每一个管理者的天职。落实各级管理者职责是推进 HSE 管理体系建设、建立安全环保长效机制的关键。通过强化落实直线责任，可以明晰各级领导和职能部门安全生产管理的责任和权限，理顺管理流程，避免多头管理和管理脱节。

2.1.5.3　强化属地管理

属地管理是指工作场所的人员对所管辖区域内人员(包括自己、同事、承包商员工和访客)的安全、设备设施的完好、作业过程的安全、工作环境的整洁负责任。属地管理的重点是指生产作业现场的每一个员工都是属地主管，都要对属地内的安全负责，即对自己属地区域内人员(包括自己、同事、承包商和访客)的行为安全、设备设施的完好、作业过程的安全、工作环境的整洁负责。“谁在岗、谁负责，交班交责任，我的地盘我做主”。

安全生产职责必须落实到全体员工，尤其是基层的员工。员工的主动参与是安全生产管理成败的关键；属地管理是落实基层员工安全生产职责的有效方法，是传统基层岗位责任制的继承和延伸。实施属地管理，可以树立员工“安全是我的责任”的意识，实现从“要我安全”到“我要安全”的转变，真正提高员工安全生产执行力。

2.2　安全生产投入

2.2.1　安全生产法对安全生产投入的要求

2.2.1.1　《安全生产法》对安全投入的规定

《安全生产法》第二十三条：生产经营单位应当具备的安全生产条件所必需的资金投入，由生产经营单位的决策机构、主要负责人或者个人经营的投资人予以保证，并对由于安全生产所必需的资金投入不足导致的后果承担责任。

有关生产经营单位应当按照规定提取和使用安全生产费用，专门用于改善安全生产条件。安全生产费用在成本中据实列支。安全生产费用提取、使用和监督管理的具体办法由国务院财政部门会同国务院应急管理部门征求国务院有关部门意见后制定。

2.2.1.2　安全投入不足的法律责任

进行必要的安全生产资金投入，是生产经营单位的法定义务。由于安全生产所需资金不足导致的后果，即有安全生产违法行为或者发生生产安全事故的，安全投入的决策主体将要承担相应的法律责任。

《安全生产法》第九十三条规定：生产经营单位的决策机构、主要负责人或者个人经营的投资人不依照本法规定保证安全生产所必需的资金投入，致使生产经营单位不具备安全生产条件的，责令限期改正，提供必需的资金；逾期未改正的，责令生产经营单位停产停业整顿。

有前款违法行为，导致发生生产安全事故的，对生产经营单位的主要负责人给予撤职处分，对个人经营的投资人处二万元以上二十万元以下的罚款；构成犯罪的，依照刑法有关规定追究刑事责任。

2.2.2　有关术语含义

2.2.2.1　安全生产费用(简称安全费用)

是指企业按照规定标准提取在成本中列支，专门用于完善和改进企业安全生产条件的资金。

2.2.2.2　交通运输

包括道路运输、铁路运输、城市轨道交通、水路运输、管道运输。管道运输是指以管道为工具的液体和气体物资运输。

2.2.2.3 建设工程

是指土木工程、建筑工程、井巷工程、线路管道和设备安装及装修工程的新建、扩建、改建以及矿山建设。

2.2.3 安全生产费用的提取标准和使用范围

企业安全生产费用提取和使用管理办法(征求意见稿)(2022)见表2－2－1。

表2－2－1 企业安全生产费用提取和使用管理办法(征求意见稿)(2022)

企业类型	提取标准	使用范围
交通运输企业	交通运输企业以上年度实际营业收入为计提依据，按照以下标准平均逐月提取： (一)普通货运业务按照1%提取； (二)客运业务、管道运输、危险品等特殊货运业务按照1.5%提取	(一)完善、改造和维护安全防护设施设备支出(不含“三同时”要求初期投入的安全设施)，包括道路、水路、铁路、城市轨道交通、管道运输设施设备和装卸工具安全状况检测及维护系统、运输设施设备和装卸工具附属安全设备等支出； (二)购置、安装和使用具有行驶记录功能的车辆卫星定位装置、船舶通信导航定位和自动识别系统、电子海图等支出； (三)铁路和城市轨道交通防灾监测预警设备及铁路周界入侵报警系统支出； (四)配备、维护、保养应急救援器材、设备支出和应急救援队伍建设、应急预案制修订与应急演练支出； (五)开展重大危险源检测、评估、监控支出，安全风险分级管控和事故隐患排查整改支出，安全生产信息化建设、运维支出； (六)安全生产检查、评估评价(不包括新建、改建、扩建项目安全评价)、咨询和标准化建设支出； (七)配备和更新现场作业人员安全防护用品支出； (八)安全生产宣传、教育、培训和从业人员发现并报告事故隐患的奖励支出； (九)安全生产适用的新技术、新标准、新工艺、新装备的推广应用支出； (十)安全设施及特种设备检测检验、铁路和城市轨道交通基础设备安全检测支出； (十一)安全生产责任保险及承运人责任保险支出； (十二)其他与安全生产直接相关的支出
石油天然气开采企业	(一)采油、采气企业依据开采的石油、天然气产量按月提取。石油、天然气单位产量安全费用提取标准为：每吨原油20元，每千立方米原气7.5元； (二)地下储气库企业按照上一年度营业收入的1.5%提取； (三)钻井、物探、测井、录井、井下作业、油建、海油工程等企业按照项目或工程总费用的1.7%提取	(一)完善、改造和维护安全防护设施设备支出(不含“三同时”要求初期投入的安全设施)，包括油气井(场)、管道、站场、海洋石油生产设施、作业设施等设施设备的监测、监控、防井喷、防灭火、防坍塌、防爆炸、防泄漏、防腐蚀、防雷、防静电、防台风、防中毒、防坠落等设施设备支出； (二)事故逃生和紧急避难设施设备的配置及维护保养支出，应急救援器材、设备配置及维护保养支出，应急救援队伍建设、应急预案制修订与应急演练支出； (三)开展重大危险源检测、评估、监控支出，安全风险分级管控和事故隐患排查整改支出，安全生产信息化建设、运维支出； (四)安全生产检查、评估评价(不包括新建、改建、扩建项目安全评价)、咨询、标准化建设支出； (五)配备和更新现场作业人员安全防护用品支出； (六)安全生产宣传、教育、培训和从业人员发现并报告事故隐患的奖励支出； (七)安全生产适用的新技术、新标准、新工艺、新装备的推广应用支出； (八)安全设施及特种设备检测检验支出； (九)野外或海上作业应急食品、应急器械、应急药品支出； (十)安全生产责任保险支出； (十一)其他与安全生产直接相关的支出

续表

企业类型	提取标准	使用范围
危险品生产与储存企业	危险品生产与储存企业以上年度实际营业收入为计提依据，采取超额累退方式按照以下标准平均逐月提取： （一）营业收入不超过1000万元的，按照4.5%提取； （二）营业收入超过1000万元至1亿元的部分，按照2.25%提取； （三）营业收入超过1亿元至10亿元的部分，按照0.55%提取； （四）营业收入超过10亿元的部分，按照0.2%提取。 对于危险品生产与销售一体化的企业，其销售环节提取安全费用时，以上年实际营业收入扣除内部生产与销售环节之间的互供收入为计提依据，按上述标准分月计提	（一）完善、改造和维护安全防护设施设备支出（不含"三同时"要求初期投入的安全设施），包括车间、库房、罐区等作业场所的监控、监测、通风、防晒、调温、防火、灭火、防爆、泄压、防毒、消毒、中和、防潮、防雷、防静电、防腐、防渗漏、防护围堤和隔离操作等设施设备支出； （二）配备、维护、保养应急救援器材、设备支出和应急救援队伍建设、应急预案制修订与应急演练支出； （三）开展重大危险源检测、评估、监控支出，安全风险分级管控和事故隐患排查整改支出，安全生产风险监测预警系统等安全生产信息系统建设支出； （四）安全生产检查、评估评价（不包括新建、改建、扩建项目安全评价）、咨询和标准化建设支出； （五）配备和更新现场作业人员安全防护用品支出； （六）安全生产宣传、教育、培训和从业人员发现并报告事故隐患的奖励支出； （七）安全生产适用的新技术、新标准、新工艺、新装备的推广应用支出； （八）安全设施及特种设备检测检验支出； （九）安全生产责任保险支出； （十）其他与安全生产直接相关的支出
建设工程施工企业	建设工程施工企业以建筑安装工程造价为计提依据。各建设工程类别安全费用提取标准如下： （一）矿山工程为3.5%； （二）铁路工程、城市轨道交通工程为3%； （三）房屋建筑工程、水利水电工程、电力工程、市政公用工程为2.5%； （四）冶炼工程、机电安装工程、化工石油工程、港口与航道工程、通信工程为2%； （五）公路工程为1.5%。 建设工程施工企业应当在编制工程造价时包含并单列安全费用，列入标外管理，在竞标时不得删减。在施工生产过程中，结合工程造价时计取的安全费用，根据实际工程建设前期所需、完工程度进行提取。国家对基本建设投资概算另有规定的，从其规定	（一）完善、改造和维护安全防护设施设备支出（不含"三同时"要求初期投入的安全设施），包括施工现场临时用电系统、洞口或临边防护、高处作业或交叉作业防护、临时安全防护、地下工程有害气体监测和通风、保障安全的机械设备、防火、防爆、防尘、防毒、防雷、防台风、防地质灾害等设施设备支出； （二）配备、维护、保养应急救援器材、设备支出和应急救援队伍建设、应急预案制修订与应急演练支出； （三）开展施工现场重大危险源检测、评估、监控支出，安全风险分级管控和事故隐患排查整改支出，工程项目安全生产信息化建设、运维支出； （四）安全生产检查、评估评价（不包括新建、改建、扩建项目安全评价）、咨询和标准化建设支出； （五）配备和更新现场作业人员安全防护用品支出； （六）安全生产宣传、教育、培训和从业人员发现并报告事故隐患的奖励支出； （七）安全生产适用的新技术、新标准、新工艺、新装备的推广应用支出； （八）安全设施及特种设备检测检验支出； （九）安全生产责任保险支出； （十）其他与安全生产直接相关的支出

2.2.4 安全费用的管理

企业应当建立健全内部安全费用管理制度，明确安全费用提取和使用的程序、职责及权限，落实责任，确保按规定提取和使用安全费用。

2.2.4.1 安全费用管理原则

安全费用按照"企业提取、政府监管、确保需要、规范使用"的原则进行管理。

2.2.4.2 安全费用财务管理规定

企业提取的安全费用应当专项核算，按规定范围安排使用，不得挤占、挪用。年度结余资金结转下年度使用，当年按标准计提安全费用不能满足实际使用需求的，超出计提部分按正常成本费用渠道列支。

2.2.4.3 计划管理

企业应当加强安全费用管理，编制年度安全费用提取和使用计划，纳入企业财务预算，确保资金投入。

2.2.4.4 财务会计核算管理

企业安全费用的会计处理，应当符合国家统一的会计制度的规定。

2.2.4.5 资金管理权限

企业提取的安全费用属于企业自提自用资金，其他单位和部门不得采取收取、代管等形式对其进行集中管理和使用，法律、法规另有规定的除外。

2.2.4.6 缓提、少提的条件

企业依法提取和使用安全费用，在确保安全投入的基础上，安全费用上年末结余达到企业本年度安全费用提取计划，企业可以缓提或者少提当年安全费用，但是需要按照属地监管权限向当地县级以上人民政府负有安全生产监督管理职责的部门报备。

2.2.4.7 提高标准规则

企业在上述标准的基础上，根据安全生产实际需要，可以适当提高安全费用提取标准。

《企业安全生产费用提取和使用管理办法》公布前，各省级人民政府已制定下发企业安全费用提取使用办法的，其提取标准如果低于本办法规定的标准，应当按照本办法进行调整；如果高于本办法规定的标准，按照原标准执行。

2.2.4.8 安全费用使用的优先条款

在《企业安全生产费用提取和使用管理办法》规定的使用范围内，企业应当将安全费用优先用于满足应急管理部门、矿山安全监察机构以及其他负有安全生产监督管理职责的部门对企业安全生产提出的整改措施或者达到安全生产标准所需的支出。

2.3 安全教育培训管理

安全发展，以人为本；以人为本，教育先行。安全教育培训在安全生产领域具有先导性、基础性的重要作用。加强安全培训工作，是实施安全发展战略的内在要求，是强化企业安全生产基础建设，提高企业安全管理水平和从业人员安全素质，提升安全监督管理的重要途径。作为危险化学品经营单位，应当牢固树立“培训不到位是重大安全隐患”的意识，应当建立健全安全培训管理制度，保障从业人员安全培训所需经费，对从业人员进行与其所从事岗位相应的安全生产教育培训。危险化学品经营单位还应当建立安全生产教育和培训档案，如实记录安全生产教育和培训的时间、内容、参加人员以及考核结果等情况。作为危险化学品经营单位的主要负责人、安全管理人员、特种作业人员以及其他从业人员都应当积极主动参加安全教育培训，依法持证上岗，不断加强自身的安全意识，提升安全技能。未经安全生产教育和培训合格的从业人员，不得上岗作业。

2.3.1 主要负责人、安全生产管理人员的安全培训

2.3.1.1 安全培训基本要求

生产经营单位主要负责人是指有限责任公司或者股份有限公司的董事长、总经理，其他生产经营单位的厂长、经理、(矿务局)局长、矿长(含实际控制人)等。生产经营单位安全生产管理人员是指生产经营单位分管安全生产的负责人、安全生产管理机构负责人及

其管理人员，以及未设安全生产管理机构的生产经营单位专、兼职安全生产管理人员等。

生产经营单位的主要负责人、安全生产管理人员安全培训的基本要求是：通过安全培训，使其具备与所从事的生产经营活动相适应的安全生产知识和管理能力。危险化学品作为高危行业，其主要负责人、安全生产管理人员根据国家法律法规的规定，除达到基本要求外，自任职之日起6个月，还必须经安全生产监管监察部门对其安全生产知识和管理能力考核合格，取得由应急管理部监制的“安全生产知识和管理能力考核合格证”证书。

2.3.1.2 安全培训内容

(1)危险化学品经营有关安全生产法律法规。主要包括《中华人民共和国安全生产法》《安全生产许可证条例》《危险化学品安全管理条例》《危险化学品登记管理办法》《危险化学品经营许可证管理办法》等。

(2)危险化品单位安全生产管理基础知识。主要包括安全管理体系、安全管理责任制、安全生产规章制度、生产安全事故分类、事故报告、调查处理基本要求等，危险化学品基本知识，主要包括危险化学品的概念、分类、特性等。

(3)危险化学品经营、储存、运输和包装的安全管理。

(4)危险化学品经营安全生产知识。主要包括防火防爆、压力容器、电气安全等，职业危害及预防，主要包括工业场所毒物及危害，综合防毒措施等。

(5)危险化学品重大危险源与危险化学品事故应急管理。

(6)安全管理技能。

(7)危险化学品安全生产形势及危险化学品典型事故案例分析。

2.3.1.3 安全培训时间

危险化学品经营单位主要负责人、安全生产管理人员安全管理资格初次培训时间不少于48学时。取证后，为保证证书持续有效，每年还要参加再培训，再培训时间不少于16学时。

2.3.2 特种作业人员的安全培训

2.3.2.1 特种作业概述

1. 特种作业的概念和分类

特种作业，是指容易发生事故，对操作者本人、他人的安全健康及设备、设施的安全可能造成重大危害的作业。特种作业人员，是指直接从事特种作业的从业人员。依据《特种作业人员安全技术培训考核管理规定》的目录规定，目前特种作业人员共有十大类，分别是电工作业、焊接和热切割作业、高处作业、制冷与空调作业、煤矿安全作业、金属非金属矿山安全作业、石油天然气安全作业、冶金(有色)生产安全作业、危险化学品安全作业、烟花爆竹安全作业。

2. 特种作业人员安全培训基本要求

特种作业人员必须经过专门的安全技术培训并考核合格，取得特种作业操作证，方可上岗作业。特种作业操作证每3年复审1次。特种作业人员在特种作业操作证有效期内，连续从事本工种10年以上，严格遵守有关安全生产法律法规的，经原考核发证机关或者从业所在地考核发证机关同意，特种作业操作证的复审时间可以延长每6年1次。特种作业人员对造成人员死亡的生产安全事故负有直接责任的，应当按照《特种作业人员安全技术培训考核管理规定》重新参加安全培训。

2.3.2.2 低压电工作业人员的安全培训

1. 低压电工作业人员基本条件

低压电工作业，是指对1千伏以下的低压电气设备进行安装、调试、运行操作、维护、检修、改造施工和试验的作业。作为低压电工作业人员必须满足三个基本条件：一是年满 18 周岁，且不超过国家法定退休年龄；二是经社区或者县级以上医疗机构体检健康合格，并无妨碍从事低压电工作业的器质性心脏病、癫痫病、美尼尔氏症、眩晕症、癔病、震颤麻痹症、精神病、痴呆症、色盲、色弱以及其他对从事电工作业有妨碍或有安全隐患的疾病和生理缺陷；三是具有初中及以上文化程度。

2. 安全培训内容

(1)安全基本知识。主要包括我国安全生产法律法规、电工安全工作制度及相关基本措施、触电事故及现场防护、防触电技术、电气防火与防爆、防雷和防静电等。

(2)安全技术基础知识。主要包括电工基础知识、电工仪表及测量、电工安全用具与安全标识、电工工具及移动电气设备等。

(3)安全技术专业知识。主要包括低压电气设备、异步电动机、电气线路、照明设备、电力电容器等。

(4)实际操作技能。主要包括低压配电及电气照明安装操作、低压电气设备安装与调试操作、电气设备维护及常见故障处理、电工测量操作、防火防雷设备使用操作、电工安全用具使用操作、触电急救操作等。

3. 安全培训时间

低压电工作业人员初次培训时间应不少于 148 学时，复审时间应不少于 8 学时。考核分为安全技术理论和实际操作两部分。

2.3.3 特种设备的安全培训

特种设备包括锅炉、压力容器、压力管道、电梯、起重机械、客运索道、大型游乐设施、场(厂)内专用机动车辆等。这些设备一般具有在高压、高温、高空、高速条件下运行的特点，易燃、易爆、易发生高空坠落等，对人身和财产安全有较大危险性。特种设备安全工作应当坚持安全第一、预防为主、节能环保、综合治理的原则。根据《中华人民共和国特种设备安全法》规定，特种设备安全管理人员和作业人员应当按照国家有关规定取得相应资格，方可从事相关工作。

2.3.3.1 特种设备管理人员的安全培训

特种设备安全管理人员是指使用单位的特种设备安全管理负责人和具体负责特种设备使用安全管理的人员。

1. 特种设备管理人员基本条件

(1)取证年龄 18 周岁以上且不超过 60 周岁，复审年龄不超过 65 周岁。

(2)具有中专或者高中以上(含中专或者高中)学历。

(3)具有 2 年以上特种设备相关工作经历或者安全管理工作经历。

2. 安全培训内容

(1)基础知识。主要包括各类特种设备定义、分类、检验周期等。

(2)法律法规知识。主要包括使用单位使用特种设备时应当遵循的基本要求，使用单位安全与节能知识及相关责任义务，特种设备作业人员管理知识和要求，使用单位在事故应对、事故调查和处理工作中的义务，使用单位的法律责任等。

(3)使用管理知识。主要包括使用单位的责任和义务，安全管理机构、管理人员和作业人员要求，设备的维护保养与检查要求，特种设备的现场安全监督检查等。

(4)应急管理知识。主要包括风险、危险源和隐患排查的相关知识，应急预案编制，特种设备常见事故应急处置，特种设备事故常识等。

2.3.3.2 快开门式压力容器操作人员的安全培训

压力容器，是指盛装气体或者液体，承载一定压力的密闭设备，其范围规定为最高工作压力大于或者等于0.1MPa(表压)，且压力与容积的乘积大于或者等于2.5MPa·L的气体、液化气体和最高工作温度高于或者等于标准沸点的液体的固定式容器和移动式容器；盛装公称工作压力大于或者等于0.2MPa(表压)，且压力与容积的乘积大于或者等于1.0MPa·L的气体、液化气体和标准沸点等于或者低于60℃液体的气瓶；氧舱等。压力容器作业人员分为快开门式压力容器操作人员、移动式压力容器充装人员和氧舱维护保养人员。

1. 操作人员基本条件

(1)取证年龄18周岁以上且不超过60周岁，复审年龄不超过65周岁。

(2)身体健康，没有妨碍从事压力容器操作的疾病和生理缺陷。

(3)具有初中以上的文化程度。

(4)具有相应的安全技术知识与技能。

2. 安全培训内容——理论知识

(1)基础知识。

1)快开门式压力容器常见介质的主要特性、用途及危害与防护；

2)压力容器安全监察范围和分类；

3)快开门式压力容器的定义；

4)快开门式压力容器使用环境、检验周期、校验方法等使用技术要求；

5)快开门式压力容器典型结构形式、主要受压元件、主要操作参数；

6)快开门式压力容器安全联锁装置的基本安全要求；

7)快开门式压力容器安全联锁装置的常见形式及其工作原理；

8)常见快开门式压力容器安全联锁装置主要组成机构及其功能；

9)快开门式压力容器手动安全联锁手柄机构的常见结构；

10)快开门式压力容器常用材料；

11)快开门式压力容器常见操作工艺流程；

12)快开门式压力容器安全附件及仪表的检查内容与要求；

13)快开门式压力容器常用门及密封元件；

14)快开门式压力容器压力源的控制要求。

(2)安全使用操作知识。

1)使用单位压力容器相关安全管理制度；

2)压力容器使用登记与变更的相关要求；

3)快开门式压力容器设计使用寿命要求；

4)压力容器定期自行检查、定期检验方面的相关要求；

5)压力容器安全附件及仪表的安全使用与定期校验、检修；

6)快开门式压力容器安全操作的一般要求；

7)快开门式压力容器安全联锁装置完好性检查要点；

8)快开门式压力容器使用前的准备；

9)快开门式压力容器运行中工艺参数的控制；

10)快开门式压力容器启动、停止操作；

11)快开门式压力容器运行检查；

12)快开门式压力容器日常维护保养；

13)齿啮式快开门釜齿日常检查要求；

14)快开门式压力容器异常情况判断、处理与报告;
15)快开门式压力容器事故报告;
16)快开门式压力容器事故应急预案和事故处理要求;
17)快开门式压力容器典型事故案例分析。
(3)法规标准知识。
1)《中华人民共和国特种设备安全法》;
2)《特种设备安全监察条例》;
3)《特种设备作业人员监督管理办法》;
4)《特种设备使用管理规则》;
5)《固定式压力容器安全技术监察规程》;
6)相关行业快开门式压力容器安全操作的有关规定。
3. 安全培训内容——实际操作技能
(1)相关部件识别。
1)快开门式压力容器及其主要组成部分;
2)快开门式压力容器典型结构、主要受压元件、基本参数;
3)快开门式压力容器常见安全联锁装置;
4)常见快开门式压力容器安全联锁装置主要组成机构;
5)快开门式压力容器安全附件、仪表、常用门及密封元件;
6)常见快开门式压力容器报警指示含义。
(2)基本操作能力。
1)快开门式压力容器使用前检查及不安全因素排除;
2)快开门式压力容器运行状态监控及安全检查;
3)快开门式压力容器安全联锁装置完好性检查;
4)快开门式压力容器启动、运行和停止操作程序及安全注意事项;
5)快开门式压力容器手动安全联锁手柄机构的操作;
6)快开门式压力容器升压前,快开门达到预定关闭部位的确认;
7)打开快开门前,压力容器内部压力完全释放的确认;
8)快开门式压力容器工艺参数设置及调整;
9)快开门式压力容器日常维护保养;
10)快开门式压力容器安全附件及仪表的检查与记录;
11)快开门式压力容器常用门、密封元件的维护保养。
(3)应急处置能力。
1)快开门式压力容器异常情况处理、记录和常见故障排除;
2)快开门式压力容器作业人员进罐安全要求;
3)快开门式压力容器事故应急预案和事故处理。

2.3.4 其他从业人员的安全培训

2.3.4.1 新工人上岗培训

危险化学品生产经营单位必须对新上岗的临时工、合同工、劳务工、轮换工、协议工等进行强制性安全培训,保证其具备本岗位安全操作、自救互救以及应急处置所需的知识和技能后，方能安排上岗作业。危险化学品新上岗的从业人员安全培训时间不得少于72学时，每年再培训的时间不得少于20学时。

2.3.4.2 重新上岗培训

从业人员在本生产经营单位内调整工作岗位或离岗一年以上重新上岗时，应当重新接受车间(工段、区、队)和班组级的安全培训。

2.3.4.3 “四新”培训

生产经营单位实施新工艺、新技术或者使用新设备、新材料时，应当对有关从业人员重新进行有针对性的安全培训。

2.3.4.4 实习生培训

生产经营单位接收中等职业学校、高等学校学生实习的，应当对实习学生进行相应的安全生产教育和培训，提供必要的劳动防护用品。学校应当协助生产经营单位对实习学生进行安全生产教育和培训。

2.3.4.5 师傅带徒弟制度

危险物品生产经营单位新招的危险工艺操作岗位人员，除按照规定进行安全培训外，还应当在有经验的职工带领下实习满2个月后，方可独立上岗作业。

2.3.5 法律责任

2.3.5.1 依据《安全生产法》应当承担的法律责任

生产经营单位有下列行为之一的，责令限期改正，处十万元以下的罚款；逾期未改正的，责令停产停业整顿，并处十万元以上二十万元以下的罚款，对其直接负责的主管人员和其他直接责任人员处二万元以上五万元以下的罚款：

(1)危险物品的生产、经营、储存、装卸单位的主要负责人和安全生产管理人员未按照规定经考核合格的；

(2)未按照规定对从业人员、被派遣劳动者、实习学生进行安全生产教育和培训，或者未按照规定如实告知有关的安全生产事项的；

(3)未如实记录安全生产教育和培训情况的；

(4)特种作业人员未按照规定经专门的安全作业培训并取得相应资格上岗作业的。

2.3.5.2 依据《生产经营单位安全培训规定》应当承担的法律责任

生产经营单位有下列行为之一的，由安全生产监管监察部门责令其限期改正，可以处1万元以上3万元以下的罚款：

(1)未将安全培训工作纳入本单位工作计划并保证安全培训工作所需资金的；

(2)从业人员进行安全培训期间未支付工资并承担安全培训费用的。

2.3.5.3 依据《安全生产培训管理办法》应当承担的法律责任

(1)生产经营单位有下列情形之一的，责令改正，处3万元以下的罚款：

①从业人员安全培训的时间少于《生产经营单位安全培训规定》或者有关标准规定的；

②危险物品生产经营单位新招的危险工艺操作岗位人员，未经实习期满独立上岗作业的。

(2)生产经营单位主要负责人、安全生产管理人员、特种作业人员以欺骗、贿赂等不正当手段取得安全合格证或者特种作业操作证的，除撤销其相关证书外，处3000元以下的罚款，并自撤销其相关证书之日起3年内不得再次申请该证书。

安全生产从业人员安全生产教育培训一览表见表2－3－1。

表2-3-1　安全生产从业人员安全生产教育培训一览表

序号	人员类别	基本要求	培训注要内容	培训依据	培训取证	取证查询平台
1	主要负责人	自任职之日起6个月，经安全生产监管监察部门对其安全生产知识和管理能力考核合格	危险化学品安全生产法律法规；危险化学品安全管理；危险化学品基本知识；危险化学品经营、储存、运输和包装的安全管理；职业危害及预防；危险化学品重大危险源与危险化学品事故应急管理；危险化学品经营的安全技术；危险化学品经营安全生产管理先进经验；危险化学品安全生产形势及危险化学品典型事故案例分析	《安全生产法》《危险化学品经营单位主要负责人安全生产培训大纲及考核标准》《危险化学品经营单位安全生产管理人员安全生产培训大纲及考核标准》	《安全生产知识和管理能力考核合格证》	特种作业操作证及安全生产知识和管理能力考核合格信息查询平台
2	安全生产管理人员					
3	低压电工作业人员	年满18周岁且不超过国家法定退休年龄；具有初中及以上文化程度；经社区或者县级以上医疗机构体检健康合格，并无妨碍从事低压电工作业的相关疾病	电工安全工作制度及相关基本措施、触电事故及现场防护、防触电技术、电气防火与防爆、防雷和防静电；电工基础知识、电工仪表及测量、电工安全用具与安全标识、电工工具及移动电器设备；低压电气设备、异步电动机、电气线路、照明设备、电力电容器；低压配电及电气照明安装操作、低压电气设备安装与调试操作、电气设备维护及常见故障处理、电工测量操作、防火防雷设备使用操作、电工安全用具使用操作、触电急救操作等	《安全生产法》《特种作业人员安全技术培训考核管理规定》《低压电工作业人员安全技术培训大纲和考核标准》	《特种作业操作证》	特种作业操作证及安全生产知识和管理能力考核合格信息查询平台
4	特种设备管理人员	取证年龄18周岁以上且不超过60周岁，复审年龄不超过65周岁；具有中专或者高中以上学历；具有2年以上特种设备相关工作经历或者安全管理工作经历	特种设备相关法律法规；特种设备基础知识；特种设备作业人员管理知识和要求，使用单位安全与节能知识及相关责任义务，特种设备作业人员管理知识和要求，相关法律责任；设备的维护保养与检查要求，特种设备的现场安全监督检查等；风险、危险源和隐患排查的相关知识，应急预案编制，特种设备常见事故应急处置，特种设备事故常识等	《特种设备安全法》《特种设备作业人员监督管理办法》《特种设备作业人员考核规则》	《特种设备安全管理和作业人员证》	全国特种设备公示信息查询平台
5	快开门式压力容器操作人员	取证年龄18周岁以上且不超过60周岁，复审年龄不超过65周岁；具有初中以上的文化程度；身体健康，没有妨碍从事压力容器操作的疾病和生理缺陷；具有相应的安全技术知识与技能	特种设备相关法律法规；快开门式压力容器基本知识、结构、安全附件；快开门式压力容器常用介质和特性；快开门式压力容器安全操作及维护保养；快开门式压力容器检验及维修；常见事故的预防及处理、应急和救援；快开门式压力容器典型事故案例	《特种设备安全法》《特种设备作业人员监督管理办法》《特种设备休业人员考核规则》	《特种设备安全管理和作业人员证》	全国特种设备公示信息查询平台
6	其他就业人员	未经安全生产教育和培训合格，不得上岗作业	安全生产基础知识；安全生产规章制度和安全操作规程；本岗位的安全操作技能；事故应急处理措施；知悉自身在安全生产方面的权利和义务等	《安全生产法》《生产经营单位安全培训规定》	安全生产教育培训考试合格证明	无

2.4　风险分级管控与隐患排查治理

发生安全事故往往是因为对风险认不清、想不到、防不住，对隐患看不到、查不出、治不了。为最大限度防范安全事故发生，企业应建立先进适用的风险管控与隐患治理双重预防体系，确保风险得到有效控制，隐患能及时消除。

2.4.1　安全生产双重预防机制概述

双重预防机制是指风险分级管控机制与隐患排查治理机制，是构筑防范安全事故的前后两道防火墙。通过这一系统性的风险管理工程，把每一类风险都控制在可接受范围内，把每一个隐患都治理在形成之初，把每一起事故都消灭在萌芽状态。自习近平总书记发表安全重要讲话，提出风险分级管控和隐患排查治理双重预防性工作机制以来，国务院安委会对双重预防性工作做出一系列的建设部署。

2.4.1.1　双重预防工作的思想和要求

(1)坚持标本兼治、综合治理，把安全风险管控挺在隐患前面，把隐患排查治理挺在事故前面，扎实构建事故应急救援最后一道防线。

(2)坚持关口前移，超前辨识预判岗位、企业、区域安全风险，通过实施制度、技术、工程、管理等措施，有效防控各类安全风险。

(3)加强过程管控，通过构建隐患排查治理体系和闭环管理制度，强化监管执法，及时发现和消除各类事故隐患，防患于未然。

(4)强化事后处置，及时、科学、有效应对各类重特大事故，最大限度减少事故伤亡人数、降低损害程度。

2.4.1.2　双重预防机制的构建

1. 健全安全风险评估分级和事故隐患排查分级标准体系

根据存在的主要风险隐患可能导致的后果并结合本地区、本行业领域实际，研究制定区域性、行业性安全风险和事故隐患辨识、评估、分级标准，为开展安全风险分级管控和事故隐患排查治理提供依据。

2. 全面排查评定安全风险和事故隐患等级

在深入总结分析重特大事故发生规律、特点和趋势的基础上，每年排查重点部位、重点环节，依据相应标准，分别确定安全风险“红、橙、黄、蓝”(红色为安全风险最高级)4个等级，分别确定事故隐患为重大隐患和一般隐患，并建立安全风险和事故隐患数据库，绘制企业安全风险等级和重大事故隐患分布电子图，切实解决“想不到、管不到”问题。

3. 建立实行安全风险分级管控机制

按照“分区域、分级别、网格化”原则，实施安全风险差异化动态管理，明确落实每一处重大安全风险和重大危险源的安全管理与监管责任，强化风险管控技术、制度、管理措施，把可能导致的后果限制在可防、可控范围之内。健全安全风险公告警示和重大安全风险预警机制，定期对红色、橙色安全风险进行分析、评估、预警。落实企业安全风险分级管控岗位责任，建立企业安全风险公告、岗位安全风险确认和安全操作“明白卡”制度。

4. 实施事故隐患排查治理闭环管理

推进企业安全生产标准化和隐患排查治理体系建设，建立自查、自改、自报事故隐患的排查治理信息系统。实现隐患排查、登记、评估、报告、监控、治理、销账的全过程记录和闭环管理。

2.4.1.3 安全生产专项治理行动

2020年4月，国务院安委会下发了《全国安全生产专项整治三年行动计划》，在落实企业安全生产主体责任专题中对风险分级防控和隐患排查治理机制建设提出了进一步的明确要求。

1. 建立企业安全风险辨识评估制度

企业要按照有关法律法规标准，针对本企业类型和特点，科学制定安全风险辨识程序和方法，定期组织专业力量和全体员工全方位、全过程辨识设备设施、作业环境、人员行为和管理体系等方面存在的风险，做到系统、全面、无遗漏，持续更新完善。按照有关标准对辨识出的安全风险进行分类、梳理、评估，加强动态分级管理，科学确定安全风险类别和等级，实现“一企一清单”。

2. 建立安全风险管控制度

企业要根据风险评估的安全风险分级、分类进行管理，逐一落实企业、车间、班组管控责任，从组织、制度、技术、应急等方面对安全风险进行有效管控，达到回避、降低和监测风险的目的。针对高危工艺、物料、场所和岗位等重点环节，高度关注运营状况和危险源风险状况，动态评估、调整风险等级和管控措施，确保安全风险始终处于受控范围内。

3. 建立安全风险警示报告制度

企业要在醒目位置和重点区域分别设置安全风险公告栏，制作岗位安全风险告知卡，确保每名员工都能掌握安全风险的基本情况及防范、应急措施。对存在重大安全风险的工作场所和岗位，要设置明显警示标志，并强化危险源监测和预警。

4. 建立安全风险报告制度

企业要依据有关法律法规要求，明确风险管控和报告流程，建立健全安全生产风险报告制度，接受政府监管和社会监督。企业主要负责人对本单位安全风险管控和报告工作全面负责，要按照安全风险管控制度的要求，对辨识出的安全风险，定期向相关监管部门报送风险清单。

5. 健全完善企业安全隐患排查治理机制

企业要建立健全以风险辨识管控为基础的隐患排查治理制度，制定符合企业实际的隐患排查治理清单，完善隐患排查、治理、记录、通报、报告等重点环节的程序、方法和标准，明确和细化隐患排查的事项、内容和频次，并将责任逐一分解落实，推动全员参与自主排查隐患，尤其要强化对存在重大风险的场所、环节、部位的隐患排查。企业要按照国家有关规定，通过与政府部门互联互通的隐患排查治理信息系统等方式，及时向负有安全生产监督管理职责的部门和企业职代会“双报告”风险管控和隐患排查治理情况。

6. 严格落实治理措施

企业建立起完善的隐患排查治理制度，企业隐患排查治理全面走向制度化、规范化轨道。要按照有关行业重大事故隐患判定标准，加强对重大事故隐患治理，并向负有监管职责的部门报告；制定并实施严格的隐患治理方案，做到责任、措施、资金、时限和预案“五到位”，实现闭环管理。

2.4.2　危险源辨识

危险源辨识是风险分级管控的前提和基础，目的是识别出生产活动中存在的各种因素、可能导致的事故类型和潜在后果，只有全面识别危险源的存在，查找导致事故的根源，才能有效控制事故的发生。

2.4.2.1　危险源及分类

危险源，也称危害因素，是指在生产经营活动中产生可能造成人员伤害或健康损害、财产损失、工作环境破坏的根源、状态、行为或其组合。根据危险源在事故发生、发展中的作用，一般把危险源划为两大类，第一类危险源和第二类危险源。

1. 第一类危险源

生产过程中存在的，可能发生意外释放的能量或危险物质，如：

(1)产生、供给能量的装置、设备。

(2)使人体或物体具有较高势能的装置、设备、场所。

(3)一旦失控可能发生能量蓄积或突然释放的装置、设备、场所等。

(4)危险物质，如各种有毒、有害、可燃烧爆炸的物质等。

(5)生产、加工、储存危险物质的装置、设备、场所。

(6)人体一旦与之接触将导致能量意外释放的物体。

第一类危险源是事故发生的前提，没有危险物质与危险能量，就不会有事故的发生，且危险能量越高、危险物质量越多，发生事故的后果越严重。

2. 第二类危险源

第二类危险源是导致约束、限制能量和危险物质措施失控的各种不安全因素，如人的失误、物的故障、环境不良、管理缺陷等。《生产过程危险和有害因素分类与代码》(GB/T 13861—2022)按导致事故(产生危害)的直接原因，把生产过程中的危险和有害因素可分为“人的因素”“物的因素”“环境因素”“管理因素”四大类，见表2-4-1。

表2-4-1　生产过程危险和有害因素分类

一、人的因素		
心理、生理性危险和有害因素		引起体力、听力、视力等负荷超限，健康状况异常，从事禁忌作业，心理异常，辨识功能缺陷，其他心理、生理性危险和有害因素(包括泄愤心理)
行为性危险和有害因素		指挥错误、操作错误、监护失误，其他行为性危险和有害因素
二、物的因素		
物理性危险和有害因素	设备、设施工件、附件缺陷	强度不够，刚度不够，稳定性性差，密封不良，耐腐蚀性差，应力集中，外形缺陷，外露运动件，操纵器缺陷，制动器缺陷，控制器缺陷，设计缺陷，传感器缺陷，其他缺陷
	防护缺陷	无防护，防护装置设施缺陷，防护不当，支撑不当，防护距离不够，其他防护缺陷
	电伤害	带电部位裸露，漏电，静电和杂散电流，电火花，电弧，短路，其他电伤害
	噪声	机械性噪声，电磁性噪声，流体动力性噪声，其他噪声
	振动危害	机械性振动，电磁性振动，流体动力性振动，其他振动危害
	电离辐射	X射线，γ射线，α粒子，中子，质子，高能电子束等

续表

二、物的因素		
物理性危险和有害因素	非电离辐射	紫外线辐射，激光辐射，微波辐射，超高频辐射，高频电磁场，工频电场，其他非电离辐射
	运动物危害	抛射物，飞溅物，坠落物，反弹物，土、岩滑动，料堆(垛)滑动，气流卷动，其他运动物伤害
	明火	
	高温物质	高温气体，高温液体，高温固体，其他高温物体
	低温物质	低温气体，低温液体，低温固体，其他低温物体
	信号缺陷	无信号设施，信号选用不当，信号位置不当，信号不清，信号量不足，信号显示不准，其他信号缺陷
	标志标识缺陷	无标志标识，标志标识不清晰，标志标识不规范，标志标识选用不当，标志标识位置缺陷，其他标志标识缺陷
	有害光照	包括直射光、反射光、炫光、频闪效应等
化学性危险和有害因素		理化危险(爆炸物、易燃气体、易燃气溶胶、氧化性气体、压力下气体、自反应物质或混合物品、自燃液体、自燃固体、遇水放出易燃气体的物质或混合物、氧化性液体、氧化性固体、有机过氧化物、金属腐蚀物)、健康危险(急性中毒、皮肤腐蚀/刺激、严重眼损伤/眼刺激、呼吸或皮肤过敏、生殖细胞致突变性、致癌性、生殖毒性特异性靶器官系统毒性、吸入危险)及其他化学性危险和有害因素
生物性危险和有害因素		致病微生物(细菌、病毒、真菌、其他致病微生物)，传染病媒介物，致害动物，致害植物和其他生物性危险和有害因素
三、环境因素		
室内作业场所环境不良		包括室内地面滑，室内作业场所狭窄，室内作业场所杂乱，室内地面不平，室内梯架缺陷，地面，墙和天花板上的开口缺陷，房屋地基下沉，室内安全通道缺陷，房屋安全出口缺陷，采光照明不良，作业场所空气不良，室内温度、湿度、气压不适，室内给、排水不良，室内涌水，其他室内作业场所环境不良
室外作业场地环境不良		包括恶劣气候与环境，作业场地和交通设施湿滑，作业场地狭窄，作业场地杂乱，作业场地不平，交通环境不良，脚手架、阶梯和活动梯架缺陷，地面开口缺陷，建筑物和其他结构缺陷，门和周界设施缺陷，作业场地基础下沉，作业场地安全通道缺陷，作业场地安全出口缺陷，作业场地光照不良，作业场地空气不良，作业场地温度、湿度、气压不适，作业场地涌水，排水系统故障，其他室外作业场地环境不良
地下(含水下)作业环境不良		包括含隧道/矿井顶面缺陷，隧道/矿井作业面缺陷，隧道/矿井底板缺陷，地下作业面空气不良，地下火，冲击地压(岩爆)，地下水，水下作业供氧不当，其他地下(含水下)作业环境不良
其他作业环境不良		包括强迫体位、综合性作业环境不良，以上未包括的其他作业环境不良
四、管理因素		
管理因素		职业安全卫生管理机构设置和人员配备不健全，职业安全卫生责任制不完善或未落实，职业安全卫生管理规章制度不完善或未落实(包括建设项目“三同时”制度、安全风险分级管控、事故隐患排查治理、培训教育制度、操作规程、其他职业安全卫生管理规章制度不健全)，职业安全卫生投入不足。应急管理缺陷(包括应急资源调查不充分，应急能力、风险评估不全面，事故应急预案缺陷，应急预案培训不到位，应急预案演练不规范，应急演练评估不到位及其他应急管理缺陷)，其他管理因素缺陷

3. 参照事故类别进行分类

根据《企业职工伤亡事故分类》(GB 6441—1986)，综合考虑起因物、引起事故的诱导性原因、致害物、伤害方式等，将危险因素分为20类，包括物体打击、车辆伤害、机械伤害、起重伤害、触电、淹溺、灼烫、火灾、高处坠落、坍塌、冒顶片帮、透水、放炮、火药爆炸、瓦斯爆炸、锅炉爆炸、容器爆炸、其他爆炸、中毒和窒息及其他伤害。

2.4.2.2　危险源辨识的要求

(1)危险源辨识应坚持“横向到边、纵向到底、不留死角”的全覆盖原则，应包括所有设备(装置、电气、特种设备等)和所有场所(办公室、锅炉房、配电间等)以及所有操作及作业活动，涵盖所有常规和非常规状态的作业活动。

(2)不良环境应考虑内部环境和外部环境。

(3)管理缺陷应考虑与法律法规的符合性、自身管理需要及更新情况。

(4)识别时要考虑的活动、产品或服务产生(或可能产生)在三种状态、三种时态的影响。

危险源的三种状态分别是：

①正常：危险源的正常状态，是指在日常的生产条件下可能产生的职业健康安全问题。

②异常：危险源的异常状态，是指在开/关机、停机、检修等可以预见到的情况下产生的与正常状态有较大差异的问题。

③紧急：危险源的紧急状态，如火灾、爆炸、大规模泄漏、设施和仪器故障、台风、洪水等突发情况。

危险源的三种时态分别是：

①过去：危险源的过去时态，是指以往遗留的职业健康安全问题和过去发生的职业健康安全事故等。

②现在：危险源的现在时态，是指组织现在产生的职业健康安全问题。

③将来：危险源的将来时态，是指组织将来产生的职业健康安全问题。

2.4.2.3　收集资料

危险源辨识工作前，应收集企业内外部信息，为后续工作提供充足信息资源，收集的资料应包括：

(1)职业健康安全法律法规和其他要求。

(2)职业健康安全方针。

(3)监视数据。

(4)职业暴露和健康评价。

(5)事件(事故)记录。

(6)以往审核、评价或评审的报告。

(7)来自员工和其他相关方的信息，包括投诉。

(8)其他管理体系的信息(如质量管理或环境管理等)。

(9)员工的职业健康安全协商信息。

(10)工作场所的过程评审和改进活动。

(11)行业的最佳实践和(或)典型危险源的信息。

(12)行业中已发生事件的报告。

(13)生产经营设施、过程和活动的信息等。

2.4.2.4 危险源辨识范围

危险源辨识应覆盖公司所有的生产经营活动，具体包括但不限于以下方面：

(1)厂房内(外)的地理位置。

(2)生产过程或所提供服务的阶段。

(3)常规活动和非常规活动(如停产抢修、更换设备、发生事故等)。

(4)不经常发生的任务。

(5)使用的设备(设施)、工具等。

(6)生产作业设施(含单位所有或租赁使用的)，含机械、液压设备、电气设备。

(7)所有进入作业场所人员(含员工、合同方人员和访问者等)。

(8)人的行为、能力和其他人的因素。

(9)作业环境。

(10)源自工作场所之外但可能对工作场所内的人员产生影响的危险源。

(11)变更(包括管理机制、管理和作业活动的变更；使用材料的变更；或作业活动计划等的变更)。

(12)日常办公、食堂、酒店以及生活区域产生影响的危险源等。

2.4.2.5 危险源辨识的方法

危险源辨识的方法很多，具体选用哪种方法，需要根据分析对象的特点、寿命的不同阶段和分析人员的知识、经验来定，常用的基本方法有以下几种：

(1)访谈询问。与具有某项工作经验的人询问和交谈，能指出工作中的危险源。识别人员作好记录，从中初步分析出工作中存在的危险源。

(2)现场观察。通过对厂区所处地理环境、周边自然环境、厂内功能区划分、设施布局、作业环境、人员行为等现场观察，可发现其中的危害因素。从事现场观察的人员应具备安全技术知识和职业卫生安全法规、标准知识。

(3)类比(水平对比)法。获取具有相同性质或类似企业的危险源辨识材料，由于材料是实践经验的积累和总结，对作业过程、作业环境、人员能力、技术装备等方面具有相似性的企业，在事故类别、伤害方式、伤害部位、事故概率等方面具有较高相似性，可以用来快捷辨识本企业存在的危险源。

(4)过程分析法。划分作业单元，从输入到输出，对工作流程和过程每个环节进行分析，包括工作流程和过程产生不安全行为的可能性。

(5)安全检查表法。为了系统地找出系统中的不安全因素，把系统加以剖析、分解，并根据理论知识、实践经验、有关标准、规范和事故信息等确定检查的项目和要点，以提问的方式将检查项目和要点按系统编制成表，以便进行危险源辨识。

2.4.3 风险评价

风险是指不确定的影响，即发生危害事件或有害暴露的可能性，与随之引发的人身伤害或健康损害的严重性的组合。风险评价是对危险源导致的风险进行评估，对现有控制措施的充分性加以考虑以及对风险是否可接受予以确定的过程，通过分析特定危害事件发生的可能性及其后果的严重性，从而确定风险的大小和等级，根据风险值的高低确定风险控制的优先顺序。

风险评价通常可以采用是非判断法、作业条件危险性分析法(LEC)、风险矩阵法、危险与可操作性分析(HAZOP)故障树分析(FTA)、事件树分析(ETA)等方法。

2.4.3.1 是非判断法

根据制定的评价准则，将实测值与标准值进行对比，或者依靠人的经验进行直觉判断，确定是否为不可接受风险。评价准则可包括：

(1)职业健康安全技术标准、规范要求。

(2)危险作业，包括指定设备的使用及其使用程序或作业指导书、能力要求、特定的入口控制过程和设备的使用、作业即将开始前个人风险评价的权限/指南/指导书/程序等。

(3)危险化学品储存与使用，包括经核准的化学品清单、有害暴露的限制、明确的库存限制、指定的储存场所和条件等。

(4)进入危险区域的作业，包括个体防护装备要求的规范、特定的进入条件、健康和适宜条件等。

(5)承包方执行任务的作业，包括发包工程项目合同及安全协议的要求、承包方人员的能力和(或)培训要求的规范、提供设备的承包方的规范/检验等。

(6)访问者的职业健康安全危险源，包括入口控制措施(出入标志、准入限制)、个体防护装备要求、现场安全简报、应急要求。

(7)涉及发生过死亡事故、重伤事故、三次及以上轻伤事故的风险，且未采取有效的控制措施。

2.4.3.2 作业条件危险评价法(LEC法)

LEC评价法是一种简单易行地评价人们在具有潜在危险性环境中作业时的危险性评价方法，用与系统风险率有关的三种因素[发生事故的可能性大小(L)、人体暴露在这种危险环境中的频繁程度(E)、一旦发生事故会造成的损失后果(C)]指标值之积来评价系统人员伤亡风险的大小，并将所得作业条件危险性数值与规定的作业条件危险性等级相比较，从而确定作业条件的危险程度。

1. 事故发生或危险事件的可能性

用概率来表示事故发生的可能性大小(L)，绝对不可能发生的事故概率为0；必然发生的事故概率为1。从系统安全角度考虑，绝对不发生事故是不可能的，所以人为地将发生事故可能性极小的分数定为0.1，而必然要发生的事故的分数定为10，介于这两种情况之间的情况指定为若干中间值，见表2-4-2。

表2-4-2 事故发生的可能性

分数值	事故发生的可能性(L)
10	完全可能预料
6	相当可能
3	可能，但不经常
1	可能性小，完全意外
0.5	很不可能，可能设想
0.2	极不可能
0.1	实际不可能

2. 暴露于危险环境的频率

一般来说，作业人员暴露于危险作业条件的次数越多，时间越长，则受到伤害的可能性越大，LEC 法把频繁程度分为六个等级，见表 2-4-3。

表 2-4-3　暴露于危险环境的频率

分数值	暴露于危险环境的频率(E)
10	连续暴露
6	每天工作时间内暴露
3	每周一次或偶然暴露
2	每月一次暴露
1	每年几次暴露
0.5	非常罕见暴露

3. 可能造成的后果

事故造成的人身伤害及财产损失变化范围很大，分值范围为 1~100，分为六个等级，将需要人员救护及较小财产损失的分数值定为 1，把造成多人死亡或重大财产损失的分数值定为 100，见表 2-4-4。

表 2-4-4　可能造成的后果

分数值	发生事故产生的后果(C)
100	大灾难，多人死亡，或造成重大财产损失
40	灾难，数人死亡，或造成很大财产损失
15	严重，1 人死亡，或造成一定损失
7	严重，重伤，或较小财产损失
3	重大，伤残，或很小财产损失
1	引人注意，需救护，较小财产损失

4. 风险值计算与分级

根据公式 $D=L\cdot E\cdot C$ 就可以计算作业的危险程度，并判断评价危险性的大小，D 值越大，说明系统危险性越大，需要增加安全措施，直至调整到允许范围。风险值确定后，其危险程度可参考表 2-4-5 进行级别划分。

表 2-4-5　风险等级表

风险等级	D 值	危险程度	对应风险等级
Ⅴ	>320	极其危险，不能继续作业	重大风险
Ⅳ	160~320	高度危险，要立即整改	较大风险
Ⅲ	70~160	显著危险，重点控制	一般风险
Ⅱ	20~70	一般危险，需要控制	低风险
Ⅰ	<20	稍有危险，可以接受	

2.4.3.3 风险矩阵法

风险矩阵是一种以可能性与后果的叠加来表示风险的图表，是安全风险等级量化的最常用工具之一，对识别出存在的风险，分析和评价风险事件发生的可能性和后果，并将严重性和可能性划分为相对的等级，形成安全风险评价矩阵，并赋予一定的加权值，以此定性衡量风险的大小，确定风险级别。

按照公司相关规定，将风险事件发生的可能性与后果的严重性分别分为5个等级，每个级别分别赋值相同的数值，按照风险值 $R = L \times S$，得出风险值的大小。

1. 风险的可能性(L)

依据危害事件发生的可能性，制定相应的量值，判定准则见表2－4－6。

表2－4－6　事故发生的可能性(L)判定准则

等级	标准
5	现场没有采取防范、监测、保护控制措施，或危害的发生不能被发现(没有监测系统)，或在正常情况下经常发生此类事故或事件
4	危害的发生不能被发现，现场没有监测系统，也未进行过任何监测，或在有控制措施，但未有效执行或控制措施不当，或危害发生或预期情况下发生
3	没有保护措施(如没有保护装置、没有个人劳动防护用品等)，或未严格按操作程序执行，或危害的发生容易被发现(现场有监测系统)，或曾经做过监测，或曾经发生类似事故事件
2	危害一旦发生能及时发现并定期监测，或现场有防范控制措施，并能有效执行，或过去偶尔发生事故或事件
1	有充分有效的防范、监测、保护、控制措施，或员工的安全意识相当高，严格执行操作规程，极不可能发生事故或事件

2. 风险后果的严重性(S)

风险后果的严重性从法律法规要求、人员、直接经济损失、停工及企业形象五个方面考虑，分级标准参见表2－4－7，当同一危害事件的发生可能涉及多个后果时，按照五个方面后果最严重的影响等级定级。

表2－4－7　后果的严重程度分级标准

等级	法律、法规及其他要求	人员	直接经济损失	停工	企业形象
5	违反法律、法规和标准	死亡	100万元以上	部分装置(>2套)或设备停工	重大国际影响
4	潜在违反法规和标准	丧失劳动能力	50万元以上	2套装置或设备停工	行业内、省内影响
3	不符合上级或行业的安全方针、制度、规定等	截肢、骨折、听力丧失、慢性病	1万元以上	1套装置或设备停工	地区影响
2	不符合企业的安全操作规程、规定	轻微受伤，间歇不舒服	1万元以下	受影响不大，几乎不停工	公司及周边范围影响
1	完全符合	无伤亡	无损失	没有停工	形象没有受损

3. 风险度的计算

确定了可能性L与后果严重程度S之后，根据风险矩阵可计算风险度R数值，见表2－4－8。

表 2-4-8　风险矩阵图

可能性 \ 严重性	1	2	3	4	5
1	1	2	3	4	5
2	2	4	6	8	10
3	3	6	9	12	14
4	4	8	12	16	20
5	5	10	15	20	25

4. 风险等级判定及控制措施

根据风险矩阵得出风险度的大小之后，需要进一步确定风险等级并采取相应的控制措施，风险等级判定及控制措施要求见表 2-4-9。

表 2-4-9　风险等级判定及控制措施

风险度	风险等级	应采取的行动或控制措施	实施期限
20～25 红色标识	重大风险	在采取措施降低危害前，不能继续作业，对改进措施进行评估	立刻
15～19 橙色标识	较大风险	采取紧急措施降低风险，建立运行控制程序，定期检查、测量及评估	立即或近期整改
8～12 黄色标识	一般风险	可考虑建立目标、建立操作规程，加强培训及沟通	2 年内整改
1～6 蓝色标识	低风险	无须采取控制措施，但需要保存记录	有条件、有经费时治理

2.4.3.4　危险与可操作性分析(HAZOP)

危险与可操作性分析是以系统工程为基础的一种可用于定性分析或定量评价的危险性评价方法。通过分析生产运行过程中工艺状态参数的变动，操作控制中可能出现的偏差，以及这些变动与偏差对系统的影响及可能导致的后果，找出出现变动与偏差的原因，明确装置或系统内及生产过程中存在的主要危险、危害因素，并针对变动与偏差的后果提出应采取的措施。

2.4.3.5　故障树分析(FTA)

根据系统可能发生的事故或已经发生的事故结果，去寻找与该事故发生有关的原因、条件和规律，同时可以辨识出系统中可能导致事故发生的危险源。

2.4.3.6　事件树分析(ETA)

事件树分析是一种逻辑的演绎法，在给定一个初因事件的情况下，分析此初因事件可能导致的各种事件序列的结果，定性与定量地评价系统的特性，从而获得正确的决策。

2.4.3.7　风险评价需考虑的因素

(1)对于可能发生在若干不同现场或场所的典型活动进行风险评价时，应采用(或开发)通用的风险评价方法。

(2)不仅要考虑敏感人群(如怀孕的工作人员等)和易受伤害的群体(如缺乏经验的工作人员等)的风险，还要考虑对执行特定作业存在某种特定感和缺陷的人员的风险(如色盲人员阅读指令的能力等)。

(3)对于可能导致大量人员伤害的危险源，即使这种严重后果发生的可能性较低，也应予以重点考虑。

(4)对因暴露于化学、生物和物理因素中而造成的伤害进行评估，应运用合适的仪器和抽样方法来测量暴露的程度。并考虑到长期的暴露后果，以及多重因素和多重暴露的叠加效应。

2.4.4　风险分级管控

安全风险分级管控是指在风险辨识和风险评估的基础上，预先采取措施消除或控制安全风险的过程，按照组织管理结构，梳理各层级的安全风险防控流程，确定公司级、部门、站队、基层岗位等各层级的生产区风险防控重点，落实各级安全风险防控责任，以加强安全风险防控管理，增强风险防控能力，预防和减少生产安全事故。

2.4.4.1　风险分级管控要求

1. 分级管控责任及管控要求

风险等级越高，管控级别越高，重大风险和较大风险应由公司级组织进行专项管控，一般风险由公司部门负责管控，低风险由站队负责管控；上级负责管控的风险，下级必须负责管控，并逐级落实具体措施。同时应关注运营情况和危险源变化后的风险状况，动态评估、调整风险等级和管控措施，确保风险始终处于受控范围内，不同等级风险的管控责任及管控要求见表2－4－10。

表2－4－10　不同等级风险的管控责任及管控要求

<table>
<tr><th>风险等级</th><th>管控责任</th><th>管控要求</th></tr>
<tr><td>重大风险</td><td>公司、部门、站队、岗位</td><td rowspan="2">明确不可容许的危险内容及可能触发事故的因素，采取针对性安全措施，并制定应急措施</td></tr>
<tr><td>较大风险</td><td>公司、部门、站队、岗位</td></tr>
<tr><td>一般风险</td><td>部门、站队、岗位</td><td>对现有控制措施的充分性进行评估，检查并确认控制程序和措施已经落实，依据ALARP原则增加控制措施</td></tr>
<tr><td>低风险</td><td>站队、岗位</td><td>维持现有管控措施，对执行情况进行审核</td></tr>
</table>

2. 重大风险管控

对重大风险应加强监控，并制定重大风险管控措施。重大风险管控措施应至少包括以下内容：

(1)建立完善安全管理规章制度和安全操作规程，并采取有效措施保证其得到执行。

(2)建立健全安全监测监控体系并保证其有效性和可靠性。

(3)明确关键装置、重点部位的责任人或者责任机构，并定期对安全生产状况进行检查，及时消除事故隐患。

(4)对存在风险的工作场所和岗位，设置明显的告知牌及警示标志。

(5)对岗位员工进行风险教育和培训，培训内容要涵盖岗位风险、防控措施、应急处置方法等。

(6)采取工程技术措施降低风险等级。

2.4.4.2　风险控制的途径和基本原则

风险控制是充分利用现有的技术、能力和管理水平，采取工程技术、教育培训、管理制度、个体防护及应急措施等手段消除、消减和控制危险源，将风险控制在可允许的范围内。

1. 风险控制的途径

风险控制主要从四个方面考虑：

(1)控制物的不安全状态。对于可以尽快消除的缺陷，通过设备维护、检修予以消除；对于无法尽快消除的缺陷，应采取隔离、警告等措施予以控制。

(2)控制人的不安全行为。采取编制安全措施、技术措施以及作业指导书、危险源预控卡等措施对人的不安全行为予以控制，同时采取培训手段，提高人的防范意识。

(3)控制管理存在的缺陷。从保证管理制度的完善性、有效性、准确性、及时性和保证制度的有效执行方面制定措施。

(4)控制环境的不利因素。以作业前的现场勘查为主，从影响安全的各类因素，如天气、道路、临近带电部位等方面进行分析。同时采取培训手段，提高工作人员对危险因素的辨识能力。

2. 风险控制的基本原则

(1)闭环控制原则。系统应包括输入、输出、通过信息反馈进行决策并控制输入这样一个完整的闭环控制过程。只有闭环控制才能达到系统优化的目的。搞好闭环控制，最重要的是必须要有信息反馈和控制措施。

(2)动态控制原则。充分认识系统的运动变化规律，适时正确地进行控制，才能收到预期的效果。

(3)分级控制原则。根据系统的组织结构和危险的分类规律，采取分级控制的原则，使得目标分解，责任分明，最终实现系统总控制。

(4)多层次控制原则。多层次控制可以增加系统的可靠程度。通常包括 6 个层次：根本的预防性控制、补充性控制、防止事故扩大的预防性控制、维护性能的控制、经常性控制以及紧急性控制，各层次控制采用的具体内容随事故危险性质不同而不同。

3. 风险管控措施

风险管控措施应结合风险特点和安全生产法律、法规、规章、标准、规程的规定来制定，风险管控措施包括以下五个方面：

(1)工程技术措施。运用工程技术手段消除不安全因素，实现生产工艺、机械设备等生产条件的本质安全性。

(2)管理制度措施。借助于规章制度、法规等必要的行政乃至法律手段约束人们的行为。使员工按照一定的方式从事工作，并为采取安全技术措施提供依据和方案。

(3)教育培训措施。利用各种形式的安全教育和培训，提高安全员工素质，使员工树立“安全第一”思想，掌握安全生产所必需的知识和技术。

(4)个体防护措施。在具有潜在的人身危险环境中，员工佩戴劳动防护用品如安全带、安全帽、护目镜、空气呼吸器等，可以减轻或避免对人员的伤害 。

(5)应急处置措施。事先制订应急处置程序，保证在潜在事故或紧急情况下做出快速反应，以便预防或减少可能伴随的疾病、伤害、财产损失和环境破坏。

4. 风险控制措施的优先顺序

风险控制要遵循 ALARP(合理实际尽可能低)原则，要求在现有的技术、能力和管理水平上，以相对较低的成本达到最优的安全水平，在选择风险控制措施时，应优先考虑控制措施的优先顺序。

(1)消除。如果可能改变设计以消除危险源，是风险控制的最优选择。该工作必须做吗？对于存在较大风险的作业，是否可以使用机械装置取代人工操作？如引入机械提升装置以消除手举或提重物这一危险行为等。

(2)替代。当无法消除风险时，要努力降低风险，可以用低危害物质替代或降低系统能量(如较低的动力、电流、压力、温度等)。

(3)工程控制措施。通过危险最小化设计减少危险或使用相关设施降低风险，如安装通风系统、机械防护、联锁装置、隔声罩等。

(4)标示、警告和(或)管理控制措施。安全标志、危险区域标识、发光标志、人行道标识、警告器或警告灯、报警器、安全规程、设备检查、门禁控制、作业安全制度、操作牌和工作许可等。

(5)个体防护装备。安全防护眼镜、听力保护器具、面罩、安全带和安全索、口罩和手套。个体防护装备并不能消除风险，只能降低对员工身体造成的伤害。

以上风险控制措施的可靠性依次减弱，这些措施可以单独使用，多数情况下联合使用，如过滤分离器检修作业风险及控制措施参见表2－4－11。

表2－4－11　过滤分离器检修作业风险及控制措施(示例)

项目	子活动	危险源分类	危险源描述	可能导致的风险	控制措施
过滤分离器检修作业	办理检修作业票及调度令	人的不安全行为	(1)未开具检修作业票直接开始检修作业。 (2)未严格执行检修票、调度令。 (3)未按要求落实安全措施	(1)现场作业混乱无秩序。 (2)未按照调度令切断上下游阀门导致检修过程中大量燃气泄漏，停输风险	严格按规定办理检修作业票，工作负责人、工作许可人签字确认，作业许可人现场监督，票证不齐全禁止作业
	现场布置：确定施工区域，设置警戒线、围栏和警告标志	管理因素	(1)标志不清晰、未设置警戒线，无关人员误入。 (2)误操作设备	人员伤害	(1)工作负责人根据施工范围划定施工区域。 (2)悬挂清晰醒目标志，设置警戒带，规划好逃生路线
	关闭上下游阀门、管道放空	物的不安全状态	管道内天然气未放空，带压强开过滤器盲板，盲板在强压下弹射打开，导致大量天然气泄漏	人身伤害、天然气火灾、爆炸	严格执行调度令，监护人员做好现场监护，确认现场阀门状态，放空后检查过滤分离器上下游管道的压力表，确认压力为零；工作负责人检查上下游切断阀门的内漏情况
	氮气置换	物的不安全状态	(1)氮气瓶倾倒接头卡套松动导致氮气泄漏、砸伤工作人员。 (2)氮气置换过程中温度降低，注氮软管结冰	人身伤害、冻伤	选择地面平整区域放置氮气瓶，使用固定装置进行固定。工作人员着劳保装，穿劳保鞋。控制氮气置换速度，防止降压过快结冰，工作人员戴劳保手套

续表

项目	子活动	危险源分类	危险源描述	可能导致的风险	控制措施
过滤分离器检修作业	按照过滤分离器快开盲板操作手册打开快开盲板	物的不安全状态	(1)快开盲板伸缩环开关过程中卡死在中间状态导致盲板无法正常打开，亦无法复位。 (2)硫化亚铁遇大气燃烧	(1)过滤分离器无法正常使用，充压后漏气。 (2)燃烧爆炸	检修前对过滤器伸缩环进行除锈，制作长度合适的防爆敲击杆，防止伸缩环卡死后无法活动。放空过程中剩余 0.5MPa 压力时对过滤器进行排污操作，尽量通过排污管将硫化亚铁排除；准备灭火器及自来水
	清洗擦拭快开盲板上的杂物，检查快开盲板密封圈是否损坏，清理过滤器内杂质	人的不安全行为，环境因素	(1)选择粗砂纸打磨过滤器盲板导致盲板密封面受损。 (2)使用尖锐工具拆卸密封圈造成密封圈损坏	过滤器密封不严漏气	使用除锈剂对盲板进行清理，使用卫生纸擦拭，避免使用粗砂纸。密封圈拆卸时直接用手或选择平口工具
	拆卸滤芯进行检查，必要时更换滤芯，对过滤器筒体杂质进行清理	人的不安全行为	(1)拆卸安装滤芯过程不仔细造成滤芯损坏。 (2)筒体清理不干净或有异物落入	设备损坏	检修人员工作认真仔细，按顺序拆卸、安装滤芯
	关闭快开盲板，充压检测	物的不安全状态	(1)快开盲板密封圈安装不到位造成泄漏。 (2)锁环未回装到位造成快开盲板无法完全关闭	燃气泄漏、燃烧爆炸、人身伤害	(1)密封圈清理仔细认真安装到位，使用黄油进行润滑，确保无杂物。 (2)快开盲板锁环回装到位，镶块回装到位再进行充压检测
	清理现场	环境因素	废弃物(抹布、手套、矿泉水瓶等)、残液、过滤器内固体杂质随意丢弃	环境污染	(1)对施工人员进行环保意识教育。 (2)设置废弃物回收袋，将施工中用的抹布、手套、固体杂质等废弃物统一回收集中处理

2.4.5 重大危险源管理

重大工业事故的发生多数与危险物品的固有危险性及数量有关，为预防重大工业事故发生，强化高风险危险源管理，国家制定了《危险化学品重大危险源监督管理暂行规定》

(国家安全生产监督管理总局40号令)、《危险化学品重大危险源辨识》(GB 18218—2018)等法规与标准，明确了重大危险源的概念，对危险化学品重大危险源的辨识、分级与监督管理等做出相应的规定。

2.4.5.1 重大危险源辨识与分级

重大危险源是指长期或者临时地生产、使用、储存或经营危险物品，且危险物品的数量等于或者超过临界量的单元，其中单元是指涉及危险化学品的生产、储存装置、设施或场所，可分为生产单元和储存单元。

1. 重大危险源辨识依据

企业对本单位的危险化学品生产、经营、储存和使用装置、设施或者场所进行重大危险源辨识应依据《危险化学品重大危险源辨识》(GB 18218—2018)标准进行，辨识流程如图2－4－1所示。

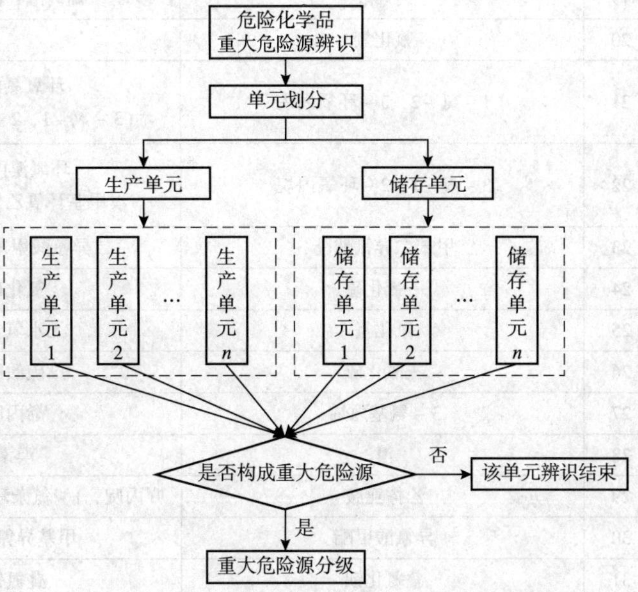

图2－4－1 危险化学品重大危险源辨识流程

危险化学品临界量的确定方法如下：

(1)在表2－4－12范围内的危险化学品，其临界量应按表2－4－12确定；

(2)未在表2－4－12范围内的危险化学品，应依据其危险性，按表2－4－13确定其临界量；若一种危险化学品具有多种危险性，应按其中最低的临界量确定。

表2－4－12 危险化学品名称及其临界量

序号	危险化学品名称和说明	别名	CAS号	临界量/t
1	氨	液氨；氨气	7664－41－7	10
2	二氟化氧	一氧化二氟	7783－41－7	1
3	二氧化氮		10102－440	1
4	二氧化硫	亚硫酸	7446－09－5	20
5	氟		7782－41－4	1
6	碳酰氯	光气	75－44－5	0.3
7	环氧乙烷	氧化乙烯	75－21－8	10
8	甲醛(含量>90%)	蚁醛	50－00－0	5
9	磷化氢	磷化三氢；膦	7803－51－2	1
10	硫化氢		7783－06－4	5
11	氯化氢(无水)		7647－01－0	20
12	氯	液氯；氯气	7782－50－5	5
13	煤气(CO，CO和H_2、CH_4的混合物等)			20

续表

序号	危险化学品名称和说明	别名	CAS 号	临界量/t
14	砷化氢	砷化三氢、胂	7784-42-1	1
15	锑化氢	三氢化锑；锑化三氢；䏲	7803-52-3	1
16	硒化氢		7783-07-5	1
17	溴甲烷	甲基溴	74-83-9	10
18	丙酮氰醇	丙酮合氰化氢；羟基异丁腈；氰丙醇	75-86-5	20
19	丙烯醛	烯丙醛；败脂醛	107-02-8	20
20	氟化氢		7664-39-3	1
21	1-氯-2，3-环氧丙烷	环氧氯丙烷（3-氯-1，2-环氧丙烷）	106-89-8	20
22	3-溴-1，2-环氧丙烷	环氧溴丙烷；溴甲基环氧乙烷；表溴醇	3132-64-7	20
23	甲苯二异氰酸酯	二异氰酸甲苯酯；TDI	26471-62-5	100
24	一氯化硫	氯化硫	10025-67-9	1
25	氰化氢	无水氢氰酸	74-90-8	1
26	三氧化硫	硫酸酐	7446-11-9	75
27	3-氨基丙烯	烯丙胺	107-11-9	20
28	溴	溴素	7726-95-6	20
29	乙撑亚胺	吖丙啶；1-氮杂环丙烷；氮丙啶	151-56-4	20
30	异氰酸甲酯	甲基异氰酸酯	624-83-9	0.75
31	叠氮化钡	叠氮钡	18810-58-7	0.5
32	叠氮化铅		13424-46-9	0.5
33	雷汞	二雷酸汞；雷酸汞	628-86-4	0.5
34	三硝基苯甲醚	三硝基茴香醚	28653-16-9	5
35	2，4，6-三硝基甲苯	梯恩梯；TNT	118-96-7	5
36	硝化甘油	硝化丙三醇；甘油三硝酸酯	55-63-0	1
37	硝化纤维素[干的或含水(或乙醇)<25%]	硝化棉	9004-70-0	1
38	硝化纤维素(未改型的，或增塑的，含增塑剂<18%)			1
39	硝化纤维素(含乙醇>25%)			10
40	硝化纤维素(含氮<12.6%)			50
41	硝化纤维素(含水>25%)			50
42	硝化纤维素溶液(含氮量<12.6%，含硝化纤维素<55%)	硝化棉溶液	9004-70-0	50
43	硝酸铵(含可燃物>0.2%，包括以碳计算的任何有机物，但不包括任何其他添加剂)		6484-52-2	5
44	硝酸铵(含可燃物<0.2%)		6484-52-2	50
45	硝酸铵肥料(含可燃物<0.4%)			200

续表

序号	危险化学品名称和说明	别名	CAS号	临界量/t
46	硝酸钾		7757-79-1	1000
47	1，3-丁二烯	联乙烯	106-99-0	5
48	二甲醚	甲醚	115-10-6	50
49	甲烷，天然气		74-82-8(甲烷) 8006-14-2 (天然气)	50
50	氯乙烯	乙烯基氯	75-01-4	50
51	氢	氢气	1333-74-0	5
52	液化石油气(含丙烷、丁烷及其混合物)	石油气(液化的)	68476-85-7 74-98-6(丙烷) 106-97-8(丁烷)	50
53	一甲胺	氨基甲烷；甲胺	74-89-5	5
54	乙炔	电石气	74-86-2	1
55	乙烯		74-85-1	50
56	氧(压缩的或液化的)	液氧；氧气	7782-44-7	200
57	苯	纯苯	71-43-2	50
58	苯乙烯	乙烯苯	100-42-5	500
59	丙酮	二甲基酮	67-64-1	500
60	2-丙烯腈	丙烯腈；乙烯基氰；氰基乙烯	107-13-1	50
61	二硫化碳		75-15-0	50
62	环己烷	六氢化苯	110-82-7	500
63	1，2-环氧丙烷	氧化丙烯；甲基环氧乙烷	75-56-9	10
64	甲苯	甲基苯；苯基甲烷	108-88-3	500
65	甲醇	木醇；木精	67-56-1	500
66	汽油(乙醇汽油、甲醇汽油)		86290-81-5 (汽油)	200
67	乙醇	酒精	64-17-5	500
68	乙醚	二乙基醚	60-29-7	10
69	乙酸乙酯	醋酸乙酯	141-78-6	500
70	正己烷	己烷	110-54-3	500
71	过乙酸	过醋酸；过氧乙酸；乙酰过氧化氢	79-21-0	10
72	过氧化甲基乙基酮(10% <有效氧含量<10.7%，含A型稀释剂>48%)		1338-23-4	10
73	白磷	黄磷	12185-10-3	50
74	烷基铝	三烷基铝		1
75	戊硼烷	五硼烷	19624-22-7	1

续表

序号	危险化学品名称和说明	别名	CAS 号	临界量/t
76	过氧化钾		17014-71-0	20
77	过氧化钠	双氧化钠；二氧化钠	1313-60-6	20
78	氯酸钾		3811-04-9	100
79	氯酸钠		7775-09-9	100
80	发烟硝酸		52583-42-3	20
81	硝酸(发红烟的除外，含硝酸>70%)		7697-37-2	100
82	硝酸胍	硝酸亚氨脲	506-93-4	50
83	碳化钙	电石	75-20-7	100
84	钾	金属钾	7440-09-7	1
85	钠	金属钠	7440-23-5	10

表2-4-13　未在表2-4-12中列举的危险化学品类别及其临界量

类别	符号	危险性分类及说明	临界量/t
健康危害	J (健康危害性符号)	—	—
急性毒性	J1	类别1，所有暴露途径，气体	5
	J2	类别1，所有暴露途径，固体、液体	50
	J3	类别2、类别3，所有暴露途径，气体	50
	J4	类别2、类别3，吸入途径，液体(沸点<35°C)	50
	J5	类别2，所有暴露途径，液体(除J4外)、固体	500
物理危险	W (物理危险性符号)	—	—
爆炸物	W1.1	——不稳定爆炸物 ——1.1项爆炸物	1
	W1.2	1.2项、1.3项、1.5项、1.6项爆炸物	10
	W1.3	1.4项爆炸物	50
易燃气体	W2	类别1和类别2	10
气溶胶	W3	类别1和类别2	150(净质量)
氧化性气体	W4	类别1	50
易燃液体	W5.1	——类别1 ——类别2和类别3，工作温度高于沸点	10
	W5.2	——类别2和类别3，具有引发重大事故的特殊工艺条件，包括危险化工工艺、爆炸极限范围或附近操作、操作压力大于1.6 MPa等	50
	W5.3	——不属于W5.1或W5.2的其他类别2	1000
	W5.4	——不属于W5.1或W5.2的其他类别3	5000

续表

类别	符号	危险性分类及说明	临界量/t
自反应物质和混合物	W6.1	A型和B型自反应物质和混合物	10
	W6.2	C型、D型、E型自反应物质和混合物	50
有机过氧化物	W7.1	A型和B型有机过氧化物	10
	W7.2	C型、D型、E型、F型有机过氧化物	50
自燃液体和自燃固体	W8	类别1自燃液体 类别1自燃固体	50
氧化性固体和液体	W9.1	类别1	50
	W9.2	类别2、类别3	200
易燃固体	W10	类别1易燃固体	200
遇水放出易燃气体的物质和混合物	W11	类别1和类别2	200

2. 重大危险源的辨识指标

生产单元、储存单元内存在危险化学品的数量等于或超过表2-4-12和表2-4-13规定的临界量，即被定为重大危险源。单元内存在的危险化学品的数量根据危险化学品种类的多少区分为以下两种情况：

①生产单元、储存单元内存在的危险化学品为单一品种时，该危险化学品的数量即为单元内危险化学品的总量，若等于或超过相应的临界量，则定为重大危险源。

②生产单元、储存单元内存在的危险化学品为多品种时，按式(2-4-1)计算，若满足式(2-4-1)，则定为重大危险源：

$$S = q_1/Q_1 + q_2/Q_2 + \cdots + q_n/Q_n \geqslant 1 \qquad (2-4-1)$$

式中，S为辨识指标；q_1，q_2，…，q_n为每种危险化学品的实际存在量，t；Q_1，Q_2，…，Q_n为与每种危险化学品相对应的临界量，t。

危险化学品储罐以及其他容器、设备或仓储区的危险化学品的实际存在量按设计最大量确定。对于危险化学品混合物，如果混合物与其纯物质属于相同危险类别，则视混合物为纯物质，按混合物整体进行计算。如果混合物与其纯物质不属于相同危险类别，则应按新危险类别考虑其临界量。

3. 重大危险源分级

重大危险源的分级指标采用单元内各种危险化学品实际存在量与其相对应的临界量比值，经校正系数校正后的比值之和R作为分级指标。

重大危险源的分级指标按式(2-4-2)计算。

$$R = \alpha\{\beta_1 \times q_1/Q_1 + \beta_2 \times q_2/Q_2 + \cdots + \beta_n \times q_n/Q_n\} \qquad (2-4-2)$$

式中，R为重大危险源分级指标；α为该危险化学品重大危险源厂区外暴露人员的校正系数；β_1，β_2，…，β_n为与每种危险化学品相对应的校正系数；q_1，q_2，…，q_n为每种危险化学品实际存在量，t；Q_1，Q_2，…，Q_n为与每种危险化学品相对应的临界量，t。

根据单元内危险化学品的类别不同，设定校正系数值。在表2-4-14范围内的危险化学品，其β值按表2-4-14确定；未在表2-4-14范围内的危险化学品，其β值按表2-4-15确定。

表2-4-14　毒性气体校正系数β取值表

名称	校正系数β
一氧化碳	2
二氧化硫	2
氨	2
环氧乙烷	2
氯化氢	3
溴甲烷	3
氯	4
硫化氢	5
氟化氢	5
二氧化氮	10
氰化氢	10
碳酰氯	20
磷化氢	20
异氰酸甲酯	20

表2-4-15　未在表2-4-14中列举的危险化学品校正系数β取值表

类别	符号	β校正系数
急性毒性	J1	4
	J2	1
	J3	2
	J4	2
	J5	1
爆炸物	W1.1	2
	W1.2	2
	W1.3	2
易燃气体	W2	1.5
气溶胶	W3	1
氧化性气体	W4	1
易燃液体	W5.1	1.5
	W5.2	1
	W5.3	1
	W5.4	1
自反应物质和混合物	W6.1	1.5
	W6.2	1

续表

类别	符号	β校正系数
有机过氧化物	W7.1	1.5
	W7.2	1
自燃液体和自燃固体	W8	1
氧化性固体和液体	W9.1	1
	W9.2	1
易燃固体	W10	1
遇水放出易燃气体的物质和混合物	W11	1

根据危险化学品重大危险源的厂区边界向外扩展500m范围内常住人口数量，按照表2-4-16设定暴露人员校正系数α值。

表2-4-16 暴露人员校正系数α取值表

厂外可能暴露人员数量	校正系数α
100人以上	2.0
50~99人	1.5
30~49人	1.2
1~29人	1.0
0人	0.5

4. 重大危险源分级标准

根据计算出来的R值，按表2-4-17确定危险化学品重大危险源的级别。

表2-4-17 重大危险源级别和R值的对应关系

重大危险源级别	R值
一级	$R \geqslant 100$
二级	$100 > R \geqslant 50$
三级	$50 > R \geqslant 10$
四级	$R < 10$

2.4.5.2 重大危险源的评估

企业应组织本单位的注册安全工程师、技术人员或者聘请有关专家进行安全评估，也可以委托具有相应资质的安全评价机构进行安全评估，有下列情形之一的，应当委托具有相应资质的安全评价机构，按照有关标准的规定采用定量风险评价方法进行安全评估：

(1)构成一级或者二级重大危险源，且毒性气体实际存在(在线)量与其在《危险化学品重大危险源辨识》中规定的临界量比值之和大于或等于1的；

(2)构成一级重大危险源，且爆炸品或液化易燃气体实际存在(在线)量与其在《危险化学品重大危险源辨识》中规定的临界量比值之和大于或等于1的。

重大危险源安全评估可以与安全评价一起进行，以安全评价报告代替安全评估报告，也可以单独进行重大危险源安全评估，重大危险源安全评估报告应当客观公正、数据准确、内容完整、结论明确、措施可行，并包括下列内容：

——评估的主要依据；

——重大危险源的基本情况；

——事故发生的可能性及危害程度；

——个人风险和社会风险值(仅适用定量风险评价方法)；

——可能受事故影响的周边场所、人员情况；

——重大危险源辨识、分级的符合性分析；

——安全管理措施、安全技术和监控措施；

——事故应急措施；

——评估结论与建议。

有下列情形之一的，危险化学品单位应当对重大危险源重新进行辨识、安全评估及分级：

——重大危险源安全评估已满三年的；

——构成重大危险源的装置、设施或者场所进行新建、改建、扩建的；

——危险化学品种类、数量、生产、使用工艺或者储存方式及重要设备、设施等发生变化，影响重大危险源级别或者风险程度的；

——外界生产安全环境因素发生变化，影响重大危险源级别和风险程度的；

——发生危险化学品事故造成人员死亡，或者 10 人以上受伤，或者影响到公共安全的；

——有关重大危险源辨识和安全评估的国家标准、行业标准发生变化的。

2.4.5.3 应急管理

企业应当制定重大危险源事故应急预案，建立应急救援组织或者配备应急救援人员，配备必要的防护装备及应急救援器材、设备、物资，并保障其完好和方便使用；配合地方人民政府安全生产监督管理部门制定所在地区涉及本单位的危险化学品事故应急预案。

2.4.5.4 重大危险源的监测监控

企业应当根据构成重大危险源的危险化学品种类、数量、生产、使用工艺(方式)和相关设备、设施等实际情况，按照下列要求建立健全安全监测监控体系，完善控制措施。

(1)重大危险源配备温度、压力、液位、流量、组分等信息的不间断采集和监测系统以及可燃气体和有毒有害气体泄漏检测报警装置，并具备信息远传、连续记录、事故预警、信息存储等功能；一级或者二级重大危险源，具备紧急停车功能。

(2)重大危险源的化工生产装置装备满足安全生产要求的自动化控制系统；一级或者二级重大危险源，装备紧急停车系统。

(3)对重大危险源中的毒性气体、剧毒液体和易燃气体等重点设施，设置紧急切断装置；毒性气体的设施，设置泄漏物紧急处置装置。涉及毒性气体、液化气体、剧毒液体的一级或者二级重大危险源，配备独立的安全仪表系统(SIS)。

(4)重大危险源中储存剧毒物质的场所或者设施，设置视频监控系统，安全监测监控系统符合国家标准或者行业标准的规定。

企业应当按照国家有关规定，定期对重大危险源的安全设施和安全监测监控系统进行检测、检验，并进行经常性维护、保养，保证重大危险源的安全设施和安全监测监控系统有效、可靠运行。

2.4.5.5 重大危险源的应急管理

企业应当对重大危险源的管理和操作岗位人员进行安全操作技能培训，使其了解重大危险源的危险特性，熟悉重大危险源安全管理规章制度和安全操作规程，掌握本岗位的安全操作技能和应急措施。在应急管理方面还应做到：

(1)在重大危险源所在场所设置明显的安全警示标志，写明紧急情况下的应急处置办法。

(2)将重大危险源可能发生的事故后果和应急措施等信息，以适当方式告知可能受影响的单位、区域及人员。

(3)制定重大危险源事故应急预案，建立应急救援组织或者配备应急救援人员，配备必要的防护装备及应急救援器材、设备、物资，并保障其完好和方便使用；配合地方人民政府安全生产监督管理部门制定所在地区涉及本单位的危险化学品事故应急预案。

(4)对存在吸入性有毒、有害气体的重大危险源，应当配备便携式浓度检测设备、空气呼吸器、化学防护服、堵漏器材等应急器材和设备；涉及剧毒气体的重大危险源，还应当配备两套以上(含本数)气密型化学防护服；涉及易燃易爆气体或者易燃液体蒸气的重大危险源，还应当配备一定数量的便携式可燃气体检测设备。

(5)制定重大危险源事故应急预案演练计划，对重大危险源专项应急预案，每年至少进行一次；对重大危险源现场处置方案，每半年至少进行一次。应急预案演练结束后，危险化学品单位应当对应急预案演练效果进行评估，撰写应急预案演练评估报告，分析存在的问题，对应急预案提出修订意见，并及时修订完善。

2.4.5.6 重大危险源的档案管理

企业应当对辨识确认的重大危险源及时、逐项进行登记建档。重大危险源档案应当包括下列文件、资料：

(1)辨识、分级记录。

(2)重大危险源基本特征表。

(3)涉及的所有化学品安全技术说明书。

(4)区域位置图、平面布置图、工艺流程图和主要设备一览表。

(5)重大危险源安全管理规章制度及安全操作规程。

(6)安全监测监控系统、措施说明、检测、检验结果。

(7)重大危险源事故应急预案、评审意见、演练计划和评估报告。

(8)安全评估报告或者安全评价报告。

(9)重大危险源关键装置、重点部位的责任人、责任机构名称。

(10)重大危险源场所安全警示标志的设置情况。

(11)其他文件、资料。

企业在完成重大危险源安全评估报告或者安全评价报告后15日内，应当填写重大危险源备案申请表，连同重大危险源档案材料，报送所在地县级人民政府安全生产监督管理部门备案。当重大危险源重新辨识时档案材料应更新并向所在地县级人民政府安全生产监督管理部门重新备案。

2.4.6 事故隐患排查治理

事故隐患是导致事故发生的条件，隐患排查治理是预防事故的第二道防火墙，各级、各岗位人员应树立隐患就是事故的理念，经常性开展隐患排查工作，认真排查风险管控过程中出现的缺失、漏洞和风险控制失效环节，把隐患消灭在事故发生之前。

2.4.6.1 事故隐患排查的要求

事故隐患指生产经营单位违反安全生产法律、法规、规章、标准、规程和安全生产管理制度的规定，或者因其他因素在生产经营活动中存在可能导致事故发生的物的危险状态、人的不安全行为和管理上的缺陷。

企业应组织安全生产管理人员、工程技术人员、岗位员工以及其他相关人员依据国家法律法规、标准和企业管理制度，对照风险分级管控措施的有效落实情况，对本单位的事故隐患进行排查，事故隐患排查的基本要求有：

(1)事故隐患排查应坚持综合检查、日常检查、专项检查相结合的原则，做到隐患排查制度化、标准化、经常化，全面覆盖，责任到人。

(2)多开展“四不两直”检查，以暗查暗访、突击检查、随机抽查、回头看复查等方式，提高隐患排查实效。

(3)隐患排查应依据充分、内容具体，编制针对性检查表，科学、规范开展隐患排查活动。

(4)认真填写检查记录，对检查发现问题应及时以书面形式下发事故隐患整改通知单或检查通知。综合检查和重要的专项检查结束后，各检查组要编写检查报告或检查意见。

(5)对法定的检测检查，各单位应积极配合，按照规范标准定期开展法定检测工作。接受政府部门组织的督查后，各部门(单位)应将检查情况及时向公司报告。

2.4.6.2 事故隐患排查的主要方式

事故隐患排查分为外部排查和内部排查。外部排查是指按照国家安全法规要求进行的法定监督、检测检查，以及政府部门、上级领导单位组织的安全督查；内部排查是公司、各部门(单位)根据生产情况开展计划性和临时性的检查活动。内部排查主要有综合性隐患排查、日常隐患排查、专项隐患排查、事故类比隐患排查、安全承包隐患排查等。

1. 综合性隐患排查

综合安全检查是以安全责任制、各项专业管理制度和安全生产管理制度落实情况为重点，各有关专业和部门共同参与的全面隐患排查，分为企业级和基层单位级，分别按照不同的周期定期开展。

2. 日常隐患排查

日常隐患排查包括班组、岗位员工的交接班检查和班中巡回检查，以及基层单位领导和工艺、电气、通信、自控仪表、阴(极)保(护)防腐、安全、消防、暖通、职业卫生等专业技术人员的经常性检查。日常排查要加强对关键装置、要害部位的危险点进行重点检查和巡查。

3. 专项隐患排查

专项隐患排查包括季节性隐患排查、专业隐患排查、重大活动及节假日前隐患排查。

季节性检查是根据各季节特点开展的专项检查。春季安全大检查以防雷、防静电、防解冻跑漏为重点；夏季安全大检查以防暑降温、防食物中毒、防洪防汛为重点；秋季安全大检查以防火、防冻保温为重点；冬季安全大检查以防火、防爆、防煤气中毒、防冻防凝、防滑为重点。

专业隐患排查主要是指是对生产设备设施、运行关键设备设施、特种设备设施、安全和卫生装备、监测仪器、危险物品、运输车辆等系统分别进行的专业检查以及新装置竣工及试运行等时期进行的专项安全检查。

重大活动隐患排查主要是指在重大庆典、大型赛事等活动前，根据国家、行业或地方政府有关工作要求，组织开展的安全保卫、天然气供应保障、反恐及信访维稳等方面的检查工作。

节假日前隐患排查主要是节日前对安全、保卫、消防、生产准备、备用设备、交通、应急预案进行的检查。特别应对节日期间领导干部、管理人员和检维修队伍值班安排、车辆值班和安全管理，以及原辅料、备品备件、存在隐患的防范措施和应急预案的落实情况进行重点检查。

4. 事故类比隐患排查

事故类比隐患排查是对企业内和同类企业发生事故后的举一反三的安全检查。当获知同类企业发生伤亡及泄漏、火灾爆炸等事故时，及时进行事故类比隐患专项排查。

5. 安全承包隐患排查

企业领导层、机关科室负责人、基层单位负责人应分级承包关键装置、要害部位，定期开展对承包单位的事故隐患排查，督促、指导基层安全工作的开展，并将检查情况进行记录。

2.4.6.3 开展事故隐患排查频次

开展事故隐患排查的频次应满足：

(1)现场操作人员应当按照规定时间间隔进行巡检，及时发现并报告事故隐患。

(2)基层班组应当结合班组安全活动，至少每周组织一次事故隐患排查。

(3)基层单位应当结合岗位责任制检查，至少每月组织一次事故隐患排查。

(4)企业根据季节性特征及单位实际，至少每个季度开展一次季节性事故隐患排查，重大活动及节假日前应当进行一次事故隐患排查。

(5)当出现下列情况时，企业应及时组织开展隐患排查：

①法律法规、标准规范和上级制度颁布执行或重新修订的。

②组织机构和人员发生重大调整的。

③区域位置、物料介质、工艺、设备、电气、仪表、操作参数等发生重大变化的。

④本单位发生生产安全事故或同类单位发生安全事故的。

⑤外部安全生产环境发生重大变化的。

⑥气候条件发生重大变化或预报可能发生重大自然灾害前。

2.4.6.4 事故隐患排查内容

事故隐患按内容可分为基础管理类隐患和生产现场类隐患两大类。

1. 基础管理类事故隐患

基础管理类事故隐患是指生产经营单位安全管理体制、机制及程序等方面存在的缺陷，隐患内容见表2－4－18。

表 2-4-18　基础管理类事故隐患

序号	隐患类别	主要隐患内容
1	资质证照	缺少资质证照，资质证照未合法有效
2	安全生产管理机构	安全生产管理机构(含职业健康管理机构)设置缺陷或人员配备缺陷
3	安全规章制度	安全生产责任制缺陷、管理制度缺陷、安全操作规程或制度管理缺陷
4	安全培训教育	主要负责人与安全管理人员、特种作业人员与特种设备作业人员、一般从业人员等教育培训不足
5	安全投入	安全投入不足、安全投入使用缺陷
6	相关方管理	相关方资质、安全职责约定、安全教育、监督管理等缺陷
7	重大危险源管理	重大危险源辨识与评估、登记建档备案、重大危险源监控预警等缺陷
8	个体防护装备	个体防护装备配备、管理等缺陷
9	职业健康	职业病危害项目申报、职业病危害因素检测评价与告知、职业健康检查等缺陷
10	应急管理	应急组织机构和队伍、应急预案制定及管理、应急演练实施及评估总结、应急物资配备与管理等缺陷
11	隐患排查治理	事故隐患排查、治理或上报不足
12	事故管理	事故报告缺陷，事故调查和处理缺陷

2. 生产现场类事故隐患

现场管理类事故隐患是指生产经营单位在作业场所环境、设备设施、各类原材料、人员技能、个体防护及作业行为等方面存在的缺陷，见表 2-4-19。

表 2-4-19　现场管理类事故隐患

序号	隐患类别	隐患内容
1	作业场所	作业场所选址缺陷、设计与施工缺陷、平面布局缺陷、场地狭窄杂乱、地面开口缺陷、安全逃生通道缺陷、交通线路缺陷、安全标志缺陷等
2	设备设施	工艺流程缺陷、通用设备设施、专用设备设施、特种设备、消防设备、电气设备及有较大危险因素设备设施缺陷等
3	防护、保险、信号等装置装备	无防护、防护装置或设施缺陷、防护不当等
4	原辅物料、产品	一般物品处置不当或危险化学品处置不当等
5	职业病危害	职业病危害超标或职业病危害因素标识不清
6	相关方作业	相关方未按规定办理相关手续或进入不应进入场所等缺陷
7	人员行为方面	违章指挥、操作错误、使用不安全设备或工具、工具或设备使用错误、冒险作业、违反劳动纪律等
8	个体防护	个体防护装备未使用或使用不当等缺陷
9	作业许可	特殊作业前未办理许可手续或安全措施不落实等缺陷

2.4.6.5　事故隐患分级与重大生产安全事故隐患的判定

按照危害大小和治理难易程度，事故隐患分为一般事故隐患和重大事故隐患。一般事故隐患指危害和整改难度较小，发现后能够立即整改排除的隐患。重大事故隐患指危害和整改难度较大，应当全部或者局部停产停业，并经过一定时间整改治理方能排除的隐患，或者因外部因素影响致使生产经营单位自身难以排除的隐患。

为准确判定并及时整改重大生产安全事故隐患，公司参照国家有关标准及公司实际情况，确定共有4个类别37项直接判定为重大隐患，见表2-4-20。

表2-4-20 重大生产安全事故隐患判定

序号	重大生产安全事故隐患内容
一	危化品管理类
1	危险化学品生产、经营单位主要负责人和安全生产管理人员未依法经考核合格
2	特种作业人员未持证上岗
3	涉及“两重点一重大”的生产装置、储存设施外部安全防护距离不符合国家标准要求
4	构成一级、二级重大危险源的危险化学品罐区未实现紧急切断功能；涉及毒性气体、液化气体、剧毒液体的一级、二级重大危险源的危险化学品罐区未配备独立的安全仪表系统
5	地区架空电力线路穿越生产区且不符合国家标准要求
6	在役化工装置未经正规设计且未进行安全设计诊断
7	使用淘汰落后安全技术工艺、设备目录列出的工艺、设备
8	涉及可燃和有毒有害气体泄漏的场所未按国家标准设置检测报警装置，爆炸危险场所未按国家标准安装使用防爆电气设备
9	控制室或机柜面具有爆炸、火灾危险装置一侧，且不符合国家标准关于防火防爆的要求
10	化工生产装置未按国家标准要求设置双重电源供电，自动化控制系统未设置不间断电源
11	安全阀、爆破片等安全附件未正常投用
12	未建立与岗位相匹配的全员安全生产责任制或者未制定实施生产安全事故隐患排查治理制度
13	未制定操作规程和工艺控制指标
14	未按照国家标准制定动火、进入受限空间等特殊作业管理制度，或者制度未有效执行
15	未按国家标准分区分类储存危险化学品，超量、超品种储存危险化学品，相互禁配物质混放混存
二	消防管理类
1	生产、储存和装卸易燃易爆危险品的工厂、仓库和专用车站、码头、储罐区，未设置在城市的边缘或相对独立的安全地带
2	生产、储存、经营易燃易爆危险品的场所与人员密集场所、居住场所设置在同一建筑物内，或与人员密集场所、居住场所的防火间距小于国家工程建设消防技术标准规定值75%
3	甲、乙类生产场所和仓库设置在建筑的地下室或半地下室
4	易燃可燃液体、可燃气体储罐（区）未按国家工程建设消防技术标准的规定设置固定灭火、冷却、可燃气体浓度报警、火灾报警设施
5	在人员密集场所违反消防安全规定使用、储存或销售易燃易爆危险品
6	人员密集场所的居住场所采用彩钢夹芯板搭建，且彩钢夹芯板芯材的燃烧性能等级低于GB 8624规定的A级
三	长输管道类
1	建（构）筑物占压管道保护范围：埋地输气管道中心线各两侧5m地域范围内被建（构）筑物占压（如房屋、有地基温室、存在施工活动的水塘沟渠、实体围墙等）
2	大型物料或设备堆压在管道保护范围：埋地输气管道中心线各两侧5m地域堆放不可移除易燃易爆物品，以及在地面管道线路、架空管道线路和管桥上放置重物

续表

序号	重大生产安全事故隐患内容
3	管道与人口密集区、建构筑物间距不足
4	管道与易燃易爆场所间距不足
5	管道与特殊作业间距不足
6	地下设施与管道交叉、并行不符合标准规范要求
7	管道与铁路交叉并行不符合标准规范要求
8	管道与公路交叉并行不符合标准规范要求
9	与河流、水源地交叉、并行不符合标准规范要求
10	管道存在中级及以上地质灾害风险
11	管道位于地震带影响区域，且不满足 GB/T 50470—2017 相关设计要求
12	管体缺陷超标：管道本体或附属设施存在缺陷经相关标准规范评定为不合格或应维修
13	管道埋深不足：埋地输气管道管顶覆土厚度小于 0.5m
14	腐蚀防护系统有效性不足
四	受限空间作业
1	未对受限空间作业场所进行辨识并设置明显安全警示标示
2	未落实作业审批制度，擅自进入有限空间作业

2.4.6.6 事故隐患治理

事故隐患治理是消除或控制事故隐患的活动或过程。各部门(单位)应将事故隐患排查治理纳入安全监管和日常生产的重要内容，完善各级各类危险源、事故隐患动态监控体系。对于排查出的事故隐患，应当按照事故隐患的等级进行分类治理，事故隐患治理应做到举一反三，深入剖析管理中存在的问题，采取可靠的防范措施。隐患治理工作流程如图 2-4-2 所示。

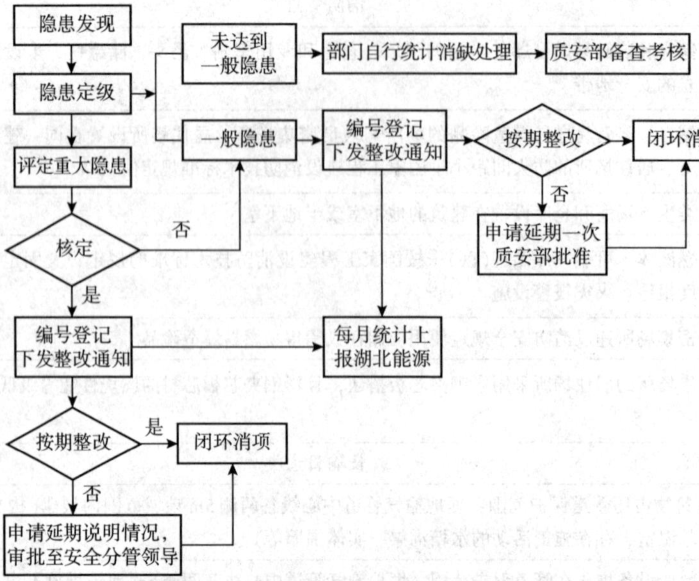

图 2-4-2 隐患排查治理工作流程图

1. 一般事故隐患的治理

(1)下发整改通知单。

对定级为一般等级的事故隐患，质量安全部下发《安全生产整改通知单》，各整改责任单位按要求及时开展隐患治理工作。

(2)事故隐患的销项。

整改完成后由整改责任部门(单位)按“一患一卡”原则填写《安全生产隐患治理档案卡》，提交至质量安全部销项后存档。

(3)事故隐患治理的延期。

若未按时完成整改项，责任部门(单位)填写《安全生产隐患治理档案卡》，提前3d提出，经责任部门(单位)分管领导批准延期申请，说明合理理由，质量安全部批准后予以延期。隐患项目只可延期一次。

2. 重大事故隐患的治理

重大事故隐患经核定后，公司主要负责人组织制定和审批治理方案，相关责任部门(单位)具体负责，采取强制性监控措施，限期整改。

(1)重大事故隐患治理方案。

重大事故隐患治理方案应当包括的内容：

①治理的目标和任务；

②采取的方法；

③经费和物资的落实；

④负责治理的机构和人员；

⑤治理的时限和要求；

⑥安全措施和应急预案。

(2)事故隐患治理过程要求。

重大事故隐患在治理前应采取临时控制措施，并制定应急预案。治理过程中应严格按照经审批的方案实施，并有效落实各项安全防范措施。

(3)治理信息上报。

重大事故隐患责任部门(单位)应每周向质量安全部报送治理进展，公司每周根据湖北能源要求每周报送治理进展，直至整改完成。对重大事故隐患治理不及时不彻底的，按照相关规定进行责任追究和惩处。

(4)事故隐患治理的验收。

重大事故隐患治理完成后，责任部门(单位)应及时提出验收申请，由公司主要负责人组织技术人员和专家对重大事故隐患治理情况进行验收。

(5)重大事故隐患的延期。除按照一般事故隐患延期的规定流程外，还需提请分管安全副总经理批准后才予以延期。

2.4.6.7 事故隐患的统计与上报

(1)各部门(单位)应逐级建立事故隐患管理台账，及时将识别出的事故隐患纳入台账，并做好部门(单位)范围内事故隐患的汇总、统计、分析等数据统计及信息报送等工作。

(2)质量安全部做好全公司范围内一般及以上事故隐患的汇总、统计、分析等数据统计，每月定期公布数据信息，同时按照要求向上级上报相关数据信息和风险管控和隐患排查治理情况总结。

(3)对重大事故隐患登记建档，将重大事故隐患治理方案、整改完成情况、验收报告等应及时归入重大事故隐患档案。

2.5　工作票制度与特殊作业安全

在施工及检维修作业中，特别容易发生安全事故，尤其是涉及动火、受限空间等高危作业。公司依照国家有关规定及企业生产实际，对检维修作业及特殊作业分别制定了工作票管理规定、动火作业安全管理规定等一系列制度，只有严格遵守管理规定，保证制度的有效运行，才能实现检维修作业过程的安全。

2.5.1　工作票管理

工作票制度是指在生产运行现场进行检维修工作前，必须办理工作票并经过许可、签发后才能实施作业的一种管理制度，通过工作票管理系统，可以全面辨识和有效管控作业活动的安全风险，保障作业活动安全有序进行。

2.5.1.1　工作票管理的相关职责

为落实工作票管理要求，工作票管理相关人员如工作票签发人、负责人、许可人和监护人等必须经公司组织的安规考试合格，具备相应的能力，履行相应的工作职责。

1. 工作负责人

工作负责人是指经公司审核批准的，组织维修队人员或第三方单位人员开展检维修工作的人员，在专业技术和组织能力上应能够胜任工作任务，并能保证检修工作安全和质量。工作负责人职责包括：

(1)安全有序地组织开展检修作业；

(2)根据检维修作业内容开展安全风险辨识，并逐一针对性制定安全控制措施；

(3)向参与检维修作业的维修人员合理布置工作任务，工作前组织开展安全技术交底，详细交代作业范围、作业内容、安全风险点以及应采取的安全措施；

(4)督促参加检维修人员遵守公司安全规章制度、操作规程以及工作票内安全措施，并正确使用劳动保护用品；

(5)根据检修工作任务合理布置作业现场，必要时做好隔离和围挡；

(6)参与、督导、监护作业过程，直至作业终结，并做到工完场清。

2. 工作票签发人

工作票签发人是指经公司审核批准的，有权决定是否签发工作票的专业技术人员，由生产运行部、应急保障中心相关专业工程师担任。工作票签发人职责主要是：

(1)审查检修工作的必要性、安全可行性，严格控制不必要的作业和作业时间；

(2)审查检修工作的作业方案、安全技术措施是否符合作业安全要求，对不完善部分提出完善意见；

(3)审查工作票工作范围内安全风险辨识和对应的控制措施是否完善和正确，并提出补充意见；

(4)不定期向公司质量安全部提交所负责专业的技术试题库，并参与对工作票工作负责人、工作许可人的安规考试；

(5)审查工作负责人能否胜任所承担检维修工作，维修队投入人数是否足够。

3. 工作许可人

工作许可人是指经公司审核批准的，对检修作业现场进行检查、复核，有权决定是否允许开展检修作业的生产运行人员。工作许可人一般由生产运行现场站队负责人担任，主要职责包括：

(1)清楚工作票的工作内容，有疑问时，必须向工作票签发人、负责人询问清楚，必要时作详细补充；

(2)核对安全风险辨识以及安全管控措施是否准确完备，必要时予以补充；

(3)向工作负责人说明哪些设备带压或具有的危险性，交代清楚实时运行工况及其他注意事项；

(4)确认作业范围设备与在运行设备是否已隔断，对禁止操作的阀门或电气开关是否已上锁或挂标识牌，并对检维修区域采取了必要的围挡措施；

(5)根据工作票的等级，组织或指派工作监护人对作业现场安全措施作逐一核对检查，并签字确认；

(6)组织对作业现场进行监督检查，发现违章作业及时制止，必要时可收回工作票；

(7)做好与检修作业相关的工艺操作，并重点监护与运行有交叉的现场作业；

(8)检维修作业完成后，对作业完成效果/质量进行评估验收，督促作业人员工完场清；

(9)向值班调度报告调度指令的执行完成情况。

4. 工作监护人

工作监护人是指检修作业期间，负有安全监护职责的生产运行相关岗位人员，由基层站队工作经验丰富、熟悉设备运行情况和安全生产管理制度的员工担任，一般由工作许可人指定，工作监护人的安全职责包括：

(1)根据作业内容确定安全监护范围；

(2)根据工作许可人的工作指令，对作业现场安全条件作逐一检查，并签字确认；

(3)作业前对参与作业全员交代安全措施，告知危险点和安全注意事项；

(4)按照工作票内及工作许可人的要求对作业全过程实施安全监护，及时纠正不安全行为，必要时可收回工作票；

(5)当检维修作业中发现异常情况、可能存在工作开始之前未能预计到的安全风险因素时，有权终止本次作业。

5. 值班调度

值班调度一般指公司调控中心值班员，在工作票管理方面的主要职责有：

(1)审查检维修作业对生产运行是否造成影响，必要时提出运行要求；

(2)依据基层站队生产设备运行工况，确定许可作业时间段；

(3)负责上、下游用户协调工作，组织工艺调整或退出运行等操作以满足检修作业需要的运行条件；

(4)检维修作业期间，定期进行监督、检查、协调，发现异常采取相应措施及时处置；

(5)组织恢复设备备用或投入运行(检修作业后)等有关工作；

(6)跟踪调度指令的执行情况，重大情况及时请示汇报调度长。

2.5.1.2 工作票管理内容

1. 工作票管理范围及分类

工作票的管理范围是在输气站场、输气管道及附属设施(含伴行光缆)等生产运行场所开展的作业活动，包括检修、维护、技改、试验和测试等检维修作业。

按照检维修作业内容分为土方建筑、工艺暖通设备、计量仪表、电气、通信自控安防和阴保防腐共6类专业。如检维修工作中需2个及以上专业配合完成的，以主要负责的专业申办票证。

2. 工作票级别与类别

根据检维修工作对安全环保、生产运行的影响分为一级工作票、二级工作票和检修作业通知单，其管理范围、有效期限见表2-5-1。

表2-5-1 各类工作票的作业范围及有效期限

级别与类别	管理范围	有效期及延期规定
一级作业票	在落实安全控制措施后，检维修作业内容仍可能造成供气停输、非计划停输，站控全线通信数据中断、影响生产运行监控的作业，以及对人身安全、设备安全、生产安全或用户造成严重危害或影响的作业	24h，一般不予延期
二级作业票	工作内容及安全措施中未涉及一级工作票要求的作业，在落实安全措施后，对下游用户、生产运行、SCADA通信不会造成影响的作业	48h，一般不予以延期；时间跨度较长的施工/检维修作业可开具5d
检修作业通知单	在非生产区域和生产区域部分辅助设备检维修作业，对安全环保、生产运行无影响的，不涉及危险作业许可的，由工作负责人填写《检修作业通知单》，经所在部位工作许可人审核同意	一般为48h，在不影响正常生产、生活的情况下，可以延期至7d

2.5.1.3 工作票管理流程

工作票管理流程包括作业方案的审批、工作票填写、工作票签发与批准、工作票许可、工作票执行与工作票终结。

1. 检维修作业方案的审批

一级工作票涉及的检维修作业，应由组织部门(单位)编制报送检维修作业专项方案，作业方案由应急保障中心、生产运行部、质量安全部负责人会审，由分管生产运行领导审核批准。批准后的检维修作业方案作为工作票附件一并提交审批，履行许可手续。

2. 工作票填写

工作票填写应规范完整，主要要求有：

(1)应按照公司规定的工作票格式，填写检维修工作内容、工作地点、相关参与单位和所在具体部位等信息，写明每个工作人员的姓名。

(2)工作票出票后应使用黑色或蓝黑墨水笔填写，字迹清楚，栏内不准任意涂改。

(3)“作业详细内容”栏中详细填写检修或作业的项目，针对作业内容，进行安全风险因素分析，制定具体、有针对性、具有可操作的安全防范措施。

(4)同一张工作票中，工作票签发人、工作负责人和工作许可人三者不得相互兼任。一个工作负责人不得在同一现场作业期间内，担任两个及以上工作的负责人或工作组成员。

(5)工作许可人和工作负责人在现场检查核对安全措施执行无误后，由工作许可人填写许可作业开始时间，并签名，然后工作负责人确认签名。

(6)在原工作票的工作范围额外增加工作任务，需变更或增设安全措施的，必须由工作负责人重新申办工作票，履行工作许可手续。

3. 工作票签发与批准

各级作业票的申请、签发与批准的职责见表2－5－2。

表2－5－2　工作票相关职责分配

作业票级别与类型	申请	签发批准	审批作业时间段	接票执行
一级工作票	工作负责人	工作票签发人，设备主管部门和质量安全部负责人会审，公司分管生产运行领导批准	生产运行部调控中心调度长	工作许可人
二级工作票	工作负责人	相应专业工作票签发人	调度中心值班调度	工作许可人
检修作业通知单	工作负责人	无须签发批准	无须审批作业时间	工作许可人核对安全措施后执行

4. 工作票许可

工作票批准后，应根据实际情况补充安全措施、现场确认安全条件、开展安全技术交底、进行工作票许可，许可要求包括：

(1)对于一级工作票，由工作许可人组织到现场安全条件确认。

(2)对于二级工作票，由工作许可人或指派安全监护人进行安全条件确认。

(3)作业前，工作负责人应向作业人员交代工作内容、人员分工、危险部位和采取的安全措施，并将可能存在的风险因素辨识与控制措施等内容向全体人员进行安全技术交底，并逐一签字留底。

(4)工作负责人对照工作票所列安全措施、安全技术交底已正确执行后，工作许可人填写许可开工时间并签名，工作负责人同步签字确认。

5. 工作票执行

(1)工作负责人应至少提前24h申办完成工作票，除必要的应急维抢修以外，原则上禁止在检维修作业前突击办票。

(2)严格禁止无票工作，发现无票工作应立即阻止，并迅速报告调控中心值班调度。

(3)开工以后不得擅自变更安全措施，如需变更，应先停止工作，双方重新进行安全检查确认后，方可实施作业。

(4)超过一天的工作票，每日收工时应清理现场，做好安全措施及现场警戒、临时保护措施；次日工作开始前，需重新检查和落实各项安全技术措施，确认无误后方可作业。

6. 工作票终结

(1)工作完成后，工作负责人应全面检查并组织清扫整理施工现场，并会同工作许可人到现场检查验收后，工作方告终结；如有遗留问题，需在工作票面内加以说明。

(2)检维修工作过程所涉及的仪表、阀门、控制系统等设备的设定或技术参数，运行条件等发生变化的，工作负责人应在作业完成情况中详细说明，并由检修和运行双方签字确认。

(3)设备试运行必须经工作负责人和工作许可人双方检查确认安全后方可试运行，在未办理工作票终结手续之前，不准将设备擅自投运。

2.5.1.4　工作票管理的其他要求

1. 工作负责人变更

(1)非特殊情况不得变更工作负责人；当工作负责人确因故离开工作现场，需要变更工作负责人的，应办理工作负责人变更手续。

(2)一张工作票工作负责人只允许变更一次。

(3)原、现工作负责人应对工作任务和安全措施进行交接。

2. 工作监护要求

(1)作业必须按照一人作业一人监护的原则。特殊情况下，如一人检维修作业时，由工作监护人进行监护；两人及以上检修作业时，由安排专人协同工作监护人履行监督职责。

(2)作业过程中需进行工艺隔离的，由工作许可人组织对应的工艺操作做好相关工艺隔离；若不能有效隔离，待各项补充安全措施有效落实后，须由工作监护人全程现场监护。

(3)根据作业实际情况，采取现场监护、巡检巡察、远程视频监控系统等方式，对作业进行监护、监督检查，并做好记录。

(4)一、二级工作票作业期间，工作监护人要加强巡检频次，做好巡查记录。

3. 工作票保存和归档

(1)作业终结后，工作票由检维修所在的输气站场保存，并由工作许可人将纸质版工作票扫描件录入至公司设备管理系统中，如有作业方案的，一并予以保存。

(2)工作票保存期为1年。

4. 工作票检查与考核

(1)生产运行部、应急保障中心每月对本部门(单位)工作票执行情况进行检查，发现问题及时纠正。

(2)公司质量安全部应定期、不定期地对工作票(含《检修作业通知单》)的执行情况进行安全专项检查或随机抽查，每月统计工作票合格率，并分析存在问题，提出改进意见。

(3)公司将工作票管理执行情况纳入安全生产考核，质量安全部依据公司《安全生产工作奖惩办法》相关条款考核相应责任人员和责任部门。

2.5.2　作业许可管理

作业许可管理是为保证作业安全，作业前必须取得授权方可实施作业的一种管理制度，通过事前开展风险识别、制定和落实风管控措施，提出作业申请，并最终获得作业批准的过程，通常用于对高风险和非常规作业的安全管理。

2.5.2.1　许可作业的范围

公司结合作业活动的特点和风险性质确定需要实行作业许可管理的范围、作业类型，确保对所有的高风险作业和非常规作业实行作业许可管理。

1. 高风险作业

高风险作业是指特殊作业或经风险评估存在重大风险以上风险的作业项目，包括：动火作业、进入受限空间作业、高处作业、临时用电作业、吊装作业、动土作业、盲板抽堵作业、管线打开作业，此外还有化学清洗作业、放射性作业、爆破作业、试压作业、脚手架作业等。

2. 非常规作业

非常规作业是指临时性的、缺乏程序规定的和承包商作业的活动。除常规作业之外，都属于非常规作业，包括：非计划性维修作业，包括未列入日常维修计划或无程序指导的维修工作、承包商作业(指承包商完成的非常规作业)、偏离安全标准、规则、程序要求的作业、交叉作业，以及需要多个部门、单位协作完成的作业、在承包商区域进行的作业、缺乏安全程序的工作、对不能确定是否需要办理许可证的其他工作，办理许可证。

2.5.2.2　相关职责

作业许可安全职责落实应遵循基本原则是“谁主管谁负责、管业务管安全、谁批准谁负责、谁的属地谁负责、谁申请谁负责、谁作业谁负责”。作业负责人进行书面授权后，与被授权人共同承担作业现场的安全责任(授权不免责)。

1. 作业申请人

作业申请人是指承担作业单位的现场负责人，如施工方项目经理、作业单位负责人、现场作业负责人，对作业实施环节负管理责任，其主要职责包括：

(1)提出作业申请，根据作业危险程度，申请办理作业许可证。

(2)负责向作业人员进行安全教育和安全交底，将所有的危险及安全预防措施告知所有与此项作业相关的员工。

(3)确定作业监护人，明确监护工作要求。

(4)参与书面审查和现场核查作业条件和安全措施或相关安全方案的落实情况。

(5)当人员和设备发生变更时，及时报告作业区域所在单位；当工艺和现场环境变更时，立即终止作业，重新办理作业许可证。

(6)参与现场验收和关闭作业许可证。

2. 作业批准人

作业批准人应当是作业区域所在单位负责人或其授权人，对现场作业全面负责，安全职责主要包括：

(1)与作业单位沟通作业区域风险和安全要求。

(2)组织对作业申请进行书面审查和现场核查。

(3)负责签发和关闭作业许可证。

(4)制定属地监督、明确监督要求。

3. 作业监护人

作业监护人是由作业单位指定实施安全监护的人员，其安全职责主要有：

(1)对作业实施全过程现场监护。

(2)熟悉作业区域、部位状况、工作任务和存在风险。

(3)检查确认现场安全措施的落实情况。

(4)保证作业实施过程满足安全要求，有权纠正或制止违章行为。

(5)发现人员、工艺、设备或环境条件发生变化等异常情况，及时要求停止作业并立即向现场负责人报告。

(6)熟悉紧急情况下的应急处置和救援措施，熟练使用相关消防设备、救援工具等应急器材，可进行紧急情况下的初期处置。

4. 作业人员

作业人员是指作业的具体实施者，对作业安全负直接责任，其安全职责主要有：

(1)作业前确认作业区域、位置、内容和时间。

(2)作业前，参加作业安全分析，清楚作业安全风险和安全措施。

(3)作业中执行作业许可证、作业方案和操作规程的相关要求。

(4)服从作业监护人和属地监督的监管。

(5)作业监护人不在现场时，不得作业。

(6)作业结束后，负责清理作业现场，确保现场无安全隐患。

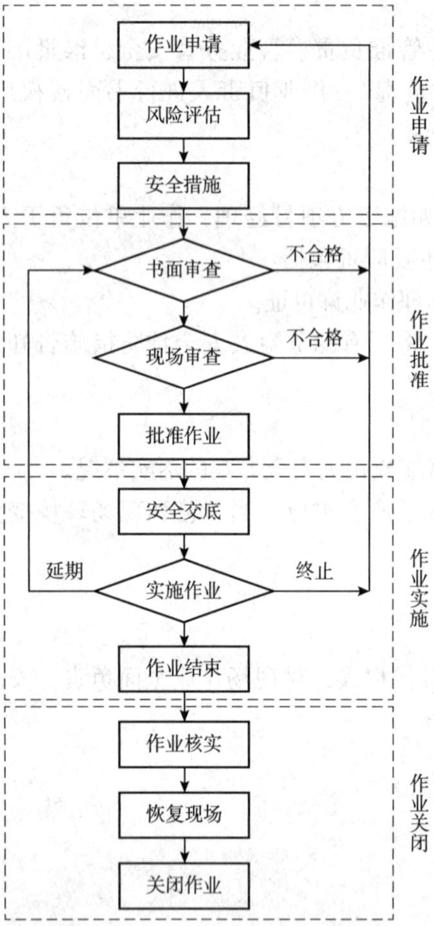

图2-5-1　作业许可管理流程

2.5.2.3　作业许可的流程与关键环节的控制

作业许可流程主要包括作业申请、作业批准、作业实施和作业关闭四个环节，见图2-5-1。

需要注意的是作业许可证本身并不能保证作业安全，只有严格按照作业许可的流程和要求，落实各项安全措施，有效控制风险，才能保证作业安全。在作业许可管理中，关键要把好四道关：

1. 风险分析关

作业前必须开展作业风险分析，分解成若干步骤，对每一个步骤可能存在的风险因素逐一识别，提出相应的控制措施，并逐一落实风险防范措施，消除事故隐患，预防或减少事故发生。

2. 许可审批关

对每一项高风险作业，必须进行严格的申请、审批、监督和检查程序，从严控制作业次数及作业时限，尽可能避免在节假日、夜间等薄弱时段进行高危作业，用其他作业方式代替高危作业等，从源头控制作业风险。

3. 能量隔离关

能量意外释放理论认为，一切事故的发生源于危险物质和危险能量的意外释放。作业前做好各类能量的有效隔离是做好作业现场风险控制的关键，如加装盲板、电气开关上锁挂牌等，能量隔离是控制风险、防止事故发生的最基本手段和方法。

4. 培训监督关

为有效识别并控制作业过程的风险，所有参与作业许可的人员应具备对作业的风险分析和控制能力，必须熟悉作业现场的安全状况及要求，对作业申请、审批、监督监护、作业人员的培训格外重要，同时对作业全过程的监督也是减少作业中不安全行为、控制和消除作业现场隐患的有效手段。

2.5.2.4　作业许可证申请

1. 提出申请

作业前申请人填报作业许可证，提出申请并提供包含以下内容的资料：

(1)作业许可证；

(2)作业内容说明，包括相关专业说明；

(3)相关附图，如作业环境示意图、工艺流程示意图、平面布置示意图等；

(4)风险评估结果(如作业安全分析 JSA)；

(5)控制措施或作业方案。

作业申请人应实地参与作业许可所涵盖的工作，否则作业许可不能得到批准。当作业许可涉及多个负责人时，则被涉及的负责人均应在申请表内签字。

2. 开展风险评估

作业风险评估是作业许可审批的基本条件，评估应由作业区域所在单位和作业单位共同完成。

(1)作业区域所在单位应组织对申请的作业进行风险评估，明确作业活动的工作内容和工作步骤、存在的风险及危害程度、相应的控制措施等。

(2)对于一份作业许可证下的多种类型作业，可统筹考虑作业类型、作业内容、交叉作业界面、工作时间等各方面因素，统一完成风险评估。

(3)必要时作业单位应根据风险评估的结果编制作业方案。通过风险评估确定的危害和不可接受的风险，均应在作业方案中提出针对性的控制措施。

3. 落实安全措施

(1)作业单位应严格按照作业方案(或作业计划书)落实安全措施。需要系统隔离时，应进行系统隔离、吹扫、置换，交叉作业时需考虑区域隔离。

(2)许可证审批之前，对凡是可能存在缺氧、富氧、有毒有害气体、易燃易爆气体、粉尘的作业环境，都应进行气体检测，并确认检测结果合格。同时在作业方案(或作业计划书)中注明工作期间的气体检测时间和频次。

(3)许可证得到批准后，在作业实施过程中，申请人应按照作业方案(或作业计划书)的要求进行气体检测，填写气体检测记录，注明气体检测的时间和检测结果。

(4)凡是涉及有毒有害、易燃易爆作业场所的作业，作业单位均应按照相应要求配备个人防护装备，并监督相关人员佩戴齐全。

2.5.2.5 作业许可批准

作业批准人应当是作业区域所在单位负责人或其授权人，批准人负责组织有关人员对作业许可进行书面审查和现场核查。

1. 书面审查

作业批准人在收到申请人的作业许可申请后，应组织作业申请人及作业涉及相关人员，集中对许可证中提出的安全措施、工作方法进行书面审查，并记录审查结论。审查内容包括：

(1)确认作业的详细内容；

(2)确认所有的相关支持文件，包括风险评估、作业计划书或风险管理单、作业区域相关示意图、作业人员资质证书等；

(3)确认安全作业所涉及的其他相关规范遵循情况；

(4)确认作业前、作业后应采取的所有安全措施，包括应急措施；

(5)分析、评估周围环境或相邻工作区域间的相互影响，并确认安全措施；

(6)确认许可证期限及延期次数；

(7)其他。

2. 现场核查

书面审查通过后，作业批准人组织参加书面审查的人员到许可证上所涉及的工作区域实地检查，确认各项安全措施的落实情况。现场确认内容包括但不限于：

(1)与作业有关的设备、工具、材料等；

(2)现场作业人员资质及能力情况；

(3)系统隔离、置换、吹扫、检测情况；

(4)个人防护装备的配备情况；

(5)安全消防设施的配备，应急措施的落实情况；

(6)作业人员、监护人员等各类人员的培训、沟通情况；

(7)作业方案中提出的其他安全措施落实情况；

(8)确认安全设施的完好性。

现场核查人员会同作业单位组织作业人员在现场了解和熟悉现场环境，进一步核实安全措施的可靠性，熟悉应急救援器材的位置及分布，掌握正确的使用方法。

3. 许可证审批

(1)书面审查和现场核查通过之后，作业批准人、申请人和受影响的相关各方均应在作业许可证上现场签字。作业许可证不应涂改、代签。

(2)如书面审查或现场核查未通过，对查出的问题应记录在案，申请人应重新提交一份带有对该问题解决方案的作业许可申请。

(3)作业人员、监护人员等现场关键人员变更时，应经过批准人和申请人的批准。

2.5.2.6 作业许可实施

1. 安全培训与交底

作业实施前，作业人员应接受相关安全培训，作业区域所在单位应组织作业申请人和现场作业批准人一起对所有人员进行安全技术交底。交底内容包括：

(1)有关作业的安全规章制度。

(2)作业现场和作业过程中可能存在的风电，以及所采取的具体安全措施。

(3)作业过程中所需要的个体防护用品的使用方法及使用注意事项。

(4)事故的预防、避险、逃生、自救、互救等知识。

(5)相关事故案例和经验、教训。

2. 现场作业与监护

作业人员应严格按照作业许可证的要求进行作业，同时安排作业监护人员实施全过程监护，主要监护内容：

(1)及时纠正作业人员的不安全行为；

(2)发现安全措施不完善或其他异常情况，可能危及作业人员安全时，应立即制止作业并迅速撤离。

3. 作业监督与检查

作业过程中，作业批准人应组织属地监督、作业申请人、作业监护人、按照职责分工对作业现场进行监督检查，发现问题应立即整改，达到安全作业条件后，方可继续作业。监督检查内容主要有：

(1)作业方案、许可是否批准并在有效期内，管控措施是否落实；

(2)相关人员是否坚守现场并履职，资格是否符合要求，劳保护具是否符合要求；

(3)能量隔离、防护、通风、气体检测、警戒、消防、应急措施是否落实，相邻设施防护与邻近作业控制措施是否落实；

(4)施工设备、机具是否符合要求；

(5)涉及其他高危作业时，是否办理作业许可，管控措施是否落实；

(6)是否按方案作业，作业过程是否有违章行为；

(7)作业许可关闭前，作业现场是否清理和恢复，是否经过相关人员确认。

2.5.2.7 作业许可证取消、延期与关闭

1. 作业许可证取消

当发生下列任何一种情况时，作业批准单位和作业单位都有责任立即终止作业，取消相关作业许可证，并告知许可证签发的相关人员许可证被取消的原因。

(1)作业环境和条件发生变化。

(2)作业内容发生改变。

(3)实际作业与作业计划的要求发生重大偏离。

(4)发现有可能发生立即危及生命的违章行为。

(5)现场作业人员发现重大安全隐患。

(6)出现紧急情况或事故状态下。

当正在进行的工作出现紧急情况或已发出紧急撤离信号时，所有的许可证立即失效。许可证一旦被取消即作废，如再开始工作，需要重新申请作业许可证。

2. 许可证的延期

许可证的有效期限一般不超过一个班次(一般为8h)。如果在许可证有效期内没有完成工作，申请人可申请延期。办理延期要求包括：

(1)申请人、批准人及相关方应重新核查工作区域，确认所有安全措施仍然有效，作业条件未发生变化。

(2)若有新的安全要求(如夜间工作的照明)也应在申请上注明。

(3)在新的安全要求都落实以后，申请人和批准人方可在作业许可证上签字延期，并确定作业许可证有效期限。许可证未经批准人和申请人签字，不得延期。

(4)在规定的延期次数内没有完成作业，需重新申请办理作业许可证。

3. 作业许可证关闭

作业完成后，作业申请人与批准人在现场验收合格后，双方签字后方可关闭作业许可证。作业许可证关闭前，必须做到：

(1)作业完成后，作业人员应恢复作业时拆移设施的使用功能，如盖板、防护罩、栏杆，解除隔离设施。

(2)将作业用的工器具撤离现场，确认工完、料净、场地清。

(3)作业审批人确认作业质量合格，具备投、复运条件。

(4)批准人与相关方现场确认无隐患，在作业证上签字，关闭作业许可。

2.5.2.8 作业的升级管理

为保证作业风险受控，在特殊时期内实施的作业许可应进行升级管理，提级审批权

限，特殊时期包括节日、假日、重大会议、重大活动、冬季天然气保供等时期。其管理要求包括：

(1)特殊时期应尽量避免上述各种危险作业，凡必须进行的危险作业应加强作业方案审查，分级的危险作业要提高一个级别的审批和管理；

(2)经批准在特殊期间进行的危险作业，批准作业的主管部门或单位领导必须到现场监督协调，主管部门或单位的专业管理人员要到现场检查指导；

(3)作业或项目实施的现场基层管理人员，要在现场带班作业，安全监督要巡回检查，确保作业活动受控、安全、平稳完成。

2.5.2.9 许可作业票管理

1. 作业许可证的内容及格式

许可票应包含作业活动的基本信息，包含作业单位、生产单位、施工区域、作业地点、作业内容、作业时间、作业人员、作业监护人、安全措施、作业批准、延期、取消、关闭等内容，格式执行公司统一要求。

2. 票证管理要求

(1)许可证应当编号，一式四联，第一联由批准人持有，第二联由基层单位持有，第三联由现场监护人持有，第四联由施工单位现场负责人持有。

(2)作业许可证分发后，不得再作任何修改。工作完成后，许可证第三联由申请人、批准人签字关闭后交批准方存档。许可证存档并保存一年(包括已取消作废的许可证)。

(3)在作业实施期间，作业申请人负责将作业许可证第一联、附带的其他专项作业许可证第一联和作业方案放置于工作现场的醒目处。

(4)当同一工作有多个施工单位参与时，每个施工单位都应有一份作业许可证(或复印件)。当工作需要中断(工间休息除外)和工作已超过许可证规定的时间限制时，许可证应交回批准方保留。

2.5.3 特殊作业安全的通用要求

特殊作业是指检维修中涉及的用火作业、受限空间作业、盲板抽堵作业、高处作业、起重作业、临时用电作业、动土作业等，涉及特殊作业的检维修作业，除办理工作票外还需办理相应的特殊作业许可票，保证现场施工作业安全。特殊作业的通用要求包括如下内容：

(1)作业前，应对作业现场和作业过程中可能存在的危险有害因素进行辨识，开展作业安全分析，制定相应的安全风险管控措施。

(2)作业前，应采取措施对拟作业的设备设施、管线进行处理，确保满足相应要求：

①对设备、管线内介质有安全要求的特殊作业，应采取倒空、隔绝、清洗、置换等方式进行处理；

②对具有能量的设备设施、环境应采取可靠的能量隔离措施；

③对放射源采取相应的安全处置措施。

(3)进入作业现场的人员应正确佩戴满足GB39811.1要求的个体防护装备。

(4)作业前，应对参加作业的人员进行安全措施交底，主要包括：

①作业现场和作业过程中可能存在的危险、有害因素及应采取的具体安全措施与应急措施；

②会同作业单位组织作业人员到作业现场，了解和熟悉现场环境，进一步核实安全措施的可靠性，熟悉应急救援器材的位置及分布；

③涉及短路、动土作业时，应对作业现场的地下隐蔽工程进行交底。

(5)作业前，应对作业现场及作业涉及的设备、设施、工器具等进行检查，并使之符合如下要求：

①作业现场消防通道、行车通道应保持畅通；影响作业安全的杂物应清理干净；

②作业现场的梯子、栏杆、平台、箅子板、盖板等设施应完整、牢固，采用的临时设施应确保安全；

③作业现场可能危及安全的坑、井、沟、孔洞等应采取有效防护措施，并设警示标志，需要检修的设备上的电器电源应可靠断电，在电源开关处加锁并加挂安全警示牌；

④作业使用的个体防护器具、消防器材、通信设备、照明设备等应完好；

⑤作业时使用的脚手架、起重机械、电气焊(割)用具、手持电动工具等各种工器具应符合作业安全要求；超过安全电压的手持式、移动式电动工器具应逐个配置漏电保护器和电源开关；

⑥设置符合 GB 2894—2008 的安全警示标志；

⑦按照 GB 30077—2021 要求配备应急设施；

⑧腐蚀性介质的作业场所应在就近(30m 内)配备人员应急冲洗水源。

(6)作业前，应组织办理作业审批手续，并有相关责任人签字审批。同一作业涉及两种或两种以上特殊作业时，应同时执行各自作业要求，办理相应的作业审批手续。作业时，审批手续齐全、安全措施应全部落实、作业环境应符合要求。

(7)同一作业区域应减少控制多工种、多层次交叉作业，最大限度避免交叉作业。交叉作业应指定专人统一协调管理，作业前要组织开展交叉作业风险辨识，采取可靠的保护措施，并保持作业之间信息畅通，确保作业安全。

(8)当生产装置或作业现场出现异常，可能危及作业人员安全时，作业人员应立即停止作业，迅速撤离，并及时通知相关单位及人员。

(9)特殊作业涉及的特种作业及特种设备作业人员应取得相应资格证书，持证上岗，界定为 GBZ/T260 规定的职业禁忌证者不应参与相应作业。

(10)作业期间，应设监护人，监护人由具有生产(作业)实践经验的人员担任，并经专项培训合格，佩戴明显标识，持培训合格证上岗。监护人的通用职责要求：

①作业前检查安全作业票，安全作业票与作业内容相符并在有效期内；核查安全作业票各项风险防控措施得到落实；

②确认相关人员持有效资格证书上岗；

③核查作业人员配备和使用的个体防护装备满足作业要求；

④对作业人员的行为和现场安全作业条件进行检查与监督，负责作业现场的安全协调与联系；

⑤当作业现场出现异常情况时应立即中止作业，并采取安全有效措施进行应急处置；当作业人员违章时，应及时制止违章，情节严重时，应收回安全作业票、中止作业；

⑥作业期间监护人不得擅自离开作业现场且不得从事与监护无关的工作。确需离开作业现场时，应收回作业票，终止作业。

(11)作业审批人的职责要求：

①应在作业现场完成审批工作；

②应检查安全作业票审批级别与企业管理制度中规定级别一致情况，各项审批环节符合企业管理要求情况；

③应检查作业票中各项风险识别及管控措施落实情况。

(12)作业使用的移动式可燃、有毒气体检测仪、氧气检测仪应符合 GB 15322—2019 和 GB/T 50493—2019 中 5.2 要求。

(13)作业现场照明系统配置要求：

①作业现场应有满足作业要求的照明设备；

②受限空间内使用的照明电压不应超过 36V，并满足安全用电的要求；在潮湿容器、狭小容器内作业，电压不大于 12V。在盛装过易燃易爆气体、液体等介质的容器内应使用防爆灯具；在可燃性粉尘爆炸环境作业时，应采用符合相应防爆等级要求的灯具；

③作业现场可能危及安全的坑、井、沟、孔洞等周围，夜间应设警示红灯；

④动力和照明线路应分路设置。

(14)作业完毕，应及时恢复作业时拆除的盖板、箅子板、扶手、栏杆、防护罩等安全设施的使用功能，恢复临时封闭的沟渠或地井，并清理作业现场，恢复原状。

(15)作业完毕，及时进行验收确认。

(16)作业内容变更、作业范围扩大、作业地点转移、超过作业许可证有效期限时，应重新办理作业许可证。

(17)当工艺条件、作业条件、作业方式或作业环境改变时，应重新开展作业安全分析，核对风险管控措施，重新办理安全作业票。

2.5.4 动火作业安全

动火作业是指在具有火灾爆炸危险场所内可能产生火焰、火花或炽热表面的非常规作业，包括使用电焊、气焊(割)、喷灯、电钻、砂轮、喷砂机等进行的作业。

2.5.4.1 动火作业的分级

固定动火区外的动火作业分特级、一级和二级动火三个级别，遇节假日、双休日和夜间或其他特殊情况，动火作业应升级管理。

固定动火区是指在非火灾爆炸危险场所划出的专门用于动火的区域。固定动火区每半年检查认定 1 次。

特级动火作业：在火灾爆炸危险场所处于生产运行状态下的生产装置设备、管道、储罐、容器等部位上进行的动火作业(包括带压不置换动火作业)，存有易燃易爆介质的重大危险源罐区防火堤内的动火。

一级动火作业：在易燃易爆场所进行的除特级动火作业以外的动火作业。厂区管廊上的动火作业按一级动火作业管理。

二级动火作业：除特级动火作业和一级动火作业以外的动火作业。凡生产装置或系统全部停车，装置经清洗、置换、分析合格并采取安全隔离措施后，其火灾、爆炸危险性得到有效控制后，经企业生产负责人或安全管理负责人批准，动火作业可按二级动火作业管理。

特级、一级动火作业许可证有效期不应超过 8h，二级动火作业许可证有效期不应超过 72h。

2.5.4.2 动火作业基本要求

(1)在动火前应清除现场及周围可燃物，并配备消防器材，满足作业现场应急需求。

(2)凡在生产、储存、输送可燃物料的设备、容器及管道上动火，应首先切断物料来源并进行有效能量隔离，系统需彻底吹扫、清洗、置换，经分析合格后方可动火，不应以水封或仅关闭阀门代替盲板作为隔断措施。

(3)拆除管线进行动火作业时，应先查明其内部介质及危险特性、工艺条件及其走向，并根据所要拆除管线的情况制定安全措施。

(4)动火点周围或其下方地面有可燃物、电缆桥架、孔洞、窨井、地沟、水封设施、污水井等，应检查分析并采取清理或封盖等措施；对于动火点周围15m范围内有可能泄漏易燃、可燃物料的设备设施，应采取隔离措施；对于受热分解可产生易燃易爆、有毒有害物质的场所，应检查分析并采取清理或封盖等防护措施。

(5)在有可燃物构件和使用可燃物作防腐内衬的设备内部进行动火作业时，应采取防火隔绝措施。

(6)在作业过程中可能释放出易燃易爆、有毒有害物质的设备或设备内部动火时，动火前应进行风险分析，并采取有效的防范措施，必要时应连续检测气体浓度，发现气体浓度超限报警，应立即停止作业；在较长的物料管线上动火，动火前应彻底隔绝区域内，分段采样分析。

(7)在生产、使用、储存氧气的设备上进行动火作业，设备内氧含量不应超过23.5%(体积分数)。

(8)在油气罐区防火堤内进行动火作业时，不应同时进行切水、取样作业。

(9)动火期间，距动火点30m内严禁排放各类可燃气体；15m内严禁排放各类可燃液体；距动火点10m范围内、动火点上方及下方不应同时进行可燃溶剂清洗、喷漆和可燃粉尘清扫等作业。

(10)在厂内铁路沿线25m以内动火作业时，如遇装有危险化学品的火车通过或停留时，应立即停止。

(11)特级动火作业应采集全过程作业影像，且作业现场使用的摄录设备应为防爆型。

(12)使用电焊机作业时，电焊机与动火点的间距不应超过10m，不能满足要求时，应将电焊机作为动火点进行管理。

(13)使用气焊、气割动火作业时，乙炔瓶应直立放置，不应卧放使用；氧气瓶与乙炔瓶的间距不应小于5m，二者与动火点间距不应小于10m，并应采取防晒和防倾倒措施；乙炔瓶应安装回火装置。

(14)作业完毕应清理现场，确认无残留火种后方可离开。

(15)遇5级(含5级)风以上天气，禁止露天动火作业；因生产确需动火，动火作业应升级管理。

(16)涉及可燃性粉尘环境下的动火作业应严格执行《粉尘防爆安全规程》(GB 15577—2018)有关要求。

2.5.4.3 动火分析及合格标准

1. 动火作业前应进行气体分析，并满足以下要求

(1)气体分析的监测点要有代表性，在较大的设备内动火，应对上、中、下(左、中、

右)各部位进行检测分析。

(2)在管道、储罐、塔器等设备外壁上动火，应在动火点10m范围内做气体分析，同时检测设备内气体含量；在设备及管道外部环境动火，应在动火点10m范围内做气体分析。

(3)气体取样时间与动火作业时间间隔不得超过30min。

(4)特级、一级动火作业中断时间超过30min、二级动火中断时间超过60min，应重新进行气体分析；每日动火前均应进行气体分析，特级用火作业期间应连续进行监测。

2. 动火分析合格标准

(1)当可燃气体爆炸下限大于或等于4%时，分析检测数据不大于0.5%(体积分数)为合格。

(2)可燃气体爆炸下限小于4%时，分析检测数据不大于0.2%(体积分数)为合格。

3. 特级动火作业除了遵守以上规定以外，还应符合以下规定

(1)应预先制定作业方案，落实安全防火防爆及应急措施。

(2)在设备或管道上进行特级动火作业时，设备或管道内应保持微正压。

(3)受热分解爆炸、自爆物料的管道和设备设施上不应进行动火作业。

(4)在生产装置运行不稳定的情况下，严禁进行带压不置换动火作业。

4. 固定动火区的管理

(1)固定动火区的设定应由企业审批后确定，设置明显标志；应每年至少对动火区进行一次风险辨识，周围环境变化时，企业应及时辨识、重新划定。

(2)固定动火区应设置应满足以下条件：

①不得设置在火灾爆炸危险场所。

②应设置在火灾爆炸危险场所全年最大频率风向的上风或侧风向，且应与相邻企业火灾爆炸危险场所保持安全间距。

③距火灾爆炸危险场所的厂房、库房、罐区、设备、装置、窨井、排水沟、水封设施等不应小于30m。

④室内固定动火区应以实体防火墙与其他区域隔开，门窗外开，道路畅通。

⑤位于生产区域的室内固定动火区应设置带有声光报警功能的固定式可燃、有毒气体检测报警器。

⑥固定动火区内不应存放可燃物及其他杂物，应制定并落实完善的防火安全措施，明确防火责任人。

2.5.5 受限空间作业安全

受限空间是指进出受限，通风不良，可能存在易燃易爆、有毒有害物质或缺氧，对进入人员的身体健康和生命安全构成威胁的封闭、半封闭设施及场所，如反应器、塔、釜、槽、罐、炉膛、锅筒、管道以及地下室、窨井、坑(池)、下水道或其他封闭、半封闭场所。

2.5.5.1 安全隔离

作业前，应对受限空间作业进行安全隔离，要求如下：

(1)与受限空间连通的可能危及安全作业的管道，应采用加装盲板或拆除一段管道的方式进行隔离，不应用水封或关闭阀门代替盲板作为隔断措施。

(2)与受限空间连通的可能危及安全作业的孔、洞应严密封堵。

(3)对作业设备上的电器电源，应采取可靠的断电措施，在电源开关处上锁并加挂警示牌。

2.5.5.2 通风

作业前，应保证受限空间内空气流通良好，可采取如下措施：

(1)打开人孔、手孔、料孔、风门、烟门等与大气相通的设施进行自然通风。

(2)必要时采取强制通风，管道送风前应对管道内介质和风源进行分析确认。

(3)在忌氧环境中作业，通风前应对作业环境中与氧发生化学反应的物料采取卸放、置换或清洗的措施，达到可以通风的安全条件要求。

2.5.5.3 气体环境

作业前应确保受限空间的气体环境满足作业要求：

(1)作业前30min内，对受限空间气体检测，检测分析合格方可进入。

(2)取样分析应有代表性，容积较大时，应对上、中、下各部位取样分析。

(3)检测人员进入或探入受限空间检测时，应佩戴符合规定的个体防护装备。

(4)涂刷具有挥发性溶剂的涂料时，应采取强制通风措施。

(5)不应向受限空间充入纯氧气或富氧空气。

(6)作业中断时间超过30min，应重新进行气体检测分析。

2.5.5.4 气体检测

受限空间内气体检测合格标准要求：

(1)氧含量为19.5%~21%(体积分数)，在富氧环境下应不大于23.5%(体积分数)。

(2)有毒有害物质允许浓度应符合GBZ2.1的规定。

(3)可燃气体、蒸气浓度符合有关要求。

作业时，作业现场应配置移动式气体检测报警仪，连续监测受限空间内可燃气体、有毒气体及氧气浓度，每2h记录1次；发现气体浓度超限报警时，应立即停止作业、撤离人员；对现场进行处理，重新检测合格后，方可恢复作业。

2.5.5.5 个体防护装备

进入受限空间作业的人员应穿戴相应的个体防护装备，并采取如下防护措施：

(1)缺氧或有毒的受限空间经清洗和置换仍达不到要求的，作业全过程应佩戴满足GB/T 18664要求的隔绝式呼吸防护装备，并正确拴带救生绳。

(2)易燃易爆的受限空间经清洗和置换仍达不到要求的，应穿阻燃防静电工作服及工作鞋，使用防爆工具。

(3)存在酸碱等腐蚀性介质的受限空间，应穿戴防酸碱防护服、防护鞋、防护手套等防腐蚀装备。

(4)受限空间内从事电焊作业，应穿绝缘鞋。

(5)有噪声产生的受限空间，应佩戴耳塞或耳罩等防噪声护具。

(6)有粉尘产生的受限空间，应在满足GB15577要求的条件下，佩戴防尘口罩、眼罩等防尘护具。

(7)高温的受限空间，进入时应穿戴高温防护用品，必要时采取通风、隔热、佩戴通信设备等防护措施。

(8)低温的受限空间，进入时应穿戴低温防护用品，必要时采取供暖、佩戴通信设备等防护措施。

(9)在受限空间内从事清污作业，应始终佩戴隔绝式呼吸防护装备，并正确拴带救生绳。

(10)受限空间内作业时，应配备相应的通信工具。

2.5.5.6 对监护人的特殊要求

(1)应在受限空间外实行全程监护，不应在无任何防护措施的情况下探入或进入受限空间。

(2)风险较大的受限空间作业，应增设监护人员，并随时与受限空间内人员保持联络。

(3)对进出受限空间的人员及其携带的工器具种类、数量进行登记，作业完毕后再次清点，防止遗漏在受限空间内。

2.5.5.7 安全用电与照明

(1)进入金属容器(炉、塔、釜、罐等)和特别潮湿、工作场地狭窄的非金属容器内作业，照明电压不大于12V。

(2)潮湿环境作业时，作业人员应站在绝缘板上，同时保证金属容器接地可靠。需使用电动工具或照明电压大于12V时，应按规定安装漏电保护器，其接线箱(板)严禁带入容器内使用。

(3)作业环境原来盛装爆炸性液体、气体等介质的，应使用防爆电筒或电压不大于12V的防爆安全行灯，行灯变压器不得放在容器内或容器上；作业人员应穿戴防静电服装，使用防爆工具，严禁携带手机等非防爆通信工具和其他非防爆器材。

2.5.5.8 受限空间应满足的其他要求

(1)受限空间出入口应保证畅通。

(2)作业人员不应携带与作业无关的物品进入受限空间；作业中不得抛掷材料、工器具等物品。

(3)在有毒、缺氧环境下不得摘下防护面具；使用供风式面具时，必须安排专人监护供风设备。

(4)难度大、劳动强度大、时间长、高温的受限空间作业，应采取轮换作业方式。

(5)当受限空间存在动火作业时，该受限空间内不应安排涂刷油漆、涂料等其他可能产生有毒有害、可燃物质的作业活动。

(6)接入受限空间的电线、电缆、通气管应在进口处进行保护或加强绝缘，且尽量避免与人员出入使用同一出入口。

(7)作业期间发生异常情况，未佩戴符合要求的个体防护装备人员严禁入内救援。

(8)停止作业期间，应在入口处增设警示标志，并采取防止人员误入的措施。

(9)作业结束后，应将工器具带出受限空间。

2.5.5.9 作业票要求

受限空间作业票的有效期不超过24h。

2.5.6 高处作业安全

高处作业是指在距离坠落高度基准面2m及以上有坠落可能的位置进行的作业，包括上下攀援等空中移动过程。

2.5.6.1 高处作业分级

(1)作业高度分为四个区段：$2m \leq h \leq 5m$；$5m < h \leq 15m$；$15m < h \leq 30m$；$h > 30m$。

(2)直接引起坠落的客观因素主要有：

①陆地阵风风力5级(风速8.0m/s)；

②平均气温等于或低于5℃的作业环境；

③接触冷水温度等于或低于12℃的作业；

④作业场地有冰、雪、霜、油、水等易滑物；

⑤作业场所光线不足或能见度差；

⑥作业活动范围与危险电压带电体距离小于表2-5-3规定；

表2-5-3 作业活动范围与危险电压带电体的距离

带电体的电压等级/kV	≤10	35	63~110	220	330	500
距离/m	1.7	2.0	2.5	4.0	5.0	6.0

⑦摆动，立足处不是平面或只有很小的平面，即任一边小于500mm的矩形平面、直径小于500mm的圆形平面或具有类似尺寸的其他形状的平面，致使作业者无法维持正常姿势；

⑧存在有毒气体或空气中含氧量低于19.5%的作业环境；

⑨可能会引起各种灾害事故的作业环境和抢救突然发生的各种灾害事故。

(3)不存在以上列出的任一种客观危险因素的高处作业按表2-5-4规定的A类法分级，存在列出的一种或一种以上客观危险因素的高处作业按表2-5-4规定的B类法分级。

表2-5-4 高处作业分级

分类法	高处作业高度/m			
	$2 \leq h \leq 5$	$5 < h \leq 15$	$15 < h \leq 30$	$h > 30$
A	Ⅰ	Ⅱ	Ⅲ	Ⅳ
B	Ⅱ	Ⅲ	Ⅳ	Ⅳ

2.5.6.2 高处作业要求

(1)作业人员应正确佩戴符合《安全带》(GB 6095—2009)要求的安全带以及《坠落防护 安全绳》(GB 24543—2009)要求的安全绳。30m及以上高处作业应配备通信联络工具。

(2)高处作业时应设专人监护，作业人员不得在高处休息。

(3)应根据实际需要配备符合安全要求的作业平台、吊笼、梯子、挡脚板、跳板等，脚手架的搭设、拆除和使用应符合GB 51210—2016等有关标准要求。

(4)高处作业人员不得站在不牢固的结构物上进行作业。在彩钢瓦屋顶、石棉板、瓦楞板等轻型材料上方作业时，必须铺设牢固的脚手板，并加以固定，脚手板上要有防滑措施；不应在未固定、无防护设施的构件、管道上进行作业或通行。

(5)在邻近排放有毒、有害气体、粉尘的放空管线或烟囱等场所进行作业时，应预先与作业属地生产人员取得联系，并采取有效的风险防控措施，作业人员应配备必要的符合国家相关标准的防护装备(如隔绝式呼吸防护装备、过滤式防毒面具或口罩等)。

(6)雨雪天气作业时，应采取防滑、防寒措施；如遇有5级以上(含5级)强风、浓雾等恶劣天气，不应进行高处作业、露天攀登与悬空高处作业；暴风雪、台风、暴雨后，应对作业安全设施进行检查，发现隐患问题立即处理。

(7)作业用的工具、材料、零件应装入工具袋，上下时手中不得持物，不应投掷工具、材料和其他物品等，易滑动、滚动的工具、材料堆放在脚手架上应采取防坠落措施。

(8)在同一坠落方向上，一般不应进行上下交叉作业，如需进行交叉作业，中间应设置安全防护层，坠落高度超过24m的交叉作业，应设双层安全防护。

(9)因作业需要，临时拆除或变动安全防护设施时，应经作业审批人员同意，并采取相应的防护措施，作业后应及时恢复。

(10)拆除脚手架、防护棚时，应设警戒区并派专人监护，不应上下同时施工。

(11)高处作业许可证的有效期最长为7d；当作业中断，再次作业前，应重新对环境条件和安全措施进行确认。

2.5.7 吊装作业安全

吊装作业是指利用起重机械将设备、工件、器具材料等吊起，使其发生位置变化的作业过程。吊装作业按吊物质量不同划分为三个等级，一级吊装作业为吊物质量100t以上；二级吊装作业为吊物质量40t(含40t)至100t；三级吊装作业为吊物质量40t以下。

2.5.7.1 吊装作业安全要求

(1)一、二级吊装作业，应编制吊装作业方案。吊装物体质量虽不足40t，但形状复杂、刚度小、长径比大、精密贵重，以及在作业条件特殊的情况下，三级吊装作业也应编制吊装作业方案，吊装作业方案应经业务主管部门审批。

(2)吊装场所如有含危险物料的设备、管道时，应制定详细吊装方案，并对设备、管道采取有效防护措施，必要时停车，放空物料，置换后再进行吊装作业。

(3)不应靠近高架电力线路进行吊装作业，确需在电力线路附近作业时，起重机械的安全距离应大于起重机械的倒塌半径并符合《电业安全工作规程(电力线路部分)》(DL409)的要求；不能满足时，应停电后再进行作业。

(4)大雪、大雨、大雾、6级及以上大风时，不得从事露天吊装作业。

(5)作业前，作业单位应对起重机械、吊具、索具、安全装置等进行检查，确保处于完好、安全状态，并签字确认。

(6)指挥人员应佩戴明显的标志，按照《起重机　手势信号》(GB/T 5082—2019)规定的联络信号进行指挥。

(7)应按规定负荷进行吊装，吊具、索具应经计算选择使用，不应超负荷吊装。

(8)不应利用管道、管架、电杆、机电设备等作为吊装锚点；未经土建专业人员审查核算，不应将建筑物、构筑物作为锚点。

(9)起吊前应进行低位试吊，检查全部机具、地锚受力情况。发现问题，应先将吊物放回地面，故障排除后重新试吊，确认正常后方可正式吊装。

2.5.7.2 吊装操作人员应遵守的规定

(1)按指挥人员发出的指挥信号进行操作；任何人发出的紧急停车信号均应立即执行；吊装过程中出现故障，应立即向指挥人员报告。

(2)当吊物接近或达到额定起重吊装能力时，应检查制动器，用低高度、短行程试吊后，再吊起。

(3)利用两台或多台起重机械吊运同一吊物时应保持同步，各台起重机械所承受的载荷不应超过各自额定起重能力的80%。

(4)下放吊物时，严禁自由下落(溜)；不得利用极限位置限制器停车。

(5)起重机械工作时，不得对其进行检查和维修。不得在有载荷的情况下调整起升、变幅机构的制动器。

(6)停工或休息时，不得将吊物、吊笼、吊具和吊索悬吊在空中。

(7)以下情况不得起吊：

①无法看清场地、吊物，指挥信号不明。

②起重臂吊钩或吊物下面有人、吊物上有人或浮置物。

③吊物捆绑、紧固、吊挂不牢，吊挂不平衡，索具打结，索具不齐，斜拉吊物，棱角吊物与钢丝绳之间无衬垫。

④吊物质量不明，与其他吊物相连，埋在地下，与其他物体冻结在一起。

⑤严禁起吊超载、质量不清的物品和埋置物体。

2.5.7.3　司索人员应遵守的规定

(1)听从指挥人员的指挥，发现险情及时报告。

(2)不应用吊钩直接缠绕吊物及将不同种类或不同规格的索具混在一起使用。

(3)吊物捆绑应牢靠，吊点设置应根据吊物重心位置确定，保证吊装过程中吊物平衡；起升吊物时应检查其连接点是否牢固、可靠；吊运零散件时，应使用专门的吊篮、吊斗等器具，吊篮、吊斗等不应装满。

(4)吊物就位时，不应手扶吊物，应与吊物保持一定的安全距离，吊物就位时，用拉绳或撑杆、钩子辅助。

(5)吊物就位前，不应解开吊装索具。

(6)对于与司索人员有关的不应起吊的情况，司索人员应做相应处理。

2.5.7.4　监护人员职责

监护人员应确保吊装过程中警戒范围内没有非作业人员或车辆经过，吊装过程中吊物及起重臂移动区域下方不允许任何人员经过或停留。

2.5.7.5　吊装作业的收尾

(1)将吊钩和起重臂放到规定的稳妥位置，所有控制手柄均应放到零位，对使用电气控制的起重机械，应将总电源开关断开。

(2)对在轨道上工作的起重机应有效锚定。

(3)将吊索、吊具收回，放置于规定的地方，并进行例行检查。

2.5.8　盲板抽堵作业安全

盲板抽堵作业是指在设备、管道内可能存有物料(气、液、固态)及一定温度、压力情况时的盲板抽堵，或设备、管道内物料经吹扫、置换、清洗后的盲板抽堵。盲板抽堵作业安全要求：

(1)作业前，企业应预先绘制盲板位置图，对盲板进行统一编号，并设专人统一指挥。

(2)在不同企业共用的管道上进行盲板抽堵作业，作业前应告知上下游相关单位。

(3)作业单位应根据管道内介质的性质、温度、压力和管道法兰密封面的口径等选择相应材料、强度、口径和符合设计、制造要求的盲板及垫片，高压盲板使用前应经超声波探伤；盲板选用应符合 HG/T 21547 或 JB/T 2772 的要求。

(4)在火灾爆炸危险场所进行盲板抽堵作业时，作业人员应穿防静电工作服、工作鞋，并使用防爆工具，距作业点 30m 内不得有动火作业。

(5)作业单位应按位置图进行盲板抽堵作业，并对每块盲板挂牌标识，标牌编号应与盲板位置图上的盲板编号一致，企业应逐一确认并做好记录。

(6)盲板抽堵作业，应将作业系统管道压力降至常压，保持作业现场通风良好，专人监护。

(7)在强腐蚀性介质的管道、设备上进行盲板抽堵作业时，作业人员应采取防止酸碱化学灼伤的措施。

(8)在介质温度较高或较低时，可能造成人员烫伤或冻伤的管道、设备上作业，应采取防烫或防冻措施。

(9)在有毒介质的管道、设备上进行作业时，应按 GB 39800.1—2020 的要求选用个体防护用品。在涉及硫化氢、氯、氨、一氧化碳及氰化物等毒性介质的管道、设备上进行作业时，除满足上述要求外，还应佩戴移动式检测仪。

(10)不应在同一管道上同时进行两处或两处以上的盲板抽堵作业。

(11)同一盲板的抽、堵作业，应分别办理盲板抽、堵作业票，一张作业许可证只能进行一块盲板的一个作业。

(12)作业结束后由施工单位和企业共同确认。

2.5.9 临时用电安全

临时用电是指在正式运行的电源上所接的非永久性用电。

2.5.9.1 临时用电安全管理要求

(1)在运行的火灾爆炸危险性生产装置、罐区和具有火灾爆炸危险场所内不得随意接临时电源，确需时应按照动火管理要求对周围环境进行可燃气体检测分析。

(2)各类移动电源及外部自备电源不得接入电网。

(3)在开关上接、拆临时用电线路时，其上级开关应断电并上锁并挂安全警示牌；接、拆线路作业时，配送电单位应有监护人在场。

(4)临时用电应设置保护开关，使用前检查电气装置和保护设备的可靠性。所有的临时用电均应设置保护接地。

(5)临时用电设备和线路应按供电电压等级和容量正确使用，所用电气元件应符合国家相关产品标准及作业现场环境要求；临时用电电源施工、安装应符合《建设工程施工现场供用电安全规范》(GB 50194—2014)的有关要求，并有良好的接地。

2.5.9.2 临时用电其他要求

(1)火灾爆炸危险场所应使用相应防爆等级的电气元件，并采取相应的防爆安全措施。

(2)临时用电线路及设备应有良好的绝缘，所有的临时用电线路应采用耐压等级不低于 500V 的绝缘导线。

(3)临时用电线路经过火灾爆炸危险场所以及有高温、振动、腐蚀、积水及产生机械损伤等区域，不应有接头，并应采取相应的保护措施。

(4)临时用电架空线应采用绝缘铜芯线，设在专用电杆或支架上，严禁设在树木和脚手架上，其最大弧垂与地面距离，在施工现场不低于2.5m，穿越机动车道不低于5m。

(5)沿墙面或地面敷设电缆线路应符合以下要求：

①电缆线路敷设路径应有醒目的警示标识。

②沿地面明敷的电缆线路应沿建筑物墙体根部敷设，穿越道路或其他易受机械损伤的区域，应采取防机械损伤的措施，周围环境应保持干燥。

③在电缆敷设路径附近，当有产生明火的作业时，应采取防止火花损伤电缆的措施。

(6)对需要埋地敷设的电缆线路应设"走向标志"和"安全标志"。电缆埋地深度不应小于0.7m，穿越公路时应加设防护套管。

(7)现场临时用电配电盘、箱应有电压标识和危险标识，并有编号和防雨措施，配电盘、箱应能牢靠关闭并上锁管理。

(8)临时用电设施应安装符合要求的漏电保护器。移动工具、手持电动工具应逐个配置漏电保护器和电源开关。

(9)未经批准临时用电单位不得擅自向其他单位转供电或增加用电负荷，以及变更用电地点和用途。

(10)临时用电时间不应超过15d，特殊情况下不超过30d；用于动火、受限空间作业的临时用电时间应和相应作业时间一致，用电结束后，用电单位应及时通知供电单位拆除临时用电线路。

2.5.10　动土作业安全

动土作业是指在生产或作业区域中挖土、打桩、钻探、坑探、地锚入土深度在0.5m以上或开挖深度超过0.5m的管沟、基坑作业，以及使用推土机、压路机等施工机械进行填土或平整场地等可能对地下隐蔽设施产生影响的作业。动土作业主要安全措施包括：

(1)作业前，应检查工器具、现场支撑是否牢固，发现问题应及时处理。

(2)作业现场应根据需要设置围栏、盖板和警告标志，夜间应设警示灯。

(3)动土开挖前，应先做好地面和地下排水工作，严防地面水渗入作业层面造成塌方。

(4)作业前应了解地下隐蔽设施的分布情况，作业临近地下隐蔽设施时，应使用适当工具人工挖掘，避免损坏地下隐蔽设施，如暴露出电缆、管线以及不能辨认的物品时，不得敲击、移动，应立即停止作业，妥善加以保护，报告动土审批单位处理，经采取保护措施后方可继续动土作业。

(5)挖掘坑、槽、井、沟等作业，应遵守下列规定：

①挖掘土方应由上至下逐层挖掘，不应采用挖空底脚和挖洞的方法进行挖掘；使用的材料、挖出的泥土应堆放在距坑、槽、井、沟边沿至少1m处，堆土高度不得大于1.5m；挖出的泥土不应堵塞下水道和窨井。

②不应在土壁上挖洞攀登。

③不应在坑、槽、井、沟上端边沿站立、行走。

④根据土壤性质、湿度和挖掘深度设置安全边坡或固定支撑；作业过程中应对坑、槽、井、沟边坡或固定支撑架随时检查，特别是雨雪后和解冻时期，如发现边坡有裂缝、松疏或支撑有折断、走位等异常情况，应立即停止工作，并采取相应措施。

⑤在坑、槽、井、沟的边缘安放机械、铺设轨道及通行车辆时，应保持适当距离，采

取有效的固壁措施，确保安全。

⑥拆除固壁支撑时应从下而上，更换支撑应先装新的，再拆旧的。

⑦不应在坑、槽、井、沟内休息。

(6)机械开挖时，应避开构筑物、管线等，在距管道1m范围内应采用人工开挖；在距直埋管线2m范围内应采用人工开挖，避免对管线或电缆造成影响。

(7)在沟(槽、坑)下作业应按规定坡度顺序进行，使用机械挖掘时，作业人员不应进入机械旋转半径内；严禁在离电缆1m距离以内作业；深度大于2m时，应设置应急逃生通道；两人以上同时挖土时应相距2m以上，防止工具伤人。

(8)动土作业区域发现异常时，作业人员应立即撤离作业现场。

(9)在生产装置区、罐区等危险场所动土时，监护人应与所在区域的生产人员建立联系，当生产装置区、罐区等场所排放有害物质前，应立即通知现场所有人员撤离现场。

(10)在生产装置区、罐区等危险场所动土时，遇有埋设的易燃易爆、有毒有害介质管线、窨井等可能引起燃烧、爆炸、中毒、窒息危险，且挖掘深度超过1.2m时，应执行受限空间作业相关规定。

(11)动土作业结束后，应及时回填土石，恢复地面设施。

2.5.11 管线打开作业安全

在生产、作业区域内任何可能存在介质的封闭管线(设备)的打开时，都可能导致人员伤害和事故的发生，为确保管线打开作业安全，必须对其实行许可管理，并遵守相应的管理规定。

2.5.11.1 管线打开作业方式

管线打开作业是指使用任何方式使输送危险物料的管线的组成部分形体分离，如通过火焰加热、打磨、切割或钻孔等方式改变管线的完整性的作业，包括但不限于以下活动：

(1)打开法兰；

(2)从法兰上去掉一个或多个螺栓；

(3)去掉阀门阀盖和单向(截止)阀；

(4)换盲板；

(5)拆开管接头；

(6)去掉盲板、盲法兰、丝堵和管帽；

(7)断开管线；

(8)断开加料和卸料工艺软管；

(9)用机械方法或其他方法穿透管线；

(10)开启检查孔；

(11)微小调整(如更换阀门填料)；

(12)互连管线的拆除。

2.5.11.2 管线打开作业基本要求

管线打开作业必须满足基本要求，否则一律禁止管线打开作业。

(1)管线打开前作业应进行风险评估，采取安全措施，必要时制订安全工作方案和应急预案。

(2)应办理《作业许可证》，如涉及含有剧毒介质、超高压介质、高温和深冷介质等的管线打开，同时办理管线打开许可证。

(3)管线打开作业如涉及其他作业，如高处作业、动火作业还应按相关规定办理相应的作业许可票。

凡是没有办理作业许可证，没有按要求编制安全工作方案，没有落实安全措施，一律禁止管线打开作业。

2.5.11.3 项目设计阶段的要求

在新、改、扩建项目的设计过程中，与设计单位应共同考虑消除或降低因管线打开产生的风险，并确保设计在符合工程标准要求的基础上，满足投产以后管线打开作业的风险防控要求。

1. 增加连接点

(1)为清理管线(设备)增加连接点，同时应考虑由此可能产生泄漏的风险；

(2)能够隔离第二能源，如：伴热蒸汽、电伴热以及换热介质等；

(3)有经验的现场操作人员和维修人员应参与项目的设计。

2. 优先考虑双重隔离

双重隔离是指符合下列条件之一的状态：

(1)双阀—导淋(放空)：双截止阀关闭、双阀之间的导淋常开；

(2)截止阀加盲板或盲法兰。

3. 如果双重隔离不可行，应采取适当的防护措施

其优先顺序如下：

(1)双截止阀；

(2)单截止阀；

(3)凝固(固化)工艺介质；

(4)其他。

2.5.11.4 作业前准备

管线打开作业都存在危险物料及能量的意外释放的潜在风险，因此作业前必须对管道(设备)或系统的危害因素充分识别、制订作业方案、对管线或设备进行清理并做好可靠的隔离措施。

1. 风险评估

作业前作业单位应进行风险评估，识别内容包括：

(1)密闭管道(设备)存在的危险介质，如可燃的气体或液体、自燃物质、毒性或腐蚀性物质等。

(2)密闭管道(设备)存在的危险能量，如高压、负压、高温、异常低温等。

2. 制订控制措施或方案

根据风险评估，制订相应的控制措施或方案，应包括下列主要内容：

(1)清理计划，应具体描述关闭的阀门、排空点和挂牌点等，必要时应提供示意图。

(2)排空、置换和清洗计划，包括排空点、置换介质、置换方法和步骤、清洗的介质、方法和时间等。

(3)安全措施，包括管线打开过程中的冷却、充氮措施和个人防护装备的要求。

(4)应急、救援、监护等预备人员的要求和职责。

(5)制定应急措施或预案。

(6)描述管线打开影响的区域，并控制人员进入。

作业前应将作业措施或方案与所有相关人员沟通，必要时应专门进行培训，确保所有相关人员熟悉相关的安全要求。

3. 管线或设备清理

管线打开前，必须根据管线打开工作计划确认系统的物料应采用排尽、冲洗、置换、吹扫等方法除尽。清理合格应符合以下要求：

(1)系统温度介于 -10 ~ 60℃；

(2)已达到大气压力；

(3)与气体、蒸汽、雾沫、粉尘的毒性、腐蚀性、易燃性有关的风险已降低到可接受的水平。

管线打开前并不能完全确认已无危险，在管线首次打开之后，仍然可能发生事故，因此在管线打开之前应做以下准备：

——确认管线清理合格。采用凝固(固化)工艺介质的方法进行隔离时应充分考虑介质可能重新流动。

——如果不能确保管线清理合格，如残存压力或介质在死角截留、未隔离所有压力或介质的来源、未在低点排尽和高点排空等，应停止工作，重新制定工作计划，明确控制措施，消除或控制风险。

4. 管线隔离

隔离应满足以下要求：

(1)提供显示阀门开关状态、盲板、盲法兰位置的图表，如盲板图、现场示意图、工艺流程和仪表控制图等。

(2)所有盲板、盲法兰应挂牌进行标识，标牌编号应与盲板位置图上的盲板编号一致，并设专人负责。

(3)隔离系统内的所有阀门必须保持开启，并对管线进行清理，防止在管线内留存介质。

隔离方法的选择取决于隔离物料的危险性、管线的结构、管线打开的频率、因隔离(如吹扫、清洗等)产生可能泄漏的风险以及过去管线打开的经验等。隔离的方法和优先顺序应从设计阶段就予以考虑，同时权衡增加阀门所带来的潜在危险与对人和环境的保护程度之间的利弊，优先考虑双重隔离。

①采用单截止阀隔离时，应制定风险控制措施和应急预案。

②考虑使用手动阀门进行隔离，手动阀门可以是闸阀、旋塞阀或球阀。

③控制阀不能单独作为物料隔离装置，如果必须使用控制阀门进行隔离，应制定专门的操作规程确保安全隔离；利用自动控制阀门进行隔离时，必须有特定的程序确保隔离效果。

④含有易燃易爆、有毒有害、高温高压介质的管线打开，必须进行盲板隔离或拆除部分管线进行隔离。

2.5.11.5　人员防护要求

管线打开作业时应选择和使用合适的个人防护装备。

(1)个人防护装备在使用前，应进行现场检查或测试，合格后方可使用。

(2)应按防护要求建立个人防护装备清单，清单包括使用何种、何时使用、何时脱下个人防护装备等内容。

(3)对含有剧毒物料等可能立刻对生命和健康产生危害的管线(设备)打开作业时，所有进入到受管线打开影响区域内的人员，包括预备人员应同样穿戴所要求的个人防护装备；对于受管线打开影响区域外(位于路障或警戒线之外但能够看见工作区域)的人员，可不穿戴个人防护装备，但必须确保能及时获取个人防护装备。

2.5.11.6　打开管线或设备作业要求

在打开管线或设备作业时，应该做到：

(1)明确管线打开的具体位置。

(2)必要时在受管线打开影响的区域设置路障或警戒线，控制无关人员进入。

(3)管线打开过程中发现现场工作条件与作业方案不一致的时候(如管线清理不合格)，应停止作业，进行再评估，重新制定作业方案，并办理相关作业许可票。

(4)涉及带压开孔作业，其作业具体步骤和方法执行《石油工业带压开孔作业安全规程》(SY/T 6554—2019)。

2.5.11.7　工作交接

管线打开作业时，生产单位、作业单位或承包商的相关人员应进行充分沟通，做好工作交接，共同确认工作内容和安全工作方案，至少包括以下内容：

(1)有关安全、健康和环境方面的影响。

(2)隔离位置、已做的清理和确认清理合格的方法。

(3)管线(设备)状况。

(4)管线(设备)中残留的物料及危害等。

(5)当管线打开工作需超过一个班时间才能完成时，应在交接班记录中予以明确，确保班组间的充分沟通。

2.6　承包商安全管理

承包商是指按约定的规范、条款和条件向公司提供服务的外部组织，由于社会分工的需要，承包商已成为公司建设和发展的一支重要力量，如果在服务过程中发生安全事故，除了对承包商造成伤害，往往对公司也会造成重大损失和影响，因此承包商安全是公司安全管理的重要组成部分。

2.6.1　生产经营单位的安全管理责任

生产经营单位是承包商安全管理的责任主体，是确定工程建设、技术服务、检维修承包商的主管部门，应履行以下管理职责：

(1)制订本单位承包商安全生产监督管理制度，明确职能部门的管理责任，组织开展授权范围内承包商安全准入的审批。

(2)负责承包商的选择、使用、评价等环节的安全监督管理，及时清退不合格的承包商。

(3)负责对进入本单位的承包商人员进行全员安全教育、作业现场安全技术交底、审查承包商的施工方案，对承包商的作业进行全过程监督。

(4)保证项目所需的安全生产投入、工期、施工环境、安全监管人员的配备等资源。

(5)有多个承包单位的，应当对多个承包单位的安全生产工作实施统一协调、管理，定期进行安全检查，发现安全问题的，应当及时督促整改。

(6)建立完善承包商激励考核制度，提升承包商安全管理水平。

(7)参与、配合做好本单位承包商安全事故的调查处理。

2.6.2 承包商的安全管理责任

依照国家有关要求，承包商是施工作业安全的责任主体，应履行以下安全职责：

(1)应当具备从事作业活动的作业条件和相应的资质证书，在资质等级许可的范围内承揽工程。

(2)承包单位应当依照有关法律法规与标准的规定，以及安全生产管理协议的约定，组织施工作业，确保安全生产。

(3)禁止承包单位转包其承揽的外包工程，禁止分项承包单位将其承揽的外包工程再次分包。

(4)禁止承包单位以转让、出租、出借资质证书等方式允许他人以本单位的名义承揽工程。

(5)承包单位应当加强对所属项目部的安全管理，定期开展安全生产检查。

(6)依法健全安全生产责任体系，完善安全生产管理基本制度，配备安全生产管理人员和有关工程技术人员。

(7)应当依照有关规定制定施工方案，加强现场作业安全管理，及时发现并消除事故隐患，落实各项规章制度和安全操作规程。

(8)接受发包单位组织的安全生产培训与指导，加强对本单位从业人员的安全生产教育和培训，保证从业人员掌握必需的安全生产知识和操作技能。

2.6.3 承包商准入管理

企业应实行承包商准入安全资质审查制度，对进入本单位的承包商进行资质审查，未经审查或审查不合格的承包商禁止办理准入。安全资质审查的内容包括：

(1)承包商营业执照、安全许可证、资质等级证书等基本资质。

(2)承包商安全管理体系、安全规章制度和操作规程的建立情况。

(3)安全管理机构及人员设置。

(4)安全生产资源保障。

(5)主要负责人、项目负责人、安全监督管理人员、特种作业人员安全资格证书。

(6)近些年的安全表现与安全业绩等。

2.6.4 招投标管理

生产经营单位应当按照招标管理规定选择承包商，在招标文件中及谈判阶段必须要明确：

(1)对项目的安全风险进行说明。

(2)承包商应遵守的安全标准、制度与规范。

(3)安全保证措施的要求。

(4)项目安全管理人员和特种作业人员的配备及资质能力要求。

(5)列出安全费用项目清单，要求专款专用。

(6)工程分包的控制措施的要求

(7)提出制定安全措施和应急预案的要求。

2.6.5　承包商的选择

选择是承包商管理过程最为关键的环节，施工现场的安全很大程度上取决于承包商的安全能力，录用优秀的承包商队伍，是实现双赢目标的前提，在选择承包商时应在资格预审的基础上，通过审查承包商的文件资料、预审问卷、现场考察等方式全面了解承包商安全管理状况，进一步评估承包商的安全能力，择优选用。

为保证承包商能够具备足够的安全能力，选择承包商时应注意：

(1)不能“重资质、轻能力”，承包商的专业资质和安全能力可能不符。

(2)不能将投标价格作为唯一选择，低价中标，忽略安全能力，安全投入不足，形成安全隐患。

(3)不能仅凭承包商提交资料进行评判，资料无法全面真实反映承包商的管理水平。

2.6.6　安全合同的签订

安全合同就是将企业的安全要求变成约束性条款明确在合同中，从源头控制安全风险、落实安全标准，是约束承包商的重要手段。安全合同应当与工程服务合同同时签订，安全合同或服务合同中没有相应的安全生产条款的，一律不得签订。安全合同中的内容应包括：

(1)对项目的作业内容、要求及危害进行描述。

(2)双方的安全生产权利及义务。

(3)执行国家、行业及企业标准等安全通用条款。

(4)对关键人员证书及能力要求。

(5)设备应具有有效的证书和检验报告。

(6)信息沟通渠道，定期召开承包商安全会议。

(7)承包商应具备的管理体系、程序及规定。

合同在签订前，应组织双方相关人员参与协调会，就合同中的条款、安全责任、安全要求等进行沟通与解释，充分理解合同内容，便于依据合同开展工作。

2.6.7　入场安全培训

1. 安全教育培训的要求

承包商入场前，应根据合同约定对参与项目的所有人员开展有针对性的安全培训教育。安全教育培训的要求有：

(1)企业应监督指导承包商的安全培训教育工作和能力验证，确保作业人员具备一定的安全能力。

(2)企业应对承包商项目的主要负责人、安全管理人员进行专项培训，考试合格后，方可参与项目施工管理。

(3)所有人员经入场安全教育并考核合格后，方可进入施工现场。

(4)当发现能力不足或发生安全事故后应及时开展安全培训。

(5)经常性开展日常安全培训教育，不断提升员工安全素质。

2. 安全培训的主要内容

培训内容以安全合同条款为基础，主要包括：

(1)国家相关法律法规及标准。

(2)企业安全生产特点、管理制度和规定。

(3)项目本身的危害因素及防范措施，尤其是潜在火灾、爆炸或有毒物质释放危险。

(4)对严重职业伤害、死亡、火灾、环境污染及其他紧急情况的相应处置措施。

(5)高风险作业的安全要求等。

2.6.8 开工前的准备

开工前的各项工作准备充分，才有可能做到作业过程的安全，准备工作包括召开开工前会议、审查施工方案、开工前安全确认、安全技术交底。

1. 开工前会议

开工前应组织召开专门会议，会议主要内容应包括：

(1)明确双方项目的负责人。

(2)对项目安全事项进一步沟通，强调合同中有关的安全要求。

(3)介绍现场作业条件、项目风险与控制要求。

(4)现场管理制度、安全奖惩规定、劳保穿戴和应急程序。

(5)要求承包商对人员、设备和管理情况进行解释说明。

2. 施工方案审批

施工方案是项目顺利实施的前提和保障，必须事先编制施工方案，制定安全技术措施。施工方案的审批主要审查内容包括：

(1)方案项目是否齐全，有无缺陷。

(2)方案编制依据是否符合要求，注意标准和规范的时效性。

(3)方案是否有可操作性，是否满足现场实际情况等。

3. 开工前安全确认

开工前应对承包商管理、人员、设备、环境等方面进行全面检查和确认，符合开工条件并办理手续后方可开工。

(1)管理方面

管理方面主要检查内容有：

①是否成立项目安全管理机构并落实安全管理人员。

②各项管理制度和操作规程是否完善。

③是否制订安全生产责任制，责任界面是否清晰。

④是否有风险分析及隐患排查制度。

⑤是否制定了应急处置方案等。

(2)人员方面

对承包商人员的检查主要有：

①承包商施工队伍人员资质能力开展评估，是否满足项目的需要。

②检查人员数量、相关资质、安全生产责任险等情况。

③对人员应查看年龄及体检证明，是否有职业禁忌证。

④对主要管理人员查看安全资质、工作履历和社会保险等。

(3)机具设备方面

机具设备主要检查内容包括：

①查看机具设备安全性能是否满足项目的需要，重点查看主要设备和 HSE 设施。

②特种设备是否在检验周期内。

③劳保用品配备齐全完好。

④消防器材的配备情况。

⑤受限空间或动火作业应配备气体检测仪并在检验周期内。

⑥对于高风险施工机具，如脚手架必须经专门人员验收合格。

(4)环境方面

环境方面检查包括：

①对施工区域周边的危险是否全面辨识并制定了防范措施。

②临时设施建设是否到位。

③现场安全标准化是否符合合同约定要求。

④是否对安全风险及职业危害设置警示标识等。

4. 安全技术交底

施工作业前，生产经营单位应将与施工作业有关的安全技术要求向承包商作业人员做出详细的说明，双方签字，未经安全技术交底，不得施工作业。安全技术交底的内容包括：

(1)作业项目存在的危险因素。

(2)应采取的防范措施，包括个人防护用品的使用、现场防护设施的要求、设备操作规程。

(3)紧急情况下的处理措施等。

2.6.9　作业过程的监督

为确保施工项目全过程处于受控状态，企业应明确承包商监督管理部门，指派有监督能力的人员对承包商的作业现场开展监督检查，监督人必须清楚监督工作任务和职责，熟悉安全合同内容及现场风险管控要求，确保安全标准及要求的落实，监督主要内容有：

(1)承包商管理机制的运行情况。

(2)施工方案的执行情况。

(3)风险防控措施的落实。

(4)人员情况，包括管理人员是否在岗，重点人员有无擅自变更，作业人员有无违章情况。

(5)设备设施是否存在故障。

(6)是否有不良的作业环境情况。

(7)应急准备是否充分，如员工对应急处置方案的掌握、应急物资的准备，是否开展应急演练。

(8)对分包商的管理及现场监督检查情况。

现场监督发现问题时，应督促及时整改，避免引发事故及类似现象的再次发生，对于严重违反安全管理制度和规定的，应停工整顿，情节严重的予以清退。

2.6.10　承包商的评价考核

评价与考核是促进承包商提升安全管理的重要手段，企业应建立完善承包商评价与激励考核办法，强化对承包商的安全管理。

1. 评价指标

对承包商评价应坚持“结果与过程并重”的原则，一般应包含三类考核指标：

(1)结果性指标。如可记录事故，损工天数、事故直接经济损失等。

(2)过程指标。包括各项安全指标的控制情况；安全方案实施情况；项目风险管控情况；特殊作业的安全管理情况；员工安全培训和能力；防护用品的配备和使用；设备设施的完好情况；内部的信息沟通；对分包商的管理；安全管理体系的运行等，尽可能将指标量化，如安全培训合格率、设备完好率、隐患整改率、许可管理符合率等。

(3)否决性指标。如较大安全事故、瞒报事故、出现重大安全隐患、安全资质造假、违法分包等，发现此类问题，实行一票否决，直接清退。

2. 评估考核方式

对承包商评估考核有日常监督检查、定期检查考核及管理评审等方式。

(1)日常监督考核，通过项目主管部门、属地单位、安全管理部门对现场作业进行检查监督，如机具完好情况、员工行为、作业环境、隐患及整改情况。发现有严重违章的行为，进行处罚及问责。

(2)定期评估，是对承包商每周、每月、每季度进行总体评估，可以结合日常检查情况、合同的履行情况、隐患整改情况、安全方案的执行情况、审核中的不符合项及整改情况等，进行量化排名，对不符合提出整改要求。

(3)管理审核，主要针对长期承包商，通过体系管理审核，全面检查承包商安全管理状况和绩效，审核内容有领导引领、责任落实、变更管理、应急管理、事故事件管理、设备管理、培训管理、风险管控、许可管理、员工激励等，查找管理中存在的短板，确定改进方向，提出整改要求，推动承包商安全管理系统的持续改进与自我完善。

3. 评价考核的应用

为有效促进承包商安全工作的改进与提高，更好发挥评价考核的作用，生产经营单位应做到：

(1)发现承包商不符合项目的安全要求，必须要求承包商及时整改，必要时依据合同条款终止合作。

(2)将评价结果与财务结算挂钩，奖优罚劣。

(3)将总体评估结果作为今后承包商选择的重要依据。

(4)将考核结果与承包商进行及时反馈，对整改情况进行跟进，做到闭环管理。

4. 考核评价的注意事项

对承包商的考核评价时，特别注意：

(1)对于严重违反国家及企业安全制度的行为，必须严惩。

(2)评价考核需要专业的人员，通过全面收集承包商的安全信息，才能做出科学、客观的评价。

(3)奖惩分明、及时兑现，注重正向激励，更好激发承包商进一步提升安全的积极性。

(4)注重经验分享，分享优秀承包商的管理经验，促进承包商安全管理的共同提高。

2.7 应急管理

2.7.1 应急管理概述

多年来，各类突发事件频繁发生，严重影响了社会和人民生命财产安全。如何有效地处理这些突发事件，减轻突发事件所带来的危害，减少和预防此类事件的再度发生，提高面向突发事件的应急应对能力，组织社会多方面资源有效防范和控制各类突发事件的发生及蔓延、全面开展科学的应急管理研究，是科学发展的迫切需要。

2.7.1.1　突发事件

1. 突发事件的概念

《突发事件应对法》将突发事件界定为："突然发生，造成或者可能造成严重社会危害，需要采取应急处置措施予以应对的自然灾害、事故灾害、公共卫生事件和社会安全事件。"

2. 突发事件的特点

(1)突发性和紧迫性。突发事件往往是平素积累起来的问题、矛盾冲突因长期不能得到有效解决，在突破一定的临界点后突然爆发。它看似偶然，实为必然。

(2)不确定性。突发事件从始至终都处于不断变化的过程中，人们很难根据经验对其发展方向做出明确的判断。

(3)危害性。突发事件可能会使社会公众在健康、生命和财产方面遭受重大的损失，并干扰、破坏社会正常运行的秩序。

(4)扩散性。扩散性包括两方面的含义：一是突发事件往往会突破地域限制，向更广的地理范围、空间范围扩张；二是突发事件会引发次生灾害，形成一个灾害的链条。

3. 突发事件的分类

根据发生原因、机理、过程、性质和危害对象的不同，我国突发事件被分为四大类：自然灾害、事故灾害、公共卫生事件和社会安全事件。

根据公司综合应急预案，自然灾害包括公司输气管道、场站、阀室等区域遭受洪汛、地震、气象、地质等灾害；事故灾害包括天然气火灾爆炸事故、天然气意外泄漏事件、天然气供应事件、消防火灾事故、道路交通安全事故、设施和设备事故、环境污染和生态破坏事件等；公共卫生事件包括对社会公众健康严重损害的重大传染病疫情、群体性不明原因疾病、食品中毒、职业中毒等；社会安全事件包括恐怖袭击事件、网络与信息安全事件、群体性事件等。

突发事件的分类是静态的，但突发事件的演化过程是动态的。各类突发事件之间往往是相互关联、相互渗透的，需要各个部门协同应急、合成应急。

4. 突发事件的分级

在《突发事件应对法》中，按照社会危害程度、影响范围等因素，自然灾害、事故灾难、公共卫生事件分为特别重大、重大、较大和一般四级。法律、行政法规或者国务院另有规定的，从其规定。

根据公司相关规定，公司事故分为特别重大事故、重大事故、较大事故、一般事故、内部统计事故、一类障碍、二类障碍、异常，分别对应一至八级。详见2.9事故事件管理。

2.7.1.2　应急和应急管理

1. 应急的概念

"应急"由两部分组成：(1)作为动词的"应"，一方面指人受到刺激而发生的活动和变化。"应"的另一方面指对待的意思，如应付、应对。(2)"急"是指急切、紧急、重要的事情，是一个相对概念。

根据对"应"和"急"的解析，将应急的内涵定义为：人类面对正在发生或预测到的紧急状况时所采取的活动和应对措施。

2. 应急管理

应急管理是近年来管理领域中出现的一门新兴学科，是一门综合了运筹学、战略管理、信息技术以及各种专业知识的交叉学科，是指在紧急状况发生或预测发生时，确切知道要针对性地去做什么并注意采用最佳最经济的管理方法去应对。

公司应急管理是指对各类突发事件的预防与应急准备、监测与预警、应急处置与救援、事后恢复与重建等活动的全过程管理。应急管理工作实行预防为主、预防与应急相结合的原则，建立健全统一领导、综合协调、分类管理、分级负责、属地为主、企地联动的应急管理体制和上下贯通、多方联动、协调有序、运转高效的应急管理机制。公司总经理是公司应急管理工作第一责任人，对公司应急管理工作负总责。公司其他班子成员副职根据分工，协助总经理落实有关应急管理工作，对公司应急管理工作负重要领导责任。

3. 应急管理的特征

(1)多主体的应急组织体系。应急管理活动所形成的组织体系是一个由政府部门和各种社会机构共同组成的多主体形态，其中社会机构包括诸如新闻媒体、工商企业等。

(2)统一指挥、分工协作的应急体制。多主体的组织结构在应急管理活动中需要明确职责分工，且要求统一指挥和相互协作的工作方式。

(3)快速反应的应急机制。灾害事件的突发性和随机性，决定了应急管理活动必须具有快速反应能力，应急管理响应速度的快慢直接决定了突发事件所造成危害的强弱。

(4)高效的应急信息系统。及时准确地收集、分析和发布应急信息是应急管理早期预警和制定决策的前提。

(5)广泛的应急支持保障。应急管理系统必须要有技术、物资、资金等多方面的支持保障。

(6)健全的应急管理法律法规。健全的应急管理法律法规能够为应急活动提供有力的法制支持。

4. 应急管理的内容

应急管理工作内容概括起来就是“一案三制”。

“一案”是指应急预案，就是根据发生和可能发生的突发事件，事先研究制订的应对计划和方案。应急预案包括各级政府总体预案、专项预案和部门预案，以及基层单位的预案和大型活动的单项预案。

“三制”是指应急工作的管理体制、运行机制和法制。一要建立健全和完善应急预案体系，就是要建立“纵向到底，横向到边”的预案体系；二要建立健全和完善应急管理体制；三要建立健全和完善应急运行机制；四要建立健全和完善应急法制。

突发事件应急管理强调全过程的管理，涵盖了突发事件发生前、中、后的各个阶段，应急管理也是一个动态的过程，包括预防、准备、响应和恢复四个阶段。尽管在实际情况中这些阶段往往是交叉的，但每一阶段都有其明确的目标，而且每一阶段又是构筑在前一阶段的基础之上，充分体现“预防为主、常备不懈”的应急理念。

2.7.1.3 公司应急组织机构

公司成立应急管理领导小组，负责突发事件的统一决策指挥。应急管理领导小组下设应急指挥中心办公室，与调控中心合并办公，负责应急管理24h应急值班、预警及应急启动、信息上传下达与汇总、综合协调调度等工作。设立现场指挥部，负责指挥、协调现场应急救援工作，视情况可设置抢险救灾组、生产保供组、警戒疏散组、综合保障组、善后工作组和媒体工作组等工作组(图 2－7－1)。同时指挥部可根据工作需要，邀请管道保护、安全监察、环保、消防、应急管理、气象等方面专家组成专家咨询组，对突发事件发生和发展趋势、抢险救灾方案、恢复方案等进行研究评估、提出处置建议。

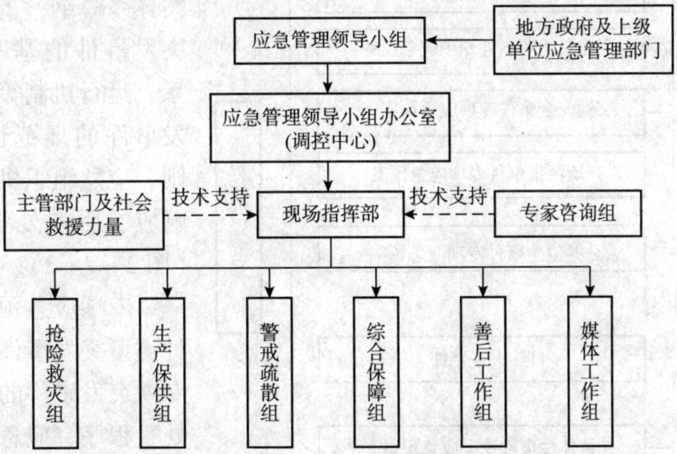

图 2－7－1　应急组织机构图

2.7.2　应急预案

应急管理的根本任务就是提出合理方案应对突发事件，且要求此应对方案具有可操作性、准确性和经济性。应急预案平时牵引应急准备，战时指导应急救援，是应急管理的核心和基础。

2.7.2.1　应急预案体系

1. 应急预案

应急预案是为有效预防和控制可能发生的事故，最大程度减少事故及其造成损害而预先制定的工作方案。是在危害识别的基础上，针对发生或可能发生的具体应急事件制定的由组织机构、职责、程序和方法组成的行动方案，应对紧急情况预先做好的行动方案。其特点如下：

(1)合法性：符合中华人民共和国宪法和有关的法律法规、标准。

(2)合理性：在符合法律、法规、标准和规章制度的基础上，应符合企业特点和现状，不能写成通用的理论公式和放之四海而皆准的条款。

(3)可操作性：操作条款要真实有效，条款的操作符合法律法规、标准和规范的要求。

(4)前瞻性：对于科学技术的发展有余地。

(5)实用性：简单、使用、有效。

(6)经济性：符合企业的经济水平，符合职工利益，并追求利益的最优化原则。

2. 应急预案体系

《生产经营单位生产安全事故应急预案编制导则》(GB/T 29639—2020)中明确规定，生产经营单位应急预案分为综合应急预案、专项应急预案和现场处置方案。生产经营单位应根据有关法律、法规和相关标准，结合本单位组织管理体系、生产规模和可能发生的事故特点，科学合理确立本单位的应急预案体系，并注意与其他类别应急预案相衔接。

公司应急预案体系由综合应急预案、专项应急预案和现场处置方案构成，逐步推动建立

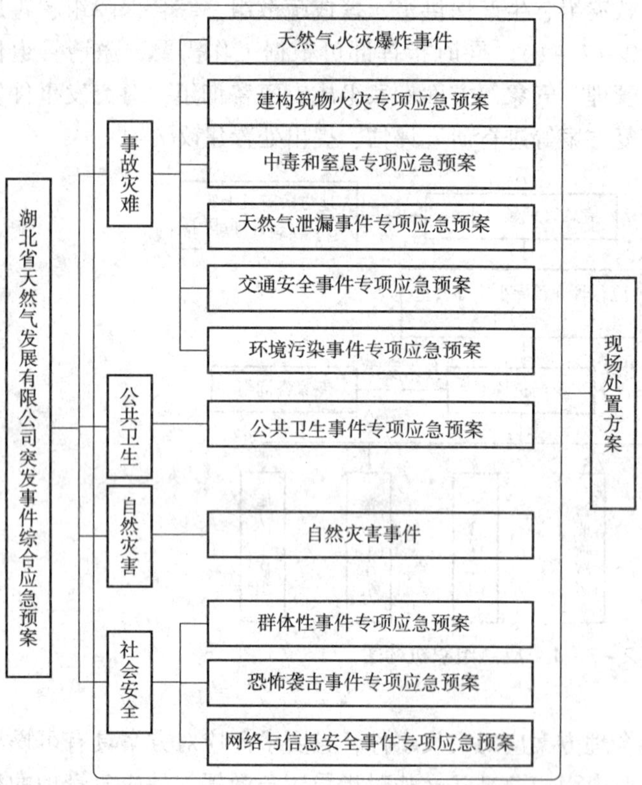

图2-7-2　公司应急预案体系构成图

关键岗位应急处置卡，形成横向到边、纵向到底、上下对应、内外衔接的应急预案体系。

综合应急预案是公司应急预案体系总纲，重点规定公司应对突发事件的基本原则、组织体系、运行机制等，是公司应对突发事件的规范性文件，包括总则、应急组织机构及职责、应急响应、后期处置、应急保障等（图2-7-2）。

专项应急预案主要应对某一种类型突发事件，侧重分类明确专项突发事件的组织指挥、应急处置程序、应急处置措施等，重点规范公司各级的应急行动，包括适用范围、应急组织机构及职责、响应启动、处置措施、应急保障等。

现场处置方案是针对具体输气场站、输气管道后果区、重点施工工序所制定的应急处置措施，侧重于现场应急处置，包括事故风险描述、应急工作职责、应急处置、注意事项等。

2.7.2.2　应急预案的编制

1. 应急预案编制一般要求

生产经营单位应当根据有关法律、法规、规章和相关标准，结合本单位组织管理体系、生产规模和可能发生的事故特点，确立本单位的应急预案体系，编制相应的应急预案，并体现自救互救和先期处置等特点。

生产经营单位风险种类多、可能发生多种类型事故的，应当组织编制综合应急预案。综合应急预案应当规定应急组织机构及其职责、应急预案体系、事故风险描述、预警及信息报告、应急响应、保障措施、应急预案管理等内容。

对于某一种或者多种类型的事故风险，生产经营单位可以编制相应的专项应急预案，或将专项应急预案并入综合应急预案。专项应急预案应当规定应急指挥机构与职责、处置程序和措施等内容。

对于危险性较大的场所、装置或者设施，生产经营单位应当编制现场处置方案。现场处置方案应当规定应急工作职责、应急处置措施和注意事项等内容。事故风险单一、危险性小的生产经营单位，可以只编制现场处置方案。

生产经营单位应当在编制应急预案的基础上，针对工作场所、岗位的特点，编制简明、实用、有效的应急处置卡。应急处置卡应当规定重点岗位、人员的应急处置程序和措施，以及相关联络人员和联系方式，便于从业人员携带。

生产经营单位编制的各类应急预案之间应当相互衔接，并与相关人民政府及其部门、应急救援队伍和涉及的其他单位的应急预案相衔接。

2. 编制步骤

根据《生产经营单位安全生产事故应急预案编制导则》(GB/T 29639—2020)，生产经营单位应急预案编制程序包括成立应急预案编制工作组、资料收集、风险评估、应急资源调查、应急预案编制、桌面推演、应急预案评审和批准实施8个步骤。

3. 管道企业应急预案编制注意事项

(1)应急预案应贯穿风险管理理念。

油气管道线路长，途径河流、人口稠密区等环境敏感区域多，油气管道本身又具有高压，输送介质易燃、易爆、输送工艺复杂等特性，发生异常情况和事故的潜在风险较大，且一旦发生事故，其现场状况也是瞬息万变，如不及时有效处置，势必会造成较大损失和影响。因此，管道企业在预案编制过程中，应通过全面分析自身可能存在的重大危害及其后果，并结合自身应急能力实际，对应急资源的准备、应急能力的保障及应急响应措施等方面进行详细而系统的描述，确保在应对突发事件时选择最实用、最有效的应急策略。

(2)应急预案应强化宣贯培训和实战演练。

应急预案是应急响应的指导方针，要想起到它应有的作用，首先要让大家知道预案的内容，更主要的是要知道自己的角色、自己的职责，这就需要进行必要的宣贯培训。然后再通过演练强化记忆熟练掌握，在发生事故时才不会慌乱，按照预案来行动。预案的演练过程也是对预案的检验过程，哪些不合理、哪些不科学，还缺少什么环节，以便对预案进行修订，使其更科学、更具有针对性和可操作性。

管道企业应通过实施各类宣贯与培训、制作视频教学片等形式，以及深入开展天然气泄漏、天然气火灾爆炸、建筑物火灾等一系列实战演练，使得基层站队员工对应急预案的意义和作用有较好的认识和理解，应急意识和应急处置技能得到强化和提高。

(3)应急预案需实现动态管理和持续优化。

应急预案优化工作的主要目的，不仅仅在于发生突发事件时启动预案予以处置，更重要的是未雨绸缪、防患于未然，促进企业应急管理更为程序化、制度化，以确定性应对不确定性，化应急管理为常规管理。因此，在动态中不断优化和完善应急预案，做好应对可能发生的突发事件的各种准备工作至关重要。

2.7.2.3 应急预案管理

公司应急预案的管理遵循属地为主、分级负责、分类指导、综合协调、动态管理的原则。

1. 应急预案评审

总经理或相关分管负责人应当按照国家有关预案评审要求，组建评审专家组，开展应急预案评审工作。对于涉及社会联动的应急预案的评审，可邀请政府相关部门和其他相关单位人员参加。

应急预案评审内容主要包括：风险评估和应急资源调查的全面性、应急预案体系设计的针对性、应急组织体系的合理性、应急响应程序和措施的科学性、应急保障措施的可行性、应急预案的衔接性。

通过评审的应急预案，由生产经营单位主要负责人签发实施。

2. 应急预案备案

公司应急预案应当自发布之日起30日内报公司注册地相关主管部门备案，并抄送管道途径区域的县级人民政府应急管理部门和行业主管部门，同时报送湖北能源应急指挥中心办公室和相关职能部门。

3. 应急预案的宣教、培训与演练

应急预案编制完成后，预案编制单位应当组织开展本单位的应急预案培训活动，使有关人员了解应急预案内容，熟悉应急职责、应急程序和岗位应急处置方案。应急预案的要点和程序应当张贴在应急地点和应急指挥场所，并设有明显的标志。

应急预案编制部门或单位应当建立应急演练制度，根据实际情况采取实战演练、桌面推演等方式，组织开展人员广泛参与、部门协同联动、形式多样、节约高效的应急演练，以检验预案的可操作性，并记录存档。

生产经营单位应当制定本单位的应急预案演练计划，根据本单位的事故预防重点，专项应急预案至少每年进行一次实战演练，现场处置方案至少每季度进行一次实战演练，并可结合实际经常性开展桌面推演。

4. 应急预案的评估与修订

应急预案编制单位应当每年至少进行一次应急预案适用情况的评估，分析评价其针对性、操作性和实用性，实现应急预案动态优化和科学规范管理，并编制评估报告。生产经营单位制定的应急预案应当至少每三年修订一次，预案修订情况应有记录并归档。有下列情形之一的，应急预案应当及时修订。

(1)依据的法律、法规、规章、标准及上位预案中的有关规定发生重大变化的。

(2)应急指挥机构及其职责发生调整的。

(3)面临的事故风险发生重大变化的。

(4)重要应急资源发生重大变化的。

(5)在应急演练和事故应急救援中发现问题需要修订的。

应急预案修订涉及组织指挥体系与职责、应急处置程序、主要处置措施、应急响应分级等内容变更的，修订工作应当参照公司《应急管理制度》规定的应急预案编制程序进行，并按照有关应急预案报备程序重新备案。

2.7.3 应急演练

按照《湖北省生产安全事故应急实施办法》，县级以上人民政府以及县级以上人民政府负有安全生产监督管理职责的部门、乡镇人民政府和街道办事处、开发区(园区、港区)管理机构等人民政府派出机关以及国有农(林)场等功能区，应当每年组织一次生产安全事故应急救援预案演练。

易燃易爆物品、危险化学品等危险物品的生产、经营、储存、运输单位，矿山、金属冶炼、城市轨道交通运营、建筑施工单位，以及宾馆、商场、娱乐场所、旅游景区等人员密集场所经营单位应当根据本单位的事故风险特点，至少每半年组织一次生产安全事故应急救援预案演练，并将演练情况报送所在地县级以上人民政府负有安全生产监督管理职责的部门。

其他生产经营单位应当根据本单位的事故风险特点，至少每年组织一次综合应急预案演练或者专项应急预案演练，至少每半年组织一次现场处置方案演练。

县级以上人民政府负有安全生产监督管理职责的部门应当对本办法第十条规定的重点生产经营单位的生产安全事故应急救援预案演练进行抽查；发现演练不符合要求的，应当责令限期改正。

2.7.3.1 应急演练目的

(1)检验预案：发现应急预案中存在的问题，提高应急预案的针对性、实用性和可操作性；

(2)完善准备：完善应急管理标准制度，改进应急处置技术，补充应急装备和物资，提高应急能力；

(3)磨合机制：完善应急管理部门、相关单位和人员的工作职责，提高协调配合能力；

(4)宣传教育：普及应急管理知识，提高参演和观摩人员风险防范意识和自救互救能力；

(5)锻炼队伍：熟悉应急预案，提高应急人员在紧急情况下妥善处置事故的能力。

2.7.3.2 应急演练原则

应急演练应遵循以下原则：

(1)符合相关规定：按照国家相关法律法规、标准及有关规定组织开展演练；

(2)依据预案演练：结合生产面临的风险及事故特点，依据应急预案组织开展演练；

(3)注重能力提高：突出以提高指挥协调能力、应急处置能力和应急准备能力组织开展演练；

(4)确保安全有序：在保证参演人员、设备设施及演练场所安全的条件下组织开展演练。

2.7.3.3 应急演练类型

(1)按组织形式划分，应急演练可分为桌面演练和实战演练。

①桌面演练。桌面演练是针对事故情景，利用图纸、沙盘、流程图、计算机模拟、视频会议等辅助手段，进行交互式讨论和推演的应急演练活动。桌面演练通常在室内完成。

②实战演练。针对事故情景，选择(或模拟)生产经营活动中的设备、设施、装置或场所，利用各类应急器材、装备、物资，通过决策行动、实际操作，完成真实应急响应的过程。实战演练通常要在特定场所完成。

(2)按内容划分，应急演练可分为单项演练和综合演练。

①单项演练。单项演练是指针对应急预案中某一项应急响应功能开展的演练活动。注重针对一个或少数几个参与单位(岗位)的特定环节和功能进行检验。

②综合演练。针对应急预案中多项或全部应急响应功能开展的演练活动。注重对多个环节和功能进行检验，特别是对不同单位之间应急机制和联合应对能力的检验。

(3)按目的与作用划分，应急演练可分为检验性演练、示范性演练和研究性演练。

①检验性演练。检验性演练是指为检验应急预案的可行性、应急准备的充分性、应急机制的协调性及相关人员的应急处置能力而组织的演练。

②示范性演练。示范性演练是指为检验和展示综合应急救援能力，按照应急预案开展的具有较强指导宣教意义的规范性演练。

③研究性演练。研究性演练是指为探讨和解决事故应急处置的重点、难点问题，试验新方案、新技术、新装备而组织的演练。

不同类型的演练相互组合，可以形成单项桌面演练、综合桌面演练、单项实战演练、综合实战演练、示范性单项演练、示范性综合演练等。

按事先通知与否，可分为事先通知的演练和事先不通知的演练。不言而喻，事先不通知的演练会更突出实战性，提高人们的应急意识，但也可能在演练过程中部分人员因不明真相而造成损失，这就要求演练的组织都要统筹考虑，事先做周密的安排，确保演习全过程的安全，防止因演练而发生意外。事先通知的演练指事先有计划，安排参与人员，演练时间和地点，然后组织演练。

2.7.3.4 应急演练实施流程

依据《生产安全事故应急演练基本规范》(AQT 9007—2019)，应急演练实施基本流程包括计划、准备、实施、评估总结、持续改进五个阶段。

(1)计划：①需求分析；②明确任务；③制订计划。

(2)准备：①成立演练组织机构；②编制文件；③工作保障。

(3)实施：①现场检查；②演练简介；③启动；④执行；⑤演练记录；⑥中断；⑦结束。

(4)评估总结。

(5)持续改进：①应急预案修订完善；②应急管理工作改进。

2.7.4 典型突发事件应急处置

2.7.4.1 天然气泄漏应急处置措施(表2-7-1)

表2-7-1 天然气泄漏应急处置措施

天然气泄漏应急处置措施	抢险救灾	1. 长输管道或站内管道发生泄漏 (1)关断事故点上下游截断阀门，对事故管段进行放空。 (2)人员撤离现场至放空完毕。 (3)对事故管段进行氮气置换及更换。 (4)告知上游场站同步截断。 2. 场站或阀室内设备发生泄漏 (1)对事故设备进行隔断，放空天然气。 (2)对事故设备进行紧固、封堵或更换。抢险过程中持续检测可燃气体浓度，如浓度大于5%，应用防爆轴流风机持续送风。如发生人员伤亡，应穿戴正压式空气呼吸器和防静电鞋服进入现场营救伤员
	警戒疏散	(1)用可燃气体泄漏检测仪进行监测，以天然气浓度低于5%为基准，划定警戒区域，用警示带进行警戒，禁止无关人员、车辆进入警戒区域，抢险人员必须卸下火种、手机，抢险车辆必须安装防火罩。 (2)疏散警戒区域内的居民、群众
	救援接应	如请求外部消防、医疗力量参与救援，应指定熟悉周边环境的人员佩戴袖标或醒目标识在事故点附近的主要道路口接应引导
	应急监测	事故抢险过程中应持续监测可燃气体浓度，位于5%以上时应立即报告现场指挥部，现场指挥部应下令暂停抢险作业或采取措施降低可燃气体浓度

续表

注意事项	(1)应在醒目位置设置风向标，现场指挥部办公点应设置在安全区的上风口，并设置醒目标识。 (2)进入危险区域的抢险人员必须正确佩戴安全帽、防滑防砸防刺穿鞋、防静电服等个人防护用品，携带对讲机及可燃气体浓度报警仪。 (3)疏散时不要抢救财务，要选择最短直通应急集合点的通道，避免对面人流和交叉人流。 (4)移动伤员后应及时标记位置并记录，及时拍照记录事故现场状况。 (5)营救伤员时应采取措施防止造成二次伤害

2.7.4.2 天然气火灾爆炸应急处置措施(表2-7-2)

表2-7-2 天然气火灾爆炸应急处置措施

天然气火灾爆炸应急处置措施	抢险救灾	(1)立即关断事故点上下游截断阀门，并对事故管段或设备进行缓慢放空至微正压(约0.2MPa)。 (2)如无人员伤亡，且事故点位于空旷区域，则对火焰不予扑灭，人员撤离警戒，待天然气燃烧殆尽后开展第(4)项处置措施，但应采取砍伐灭火带、及时扑灭蔓延火等措施控制火势，防止火势扩大。 (3)如在输气场站内发生天然气火灾爆炸，所有人员应立即撤离，清点人数，由调控中心操作设备进行截断；如发生人员伤亡或失踪，应穿戴消防服在确保人身安全的前提下，利用就近灭火器、消防水等进行灭火。火势扑灭后穿戴正压式空气呼吸器和消防服进入现场营救伤员，同步用消防水对事故设备进行降温。 (4)确认现场火势已扑灭，且无明显气流声，设备压力已下降为0，利用事故点上游或下游设备对事故设备进行氮气置换。 (5)检测无天然气后对事故管段或设备进行检查评估，记录现场后对损坏设备进行更换。事故管段或设备应妥善保存以备事故调查。 (6)现场指挥部评估后，分阶段恢复生产
	警戒疏散	(1)根据管道压力、管径等参数模拟计算火灾爆炸危害范围，据此划定警戒区域，用警示带进行警戒，禁止无关人员、车辆进入警戒区域。 (2)疏散警戒区域内的居民、群众
	救援接应	如请求外部消防、医疗力量参与救援，应指定熟悉周边环境的人员佩戴袖标或醒目标识在事故点附近的主要道路口接应引导
	应急监测	如场站发生天然气火灾爆炸，则应持续监测事故点上下游设备压力、温度及密封点密封状况，持续监测时间不少于72h
注意事项		(1)应在醒目位置设置风向标，现场指挥部办公点应设置在安全区的上风口，并设置醒目标识。 (2)进入危险区域的抢险人员必须正确佩戴安全帽、防滑防砸防刺穿鞋、消防服、正压式空气呼吸器、隔热手套等个人防护用品，携带对讲机及可燃气体浓度报警仪。 (3)当身上着火时不能奔跑，应尽快撕裂脱下衣物，若来不及脱时可就地打滚使火熄灭，不宜用灭火器往人身上喷射。 (4)灭火时应站在上风处对准火焰根部进行灭火。 (5)疏散时不要抢救财物，要选择最短直通应急集合点的通道，避免对面人流和交叉人流，有烟雾时要用湿毛巾或布条捂住口鼻，防止烟气入侵。 (6)移动伤员后应及时标记位置并记录，及时拍照记录事故现场状况。 (7)营救伤员时应采取措施防止造成二次伤害

2.7.4.3 中毒和窒息事件应急处置措施(表2-7-3)

表2-7-3 中毒和窒息事件应急处置措施

中毒和窒息事件应急处置措施	抢险救灾	(1)有毒有害气体中毒或窒息事故的受害人员，在能够自理的情况下，应迅速向上风向或开阔地带撤离。 (2)天然气、沼气、氮气等惰性气体中毒窒息： ①救援人员正确穿戴正压式空气呼吸器并用绳索牵引进入现场营救伤员，同步使用防爆轴流风机进行强制通风，持续开展有害气体检测，而且应有人员监护； ②将伤员脱离现场，转移到空气新鲜、通风良好处，解开纽扣和腰带，清除气管、口腔内的杂物，保持呼吸畅通； ③呼吸、心跳停止的应立即进行胸外按压和人工呼吸； ④配合将伤员送往医院救治。 (3)油漆挥发物、农药等中毒： ①将伤员脱离现场，带上农药包装物或标签尽快就近送医院治疗； ②伤员呼吸、心跳停止的，应及时进行胸外按压和人工呼吸，通过口腔进入人体的，禁止人工呼吸； ③沾染皮肤的，应脱去被污染的衣物，用清水冲洗人体被污染部位，冲洗后用毛巾擦干并换上干净衣物注意保暖； ④眼睛被溅入药液或撒进药粉的，应立即用大量清水冲洗，冲洗时把眼睑撑开，一般冲洗15min以上，冲洗后用干净毛巾遮住眼睛休息； ⑤吸入农药蒸气的，应立即到空气新鲜、通风良好的场所，解开纽扣和腰带，清除气管、口腔内的杂物，保持呼吸畅通，用干净水漱口，冲洗暴露的皮肤，注意保暖； ⑥吞服药物中毒的，应进行催吐，尽快送医院就医
	救援接应	指定熟悉周边环境的人员佩戴袖标或醒目标识在事故点附近的主要道路口接应引导
注意事项		(1)救援前务必确保救援人员安全，正确穿戴正压式空气呼吸器、护目镜、牵引绳等，必须有人监护。 (2)人工呼吸时不得口对口，应与中毒者间隔水湿的纱布，毒物通过口腔进入人体的，不得进行人工呼吸。 (3)应及时采集毒物标签等信息，分析判断毒气成分，以便对症治疗。 (4)对可燃气体造成的中毒或窒息，不得有敲击地面等发生点火源的动作，防止发生火灾爆炸。

2.7.4.4 建构筑物火灾应急处置措施(表2-7-4)

表2-7-4 建构筑物火灾应急处置措施

建构筑物火灾应急处置措施	抢险救灾	(1)收集现场信息，核实现场情况，制定并实施抢险、灭火、救援方案。 (2)组织、开展现场应急救援工作，包括开展现场伤亡人员救援，封闭现场核心区域、控制现场危险源，进行现场危险物质检测、环境监测和现场异常情况的监测，控制事态发展，防止发生次生事故。 (3)组织做好事故后的现场恢复
	警戒疏散	(1)独立或配合地方公安、交警实施事故现场的管制，制定并实施交通管制方案，做好警戒、秩序维持和环境监测工作。 (2)引导医疗机构、消防部门等外部救援力量进入现场。 (3)做好人员紧急疏散和安置工作，必要时采取强制疏散措施，并保障被疏散人员的基本生活

续表

建构筑物火灾应急处置措施	综合保障	(1)负责为应急救援人员、疏散出的人员提供生活必需品，为应急抢险提供装备、物资、器材、交通车辆以及资金。 (2)负责社会稳定保障，分析突发事件应急处置的相关法律责任，提供法律支持
	善后工作	负责事故伤亡人员及家属的安抚、抚恤、保险理赔等善后处理
	媒体工作	负责事故应急处置照片等信息收集、整理及报送，在地方政府和应急管理领导小组指示下适时发布事件进展及处置情况
注意事项		(1)发生火灾后，现场人员应立即疏散无关人员、积极抢救伤员，并利用就近灭火器扑救初起火灾，控制火势扩大蔓延，火势不可控时应立即撤离至安全区域等待救援。 (2)选择合适灭火器灭火，若是厨房锅着火，首先使用灭火毯灭火，再使用干粉灭火器灭火；若是宿舍着火，选用干粉灭火器灭火；若是机柜室着火，选用二氧化碳灭火器灭火；若是危险化学品着火，选用干粉灭火器灭火。 (3)灭火时应站在上风处对准火焰根部进行灭火。 (4)当身上着火时不能奔跑，应尽快撕裂脱下衣物，若来不及脱时可就地打滚使火熄灭，不宜用灭火器往人身上喷射。对窒息人员进行心脏复苏和人工呼吸时要在空气清新环境安全的地方进行。 (5)疏散时不要抢救财物，要选择最短直通应急集合点的通道，避免对面人流和交叉人流，有烟雾时要用湿毛巾或布条捂住口鼻，防止烟气入侵。 (6)移动伤员后应及时标记位置并记录，及时拍照记录事故现场状况。 (7)营救伤员时应采取措施防止造成二次伤害

2.7.5　人身伤害急救措施

天然气是一种易燃易爆气体，比空气轻。如发生泄漏能迅速四处扩散，引起人身中毒、燃烧和爆炸。天然气泄漏时，在空气中的浓度达到25%时，可导致人体缺氧而造成神经系统损害，严重时可表现呼吸麻痹、昏迷、甚至死亡。根据天然气各组分含量的不同，当天然气和空气混合达到天然气的燃烧爆炸极限，如遇火源或足够的热源，就有可能发生火灾和爆炸事故。爆炸是非常严重的事故，也是事故性质最为恶劣、危害最大的事故。爆炸发生时，会使爆炸中心周围一定范围内的作业人员受到严重伤害，甚至会造成人员伤亡。

现场急救是立足于发病现场的抢救，在发病现场的几分钟、十几分钟，是抢救危重伤病员最重要的时刻，医学上称之为“救命的黄金时刻”。当意外伤害发生后，短时间内会对伤病者生命造成严重危害，而专业医务人员不能及时赶到，“第一目击者”利用现场所提供的人力、物力为防止病情恶化而对患者采取一系列急救措施，最大限度地挽救伤病员的生命并减轻伤残。

2.7.5.1　现场评估、判断病情、紧急呼救

我们面对危重伤病员，都是处在医院外的各种环境中，有些意外伤害、突发事件的现场很不安全。因此，作为“第一目击者”首先要保持镇定，沉着大胆，细心负责。评估现场情况，注意伤者和救护者的安全，做好个人防护，并及时向专业急救机构呼救。

(1)现场评估。在现场的巡视中首先应注意可能对救护员本人、伤病员或旁观者造成的伤害及进入现场的安全性；其次是对各种疾病和损伤的原因进行判断；最后确定受伤者

人数。在数秒钟内完成评估，寻求医疗帮助。

(2)判断病情。在伤病员较多的情况下，判断病情轻重是十分重要的，如果不分病情轻重而盲目处理，有可能会出现危重病人因抢救不及时而导致伤员病情恶化，甚至死亡。在一般现场急救中，应首先抢救危重病人，然后再处理病情较轻病人，为此必须迅速对病情做出判断。

急救一般原则：

①先确定伤员有无进一步的危险；

②沉着、冷静，迅速地对危重病人给予优先紧急处理；

③对呼吸、心力衰竭或停止的病人，应清理呼吸道，立即给予人工呼吸或胸外心脏按压；

④控制出血；

⑤考虑有无中毒之可能；

⑥预防及抗休克处理；

⑦搬运伤病员之前应将骨折及创伤部位予以相应处理；

⑧对神志不清的、疑有内伤或可能接受麻醉手术者，均不给予饮食；

⑨尽快寻求援助或送往医疗部门。

(3)紧急呼救。使用电话，呼救医疗急救中心，必须用最精练、准确、清楚的语言说明情况。一般应简要清楚地说明以下几点：

①你(报告人)的电话号码与姓名，伤病员姓名、性别年龄和联系电话；

②伤病员所在的准确地点，尽可能指出附近街道的交汇处或其他显著标志；

③伤病员目前最危重的情况，如昏倒、呼吸困难、大出血等；

④突发事件时，说明伤害性质、严重程度、受伤人数；

⑤现场所采取怎样的救护措施。

2.7.5.2 常用的现场急救技术

1. 现场心肺复苏术(CPR)

现场心肺复苏(CPR)是在心跳呼吸骤停的现场进行的紧急人工呼吸和心脏胸外按压(也称人工循环)的技术，是最基本的生命支持。现场心肺复苏操作方法是口对口吹气和体外心脏按压。

众所周知，人体内是没有氧气储备的。正常的呼吸将氧送至川流不息的血液循环到达全身各处。由于心跳呼吸的突然停止，使得全身重要脏器发生缺血缺氧，尤其是大脑。大脑一旦缺血缺氧4～6min，脑组织即发生损伤，超过10min即发生不可恢复的损害，因此，最好是在4分钟内立即进行心肺复苏。心肺复苏的意义不仅要使心肺的功能得以恢复，更重要的是恢复大脑功能，避免和减少病员的“植物状态”的发生。所以CPR必须争分夺秒尽早实施。

(1)现场心肺复苏的对象。

现场心肺复苏技术适应于“三无”病员，即无意识——大声喊叫不答应，轻拍肩部无反应；无呼吸——看不到伤病员胸部和上腹部的上下起伏感，听不到伤病员口鼻的呼吸声；用侧面颊感觉不到伤员的呼吸气流；无心跳——感觉不到伤病员脉搏搏动。

(2)现场心肺复苏的实施步骤和要求

在实施现场心肺复苏时按以下八个步骤进行救护，每个操作步骤及具体要求见图2－7－3。

1．判断意识

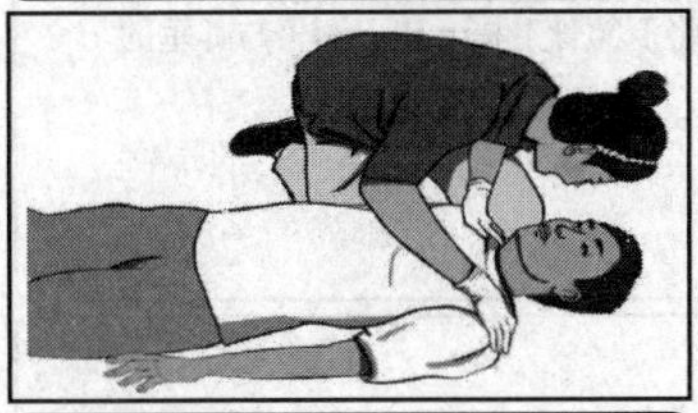

轻拍患者双肩，并在两侧耳边大声呼叫："先生(女士)，您怎么啦？快醒醒！"

2．检查呼吸(约10s)

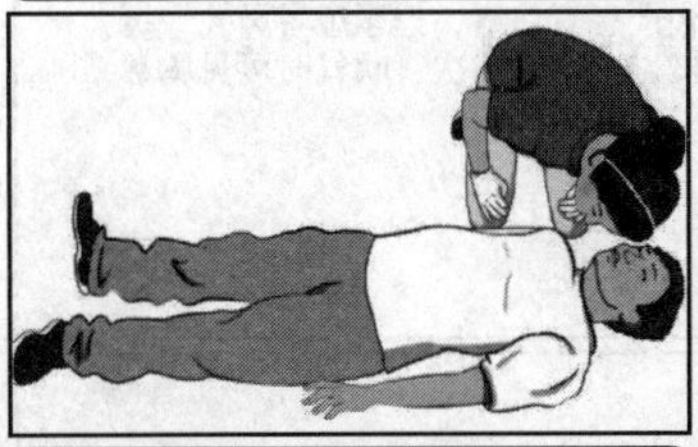

如果患者无意识，用"听、看、感觉"的方法判断患者有无呼吸，检查时间约10s；

如患者脸朝下(俯卧位)，应将其翻转为仰卧位，再检查呼吸

3．呼救

快来人啊，这里有人晕倒了！
我是红十字救护员。
请您帮忙拨打急救电话。
谁会急救，过来帮忙！

4．胸外按压

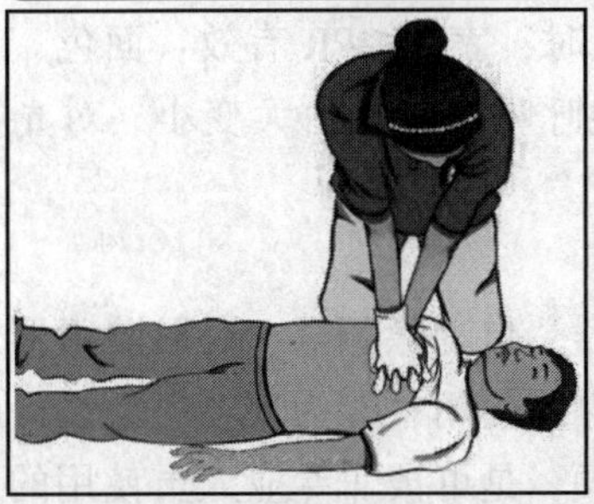

定位：胸部正中、两乳头连线水平，即胸骨下半部；
手势：一手掌根紧贴按压位置，双手十指相扣，掌根重叠，手指翘起；
姿势：双上肢伸直，上半身前倾，以髋关节为轴垂直下压
力度、频率：按压深度5~6cm，按压频率100~120次/分；
比值：按压与人工呼吸的比值是30:2；
每次按压后使胸廓完全回复原状，尽量避免按压中断

5．清理口腔异物

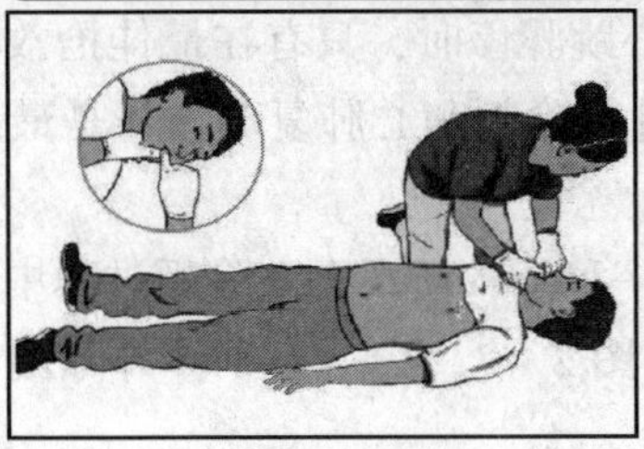

带上手套，将伤员头偏向一侧，食指（防护）迅速清除伤病员口鼻内的异物

图2－7－3　现场心肺复苏步骤操作步骤及要求

6. 开放气道

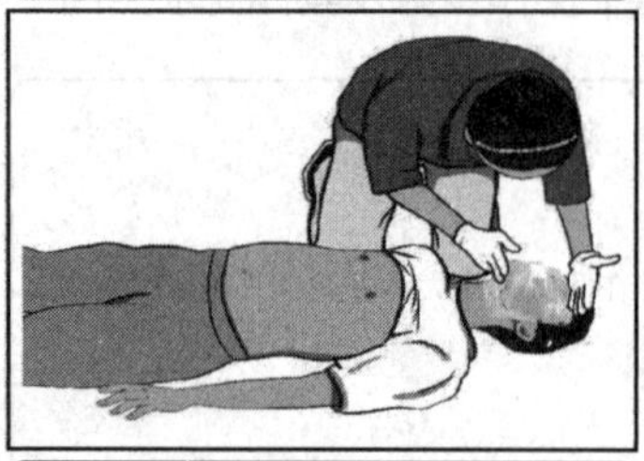

一般采用仰头举颏法打开气道，以利于畅通呼吸道。救护员用一手的手掌外侧缘部位置于伤病员的前额，另一手食指、中指置于下颏将下颌骨上提，使下颌角与耳垂的连线和地面垂直

7. 人工呼吸

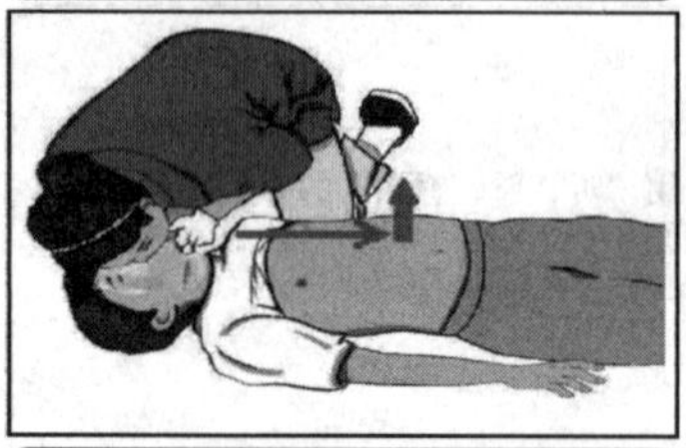

打开气道，张大口包严患者口唇，捏紧患者鼻孔，缓慢吹气，持续时间1秒钟，连续吹气2次，吹气时可见胸廓隆起

8. 心肺复苏效果评估

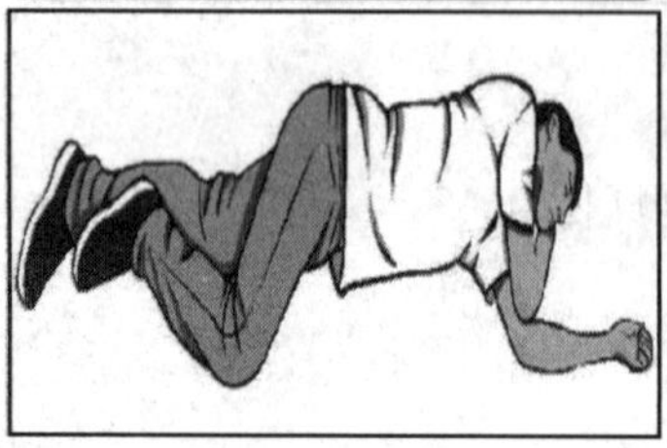

按压/吹气比为30∶2，连续做5个周期后，通过触摸颈动脉判断心跳，通过观察伤员胸廓部起伏判断呼吸是否恢复，如恢复，将患者翻转为复原体位，如未恢复，继续实施心肺复苏

图2－7－3　现场心肺复苏步骤操作步骤及要求(续)

(3)心肺复苏有效表现。

如救护员实施CPR救护方法正确，又有以下征兆时，表明CPR有效：面色、口唇由苍白、青紫变红润；恢复可以探知的脉搏搏动、自主呼吸；瞳孔由大变小、对光反射恢复；伤病员眼球能活动，手脚抽动，呻吟。

2. 自动体外除颤器(AED)

自动体外除颤器又称自动体外电击器、自动电击器、自动除颤器、心脏除颤器及傻瓜电击器等，是一种便携式、易于操作，稍加培训即能熟练使用，专为现场急救设计的急救设备，它可以诊断特定的心律失常，并且给予电击除颤，是可被非专业人员使用的用于抢救心脏骤停患者的医疗设备。自动体外心脏除颤器是针对心室纤维性颤动和无脉性室性心动过速这两种常见的致命性心律失常患者设计的，在心跳骤停时，只有在最佳抢救时间的“黄金4min”内，利用自动体外除颤器(AED)对患者进行除颤和心肺复苏，才是最有效制止猝死的办法。

从某种意义上讲，AED不仅是种急救设备，更是一种急救新观念。除颤过程中，AED的语音提示和屏幕动画操作提示使操作更为简便易行(图2－7－4)。自动体外除颤器对多数人来说，只需几小时的培训便能操作。

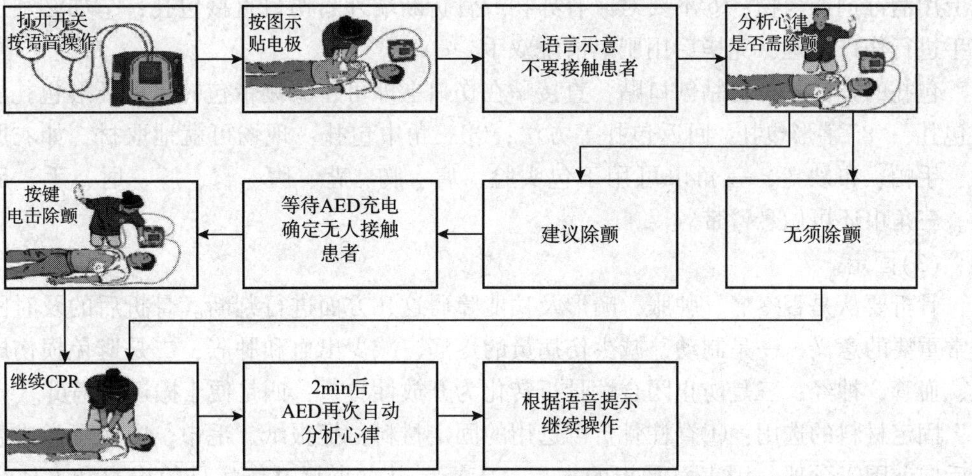

图 2-7-4 AED 操作步骤

3. 现场创伤救护技术

现场创伤救护的目的是挽救病员生命，防止病情恶化，减少痛苦，防止和减少并发症。救护时首先要快速、简洁检查伤情，检查伤员意识、呼吸、循环体征；伤口部位、大小、出血多少；脊柱及脊髓功能及头部、胸部、腹部、骨盆及四肢的损伤情况。其次，针对不同症状正确而有效地止血、包扎和固定，然后合理安全地搬运，送到就近的医疗机构，继续进行救治。

现场创伤救护的四项技术是：止血、包扎、固定、转运。

(1)止血。

出血分为动脉出血、静脉出血和毛细血管出血。动脉出血，颜色鲜红，压力高，出血呈喷射状；静脉出血，颜色暗红，压力低，出血为不间断、均匀缓慢地向外流；毛细血管出血，是微小血管出血，渗出后能自行凝固。根据损伤血管和出血部位的不同，止血的方法一般有以下四种方法：

①加压包扎止血法：适用于全身各部位的小动脉、静脉、毛细血管出血。用敷料或洁净的毛巾、手绢等覆盖伤口、加压包扎达到止血的目的。如果无异物直接加压包扎即可，如果有异物采用间接加压包扎法。

②指压止血法：此法适用于头部、颈部和四肢的大出血。将患肢抬高，直接用手指准确压迫出血血管的近心端动脉压迫点，用力压骨头 10～15min，压迫力度要适中，以伤口不出血为适，达到短暂急救止血目的。

③止血带止血法：适用于四肢大动脉出血或用加压包止血无效者。在靠近伤口的上端用衣服或毛巾等物做一衬垫，上面扎一止血带。但弹松紧要适度，否则扎压过紧会压迫或损伤神经和组织，引起肌肉长时间的缺血、坏死。

(2)包扎。

包扎操作要点：①脱去或剪开衣服，暴露伤口，检查伤情；②加盖敷料，封闭伤口；③尽可能带上医用手套，如无，用敷料布片、塑料袋、餐巾纸作为隔离层；④松紧适度(如手、足甲床发紫，有麻木感或感觉消失，严重者手脚不能活动，立即松开绷带，重新缠绕；包扎时要暴露肢体末端)；⑤不要用水冲洗伤口(烧烫伤、化学伤除外)；不要在伤口上用消毒剂或药物；⑥不要对嵌有异物或骨折断端外露伤口直接包扎；⑦如必须用裸露的手进行伤口处理，完毕后用肥皂清洗双手。

包扎的方法：①自粘创口贴：直接贴在伤口上即可；②绷带包扎：有环形包扎法、螺旋包扎、“8”字形包扎、回返包扎等方法；③三角巾包扎：现场可就地取材，如衣服、毛巾、手帕、布块等，三角巾可用于包头脸、肩、胸、背、腹、臀、膝、肘、手、足等部位。三角巾还可做悬臂带。

(3)固定。

骨折要从是否疼痛、肿胀、畸形及功能障碍这几方面进行判断。骨折后的及时固定有非常重要的意义，一是制动，减少伤病员的疼痛，减少出血和肿胀；二是避免损伤周围组织、血管、神经；三是防止闭合性骨折转化为开放性骨折；四是便于搬运伤病员。

固定材料的选用：①脊柱骨折可选用的固定材料：把报纸、毛巾、衣物等卷成卷，从颈后向前围于颈部；用表面平坦的木板、床板，以大小超过伤病员的肩宽和人体高度为宜，并配有绷带及布带用于固定；②四肢骨折可选用的固定材料：可以用杂志、硬纸板、木板、折叠的毯子、树枝、雨伞等作为临时夹板，用绷带、三角巾将夹板绑住；夹板的长度应超过关节。

骨折临时固定应注意的事项：①骨折伤员(有伤口并出血)，首先要止血、包扎，然后再固定、止痛(剧烈疼痛易引起休克)。固定的目的主要是制动，不是整复，要就地取材(树枝、板子、竹片)。②夹板和肢体之间要用敷料、衣服、鞋子、袜子把空隙填紧。③上夹板时，必须把骨折部位非常小心地拉伸开，同时固定，骨折变形，得以纠正。④在固定时应先固定伤口的两边，再固定上下关节端。夹板的长度应包括骨折部位的上下两个关节。⑤四肢固定要露出指、趾尖，便于观察血液循环。⑥固定好后，禁止乱搬动。要做骨折的标志，要给伤肢保暖，迅速送往医疗机构治疗。

四肢骨折的固定：

①上肢骨折的固定，如图2-7-5所示。

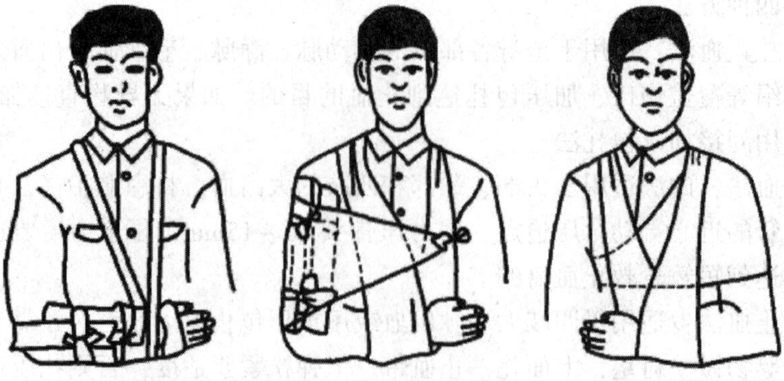

(a)前臂夹板固定　(b)上臂夹板固定　(c)健肢固定

图2-7-5　上肢骨折的固定

(a)前臂夹板固定法：在骨折现场常利用木板、木棍、树枝、竹竿等便器当夹板用。取一长短适宜的夹板放在伤臂外侧，下垫一毛巾或棉垫，用绷带固定骨折的上下两头，然后用一条三角巾把手臂吊起，再用一条三角巾把伤臂固定在胸部。

(b)上臂夹板固定法：将宽窄合适的两块木板分别置于上臂内外侧，如只有一块木板时则放在上臂外侧，用绷带或布条将上下两端扎牢固定，肘关节屈曲90°，前臂用布条或三角巾吊起。

(c)健肢固定法：如现场无便器充当夹板，可用一条三角巾将前臂悬吊在胸前，再用一条三角巾在肘弯上部绕胸一周打结固定。

若现场无宽布带或三角巾，为了救急，也可将伤臂用衣襟直接固定在躯干上。方法是利用伤员身穿的上衣，将伤臂屈曲贴于胸前，把手放在第三、四纽扣间的前衣襟内，再将伤侧衣襟向外翻，反折上提，托起前臂衣襟角系带，拉到健肢肩上，绕到伤肢肩前与上衣的衣襟打结。无带时可在衣襟角剪一小孔，挂在第一、二纽扣上，再用腰带或三角巾经肘关节上方绕胸部一周打结固定。

②下肢骨折。

大腿骨(股骨)骨折夹板固定法：夹板与身体之间用衣物垫好，可用扁担、伞柄等代替夹板。也可把伤腿绑在另一腿上固定，如图2－7－6所示。

图2－7－6　大腿骨(股骨)骨折夹板固定

小腿骨折固定法：用长达大腿中上部至足跟的夹板，放于小腿外侧，自大腿至踝部分段扎四道，如无夹板，可将两下肢并列，然后将健肢和伤肢绑在一起，也可起到固定的作用，如图2－7－7所示。

(a)小腿骨折夹板固定　　(b)小腿骨折以健肢固定

图2－7－7　小腿骨折固定

③脊柱骨折。现场环境安全的情况下，尽量保持伤员原体位不动，立即拨打急救电话，等待专业医护人员进行处理。

(4)转运。

经现场必要的止血、包扎和固定后，方能搬运和护送伤员就医。按照伤情严重者优先，中等伤情者次之，轻伤者最后的原则转运。

运送时的注意事项：①搬运转送伤病员时，要根据伤病员的具体情况，选择合适的搬运方法、搬运工具。在抱扶伤病员时，动作要轻巧、敏捷、一致。如对腰部、骨盆处骨折的伤员就要选择平稳的硬担架，在抬送中尽量减少震动，以免增加伤员的痛苦。②对于运转路途较远的伤病员，还应寻找合适的交通工具，如震动小的汽车等。③在运转中，路途上要严密观察病情，必要时做急救处理。④对伤病员，冬季要防冻伤，夏季要防中暑，避免雨淋。⑤对上止血带的伤员，要每隔40～50min放松一次止血带，每次约1～2min。每次都要标记时间，神志清醒的伤员，可以让他自己记住放松止血带的时间。⑥运送伤员途中应注意观察，如发现呼吸心脏骤停，应立即进行口对口吹气和胸外心脏按压。

搬运方法：①徒手搬运，一般采用拖行法、扶行法及抱持法。②担架搬运，担架是现场救护搬运中最方便的用具，2～4 名救护员按救护搬运的正确方法将伤病员轻轻移上担架，做好固定。转运要点：

(a)伤病员固定于担架上，抬担架人的步调一致；

(b)伤病员的头部向后，足部向前，以便后面抬担架的救护员观察伤病员的病情变化；

(c)向高处抬时，前面人要将担架放低，后面人要抬高，以使伤病员保持水平状态；向低处抬则相反；

(d)一般情况下伤病员多采取平卧位，有昏迷时头部应偏于一侧，有脑脊液耳漏、鼻漏时头部应抬高 30°，防止脑脊液逆流和窒息；

(e)铲式担架及脊柱板均有固定带，将伤病员固定，前后各 1～2 人合力抬起搬运；

(f)帆布担架及简易担架，不适宜骨折伤病员的搬运。使用时担架上要先垫被褥、毛毯等，防止皮肤压伤。在颈部、腰部、膝部、踝下空虚处要用衬垫、衣物等垫起。

2.7.5.3 常见意外伤害的救护

1. 触电救护

现场救护措施：

(1)迅速切断电源，关闭电闸，或用干木棍、竹竿等不导电物体将电线挑开。电源不明时，不要直接用手接触触电者，在确定伤病员不带电的情况下立即救护；

(2)在进行解脱电源的动作时，要事先采取防摔措施，防止触电者脱离电源后因肌肉放松而自行摔倒，造成新的外伤。解脱电源的动作要用力适当，防止因用力过猛将带电电线击伤在场的其他人员；

(3)在潮湿地方，救护人员要穿绝缘胶鞋，戴胶皮手套或站在干燥木板上以保护自身安全；

(4)对呼吸心跳停止者，立即进行心脏除颤、心肺复苏(CPR)。有条件尽早在现场使用 AED 进行心脏电除颤；

(5)在现场持续进行 CPR 救护，一般应进行半小时以上，最好坚持到专业医务人员到达现场；

(6)对烧伤病员应就地取材进行局部创面的简易包扎，再送医院抢救。

2. 烧烫伤救护

烧烫伤由火焰、沸水、热油、电流、射线、化学物质(强酸、强碱)等物质引起。烧烫伤轻者皮肤肿胀，起水泡，疼痛；重者皮肤烧焦，甚至血管、神经、肌腱等同时受损。呼吸道也可烧伤。烧伤引起的剧烈疼痛和皮肤渗出等因素能导致休克，晚期出现感染、败血症、危及生命。

烧伤现场救护的原则是先除去伤因，脱离现场，保护创面，维持呼吸道畅通，再组织转送医院治疗。针对烧伤的原因可分别采取相应的措施：

(1)力争减轻伤情。

①自救互救，迅速灭火。在现场急救中首先设法扑灭受伤者身上的火焰，方法可用棉被、毛毯等覆盖灭火，也可就近用水浇灭，迅速脱去燃着的衣服、鞋袜。禁奔跑喊叫，避

免呼吸道烧伤。

②四肢烧伤，可立即将伤肢浸入冷水中，这样可以降低局部的温度，减轻烧伤的程度。

(2)急救治疗。

①立即用冷水(15～25℃)持续冲洗(或浸泡)伤处降温，直至疼痛缓解；避免用冰块直接冷敷，特别是烧伤面积较大时(20%以上)。如有必要，同时紧急呼救，启动急救系统。

②保护创面：对于受伤的肢体，衣服不容易脱去时，不能强行脱衣服，以免把皮肤撕脱，应用剪刀把衣服剪掉，以清洁敷料或布类，简单地包裹创面，以免再污染损伤。不可在创面涂有色外用药(如紫药水)。

③注意保温，减少各种刺激。严重口渴者，可口服少量淡盐水或淡盐茶水。如有条件可饮用烧伤饮料。

④伴有外伤大出血者应予以止血；骨折者应做临时固定。大面积烧伤伤员或严重烧伤者，应尽快转送医院治疗。

3. 中毒窒息救护

天然气主要成分是甲烷，对人基本无毒，但浓度过高时，使空气中氧含量明显降低，使人窒息。阀门井或其他密闭空间还可能有沼气，沼气中含有 H_2S，是强烈的神经毒素，对人的呼吸道黏膜有明显的刺激作用，进入血液后与血红蛋白结合，发生中毒。现场救护措施：

(1)立即将患者脱离中毒环境，转到通风良好的地方，解开衣扣，保持其呼吸道通畅，有条件的还应给予氧气吸入。

(2)当在阀门井发现人员中毒或窒息时，现场人员立即向上拉安全绳，使人员脱离危险区，放置在通风良好的地点，同时拨打120求救，并及时上报。必要时佩戴安全防护用具，如佩戴防毒面具或正压式呼吸器进入密闭空间施救。

(3)对呼吸心脏骤停者，应立即进行心肺复苏；硫化氢中毒人工呼吸时施救者在换气时要远离患者的口部，以防硫化氢吸入造成二次中毒。

(4)对休克者应让其取平卧位，头稍低；对昏迷者应及时清除口腔内异物，保持呼吸道通畅。

(5)及时转送医院，对症综合治疗。

4. 洪汛灾害救护

(1)洪水到来时，应在确保安全的前提下，迅速向屋顶、山坡等高处转移。当处于泥石流区时，不能沿沟向下或向上跑，而应向两侧山坡上跑，离开沟道、河谷地带，但注意不要在土质松软、土体不稳定的斜坡停留，以免斜坡失稳下滑，应跑到基底稳固又较为平缓的地方。

(2)如突遇洪水来不及转移，应按照快速、就近的原则，及时抓住木头、木板等漂浮物，以免被洪水冲走。但处于泥石流区时，不应上树躲避，因泥石流不同于一般洪水，其运动中可沿途扫除一切障碍，所以上树逃生不可取。

(3)安全转移要本着就近、就高、迅速、有序、安全、先人后物的原则进行。撤离时，发现高压线铁塔倾斜或电线断头下垂，要迅速远避，防止触电。也应避开河(沟)道弯曲的凹岸或地方狭小高度又低的凸岸，因泥石流有很强的淘刷能力，这些地方很危险。

(4)洪涝灾害期间需谨慎驾车，在不能确保安全的情况下，不可在湿滑山路、积水路段、桥下涵洞等处行驶。

2.8 职业健康与劳动防护

2.8.1 职业危害因素与职业病基础知识

2.8.1.1 职业病危害因素

职业病危害因素是指对从事职业活动的劳动者可能导致职业病的各种危害因素。主要包括职业活动中存在的各种有害的化学、物理、生物等因素以及在作业过程中产生的其他职业有害因素。

通过调查分析，天然气管道输送企业在生产运行过程中，存在的常见职业病危害因素主要有化学因素和物理因素。其内容主要包括：甲烷、非甲烷总烃、二氧化碳、硫化氢、电焊烟尘、噪声、工频电磁场、苯、甲苯、高温、低温等。其中以中毒、噪声性耳聋为天然气管道输送企业职业病的主要致病病种。

1. 生产运行过程中的有害因素

化学因素：甲烷、非甲烷总烃、二氧化碳、硫化氢、电焊烟尘、苯、甲苯等。

物理因素：噪声、工频电磁场、高温、低温。

2. 劳动过程中的有害因素

(1)劳动组织不合理：如劳动时间过长、劳动强度过大或安排不当，特别多见于检维修期间，有的一天工作10～12h，连续多天，如果超负荷地加班加点，组织不当则不利于员工的健康。

(2)劳动者精神过度紧张：多见于新工人上岗期间，新装置投产试运行或生产不正常期间，会导致劳动者精神过度紧张。

(3)个别器官、系统过度疲劳：如光线不足使视力紧张，长时间处于不良体位或使用不合理的工具、设备。

3. 生产环境中的有害因素

环境低温、高温和太阳辐射：在实际生产过程中，往往同时存在多种有害因素对劳动者的健康产生作用。

2.8.1.2 职业病

1. 职业病的定义及分类

职业病是劳动者在劳动、生产过程中因接触职业病危害因素而引起的，由国家以法规形式规定并经国家指定的医疗机构确诊的疾病。我国法定职业病主要有尘肺病、职业性放射性疾病、职业中毒、物理因素所致职业病、职业性传染病、职业性皮肤病、职业性眼病、职业性耳鼻喉及口腔疾病、职业性肿瘤和其他职业病，有10大类，共计132种。

2. 职业禁忌

劳动者从事特定职业或者接触特定职业病危害因素时，比一般职业人群更易于遭受职业病危害和患职业病或者可能导致原有自身疾病病情加重，或者在从事作业过程中诱发可能导致对他人生命健康构成危险的疾病的个人特殊生理或者病理状态。

3. 职业卫生的三级预防原则

从病因上说，职业病是完全可以预防的，必须强调“预防为主、防治结合”，着重抓好三级预防，在三级预防中，重点是第一、二级的预防。

第一级预防，从根本上消除或最大可能地减少对职业性有害因素的接触。采取措施改进生产工艺、生产过程及治理作业环境的职业性危害因素，使劳动条件达到国家标准，创造对劳动者的健康没有危害的生产劳动条件，这是杜绝职业病与职业危害的上策。

第二级预防，当第一级预防未能完全达到要求，职业性有害因素开始损及劳动者的健康时，应尽早发现，采取补救措施。一方面要根据国家卫生标准，经常对生产劳动环境进行必要的检查、检测；另一方面要按照规定，对接触职业危害因素的职工进行定期身体检查，以便及早发现问题和病情，迅速采取补救措施。

第三级预防，对已发展成职业性疾病或工伤的患者，做出正确诊断，及时处理。对确诊者，要立即调离有害作业岗位，及早治疗，防止病情发展、恶化，促进康复。

4. 存在职业危害作业场所管理要求

(1)生产布局合理，有害作业与无害作业分开，作业场所与生活场所分开，作业场所不得住人。与职业危害防治工作相适应的有效防护设施，职业危害因素的强度或者浓度符合国家标准、行业标准，设备、工用具等符合保护劳动者生理、心理健康的要求。

(2)新建、改建、扩建的工程建设项目和技术改造、技术引进项目(以下统称建设项目)可能产生职业病危害的，建设单位应当按照国家有关建设项目职业病防护设施“三同时”监督管理的规定，进行职业病危害预评价、职业病防护设施设计、职业病危害控制效果评价及相应的评审，组织职业病防护设施验收。

(3)产生职业病危害的用人单位，应当在醒目位置设置公告栏，公布有关职业病防治的规章制度、操作规程、职业病危害事故应急救援措施和工作场所职业病危害因素检测结果。

(4)对产生严重职业危害的作业岗位，应当在醒目位置设置警示标识和中文警示说明，警示说明应当载明产生职业危害的种类、后果、预防和应急处置措施等内容。

(5)用人单位应当为劳动者提供符合国家职业卫生标准的职业病防护用品，并督促、指导劳动者按照使用规则正确佩戴、使用，不得发放钱物替代发放职业病防护用品。用人单位应当对职业病防护用品进行经常性的维护、保养，确保防护用品有效，不得使用不符合国家职业卫生标准或者已经失效的职业病防护用品。

(6)用人单位应当对职业病防护设备、应急救援设施进行经常性的维护、检修和保养，定期检测其性能和效果，确保其处于正常状态，不得擅自拆除或者停止使用。

2.8.2 化学毒物危害分析、预防与控制

2.8.2.1 化学毒物危害

天然气泄漏导致周围环境存在甲烷及少量的乙烷、丙烷等非甲烷总烃，微量的硫化氢等。

(1)甲烷(CH_4)对人体健康的危害：甲烷经呼吸道吸入，又大部分以原形呼出。甲烷对人体基本无害，但极高浓度时排挤空气中的氧，可引起单纯性窒息。当空气中甲烷达25%～30%时，人出现窒息前症状，如头晕、呼吸加速、心率加快、注意力不集中、乏力和共济失调等，若不及时脱离接触，可致窒息死亡。皮肤接触液化气体可致冻伤。非甲烷

总烃是指除甲烷以外的所有碳氢化合物(烃类)，其中最主要的是异戊二烯和单萜烯，异戊二烯对人体健康的危害：有麻醉和刺激作用，大量高浓度吸入，可迅速出现头痛，头昏、耳鸣、无力、恶心、眼痛、流泪、喷嚏、喉痛、咳嗽、胸闷甚至呼吸困难。不久出现中枢神经系统麻醉前的兴奋症状，如烦躁不安、大声哭闹、肌肉抽搐、震颤等，严重者昏迷，一般在数小时后逐步清醒。通常无后遗症。该品可引起皮肤充血与水肿，其后可有轻度剥脱，可经皮肤吸收。

(2)硫化氢(H_2S)对人体健康的危害：硫化氢可引起人体急性中毒，包括轻度中毒、中度中毒和重度中毒。长期接触低浓度硫化氢可引起眼及呼吸道慢性炎症，甚至可致角膜糜烂或点状角膜炎。全身可出现类神经症、中枢性自主神经功能紊乱。也可损害周围神经。可导致的职业病是职业性急性硫化氢中毒。

(3)甲苯(C_7H_8)、二甲苯(C_8H_{10})对人体健康的危害：短时间吸入高浓度甲苯或二甲苯可出现中枢神经系统功能障碍和皮肤黏膜刺激症状。长期接触中低浓度甲苯或二甲苯可出现不同程度的头晕、头痛、乏力、睡眠障碍和记忆力减退等症状，皮肤接触可致慢性皮炎、皮肤皲裂等。可导致的职业病是职业性急性甲苯中毒。

2.8.2.2 化学毒物危害的预防与控制

职业中毒的预防应采取综合治理的措施，由于其病因的根源来自职业环境中的生产性毒物，必须从根本上消除、控制或尽可能减少毒物对职工的侵害。在预防上，遵循“三级预防”原则。防毒措施的具体方法有很多，但就其作用可分为以下几个方面：

1. 根除毒物

从生产工艺流程中消除有毒物质，可用无毒或低毒物质代替有毒或高毒物质，例如用苯作为溶剂或稀释剂的油漆，改用二甲苯等。但此种替代物不能影响产品质量，目前还不能完全做到。

2. 降低毒物浓度

降低毒物浓度，使之达到国家卫生标准，减少人体接触水平，以保证不对接触者产生明显健康危害是预防职业中毒的关键，其中心环节是使环境空气中毒物浓度降到低于最高容许浓度。因此，要严格控制毒物逸散到作业场所空气中的机会，避免操作人员直接接触逸出的毒物，防止其扩散，需净化后排出。

3. 个体防护

个体防护在预防职业中毒中虽不是根本性的措施，但在有些情况下，个体防护是重要辅助措施。个体防护用品包括防护帽、防护眼镜、防护面罩、防护服、呼吸防护器、皮肤防护用品等。选择个人防护用品应注意其防护特性和效能，在使用时，应对使用者加以培训，平时经常保持良好的维护，才能很好发挥效用。

2.8.3 物理因素危害分析与控制措施

2.8.3.1 物理因素危害分析

(1)噪声对人体健康的危害：长期接触工业噪声可引起操作工人耳鸣、耳痛、头晕、烦躁、失眠、记忆力减退，可引起暂时性听阈位移、永久性位移、高频听力损伤、语频听力损失、直到耳聋等症状。可导致的职业病是职业性听力损伤。

(2)高温、热辐射对人体健康的危害：工人长时间在高温、热辐射环境下工作，可引起热射病、热痉挛、热衰竭三种中暑。热射病前期主要表现为：无力、头疼、恶心、呕吐、多尿，之后急骤高热，皮肤干燥、灼热而无汗，有不同程度的意识障碍，重症息者可有肝、肾功能异常；热痉挛主要表现为肌痉挛伴收缩痛，重者疼痛甚剧，但患者神志清醒，体温多正常；热衰竭主要表现为：头痛、头晕、恶心，继而口渴、胸闷、面色苍白、肌肉痉挛、冷汗淋漓，脉搏细弱或缓慢，部分患者亦可出现脉搏增快的情况，血压偏低。可导致的职业病是职业性中暑。

(3)工频高压电场对人体健康的危害：工频电场对人体神经系统的伤害主要表现为神经衰弱和记忆力减退，具体表现为：头痛、头昏、疲劳、乏力、睡眠障碍和记忆力减退，此外伴有手足多汗、脱发、易激动等症状。长时间接受工频电场辐射，还可引起某些生理功能紊乱症状，会增加肿瘤的发生风险。尤其是白血病、淋巴系统肿瘤和神经系统肿瘤，孕期妇女长时间接触电频辐射，可导致胎儿流产或畸形。

(4)劳动过程中长时间高强度进行劳动，高强度运动可引起严重的疲乏感、浑身酸痛或引发旧病，还可引起肌腱、肌肉拉伤，影响生活和工作。高强度的劳动还会给人带来精神上的压力，让人精神高度紧张，时间久了还会让人产生心理上的疲惫，从而引起身体机能方面的问题，会引起心律失常和心肌炎，严重的会导致心脏病发作而死亡。

2.8.3.2 物理因素危害的控制措施

1. 噪声危害的控制措施

(1)加强噪声源头控制：对新建、改建、扩建项目中产生噪声的设备或场所，必须采取吸声、消声、隔声等措施，控制噪声传播和反射。

(2)个人防护：从业人员长期在生产、生活的工作地点噪声标准为不高于85dB(A)。对每天接触噪声不到8h的工种，噪声标准可相应放宽，即时间减半，可放宽3dB，但最高不能超过115dB。高噪声场所的从业人员，必须加强个体防护，佩戴防噪声耳塞和耳罩上岗，如防护耳塞、防护耳罩、头盔等，其隔声效果可高达20dB至40dB。

(3)健康监护：从业人员上岗前，应组织进行体检，取得听力基础资料，对患有明显听觉器官、心血管及神经系统器质性疾病者，不应安排其在高噪声环境下工作。应定期组织对高噪声环境下工作的从业人员进行体检，发现听力损伤应及时采取有效措施。

2. 高温、热辐射的防护控制措施

(1)技术措施：合理工艺设计，疏散、隔离热源，通风降温等。

(2)卫生保健措施：合理饮水、饮食，一般每人每天供水3~5L、盐20g，以高蛋白、高维生素、易消化膳食为主。加强个人防护(白色帆布工作服、草帽等)、医疗预防(上岗前查体、入暑前查体)。凡有心血管疾病、持久高血压、溃疡病、活动性肺结核、肝肾疾病、甲亢等患者，均不宜从事高温作业。

(3)组织措施：严格执行高温作业卫生标准，合理安排作息，进行高温作业前热适应锻炼。

3. 工频高压电场防护控制措施

尽量选用那些电磁辐射水平低的设备，另外需要注意设备及配件的加工要精良，外形和尺寸要合理，以防出现高电位梯度；电气设备的布置应满足带电设备的安全防护距离要求，还应有必要的隔离防护和防止误操作措施，应设置防止直接雷击和安全接地等措施。

4. 劳动过程中的防护控制措施

建立健全劳动组织和劳动休息制度，通过对工人的选用和培训、工间休息、轮班作业制度的研究，使工人更适合自己所从事的工作岗位，更好地促进血液循环，解除疲劳，提高出勤率，降低事故的发生。在生产过程中注重人类工效学，通过对工作环境和设备设施的优化，使机器、设备和工具适合于人的解剖学、生理学和心理学的特点，保护人的身心健康。

2.8.4 职业健康体检

对从业人员进行上岗前的职业健康培训和在岗期间的定期职业健康培训，普及职业健康知识，督促从业人员遵守职业危害防治的法律、法规、规章、国家标准、行业标准和操作规程；从业人员从事与所订立劳动合同中未告知的、存在职业危害的作业，应当向从业人员履行如实告知的义务；不得安排未经上岗前职业健康检查的从业人员从事接触职业危害的作业；不得安排有职业禁忌的从业人员从事其所禁忌的作业；对在职业健康检查中发现有与所从事职业相关的健康损害的从业人员，应当调离原工作岗位，并妥善安置；应为从业人员建立职业健康监护档案，并妥善保存。

2.8.4.1 上岗前职业健康检查

拟从事接触职业病危害因素作业的新录用从业人员、接触职业病危害因素种类发生变化的从业人员、拟从事有特殊健康要求作业的从业人员应进行上岗前职业健康检查。

2.8.4.2 在岗期间职业健康检查

长期接触职业病危害因素作业的从业人员，各单位应根据要求，制定在岗期间职业健康检查计划报质量安全部审批后实施，应至少每 2 年进行一次在岗期间职业健康检查。

2.8.4.3 离岗时职业健康检查

从业人员在准备调离或脱离所从事的职业病危害作业岗位前，应组织其进行离岗前职业健康检查。如最后一次在岗期间的职业健康检查是在离岗前的 90 日内，可视为离岗时职业健康检查。如离岗从业人员不配合进行离岗职业健康检查，不得为其办理离岗有关手续。

2.8.4.4 应急检查

当发生急性职业病危害事故时，对遭受或者可能遭受急性职业病危害的从业人员，应及时组织健康检查。应急健康检查应在事故发生后立即进行。

2.8.4.5 职业健康管理档案

按照要求为本单位每位接触职业病危害因素的从业人员建立职业健康监护档案，包括以下内容：职业健康检查表，职业健康检查结果及处理情况，职业病诊疗相关资料。职业健康监护档案管理：应有专人管理并按规定长期保存，从业人员的职业健康监护档案应随从业人员工作岗位变动，由从业人员所在部门(单位)负责统一保存，不得由从业人员本人保存。从业人员离岗时，有权索取本人职业健康监护档案复印件。

2.8.5 职业病危害因素检测

存在职业病危害的用人单位，应当实施由专人负责的工作场所职业病危害因素日常监测，确保监测系统处于正常工作状态。职业病危害一般的用人单位，应当委托具有相应资质的职业卫生技术服务机构，每三年至少进行一次职业病危害因素检测。检测、评价结果应当存入本单位职业卫生档案，并向卫生健康主管部门报告和劳动者公布。

2.8.5.1 检测项目

根据本单位业务情况以及国家相关法律法规及标准规范，需要检测的项目包括：噪声、甲烷、非甲烷总烃、二氧化碳、硫化氢、工频电场等。

2.8.5.2　监测点设置

本单位所有输气场站、加气站均应检测噪声、甲烷、非甲烷总烃等，长期使用的发电机房应增加检测一氧化碳、二氧化氮、二氧化硫、工频电场等。具体监测点的设置可参考以下：

(1)噪声监测点：进出站区、汇管区、发球区、过滤分离区、调压计量区、发电机房、放空区、站控室、会议室、休息室等。

(2)甲烷、非甲烷总烃监测点：进出站区、汇管区、发球区、过滤分离区、调压计量区、放空区、生产排污池等。

(3)一氧化碳、一氧化氮、二氧化氮监测点：长期使用的发电机房。

(4)工频电场监测点：变压器区、配电室等。

2.8.5.3　监测频次

本单位职业危害严重程度为一般，根据国家有关规定，应至少每三年开展一次环境因素监测。

2.8.5.4　监测结果处理

质量安全部应及时将监测结果在本单位所在输气场站、加气站醒目位置用指示标志牌进行公示，也可通过单位网站、工作群等方式将监测结果进行告知，建立监测档案，并根据监测结果对危及从业人员健康的隐患提出整改建议，督促相关部门进行整改。

2.8.6　劳动防护用品的配备

本单位应按照识别、评价、选择的程序，结合不同岗位作业方式和工作条件，并考虑员工个人特点及劳动强度，正确识别、评价潜在风险，合理选择防护功能和效果适用的劳动防护用品。

2.9　事故事件管理

2.9.1　安全生产事故事件的分类与分级

2.9.1.1　安全生产事故及分类

《现代汉语词典》对“事故”的解释是：多指生产、工作上发生的意外损失或灾祸。

在国际劳工组织制定的一些指导性文件，如《职业事故和职业病记录与通报实用规程》中，将职业事故定义为：“由工作引起或者在工作过程中发生的事件，并导致致命或非致命的职业伤害。”

《生产安全事故报告和调查处理条例》(国务院令第493号)将“生产安全事故”定义为：生产经营活动中发生的造成人身伤亡或者直接经济损失的事件。

《湖北省天然气发展有限公司安全生产事故管理规定(2018年度修编)》将生产安全事故定义为生产经营单位在生产经营活动(包括与生产经营有关的活动)中突然发生的，伤害人身安全和健康，或者损坏设备设施，或者造成经济损失的，导致原生产经营活动(包括与生产经营活动有关的活动)暂时中止或永远终止的意外事件。

《企业职工伤亡事故分类标准》(GB 6441—1986)，综合考虑起因物，引起事故的诱导性原因、致害物、伤害方式等，将企业工伤事故分为20类，分别为物体打击、车辆伤害、机械伤害、起重伤害、触电、淹溺、灼烫、火灾、高处坠落、坍塌、冒顶片帮、透水、放炮、火药爆炸、瓦斯爆炸、锅炉爆炸、容器爆炸、其他爆炸、中毒和窒息及其他伤害等(表2-9-1)。

表2-9-1 主要生产安全事故类型

序号	事故类型	类型说明
1	物体打击	物体在重力或其他外力作用下产生运动中打击人体造成的人身伤亡事故。不包括因机械设备、车辆、起重机械、坍塌、压力容器爆炸飞出物等引发的物体打击事故
2	车辆伤害	在单位管辖范围但不允许社会机动车通行的生产区域内，因机动车引起的人身伤亡事故。包括厂内机动车事故及专用铁路发生的机车事故。不包括机动车在道路上发生的道路交通事故
3	机械伤害	机械设备运动(静止)部件、工具、加工件直接与人体接触引起的夹击、碰撞、剪切、卷入、绞、碾、割、刺人等伤害。各类转动机械的外露传动部分(如齿轮、轴、履带等)和往复运动部分都有可能对人体造成机械伤害
4	起重伤害	各种起重作业(包括起重机安装、检修、试验)活动中发生的挤压、坠落(吊具、吊重)、折臂、倾翻、倒塌等引起的对人的伤害。 起重作业包括桥式起重机、龙门起重机、门座起重机、塔式起重机、悬臂起重机、桅杆起重机、铁路起重机、汽车吊、电动葫芦、千斤顶等作业。例如起重作业时，脱钩砸人，钢丝绳断裂抽人，移动吊物撞人，钢丝绳刮人，滑车碰人等伤害
5	触电	电流经过人体或带电体与人体之间发生放电而造成的人身伤害。包括雷击伤亡事故及因触电导致的坠落事故。触电伤害主要形式分为电击和电伤两大类。电流通过人体内部器官，使人出现痉挛、呼吸窒息、心室纤维性颤动、心搏骤停甚至死亡。电流通过体表，对人体外部造成局部伤害，如电灼伤、金属溅伤、电烙印
6	高处坠落	在高处作业中发生坠落造成的伤亡事故(高处作业指距地面2.0m以上高度的作业)。包括临边作业高处坠落、洞口作业高处坠落、攀登作业高处坠落、悬空作业高处坠落、操作平台作业高处坠落、交叉作业高处坠落等。不包括触电坠落事故
7	坍塌	物体在外力或重力作用下，超过自身的强度极限或因结构稳定性破坏而造成的陷落或倒塌事故，如加油站罩棚倒塌，挖沟时的土石塌方、脚手架坍塌、堆置物倒塌等。不包括因爆炸、爆破等导致的坍塌
8	中毒和窒息	中毒：有毒物质通过不同途径进入人体内引起某些生理功能或组织器官受到急性健康损害的事故。 窒息：机体由于急性缺氧发生晕倒甚至死亡的事故。窒息分为内窒息和外窒息，生产环境中的严重缺氧可导致外窒息，吸入窒息性气体可致内窒息
9	灼烫	由于火焰烧伤、高温物体烫伤、化学灼伤(酸、碱及酸碱性物质引起的体内外灼伤)、物理灼伤(光、放射性物质引起的体内外灼伤)而引起的人身伤亡事故。不包括电灼伤和火灾引起的烧伤
10	火灾和爆炸	凡在生产经营场所发生的失去控制并对财物和人身造成损害的燃烧现象为火灾；由于意外地发生了突发性大量能量的释放，并伴有强烈的冲击波、高温高压的事故称为爆炸事故，包括火药爆炸、压力容器爆炸、油气管道爆炸、锅炉爆炸等
11	其他伤害	凡在生产经营场所发生的不属于上述伤害类型的其他伤害事故归结为其他伤害。如淹溺、扭伤、跌伤、冻伤、蛇兽咬伤、钉子扎伤等

2.9.1.2 安全生产事故事件的分级

依据《湖北省天然气发展有限公司安全生产事故管理规定》，根据事故造成人员伤亡数量、直接经济损失的数额、影响输气供气安全稳定运行程度、社会影响，事故分为特别重大事故、重大事故、较大事故、一般事故、内部统计事故、一类障碍、二类障碍、异常，分别对应一至八级(表2－9－2)。

表2－9－2　事故事件分级

事件等级	分级标准
特别重大事故(一级)	(1)造成30人以上死亡，或者100人以上重伤(包括急性工业中毒，下同)； (2)造成1亿元以上直接经济损失； (3)压力容器、压力管道介质泄漏，造成15万人以上转移
重大事故(二级)	(1)造成10人以上30人以下死亡，或者50人以上100人以下重伤； (2)造成5000万元以上1亿元以下直接经济损失； (3)压力容器、压力管道介质泄漏，造成5万人以上15万人以下转移
较大事故(三级)	(1)造成3人以上10人以下死亡，或者10人以上50人以下重伤； (2)造成1000万元以上5000万元以下直接经济损失； (3)压力容器、压力管道介质泄漏，造成1万人以上5万人以下转移； (4)起重机械整体倾覆
一般事故(四级)	(1)造成3人以下死亡，或者10人以下重伤； (2)造成100万以上1000万元以下直接经济损失； (3)压力容器、压力管道介质泄漏，造成500人以上1万人以下转移； (4)起重机械主要受力结构折断或者起升机构坠落
内部统计事故(五级)	(1)无人员死亡和重伤，但造成5人以上轻伤者； (2)造成直接经济损失30万元以上100万元以下安全生产责任事故； (3)长输高压管道(设计压力≥4.0MPa)天然气管道、城市燃气主干线燃气管道及天然气站场发生火灾、爆炸事件； (4)城市燃气供气设施(门站和燃气管道)或居民用户50%以上或主要工业用户停供24h以上责任事件； (5)长输高压管道和站场停输12h以上，或造成东湖燃机电厂全停6h以上责任事件； (6)因天然气泄漏疏散或转移人员100人以上500人以下责任事件
一类障碍(六级)	(1)无人员死亡和重伤，但造成3人以上5人以下轻伤者； (2)造成直接经济损失20万元以上30万元以下安全生产责任事故； (3)城市燃气供气设施(门站和燃气管道)或居民用户50%以上或主要工业用户停供12h以上24h以下责任事件； (4)长输高压管道和站场停输6h以上12h以下，或造成燃机电厂停机4h以下责任事件； (5)天然气站场工艺区域外发生明火火灾导致人员疏散责任事件； (6)天然气泄漏疏散或转移人员50人以上100人以下责任事件； (7)因燃气供应中断造成发电设备停运的事件； (8)易燃易爆储存区或输气生产区域内发生明火火灾或爆炸(闪爆)责任事故； (9)因环境污染疏散或转移人员1000人以上5000人以下责任事故
二类障碍(七级)	(1)无人员死亡和重伤，但造成1~2人轻伤； (2)造成直接经济损失10万元以上20万元以下安全生产责任事故； (3)天然气泄漏疏散或转移人员5人以上50人以下责任事件； (4)长输高压管道和站场泄漏超过12h； (5)五级及以上事故区域外发生明火火灾导致人员疏散责任事故； (6)因环境污染疏散或转移人员100人以上1000人以下责任事故
异常(八级)	(1)造成直接经济损失10万元以下安全生产责任事故； (2)城市燃气供气设施或大面积停供12h以下责任事故； (3)高压输气站场或管道停输6h以下责任事故； (4)因环境污染疏散或转移人员100人以下责任事故

2.9.2 突发事件的报告

2.9.2.1 突发事件报告的种类

突发事件信息报告分为即时报告和书面报告，即时报告方式包括电话、短信、电子邮件等，即时报告出现新情况的应及时补报。书面报告分为初报、续报以及综合报告三层面。

即时报告应说明事故发生时间、简要经过、人员伤亡及设备财产损失情况、已采取的应急处置措施、可能发展的趋势及需要请求的支援。

信息初报主要内容包括事发时间、地点、事件性质、人员伤亡情况、财产损失情况、应急预案启动情况、已采取的处置措施以及现场联系方式等。

续报应在初报基础上，根据事件严重程度、影响大小和处置进展及时报送并连续编号。报告主要内容包括事件基本情况、现场处置最新进展、伤员救治情况、被困及失踪人员搜救情况、遇难者善后情况、伤亡人员家属安抚情况、现场员工队伍稳定情况、事件原因初步分析以及请求事项和工作建议等。

综合报告应在突发事件处置完毕后一周内报送，主要内容包括：突发事件基本情况、应急处置经过、原因分析、责任追究、教训以及下一步整改措施等。

2.9.2.2 突发事件报告流程及时限

基层生产单位在发生突发事件后，无论事件级别，一律应立即向部门(单位)负责人报告。

部门(单位)负责人依据是否因公事故决策是否上报公司。因公事故一律上报至公司应急指挥中心办公室，非因公事故由部门(单位)负责人自主决策。

上报公司的应在0.5h内进行口头报告，2h内进行书面报告。

(1)一类障碍(六级)及以上事故应上报至湖北能源质量安全部、总值班室及相关业务归口管理部门，一类障碍(六级)以下事故由公司应急指挥中心总指挥决策是否上报。

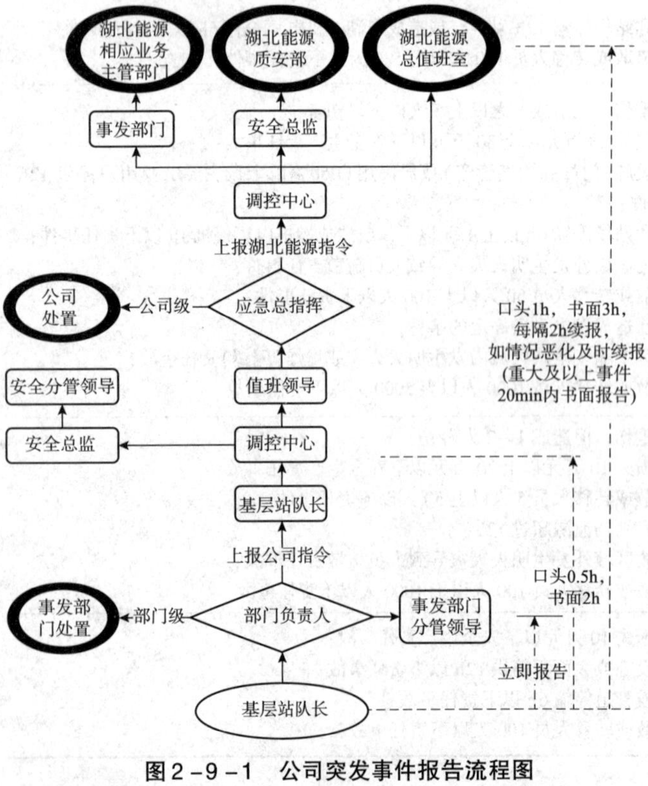

图2-9-1 公司突发事件报告流程图

报告湖北能源的应在接到事故报告后1h内进行口头报告，3h内进行书面报告。

(2)一般(四级)及以上事故应由公司应急指挥中心总指挥在接到事故报告后1h内向事故发生地县级安全生产监督管理部门报告。涉及火灾的还应向消防管理机构报告。

(3)发生重大(二级)、特别重大(一级)事故的应在20min内报告湖北能源质量安全部、总值班室、相关业务归口管理部门及事故发生地县级安全生产监督管理部门。

公司级及子公司级突发事件信息报告流程见图2-9-1、图2-9-2。

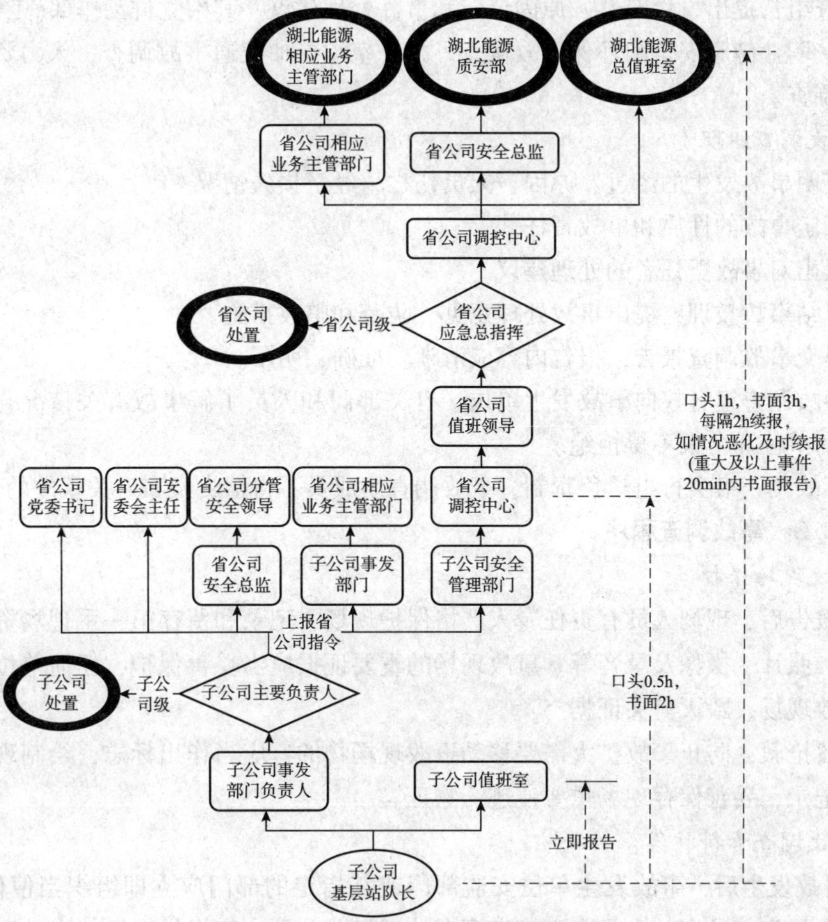

图2-9-2　子公司突发事件报告流程

2.9.2.3　信息续报

重大(二级)、特别重大(一级)事故应每2h续报一次，其他事故续报频率由值班领导根据事件影响程度确定，但每天至少续报一次，直至应急终止。

2.9.3　事故调查

2.9.3.1　事故调查的组织

一般事故(四级)及以上事故由政府或三峡集团组织调查，内部统计事故(五级)由湖北能源集团组织调查，一类障碍(六级)及以下事故(事件)由公司组织开展调查，异常(八级)、未遂事件由各部门(单位)组织调查，报公司安委会备案。公司认为有必要的，可以提级开展事故调查。

2.9.3.2　内部调查组组成和职责

1. 内部调查组组成

(1)事故调查组组长由公司领导担任，或由公司领导指定的质量安全部门负责人担任。

(2)事故调查组成员由质量安全部门牵头，根据事故的具体情况，指定相关部门专业人员组成，必要时可以聘请有关专家参与调查。

(3)调查组长分工开展证据收集、人员访谈、技术风险、质量分析等工作，各分工负责人向调查组长提出事件定性、原因认定和事件处理建议。其中党群工作部(工会)须参加人身伤亡、职业健康安全和环保事故调查，办公室须参加交通事故调查，人力资源须参加工伤事故调查。

2. 事故调查组职责

(1)查明事故发生的经过、原因、人员伤亡、经济损失情况。

(2)认定事故的性质和事故责任。

(3)提出对事故责任者的处理建议。

(4)总结事故教训，提出事故处理意见、防范和整改措施。

(5)提交事故调查报告，报告内容应清晰、准确、明了。

(6)事故调查组有权向事故发生单位、有关部门和人员了解事故有关情况，索取有关资料，任何单位和个人不得拒绝。

(7)事故调查组实行组长负责制，事故调查组成员不得擅自发布有关事故的信息。

2.9.3.3 事故调查程序

1. 事故现场保护

事故报告后，现场人员有责任专人严格保护现场，记录和留存第一手现场资料，包括书面记录、照片、摄像及录音等。事故现场的重要证据应当妥善保护，任何单位和个人不得破坏事故现场、毁灭有关证据。

因事故抢救、防止事故扩大需要移动事故现场物的，应当作出标志，绘制现场简图并写出书面记录，妥善保存现场重要痕迹、物证。

2. 事故调查资料收集

(1)事故发生后，事故发生单位安监部门或其指定的部门应立即组织当值值班人员、现场作业人员和其他有关人员在下班离开事故现场前分别如实提供现场情况并写出事故的原始材料。

(2)应收集的原始资料还包括：有关运行、操作、检修、试验、验收的记录文件，系统配置和日志文件，以及事故发生时的录音、故障录波图、计算机打印记录、现场影像资料、处理过程记录等。

(3)事故调查组成立后，质安部门或指定部门应及时将有关材料移交事故调查组。

(4)事故调查组在收集原始资料时应对事故现场搜集到的所有物件(如破损部件、碎片、残留物等)保持原样，并贴上标签，注明地点、时间、物件管理人。

(5)事故调查组要及时整理出说明事故情况的图表和分析事故所必需的各种资料和数据。

(6)事故调查组有权向事故发生单位、有关部门及有关人员了解事故的有关情况并索取有关资料，任何单位和个人不得拒绝。

(7)人身伤亡事故。查明伤亡人员和有关人员的单位、姓名、性别、年龄、文化程度、工种、技术等级、工龄、本工种工龄等；查明事故发生前伤亡人员和相关人员的技术水平、安全教育记录、特殊工种持证情况和健康状况，过去的事故记录，违章违纪情况等；查明事故发生前工作内容、开始时间、许可情况、作业程序、作业时的行为及位置、事故发生的经过、现场救护情况；查明事故场所周围的环境情况(包括照明、湿度、温度、通风、声响、色彩度、道路、工作面状况以及工作环境中有毒、有害物质和易燃、易爆物取样分析记录)、安全防护设施和个人防护用品的使用情况(了解其有效性、质量及使用时是否符合规定)。

(8)设备事故。查明事故发生的时间、地点、气象情况，以及事故发生前系统和设备的运行情况；查明事故发生经过、扩大及处理情况；查明与事故有关的仪表、自动装置、断路器、保护、故障录波器、调整装置、遥测、遥信、遥控、录音装置和计算机等记录和动作情况；查明事故造成的损失，包括波及范围、减供负荷、损失电量、用户性质，以及事故造成的设备损坏程度、经济损失；调查设备资料(包括订货合同、大小修记录等)情况以及规划、设计、制造、施工安装、调试、运行、检修等质量方面存在的问题。

(9)事故调查还应了解现场规章制度是否健全，规章制度本身及其执行中暴露的问题；了解各单位管理、安全生产责任制和技术培训等方面存在的问题；事故涉及两个以上单位时，应了解相关合同或协议。

3. 事故分析

(1)事故调查组在事故调查的基础上，分析并明确事故发生、扩大的直接原因和间接原因。必要时，事故调查组可委托专业技术部门进行相关计算、试验、分析。

(2)事故调查组在确认事实的基础上，分析是否人员违章、过失、违反劳动纪律、失职、渎职；安全措施是否得当；事故处理是否正确等。

4. 责任认定

根据事故调查的事实，通过对直接原因和间接原因的分析，确定事故的直接责任者和领导责任者；根据其在事故发生过程中的作业，确定事故发生的主要责任者、同等责任者、次要责任者、事故扩大的责任者；根据事故调查结果，确定相应单位承担全部责任、主要责任、同等责任、次要责任或无责任。

(1)发生以下事项之一造成事故的，确认为本部门(单位)负同等以上责任：

1)本部门(单位)和本部门(单位)承包租赁的工作场所，由于本部门(单位)原因，致使劳动条件或作业环境不良，管理不善，设备或设施不安全，发生设备爆炸、火灾、生产建(构)筑物倒塌等事故。

2)发包工程项目，发生以下情形之一者：

①资质审查不严，承包方不符合要求。

a)开工前未对承包方负责人、工程技术人员和安监人员进行应由发包方交代的安全技术交底，且没有完整的记录；

b)对危险性生产区域(指容易发生触电、高空坠落、爆炸、爆破、起吊作业、中毒、窒息、机械伤害、火灾、烧烫伤等引起人身伤亡和设备事故的场所)内作业未事先进行专门的安全技术交底，未按安全施工要求配合做好相关的安全措施(含有关设施、设备上设置明确的安全警告标志等)。

②未签订安全生产管理协议，或协议中未明确各自的安全生产职责。

(2)凡事故原因分析中存在下列与事故有关的问题，确定为管理责任：

①安全生产责任制不落实；

②规程制度不健全；

③对职工教育培训不力；

④现场安全防护装置、个人防护用品、安全工器具不全或不合格；

⑤反事故措施、安全技术劳动保护措施计划和应急预案不落实；

⑥同类事故重复发生；

⑦违章指挥或决策不当。

5. 提出防范措施

事故调查组应根据事故发生、扩大的原因和责任分析，提出防止同类事故发生、扩大的组织(管理)措施和技术措施。

6. 编写事故调查报告

事故调查报告应包含以下内容：

(1)事故发生的时间、地点和事故类别；

(2)事故发生经过和事故救援情况；

(3)事故造成的人员伤亡和直接经济损失；

(4)事故发生原因的分析和事故性质界定；

(5)事故责任的认定以及对事故责任者的处理建议；

(6)事故防范和整改措施；

(7)事故处理建议。

《内部事故调查报告》应当附具有关证据材料，“内部事故调查组”成员应当在事故调查分析报告上签名。

2.9.3.4 事故调查其他要求

(1)调查组须在事故发生后40天书面报送《内部事故调查报告》至安委会，特殊情况下，经上级单位同意，可延期至60天，并由安委办在公司正式文件印发后5天内，上报湖北能源质安部备案。

(2)事故发生单位的负责人和有关人员在事故调查期间不得擅离职守，应当随时接受事故调查组的询问，如实提供有关情况。

(3)事故调查、处理过程中发现新情况的，事故发生单位要及时上报补充报告。

(4)事故调查中需要进行技术鉴定的，事故调查组应当委托具有国家规定资质的单位进行技术鉴定。必要时，事故调查组可以直接组织专家进行技术鉴定。

(5)事故调查报告应当及时、准确、完整，任何单位和个人不得迟报、漏报、谎报、瞒报。

(6)承包商(包括外委工程乙方和给公司提供劳务服务的单位)发生的事故，由承包商单位负责组织调查、处理。公司应对该承包商的事故调查工作进行监督，并按有关管理规定和委托合同，追究有关部门和人员在事故中应负的责任。

2.9.4 事故处理

2.9.4.1 事故整改

(1)事故发生单位(部门)应认真吸取事故教训，按三峡集团、湖北能源集团要求或公司安委会意见，及时落实整改措施，并在规定期限内进行回复。

(2)事故调查结束后，按照政府有关部门批复的《内部事故调查报告》或三峡集团、湖北能源集团《内部事故调查报告》或公司《内部事故调查报告》提出的整改措施进行整改，并形成专题整改报告后，在10日内报公司质量安全部。

2.9.4.2 事故责任追究

公司依据国家有关安全生产法规，按照“四不放过”的原则和“三管三必须”的要求，对管理范围内存在安全生产违规行为和发生生产安全事故的责任单位、相关责任人员，根据事故等级、事故性质和情节程度进行惩处。

1. 一至八级事故(事件)惩处

根据公司《生产安全事故报告与调查管理规定》，公司对事故(事件)分为特别重大事故(一级事故)、重大事故(二级事故)、较大事故(三级事故)、一般事故(四级事故)、内部统计事故(五级事故)及一类障碍(六级事件)、二类障碍(七级事件)、异常事件共八级。公司对一类障碍及以上的事故(事件)及其他由公司安委会认定需要考核的事故进行惩处。二类障碍和异常事件由责任单位按照各自单位安全生产奖惩办法进行惩处，具体内容见表2-9-3。

表2-9-3 公司事故类别及惩处办法

事故类别	事故惩处
重特大事故	(一)承担主要责任的
	(1)对责任单位的责任部门相关负责人给予撤销行政职务处分，并按上年收入的80%～100%扣发薪酬，涉嫌违法的，移送司法机关追究法律责任。 (2)对责任单位的党政正职、相关副职、安全总监给予撤销行政职务处分，并按上年收入的80%～100%扣发薪酬。 (3)对相关业务管理和监管部门负责人按上年收入15%扣发薪酬，其他负有管理责任的人员按风险金配套比例系数扣发薪酬
	(二)承担非主要责任的
	(1)对责任单位的责任部门相关负责人给予撤销行政职务处分，并按上年收入的40%～80%扣发薪酬。 (2)对责任单位的党政正职、相关副职、安全总监给予记大过至撤销行政职务处分，并按上年收入的20%～80%扣发薪酬。 (3)对相关业务管理和监管部门负责人按上年收入10%扣发薪酬，其他负有管理责任的人员按风险金配套比例系数扣发薪酬
较大事故	(一)承担主要责任的
	(1)对责任单位的责任部门相关负责人给予撤销行政职务处分，并按上年收入的40%～80%扣发薪酬，涉嫌违法的，移送司法机关追究法律责任。 (2)对责任单位党政正职、相关副职、安全总监给予记大过至撤销行政职务(降一级)处分，并按上年收入的20%～40%扣发薪酬。 (3)对相关业务管理和监管部门负责人按上年收入10%扣发薪酬，其他负有管理责任的人员按风险金配套比例系数扣发薪酬
	(二)承担非主要责任的
	(1)对责任单位的责任部门相关负责人给予记大过至撤销行政职务(降一级)处分，并按上年收入的20%～40%扣发薪酬。 (2)对责任单位的党政正职、相关副职、安全总监给予记过至记大过处分，并按上年收入的10%～20%扣发薪酬。 (3)对相关业务管理和监管部门负责人按上年收入7%扣发薪酬，其他负有管理责任的人员按风险金配套比例系数扣发薪酬

续表

事故类别	事故惩处
一般事故	（一）发生一次死亡2人，或者死亡1人同时有重伤且合计3人以上的，或者一次重伤5人以上10人以下的，或者直接经济损失500万元以上1000万元以下的事故
	1. 承担主要责任的 （1）对责任单位的责任部门相关负责人给予记大过处分，并按上年收入的20%扣发薪酬。 （2）对责任单位的党政正职、相关副职、安全总监给予记过处分，并按上年收入的10%扣发薪酬。 （3）对公司本部相关业务管理责任部门负责人按上年收入5%扣发薪酬，安全监管部门负责人按上年收入的2.5%扣发薪酬。其他负有管理责任的人员按风险金配套比例系数扣发薪酬。 2. 承担非主要责任的 （1）对责任单位的责任部门相关负责人给予记过处分，并按上年收入10%扣发薪酬。 （2）对责任单位党政正职、相关副职、安全总监给予诫勉（警示）谈话，并按上年收入5%扣发薪酬。 （3）对公司本部相关业务管理部门负责人按上年收入2.5%扣发薪酬，安全监管部门负责人按上年收入的1.25%扣发薪酬。其他负有管理责任的人员按风险金配套比例系数扣发薪酬
	（二）发生一次死亡1人，或者重伤2人以上5人以下，或者直接经济损失100万元以上500万元以下的责任事故
	1. 承担主要责任的 （1）对责任单位的责任部门相关负责人给予记过处分，并按上年收入10%扣发薪酬。 （2）对责任单位的党政正职、相关副职、安全总监诫勉（警示）谈话，并按上年收入5%扣发薪酬。 （3）对公司本部相关业务管理部门负责人按上年收入2.5%扣发薪酬，安全监管部门负责人按上年收入的1.25%扣发薪酬。其他负有管理责任的人员按风险金配套比例系数扣发薪酬。 2. 承担非主要责任的 （1）对责任单位的责任部门相关负责人诫勉（警示）谈话，并按上年收入的5%扣发薪酬。 （2）年内发生次数2次及以上，对责任单位党政正职、相关副职、安全总监诫勉（警示）谈话；发生1次，对责任单位党政正职、相关副职、安全总监进行通报批评。每发生1次按上年收入5%扣发薪酬。 （3）对公司本部相关业务管理部门负责人按上年收入1.5%扣发薪酬，安全监管部门负责人按上年收入的0.75%扣发薪酬。其他负有管理责任的人员按风险金配套比例系数扣发薪酬。
	（三）发生其他一般事故
	1. 对事故承担主要责任的 （1）对责任单位的责任部门相关负责人诫勉（警示）谈话，并按上年收入5%扣发薪酬。 （2）对责任单位党政正职、相关副职、安全总监进行通报批评，并按上年收入5%扣发薪酬。 （3）对公司本部相关业务管理部门负责人按上年收入2.5%扣发薪酬，安全监管部门负责人按上年收入的1.25%扣发薪酬。其他负有管理责任的人员按风险金配套比例系数扣发薪酬。 2. 对事故承担非主要责任的 （1）对责任部门相关负责人通报批评，并按上年收入的3%扣发薪酬。 （2）对责任单位党政正职、相关副职、安全总监进行约谈，并按上年收入2%扣发薪酬。 （3）对公司本部相关业务管理部门负责人按上年收入1%扣发薪酬，安全监管部门负责人按上年收入的0.5%扣发薪酬。其他负有管理责任的人员按风险金配套比例系数扣发薪酬
	（四）内部相关单位存在发承包关系的一般生产安全事故的查处和考核相关规定按照《湖北能源关于调整生产安全事故责任追究有关规定的通知》（鄂能安［2020］18号）的规定执行
内部统计事故	1. 对事故承担主要责任的
	（1）对责任单位的责任部门相关负责人进行通报批评，并按上年收入的3%扣发薪酬。 （2）对责任单位党政正职、相关副职、安全总监进行约谈，并按上年收入的1.5%扣发薪酬。 （3）对公司本部相关业务管理部门负责人按上年收入0.75%扣发薪酬，安全监管部门负责人按上年收入的0.35%扣发薪酬。其他负有管理责任的人员按风险金配套比例系数扣发薪酬
	2. 对事故承担非主要责任的
	（1）对责任单位的责任部门相关负责人进行通报批评，并按上年收入的2%扣发薪酬。 （2）对责任单位党政正职、相关副职、安全总监进行约谈，并按上年收入的1%扣发薪酬。 （3）对公司本部相关业务管理部门负责人按上年收入0.5%扣发薪酬；监管部门负责人按上年收入的0.25%扣发薪酬。其他负有管理责任的人员按风险金配套比例系数扣发薪酬

续表

事故类别	事故惩处
一类障碍及其他由公司安委会认定需要考核的事故	(1)发生一类障碍(非计划停运以外的)，责任单位党政正职每次按上年收入的0.4%扣发薪酬，相关副职、安全总监按照风险金配套比例系数扣发。公司本部相关业务管理部门负责人每次按上年收入的0.2%扣发薪酬，其他负有管理责任的人员按风险金配套比例系数扣发薪酬。 (2)非计划停运类一类障碍(电网原因和自然灾害原因除外)：水电、火电发生超过基数的非计划停运、容量小于50MW且仅有单一外送线路的风电和光伏电站发生全厂不能对外供电事件；省天然气公司和天然气销售发生天然气外力破坏引起的泄漏和供气中断2h以上；省煤投公司煤炭转运不及时发生延时费或者转运设备故障引起设备停运事件；建设单位因质量管理或隐患整改不到位造成经济损失和其他后果等，未达到内部统计事故的，经安委会认定需要考核的事件。对责任单位党政正职每次按上年收入的0.3%扣发薪酬，分管安全生产的副职和安全总监按风险金配套比例系数扣发。对公司本部相关业务管理部门负责人每次按上年收入的0.15%扣发薪酬，其他负有管理责任的人员按风险金配套比例系数扣发薪酬
七级事故	(一)承担主要责任的
	(1)对直接责任人进行约谈，责令在公司大会上作出检讨，并按上年度收入(税后，下同)的1.5%扣发薪酬。 (2)对事故责任部门负责人及有关责任人进行通报批评，并按上年度收入的0.8%扣发薪酬。 (3)对公司党政正职按上年度收入的0.4%扣发薪酬，对事故责任部门分管领导、安全总监按安全风险责任金配套比例系数乘以0.4%乘以上年收入扣发薪酬。 (4)对承担事故责任的其他相关业务管理部门负责人按上年收入的0.2%扣发薪酬，安全监管部门负责人按上年收入的0.16%扣发薪酬。 (5)对其他负有管理责任的人员按安全风险责任金配套比例系数乘以0.2%(安全监管部门责任人乘以0.16%)乘以上年收入扣发薪酬
	(二)承担非主要责任的
	(1)对直接责任人进行通报批评，责令在公司大会上作出检讨，并按上年度收入的1%扣发薪酬。 (2)对事故责任部门负责人及有关责任人进行通报批评，并按上年度收入的0.6%扣发薪酬。 (3)对公司党政正职按上年度收入的0.3%扣发薪酬，对事故责任部门分管领导、安全总监按风险金配套比例系数乘以0.3%乘以上年收入扣发薪酬。 (4)对承担事故责任的其他相关业务管理部门负责人按上年度收入的0.15%扣发薪酬，安全监管部门负责人按上年度收入的0.12%扣发薪酬。 (5)对其他负有管理责任的人员按安全风险责任金配套比例系数乘以0.15%(安全监管部门责任人乘以0.12%)乘以上年收入扣发薪酬
八级事故	(一)承担主要责任的
	(1)对直接责任人进行通报批评，责令在公司大会上作出检讨，并按上年度收入的1%扣发薪酬。 (2)对事故责任部门负责人及有关责任人进行通报批评，并按上年度收入的0.6%扣发薪酬。 (3)对公司党政正职按上年收入的0.3%扣发薪酬，对事故责任部门分管领导、安全总监按风险金配套比例系数乘以0.3%乘以上年收入扣发薪酬。 (4)对承担事故责任的其他相关业务管理部门负责人按上年度收入的0.15%扣发薪酬，安全监管部门负责人按上年度收入的0.12%扣发薪酬。 (5)对其他负有管理责任的人员按安全风险责任金配套比例系数乘以0.15%(安全监管部门责任人乘以0.12%)乘以上年收入扣发薪酬
	(二)承担非主要责任的
	(1)对直接责任人进行通报批评，责令作出书面检讨，并按上年度收入的0.8%扣发薪酬。 (2)对事故责任部门负责人及有关责任人进行通报批评，并按上年度收入的0.4%扣发薪酬。 (3)对公司党政正职按上年度收入的0.2%扣发薪酬，对事故责任部门分管领导、安全总监按风险金配套比例系数乘以0.2%乘以上年收入扣发薪酬。 (4)对承担事故责任的其他相关业务管理部门负责人按上年收入的0.1%扣发薪酬，安全监管部门负责人按上年收入的0.08%扣发薪酬。 (5)对其他负有管理责任的人员按安全风险责任金配套比例系数乘以0.1%(安全监管部门责任人乘以0.08%)乘以上年收入扣发薪酬

2. 对迟报和隐瞒行为的惩处

(1)隐瞒已经发生的事故，超过规定时限未向安全监管监察部门和有关部门报告，经政府安全监管监察部门和有关部门查证属实的，属于瞒报。对涉嫌违法犯罪的相关责任人员，依法移送司法机关处理。同时，对有关责任单位相关责任人，参照三峡集团对较大事故承担主要责任单位的责任人查处规定实施惩处。

(2)经过三峡集团公司调查发现瞒报情况属实的，虽然地方安全监管监察部门和有关政府部门未定性为瞒报事故，本着从严治企的原则，内部界定为存在事故瞒报情节。公司仍将对有关责任单位相关责任人，参照三峡集团公司对较大事故承担非主要责任单位的责任人查处规定实施惩处。

(3)公司内部的迟报和瞒报行为。根据公司事故调查处理规定，对发生重伤以上人身伤亡、机组被迫停运及以上的一类障碍在规定的时间内没有按照公司规定及时汇报的，属于公司内部迟报或瞒报行为。公司将对内部迟报和瞒报的责任单位党政正职、相关副职、安全总监进行通报批评，并按上年收入的1%扣发薪酬。

(4)在对事故进行调查过程中，有下列行为之一的，对有关责任人员，给予记过、记大过处分；情节较重的，给予撤销行政职务(降一级)处分。涉嫌违法犯罪的，移送司法机关处理：

①隐瞒事故重要情节的；

②组织或者参与破坏事故现场、出具伪证或者隐匿、转移、篡改、毁灭有关证据，阻挠事故调查处理的；

③躲避、阻碍、干扰事故调查的。

3. 其他惩处

(1)对生产作业过程中应预见的风险，未采取必要的防范措施和应急处置措施，导致在地质灾害、自然灾害中造成人员伤亡的以及在非生产作业环节发生责任事故的，参照同级别的生产安全事故，根据《湖北能源集团股份有限公司安全生产奖惩管理办法》对相关责任人实施惩处。

(2)对经安全检查、隐患排查等已确认的事故隐患，由于整改不力，未能采取措施及时解决，或未采取应急处置措施发生事故的，对隐患整改的责任人从重处分。

第3章　天然气储运生产与安全技术

3.1　场站基本运行情况

3.1.1　管网基本概况

公司自2009年成立以来，结合国家石油天然气管网集团有限公司干线管网的西气东输管道、川气东送管道和忠武线管道在湖北省行政区域内的天然气管道分布情况，建设了16座接收站(其中接收西气东输管道来气5座接收站，分别为仙人渡接收站、随州接收站、孝昌接收站、黄陂接收站、黄冈接收站；接收川气东送管道10座接收站，分别为恩施接收站、宜昌接收站、枝江接收站、荆州接收站、潜江接收站、仙桃接收站、武汉接收站、陈贵接收站、小箕铺接收站、黄梅接收站；接收忠武线来气的锣场接收站)，并通过16座接收站中的荆州接收站、潜江接收站(孝昌接收站)、武汉接收站、陈贵接收站(黄冈接收站)、随州接收站、黄陂接收站延伸建设了9条干线和支线，管道里程合计约675km，分别为4条输气干线(荆石线、武赤线、随随线、黄麻线)，2条双气源输气干线(孝潜线和黄大线)，2条输气支线(孝大线和川气入湘线)和1条用户专用管线(东湖燃气管道)，其中6条输气干线和一条用户专线均未实现互联互通。

截至2022年8月，共投产运行37座场站，21座RTU阀室，3座阀井。2021年全年供气量达到24亿Nm^3，下游终端城市燃气用户数量达到了58家，向湖北省13个地市州的12个城市供气。

3.1.2　接收站基本概况

16座接收站全部布置在国家管网干线管道输气站附近，接收站与上游输气站间无储气调峰设施，供气期间上下游之间需要配合操作，来保证输气系统压力、流量平稳运行。

3.1.2.1　川气东送管道沿线10座接收站

川气东送接收站项目设计年输气能力$8\times10^8 Nm^3/a$，设计接气压力6.3MPa。公司沿着川气东送管道途经湖北行政区域设置的输气站自西向东已建成并投运接收站10座，自西向东依次是恩施接收站、宜昌接收站、枝江接收站、荆州接收站、潜江接收站、仙桃接收站、武汉接收站、陈贵接收站、小箕铺接收站、黄梅接收站。

3.1.2.2　西气东输管道沿线5座接收站

沿着西气东输管道二线途经湖北省行政区域设置的输气站自鄂西北向东已建成并投运5座接收站，自鄂西北向东依次是仙人渡接收站、随州接收站、孝昌接收站、黄陂接收站、黄冈接收站。

3.1.2.3　忠武线管道沿线1座接收站

忠武线管道设置1座接收站为锣场接收站。荆石线管道沿线锣场阀室经升级改造为锣场接收站，主要是接收忠武线管道气通过荆石线管道输送至沿线下游用户。

3.1.3 长输管道基本概况

已建成9条长输管道，分别是荆石线管道、川气入湘管道、孝潜线管道、孝大线管道、武赤线管道、黄麻线管道、随随线管道、黄大线管道、东湖燃机管道，管道呈分散式未成网布置，管道里程合计约675km。

3.1.3.1 荆石线管道

荆石线管道起于荆州接收站，途经荆州市沙洋区、公安县和石首市，止于石首分输站，长度137km，管径406mm，材质L360M，设计压力6.3MPa，设计年输气能力5亿Nm^3，“荆州至江北”段管道于2014年1月24日投产试运行，“江北至石首”段管道于2015年1月10日投产试运行。

3.1.3.2 川气入湘管道

“川气入湘”输气管道是通过“荆石线”管道接收川气东送管道天然气输送至湖南省公司“华容－安乡”输气管道，以满足湖北省与湖南省相邻的部分湘北地区经济社会发展对天然气的需求。

“川气入湘”输气管道湖北境内全长16.77km，管道管径406mm，设计压力6.3MPa，设计年输气能力3亿Nm^3。该管道起点为石首分输站，终点在湖北省与湖南省交界处，湖北省境内设一座陈币桥阀井，石首分输站离陈币桥阀井距离为8.09km。管道于2018年8月28日投产。

3.1.3.3 孝潜线管道

“孝昌－潜江”天然气支干线接收川气东送管道潜江压气站和西气东输二线管道孝感分输站两路气源，向管道沿线鄂中地区孝感市、广水市、京山县、钟祥市、沙洋县、天门市、仙桃市和潜江市地区供应天然气(目前未向京山县、钟祥市供气)。输气管道全长约181.5km，“孝昌至应城”段管道长49km，管道管径为610mm，“应城至潜江”段管道长132.5km，管道管径406mm，设计压力均为6.3MPa。

管道沿线建设孝昌接收站、肖港分输站、云梦分输站、应城分输站、黄滩分输站、皂市分输站、天门分输站及潜江接收站等8座站场和柯邓湾、段家场、五星等3座截断阀室。

3.1.3.4 孝大线管道

孝大线输气管道工程起于孝昌接收站，沿线设孝昌阀室、王店阀室、杨寨分输站，止于大悟阀室，管道设计压力6.3MPa，管道全长56.2km，管道水容积约4037m^3。

孝大线“孝昌至杨寨”段一期输气管道工程起于孝昌接收站，沿途设置孝昌阀室、王店阀室、杨寨分输站，于2019年5月28日投产试运行。管道全长45km，管径*DN*300mm，设计压力6.3MPa，管道水容积约3685m^3。管道通过孝昌接收站可分别接收中国石油“西气东输”和公司“孝潜线”输气管道天然气向沿线下游用户广水中环供气。

孝大线“杨寨至大悟”段二期输气管道工程起于杨寨分输站，止于大悟阀室，于2021年7月19日投产试运行。管道全长11.2km，管径*DN*200mm，设计压力6.3MPa，管道水容积352m^3。管道通过孝昌接收站可分别接收中国石油“西气东输”和公司“孝潜线”输气管道天然气向沿线下游用户大悟阀室大悟中燃、大悟嘉旭供气。

3.1.3.5 黄麻线管道

黄陂－麻城(红安)输气管道(以下简称“黄麻线”)是接收国网西二线来气，向武汉市、红安县、麻城市供气，同时具备一定的储气功能。该管线为东西走向，西端起点为武汉市黄陂区周寨村，向东经黄陂区，到达红安县永佳河镇后，再分两路到红安和麻城分输站。

黄麻线“黄陂－红安”段，起点位于黄陂接收站，终点位于红安分输站，沿线依次设有黎家田阀室、夏家田阀室、永佳河清管站、余家田阀室，管段长约79.8km，管径为Φ323.9mm，材质为L360MB(X52)，设计压力为6.3MPa。

黄麻线“永佳河－麻城”段，起点位于永佳河清管站，终点位于麻城分输站，沿线设有邹家岗阀室，管段长约20.64km，管径为Φ323.9mm，材质为L360MB(X52)，设计压力为6.3MPa。

3.1.3.6 武赤线管道

武赤线管道起点为武汉接收站(气源为川气东送武汉站)，终点是赤壁分输站，管道全长约70.4km(历经2次改线)，武赤线直径为406.4mm，直管段壁厚为6.4~8.0mm，途径二级、三级地区，设计压力为6.3MPa，运行压力为3.0~3.6MPa，设计年输气能力1.69亿m^3。

管道沿线设有武汉接收站(清管站)、潘湾分输站、嘉鱼分输站、赤壁分输站等4座站点，以及法泗阀室、新街阀室、毕家畈阀室等3座无人值守阀室。

3.1.3.7 黄大线管道

黄大线管道气源为西气东输二线气源和川气东送气源，与西气东输二线气源的接气点位于黄冈市黄州区陈策楼镇六庙村黄冈接收站，与川气东送气源的接气点位于大冶市陈贵镇陈贵接收站。工程输气管道线路全长80.5km，沿线主要经过黄冈市、鄂州市和黄石市。共设有5座输气场站和3座阀室，5座输气场站分别为：黄冈接收站、黄州分输站、鄂州分输站、金山店分输站、陈贵接收站，3座阀室分别为：还地桥分输阀室、燕矶分输阀室、碧石分输阀室。

3.1.3.8 东湖燃机管道

东湖燃机管道是湖北能源东湖燃机股份有限公司(以下简称“东湖燃机公司”)专供管道，管线起于高压外环凤凰山阀室，沿线设东湖燃机计量站(以下简称“计量站”)、光谷二路阀井、黄龙山阀室、高新二路阀井，止于电厂调压站，线路全长约15.83km，设计压力4.0MPa，管道采用直缝双面埋弧焊钢管，材质为L360MB(X52)，管径为ϕ508mm，管道全长15.83km，水容积约3109m^3。其中，计量站至东湖燃机电厂管道长12.94km，水容积2553m^3，管道主要沿市政道路及绿化带(四级地区)铺设。于2015年9月投产试运行，现运行压力为3.0~3.6MPa，2022年3月日均气量约为80万Nm^3。

东湖燃机项目建设1座场站(东湖燃机项目计量站)，1座RTU阀室(黄龙山放空阀室)及2座阀井(光谷二路截断阀井、高新二路截断阀井)。

3.1.3.9 随随线管道

随随线管道起于公司随州接收站，末端止于下游用户随县政泰门站，中间未设置阀室，管道长度13.45km，管道管径DN200mm，设计压力6.3MPa，管道水容积422.5m^3，设计年输气能力$1.2\times10^8Nm^3$。

3.1.4 输气场站介绍

3.1.4.1 荆州接收站

荆州接收站位于荆州市荆州区207国道与汉宜高速交界处，207国道以西，汉宜高速以北。场站占地面积5785m^2，距离荆州城区约8km。场站设计压力为6.3MPa，设计最大供气能力为$3.44\times10^8Nm^3/a$，输至下游一路为津江天然气有限公司，设计流量$1.05\times10^8Nm^3/a$，下游二路为去荆门襄樊，设计流量$0.2\times10^8Nm^3/a$，下游三路为“荆州－石首输气管线”(简称荆石线)，设计流量$2.19\times10^8Nm^3/a$。荆州接收站为“荆石线”首站。目前输至下游津江天然气有限公司撬块和“荆石线”撬块投用，输至下游荆门襄樊待投用。

工艺区设有过滤撬、计量撬、发球筒等三个撬块，三个阀门操作区，实现了接收来气、过滤、计量、流量控制、分输与清管发球等功能。

3.1.4.2 锣场接收站

锣场接收站(简称锣场站)位于湖北省荆州市沙市区锣场镇向湖村锣山书院旁，G318国道往北200m处，距荆州市城区9.5km，总占地面积约6亩。锣场站设计压力为6.3MPa，场站为“西气东输忠武线”气源，场站运行压力为3.3～5.7MPa，设计供气能力为42000Nm^3/h，设计年输气量为3.7亿～5.2亿Nm^3。场站主要功能为接收国家管网集团西气东输忠武线荆州分输站来气，经过滤分离、计量后向下游公司及省天然气公司“荆石线”供气。

目前场站拥有1家代输用户：公安县兴成燃气有限公司(简称公安兴成)。锣场站接收西气东输忠武线来气，供给省天荆石线，然后通过“荆石线”公安站代输给公安兴成。锣场站的成功投产，实现了“荆石线”双气源供气模式，提高了“荆石线”储气调峰能力，为荆州地区、湖南地区天然气供应提供了双重保障，具有十分重大的意义。

3.1.4.3 江北分输站

江北分输站位于荆州市荆监一级公路中国石化花港加油站旁，距离江陵县城区约10km，场站占地面积0.47公顷，隶属于公司“荆州石首”长输管线江北段，承接上游荆州接收站来气，通向江南段公安、石首分输站，管理马家寨阀室。

江北分输站设计进站流量近期小时流量7845Nm^3/h，远期小时流量15456Nm^3/h；去江北监狱公司近期小时流量500Nm^3/h，远期小时流量780Nm^3/h；去江陵城区近期小时流量7345Nm^3/h，远期小时流量14676Nm^3/h。设计压力为6.3MPa，运行压力为2.5～5.7MPa。

3.1.4.4 公安分输站

公安分输站位于湖北省荆州市公安县夹竹园镇金猫口村7组，场站南距207国道约1km，距离公安县城区约5km，交通便利。总用地面积9283.4m^2。隶属于荆州－石首天然气管道输气工程(以下简称“荆石线”)，场站为“荆石线”线路的第四个输气站(荆州－锣场－江北－公安－石首)，公安分输站主要功能是接收“荆石线”江北分输站来气，经过滤分离、计量、调流后输至下游公安县兴成燃气有限公司，并预留接口至松滋末站。

3.1.4.5 石首分输站

石首分输站位于石首市金银垱村3组，场站东距S221省道约1km，距离石首市区约6km。本站为荆州－石首天然气管道输气工程(以下简称荆石线)末站，设计压力为6.3MPa。经过滤分离、加热、调压、计量调流后分别输至石首城区、大工业用户、CNG加气母站及湖南下游。

3.1.4.6 荆石线管道沿线阀室

1. 岑河阀室

岑河阀室地处荆州市沙市区岑河镇白渎村(原谷湖村)，沙公高速岑河入口旁，位于公司自建“荆州－石首”长输天然气管道中上部，上游是锣场接收站，下游为江北分输站，由锣场接收站管辖。

2. 马家寨阀室

马家寨阀室地处荆州市江陵县马家寨乡万场村十组，位于公司自建“荆州－石首”长输天然气管道中部，上游是江北分输站，下游(穿越长江)连接公安分输站，隶属于江北分输站管辖。

3. 五星村阀室

五星村阀室地处荆州市公安县藕池镇五星村3组，位于公司自建“荆州－石首”长输天然气管道尾端，上游是公安分输站，下游(穿越藕池河)连接石首分输站，隶属于公安分输站管辖。

3.1.4.7 恩施接收站

恩施接收站位于恩施土家族苗族自治州恩施市白杨坪乡石桥村。场址紧邻209国道。该站用地基本成长方形，最大长约89m，宽约61m，占地面积11973.9m^2(约18亩)，总建筑面积724.8m^2。场站接收国网川气东送管道来气，对恩施市及建始县进行分输供气。本站设计压力为6.3MPa，去恩施设计的运行压力为4.0～5.7MPa，去建始的设计运行压力为4.0～5.7MPa，设计小时供气能力9500Nm^3/h，到恩施流量为7920Nm^3/h，去建始的流量为1580Nm^3/h。

3.1.4.8 宜昌接收站

宜昌接收站位于宜昌市猇亭区石板冲三组，场站距G209国道约3km，距离宜昌市区约30km。为中国石化川气东送下游接收站，主要负责接收上游来气，进过滤、计量、限流后分输至下游，并兼具数据采集与监控、进出站截断、干线放空、区域放空等功能。

3.1.4.9 枝江接收站

枝江接收站位于湖北省枝江市江汉大道242号，南距枝江市区约3km，东距火车站约4.5km，北距汉宜高速公路约3km，交通便利。场站占地面积13191m^2，约19.8亩，设计压力6.3MPa，运行压力2.0～4.0MPa。场站主要功能是接收国家管网集团川气东送天然气管道有限公司枝江输气站来气，经过滤分离、分输、计量、调流后向下游供气。

3.1.4.10 仙桃接收站

仙桃接收站位于仙桃市沙嘴办事处余积村北，东临仙彭公路，距仙桃市区约8km，占地面积18亩。场站进站设计压力为6.3MPa，日常运行压力3.0～4.0MPa。经2021年技术改造后，目前设计小时输气量为50000Nm^3/h，设计年输气量为$2.5\times10^8Nm^3/a$。本站主要功能是接国家官网川气东送仙桃输气站来气，经过滤分离、计量后分别给洪湖中燃、仙桃昆仑、仙桃中油、仙桃中盈、仙桃公交、天门中燃六家燃气公司输气。

3.1.4.11 小箕铺接收站

小箕铺接收站位于湖北省大冶市大箕铺镇刘逊村，距离106国道仅200米，距离大冶城区约12km，场站总占地面积24.43(含预留征地16.76)亩。属湖北省天然气发展有限公司川气东送沿线第十座场站，场站撬装管道设计压力为6.3MPa，运行压力1.0～6.0MPa(具体根据实际运行情况定)，从国家管网西气东输川气东送天然气管道有限公司黄石分输站接收天然气，经站内经过滤、计量、调压后分别输送至阳新华川天然气有限公司(简称“阳新华川”)和大冶华润燃气有限公司(简称“大冶华润”)。

3.1.4.12 黄梅接收站

黄梅接收站位于湖北省黄梅县大河镇洪岭村。距黄梅县城约7km，距大河镇3km，位于S308省道北侧约300m。占地面积约7亩。设计压力4.0～6.0MPa，实际工作压力为3.2～3.8MPa。设计小时输气量为18000Nm^3，年输气量为14000万Nm^3。

场站于2012年3月3日投产，站内气源来源于国家管网集团西气东输公司川气东送天然气管道有限公司黄梅压气站，输送至黄冈长源黄梅门站。工艺区主要分为进出站区、撬装区。主要设备有进出站电动球阀、过滤分离器、涡轮流量计、超声波流量计、流量调节阀等，实现了接收上游来气，经过滤、计量和调压后输送给下游。

3.1.4.13 仙人渡接收站

仙人渡接收站位于湖北省襄阳市老河口市仙人渡镇循环经济产业园区内、西气东输二线中国石油仙人渡分输站以北。仙人渡站为接收站，接收上游国家管网西气东输二线仙人渡站气源，通过两个撬块向三家用户进行分输，其中，老河口中燃和丹江口中燃通过老河口中燃撬块进行分输，然后经过自身门站再通过长输管道分输至两家用户，谷城华润通过谷城华润撬块单独进行分输。

3.1.4.14 随州接收站

随州接收站位于湖北省随州市南郊和平村七组、西气东输二线国家管网随州分输站以北。接收站包括建筑面积约650m^2的综合楼一栋，面积约240m^2的辅助用房一栋。经过过滤、计量、换热、调压等工艺后向下游输送天然气，设计供气能力为57464m^3/h，近期设计供气流量为36863m^3/h。场站投产时间2011年4月26日，2015年1月28日随随线管道投产。

3.1.4.15 潜江接收站

潜江接收站位于潜江市总口区华中家具产业园内，中国石化潜江压气站北侧，占地面积30亩，设计压力为6.3MPa，实际运行压力3.5～5.5MPa。潜江接收站于2012年12月7日正式投产供气。

潜江接收站接收国家管网川气东送潜江压气站气源，经过撬装过滤分离、计量、调流后向下游潜江华润输气，同时向孝潜线分输，场站具备紧急切断、数据采集、通信与视频监控等功能，同时具备孝潜线清管收球功能。毛嘴分输站由潜江站管理，通过一级调度控制对下游仙桃源泰供气。

3.1.4.16 毛嘴分输站

毛嘴分输站接收“孝潜线”管道毛嘴阀室来气，经分输撬装过滤、计量、调流后向仙桃源泰供气。工艺撬装设计有两路分输，A路、B路设计为超声波流量计。分输支路进出口球阀为电动执行球阀，均可实现远程操作。

3.1.4.17 天门分输站

天门分输站属于线路分输站，接收孝潜线的来气，承担向天门市供气责任，目前向下游天门中燃公司、天门华燃公司供气。天门分输站站内含天然气过滤系统、加热系统、计量系统、压力流量控制系统。

3.1.4.18 皂市分输站

皂市分输站属于线路分输站，接收孝潜线的来气，向天门市皂市镇供气，目前下游为天门市中燃城市燃气公司。

皂市分输站自2021年3月24日起往下游天门中燃分输供气，站内含天然气过滤系统、加热系统、计量系统、压力流量控制系统，站内目前采用孝昌中心站控制供气，站内有下游托管的计量撬一套，内含计量系统、调压系统、加热系统、加臭系统，场站一级调压后的天然气经过下游的计量撬二级调压后直接进入城市管网内，供居民以及工业用户。

3.1.4.19　应城分输站

应城分输站位于应城市三合镇彭家湾，进站设计压力6.3MPa，运行压力为2.6～5.7MPa。去应城方向出站设计压力4.0MPa，运行压力为0.6～2.5MPa，近期设计最大流量7808Nm^3/h，远期设计最大流量13183Nm^3/h。应城分输站的主要功能是接收“孝昌－潜江”输气管线来气，经旋风分离、过滤分离、换热、计量、调压后向下游燃气公司供气。此外还具备紧急切断、收发球、数据采集与监控及站内自用气等功能，并预留地下储气库接口。

3.1.4.20　黄滩分输站

黄滩分输站(黄滩阀室)位于应城市黄滩镇东岗，所有权为应城市城市燃气有限发展公司(简称应城中燃)，通过气液联动阀与我公司“孝潜线”相连，站内所有设备设施均属于应城中燃所有。公司通过应城分输站SCADA系统对其阀门进行开关操作，从而实现供气任务。

3.1.4.21　云梦分输站

云梦分输站位于湖北省孝感市云梦县吴铺镇秀才村，距云梦县城区约6km，距南侧的316国道约1.2km，位于公司自建“潜江－孝昌”长输天然气管道后段，距离孝昌接收站约35km。

工艺区设有过滤比对计量、换热、分输计量等七个撬块，2个阀门操作区，实现了接收来气、过滤、计量、调压、流量控制、分输等功能。

3.1.4.22　肖港分输站

肖港分输站地处湖北省孝感市孝南区肖港镇丰胜村，距孝昌接收站14km，距离汉十高速孝感收费站6km，位于公司自建“潜江－孝昌”长输天然气管道末端附近，上游是云梦分输站，下游连接孝昌接收站。隶属于孝昌接收站管辖。

3.1.4.23　孝昌接收站

孝昌接收站接收孝潜线及国家管网孝感分输站来气，站内接收国家管网孝感分输站来气设计最大供气能力为53367Nm^3/h，其中输至下游一路为孝昌嘉旭天然气有限公司，设计流量9287Nm^3/h，下游二路为孝昌新洁，设计流量9400Nm^3/h，下游三路为“孝昌－大悟输气管线”(简称孝大线)，设计流量17905Nm^3/h。孝昌接收站为“孝大线”首站。

工艺区设有过滤比对计量、换热、发球筒及分输计量等九个撬块，5个阀门操作区，实现了接收来气、过滤、计量、调压、流量控制、分输与清管发球等功能。

3.1.4.24　孝潜线管道沿线阀室

1. 五星阀室

五星阀室地处天门市岳口镇五星村，位于公司自建“孝昌－潜江”长输天然气管道尾部，上游是天门分输站，下游(穿越汉江)连接毛嘴分输站。隶属于天门分输站管辖。

2. 段家场阀室

段家场阀室地处天门市石家河镇段家场村，位于公司自建“孝昌－潜江”长输天然气管道中部，上游是皂市分输站，下游连接天门分输站。隶属于天门分输站管辖。

3. 柯邓湾阀室

柯邓湾阀室地处应城市陈河镇柯邓村，位于公司自建“孝昌 - 潜江”长输天然气管道中部，上游是黄滩分输站，下游(穿越汉江)连接皂市分输站，具备分输及紧急切断功能，隶属于应城分输站管辖。

3.1.4.25 杨寨分输站

“孝大线”(孝昌至杨寨段)输气管道工程起于孝昌接收站，沿途设置孝昌阀室、王店阀室、杨寨分输站。管道全长45km，管径 *DN*323.9mm，设计压力6.3MPa，管道水容积约3685m^3。“孝大线”(孝昌至杨寨段)输气管道运行压力为3.5～5.5MPa，场站设计压力为6.3MPa，设计运行压力4.0～5.7MPa。“孝大线”管道通过孝昌接收站可分别接收中国石油“西气东输”和公司“孝潜线”输气管道天然气向杨寨分输站输气，杨寨分输站的主要功能是接收省公司“孝大线”孝昌接收站来气，经过滤分离、计量后向广水方向下游公司、大悟阀室方向输气，同时还可对“孝大线”进行收发球清管作业。

3.1.4.26 大悟分输站

大悟分输站地处湖北省孝感市大悟县绕城南路以东中国燃气，距离杨寨分输站11.2km，位于公司自建“孝昌 - 大悟”长输天然气管道末端，上游是杨寨分输站，下游连接两家下游公司大悟嘉旭及大悟中燃。大悟分输站隶属于杨寨分输站管辖。

3.1.4.27 孝大线管道沿线阀室

1. 孝昌阀室

孝昌阀室地处湖北省孝感市孝昌县白莲村，距107国道3km，位于公司自建“孝昌 - 大悟”长输天然气管道中上部，上游是孝昌接收站，下游为王店阀室。由孝昌接收站管辖。

2. 王店阀室

王店阀室地处孝感市孝昌县老营村G107(京港线)以东约300m处，位于公司自建“孝昌 - 大悟”长输天然气管道中部，上游是孝昌阀室，下游连接杨寨分输站。隶属于杨寨分输站管辖。

3.1.4.28 武汉接收站

武汉接收站隶属于湖北省天然气发展有限公司“武赤线”，是“武赤线”的首站，为整条线路供气。

武汉接收站主要功能为接收上游国家管网川气东送武汉输气站来气，经过滤分离、计量后向下游武汉市高压外环安山门站输气；同时作为公司“武赤线”首站，向“武赤线”管道输气，为嘉鱼、赤壁、咸宁等地提供气源。

3.1.4.29 潘湾分输站

潘湾分输站隶属于湖北省天然气发展有限公司“武赤线”，是“武赤线”的分输站，负责向咸宁地区以及潘湾镇区供气。场站进站设计压力6.3MPa，运行压力2.5～5.7MPa，设计流量$3.5\times10^4 Nm^3/h$。去咸宁华润高压出站设计压力2.5MPa，工作压力0.5～2.0MPa，中压出站设计压力0.4MPa，工作压力0.3MPa；去咸宁华通出站设计压力6.3MPa，工作压力3.0～5.5MPa。

3.1.4.30 嘉鱼分输站

嘉鱼分输站进站设计压力为6.3MPa，运行压力为2.5～5.7MPa，出站设计压力为

2.5MPa，运行压力为2.2MPa，设计小时供气能力为18456Nm^3/h。嘉鱼分输站的主要功能是接收湖北省天然气发展有限公司“武汉－赤壁”输气管道来气，经旋风分离、过滤分离、换热、计量、调压后向下游嘉鱼华润供气。出站管道 *DN*250mm，管道材质16Mn，出站至下游门站间管道水容积约为10m^3。

3.1.4.31　赤壁分输站

赤壁分输站撬装管道设计压力为6.3MPa，运行压力2.5～5.7MPa，进站管线水容积为8847.1m^3；出站设计压力为2.5MPa，运行压力为2.2MPa。场站为“武赤线”线路输气末站，同时预留为“赤通线”首站，经过过滤、加热、计量、调压调流输至赤壁华润燃气有限公司。赤壁分输站作为“武赤线”末端具有清管收球功能，同时作为“赤通线”首站还具备清管发球功能。站内设有自用气撬，经过电加热、调压、计量后输至锅炉和厨房调压箱，再分别经锅炉和厨房调压箱调压后供锅炉厨房使用。

3.1.4.32　武赤线管道沿线阀室

1. 法泗阀室

法泗阀室地处武汉市江夏区法泗街道恰山湾大街，位于公司自建“武汉－赤壁”长输天然气管道上部，上游是武汉接收站，下游连接潘湾分输站。隶属于武汉接收站管辖。

2. 新街阀室

新街阀室地处嘉鱼县新街镇王家月村，蕲嘉高速嘉鱼方向南侧，位于公司自建“武汉－赤壁”长输天然气管道上部，上游是潘湾分输站，下游连接嘉鱼分输站。隶属于嘉鱼分输站管辖。

3. 毕家畈阀室

毕家畈阀室位于咸宁市赤壁市神山镇毕家畈村，位于公司自建“武汉－赤壁”长输天然气管道上部，上游是嘉鱼分输站，下游连接赤壁分输站，隶属于赤壁分输站管辖。

3.1.4.33　黄陂接收站

黄陂接收站隶属于“黄陂－麻城(红安)”天然气输气管道(以下简称“黄麻线”)，场站为黄麻线首站，设计压力6.3MPa，接收国网西二线黄陂站来气，经过滤分离、计量调流后分别输送至武汉外高环、黄麻线。黄陂站上游供气单位为国家管网中国石油西气东输黄陂联络压气站，下游接气单位共四路，分别为武汉外高环、黄麻线长输管道、黄陂华润(待投产)以及场站自用气管道。

3.1.4.34　夏家田分输站

夏家田分输站主要功能是接收黄麻线来气，经过滤计量后向红安华润输气。设计压力为6.3MPa，运行压力为2.5～4.0MPa。夏家田分输站现场设计有工艺控制系统，380V市电－UPS供电保障系统、RTU数据采集通信和视频监控系统，工艺控制系统可实现上下游管道手动放空，站内气液联动阀参数及状态、温压变、可燃气体数据、供气工艺参数上传至调控中心及黄陂接收站。

3.1.4.35　红安分输站

红安分输站可接收“黄麻线”管道和国家管网中石油“淮武线”管道来气(“淮武线”撬块暂未连头投产，暂接“黄麻线”来气)向下游红安华润供气。场站的主要功能是接收“黄麻线”输气管道来气，经旋风分离、过滤分离、加热(有必要情况下)和计量后向下游红安华润杏花门站供气。场站调压前设计压力为6.3MPa，调压后设计压力为4.0MPa。“黄麻线”

的运行压力为2.5～4.0MPa，调压后去红安华润燃气有限公司杏花门站的设计压力为4.0MPa。

3.1.4.36 麻城分输站

麻城分输站为“黄麻线”输气末站，撬装管道设计压力为6.3MPa，运行压力为1.7～5.7MPa，出站设计压力为2.5MPa，运行压力为0.6～2.0MPa，天然气经过滤、加热(必要情况下)、计量、调流后向麻城市天然气有限公司供气。“黄麻线”接气点为黄陂接收站，黄陂接收站接收上游中国石油西气东输二线来气，经站内过滤、计量后输向“黄麻线”干线管道。

3.1.4.37 黄麻线管道沿线阀室

1. 黎家田阀室

黎家田阀室位于武汉市黄陂区王家河街道大阳村向家大湾，属于湖北省天然气发展有限公司“黄麻线”切断阀室，气源接“黄麻线”上游黄陂接收站，下游去往夏家田分输站，隶属于黄陂接收站管辖。阀室现场设计有工艺控制系统，380V市电－UPS供电保障系统、RTU数据采集通信和视频监控系统。其中，工艺控制系统可实现越站旁通、上下游管道手动放空，气液联动阀参数及状态、温压变、可燃气体数据上传至黄陂接收站。

2. 永佳河阀室

永佳河阀室位于红安县永佳河镇程家大湾，属于湖北省天然气发展有限公司“黄麻线”切断阀室，上游气源接“黄麻线”黄陂接收站，下游分两路，一路经余家田阀室去往红安分输站，一路经邹家岗阀室去往麻城分输站，隶属于红安分输站管辖。阀室现场设计有工艺控制系统，380V市电－UPS供电保障系统、RTU数据采集通信和视频监控系统。其中，工艺控制系统可实现越站旁通、上下游管道手动放空，气液联动阀参数及状态、阀室温压变、可燃气体数据上传至红安分输站。

3. 余家田阀室

余家田阀室位于红安县永佳河镇周垅村，属于湖北省天然气发展有限公司“黄麻线”切断阀室，气源接“黄麻线”上游永佳河阀室，下游去往红安分输站，隶属于红安分输站管辖。阀室现场设计有工艺控制系统，380V市电－UPS供电保障系统、RTU数据采集通信和视频监控系统。其中，工艺控制系统可实现越站旁通、上下游管道手动放空，气液联动阀参数及状态、阀室温压变、可燃气体数据上传至红安分输站。

4. 邹家岗阀室

邹家岗阀室地处湖北省黄冈市麻城市中馆驿镇陈家寨村陈寨上厂旁，位于公司自建“黄陂－麻城”长输天然气管道上部，上游是永佳河清管站，下游连接麻城分输站，隶属于麻城分输站管辖。

3.1.4.38 东湖燃机计量站

东湖燃机计量站是连接外高环、昆仑方向与东湖燃机电厂的管线首站。撬装管道设计压力为6.3MPa，运行压力为3.1～3.6MPa，去电厂方向运行压力为3.1～3.6MPa，通过撬装接收中国石油昆仑来气经过过滤流调流程和接收武汉外高环凤凰山调压站来气经过过滤、计量、流调流程后在出站管道处进行汇合，然后通过管道向东湖燃机电厂供气，最大瞬时流量88200Nm^3/h。

东湖燃机计量站向东湖燃机电厂供气气源方式有三种：第一种是双气源同时供气，第二种是一个周期内外高环气源单独供气或中国石油昆仑单独供气，第三种是一个周期内外高环和中国石油昆仑分时段供气。

3.1.4.39 陈贵接收站

陈贵接收站接收国家管网川气东送陈贵输气站来气，经过滤计量后供给大冶华润门站和黄大线；场站同时具备接收黄大线来气(黄冈站进气)反输给大冶华润门站功能。此外，场站还具备黄大线管道清管作业收球功能。

3.1.4.40 金山店分输站

金山店分输站为黄大线管道分输场站，上游是陈贵接收站，下游是还地桥阀室，场站同时管辖还地桥阀室。场站接收黄大线来气经过滤、换热，通过去大冶华润撬块计量、调压后向下游大冶华润输气，日均用气量 100000Nm^3。场站设计压力 6.3MPa，运行压力 2.5～6.0MPa。

3.1.4.41 鄂州分输站

鄂州分输站气源为黄大线管道来气，进站设计压力为6.3MPa，实际运行压力为2.6～5.5MPa，调压后设计压力为4.0MPa，实际运行压力为0.6～1.5MPa。场站接收黄大线来气经过滤、换热，通过去鄂州安泰撬块计量、调压后向下游鄂州安泰输气，日均用气量60000Nm^3，主要保障鄂州范围内用气需求。

3.1.4.42 黄州分输站

黄州分输站气源为黄大线管道来气，进站设计压力为6.3MPa，运行压力为2.6～5.7MPa，设计年输气量 $6.5\times10^8 Nm^3/a$，设计小时流量为 75142Nm^3/h。场站接收黄大线来气经过滤、换热，计量、调流后向三家下游供气：黄冈中燃城市燃气门站输气运行压力为0.6～1.5MPa，日均供气气量为60000Nm^3 左右；江西久誉(晨鸣纸业造纸厂)输气运行压力为0.6～1.45MPa，日均供气气量为20000Nm^3 左右；齐安中燃城市燃气门站输气运行压力为0.15～0.3MPa，日均供气气量约为30000Nm^3。

3.1.4.43 黄冈接收站

黄冈接收站为黄大线与西气东输二线气源的接气点，撬装管道设计压力为6.3MPa，运行压力为2.6～6.0MPa，去黄冈环孚门站运行压力为2.6～6.0MPa，去黄大线运行压力为3.5～5.5MPa。场站接收国家管网西气东输二线黄冈输气站来气，经过滤计量后供给黄冈环孚门站和黄大线；场站同时具备接收黄大线来气(陈贵站进气)反输给黄冈环孚门站功能。此外，场站还具备黄大线管道清管作业发球功能。

3.1.3.44 黄大线管道沿线阀室

1. 还地桥阀室

还地桥阀室由金山店分输站管辖，位于黄石市大冶市还地桥镇军山村，为黄大线管道分输截断阀室，上游是金山店分输站，下游是碧石阀室。

2. 碧石阀室

碧石阀室由鄂州分输站管辖，位于鄂州市鄂城区碧石渡镇樟树岭村，占地面积2621.5m^2，为黄大线管道分输截断阀室，上游是还地桥阀室，下游是鄂州分输站。

3. 燕矶阀室

燕矶阀室由黄州分输站管辖，位于鄂州市燕矶镇嵩山村，占地面积2658m^2，为黄大线管道分输截断阀室，上游是鄂州分输站，下游是黄州分输站。

3.1.5　场站工艺操作

3.1.5.1　放空管线运行及放空操作要求

(1)放空作业时，应先全开球阀(闸阀)，通过缓慢操作节流截止放空阀控制放空流量，放空结束后应先关闭节流截止放空阀，再关闭球阀(闸阀)。

(2)放空作业过程中300m范围内不得有行人、车辆、明火等，并安排人员进行警戒。

(3)放空结束后，应及时恢复流程并记录放空量，及时向调控中心进行汇报。

3.1.5.2　排污作业及管理要求

(1)排污周期应根据气质情况、投产时间长短、天然气进站温度、场站环境温度、分离器前后压差、分离器液位计、排污作业时的排污量和输气量等情况确定；原则上每年春季及入冬前对阀门、收球筒、分离器、汇管等工艺设备进行一次排污作业。

(2)排污操作前应安排专人进行警戒，周围50m范围内不应有车辆和行人，50m范围内不应有明火作业，宜选择处于上风口时进行，并采取相应的防静电等安全措施。

(3)应定期对分离器等液位计进行巡查，并检查设备液位情况，确定是否需要进行排污作业，当液位计量程超过最大量程的1/3时，必须对液位计进行排污作业，当分离器内部积液较多、液位计单次无法排尽时，还需要对分离器进行排污。

(4)分离器、收球筒和汇管排污前，首先应将其停止运行，确实因工艺运行无法停用的，采用在线排污。停止运行时，放空降压至1MPa以下，应全开排污球阀，通过控制排污阀的开度进行排污，排污结束后应先关闭排污阀，再关闭球阀。

(5)分离器、收球筒和汇管进行在线排污时，应在供气流量较低时进行，且一人操作一人监护，并安排一人在排污池安全距离范围内监护，控制阀套式排污阀时须缓慢操作。

(6)操作排污阀时，操作人员应位于上风侧，用耳仔细听排污管内流体声音，判明管内流动的是液体、杂质还是气体，待没有液体、杂质流动声后方可关闭排污阀。

(7)在排污时，应保持排污池盖为敞开，且排污池周围50m范围内不应有车辆和行人，50m范围内不应有明火作业，对排污后的污液按照公司要求进行妥善处理。

(8)在进入排污池进行清理时，应按公司管理要求，办理相关的作业票，现场应设监护人员，在手持可燃气体探测器检测无甲烷、硫化氢等有毒气体及含氧量满足作业条件时，方可进入排污池。

(9)排污作业结束后，场站值班人员应记录放空、排污量并及时向调控中心汇报排污情况。

3.1.5.3　工艺流程切换与操作要求

(1)场站(阀室)工艺流程的正常切换与操作，实行集中调度，统一指挥，经调控中心批准后在专人监护下操作实施，任何人未经调控中心同意，不应擅自进行操作，当场站发生严重泄漏、火灾、爆炸等紧急情况时，应按《生产调度管理规定》执行，操作完毕后场站值班人员需在第一时间向调控中心汇报。

(2)流程正常切换操作过程中应遵循“先开后关”的原则，确认新流程已经导通并通气后，方可切断原流程。

(3)具有高低压衔接部位的流程，操作时应先导通低压部位，后导通高压部位；反之，先切断高压，后切断低压。

3.1.5.4　场站启、停运行要求

(1)场站在投运使用前应编制投产试运方案，经投产条件检查确认后并按照程序经公司批准后方可实施。

(2)场站投运后，在下游处理天然气泄漏或突发事件时，应向调控中心申请停止对下游用户供气，应关闭场站去下游用户计量调压流调支路进、出口球阀和出站阀门，下游处置突发事件超过24h时，应同时关闭进站阀门。

(3)场站投运后，场站因上游、下游或场站内设备检维修、技改暂停供气超过24h时，除关闭供气支路阀门外，还应向调控中心申请关闭进出站阀门。在恢复供气时，应提前对场站生产设备设施、工艺流程进行全面检查，经确认具备供气条件后按照调度指令恢复下游用户供气。

3.1.6　天然气管道投产基本常识

3.1.6.1　天然气管道投产过程

天然气管道投产一般有如下过程：

(1)试压：对站内及线路管道应分别进行试压。

我国输气管道工程设计规范中规定，输气管道试压分为强度试验和整体严密性试验。强度试验时，位于三、四级地区及输气站内的管道应采用水试压，一、二级地区的管道可以采用气体或水试压。严密性试验在强度合格后进行，可以用水或气体做试验介质。

(2)吹扫：管线在施工过程中，管内总会带进泥土、石块、积水、焊渣甚至还有撬杆等施工工具，吹扫的目的就是清除这些杂物，保证正常投产。

(3)清管：发送清管器清除管道中的杂物。

试压结束后，对管道进行排水、扫线，在压缩空气的推动下发送清管器清除管道里的杂物。

(4)除水、干燥：试压结束后，对管道进行排水、扫线、在压缩空气的推动下发送清管器或清管列车清除管道中的残留水。对站间、站内管道进行干燥。

(5)置换、注气投产：向管道内注入氮气，用氮气置换管道内的空气；用氮气作为空气和天然气的隔离段，在氮气后注入天然气。

除水、干燥施工是天然气管道的特殊要求。用氮气隔离空气和天然气是天然气管道投产安全的需要。

3.1.6.2　输气管道的投产准备

天然气管道的投产是管道施工建设的延续，是对设计、施工质量的检验，是管道建设中的一项非常重要的工作环节，是管道转入正常输气生产的前奏，是天然气管道发挥作用和产生效益的开始。投产的准备工作是确保管道投产安全和成功的基础，因此，投产准备显得尤为重要，必须做好以下准备工作：

(1)管道、场站、阀室必须组焊完毕并清管扫线，强度、严密性试压合格。其他附属设施验收合格。

(2)自动化系统安装调试、验收合格。安全消防系统验收合格并办理有关手续。

(3)投产、运行组织机构健全，技术、操作、维抢修人员经过正式培训考核，并100%持证上岗。掌握管道走向、设备的操作、维护、原理和投产方案。

(4)针对管道实际情况，编制详细的投产试运方案和实施方案。

(5)组织好投产队伍、施工单位、安全、消防保驾队伍。

(6)配齐投产试运的常用工具、维抢修工机具、自动化检测仪表和器具投产所用的清管器、收发射机、液氨等工器具和耗材，配齐必需的消防器材。

(7)配齐所需的投产车辆通信设施和车载通信设备、医疗救护力量、防爆防毒设备。

(8)施工单位撤离各场站，做到消防通道畅通，无易燃、易爆物品堆放。投产领导小组进行全线检查验收合格。

(9)与供电、供水部门签订供电、供水协议，保证供电、供水正常。

(10)与供气、用气单位签订供销、计量协议，与供气单位协调好投产期间的用气量和压力及配合细节。

3.1.6.3 现场管理

(1)成立由建设、运行、设计、采办、施工、试运及供气、用气等单位组成的试运投产领导机构，明确职责范围。

(2)建设单位成立了试运投产的应急抢险队伍，应急方案已完成，并报主管部门批准。

(3)施工单位成立了试运投产的保驾队伍，保驾方案已完成，并报主管部门批准。

(4)明确单机试车和分系统试运中各单位的职责和义务。

(5)成立专门的HSE监督小组，负责对现场的HSE监督和管理。

(6)属地的消防安全及医疗保障到位。

3.1.6.4 输气管道气体置换的方式

在天然气与空气之间采用隔离介质方式置换投产天然气管道，在我国是从20世纪80年代逐步发展起来的，大致分为清管球隔离置换方式、列车式置换方式、中间夹氮气段直通置换方式。

1. 清管球隔离置换方式(图3-1-1)

这种置换方式是在“天然气直接置换空气”的基础上发展而来的，为了减少“天然气直接置换空气”方式的混气段，直接在天然气与空气之间放置一个隔离清管球，以清除管道内的杂质，减少天然气与空气的混气段为目的。

图3-1-1 清管球隔离置换方式

2. 列车式置换方式(图3-1-2)

此方式经常用于长距离大口径带有清管器收发装置的天然气管道投产。

图3-1-2 列车式置换方式

3. 中间夹氮气段直通置换方式(图3-1-3)

该方法是近几年在我国逐步推广使用的，简便易行、安全可靠。近年来我国的几条大型天然气管道的置换投产，均采用“中间夹氮气段直通置换方式”置换投产。

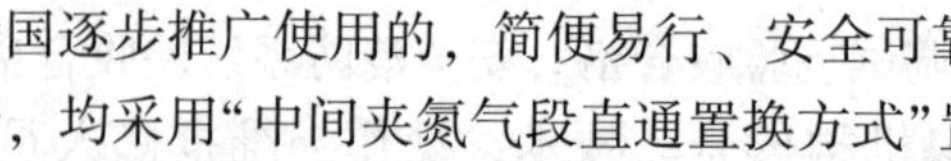

图3-1-3 中间夹氮气段直通置换方式

3.1.6.5　注氮作业

1. 站场(含阀室)的隔离

输气站、阀室内不具备投产条件的工艺设备、设施与投产的工艺设备、设施之间应按设计要求有效隔离。

2. 注氮置换的准备

(1)注氮点的选择应选择在氮气隔离段站场或阀室进、出站的阀门旁通位置，注氮点位置应选择在方便作业安装的场地及液氮运输的道路。

(2)应提前制作好注氮需要的临时注氮接头，合理安排注氮车及其设施的停放位置。

(3)在注氮作业现场周围20m范围内设警戒区，有明显警示标志，与注氮作业无关人员不应入内。

3. 注氮置换的基本要求

(1)注氮置换包括输气管道和站场。

(2)向管道内注氮时，液氮纯度应达到98%以上，主管道氮气注入速度应大于1m/s。注入管道的氮气温度应不低于5℃。

(3)注氮置换空气时，氮气的隔离长度应保证到达置换管线末端空气与天然气不混合。

(4)站场的所有工艺管道应用氮气全部置换。

(5)注氮车加热装置氮气出口处应有温度、压力和流量显示仪表，检定合格并在有效检定周期内。

(6)注氮封存管段氮气的合格标准为在注氮封存终点检测含氧量小于2%。

(7)注氮置换期间应记录注氮压力、注氮温度、瞬时流量、累计流量、管道压力以及注氮的时间等。

(8)保持现场通风，防止液氮泄漏造成人员窒息。不应触摸液氮低温管线，防止冻伤。

(9)注氮作业完成后，应拆除临时注氮管线，恢复流程并做好现场清理工作。

4. 注氮工艺

(1)注氮分段的选择。

根据管道长度进行分段，在1000km以内，宜按一段注氮；在1000km以上，宜按每1000km为一段注氮。每段注氮量宜为每段总管容的7%～15%。

(2)注氮设备的连接。

①注氮设备可采取液氮注入或制氮机制氮注入，也可以两种方式并用。

②制氮设备应正常工作，管道应无泄漏。

(3)注氮量计算。

1t液氮在5℃状态下的气体体积按700m^3计算，按注氮管道长度计算注氮量。

(4)氮气置换的检测。

注氮段用含氧分析仪检测，当含氧量降至2%时氮气置换完成。

(5)注氮段的封存。

当注氮结束后，如不立即进行天然气置换氮气的作业，应对注氮管段进行封存。封存管段应关闭站场和阀室的排污阀门、仪表连接阀门和放空阀门。封存段压力应保持0.1MPa(绝压)以上，并实时检测无泄漏。

3.1.6.6 天然气置换作业

1. 确认气质

投气前，确认上游交付的天然气气质应符合设计的要求(表3-1-1)。

表3-1-1 天然气技术指标

项目		一类	二类	三类
高位发热量[a]/(MJ/m^3)	≥	36.0	31.4	31.4
总硫(以硫计)[a]/(mg/m^3)	≤	60	200	350
硫化氢[a]/(mg/m^3)	≤	6	20	350
二氧化碳 y/%	≤	2.0	3.0	—
水露点[b,c]/℃		在交接点压力下，水露点应比输送条件下最低环境温度低5℃		

注：a. 本标准中气体体积的标准参比条件是101.325kPa，20℃。

b. 在输送条件下，当管道管顶埋地温度为0℃时，水露点应不高于-5℃。

c. 进入输气管道的天然气，水露点的压力应是最高输送压力。

2. 置换方式

(1)应采用天然气推动氮气，氮气推动空气的置换方式。

(2)置换过程应用氮气置换管道、阀室和站场的空气，再用天然气置换管道、阀室和站场氮气的操作方式。

3. 置换要求

(1)根据工艺要求，干线主阀处于全开启状态，站场阀门根据流程的要求确认开启的状态。

(2)天然气置换过程中，干线管道应保持氮气气头速度3~5m/s。

(3)在投气过程中，各站场、阀室值班人员负责流程操作和检测，记录氮气混气头、纯氮气头、天然气混气头和纯天然气头的行进位置和时间，并实时以电话形式上报调控中心。

(4)在各检测点用可燃气体检测仪检测，当天然气含量升至80%以上时，即检测点上游的管线天然气置换完成。

4. 置换界面检测

在置换作业时，在各检测点安置相应的检测仪器检测各类气体的到达，应按下列规定进行检测：

(1)氮气-空气混气头检测。使用含氧分析仪(0~25%)检测含氧量。当分析仪显示含氧量降低了2%时，即氮气混气头已经到达。

(2)纯氮气气头检测。当含氧分析仪检测到的含氧量降至2%时，即纯氮气气头已经达到。

(3)天然气-氮气混气头检测。使用可燃气体报警仪(0~5%)检测，当可燃气体报警仪显示值达到1%(体积分数)时，即天然气混气头已经到达。

(4)纯天然气气头检测。使用可燃气体浓度检测仪(0~100%)检测，当可燃气体浓度检测仪显示甲烷值达到80%，即纯天然气气头已经到达。

5. 天然气置换过程应注意以下问题

(1)天然气置换过程中的操作要平稳，升压要缓慢，一般应控制天然气的进气流速或清管球的运行速度不超过5m/s。站内管线置换时，起点压力应控制在0.1MPa左右。

(2)置换放空时，根据情况适当控制放空气量。

(3)放空管周围天然气浓度不得达到爆炸下限。无风天气放空时，由于空气流动慢，天然气不易迅速扩散，更应注意放空管周围天然气浓度。同时，在放空口附近设取样点，定时取样化验，天然气中含氧量小于2%时，表明空气置换完毕直至天然气含量达到90%～95%时，才能结束置换及放空。

(4)放空过程中，在放空口周围半径200m的隔离区内应禁止烟火。

3.1.6.7　升压与检漏

1. 升压与检漏

(1)上游气源供气的各项参数应满足升压要求。

(2)置换完成后进行升压、检漏，升压应采用连续升压，升压速度控制在1MPa/h。

(3)按设计压力分3个台阶升压，每个压力台阶宜为三分之一设计压力，稳压时间24h。

(4)投产试运人员应负责升压、检漏的各项操作，并记录。

(5)停输稳压期间，要对站场及沿线、阀室等地段进行检漏。

(6)升压过程中严禁用坚硬器物敲击管道及设备。

2. 检漏方法

(1)用检漏胶带在站场所有法兰连接处缠绕一圈，在胶带上扎一个小孔，用可燃气体报警仪在小孔处检测有无气体泄漏；宜用可燃气体报警仪巡检，应无泄漏。

(2)宜用可燃气体报警仪对线路阀室巡检，应无泄漏。

3. 漏点处理

(1)应使用发泡检漏液在可能产生漏气处涂抹，观察是否有气泡产生。

(2)漏点位置确定后，通知施工单位处理。

3.2　天然气管输工艺

3.2.1　公司输气场站主要工艺流程种类

我公司输气场站主要工艺流程种类有：排污作业；放空管线运行及放空操作；场站启、停操作；旋风、过滤分离支路运行及操作；计量支路运行及操作；调压支路运行及操作；自用气撬运行及操作；锅炉和加热设备设施运行；收发球筒运行及管道清管作业等。

3.2.2　工艺流程图管道分类

工艺流程图管道基本分三类，分别为：输气管道(黄色)、放空管道(红色)、排污管道(黑色)。

3.2.3　工艺流程操作

3.2.3.1　工艺运行原则

管道和场站运行的所有生产运行活动，应遵循以下评估优先顺序：

(1)安全。

安全包括人员保护、环境保护、资产保护三个层次。人员保护应实现人员零伤害的目标；环境保护指管道和场站运行的生产经营活动不会对环境造成严重或持续性破坏；资产保护应实现资产零损失的目标。

当管道和场站运行的生产经营活动涉及安全问题的决策和行为时，应遵循先要满足对人和环境的保护，再考虑资产保护的原则。

(2)平稳。

管道和场站在安全的情况下，应保持平稳运行，减少管道和场站运行压力、运行流量和运行温度的较大波动，保障管道和场站安全平稳运行，提高管道和场站的使用寿命。

(3)经济。

在管道和场站安全平稳运行工况下，通过工艺参数调整、工艺流程优化和提高自动化运行水平，起到节能降耗、提高输送效率以及延长管道和场站使用寿命的效果。

(4)高效。

在任何情况下，效率的重要性不能超过安全、平稳和经济的重要性，对于管道和场站运行系统来说，首先要满足安全要求，其次满足平稳性和经济性的要求。

3.2.3.2 工艺运行操作要求

1. 场站操作控制权限

场站运行操作控制权限有调控中心控制、中心站控制、站控控制和就地控制四种方式。

2. 调度管理

(1)公司管道和场站生产操作控制权限控制级别由高到低依次是就地控制、站控控制、中心站控制、调控控制，控制优先级由高到低依次是调控中心控制、中心站控制、站控控制、就地控制。

(2)调控控制由调控中心直接指导各输气场站、阀室的生产运行，各输气场站、阀室未经调控中心批准同意，不得擅自调整管道和场站及阀室操作控制权限的工艺运行流程及工艺运行参数。

(3)各场站未经调控中心批准同意，不得擅自调整管道、场站和阀室工艺流程和运行参数。

3. 场站和阀室工艺流程运行要求

(1)各场站、阀室工艺流程及运行参数应按照各项生产运行方案要求进行控制，若因生产需要变更工艺流程或调整工艺运行参数，应按照《生产调度管理规定》程序向调控中心报批实施。

(2)各场站应定期组织所辖场站、阀室对工艺流程运行状态进行自查，各场站、阀室HMI画面上工艺流程状态应与现场运行状态保持一致，远程监测数据应实时准确。

(3)具有越站旁通流程的场站应优先通过分输撬装向下游供气，保持越站旁通阀门为全关状态，保持场站旁通阀门为全关状态。

(4)各场站在有供气计划时，应保持进站电动球阀、进撬手动球阀、出撬手动球阀、出站电动球阀为全开状态。

(5)具有双气源的场站，应优先使用单一气源进行供气，在场站具备色谱分析功能或单一气源无法满足下游用户要求时，可使用双气源同时供气，但在导通供气流程及供气期间，应采取措施防止出现双气源出现反输情况。

(6)场站旋风分离支路保持旋风分离器进出口球阀为全开状态，旁通流程阀门为全关状态。各场站在用过滤分离支路进出口球阀保持全开，备用过滤分离支路进出口球阀保持全关。

(7)各场站加热支路在冬季保供期间应使用加热支路，且在用加热支路进出口球阀保持为全开状态，备用加热备用支路进出口球阀保持为全关状态，旁通加热支路阀门保持为全关状态。夏季为控制场站输差，在向调控中心申请后，允许使用旁通加热支路运行供气。

(8)各场站有独立计量支路回路时，在用流量计计量支路回路进出口球阀保持全开，备用支路进出口球阀阀门保持全关(在自动控制逻辑需要的情况下，应按控制逻辑进行确定)。

(9)各场站有独立调压支路回路时，在用调压支路紧急切断阀、监控调压阀全开，进出口球阀保持全开；备用调压支路进出口球阀根据自动化控制逻辑进行确定。

(10)各场站计量流调(调压)支路在用支路在间歇性供气，PV阀在间歇性供气时，有自动控制逻辑时，按自动控制逻辑执行阀门操作。在间歇性供气及当日供气完成时，应全关支路进口球阀。无自控逻辑时，仅操作流调阀。在当日计划完成且距离次日供气间隔达4h以上时，应关闭进口球阀。距离次日供气间隔达12h以上时，则应全关进、出口球阀。PV阀内漏严重时，在间歇性供气及当日供气完成时，应全关进口球阀。

(11)有收球筒或发球筒的场站，收球筒、发球筒流程进出口阀门均保持全关，日常运行期间收、发球筒应处于不带压状态。收、发球筒旁通阀门参与到日常供气时，按调度运行方案执行。

(12)各场站所有预留阀门应保持全关状态，安全阀根部球阀保持全开状态，放空流程手动球阀、节流截止放空阀均保持全关状态。

(13)场站收球筒、旋风分离器、过滤分离器、汇管等设备排污阀门流程手动球阀、阀套式排污阀应保持全关状态，排污总阀保持为全开状态(主要有黄梅站、黄冈站、黄州站、鄂州站、金山店站)。

(14)管道各阀室干线截断阀气液联动阀(阀门)应保持全开状态，其他阀门及预留阀门保持全关状态。

(15)场站自用气橇及低压调压箱装具有备用支路时，应保持在用支路流程阀门为全开状态，备用支路阀门为全关状态。调压后去厨房出口球阀保持全开状态，去锅炉房出口球阀冬季保供期间保持全开状态，其他时间应保持为全关状态。

3.2.4 工艺流程切换原则

(1)公司管道和场站(阀室)工艺流程的正常切换与操作，实行集中调度，统一指挥，经调控中心批准后在专人监护下操作实施，任何人未经调控中心同意，不应擅自进行操作，当场站发生严重泄漏、火灾、爆炸等紧急情况时，应按《生产调度管理规定》执行，操作完毕后场站值班人员需在第一时间向调控中心汇报。

(2)流程正常切换操作过程中应遵循“先开后关”的原则，确认新流程已经导通并通气后，方可切断原流程。

(3)具有高低压衔接部位的流程，操作时应先导通低压部位，后导通高压部位；反之，先切断高压，后切断低压。

3.2.5 站场放空作业

站场放空涉及的阀门有：球阀、闸阀、节流截止放空阀、安全阀。

3.2.5.1　放空操作前的要求

(1)根据现场情况安排警戒人员；

(2)放空管周围50m范围内不得有车辆和行人；

(3)确认放空管段上下游或设备前后阀门关闭；

(4)放空管200m范围内不得有明火；

(5)接到了调控中心指令或经调控中心同意后。

3.2.5.2　操作维护安全措施(表3-2-1)

表3-2-1　放空操作维护安全措施

风险分析	危害影响	安全措施
放空噪声过大	人身伤害	佩戴耳塞、护目镜
放空流速过快	设备损坏	缓慢打开阀门，合理控制流速
周围有明火导致泄放的天然气着火	人身伤害	安排警戒人员，确认放空火炬200m范围内不得有行人、明火

3.2.5.3　设备维护放空

(1)场站设备或某管段需要检修时，手动放空的设备主要有汇管；

(2)放空前应根据相应的设备或某管段放空需要切换工艺流程，启用其他支路流程，确保正常输气，同时切断需要放空设备或管段的进出口阀门；

(3)放空时，使放空闸阀全开后，缓慢打开节流截止放空阀，控制适当的放空流量；

(4)观察压力表基本落零后，放空结束；

(5)维护完毕后，先缓慢关闭节流截止放空阀再关闭放空球阀，按照调控中心指令缓慢对放空管段或设备进行充压，恢复维护前的操作流程；

(6)操作完毕后向调控中心汇报，并做好值班记录。

3.2.5.4　站场放空

(1)站场汇管上设有手动放空，以便检修时放空站内天然气；

(2)放空前应关闭进站阀，关闭出站阀和预留路出站阀，提前24h告知下游本站停气检修；

(3)站场检修放空时打开站场手动放空阀，对站内天然气进行放空；

(4)放空时使放空闸阀(放空球阀)全开后缓慢打开节流截止放空阀，控制适当的放空流量；

(5)观察压力表为零后，放空结束；

(6)站内维护完成后，先缓慢关闭节流截止放空阀再关闭放空闸阀(或放空球阀)，通过不带压操作规程启运站场；

(7)操作完毕后向调控中心汇报，并做好值班记录。

3.2.5.5　站外管道放空

1. 操作前阀门状态检查确认

2. 操作步骤

(1)按照调控中心指令，根据放空管段的不同，选择关闭相应的进出站阀门，并确认管段另一端的阀门关闭；

(2)检查阻火器的状态；

(3)打开相应的站外管道放空阀，进行放空；

(4)放空时，使放空闸阀(放空球阀)全开后缓慢打开节流截止放空阀，控制适当的放空流量；

(5)观察压力表为零后，放空结束；

(6)异常处理完成后，先缓慢关闭节流截止放空阀再关闭放空闸阀(或放空球阀)，根据运行需要恢复放空前流程；

(7)操作完毕后向调控中心汇报，并做好值班记录。

3. 注意事项

(1)放空时缓慢操作节流截止阀控制流量；

(2)应用节流截止阀控制放空时的流速；

(3)阀门开关不宜过猛；

(4)应根据放空时间长短，放空气量多少，适当安排警戒人员，放空区200m范围内不得有明火；

(5)放空结束后，根据安排恢复流程。

3.2.6 排污作业流程

3.2.6.1 适用范围

主要包括过滤分离器、汇管的排污作业；涉及的设备及阀门有：过滤分离器、汇管、球阀、阀套式排污阀。

3.2.6.2 排污作业条件及作业前的检查

(1)运行过程中发现过滤分离器差压变送器示数达到0.1MPa时或液位计到达量程的1/3时，要向调控中心申请调度令和检修票，再组织排污；

(2)入冬前，应对过滤分离器、汇管组织一次排污；

(3)过滤分离器、汇管排污前，应先从工作流程中隔离出来，然后放空压力到0.5MPa，再进行排污；

(4)排污操作前确认站场各类仪器、仪表运行正常，能准确检测和显示数据，通信保持畅通，各类工器具准备齐全、完好、摆放整齐，消防器材准备到位；

(5)获得调控中心指令或经调控中心同意后。

3.2.6.3 操作维护安全措施(表3-2-2)

表3-2-2 排污操作维护安全措施

风险分析	危害影响	安全措施
未放空而进行在线排污，大量天然气泄漏	冲击设备、损坏阀门	采取离线排污措施排污
打开排污阀过快过猛	冲击设备，损坏阀门	缓开缓关操作，加强培训和现场演练，提高操作技能，操作前接到调度令，调度监护，现场由安全员监护
排污阀未关严导致污水、气体泄漏	污染环境，着火爆炸，造成人身伤害	排污完成后完全关闭排污阀，并现场确认
设备进出口截断阀门故障	不能进行排污操作	对故障阀门进行隔离维修

3.2.6.4 过滤分离器排污作业

1. 过滤分离器排污作业前的阀门状态

过滤分离器进口阀门处于关闭状态；出口阀门处于关闭状态；放空阀处于关闭状态；过滤分离器底部排污球阀及阀套式排污阀处于关闭状态。

2. 操作步骤(图3-2-1)

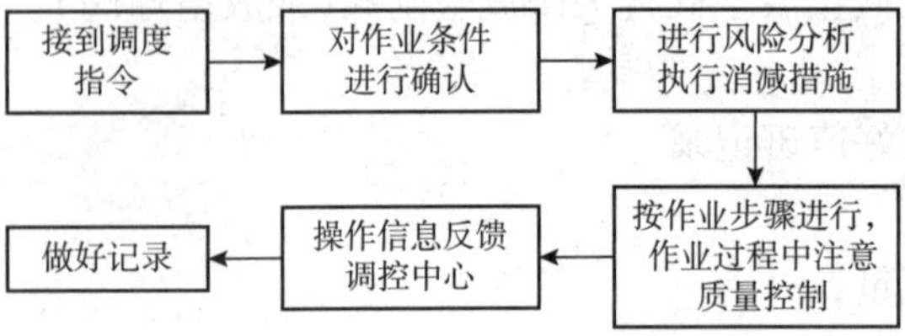

图3-2-1 过滤分离器操作步骤

(1)接到调控中心指令后，按照过滤分离器支路流程切换作业操作规程，将在用支路切换为备用状态，并依此关闭上、下游阀门，按照过滤分离器排污作业前的阀门状态，对阀门状态进行确认；

(2)全开放空闸阀并缓慢开启管段上节流截止放空阀进行放空；观察压力表读数，当设备压力降至0.5MPa时，依次关闭节流截止放空阀和放空闸阀停止放空；

(3)打开过滤分离器底部排污阀球阀并缓慢打开阀套式排污阀进行排污操作；

(4)注意倾听流体声音，听见有气流声音马上关闭阀套式排污阀和排污球阀；

(5)排污完成后，缓慢开启上游阀门对过滤分离器进行升压，再开启下游阀门，恢复排污前输气流程；

(6)操作完成后做好记录并向调控中心汇报。

3. 注意事项

(1)排污前确认设备运行正常，站内无泄漏；

(2)排污前将排污支路工艺设备切换为备用状态并关闭过滤分离器进出口阀门；

(3)利用阀套式排污阀进行排污操作时要缓慢匀速开启；

(4)排污完成后要再次确认放空阀、排污阀全关到位。

3.2.6.5 汇管排污作业

1. 汇管排污作业前的阀门状态

汇管进口阀门处于关闭状态；出口阀门处于关闭状态；汇管上手动放空阀组处于关闭状态；先导式安全阀根部阀处于全开状态；汇管底部排污球阀及阀套式排污阀处于关闭状态。

2. 操作步骤(图3-2-2)

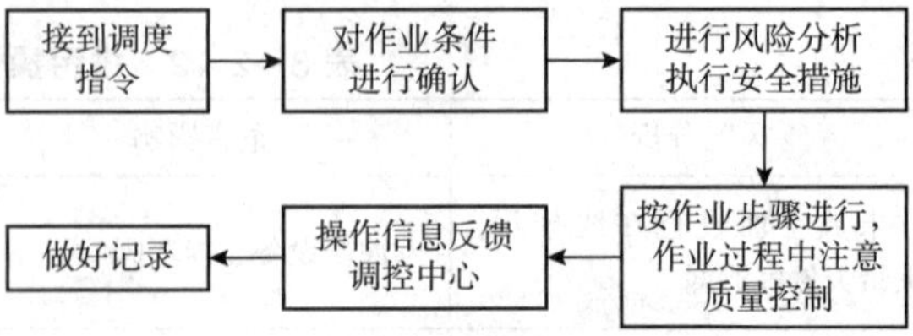

图3-2-2 汇管排污操作步骤

(1)接到调控中心指令后及时联系上游和下游用户做好减量准备；

(2)得到回复后，按照汇管排污作业前的阀门状态，进行开关阀门；

(3)先开启汇管放空手动闸阀，缓慢开启汇管节流截止放空阀进行放空；观察压力表读数，当设备压力降至0.5MPa时，关闭节流截止放空阀和放空闸阀停止放空；

(4)打开汇管底部排污球阀，再缓慢打开阀套式排污阀进行排污操作；

(5)注意倾听流体声音，听见有气流声音马上关闭阀套式排污阀，再关闭排污球阀；

(6)排污完成后，先缓慢开启上游阀门，对汇管进行升压，再开启下游阀门，恢复排污前输气流程；

(7)操作完成后做好记录并及时向上下游通知并向调控中心汇报。

3. 注意事项

(1)排污前确认设备运行正常，站内无泄漏；

(2)利用阀套式排污阀进行排污操作时要缓慢匀速开启；

(3)排污完成后要再次确认放空阀、排污阀全关到位。

3.2.7　场站启、停操作

场站启、停操作涉及的阀门及仪表有：气液联动阀、球阀、就地仪表、变送器。

3.2.7.1　站场橇不带压启运

1. 站场橇不带压启运适用范围

适用于因维护需要站场全部放空后恢复生产作业。

2. 站场橇不带压启运前的检查

(1)站内工艺设备良好、阀门操作灵活、自控通信系统可靠，人员准备到位，安全条件满足，各类操作工具及设备准备齐全，站内具备启运条件；

(2)编制不带压启运方案(或投产方案)报公司审批并经公司批准；

(3)站场操作人员熟悉掌握不带压启运方案，并提前进行了操作模拟演练；

(4)接到了调控中心启运指令。

3. 站场不带压启运风险分析(表3-2-3)

表3-2-3　站场不带压启运风险分析

风险分析	危害影响	安全措施
设备故障	不能正常启运	(1)对于有AB支路的设备，A(B)路设备有故障，可启运B(A)支路供气，AB路切换的流程详见本作业指导书中的流程切换章节； (2)启动备用支路进行供气； (3)对设备进行维修维护
阀门前后压差过大	阀门操作困难 损害阀门 缩短阀门使用寿命	启运前确认阀门前后压差，压差大于0.5MPa时，缓慢开启，待前后压差平衡后全开
天然气泄漏	造成火灾，人身伤害	隔离泄漏点，进行处理
自用气橇发生冰堵	自用气不能正常使用	(1)缓慢操作，降低调压橇前后压差； (2)采用热水喷淋、增加电伴热、放空等措施； (3)在自用气橇前管线注醇
调压橇后管线压力超压	对下游设备造成影响	随时观测调压橇后管线压力，避免出现超压

4. 站场橇不带压启运操作步骤及注意事项

(1)操作步骤。

①接到调控中心指令后，对站场启运条件再次进行确认，并核实站场启运前的阀门状态；

②按照不带压启运方案进行站场启运；

③启运完成后，做好记录，并向调控中心报告站场启运情况。

(2)注意事项。

①启运前确认站内设备运行正常，站内无泄漏现象；

②启运前确认阀门前后压差，若压差过大不宜直接操作大的阀门(如进出站阀)，此时缓慢开启阀门开度到5%，待气流通过，压差小于0.5MPa时，再缓慢全开阀门；

③启运过程中要注意调压后管线压力的变化，防止调压后管线压力过高。

3.2.7.2 站场带压启运

1. 站场带压启运适用范围

适用于站场因其他原因保压隔离后的恢复启运作业。

2. 站场带压启运前检查

(1)站内工艺设备良好、自控通信系统可靠，人员准备到位，安全条件满足，各类操作工具及设备准备齐全，站内具备启运条件；

(2)所有远控阀门处于远控、自动状态(可根据站内具体情况执行)；

(3)站内各设备无超压报警、无差压报警、无偏差报警；

(4)站场启运前，置换、升压完成，且预先和上下游管道达到压力平衡；

(5)对启停运现场，进行警戒隔离并安排好警戒人员；

(6)接到了调控中心启运指令。

3. 站场带压启运风险分析(表3-2-4)

表3-2-4 站场带压启运风险分析

风险分析	危害影响	安全措施
设备故障	不能正常启运	(1)开启备用阀门，进行站场启运。 (2)对设备进行维检修。 (3)对设备进行更换
阀门前后压差过大	阀门操作困难 划伤阀门密封面 缩短阀门使用寿命	启运前确认阀门前后压差，压差大于0.5MPa时，缓慢开启，待前后压差平衡后全开
天然气泄漏	造成火灾，人身伤害；环境污染；财产损失	隔离泄漏点，进行处理
自用气撬发生冰堵	不能正常供气	(1)缓慢操作，降低调压撬前后压差。 (2)采用热水喷淋、电加热等措施。 (3)在自用气撬前管线注醇
调压撬发生冰堵	不能正常供气	(1)缓慢操作，降低调压撬前后压差。 (2)启动锅炉换热设备。 (3)在撬前管线注醇
调压撬后管线压力超压	对下游设备造成影响	随时观测调压撬后管线压力，避免出现超压

4. 操作步骤(图3-2-3)

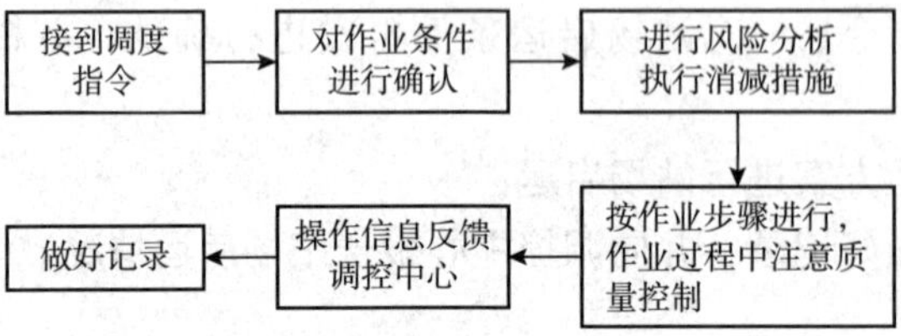

图3-2-3 站场带压启运操作步骤

(1)接到调控中心指令后，对站场启运条件再次进行确认，并核实站场启运前的阀门状态；

(2)确认进站球阀前后压差，若超过0.5MPa，应该手动缓慢开启进站球阀开度5%左右，对球阀前后进行压力平衡，当不超过0.5MPa时，全开进站球阀；

(3)压力平衡后，根据调控中心指令，若对燃气门站供气，开启出站阀门，待阀门全开到位后，缓慢开启流量调节阀，通过该阀调节去分输站门站的流量，若不对燃气门站供气，则关闭工作调压阀及该路进口球阀及出口球阀；

(4)站场压力平衡运行正常后，根据输气量情况，按照调控中心要求将过滤分离支路打到一用一备的状态；

(5)启运完成后，做好记录，并及时向调控中心回复。

5. 注意事项

(1)启运前确认站内设备运行正常，站内无泄漏现象；

(2)启运前要先确认进站球阀前后压差，若超过0.5MPa，应该手动缓慢开启进站球阀开度5%左右，对球阀前后进行压力平衡，当不超过0.5MPa时，全开进站球阀；

(3)启运过程中要注意出口管线压力的变化情况，防止出站管线压力过高。

3.2.7.3 对燃气门站供气作业

1. 对燃气门站供气前的条件

(1)检查该计量支路各压力表、压力变送器、温度变送器、温度表显示是否正常；

(2)检查各连接管段、阀门有无泄漏情况；

(3)检查供电是否正常，通信自控系统是否完好；

(4)接到调控中心供气指令。

2. 操作维护安全措施(表3-2-5)

表3-2-5 燃气门站供气操作维护安全措施

风险分析	危害影响	安全措施
PV阀开度打开过快	(1)下游管路升压过快； (2)PV阀后管道结冰； (3)流量过大超量程	缓慢打开PV阀控制流量

3. 操作步骤

(1)燃气门站供气前流程状态。

计量支路进口阀全开、出口阀全开、安全切断阀全开、调压阀全开、流量调节阀全关、计量支路出口阀全开。出站区出站阀门全开；出站手动放空阀全关。其他阀门保持管道带压启运后的阀门状态。

(2)操作步骤。

①接到调控中心指令，对阀门状态再次进行确认，并通知下游用户开始供气；

②手动缓慢开启计量进口阀及出口阀；

③根据下游用气量缓慢打开流量调节阀调节流量(具体根据设备运行情况及调控中心指令执行，正常情况下先执行A路，A路出现故障后启用B路)，通过控制调压阀开度按照调控中心指令控制去下游用户的供气量，并重点关注计量支路后管线压力情况；

④调节完成后，检查站内输气流程是否符合要求，观察约30min，确保无异常；

⑤向调控中心回复，并做好记录。

4. 注意事项

(1)操作前要对阀门状态再次进行确认；

(2)开关阀门操作要缓开慢关，避免因压差过大造成瞬间大流量冲坏设备；

(3)关注计量支路流量情况，通过合理控制PV阀开度，控制供气量；

(4)备用过滤分离支路要满足输气需求；

(5)启运过程中要注意出口管线压力的变化情况，防止出站管线压力过高。

3.2.7.4 对站内自用气供气作业

1. 对站内自用气供气前条件

(1)检查自用气撬各压力表、温度表显示是否正常；

(2)检查各连接管段、阀门有无泄漏情况；

(3)接到调控中心供气指令。

2. 操作维护安全措施(表3-2-6)

表3-2-6 站内自用气操作维护安全措施

风险分析	危害影响	安全措施
调压阀压力设定不正确	下游管路超压	重新设定调压阀压力
安全切断阀压力设定不正确	超压不切断或误切断	重新设定安全切断阀压力
出口阀开度打开过快	罗茨流量计损坏	缓慢打开进口阀控制流量

3. 操作步骤

(1)供气前流程状态：

自用气撬进口阀全开；调压支路进出口阀全开；计量支路进口阀门全开、站内自用气前阀门全关；计量旁通全关；自用气撬上手动放空全关，安全阀根部阀门全开。

(2)操作步骤：

①接到调控中心指令，对阀门状态再次进行确认；

②缓慢打开站内自用气前阀门并注意出口压力直至压力稳定后全开站内自用气前阀门；

③调节完成后，检查自用气撬输气流程是否符合要求，观察约30min，确保无异常；

④向调控中心回复并做好记录。

4. 注意事项

(1)操作前要对阀门状态再次进行确认；

(2)缓慢打开站内自用气前阀门并在打开的过程中随时注意调压阀后压力变化；

(3)具体根据设备运行情况及调控中心指令执行，正常情况下先执行计量A路，主路出现故障后启用B路。

3.2.7.5 站场一级停运作业

1. 站场一级停运作业条件

(1)由于天然气泄漏导致站场工艺区或周边生产设施严重破坏；

(2)站场天然气大量泄漏，现场可燃气体探头检测到天然气浓度达到80% LEL以上；

(3)由于天然气泄漏导致1人以上死亡或重伤；

(4)站场发生爆炸或者火灾后人工确认后触发。

2. 站内一级停运风险分析(表3-2-7)

表3-2-7　站内一级停运风险分析

风险分析	危害影响	安全措施
站内天然气大量泄漏	站内发生火灾，造成人员伤害	一级停运后立即撤至安全区，并及时关注站内情况
未通知下游用户做好停运准备	不能正常供气，对下游用户造成停运影响	及时通知下游用户，将对下游用户影响减到最小
进出站阀不能正常关闭，放空阀不能正常打开，不能正常泄放	事故影响将扩大，损失进一步增大	对进出站阀功能进行定期测试，确保球阀运行良好；确认进出站阀不能远程关闭的前提下，在生产区域可进人和不影响人身伤害的前提下，穿戴空呼(空气呼吸器)关闭进出站阀、开启站内放空阀；若生产区域不能进入，通知上游单位关闭出站阀门、下游单位关闭进站阀门

3. 操作步骤

(1)经人工确认站内已发生大量天然气泄漏或其他紧急事件要求一级停运的；

(2)立即远程关闭进站阀、用户出站阀，关闭调压阀，向调度中心汇报，同时需向下游用户通知；

(3)在不影响人身伤害的前提下，可穿戴空呼到现场关闭自用气撬出口阀；手动开启汇管及设备上手动放空阀，对站内进行放空，并对事故段进行流程确认，避免事态进一步扩大，并向调控中心进行汇报，同时通知下游；

(4)若生产区域无法进入，事故无法得到控制，应立即通知其他值班人员，并按照逃生路线迅速撤离到安全区域，同时通知上游单位关闭出站阀门，下游单位关闭进站阀门，并向调控中心汇报。

4. 注意事项

(1)站内一级启停运前，要对站内异常进行确认，避免误停运；

(2)站内发生重大事故停运后，若事故不在可控范围内，人员要立即撤离到安全区域，避免人身伤害。

3.2.7.6　站场二级停运作业

1. 站场二级停运作业条件

(1)来气管线或下游管线爆管；

(2)站内天然气少量泄漏，可燃气体检测高高报(25% LEL～50% LEL)，人工确认后(至少两台检测仪高高报确认)，启动二级停运作业；

(3)其他紧急事件经确认后需要站场保压关断。

2. 站场二级停运作业风险分析(表3-2-8)

表3-2-8　站场二级停运作业风险分析

风险分析	危害影响	安全措施
站内天然气大量泄漏	站内发生火灾，造成人员伤害	二级停运后立即撤至安全区，并及时关注站内情况

续表

风险分析	危害影响	安全措施
未通知下游用户做好停运准备	不能正常供气，对下游用户造成停运影响	及时通知下游用户，将对下游用户影响减到最小
进出站阀不能正常关闭	事故影响将扩大，造成用户损失进一步增大	对进出站阀功能进行定期测试，确保运行良好；确认进出站阀不能远程关闭的前提下，在不影响人身伤害的前提下可穿戴空呼进入站场关闭进出站阀，若生产区域不能进入，通知上游单位关闭出站阀门、下游单位关闭进站阀门

3. 操作步骤

(1)人工确认来气管线或下游管线爆管，或可燃气体探头低限报警(天然气浓度20% LEL)，或其他紧急事件经确认后需要站场保压关断的；

(2)立即远程关闭进站阀、用户出站阀，关闭调压阀，切断向下游用户门站方向供气，关闭自用气撬出口阀；将站场与上下游系统隔开，同时站内保持压力，并向调控中心汇报，同时通知下游分输场站及下游用户门站；

(3)在不影响人身伤害的前提下，可穿戴空呼到站内进行流程确认。

4. 注意事项

(1)站内二级启停运前，要对站外异常进行确认，避免误停运；

(2)要重点关注站场压力变化情况。

3.2.7.7 站场三级停运作业

1. 站场三级停运作业条件

下游管线故障停输或出站压力超压、亏压、压降速率过快，启动三级停运作业。

2. 站场三级停运作业风险分析(表3-2-9)

表3-2-9 站场三级停运作业风险分析

风险分析	危害影响	安全措施
PV阀关闭不严	管道超压	要实时关注出站管线压力情况
未通知下游用户做好停运准备	不能正常供气，对下游用户造成停运影响	及时通知下游用户，将对下游用户影响减到最小

3. 操作步骤

(1)确认去用户门站下游管线故障停输；

(2)关闭调压阀、用户出口阀门；

(3)向调控中心汇报。

4. 注意事项

站内三级启停运前，要对下游异常进行确认，避免误停运；发生超压、亏压联锁自动关断时，要立即进行确认，查找是否超压、亏压还是误停运，若是误停运要立即进行恢复。

3.2.7.8　站场停运流程恢复

1. 站场停运流程恢复条件

(1)现场故障排除;

(2)检查各设备仪表工作正常;

(3)接到调控中心指令进行流程恢复。

2. 风险分析及安全措施(表3-2-10)

表3-2-10　站场停运流程恢复风险分析及安全措施

风险分析	危害影响	安全措施
设备故障	不能正常启运	(1)启动备用支路进行供气; (2)对设备进行维修维护
操作气液联动执行机构时会排出大量天然气及产生噪声	人身伤害	按规定劳保着装,佩戴护目镜、耳塞
阀门前后压差过大	阀门操作困难 损害阀门	启运前确认阀门前后压差,压差大于0.5MPa时,缓慢开启,当压力平衡后全开
天然气泄漏	造成火灾、人身伤害	隔离泄漏点,进行处理
流调阀发生冰堵	不能正常供气	(1)缓慢操作,降低流调阀前后压差; (2)采用热水喷淋、增加电伴热、放空等措施

3. 操作步骤

(1)一级停运恢复。

①按照不带压启运作业对站场进行启运;

②恢复完成,确认现场流程无误后,并做好记录,向调控中心回复。

(2)二级停运恢复。

①按照带压启运作业对站场进行启运;

②恢复完成,确认现场流程无误后,并做好记录,向调控中心回复。

(3)三级停运恢复。

①向用户门站供气方向进行三级关断恢复作业;

②按照对用户门站供气作业流程进行操作;

③恢复完成,确认现场流程无误后,并做好记录,向调控中心回复。

4. 注意事项

确认现场故障排除,流程恢复。

3.2.7.9　对下游停止供气作业

1. 停止供气前的条件

(1)接到调控中心停止供气指令;

(2)完成当日输气计划,获得调控中心授权;

(3)下游管线压力达到允许的最高供气压力,获得调控中心授权;

(4)获得调控中心同意后,设备检修维护。

2. 操作维护安全措施(表 3-2-11)

表 3-2-11 对下游停止供气操作维护安全措施

风险分析	危害影响	安全措施
PV 阀关闭不严	管道超压	要实时关注出站管线压力情况
未通知下游用户做好停运准备	不能正常供气，对下游用户造成停运影响	及时通知下游用户，将对下游用户影响减到最小

3. 操作步骤

(1)对燃气门站停止供气作业；

(2)接到调控中心指令，通知下游门站停止对其供气；

(3)关闭调压阀(视供气支路而定，若是 B 路供气则关闭 B 支路调流阀，和进口、出口阀)(若是短时间停止供气计量出口阀可不关闭，当计划停供 1 天或 1 天以上时，必须关闭计量出口阀)；

(4)操作完成后，向调控中心回复并做好记录。

4. 注意事项

现场确认阀门是否能够正常关闭到位。

3.2.8 旋风、过滤分离支路运行及操作

旋风、过滤分离支路涉及设备设施有：过滤器、球阀、变送器等。

3.2.8.1 旋风分离器与旁通支路流程的切换

1. 作业前检查

(1)分离器上仪表指示准确并无异常；

(2)现场差压变送器与站控上位机显示一致；

(3)检查现场工艺设备操作是否灵活；

(4)B 支路经检查无异常响声，阀门状态符合切换要求，设备无外漏点；

(5)接到了调控中心指令。

2. 操作维护安全措施(表 3-2-12)

表 3-2-12 旋风分离器与旁通支路流程的切换操作维护安全措施

风险分析	危害影响	安全措施
切换流程操作顺序错误	意外关断，下游停输	严格按照先开后关的原则进行流程切换作业
旋风分离器上下游压差过大	滤芯堵塞	清洗或更换滤芯

3. 作业步骤及注意事项

输气场站旋风分离流程正常运行情况下为一用一备，实际运行中，在/备用支路根据调控中心要求调整。

(1)作业前阀门状态。

旋风分离器主路进口阀、出口阀处于开启状态；备用支路阀门处于关闭状态；在用支路上手动放空阀组处于关闭状态，节流截止阀处于关闭状态，安全阀下根部阀处于开启状态；排污阀处于关闭状态。

(2)作业步骤。

①接到调控中心指令或向调控中心申请授权后进行旋风分离器备用路切换;

②先缓慢打开备用支路阀门;

③依次关闭在用旋风流程支路的进口阀、出口阀;

④现场进行确认,并确认站控画面阀门状态与实际一致,检查旋风分离器前后压差,向调控中心回复流程切换完毕,做好记录。

(3)注意事项。

①启用或切换旋风分离器时现场要一人操作一人监护;

②要对新启用支路密封点处进行检漏;

③严格按照先开后关原则进行流程切换,防止前后压差过大或供气中断;

④严格检查备用支路阀门状态,避免由于流程错误造成无法供气、意外关断等。

3.2.8.2 过滤分离支路流程的切换

1. 作业前检查

(1)过滤器上仪表指示准确并无异常;

(2)现场差压变送器与站控上位机显示一致;

(3)检查现场工艺设备操作是否灵活;

(4)B 支路经检查无异常响声,阀门状态符合切换要求,设备无外漏点;

(5)接到了调控中心指令。

2. 操作维护安全措施(表 3-2-13)

表 3-2-13 过滤分离支路流程的切换操作维护安全措施

风险分析	危害影响	安全措施
切换流程操作顺序错误	意外关断,下游停输	严格按照先开后关的原则进行流程切换作业
过滤分离器上下游压差大于 0.1MPa	滤芯堵塞	清洗或更换滤芯

3. 作业步骤及注意事项

输气分输站过滤分离流程正常运行情况下为一用一备:汇管来气→过滤分离器进口阀→过滤分离器→过滤分离器出口阀。

(1)作业前阀门状态。

①运行过滤分离器进口阀、出口阀处于开启状态;备用过滤分离器进口阀、出口阀处于关闭状态;

②过滤分离器上手动放空阀处于关闭状态,安全阀前后根部阀处于开启状态;

③排污阀处于关闭状态。

(2)作业步骤。

①接到调控中心指令或向调控中心申请授权后进行过滤分离器支路切换;

②缓慢开启备用过滤分离器进、出口阀门;

③缓慢关闭在用过滤分离器进、出口阀门;

④现场进行确认,并确认站控画面阀门状态与实际一致,检查过滤分离备用支路前后压差不大于 0.1MPa,向调控中心回复流程切换完毕,做好记录。

(3)注意事项。

①启用或切换过滤分离器时现场要一人操作一人监护；

②要对新启用支路密封点处进行检漏；

③严格按照先开后关原则进行流程切换，防止分离器前后压差过大或供气中断；

④严格检查备用支路阀门状态，避免由于流程错误造成无法供气、意外关断等。

3.2.9 计量支路运行及操作

计量支路运行及操作涉及的设备设施有：超声流量计、涡轮流量计、变送器、球阀等。

3.2.9.1 串联计量支路

1. 作业前条件与检查

(1)设备操作灵活，密封性好，经测试完全达到备用状态；

(2)仪表运行正常，能准确检测和显示数据；

(3)通知下游用户确定流量计算机仪表底数；

(4)接到了调控中心指令或调控中心同意流程切换后。

2. 操作维护安全措施(表3－2－14)

表3－2－14 串联计量支路操作维护安全措施

风险分析	危害影响	安全措施
切换流程错误	下游停输	严格按照先开后关的原则进行流程切换作业

3. 操作步骤及注意事项

对下游的计量是运用超声波流量计计量，计量支路为一用一备，流量调节支路为一用一备。实际运行中，计量支路在备用支路根据调控中心要求调整。

(1)作业前阀门状态。

计量在用支路进口阀、出口阀处于开启状态；计量备用支路进口阀、串联阀、出口阀处于关闭状态。

(2)作业步骤。

①接到调控中心指令或向调控中心申请授权后进行计量支路的切换；

②先缓慢开启备用支路进口阀；再缓慢打开出口阀；

③依次关闭在用支路进口阀和出口阀；

④站控室值班人员密切关注备用超声波流量计工作情况，无异常后，向调控中心回复流程切换完毕，做好记录。

(3)注意事项。

①启用或切换超声波流量计时现场要一人操作一人监护；

②要对新启用支路密封点处进行检漏；

③操作备用支路进口阀和出口阀应缓慢，避免流速过大损坏设备；

④严格按照先开后关的原则进行流程切换，防止供气中断。

3.2.9.2 计量与调压为同一支路

1. 作业前条件与检查

(1)设备操作灵活，密封性好，经测试完全达到备用状态；

(2)仪表运行正常，能准确检测和显示数据；

(3)检查电动执行机构是否正常工作；

(4)通知下游用户确定流量计算机仪表底数；

(5)接到了调控中心指令或调控中心同意流程切换后。

2. 操作维护安全措施(表3-2-15)

表3-2-15　计量与调压为同一支路操作维护安全措施

风险分析	危害影响	安全措施
切换流程错误	下游停输	严格按照先开后关的原则进行流程切换作业

3. 操作步骤及注意事项

对下游的计量是运用超声波流量计计量，计量支路为一用一备。实际运行中，计量支路在备用支路根据调控中心要求调整。

(1)作业前阀门状态。

计量在用支路进口阀、安全切断阀、调节阀、出口阀处于开启状态；计量备用支路进口阀、调节阀、出口阀处于关闭状态；安全切断阀处于开启状态。

(2)作业步骤。

①接到调控中心指令或向调控中心申请授权后进行计量支路的切换；

②先缓慢开启备用路进口阀；再缓慢打开出口阀；

③缓慢开启备用支路调节阀(根据下游流量控制开度)；

④缓慢关闭在用支路调节阀；

⑤当在用支路调节阀全关后，依次关闭进口阀和出口阀；

⑥站控室值班人员密切关注备用超声波流量计工作情况，无异常后，向调控中心回复流程切换完毕，做好记录。

(3)注意事项。

①启用或切换超声波流量计时现场要一人操作一人监护；

②要对新启用支路密封点处进行检漏；

③操作流调阀应缓慢，避免流速过大损坏设备；

④严格按照先开后关的原则进行流程切换，防止供气中断。

3.2.10　调压支路运行及操作

调压支路运行及操作涉及的设备设施有：球阀、截断阀、调节阀、流量调压阀、变送器、就地仪表等。

3.2.10.1　作业前条件与检查

(1)设备操作灵活，密封性好，经测试完全达到备用状态；

(2)仪表运行正常，能准确检测和显示数据；

(3)检查调压阀门是否正常工作；

(4)通知下游用户确定流量计算机仪表底数；

(5)接到了调控中心指令或调控中心同意流程切换后。

3.2.10.2 操作维护安全措施(表3-2-16)

表3-2-16 调压支路运行操作维护安全措施

风险分析	危害影响	安全措施
切换流程错误	下游停输	严格按照先开后关的原则进行流程切换作业
调压阀压力设定不正确	下游管路超压	重新设定调压阀压力
安全切断阀压力设定不正确	超压不切断或误切断	重新设定安全切断阀压力

3.2.10.3 操作步骤及注意事项

对下游用户调压供气，调压支路为一用一备。实际运行中，调压支路在备用支路根据调控中心要求调整。

1. 作业前阀门状态

调压在用支路进口阀、安全切断阀、调压阀、流量调节阀、出口阀处于开启状态；调压备用支路进口阀、调压阀、流量调节阀、出口阀处于关闭状态；安全切断阀处于开启状态。

2. 作业步骤

(1)接到调控中心指令或向调控中心申请授权后进行调压支路的切换；

(2)先缓慢开启备用路进口阀、出口阀；再缓慢打开调压阀；

(3)缓慢开启备用支路流量调节阀(根据下游流量控制开度)；

(4)缓慢关闭在用支路调压阀、流量调节阀；

(5)当在用支路流量调节阀全关后，依次关闭进口阀和出口阀；

(6)站控室值班人员密切关注备用调压支路工作情况，无异常后，向调控中心回复流程切换完毕，做好记录。

3. 注意事项

(1)启用或切换调压阀门时现场要一人操作一人监护；

(2)要对新启用支路密封点处进行检漏；

(3)操作流量调节阀应缓慢，避免流速过大损坏设备；

(4)严格按照先开后关的原则进行流程切换，防止供气中断。

3.2.11 自用气撬运行及操作

自用气撬运行及操作涉及的设备设施有自用气撬装及阀门。

3.2.11.1 系统运行前的检查

(1)检查各种仪器的接线情况，系统连接管路密封情况，阀门及管路是否正常，状态信号是否正常，通信是否正常；

(2)站场内其他电气设备是否接线正常并密封完好；

(3)天然气置换前站场内所有接线端子、接线箱密封完好，符合防爆要求；

(4)装置内的所有仪表阀门是否处于关闭状态。

3.2.11.2 系统试运行

(1)确认调压装置的进、出口阀门已关闭；

(2)接通总电源，打开电加热器的电源，设置加热温度；

(3)缓慢开启进口阀门，并观察进站压力表和出站压力表是否在允许的压力范围；为避免出口压力表在充气时超量程损坏，可先关闭压力表下针形阀，待压力稳定后再完全开启；

(4)打开调压器后直管上的压力表阀门，检查调压器的运行是否正常；放气时因流量过小，出口压力表可能有微小的波动，待出口阀门打开后会自动消除；

(5)缓慢地略微开启出口阀门，压力稳定后缓慢全开进出口阀门，并精确调节调压橇的出口压力。

3.2.12 锅炉和加热设备设施运行

锅炉和加热设备设施运行涉及设备设施有：水泵、锅炉、加热器、阀门、变送器、就地仪表等。

3.2.12.1 启动前的准备

(1)检查电源电压是否正常，是否满足所有电机运转的要求；

(2)检查气路、回水、给水和供水管路上的阀门状态是否符合要求；

(3)检查水箱液位是否满足要求，及时进行补水；

(4)检查燃气进气压力是否满足要求；

(5)检查软化水装置、电子除垢器是否正常投用。

3.2.12.2 操作维护安全措施(表3-2-17)

表3-2-17 锅炉和加热设备设施操作维护安全措施

危害因素	危害后果	安全措施
机械伤害	人员伤害	加强作业监督，穿戴好劳动防护用品；严禁带压拆卸设备附件
天然气泄漏	造成火灾，人身伤害	隔离泄漏点，进行处理

3.2.12.3 功能设定介绍

功能选择分别有：取暖、热水、停用三种。使用时按“选择”，指示灯亮表示此功能已经启用。

1. 取暖

(1)温度显示窗所显示的是实际炉体水温，查看取暖设定温度，上限停止温度按“上限”键查看或设定(设定范围40~95℃)；

(2)下限启动温度按“下限”键查看或设定(设定范围30℃至上限设定温度减5℃)。

2. 热水

(1)上限停止温度按“上限”键查看或设定(设定范围40~95℃)；

(2)下限启动温度按“下限”键查看或设定(设定范围30℃至上限设定温度减5℃)；

(3)循环温度设定：按“复位”键显示水泵温度，再按“复位”键调整循环温度；

(4)在此功能时循环泵始终处于关闭状态。

3. 停用

(1)上限停止温度按“上限”键查看，防冻上限温度是下限所设定温度加15℃；

(2)下限启动温度按“下限”键查看和设定防冻下限温度(设定范围5~20℃)；

(3)按"复位"键查看和设定过热报警温度(设定范围9~99℃)。

3.2.12.4 注意事项

(1)使用前，管理、操作人员应详细阅读产品安装使用说明书，熟悉图纸，对设备做到心中有数。

(2)锅炉运行时，必须先启动循环水泵，然后再开启燃烧器。

(3)水质不符合要求，会使泥沙沉淀炉体下部，形成水垢并破坏水循环。

(4)不按规定排污，会导致炉水浓度过大，造成炉体底部结垢。

(5)锅炉水温不低于50℃时，循环泵严禁停止运行。

(6)锅炉温度上下限的设定应根据实际情况进行调整，在保证经济性的情况下确保锅炉自动启停频率在合理的范围内。

(7)锅炉使用期间切勿频繁切换循环泵，启停频繁极易导致循环泵烧毁。

(8)巡检过程中要注意循环泵散热风扇是否正常工作，可以通过触摸泵体温度进行判断，如风扇损坏需立即更换，散热不良极易导致循环泵损坏。

(9)如有条件，在保证系统内水循环的条件下，可将变频器频率设定在较小的固定频率运行，可大大提高循环泵的使用寿命。

3.2.13 收发球筒运行及管道清管作业

收发球筒运行及管道清管作业涉及设备设施有收发球筒(图3-2-4)、球阀、就地仪表、通球指示器、清管器等。

图3-2-4 收发球筒组成图

3.2.13.1 发球作业的准备和要求

(1)发球前对站场发球设备进行全面的检查、维护；

(2)检查收发球筒上压力表是否完好，收发球筒仪器仪表能准确检测和显示数据；

(3)检查收发球筒通球指示器是否灵敏且已复位；

(4)各种通信手段满足要求，工作状态稳定可靠，包括：公网、电话和对讲机；

(5)清管操作工具、消防器材要准备齐全、完好，摆放整齐；

(6)全面掌握清管方案及实施细则。

3.2.13.2 风险分析及消减措施(表3-2-18)

表3-2-18 发球作业风险分析及消减措施

工作任务简述		收发球作业			
步骤编号	工作步骤描述	潜在危害	后果与影响	风险等级	建议措施
1	工器具及人员准备	工器具不匹配或故障	延误作业时间，操作过程中造成人身伤害	中	作业前试用工器具，确保工器具正常使用
		作业人员方案学习不到位	延误作业时间，操作过程中易造成人身伤害	低	对作业人员进行方案系统培训，现场进行模拟演练及应急演练
2	天然气放空	收球筒未放空或放空不完全	开启快开盲板时造成人员伤害	高	开启快开盲板前，检查收球筒压力及快开盲板自锁装置，确认具备操作条件后进行操作；操作过程中安排人员进行现场监护
3	盲板操作	快开盲板开关操作不规范	延误作业时间，操作过程中造成人员或设备的意外伤害	中	收发球作业前进行快开盲板的操作练习，操作过程中安排人员进行现场监护
4	收球操作	清管器拉出操作不规范	延误作业时间，操作过程中造成人员或清管器的意外伤害，清管器无法正常拉出	高	做好清管器拉出操作中突发情况的预判，操作人员经验丰富、配合默契，操作过程中安排人员现场监护
5	发球操作	清管器放入操作不规范	延误作业时间，操作过程中造成人员或清管器的意外伤害，清管器无法正常放入	高	做好清管器放入操作中突发情况的预判，操作人员经验丰富、配合默契，操作过程中安排人员现场监护
6	固废处理	清管污物中含有有毒、易燃等物质	清管污物存在自燃、污染环境、造成人员中毒的风险	高	做好清管污物发生突发情况的预判；操作人员经验丰富、操作标准、熟练，操作过程中安排人员现场监护；清管污物严格按照环境保护法等相关法律规定进行恰当处理

3.2.13.3 清管器发送、接收流程

1. 清管器发送流程

(1)打开发球筒放空阀，确认球筒压力为零后，按照快开盲板操作规程，打开快开盲板；

(2)用专业清管工具将清管器装入球筒大小头处并压紧；

(3)关闭发球筒盲板，关闭放空阀，打开发球筒平衡阀；

(4)打开发球筒进口阀的旁通阀，缓慢打开平衡阀向筒内充气，直到发球筒出口阀两端压力平衡后，打开发球筒进口阀，关闭旁通阀；

(5)打开发球筒出口，关闭发球筒平衡阀；

(6)关闭越站紧急截断阀，监听清管器是否发出；

(7)当清管器通过通球指示器后，打开越站紧急截断阀，然后关闭发球筒出口阀、发球筒进口阀；

(8)打开发球筒放空，球筒压力为零后进行氮气置换。打开快开盲板，确认清管器是否发出；若清管器已成功发送，对快开盲板进行维护后关闭盲板，则本次发球作业结束；若清管器未发出，维护盲板后，重复步骤(2)~(8)重新发送清管器；

(9)做好发球时间、启动压力等记录，并通知收球组及监听人员清管器已发出，同时向调控中心汇报发球情况。

2. 清管器接收流程

(1)开具操作票，得到调控中心同意后，确认现场流程并进行风险分析；

(2)接上游输气站发出清管器通知后，站上组织人员做好收球准备；

(3)检查放空阀和排污阀是否全关；

(4)接到清管器已通过上游最后一个阀室检测点的通知后，切换到收球流程；

(5)缓慢打开球筒平衡阀，待平衡后打开清管球阀，当清管球阀全开后关闭进站干线阀，计算清管器的速度，当清管器到站前约15min(该时间也可根据实际情况而定)，随时检查、监听清管器是否到达；

(6)当清管器通过站通球指示器，进入收球筒后，打开进站干线阀BV103，当进站干线阀全开后，关闭球筒球阀、清管球阀；

(7)打开收球筒放空阀进行放空；当筒内压力下降到0.2~0.4MPa时，关闭放空阀，打开排污阀进行排污；

(8)球筒排污至压力为零后(观察小量程压力表示值)，关闭排污阀；

(9)拧出安全销，打开快开盲板，取出清管器；

(10)清除收球筒内污物，清洗球筒和快开盲板，涂润滑脂后关闭快开盲板，拧紧安全销；

(11)清扫场地，填写记录、向调度汇报收球结果情况；

(12)恢复通球指示器，用对讲机与中控室进行汇报确认；

(13)清理现场操作完毕后向调控中心汇报，并做好值班记录。

3. 安全注意事项

(1)输气站严禁带入火种火源；

(2)收球筒带压，打开快开盲板易受机械伤害，应严格执行快开盲板操作规程，保证快开盲板正面和内侧面不得站人；

(3)阀门操作过程中，用力过猛，或用加力杆操作，放空或排污速度过快，操作阀门应缓慢操作；

(4)严格检查漏气点，发现漏点后立即处理；

(5)操作人员作业过程要关注天气、环境方面情况，保护好自身安全。

3.2.14 产前安全检查及检查内容

3.2.14.1 三查四定

“三查四定”，具体是：查设计漏项、查施工质量、查未完工项目；定流程、定方案措施、定操作人员、定时间。

查设计漏项：结合现场实际情况对设计施工图纸进行最后一次审查，查看是否存在设计漏项，是否有需要进行补充设计或改进设计；查施工质量：首先查看工艺设备及管道安装是否与设计图纸一致，然后进行全方位的外观质量检查，需要整改的应以书面形式提出并要求立即整改。对于施工质量的内在检查，要求查看安装材料和焊接材料的质量证明书、焊接工艺评定报告、管道焊口无损探伤检测报告、管道系统吹扫和试压报告；查未完工项目：现场检查有哪些项目按照施工进度计划应完工而未完工。

定流程：要制定详细、准确、可行的工艺流程，在实施过程中必须做到万无一失。定方案措施：根据工艺流程图，制定出包含每台设备、每条管线在内的方案。定操作人员：确定组织机构和操作人员，做到统一布置，统一指挥。定时间：确定具体的日期和时间。

3.2.14.2 投产前应满足的条件

1. 投产试运许可文件、手续已办理或备案完毕

按规定办理完成投产试运手续，确保依法、合规投产。

2. 工程中间交接完成

(1)工程质量完成初评；

(2)"三查四定"、中间交接的A类问题和影响投产的问题全部整改销项完毕；

(3)影响投产的设计变更项目已施工完毕；

(4)工程已办理中间交接手续；

(5)工艺区施工用临时设施已全部拆除，现场清洁、无杂物、无障碍；

(6)设备位号和管道介质名称、流向标志齐全；

(7)管道和站场工艺系统清管、吹扫、试压、干燥完毕。

3. 设备调试、系统联调完成

(1)计量器具、检测器具、安全控保装置等已完成校验；

(2)截断、调压、过滤、分离、放空、仪表等设备处于完好备用状态；

(3)仪表控制系统、ESD系统联合调试已完成；

(4)SCADA系统、电气系统、通信系统、视频监控系统调试完成；

(5)现场消防器材及岗位工具、器具已配齐；

(6)防雷防静电设施投用可靠；

(7)系统调试中暴露出的问题已经整改完毕；

(8)站场工艺设备保养准备完毕；

(9)现场核实确认阀门安装方向。

4. 人员到位，培训已完成

(1)同类工艺装置培训已结束；

(2)已进行岗位练兵、模拟练兵，满足"五懂五会五能"(五懂：懂工艺技术、懂危险特性、懂设备原理、懂法规标准、懂制度要求；五会：会生产操作、会异常分析、会设备巡检、会风险辨识、会应急处置；五能：能遵守工艺纪律、能遵守安全纪律、能遵守劳动纪律、能制止他人违章、能抵制违章指挥)要求；

(3)各工种人员经考试合格，已取得上岗证；

(4)已学习同类装置事故案例；

(5)相关人员能熟练使用检测仪器，并考核合格；

(6)编制完成站场"两书一表"、操作规程、应急预案、操作实施细则等，已组织生产

人员学习并掌握。

5. 各项生产管理制度已落实

(1)岗位分工明确，班组生产作业制度已建立；

(2)生产运行、管道保护、HSE 等相关制度已建立并宣贯；

(3)各种指令、信息的上传下达已明确制度，原始记录数据表格化。

6. 给排水系统已正常运行

(1)进水压力、流量、水质符合要求，供水稳定；

(2)排水系统均已投用，运行可靠。

7. 供电系统已平稳运行

(1)已实现系统供电平稳，仪表、UPS、高低压配电柜、供电线路运行正常；

(2)燃油发电机与市电切换正常；

(3)电气维保单位已到位，并对电气系统进行检查确认。

8. 通信联络系统运行可靠

(1)指挥系统通信畅通；

(2)岗位固定电话、移动电话已投用；

(3)调度、火警、急救电话通信正常。

9. 生产调度系统已正常运行

(1)投产试运调度岗位已建立，调度人员已上岗；

(2)投产试运调度工作机制已形成，调度例会制度已建立；

(3)调度人员已熟悉各种方案。

10. 上下游协调完毕

(1)根据投产试运的实际需要，与青岛 LNG 接收站完成气源外输工艺对接、调压控流参数确认。明确上下游的投产操作界面、操作权限和人员；

(2)上游气源资源已落实；

(3)按照天然气分公司要求，落实下游客户供气计划。

11. 安全、消防、应急系统已建立

(1)HSE 评估完毕，并制定相应的安全措施和事故预案；

(2)安全生产管理制度、规程，台账齐全，安全管理体系建立，人员经安全教育后取证上岗；

(3)车辆管理制度已建立并公布；

(4)道路通行标志及其他警示标志齐全；

(5)消防预案已落实，消防道路畅通，并进行过消防演习；

(6)岗位消防器材、护具已备齐，人人会用；

(7)防护、救护措施已落实，已制定预案并演习；

(8)现场人员劳保用品穿戴符合要求，已经过急救知识培训；

(9)压力容器、压力管道已经质量技术监督部门完成取证；

(10)盲板管理已有专人负责，进行动态管理，设有台账，现场挂牌；

(11)应急、救援、医疗处置力量已落实，应急救援体系已建立并正常开展工作；

(12)门禁系统调试投用完成，站场安保人员配备到位。

3.2.15　工艺、设备等变更相关规定

3.2.15.1 设备变更与报废管理

1. 设备满足下列条件之一可进行变更

(1)因生产条件改变，已丧失原有使用价值的；

(2)使用年限未满，但缺乏配件无法修复使用的；

(3)经论证，大修理后技术性能仍不能满足生产要求或虽然能满足生产要求，但更新更经济合理的；

(4)技术落后，不符合安全、环保、节能要求的。

2. 设备变更依据更换风险大小不同、设备重要性不同分为两类

(1)一般设备变更：变更风险小，变更期间对生产运行影响较小，且场站能自行实施完成的设备变更；

(2)重大设备变更：变更风险大或变更期间对生产运行影响较大或场站不能自行实施完成的设备变更。

3. 设备变更申请和审批

(1)各场站应初步判断设备变更类型、影响因素、范围等情况，分类做好实施变更前的各项准备工作；

(2)对于一般设备变更，场站填写《变更申请审批表》，报生产运行部审核批准后即可实施。对于重大设备变更，场站应填写《设备缺陷联系单》，生产运行部审核后报公司领导审批后实施。

4. 设备变更的实施

(1)变更在批准后由变更负责人按照批准要求组织变更实施；

(2)变更应严格按照变更审批确定的内容和范围实施，并对变更过程实施跟踪；

(3)变更实施若涉及作业许可，应办理相关作业许可证。

5. 设备变更的结束

(1)变更结束后，生产运行部或经营管理部应对变更实施情况进行验收，形成文件，并及时将变更结果通知相关部门和人员；

(2)场站应及时对变更的设备进行登记建档。

6. 满足下列条件之一可申请报废程序

(1)已达到规定使用年限，折旧已提足的老旧设备，其主要结构和零部件已严重损坏，设备效能已达不到工艺最低要求，无法修复或无修复价值者；

(2)因意外灾害或重大事故受到严重损害，且无法修复使用的设备；

(3)继续使用将污染环境、引发人身安全事故与危害健康的设备；

(4)因技术改造和更新替换下来的，且不能修复利用的旧设备；

(5)国家明令按期淘汰的设备。

7. 报废设备的回收和处理归口管理

公司报废设备的回收和处理统一归口经营管理部，相关职能部门参与配合和监督。回收和处理的报废设备由经营管理部建立明细账。

8. 申报程序

设备的报废申报程序，应按公司《物资管理办法》中废旧物资管理相关条款执行。

3.2.15.2 设备技术改造管理

(1)设备技术改造是指运用新技术对原有设备进行技术升级改造，以改善或提高设备性能和效率，减少消耗及污染；

(2)设备技术改造应充分考虑生产经营的必要性、技术的可行性和先进性、经济的合理性以及安全环保节能的要求，有计划、有重点、有步骤地进行；

(3)场站应根据需要，围绕生产经营目标，结合设备现状，编制设备技术改造计划；

(4)经营管理部负责设备改造方案的审核、论证和实施。重大关键设备技术改造项目纳入公司统一部署，由公司设备管理相关职能部门组织实施；

(5)设备技术改造项目竣工后，按设备管理相关要求，组织设备交接、使用、维护工作；

(6)特种设备的技术改造按《特种设备安装维修改造许可规则》有关要求执行。

3.2.15.3 设备资料管理

(1)场站接管设备后，应及时建立设备台账及技术档案资料，在设备操作、维护、检修、变更等过程中及时做好相关记录。记录要求内容填写齐全、准确，字迹工整(仿宋体)、清楚，并妥善保管；

(2)设备技术资料内容：

①设备台账及技术档案；

②设备出厂合格证、装箱单与验收单；

③安装资料与图纸；

④投产记录文件；

⑤设备的操作、保养说明书；

⑥结构及性能手册、图纸；

⑦设备试压、测试、校验、检定报告。

(3)为了便于统一管理，各场站应按照统一编号原则对设备技术档案进行统一编号；

(4)设备的随机资料应由公司档案管理部门统一收编归档；资产调拨时其档案应同时办理交接；

(5)设备档案资料的借阅查询应执行必要的手续，遵守企业保密制度。特殊设备档案资料的查阅，应按程序经有关领导批准；

(6)按照技术档案管理的规定，结合设备技术管理的实际情况，定期对设备档案资料进行审查鉴定，确定档案资料的保存与处理事宜；

(7)所有设备每月检查、季度保养情况、故障处理情况均应记录于设备技术档案中。

3.3 自动化仪表及控制系统

3.3.1 常用仪表

3.3.1.1 压力(差压)变送器概念及原理

压力变送器是一种将压力转换成气动信号或电动信号进行控制和远传的设备。它能将测压元件传感器感受到的气体、液体等物理压力参数转变成标准的电信号(如4～20mA)，以供给指示报警仪、记录仪、调节器等二次仪表进行测量、指示和过程调节。

差压变送器的工作原理是来自双侧导压管的差压直接作用于变送器传感器双侧隔离膜

片上，通过膜片内的密封液传导至测量元件上，它用于测量液体、气体或蒸汽的液位、流量和压力，测量元件将测得的差压信号转换为与之对应的电信号传递给转换器，经过放大等处理变为标准电信号（如4～20mA）输出（图3－3－1）。

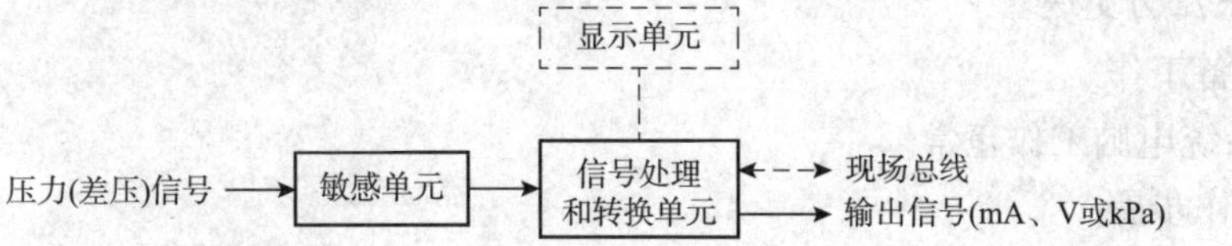

图3－3－1　压力（差压）变送器原理图

3.3.1.2　压力（差压）变送器结构组成

以罗斯蒙特3051型压力（差压）变送器为例，其结构如图3－3－2。

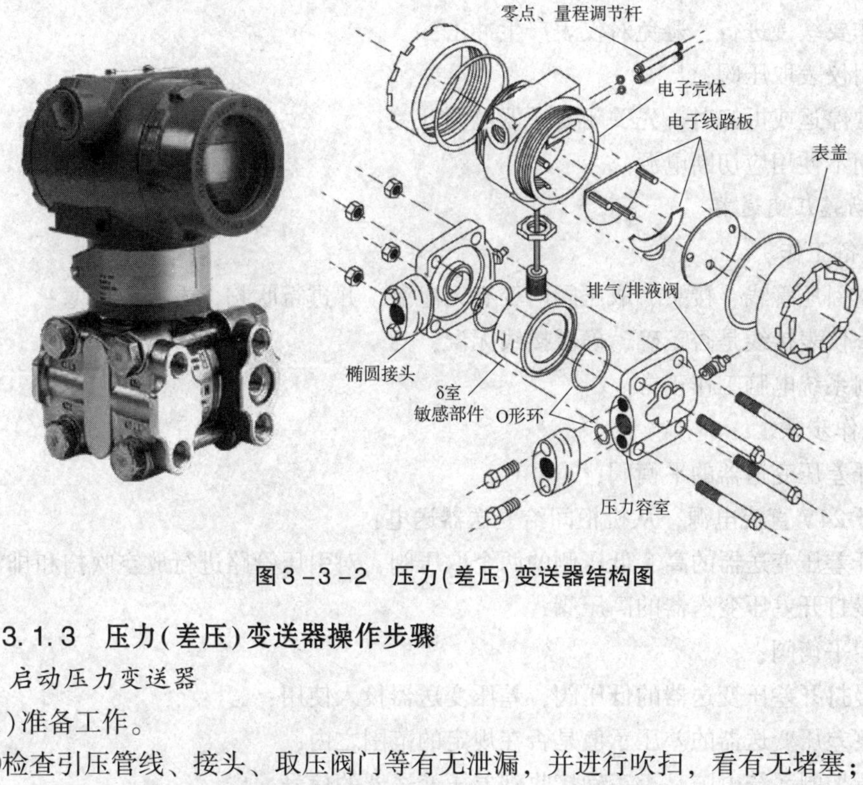

图3－3－2　压力（差压）变送器结构图

3.3.1.3　压力（差压）变送器操作步骤

1. 启动压力变送器

（1）准备工作。

①检查引压管线、接头、取压阀门等有无泄漏，并进行吹扫，看有无堵塞；

②检查仪表接线是否正确，确保接线无误；

③控制系统电脑工作正常。

（2）操作步骤。

①将控制系统电脑上对应计量点切换到运行状态；

②从机柜间打开24V直流电源给压力变送器送电，接通电源；

③打开取压阀，对导压管路进行放空吹扫和排污；

④缓慢打开压力变送器的仪表阀，仪表投入使用；

⑤观察压力变送器的示值是否在规定范围内；

⑥查看控制系统电脑是否正确接收到压力变送器的信号。

（3）技术要求。

①启动前检查引压管线、接头、阀门确保无堵塞，无泄漏；

②通电之前确保接线正确，避免烧坏仪表；

③保证电源开启。

2. 停止压力变送器

(1)准备工作。

控制系统电脑工作正常。

(2)操作步骤。

①从机柜间断开压力变送器电源；

②缓慢关闭压力变送器的仪表阀，关闭取压阀，变送器停止使用；

③查看控制系统电脑对应压力变送器指示为零。

(3)技术要求。

①操作要缓慢进行，避免对仪表产生冲击；

②关闭仪表取压阀；

③正常停运或拆卸时，先关闭变送器电源开关；

④长期不使用应切断电源。

3. 启动差压变送器

(1)准备工作。

①检查引压管线、接头、取压阀门等有无泄漏，并进行吹扫，看有无堵塞；

②检查仪表接线是否正确，确保接线无误；

③控制系统电脑工作正常。

(2)操作步骤。

①打开差压变送器的平衡阀；

②打开24V直流电源，从机柜间给变送器送电；

③打开差压变送器的高、低压侧的两个取压阀，对引压管路进行放空吹扫和排污；

④缓慢打开差压变送器的高压阀；

⑤关闭平衡阀；

⑥缓慢打开差压变送器的低压阀，差压变送器投入使用；

⑦观察差压变送器的差压示值是否在规定的范围之内；

⑧查看控制系统电脑是否正确接收到差压变送器的信号。

(3)技术要求。

①启动前检查引压管线、接头、阀门确保无堵塞，无泄漏；

②通电之前确保接线正确，避免烧坏仪表；

③严格按照步骤执行，避免对仪表产生冲击。

④保证电源开启。

4. 停止差压变送器

(1)准备工作。

控制系统电脑工作正常。

(2)操作步骤。

①打开差压变送器的平衡阀；

②从机柜间断开变送器电源；

③缓慢关闭差压变送器的高压阀和低压阀；

④关闭差压变送器的高、低压侧的两个取压阀；

⑤查看控制系统电脑对应差压变送器指示为零。

(3)技术要求。

①严格按照步骤操作，避免对仪表产生冲击；

②关闭仪表取压阀；

③正常停运或拆卸时，先关闭变送器电源开关；

④长期不使用应切断电源。

3.3.1.4　压力(差压)变送器维护保养

1. 巡回检查

(1)按照巡检制度进行巡回检查；

(2)交接班时向当班工艺人员了解变送器运行情况；

(3)查看变送器指示、记录是否正常；

(4)查看控制系统电脑是否正常接收压力变送器的信号；

(5)发现并及时处理松动的接线和紧固件；

(6)查看变送器供电是否正常；

(7)检查变送器保温、防水是否正常；

(8)查看变送器(包括引压管、阀门)有无泄漏、损坏、腐蚀；

(9)发现问题应及时处理，并做好巡回检查记录。

2. 定期维护

(1)每班组巡检进行一次变送器外部清扫；

(2)每周进行一次防腐、防潮保养；

(3)每月进行一次变送器内部清洁、清除压腔积污、接线是否松动和回零检查；

(4)每季度进行一次综合保养，内容包括回路测试及上述各项；

(5)对于使用中的压力变送器要不定期进行管路疏通。

3. 定期校准

(检定)校准周期为12个月。

3.3.1.5　温度变送器概念及原理

温度变送器将温度传感器采用热电偶、热电阻作为测温元件，从测温元件输出信号送到变送器模块，经过稳压滤波、运算放大、非线性校正、V/I转换、恒流及反向保护等电路处理后，转换成与温度成线性关系电流信号(4～20mA)和电压信号(1～5V)(图3－3－3)。

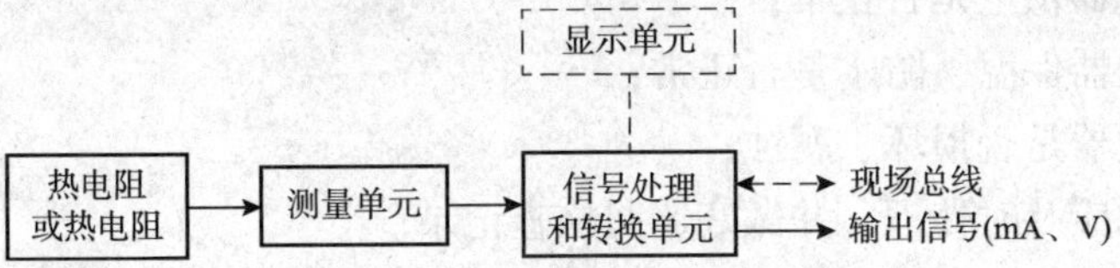

图3－3－3　温度变送器原理图

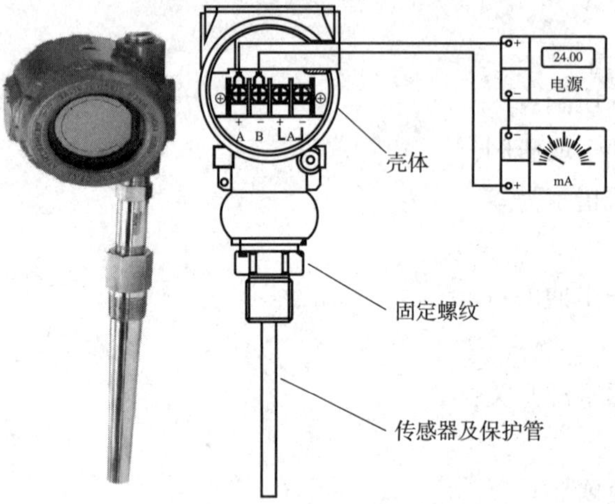

图 3－3－4　温度变送器结构图

3.3.1.6　温度变送器结构组成

以一体化温度变送器为例，其结构见图 3－3－4。

3.3.1.7　温度变送器操作步骤

1. 启动温度变送器

(1)准备工作。

①检查仪表接线是否正确，确保接线无误；

②控制系统电脑工作正常。

(2)操作步骤。

①从机柜间打开 24V 直流电源给温度变送器送电，接通电源；

②观察温度变送器的示值是否在规定范围内；

③查看控制系统电脑是否正确接收到温度变送器的信号。

(3)技术要求。

①通电之前确保接线正确，避免烧坏仪表；

②保证电源开启。

2. 停止温度变送器

(1)准备工作。

控制系统电脑工作正常。

(2)操作步骤。

①从机柜间断开温度变送器电源；

②查看控制系统电脑对应温度变送器指示为零。

(3)技术要求。

①正常停运或拆卸时，先关闭变送器电源开关；

②长期不使用应切断电源。

3.3.1.8　温度变送器维护保养

1. 巡回检查

(1)按照巡检制度进行巡回检查；

(2)交接班时向当班工艺人员了解变送器运行情况；

(3)查看变送器指示、记录是否正常；

(4)查看控制系统电脑是否正常接收温度变送器的信号；

(5)发现并及时处理松动的接线和紧固件；

(6)查看变送器供电是否正常；

(7)检查变送器保温、防水是否正常；

(8)查看变送器是否损坏、腐蚀；

(9)发现问题应及时处理，并做好巡回检查记录。

2. 定期维护

(1)每班组巡检进行一次变送器外部清扫；

(2)每周进行一次防腐、防潮保养；

(3)每月进行一次变送器内部清洁，检查接线是否松动；

(4)每季度进行一次综合保养，内容包括回路测试及上述各项。

3. 定期校准

(检定)校准周期为12个月。

3.3.1.9 可燃气体探测器概念及原理

可燃气体探测器是对单一或多种可燃气体浓度响应的探测器，能够在保护区域内泄漏可燃气体的浓度低于爆炸下限的条件下提前报警，从而预防由于可燃气体泄漏引发的火灾和爆炸事故的发生。可燃气体探测器有催化型、红外光学型两种类型，催化型可燃气体探测器是利用难熔金属铂丝加热后的电阻变化来测定可燃气体浓度。当可燃气体进入探测器时，在铂丝表面引起氧化反应(无焰燃烧)，其产生的热量使铂丝的温度升高，而铂丝的电阻率便发生变化。红外光学型是利用红外传感器通过红外线光源的吸收原理来检测现场环境的烷烃类可燃气体。

3.3.1.10 可燃气体探测器结构组成

催化型可燃气体探测器结构如图3-3-5所示。

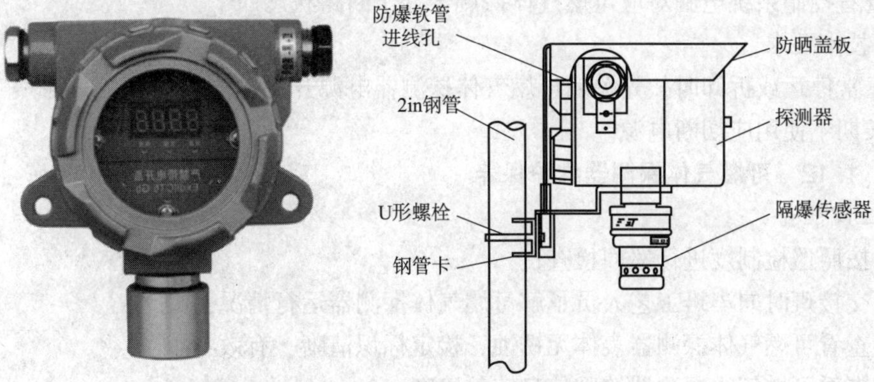

图3-3-5 催化型可燃气体探测器结构图

红外光学型可燃气体探测器结构如图3-3-6所示。

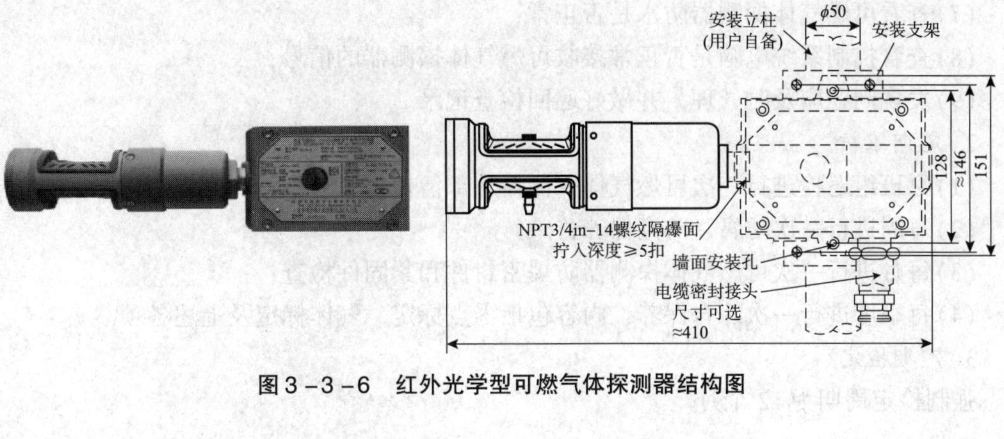

图3-3-6 红外光学型可燃气体探测器结构图

3.3.1.11 可燃气体探测器操作步骤

1. 启动可燃气体探测器

(1)准备工作。

①检查仪表接线是否正确，确保接线无误；

②控制系统电脑工作正常。

(2)操作步骤。

①从机柜间打开24V直流电源给可燃气体探测器送电，接通电源；

②上电后绿色指示灯应闪亮，预热3~6min后即进入监控状态；

③查看控制电脑是否正确接收到可燃气体探测器的信号。

(3)技术要求。

①通电之前确保接线正确，避免烧坏仪表；

②保证电源开启。

2. 停止可燃气体探测器

(1)准备工作。

控制系统电脑工作正常。

(2)操作步骤。

①从机柜间断开可燃气体探测器电源；

②查看控制系统电脑对应可燃气体探测器处于断路状态。

(3)技术要求。

①正常停运或拆卸时，先关闭可燃气体探测器电源开关；

②长期不使用应切断电源。

3.3.1.12 可燃气体探测器维护保养

1. 巡回检查

(1)按照巡检制度进行巡回检查；

(2)交接班时向当班工艺人员了解可燃气体探测器运行情况；

(3)查看可燃气体探测器表体无锈蚀，检定标识清晰、有效；

(4)查看可燃气体探测器铭牌信息完整清晰；

(5)查看可燃气体探测器供电电源是否正常；

(6)查看可燃气体探测器面板显示有无报警信息或运行是否正常；

(7)查看可燃气体探测器防水是否正常；

(8)查看控制系统电脑是否正常接收可燃气体探测器的信号；

(9)发现问题应及时处理，并做好巡回检查记录。

2. 定期维护

(1)每班组巡检进行一次可燃气体探测器外部清扫；

(2)每周进行一次防腐、防潮保养；

(3)每月进行一次可燃气体探测器防爆密封件和紧固件检查；

(4)每季度进行一次综合保养，内容包括零点标定、气体标定及上述各项。

3. 定期检定

强制检定周期为12个月。

3.3.1.13 火灾报警系统概念及原理

火灾报警系统包括火灾探测报警系统和消防联动控制系统。火灾探测报警系统的作用是通过探测保护现场的火焰、热量和烟雾等相关参数发出报警信号，显示火灾发生的部位，发出声、光报警信号以通知相关人员进行疏散、实施火灾扑救和记录火灾发生的部位、时间等。消防联动控制系统的作用是控制及监视消防水泵、排烟风机、消防电梯以及防火卷帘等相关消防设备，发生火灾时执行预设的消防功能。

3.3.1.14 火灾报警系统结构组成

火灾报警系统是由触发装置、火灾报警装置、联动输出装置以及具有其他辅助功能装置组成(图3－3－7)。

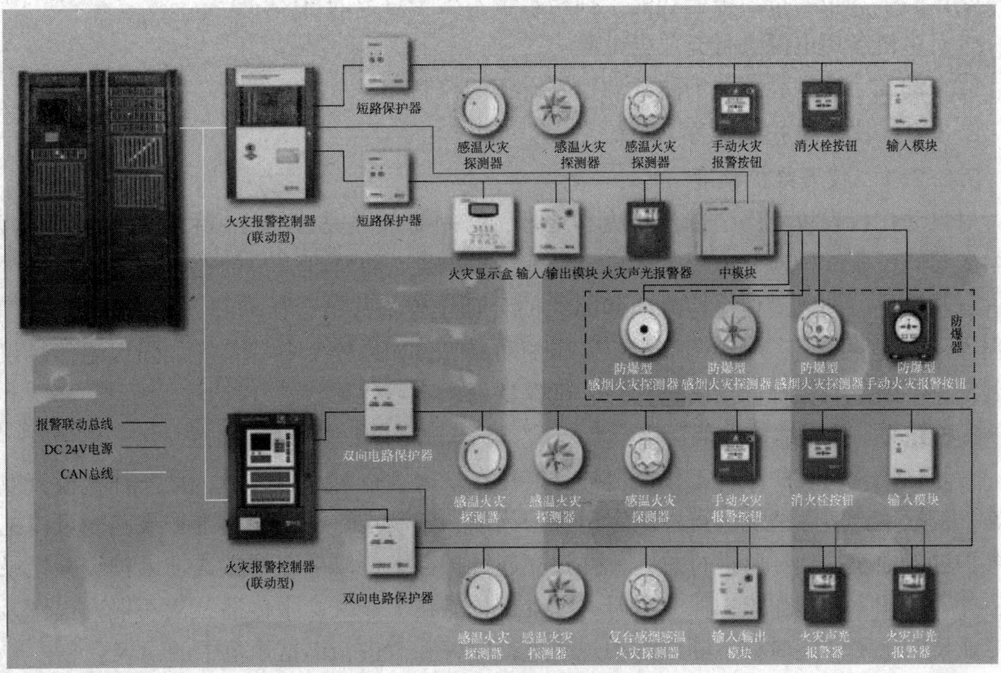

图3－3－7 火灾报警系统结构图

3.3.1.15 火灾报警系统操作步骤

1. 火灾报警系统开机操作

(1)打开主机电源的主备电开关；

(2)打开联动电源和火灾显示盘电源的主备电开关；

(3)打开控制器的工作开关(在DC－DC变换模块上)；

(4)系统进行初始化；

(5)初始化完成后，系统自检，对运行记录、屏蔽信息、联动公式、声光电源的自动检查状态；

(6)控制器对外接火灾显示盘、探测器和模块进行注册，并显示注册信息；

(7)开机过程结束，系统进入正常监控状态。

2. 火灾报警系统关机操作

(1)关闭控制器的工作开关(在DC－DC变换模块上)；

(2)关闭联动电源和火灾显示盘电源的主备电开关；

(3)关闭主机电源的主备电开关。

3.3.1.16 火灾报警系统维护保养

(1)每日检查火灾报警控制器自检功能、消音复位功能、故障报警功能、火灾优先功能、报警记忆功能和主备电源自动转换功能；

(2)每月检查消防控制室或消防值班工作环境以及火灾报警控制器、联动控制器、区域控制器、手动报警按钮等是否处于正常完好状态；

(3)每季度检查下列功能：

①采用检测设备分期分批试验探测器的工作情况，检测数量不少于总数的30%；

②试验手动报警按钮报警功能，抽检数量不少于总数的30%；

③对主机备用电源进行充放电试验；

④自动或手动试验相关消防联动控制设备的控制和显示功能。

3.3.2 仪表维护注意事项

3.3.2.1 仪表维护制度

对自动化仪表故障问题进行解决和处理，必须要加强完善的检修和维护制度的构建。其中，参照设备维护检修流程，从自身实际情况出发，将管理人员的巡查范围和检修内容等进行明确化，加强最佳巡检时间和路线的合理设置，并结合压力和差压变送器等仪表，加强排污计划的制定，对于调节阀、差压变动器等，如果处于冬季，应加强保温伴热仪表的制定，不断提高巡检计划的完善性，确保良好的实践效果。

3.3.2.2 仪表维护规范

做好自动化仪表的维护工作，目的是避免在仪表运行时产生故障，是一种积极有效的措施。根据生产实际情况，可以制定出维护周期，并制定科学完善的维护规范。可以把日常维护过程中获得到经验进行总结，并建立起维护档案，以书面的方式把维护经验记录下来，并不断积累，制作维护保养手册，把维护技能在工作人员中传播，从而提升工作人员的专业技能水平。还应该不断对维护规范进行完善和改进，丰富规范中的内容。

3.3.2.3 仪表维护培训

仪表工是整个生产、施工活动的执行者，对仪表设备良好使用和管理至关重要。仪表工业务素质的高低直接影响自动化仪表设备能否长期有效使用，所以应加强仪表工专业素质教育培训力度，强化和提高仪表工质量控制意识和水平，才能保证自动化仪表设备运行稳定，从而使生产活动保质保量高效完成。

3.3.3 控制系统

3.3.3.1 SCADA系统简介

SCADA(Supervisory Control And Data Acquisition)系统，即数据采集与监视控制系统，涉及组态软件、数据传输链路、PLC控制等技术。

3.3.3.2 SCADA系统结构

SCADA系统在结构上体现为上位机和下位机的结构。下位机完成设备的直接控制，而上位机侧重于信息集中管理，上、下位机通过通信网络连接。从其结构可以看出，SCADA系统具有控制分散、管理集中的“集散控制系统”的特征。SCADA系统结构图如3－3－8所示。

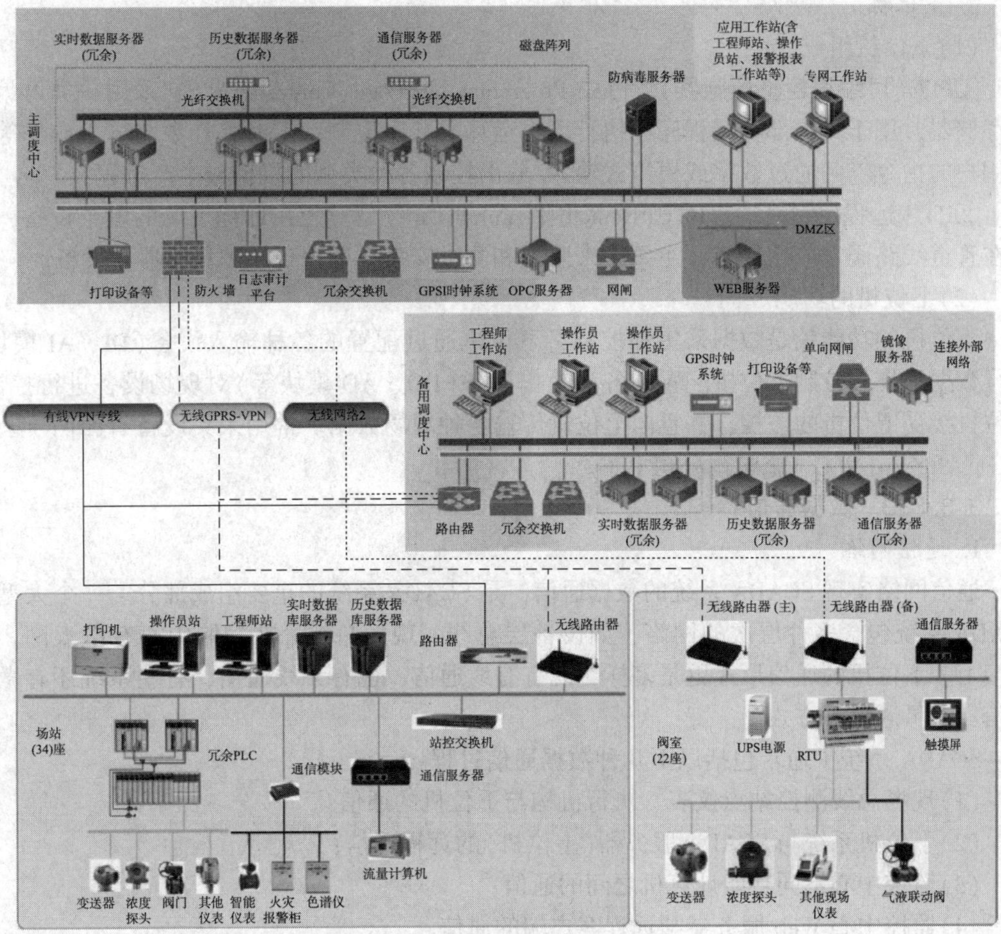

图3-3-8　SCADA系统结构图

1. 上位机

(1)上位机组成。

上位机系统通常包括SCADA服务器、工程师站、操作员站、Web服务器等，这些设备常采用以太网联网。上位机系统还可以实现冗余，即配置两台SCADA服务器，当一台出现故障时，系统自动切换到另一台工作。上位机安装SCADA组态软件，常用组态软件有GE公司的IFIX、施耐德公司的Ci-TECT。

(2)上位机功能。

上位机操作系统启动后，双击桌面组态软件图标，输入用户名和密码打开站控系统，进入加载界面，此过程操作员不要做任何操作，以免影响系统正常加载。

①数据采集和状态显示；

②远程监控；

③报警和报警处理；

④事故追忆和趋势分析；

⑤与其他应用系统的结合。

2. 下位机

(1)下位机组成。

①PLC(可编程逻辑控制器)。PLC(Programmable Logic Controller),它采用一类可编程的存储器,用于其内部存储程序,执行逻辑运算、顺序控制、定时、计数与算术操作等面向用户的指令,并通过数字或模拟式输入/输出控制各种类型的机械或生产过程;

②RTU远程控制终端。RTU(Remote Terminal Unit)是安装在远程现场的电子设备,一般在管道线路阀室应用较多,主要用来监视和测量安装在远程现场的传感器和设备。

(2)下位机的功能。

下位机的功能就是数据采集和控制,下位机通过配置的各种输入设备(DI、AI模块)进行数据采集,控制下位机配置的各种输出设备(DO、AO模块等)对现场设备进行控制。下位机接受上位机的监控,并且向上位机传输各种现场数据。常用采集设备有西门子公司PLC、AB公司PLC、施耐德公司PLC。

3.3.3.3 数据通信

1. 通信网络

通信网络实现SCADA系统的数据通信,是SCADA系统的重要组成部分。一个大型的SCADA系统包含多种层次的网络,如设备层总线、现场总线。在控制中心有以太网,而连接上、下位机的通信形式更是多样,既有有线通信,也有无线通信,有些系统还有微波通信、卫星通信等方式。

SCADA系统中通常包括以下几种数据通信过程:

(1)现场总线测控站点仪表、执行机构与下位机的通信;

(2)下位机系统与SCADA服务器(上位机)的远程通信;

(3)监控中心不同功能计算机之间的通信;

(4)监控中心Web服务器与远程客户端的通信。

2. 数据传输模式

数据传输模式是指数据在信道上传输所采用的方式。如果按照数据代码传输的顺序,可以分为两种基本方式:即并行传输与串行传输;按照数据传输的同步方式,可以分为同步传输与异步传输;按数据传输的流向和时间关系,可以分为单工、半双工与全双工数据传输。

(1)RS-232。

由电子工业协会(Electronic Industries Association,EIA)所制定的异步传输标准接口。通常RS-232接口以9个引脚(DB-9)或是25个引脚(DB-25)的形态出现,主要用于模拟信道传输数字信号的场合。RS-232常采用异步通信,通信双方采用相同的通信速率,比如在我们天然气站场上的仪器仪表中,常选用传输速率是9.6kbps。

(2)RS-485。

RS-485采用平衡传输方式,可以采用4线与2线方式。2线制可实现真正的多点双向通信。而采用4线连接的时候,只能实现1点对多的通信方式,即只能1个(Master)主设备,其他都为从设备。RS-485的传输距离为1210m,最大传输速率10Mbps,为了提高RS-485总线通信距离,可以采用增加中继的方法对信号进行放大。

3.3.3.4 通信协议、现场总线

所谓通信协议是指通信双方的一种约定。约定包括对数据格式、同步方式、传送速度、传送步骤、检纠错方式以及控制字符定义等问题做出统一规定,通信双方必须共同遵

守。因此，也叫作通信控制规程，或称传输控制规程，它属于ISO/OSI七层参考模型中的数据链路层。控制系统常见通信协议有TCP/IP、ModBus，常用现场总线有ProfiBus、HART。

1. TCP/IP协议

TCP/IP(Transmission Control Protocol/Internet Protocol)传输控制协议/网际协议/网络协议/网络通信协议，是指能够在多个不同网络间实现信息传输的协议簇。它是在网络的使用中的最基本的通信协议。TCP/IP传输协议对互联网中各部分进行通信的标准和方法进行了规定。TCP/IP传输协议严格来说是一个四层的体系结构，应用层、传输层、网络层和数据链路层都包含其中。

2. ModBus

ModBus是一种串行通信协议，由Modicon公司(现在的施耐德电气Schneider Electric)于1979年提出，是全球第一个真正用于工业现场的总线协议。ModBus已经成为工业领域通信协议的业界标准，并且现在是工业电子设备之间常用的连接方式，RS232/RS485通信过程中，广泛采用这种协议应用于各种数据采集和过程监控。常见ModBus协议有ModBus/RTU、ModBus/TCP，可通过串口服务器进行转换。

3. ProfiBus

ProfiBus(Process Field Bus)是一种国际化、开放式、不依赖于设备生产商的现场总线标准，是一种用于工厂自动化车间级监控和现场设备层数据通信与控制的现场总线技术。ProfiBus传输介质为双绞线或光纤，当用双绞线时，传输距离最长可达9.6km，用光纤时，最大传输长度为90km，传送速度可在9.6kb/s～12Mb/s范围内选择。

4. HART

HART(Highway Addressable Remote Transducer)，可寻址远程传感器高速通道的开放通信协议，是美国ROSEMOUNT公司于1985年推出的一种用于现场智能仪表和控制室设备之间的通信协议。HART其特点是在现有模拟信号传输线上实现数字信号通信，属于模拟系统向数字系统转变过程的过渡产品。HART通信采用在4～20mA直流模拟信号上叠加交流高频信号作为数字信号。数字信号采用Bell202国际标准，数据传输速率为1200bps，逻辑“0”的信号频率为2200Hz，逻辑“1”的信号传输频率为1200Hz。

3.3.3.5　检测和执行设备

1. 检测元件

SCADA系统中监控的参数按照数据类型可以分为模拟量、数字量和脉冲量等，模拟量包括温度、压力、物位和流量等典型过程参数和其他各种参数，而数字量包括设备的启/停状态等。这些信号的获取要靠各种检测元件(传感器)实现。

2. 执行器

执行器是一种自动控制领域的常用机电一体化设备(器件)，是仪表自动化的三大组成部分(检测设备、调节设备和执行设备)中的执行设备。主要是对一些设备和装置进行自动操作，控制其开关和调节，代表人工作业。按动力类型可分为气动、液动、电动和电液动等类型，按运动形式可分为直行程、角行程和回转型(多转式)等形式。

3.3.3.6　上位机组态软件

组态软件指一些数据采集与过程控制的专用软件，它们是在自动控制系统监控层一级的平台和开发环境，能以灵活多样的组态方式提供良好的用户开发界面和简捷的使用方法，其预设置的各种软件模块可以非常容易地实现和完成监控层的各项功能，并能同时支持各种硬件厂家的计算机，与高可靠的工控计算机和网络系统结合，可向控制层和管理层提供软、硬件的全部接口，进行系统集成。

1. 站控系统 IFIX

站控系统常采用 GE 公司 IFIX 软件组态，主要包括管网总图、工艺流程、参数汇总、趋势曲线、报警汇总、综合工具和系统管理 7 个大的模块。

(1)管网总图。

使用鼠标点击界面“管网总图”按钮，打开管网总图界面，界面包括各个输气站场、各条管线走向等地理信息。

(2)工艺流程。

使用鼠标点击界面“工艺流程”按钮，打开工艺流程界面，界面以示意图形式展示站场工艺管线、气液联动阀门、分离器、排污罐、仪器仪表等设备设施，显示各流程温度、压力、液位、标/工况流量、累计量等生产数据。

(3)参数汇总。

使用鼠标点击界面“参数汇总”按钮，打开参数汇总界面，界面集中显示计量数据、阀门状态、UPS 参数、故障信息等内容，包括站场各个压力(差压)测量数据一览表、各个温度测量数据一览表、流量计数据表(温度、压力、声速、标/工况瞬时量、日累计量、月累计量、总累计量)、气液联动阀开关状态、可燃气浓度、UPS 状态信息(输入电压、输出电压、负载百分比、输入频率、温度)、故障信息等。

(4)趋势曲线。

使用鼠标点击界面“趋势曲线”按钮，打开趋势曲线界面，界面主要显示生产数据实时曲线、历史曲线。

①通过读取数据库服务器里数据在“趋势曲线”界面显示相应曲线，可以选择单参数(如：压力或温度)显示单条曲线，也可以选择多参数(如：压力＋温度＋流量)显示多条曲线；

②通过选择“站点名称”和“参数名称”添加需要显示的曲线名称，方便下次查询时直接选择显示；

③通过选择“起始日期”“曲线跨度”显示需要的曲线；

④通过设置“刷新时间”(单位：小时)设置曲线图横向坐标范围；

⑤通过选择“时间间隔”设置曲线图横向坐标基本单位；

⑥通过选择“量程上限设定”“量程下限设定”设置曲线图纵向坐标范围；

⑦通过选择“曲线导出”可以生成曲线图，通过点击打印机图标可以打印曲线图。

(5)报警汇总。

使用鼠标点击界面“报警汇总”按钮，打开报警汇总界面，界面主要显示历史报警数据汇总表。通过选择查询的“开始时间”“结束时间”“筛选对象”查询历史报警数据。报警信息包括报警时间、报警区域、报警标签、报警值、报警描述、报警类型。通过点击打印机图标可以打印历史报警数据。

(6)综合工具。

使用鼠标点击界面“综合工具”按钮，打开综合工具总界面，界面主要有“实时数据”“AI 历史分钟”“DI 历史数据”“AI 历史小时”“报警数据”“综合”“日报表”“月报表”“年报表”“日曲线”“月曲线”“年曲线”等功能模块。

①通过选择“实时数据”，在选择站点所对应的下拉框中选择要查询的站点名称，鼠标左键单击“查询”按钮，可看到该站的参数实时数值。

②通过选择“AI历史分钟”“AI历史小时”，在“选择参数”栏中选择所要查询的参数(一个或多个均可以)，选择所要查询数据的“开始时间”和“结束时间”，鼠标左键点击“查询”按钮，可看到所选参数当前日期每5分钟、每小时的数值。

③通过选择“DI历史数据”，在“选择参数”栏中选择所要查询的参数，选择所要查询数据的“开始时间”和“结束时间”，鼠标左键点击“查询”按钮，可看到显示信息，包括变化前状态、变化后状态、变化发生时间和发生状态变化的参数。

④通过选择“报警数据”，在“选择参数”栏中选择所要查询的参数，选择所要查询数据的“开始时间”和“结束时间”，鼠标左键点击“查询”按钮，可看到历史报警数据。

⑤通过选择“综合数据查询”，在“数据类型”栏选择所要查看的参数类型，选择所要查询数据的“开始时间”和“结束时间”，鼠标左键点击“查询”按钮，可看到所查询参数。

⑥通过选择“日报表”“月报表”“年报表”，在“数据类型”栏选择所要查看的参数类型，选择所要查询数据的“开始时间”和“结束时间”，鼠标左键点击“查询”按钮，可以查看日、月、年的“平均值”“最大值”“最小值”“整点值”。

(7)系统管理。

使用鼠标点击界面“系统管理”按钮，打开系统管理总界面，界面主要有“用户管理”功能，包括系统用户管理、用户类别管理、个人密码管理等。

2. SCADA系统HMI界面

HMI指人机界面(Human Machine Interface)，SCADA系统调控中心HMI界面主要由管网监控、运行监控、工艺流程、报警管理、通信状态、参数一览、曲线显示、数据查询、用户管理等功能模块组成。用于监控管网的输配、运行情况，科学调度，确保天然气管网的安全、平稳、经济、高效运行，当发生各类管道突发情况时，能够实时提供并显示相关信息，为远程调度指挥提供决策依据。

(1)管网监控。

使用鼠标点击界面“管网监控”按钮，打开管网监控界面。管网图中显示了天然气管线在地图上的走向及分布，可以通过鼠标滚轮实现无级缩放，定位到相应站点的位置，查看压力等重要参数，并且每个站点的数据按照设定规律逐个显示。

(2)运行监控。

使用鼠标点击界面“运行监控”按钮，打开运行监控界面。运行监控提供所有站场供气信息展示以及汇总信息，站场供气信息包括在用支路、压力、瞬时流量、当日累计、当日计划量、计划完成进度信息。汇总信息包括总进气流量、总供气流量、今日总进气、今日总供气、当月累计、当年累计。

(3)工艺流程。

使用鼠标点击界面“工艺流程”按钮，打开工艺流程界面。工艺流程画面上反映现场的主要工艺，这里包含了调压计量区工艺流程及工艺数据，电动阀、电液联动阀、气液联动阀、气动阀等设备动态显示，提供设备的控制窗口。

(4)报警管理。

使用鼠标点击界面“报警管理”按钮，打开报警管理界面。调度控制中心具备报警功能，且按照报警管理标准文档划分了四个报警区域(限制类报警、设备类报警、通信类报警、逻辑类报警)。报警/事件信息以突出颜色或闪烁显示，报警时可发出蜂鸣提示。报警/事件可在打印机上输出。

(5)通信状态。

使用鼠标点击界面“通信状态”按钮，打开通信状态界面。通信状态界面总览所有站点的有线、无线链路的当前通信状态(故障为红色、正常为绿色)，并且可以通过站点通信状态快速索引到相应站点的参数汇总界面。

(6)参数一览。

使用鼠标点击界面“参数一览”按钮，打开参数一览界面。选择对应的站点显示各站点工艺参数一览表。

(7)曲线显示。

使用鼠标点击界面“曲线显示”按钮，打开曲线显示界面。通过站点选择用于选择要查询的站点，也可以在过滤条件中输入需要查询的站点名称，然后单击过滤按钮；通过在参数名称中选择要查询的参数，单击添加按钮，加入曲线，同时可以加入多条曲线，时间跨度和曲线起始时间均可自定义输入。

(8)数据查询。

使用鼠标点击界面“数据查询”按钮，打开数据查询界面。数据查询包含实时数据查询、模拟量历史分钟查询、模拟量历史小时查询、数字量历史数据查询、综合查询等。选择相应站点然后选择参数，右键参数窗口可全选或取消全选所有参数。

(9)用户管理。

使用鼠标点击界面“用户管理”按钮，打开用户管理界面。用户管理界面主要有“用户管理”功能，包括系统用户管理、用户权限管理、个人密码管理。

3.3.3.7 PLC 基本知识

1. PLC 简介

可编程逻辑控制器(Programmable Logic Controller，PLC)，一种具有微处理器的用于自动化控制的数字运算控制器，可以将控制指令随时载入内存进行储存与执行。可编程控制器由 CPU、指令及数据内存、输入/输出接口、电源、数字模拟转换等功能单元组成(图 3－3－9)。常用 PLC 有西门子 S7－400、ALLEN－BRADLEY、Modicon Quantuam。

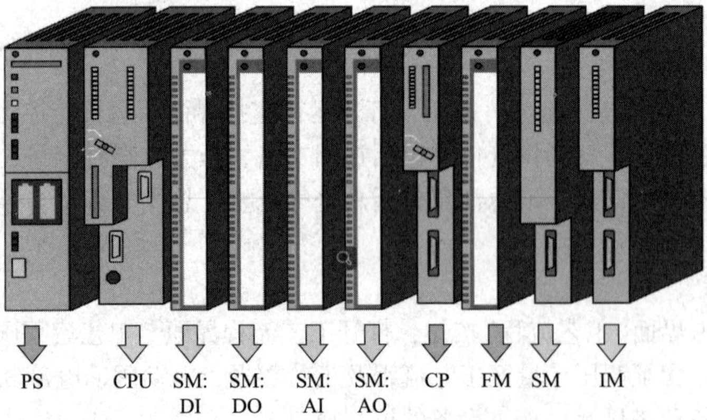

图 3－3－9　PLC 基本组成部件

2. 西门子 S7－400

(1)电源模块。

常用电源模块有两种型号，一种是用于冗余 CPU 供电的电源模块，型号为 PS 407 10A，另一种是用于子站数据采集信号的电源模块，型号为 PS 307 5A。

电源模块(PS 407 10A)LED 灯显示说明见表 3-3-1。

表 3-3-1 PS 407 10A LED 灯显示说明

名称	说明
INTE	内部故障
BAF	电池故障，背板总线上的电池电压过低。
BATT1F 和 BATT2F	电池 1 或电池 2 接反、电压不足或电池不存在
DC5V 和 DC24V	相应的直流电源电压正常时亮
FMR	故障解除后用于确认和复位故障信息的开关
ON/OFF 保持开关	通过控制电路把输出的 DC24V/5V 电压切断，LED 灯熄灭；在进线电压没有切断时，电源处于待机模式
EXT - BATT	外接电池：插口直径 2.5mm，EXT - BATT 具有反极性保护

电源模块(PS 307 5A)LED 灯显示说明见表 3-3-2。

表 3-3-2 PS 307 5A LED 灯显示说明

名称	状态	说明
DC24V	常亮	相应的直流电源电压正常
ON/OFF 保持开关	熄灭	通过控制电路把输出的 DC24V 电压切断，LED 灯熄灭。在进线电压没有切断时，电源处于待机模式

(2)中央处理单元。

中央处理器(CPU)是 PLC 的控制中枢，也是 PLC 的核心部件，其性能决定了 PLC 的性能。中央处理器由控制器、运算器和寄存器组成，这些电路都集中在一块芯片上，通过地址总线、控制总线与存储器的输入/输出接口电路相连。中央处理器的作用是处理和运行用户程序，进行逻辑和数学运算，控制整个系统使之协调，其型号为 S7-400 412-3H。

各指示灯含义如下：

- INTF 红色，内部故障，例如用户程序运行超时，用户程序错误。
- EXTF 红色，外部故障，例如电源故障，I/O 模板故障。
- BUS1F 红色，MPI/PROFIBUS DP 接口的总线故障。
- IFM1F 红色，接口子模块 1 故障。
- IFM2F 红色，接口子模块 2 故障。
- FRCE 黄色，至少有一个 I/O 被强制时点亮。
- RUN 绿色，运行模式。
- STOP 黄色，停止模式。
- REDF 红色，冗余错误。
- MSTR 黄色，CPU 运行。
- RACK0 黄色，CPU 在机架 0 中。
- RACK1 黄色，CPU 在机架 1 中。

开关挡位含义如下：

- RUN 运行。

● STOP 停止。

● MRES 复位存储器(内存中的数据会丢失)。

(3)以太网模块。

CP443－1 作为中央机架 CR(包含 CPU 的机架)的以太网模块，用于收发扩展机架 ER(包含系统中的模块并连接到 CR 的机架)上各模块采集的相关数据和与上位机的数据交换。

各指示灯含义如下：

● INTF 红色，内部故障；会引发 EXTF、BUSF、TXD 和 RXD 亮红灯。

● EXTF 红色，外部连接故障。

● BUSF 红色，与 CP443－1 模块连接的 ER 有通信故障；会引发 EXTF 亮红灯。

● TXD 绿色，数据发送。

● RXD 绿色，数据接收。

● MAINT 黄色，维护请求(诊断缓冲区)。

● RUN 绿色，运行模式。

● STOP 黄色，停止模式。

(4)通信模块。

IM153－2 通信模块作为接口模块，位于扩展机架 ER 上，主要功能是将模块化的 I/O 设备连接到 PROFIBUS DP 现场总线。

各指示灯含义如下：

● SF 红色，系统出错。

● BF1 红色，PROFIBUS DP 发生错误。

● BF2 红色，下部主线上发生错误。

● ACT 黄色，模块激活(仅在冗余模式下)。

● ON 绿色，电源电压正常。

CP341 通信模块作为485 通信的接口模块，位于扩展机架 ER 上，主要作用是采集485 信号。

各指示灯含义如下：

● SF 红色，系统出错。

● TXD 绿色，数据发送。

● RXD 绿色，数据接收。

图 3－3－10　I/O 模块

(5)I/O 模块(SM)。

I/O 模块分为两大类，AI(SM331)、AO(SM332)为模拟量输入和输出模块，DI(SM321)、DO(SM322)为数字量输入和输出模块(图 3－3－10)。根据 I/O 模块上的指示灯，判断是否有通道报警。

I/O 模块(SM)LED 灯显示说明见表 3－3－3。

表 3－3－3　I/O 模块 LED 灯显示说明

LED 指示灯	显示	说明
1－7	绿色	所指示的通道已接通
1－7	红色	所指示的点或通道有故障

3. AB 系列 PLC

(1)电源模块。

电源模块常用有两种型号，一种是用于冗余 CPU 供电的电源模块(图 3 - 3 - 11)，型号为 1756 - PA72(220VAC/5VDC 10A)，另一种是用于子站数据采集信号的电源模块，型号为 1756 - PA75(220VAC/5VDC 13A)。

图 3 - 3 - 11 电源模块

电源模块上有一个指示灯，在正常工作时，该指示灯为绿色常亮。如果在工作期间指示灯熄灭，按如下步骤检查：

- 检查 L1 与 N 间的电压是否正常。
- 如果指示灯还是熄灭，重新上电一次。
- 如果还是不行，松开电源模块的紧固螺丝。
- 拔出电源模块。
- 保证电源模块的跳线连接正确。
- 等 45s 后重新加电。
- 如果模块指示灯变亮，请检查电源负载是否超标，重插入模块。
- 如果模块指示灯还是熄灭，送电源模块返修。

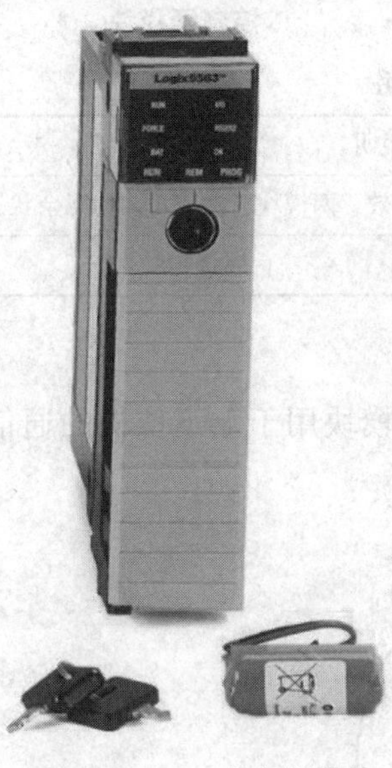

图 3 - 3 - 12 处理器模块

(2)处理器模块。

AB 处理器模块型号 1756 - L63(图 3 - 3 - 12)。

各指示灯和钥匙挡含义如下：

- RUN：熄灭，未运行用户任务。控制器处于编程(PROG)模式。
- RUN：绿色，控制器处于运行模式。
- FORCE：熄灭，在控制器上没有启用标准或安全强制。
- FORCE：琥珀色，标准或安全强制已启用。
- FORCE：琥珀色，闪烁一个或多个(标准或安全)I/O 地址已经被强制为接通或断开状态，但强制尚未启用。
- BAT：熄灭，电池可以支持内存。
- BAT：红色，电池不支持内存。
- OK：熄灭，没有上电。
- OK：绿色，控制器正在无故障运行。
- OK：红色闪烁，故障处理程序有未处理的不可恢复的故障或可恢复的故障，所有任务停止。
- OK：红色，正在上电或存在不可恢复的故障。
- I/O：熄灭，没有配置 I/O。
- I/O：绿色，控制器正在与所有已配置的 I/O 通信。

● I/O：绿色闪烁，一个或多个 I/O 设备没有响应。

● I/O：红色闪烁，控制器没有与所配置的 I/O 通信。

● RS232：熄灭，没有活动。

● RS232：绿色，正在接收或发送数据。

● 钥匙 RUN 挡：运行模式。

● 钥匙 PROG 挡：编程模式。

● 钥匙 REM 挡：远程模式(可用 RSLogix5000 软件更改工作模式)。

(3)控制网模块。

AB 控制网模块型号 1756 - CN2R(图 3 - 3 - 13)，控制网模块作为中央机架的控制网模块，主要用于收发扩展机架上各模块采集的相关数据。

图 3 - 3 - 13　1756 - CN2R 控制网模块

控制网模块(1756 - CN2R)LED 灯显示说明见表3 - 3 - 4。

表 3 - 3 - 4　1756 - CN2R LED 灯显示说明

LED 指示灯	显示	状态	说明
OK	常绿	PwQS	模块处于主状态，备用模块有效，两模块已构成正确的冗余状态
	常绿	QS	备用模块已经具备冗余资格

(4)以太网模块。

AB 以太网模块型号 1756 - EN2T(图 3 - 3 - 14)，以太网模块用于上下位机的通信，在 CPU 与外界设备通信过程中发挥重要作用。

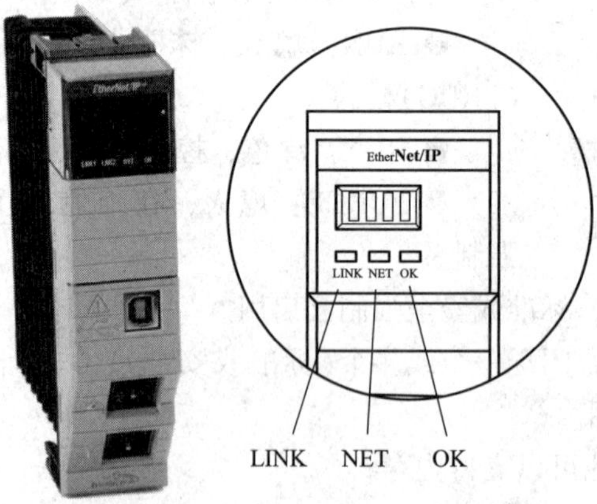

图 3 - 3 - 14　1756 - EN2T 以太网模块

以太网模块(1756 - EN2T)LED 灯显示说明见表 3 - 3 - 5。

表 3 - 3 - 5　1756 - EN2T LED 灯显示说明

LED 指示灯	显示	状态	说明
LINK	—	不亮	无数据通信，模块未准备好
	绿色	常亮	状态正常，无通信数据，模块准备好
		闪烁	正在数据通信

续表

LED 指示灯	显示	状态	说明
NET	不亮	不亮	模块未上电，或未设置 IP 地址
	绿色	常亮	模块已设置 IP 地址，已建立至少一个连接
		闪烁	模块已设置 IP 地址，未建立连接
	红色	常亮	IP 地址冲突
		闪烁	连接超时
OK	—	不亮	模块未上电
	绿色	常亮	正常状态
		闪烁	模块未配置
	红色	常亮	不可恢复故障，重启或更换模块
		闪烁	可恢复故障，可能由配置错误引起
	—	红绿闪烁	自检

(5)冗余模块。

AB 冗余模块型号 1756 – RM(图 3 – 3 – 15)。

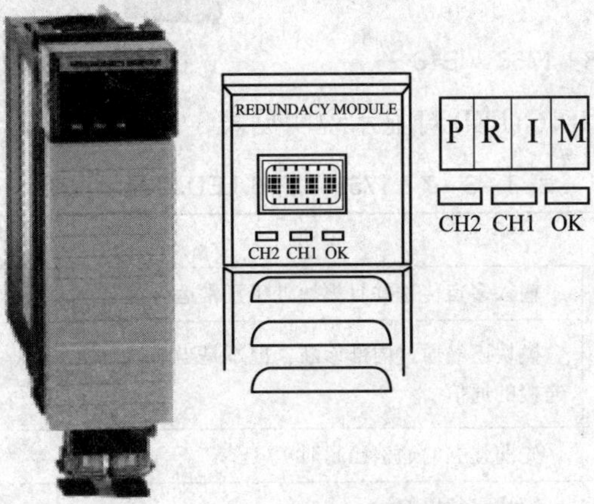

图 3 – 3 – 15 1756 – RM 冗余模块

冗余模块(1756 – RM)LED 灯显示说明见表 3 – 3 – 6。

表 3 – 3 – 6 1756 – RM LED 灯显示说明

LED 指示灯	显示	说明	措施
OK	绿灯常亮	模块处于正常运行状态	无
LINK、NET	绿灯闪烁	与上位机进行数据交换	无

(6)I/O 模块。

I/O 模块分为两大类，AI、AO 为模拟量输入(1756 – IF16，图 3 – 3 – 16)和输出模块(1756 – OF8，图 3 – 3 – 17)，DI、DO 为数字量输入(1756 – IB16，图 3 – 3 – 18)和输出模块(1756 – OB16，图 3 – 3 – 19)，负载能力：开关量有 8、16、32 点，模拟量有 4 路、8 路、16 路等。

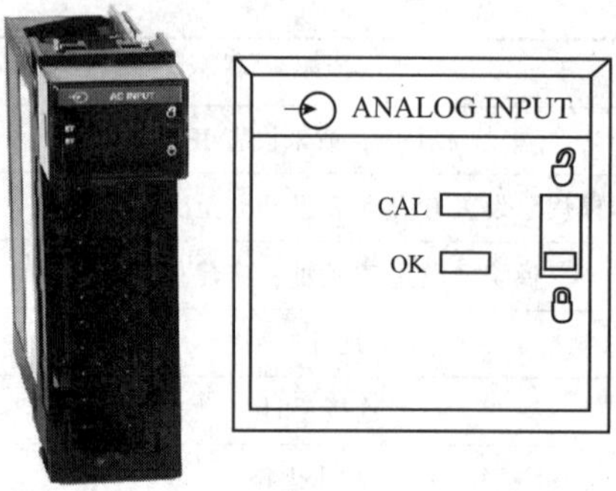

图 3－3－16　1756－IF16

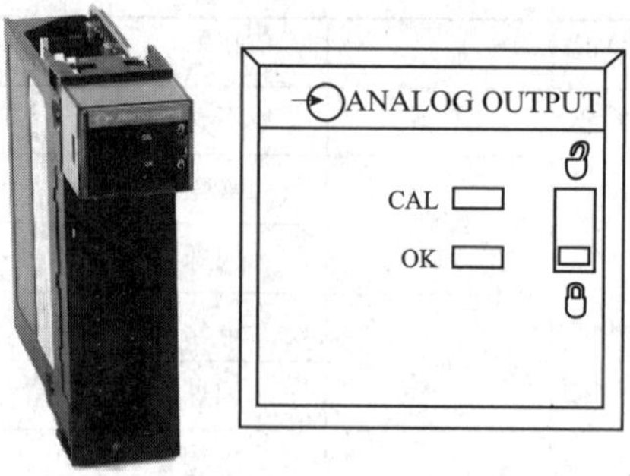

图 3－3－17　1756－OF8

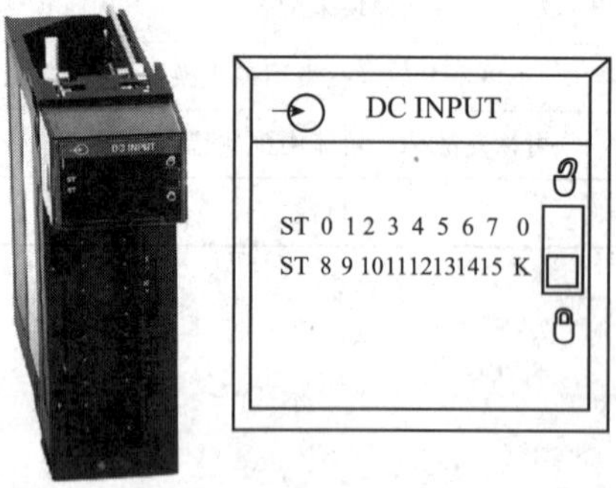

图 3－3－18　1756－IB16

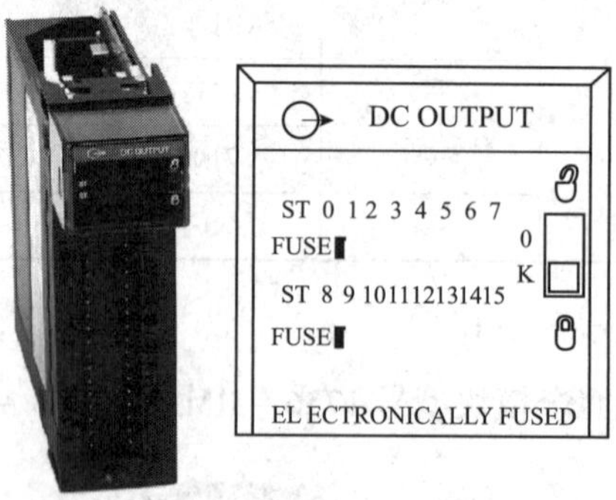

图 3－3－19　1756－OB16

模拟量输入(1756－IF16)LED 灯显示说明见表 3－3－7。

表 3－3－7　1756－IF16 LED 灯显示说明

LED 指示灯	显示	说明	措施
OK	绿灯亮	输入多点传送并且模块处于正常运行状态	无
OK	绿灯闪烁	模块已经通过内部诊断，但不是当前运行所连接的通信	无
OK	红灯闪烁	先前建立的通信已超时	检查控制器和机架的通信
OK	红灯亮	模块必须更换	更换模块
	绿灯闪烁	模块处于校准模式	无

模拟量输出(1756－OF8)LED 灯显示说明见表 3－3－8。

表 3－3－8　1756－OF8 LED 灯显示说明

LED 指示灯	显示	说明	措施
OK	绿灯亮	模块处于正常运行状态	无
OK	绿灯闪烁	模块已经通过内部诊断，但没有被控制，在这种情况下连接可能没有打开	无
OK	红灯闪烁	先前建立的通信已超时	检查控制器和机架的通信
OK	红灯亮	模块必须更换	更换模块
	绿灯闪烁	模块处于校准模式	无

数字量输入(1756－IB16)LED灯显示说明见表3－3－9。

表3－3－9　1756－IB16 LED灯显示说明

LED指示灯	显示	说明	措施
OK	绿灯亮	输入正在被广播传送，模块处于正常运行状态	无
OK	绿灯闪烁	模块已经通过内部诊断，但它既没有进行广播传送也没有被禁止	无
OK	红灯闪烁	先前建立的通信已超时	检查控制器和机架的通信
OK	红灯亮	模块必须更换	更换模块

数字量输出(1756－OB16)LED灯显示说明见表3－3－10。

表3－3－10　1756－OB16 LED灯显示说明

LED指示灯	显示	说明	措施
OK	绿灯亮	模块处于正常运行状态	无
OK	绿灯闪烁	模块已经通过内部诊断，但它既没有被控制也没有被禁止	无
OK	红灯闪烁	先前建立的通信已超时	检查控制器和机架的通信
OK	红灯亮	模块必须更换	更换模块
IO保险	ST红灯亮	此点发生短路过载错误	检查短路过载的配线

4. 施耐德系列PLC(图3－3－20)

(1)电源模块。

电源模块(图3－3－21)有两种：140CPS11420和140CPS12420。其中140CPS11420为可累加11A电源模块，两个140CPS11420电源模块累加后最大总负载容量可达20A；140CPS12420为冗余电源，可以实时监测电源状态，如有故障可立即切换到冗余电源工作。

图3－3－20　施耐德PLC

图3－3－21　电源模块

电源模块LED灯显示说明见表3－3－11。

表3－3－11　电源模块LED灯显示说明

LED指示灯	显示	说明
Pwr OK	绿色	总线已通电

(2)中央处理器模块。

中央处理器模块以140CPU67160为例，如图3－3－22所示。

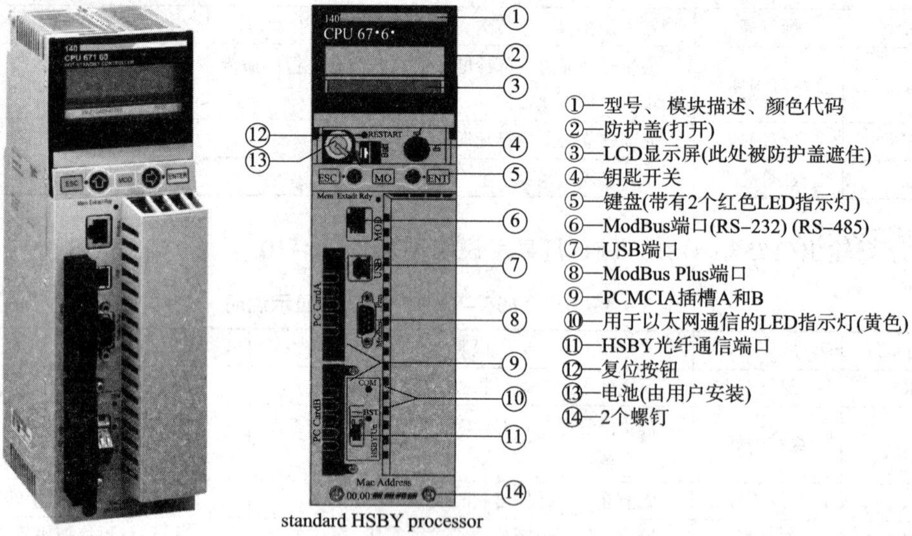

图3－3－22　140CPU67160中央处理器模块

中央处理器模块(140CPU67160)LED灯显示说明见表3－3－12。

表3－3－12　140CPU67160 LED灯显示说明

LED指示灯	显示	状态	说明
COM	黄色	—	指示主控制器或备用控制器处于活动状态
STS	黄色	闪烁	系统冗余，主控制器上的数据被传输到备用控制器
		亮	系统不冗余/Copro从通电启动至自检结束
		灭	Copro自动测试失败

(3)模拟量输入模块以140ACI04000为例，如图3－3－23所示。

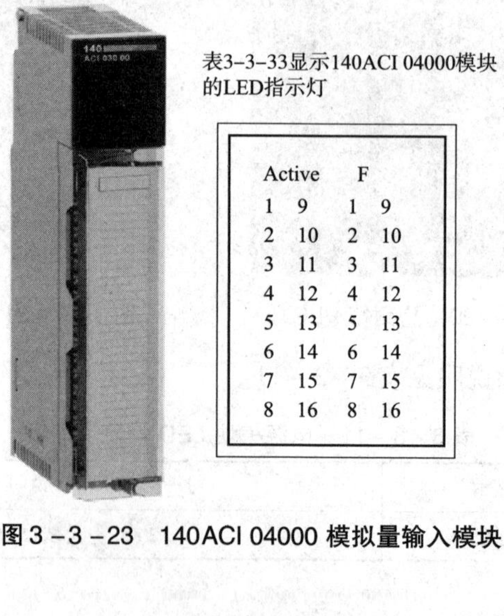

图3－3－23　140ACI 04000模拟量输入模块

模拟量输入模块(140ACI 04000)LED 灯显示说明见表 3－3－13。

表 3－3－13　140ACI 04000 LED 灯显示说明

LED 指示灯	显示	状态	说明
Active	绿色	亮	总线通信存在
F	红色	亮	检测到错误(模块外部)

(4)模拟量输出模块以 140ACO 02000 为例，如图 3－3－24 所示。

图 3－3－24　140ACO 02000 模拟量输出模块

模拟量输出模块(140ACO 02000)LED 灯显示说明见表 3－3－14。

表 3－3－14　140ACO 02000 LED 灯显示说明

LED 指示灯	显示	状态	说明
Active	绿色	亮	存在总线通信
F	红色	亮	检测到错误(模块外部)
1…4	绿色	亮	模块输出已接通
1…4	红色	亮	在知识的通道上发生断线

(5)数字量输入模块以 140DDI84100 为例，如图 3－3－25 所示。

图 3－3－25　140DDI 84100 数字量输入模块

数字量输入模块(140DDI 84100)LED 灯显示说明见表 3－3－15。

表 3－3－15　140DDI 84100 LED 灯显示说明

LED 指示灯	显示	状态	说明
Active	绿色	亮	存在总线通信
1…16	绿色	亮	所指示的点或通道已接通

(6)数字量输出模块以 140DDO 84300 为例，如图 3－3－26 所示。

图 3－3－26　140DDO 84300 数字量输出模块

数字量输出模块(140DDO 84300)LED 灯显示说明见表 3－3－16。

表 3－3－16　140DDO 84300 LED 灯显示说明

LED 指示灯	显示	状态	说明
Active	绿色	亮	存在总线通信
1…16	绿色	亮	所指示的点或通道已接通

(7)以太网模块以 140NOE77101 为例，如图 3－3－27 所示。

以太网模块型号为 140NOE77101，主要实现 PLC 与外部其他设备的网络通信。

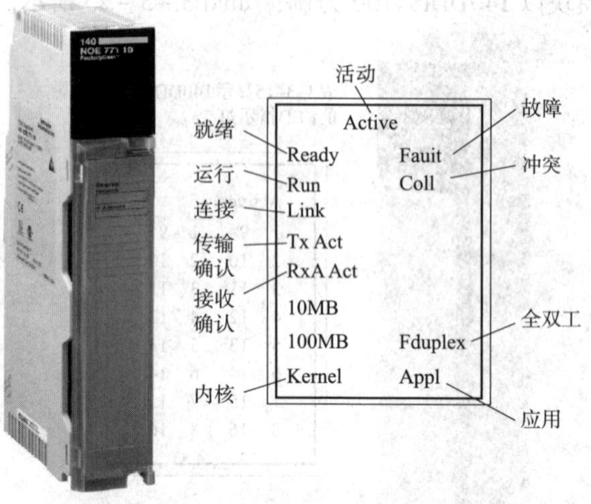

图 3－3－27　140NOE77101 以太网模块

以太网模块(140NOE77101)LED灯显示说明见表3-3-17。

表3-3-17 140NOE77101 LED灯显示说明

LED指示灯	显示	状态	说明
Active(活动)	绿色	亮	模块正在与背板通信
Ready(就绪)	绿色	亮	模块已通过内部诊断测试
Run(运行)	绿色	亮	在正常工作期间闪烁
Link(连接)	绿色	亮	连接到集线器的以太网链路正常
Kernel(内核)	琥珀色	亮	如果常亮，则模块在内核模式下工作；如果闪烁，则模块正在等待下载
Fault(故障)	红色	亮	检测到错误，下载失败或正在复位
Coll(冲突)	红色	亮	如果常亮，则未连接电缆。如果闪烁，则说明发生以太网冲突
Appl(应用)	琥珀色	亮	存在崩溃日志条目时亮起
TxAct	绿色	亮	闪烁指示正在进行以太网传输
RxAt	绿色	亮	闪烁指示正在进行以太网接收
10Mb	绿色	亮	模块连接到10Mb网络时亮起
100Mb	绿色	亮	模块连接到100Mb网络时亮起
Fduplex(全双工)	绿色	亮	以太网在全双工模式下运行时亮起

(8)远程I/O(RIO)主站模块。

远程I/O(RIO)主站模块(双通道)140CRP 93200作用是通过同轴电缆(S908协议)建立与子站之间的内部通信，将远程子站中采集的数据实时采集入CPU缓存中，如图3-3-28所示。

远程I/O(RIO)主站模块(双通道)140CRP 93200 LED灯显示说明见表3-3-18。

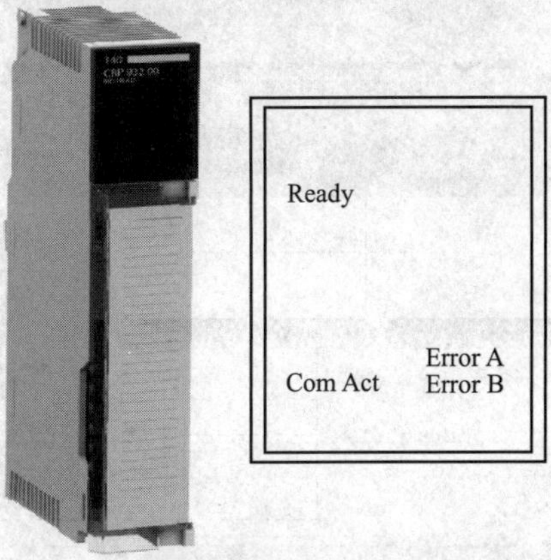

图3-3-28 140CRP 93200远程I/O(RIO)主站模块

表3-3-18 140CRP 93200 LED灯显示说明

LED指示灯	显示	状态	说明
Ready(就绪)	绿色	亮	模块已通过加电诊断
Com Act(通信活动)	绿色	亮	该模块正在RIO网络上进行通信
Error A(错误A)	红色	亮	通道A与一个或多个子站之间的通信中断
Error A(错误B)	红色	亮	通道B与一个或多个子站之间的通信中断

3.4 天然气管输通信传输

3.4.1 通信系统概述

公司办公网络：通过租用一条MSTP链路连接到湖北能源集团，实现内外网访问，公司大楼无互联网出口。

生产网络：租用中国联通云联网业务53条，实现场站和调控中心互联互通，租用物联网卡60张，用于作为生产网络的备用链路，通过路由器实现有线链路和物联网卡链路的互为冗余，网络均为专用网络。

工业电视监控网络：租用中国联通云联网业务53条，实现场站和调控中心互联互通，此网络为专用网络。

场站办公网络：场站租用中国联通MSTP链路32条接到公司大楼，经过核心交换机实现与三峡内网互通；场站互联网：场站租用33条互联网线路，用于场站生活用，此互联网与公司内网无连接。

自建光缆：公司目前有自建光缆两条，一条为东湖燃机管线伴行光缆，长度约为15km，一条为孝大线伴行光缆，长度约为30km，目前用于将管线阀室数据传输至线路首站。

图3－4－1为公司网络拓扑图。

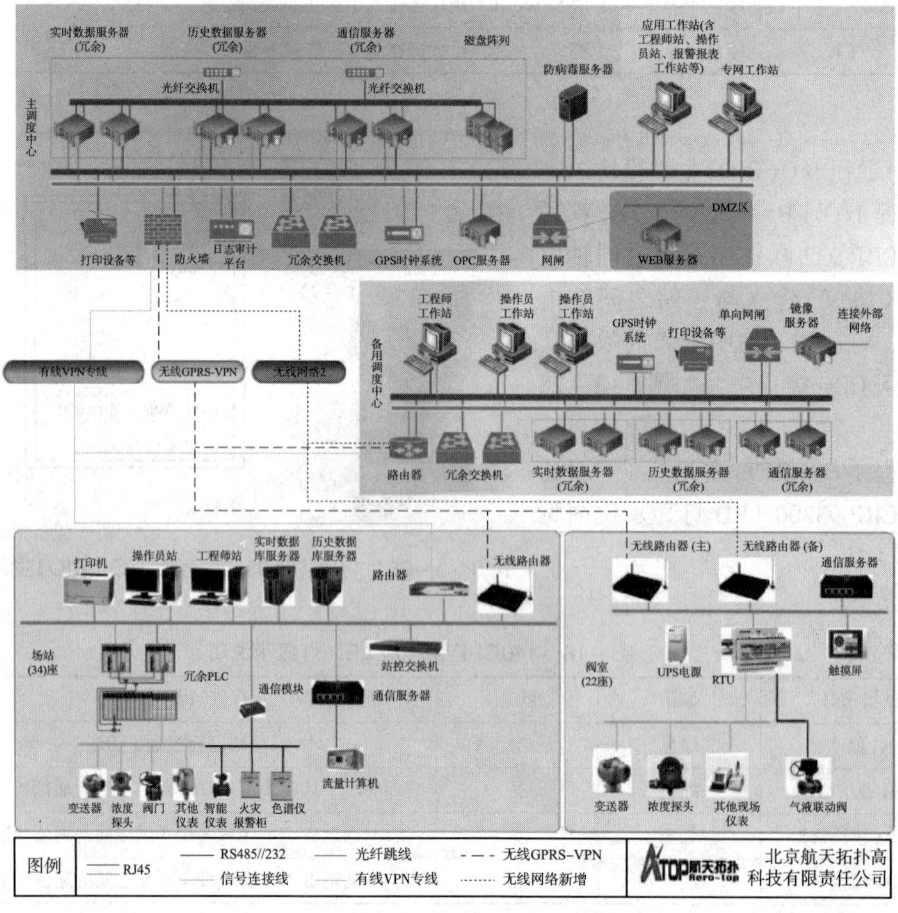

图3－4－1 公司网络拓扑图

3.4.2　生产网络

3.4.2.1　概述

公司自建45km的12芯光缆，通过自建光缆、运营商光缆作为介质传输数据，配合使用华为路由器AR550、交换机等数通设备实现办公网、生产网的数据传输、交互。

3.4.2.2　自建光缆

光纤在发达世界的核心网络中已在很大程度上取代了铜线通信，因为它优于电传输。以下是光纤传输的主要优点。

极高的带宽：没有其他基于电缆的数据传输介质提供光纤所能提供的带宽。光缆单位时间内传输的数据量远远大于铜缆。

更长的距离：在光纤传输中，光缆能够提供低功率损耗，这使得信号可以传输到比铜缆更长的距离。

抗电磁干扰：在实际部署中，不可避免地会遇到电力、供暖等干扰源。光纤具有非常低的误码率、很强的抗电磁干扰能力。光纤传输几乎没有噪声。

低安全风险：光纤通信市场的增长主要是由于对数据安全问题的认识和替代原材料的使用不断提高。数据或信号在光纤传输中通过光传输，因此没有办法"监听"通过电缆"泄漏"的电磁能量来检测正在传输的数据，从而保证了信息的绝对安全。

小尺寸：光纤电缆的直径非常小。例如，单根多模光纤的线径约为2mm，比同轴铜缆的线径小。体积小，在光纤传输中节省更多空间。

质量轻：光缆由玻璃或塑料制成，比铜缆更细。这些使它们更轻且易于安装，易于适应不断增加的带宽：通过使用光缆，可以将新设备添加到现有的电缆基础设施中。因为光缆可以提供比原来铺设的光缆大得多的容量。而WDM(波分复用)技术，包括CWDM和DWDM，使光缆能够容纳更多的带宽。

3.4.2.3　运营商网络

租用电路，用于弥补公司不便于自建光缆的地段。专线采用独享式带宽设计，不管网络闲、忙时均保证带宽速度，且专线，上下行速度一致。

3.4.2.4　云联网业务

中国联通云联网以联通产业互联网为承载网络，使用SDN技术，为混合云场景(含公有云、私有云及数据中心托管)提供组网方案，实现了不同地域、不同网络环境间的多云互联、异构混合云组网。

随着云计算、大数据、人工智能等技术的快速成熟，云服务已成为新型信息化服务的主要形式。中国联通发挥云网一体的优势，为各行业的数字化转型提供强大网络支撑，构建了面向政企客户的线上云网一体自服务平台—云联网系统。该系统基于中国联通产业互联网，提供自动化、低时延的方便快捷自助服务，实现包括公有云、私有云以及数据中心、企业办公点之间的数据互通，满足云网融合需求，提供了端到端的优质互联能力。

3.4.2.5　路由器

路由器是连接因特网中各局域网、广域网的设备，它会根据信道的情况自动选择和设定路由，以最佳路径，按前后顺序发送信号的设备(图3-4-2)。

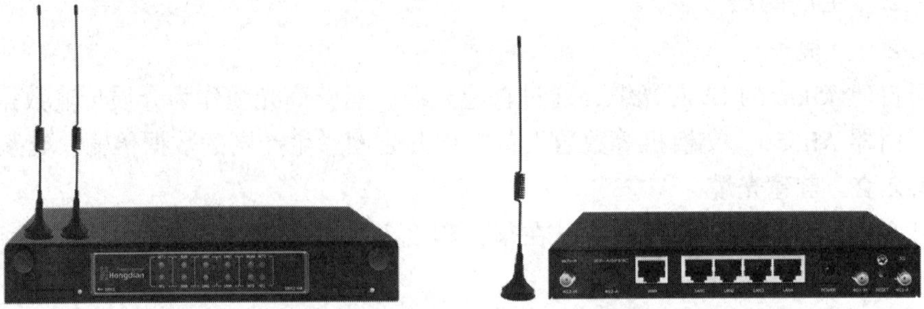

图 3-4-2　宏电 H8922 路由器

路由和交换之间的主要区别就是交换发生在 OSI 参考模型第二层（数据链路层），而路由发生在第三层，即网络层。这一区别决定了路由和交换在移动信息的过程中需使用不同的控制信息，所以两者实现各自功能的方式是不同的。主要来说，路由器就是将用户的内网和外网连接起来的设备，比如设置自动上网、网关等。

3.4.2.6　交换机

1. 交换机的作用

交换机的主要作用包括物理编址、网络拓扑结构、错误校验、帧序列以及流控（图 3-4-3）。交换机还具备了一些新的功能，如对 VLAN（虚拟局域网）的支持、对链路汇聚的支持，甚至有的还具有防火墙的作用。

图 3-4-3　华为 5720S 交换机

以太网交换机了解每一端口相连设备的 MAC 地址，并将地址同相应的端口映射起来存放在交换机缓存中的 MAC 地址表中。

当一个数据帧的目的地址在 MAC 地址表中有映射时，它被转发到连接目的节点的端口而不是所有端口（如该数据帧为广播/组播帧则转发至所有端口）。

当交换机包括一个冗余回路时，以太网交换机通过生成树协议避免回路的产生，同时允许存在后备路径。

交换机除了能够连接同种类型的网络之外，还可以在不同类型的网络（如以太网和快速以太网）之间起到互连作用。如今许多交换机都能够提供支持快速以太网或 FDDI 等的高速连接端口，用于连接网络中的其他交换机或者为带宽占用量大的关键服务器提供附加带宽。

2. 交换机的功能

交换机的功能是连接计算机、服务器、网络打印机、网络摄像头、IP 电话等终端设备，并实现与其他交换机、无线接入点、路由器、网络防火墙等网络设备的互联，从而构建局域网络，实现所有设备之间的通信。

像集线器一样，交换机提供了大量可供线缆连接的端口，这样可以采用星形拓扑布线。像中继器、集线器和网桥那样，当它转发帧时，交换机会重新产生一个不失真的方形电信号。像网桥那样，交换机在每个端口上都使用相同的转发或过滤逻辑。像网桥那样，交换机将局域网分为多个冲突域，每个冲突域都有独立的宽带，因此大大提高了局域网的带宽。

除了具有网桥、集线器和中继器的功能以外，交换机还提供了更先进的功能，如虚拟局域网(VLAN)和更高的性能。

3.4.2.7 常见故障处理

1. 交换机电源故障

由于外部供电不稳定，电源线路老化或者雷击等原因导致电源损坏或者风扇停转，以致不能正常工作。或者由于电源缘故导致机内其他部件的损坏都会使交换机出现问题。如果交换机面板上的POWER指示灯是绿色的，就表示是正常的；如果该指示灯灭了，则说明交换机没有正常供电。

2. 交换机端口故障

无论是光纤端口还是RJ-45端口，插拔接头时要小心。如果不小心把光纤插头弄脏，可能导致光纤端口污染而不能正常通信。一般情况下，端口故障是某一个或者几个端口损坏。在排除了端口所连计算机的故障后，可以通过更换所连端口，来判断其是否损坏。

3. 交换机模块故障

交换机是由很多模块组成，比如：堆叠模块、管理模块、扩展模块等。插拔模块时不小心，或者搬运交换机时受到碰撞，或者电源不稳定等情况，都可能导致此类故障的发生。这3种模块都有外部接口，比较容易辨认，有的还可以通过模块上的指示灯来辨别故障。在排除此类故障时，首先确保交换机及模块的电源正常供应，然后检查各个模块是否插在正确的位置上，最后检查连接模块的线缆是否正常。在连接管理模块时，还要考虑它是否采用规定的连接速率，是否有奇偶校验，是否有数据流控制等因素。连接扩展模块时，需要检查是否匹配通信模式，比如：使用全双工模式还是半双工模式。如果确认模块故障，更换即可解决。

4. 背板故障

交换机的各个模块都是接插在背板上的。如果环境潮湿，电路板受潮短路，或者元器件因高温、雷击等因素而受损都会造成电路板不能正常工作。比如：散热性能不好或环境温度太高导致机内温度升高，致使元器件烧坏。在外部电源正常供电的情况下，如果交换机的各个内部模块都不能正常工作，那就可能是背板坏了，遇到这种情况，更换背板即可解决。

5. 线缆故障

线缆故障经常导致交换机系统或端口不能正常工作，比如接头接插不紧，线缆制作时顺序排列错误或者不规范，线缆连接时应该用交叉线却使用了直连线，光缆中的两根光纤交错连接，错误的线路连接导致网络环路等。机房环境不佳极易导致各种硬件故障，所以机房要做好防雷接地及供电电源、室内温度、室内湿度、防电磁干扰、防静电等环境的建设，为网络设备的正常工作提供良好的环境。

6. 配置不当

对交换机不熟悉，或者由于各种交换机配置不一样，在配置交换机时可能会出现配置错误。比如VLAN划分不正确导致网络不通，端口被错误地关闭，交换机和网卡的模式配置不匹配等原因。

3.4.3 备用网络

3.4.3.1 概况

公司租用中国联通云联网业务53条，实现场站和调控中心互联互通，租用物联网卡60张，用于作为生产网络的备用链路，通过路由器实现有线链路和物联网卡链路的互为冗余，网络均为专用网络。

3.4.3.2 物联网卡业务

物联网卡就是为智能设备提供上网功能的卡片，是运营商针对企业设备推出的一种通过物联网采用独立网元、专用号段仅有上网功能的卡，智能用于企业设备，也就是一物一连的物联网卡，物联网卡和普通的SIM卡形态一样，功能上有所不同，物联网卡仅用于上网和短信功能，不具备通过彩信功能。

物联网卡的用途就是起到“设备联网、数据传输”的作用，物联网卡应用于企业集团的硬件设备，而不是个人电子设备，使人与物、物与物，通过物联网卡连接，搭配物联网相关技术以及设备实现数据联网、实时监控、远程传输以及操控等。

3.4.3.3 常见故障处理

1. 物联网卡没有信号和网络

首先确认设备支持该网络的物联网卡、信号状态是否正常、设备是否支持物联网卡、设备型号是否支持物联网卡，其次检查所在地是不是有4G网络的覆盖。查询物联网卡是否有流量、是否已经显示断网状态，未断网状态的网卡是正常的，如不能正常使用检查设备设置或设备是否支持该物联网卡的网络。物联网卡不管是放在主卡还是副卡使用，都要检查它的移动数据流量4G网络、数据漫游开关是否打开。如网卡卡慢，设置APN专用网络APN设置，设置完后重启设备。

2. 物联网卡用了一段时间不能使用

如果导致欠费停机、欠费报销和暂停使用，可以续费解决，如果不是这个问题，则要排除更换设备或在个人终端设备使用原因造成的“锁卡”，如果是以上两个问题，可以联系采购商售后或是运营商工作人员，提供相应资料进行解绑。

3. 物联网卡充值后不能使用

物联卡无法正常使用的原因除了是使用不当外，还可能是设备无法兼容识别物联卡，或者是本地运营商网络信号较差导致设备上网慢。不同的应用场景可能出现不同的问题，使用物联卡出现问题的时候，可以与运营商联系进行处理，保障设备的正常运行，避免因设备断网导致数据无法及时传输。

3.4.4 工业电视监控系统

3.4.4.1 概述

随着光通信和多媒体技术的迅猛发展，基于计算机和IP网络传输技术的远程图像监控得到越来越普遍的应用。工业电视监控系统构建一个能够实现分级控制和管理，技术先进、可靠性高、扩展性强、数字化、网络化、智能化的监控系统。该系统由网络摄像机、网络硬盘录像机、磁盘阵列、监控终端、流媒体服务器和管理服务器等部分组成。

工业电视监控系统为三级结构：调控级监视、中心站级监视和场站级监视。工业电视监控系统分为本地监控和远程监控，并以场站内本地监控、本地存储为主；中心站级监控中心和公司监控中心均属于远程监控。监控图像采用基于TCP/IP的全数字传输、存储方式。监控图像通过传输设备上传至所属场站，与场站本地监控统一管理。同时能够远传至各基层单位、公司机关。

本地监控设备设在各场站站控室，站控室监控设备实现本地级显示、存储和控制，同时实现公司机关、中心站级的远程监控，并具备将监控信号上传至更上一级监控中心的能力，公司具有系统最高管理权限。

公司监控作为一级监控中心是系统的最高节点，是监控系统的核心，除了具备媒体浏览、控制、存储等业务功能外，同时具有系统用户管理、设备管理、控制管理、存储管理、调度管理、告警管理等系统管理功能，实现监控系统的集中、统一管理。

图 3－4－4 为公司工业电视监控系统网络拓扑图。

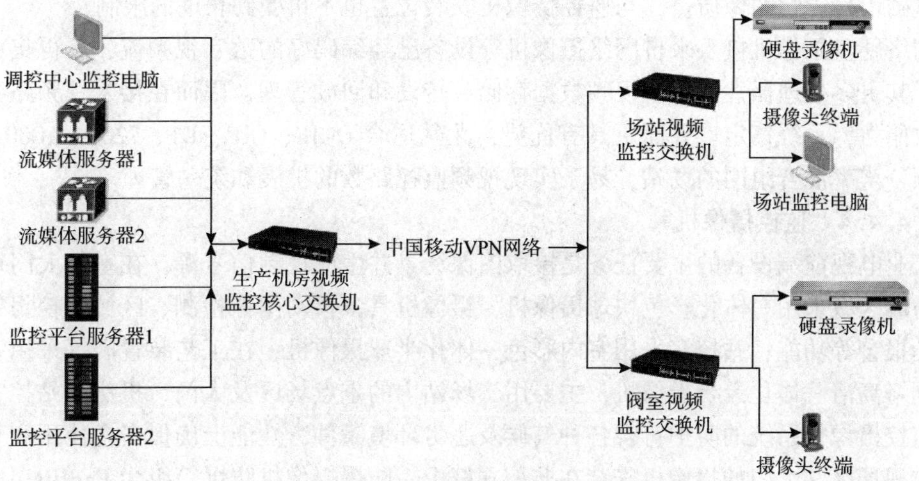

图 3－4－4　公司工业电视监控系统网络拓扑图

3.4.4.2　场站本地监控终端

场站站控室内配置本地监控终端、液晶监视器，安装客户端软件。监控终端连接至场站机房机柜内网络硬盘录像机，实现对本场站内监控系统图像的显示和控制。由场站机房机柜内交换机接出图像信号接到本地的监控工作站，上传至场站站控室本地监控工作站；同时上传至所属基层单位及公司进行监控显示。

工业电视监控前端设备回传的图像和画面以流媒体方式保存在存储设备中，工作站以流媒体方式来读取已存储的视频文件。

监控终端也可被设置远程监控权限，从而可以在本地监控模式和远程监控模式两种工作模式下运行。

场站内监控终端具备以下功能：

(1) 在各种气象条件下，对场站各监控点进行昼夜监视；

(2) 浏览权限范围内的监控画面；

(3) 可对前端摄像机的云台、镜头进行控制；

(4) 回放、检索本地录像资料；

(5) 可通过管理服务器对权限范围内的网络视频服务器进行设置，其中包括预制位、视频清晰度、帧速率等设置；

(6) 可以实现按监控场站内摄像机轮巡、按预置位轮巡等多种轮巡方式；

(7)移动图像检测、区域监控报警、视频移动报警；

(8)监控前端硬件设备具有预制位功能，随时调用监控对象预置位。

3.4.4.3　网络硬盘录像机

网络硬盘录像机是工业电视监控系统中不可或缺的设备，它可以将监控摄像机监视现场的画面实时、真实地记录下来，并可方便地于事后检索查证。随着数字压缩技术以及大规模集成电路技术的发展，网络硬盘录像机广泛应用于网络分布式存储领域，能够充分利用网络资源、网络带宽，存储部署简易灵活。

网络硬盘录像机加速了工业电视监控系统的网络化、高清化和平台化进程。由于网络硬盘录像机不再直接接入模拟视频信号，从根本上避免了视频信号受周边环境及设备内部器件电磁信号影响图像质量，与监控摄像机安装位置也不再受到长度的限制。

网络硬盘录像机接入来自网络摄像机等设备已经编码好的数字视频流，不再集中编码处理，其更多处理器性能用于视频数据存储、转发和回放管理，因而在接入视频路数，解码回放能力，系统稳定性方面更具有优势，尤其适合 QCIF、CIF、D1、720P、1080P 等不同视频分辨率混合组网的场站，易于实现视频监控路数的扩展和统一管理。

3.4.4.4　监控摄像机

工业电视前端设备的主要任务是摄取图像场景并生成视频信号源，在室外大门口及其他非防爆区域采用一体化彩色快球摄像机，摄像机具备移动图像检测、区域监控报警、视频移动报警等功能；站控室采用室内彩色一体化半球摄像机；在工艺装置区等采用室外防爆型网络高清一体化云台摄像机；主要用于场站内的重点场区及大门、机房、站控室的监视。监控摄像机系统的防护符合各种气候及恶劣环境条件，性能上确保安全使用和长期运行。监视场区和大门的摄像机安装在监控立杆上。防爆摄像机防爆等级为 ExdIIBT4，防护等级为 IP65；非防爆摄像机防护等级为 IP65。

3.4.4.5　常见故障处理

1. 监控摄像机与网络硬盘录像机连接后画面卡顿，Ping 测试丢包

可能原因 1：路由错误

网络路径错误也会导致数据包不能到达目的主机，如主机的默认路由配置错误，主机发出的访问其他网络的数据包会被网关丢弃。但此类丢包属于正常情况下的丢包，是意料之中的，不会对网络造成影响。

可能原因 2：网络设备故障

设备故障主要是指设备硬件方面的故障，不包含软件配置不当造成的丢包。如网卡是坏的，交换机的某个端口出现了物理故障，光纤收发器的电端口与网络设备接口，或两端设备接口的双工模式不匹配。

工作中发现有交换机端口的光纤模块或光纤收发器故障造成的丢包现象，该交换机在通信一段时间后死机，即不能通信，重启后恢复正常。在经过一段时间观察后发现，某光纤模块存在问题，取一块新的模块替换，一切正常。

可能原因 3：物理线路故障

维修时发现网络时通时断，发生这种情况时，有可能是线路出现故障，由物理线路引起的丢包现象还有很多，如光纤连接问题，跳线没有对准设备接口，双绞线及 RJ－45 接头有问题等。另外，通信线路受到随机噪声或者突发噪声造成的数据报错误，射频信号的

干扰和信号的衰减等都可能造成数据包的丢失。

可能原因4：网络拥塞

如果发现网速慢，并且丢包率呈现上升的情况，大多数由于网络拥塞。造成丢包率上升的原因很多，主要是汇聚或核心交换机路由器资源被大量占用造成的。

2. 监控摄像机图像黑屏

检查电源是否接好，电源电压是否满足要求。尝试单独监控摄像机与PC连接，如出现图像，很可能是由于与其他摄像机IP冲突，或带宽达到上限。PoE供电时需确认网线质量是否达标。

3. 图像出现斜纹、水波纹、横线

此种情况，大多数是由于以下原因造成的：

(1)线材质量问题。质量较差的线材在传输过程中易出现被干扰现象。

(2)视频线或摄像机被强磁场干扰。强磁场源如：大功率电动机、高频发射机等；强磁场将会对绝大多数摄像机产生干扰。

(3)传输线路过长。

4. 图像时有时无

(1)电源电压供应是否稳定。

(2)网线水晶头是否松动未牢固。

(3)电源线是否有断线、接触不良。

(4)网络带宽达到上限，导致有时摄像机无图像传输。

5. 红外摄像机白天工作正常晚上无图像

电源或PoE交换机的功率达不到要求所致，红外一体机在白天工作时与普通摄像机无异，但到晚上时红外灯处于工作状态，工作电流突然变大导致超过负载。

6. 网络硬盘录像机无法添加高分辨率的摄像机

查看网络硬盘录像机、摄像机的参数，若显示资源不足，如不支持可以在摄像机设置中降低分辨率。

7. 网络摄像机供电正常，搜索不到摄像机IP地址

如果网口灯不闪烁，可能是网线断；如果非正常闪烁，首先怀疑可能是网线故障，用笔记本电脑正常网线直连摄像机如果还是无法查找到IP，检查网络摄像机的网段和笔记本电脑的网段是否一致，需要把网络摄像机的网段改成和笔记本电脑的网段一致。

8. 站控室监控显示器显示画面抖动

这种情况一般是因为显示刷新率设置过低所致，进入“显示属性”点击“设置”，选“高级”，再选“监视器”，调高刷新率，确定退出后就可解决此问题。

9. 监控实时画面模糊不清晰

在监控摄像机、硬盘录像机的系统设置里，调高所配置摄像机的清晰度、分辨率；同时也可以通过调整画面的亮度、色度、对比度、饱和度的值以达到合适的效果。

10. 球型摄像机接通电源后，不自检，无图像或伴有噪声

(1)电源线接错或电源损坏。重新检查接线，使用万用表对电源供电电压进行测试，如达不到标准规定供电电源，更换符合要求的电源。

(2)云台被卡住。检查机体内有无异物进入，检查各部件组装良好，无脱落，检查球

罩连接铰链没有缠住云台。

3.4.5 办公网络系统

3.4.5.1 概况

公司办公网络：通过租用一条 MSTP 链路连接到湖北能源集团，实现内外网访问，公司大楼无互联网出口。

场站办公网络：场站租用中国联通 MSTP 链路 32 条接到公司大楼，经过核心交换机实现与三峡内网互通；场站互联网：场站租用 33 条互联网线路，用于场站生活用，此互联网与公司内网无连接。

图 3－4－5 为公司办公网络拓扑图。

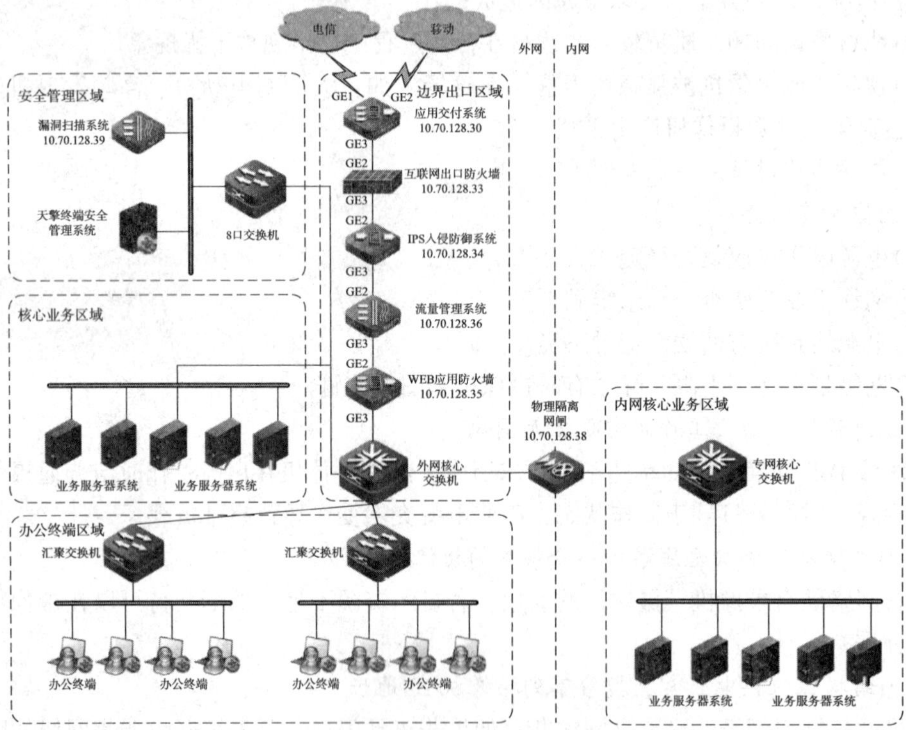

图 3－4－5 公司办公网络拓扑图

3.4.5.2 常见故障处理

1. 电脑桌面卡住，应用程序停止响应，无法打开软件

按键盘按键确认 Windows 是否正常工作，一个程序可能没有响应并导致计算机卡住了。按 Ctrl + Alt + Del 或打开 Windows 任务管理器，然后选择未响应的程序“结束任务”。

如果上述步骤均无效，按住电源按钮重启电脑。

2. 电脑系统出现各种问题

非正常关机，电脑再次开机可能是硬盘自检，一般完成自检即可正常开机。

蓝屏，造成蓝屏的可能原因非常多，首先拔插硬件内存，不行再检查 Windows 日志是否驱动软件冲突。重装驱动，还是不行，就重装系统。系统重装几乎可以解决所有软件系统问题。

系统文件提示损坏或者缺失，检查硬盘是否正常，效率最高的是重装系统。

3. 电脑无法上网

一般有两种情况，打感叹号是没有连上互联网，打叉号是没有连接网线。

网卡驱动运行异常。网络用不了，打开更改适配器把网卡右击禁用再开启，重启电脑，重启路由器；网卡驱动异常，用驱动精灵网卡版或者驱动人生网卡版重装一下。

线路接触不良。网线接口，确认网卡有指示灯正常显示，网线两端注意是否插好；通过拔插网线，观察网络是否恢复。

4. 电脑内存故障

打开电脑，时不时地自动重启，或者电脑发出滴滴滴的蜂鸣声，或者是系统运行不正常，持续报错，一般是内存出现了问题。先关机，切断电源，然后打开机箱后盖，将内存取出、清理干净，再插回卡槽里，重新开机就好了。

5. 显卡故障

电脑在使用过程中，声音很正常，显示器突然不显示，有的时候甚至花屏，这就要考虑是显卡的问题。用橡皮擦拭金手指部位，拿毛笔或者其他工具将显卡上的灰尘清除掉，一般就可以解决掉。

6. CPU 故障

电脑使用过程中，突然无法开机，显示器没有显示，排除显卡后就有可能是 CPU 的故障。用毛刷或者其他工具将 CPU 的针脚清理干净，一般就能处理好。

7. 硬盘故障

进入操作系统正常，但是打开盘符特别的慢，或者就根本打不开，又或者扫描磁盘不通过。将硬盘清除干净，硬盘各种连接线重新插拔，一般就能恢复正常。

8. 声卡故障

电脑安装软件后突然没声音，可能是该软件与声卡驱动冲突，如果电脑设置系统还原点，那么就系统还原，如果没有就把软件卸载，还不行就重新安装驱动。

9. 显示器故障

显示器不显示，重启也不显示，可能是显示器故障，先检查显示器电源是否正常，再检查信号线是否连接正确，一般只要重新连接一下，就能解决。

10. 电脑卡顿运行缓慢

如果是电脑中病毒导致卡顿，先把病毒库升级到最新版本，使用杀毒软件全面扫描磁盘，发现病毒清理即可。

如果是电脑中存在大量垃圾，以及开机自动启动那些娱乐软件会很大程度影响系统性能。清理系统垃圾、关闭后台运行软件，提高电脑运行速度。

如果是内存或 CPU 使用率过高，检查是否打开过多程序，关闭一些暂时不用的程序，重新启动电脑或注销。如果是大型软件，导致内存、CPU 占用率很高，那么只能是尽量将其他软件关闭。

如果是电脑硬件故障，大多是硬盘故障，先使用硬盘检测软件查看硬盘是否有坏道等问题，使用软件修复隔离坏道，若硬盘无法使用就更换硬盘。

3.4.6 网络安全

“没有网络安全就没有国家安全，就没有经济社会稳定运行，广大人民群众利益也难以得到保障。”习近平总书记在全国网信工作会议的讲话，指出了网络安全与国家安全、经济社会和人民群众利益之间的潜在联系，阐述了其极端重要性。

网络安全事关国家安全和主权、社会稳定、民族文化继承和发扬。其重要性，正随着全球信息化步伐的加快越来越重要。它主要是指网络系统的硬件、软件及其系统中的数据受到保护，不受偶然的或者恶意的原因而遭到破坏、更改、泄露，系统连续可靠正常地运行，网络服务不中断。

随着云计算、物联网、大数据、5G 等新兴技术的兴起，网络安全边界不断弱化，防护内容不断增加，对数据安全、信息安全提出了巨大挑战，也为网络信息安全市场打开了新的增量空间。再加上经济全球化，数据安全、隐私保护等问题越来越被重视，网络安全市场规模保持增长态势。近年我国网络安全事件频发，政府、企事业单位、个人等各层面的信息安全威胁不断提升，国家网络安全政策也随之密集出台。

3.4.6.1 员工个人网络安全

(1)提高网络安全意识，规范操作，关注发布的各类警示信息，积极配合网络安全联络员工作。

(2)严禁私自传播任何与护网相关信息，如发朋友圈，禁止泄露任何与护网相关的信息、数据。

(3)按照生产运行部分配的 IP 地址连接有线网络，禁止随意更换 IP 地址或计算机设备，如需变更需向生产运行部申请，IP 地址设置方法可参考《办公网络 IP 地址设置方法》。

(4)必须安装 EDR 防护软件，运行 Deny - port 脚本关闭高危端口，更新操作系统，打补丁，开启系统防火墙。

(5)定期使用防护软件对计算机进行全面查杀，攻防演习中加密查杀频次，对发现的木马、漏洞要及时报送至生产运行部网络安全管理员，禁止瞒报、漏报。

(6)严格按要求设置各类信息系统登录密码、计算机开机密码，严禁出现弱密码或假强口令，密码需同时满足以下条件：长度需达到 14 位以上、同时包含大写字母、小写字母、特殊符号和数字 4 类要素、不能出现自身姓名、生日、身份证号等敏感信息。

(7)检查互联网空间(网盘、社交软件、网站、邮箱、OA 系统等)，确保互联网上无网络拓扑、信息系统账号密码等敏感信息，清理浏览器中保存的各类系统用户名及密码信息，禁止使用应用软件客户端或浏览器记住密码功能来保存密码。

(8)严禁点击任何可疑邮件及其附件，短信、网站，切勿点击可疑链接，存在疑问也请立即通知、咨询生产运行部网络安全管理员。

(9)邮箱只能办公使用，严禁用企业邮箱注册外部系统。

(10)勿拾捡来路不明的 U 盘、硬盘等存储设备，切勿随意将其插入公司或个人计算机。

(11)严禁在办公区域私自搭建无线网络，私人手机电脑在攻防期间严禁连接到内网，如确需使用互联网，可短时间使用手机热点连网操作，但连接热点时必须将内网网线断开，禁止内网和热点同时连接，连接完毕后需使用防护软件全面查杀无异常后才可重新接入内网。

(12)重保期间个人办公电脑发现异常请尽快通知本部门网络安全联络员，并通知生产运行部技术人员，比如运行变慢、异常卡顿、多一些异常文件、浏览器弹出不明页面。

(13)不在社交网站类软件上发布火车票、飞机票、护照、照片、日程、行踪等信息；

在公共场合，或使用他人手机登录账号时，不要选择自动保存密码，离开时退出账号。

(14)增强个人信息安全意识，不要轻易将个人信息提供给无关人员；妥善处置快递单、车票、购物小票等包含个人信息的单据；电子邮箱、网络支付及银行卡等密码要有差异。

3.4.6.2　企业网络安全

企业网络安全风险如图3－4－6所示。

内部威胁：系统、设备本身的安全风险。

外部威胁：系统、设备本身外的安全风险。

1. 内部威胁

分为：技术风险、管理风险。

(1)技术风险。

技术风险主要是系统、设备在设计、开发过程中可能存在的逻辑漏洞、有意或无意预留的系统后门、使用的组件本身存在安全风险，硬件设备可能存在漏洞与后门等等，这些风险不易被发现、极易被利用、弥补(防护、弥补)成本高，对企业造成的危害巨大。

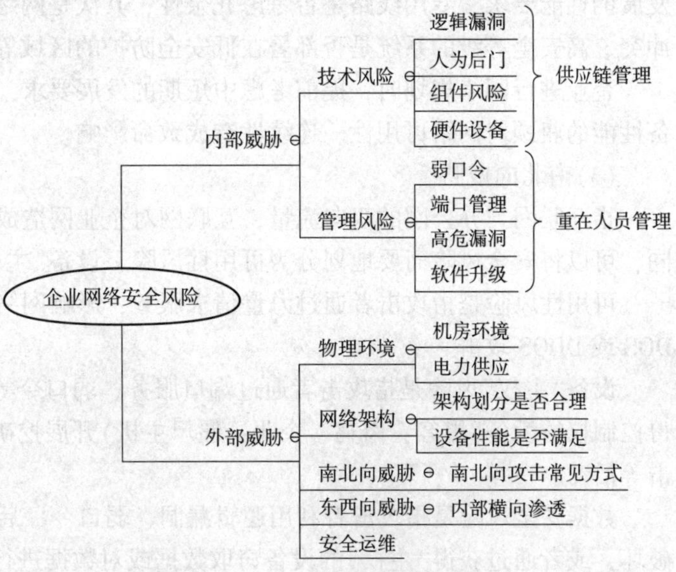

图3－4－6　企业网络安全风险图

企业在购买系统、设备时，应优先选择有相关资质的厂商，能够提供真实可靠的安全检测报告，确保系统、设备本身不存在已知的漏洞及风险；完成采购后应与厂商建立良好的沟通机制，当系统、设备本身被告知存在风险时，及时根据厂商建议完成更新或采取其他措施。

企业在自行开发系统时，优先建立自己的开发团队，在选择开发团队时对开发团队资质进行审核；在开发的过程中引入合理的过程监管；开发完成以后对系统进行技术检测，确保不存在已知的漏洞及风险。

(2)管理风险。

管理风险主要是系统、设备在使用过程中可能存在的弱口令、开放非业务端口、高危漏洞未修补、软件未升级等，这些风险主要存在系统、设备的使用过程中，这些风险将降低攻击者的攻击成本，提高攻击在网络中扩散的可能性。

提高员工安全意识，建立内部安全管理体系，对于重要系统、设备采取专业工具，通过技术辅助将管理要求落地。

2. 外部威胁

分为：物理环境、网络架构、南北向威胁、东西向威胁、安全运维。

(1)物理环境。

物理环境风险主要是系统、设备部署的位置是否满足要求，如硬件设备工作的温度区间是否满足要求、湿度区间是否满足要求，电力供应电压是否满足要求、是否提供应急措施、是否冗余供应等，是否会有电磁的干扰、是否会产生明显的震动等。物理环境不满足要求将会直接影响网络的可靠性、连续性。

可以参考等级保护物理环境的要求进行调整，恶劣环境下可以选择专用的设备。

(2)网络架构。

网络架构的风险主要是网络中使用的设备是否满足现在的性能要求、是否满足中长期发展的性能要求，专用线路是否考虑冗余性；其次是网络划分是否合理、网络会不会存在冲突、高安全等级的系统是否部署在低安全防护的区域等等。

企业进行网络规划时，提前考虑中短期的发展要求，预留可扩展的空间，避免由于设备性能的瓶颈对网络可用性、连续性造成致命影响。

(3)南北向威胁。

指互联网与办公网的双向流量，互联网对企业网造成的安全风险，基于攻击目的的不同，可以将安全风险简要地划分为可用性风险、设备“主权”风险、数据安全风险。

可用性风险是指攻击者通过海量请求服务，影响网络的可用性，常见的攻击手段就是DOS或DDOS攻击。

设备“主权”风险是指攻击者通过端口服务、弱口令等方法获得设备的控制权，通过获得控制权的设备(黑客：肉鸡、企业：僵尸主机)开展挖矿、数据窃取、数据破坏、跳板攻击等活动。

数据安全风险是指攻击者利用逻辑漏洞、弱口令、后门等直接窃取数据或对数据进行破坏，或者通过获得“主权”的设备窃取数据或对数据进行破坏。

(4)东西向威胁。

指局域网内部的数据流动、主机与主机、主机与业务、业务与业务访问过程中产生的风险。基于风险来源不同，简要划分为僵尸主机风险、内鬼风险。

僵尸主机风险是指攻击者通过工具远程控制企业的终端设备，窃取破坏数据，或者利用漏洞、服务扩展，控制更多终端设备。

内鬼风险是指攻击者控制自己或其他人员设备发动破坏性攻击或者窃取数据，内鬼可能是内部人员、也可能是开展攻击的外部人员。

企业务必加强准入管理、加强内部行为的审计与管控。

(5)安全运维。

安全运维风险主要是指在运维过程中产生的安全风险，如缺少运维计划管理、监督措施导致终端设备长期存在大量弱口令、高风险端口开放、高危漏洞未打补丁；如运维人员修改安全策略配置、删除日志文件无法进行追溯；如被运维资源没有进行有效管理，运维人员获得运维的许可以后访问其他非授权资源无法追溯等。

企业应采取安全运维管理措施，增加资源权限管控、过程审计的技术措施。

3.5 天然气计量

3.5.1 计量基础知识

3.5.1.1 常用术语

(1)计量：是实现单位统一、量值准确可靠的活动，“单位”是指计量单位。

(2)计量单位：为定量表示同种量的大小而约定地定义和采用的特定量，计量单位简称单位。计量单位可分为基本单位和导出单位。

(3)量值：一般由一个数乘以测量单位所表示的特定量的大小。它由数值和单位两部分表示。

(4)量：根据《国际通用计量基本名词》的解释，“量”被定义为“现象、物体和物质的可以定性区别和定量确定的一种属性”因此，被研究的对象可以是自然现象，也可以是物质本身。

(5)基本单位：给定量制中基本量的计量单位。

(6)导出单位：给定量制中导出量的计量单位。

(7)计量器具：能用以直接或间接测出被测对象量值的装置、仪器仪表、量具和用于统一量值的标准物质，包括计量基准器具、计量标准器具和工作计量器具。

(8)计量基准：为了定义、实现、保存或复现量的单位一个或多个量值，用作参考的实物量具、测量仪器、参考物质或测量系统。

(9)检定：是查明和确认计量器具是否符合法定要求的程序，它包括检查、加标记和(或)出具检定证书。

(10)校准：是在规定条件下，为确定测量仪器或测量系统所指出的量值，或实物量具或参考物质所代表的量值，与对应的由标准所复现的量值之间关系的一组操作。

(11)比对：是指在规定条件下，对相同准确度等级的同种计量基准、标准或工作计量器具之间的量值进行比较。

(12)量值传递：是通过对计量器具的检定或校准，将国家基准(标准器)所复现的计量单位量值，通过各等级计量标准传递到工作计量器具上，以保证对被测对象所测得量值的准确和一致的过程。

(13)溯源性：是指通过一条具有规定不确定度的值能够与规定的参考标准，通常是与国家测量标准或国际测量标准联系起来的特性。

(14)天然气输差：指天然气在输送过程中的量值减量。

(15)天然气密度：单位体积天然气的质量，用符号 ρ 表示。

(16)误差：测量结果与被测量的真值之差，又称绝对误差。

(17)相对误差：绝对误差与被测量的真值的比值。

(18)标准参比条件：温度为20℃(热力学温度为293.15K)、压力为101.325kPa的状态。

(19)精确度：是表示测量结果与真值一致的程度。

(20)灵敏度：仪表在稳定状态下，其输出变化量与引起变化的输入该变量的比值。

3.5.1.2 计量单位

1. 基本单位

目前国际单位制(SI)中有七个基本单位，分别是米、千克、秒、安培、开尔文、摩尔、坎德拉，具体见表3-5-1。

表3-5-1 国际单位制基本单位

量的名称	单位名称	国际符号	中文符号
长度	米	m	米
质量	千克(公斤)	kg	千克
时间	秒	s	秒
电流	安培	A	安(培)
热力学温度	开尔文	K	开(尔文)
物质的量	摩尔	mol	摩(尔)
发光强度	坎德拉	cd	坎(德拉)

2. 导出单位

在给定的量制中导出的单位称为导出单位。导出单位是基本单位按照一定的物理关系相乘或者相除而构成的单位。导出单位可分为以下四种：

(1)具有专门名称导出单位，如力的单位“牛顿”，电容的单位“法拉”等。

(2)用基本单位表示，但无专门名称的导出单位，如速度的单位“米/秒”等。

(3)由专门名称的导出单位和基本单位的组合而成，如力矩的单位“牛顿·米”。

(4)专门名称的导出单位和基本单位组合的导出单位，如角速度的单位“弧度/秒”等。

3. 我国的法定计量单位

我国的法定计量单位，是以国际单位制单位为基础，结合我国实际情况，适当选用一些其他单位构成的(表3-5-2)。具体构成如下：

(1)国际单位制的基本单位。

(2)国际单位制的辅助单位。

(3)国际单位制中具有专门名称的导出单位。

(4)国家选定的非国际单位制单位。

(5)由以上单位构成的组合形式的单位。

(6)由词头和以上单位所构成的十进倍数和分数单位。

表3-5-2 我国选定的非国际单位制的单位

量的名称	单位名称	单位符号	换算关系和说明
时间	分	min	1min = 60s
	(小)时	h	1h = 60min = 3600s
	天(日)	d	1d = 24h = 1440min = 86400s
平面角	(角)秒	(″)	1″ = (π/64800) rad
	(角)分	(′)	1′ = 60″ = (π/10800) rad
	度	(°)	1° = 60′ = (π/180) rad
旋转速度	转/分	r/min	1r/min = (1/60) s^{-1}
长度	海里	n mile	1n mile = 1852m(仅用于航海)
速度	节	kn	1kn = 1n mile/h(仅用于航行)

续表

量的名称	单位名称	单位符号	换算关系和说明
质量	吨	t	$1t = 10^3 kg$
	原子质量单位	u	$1u = 1.660540 \times 0^{-27} kg$
体积	升	L	$1L = 1dm^3 = 10^{-3} m^3$
能	电子伏	eV	$1eV \approx 1.602177 \times 10^{-19} J$
声级	分贝	dB	
线密度	特(克斯)	tex	$1tex = 1 \times 10^{-6} kg/m$
土地面积	公顷	ha	$1ha = 10^4 m^2$

4. 常用的计量单位的表示方法(表3-5-3)

表3-5-3 常用计量单位正确表示方法和错误表示方法

量名称	单位名称	正确表示		常见错误表示	
		符号	中文符号	符号	中文符号
体积	立方米	m^3	米³	M^3	方、立方、立米
	升	L, (l)	升		公升、立升
质量	千克(公斤)	kg	千克	Kg	
	吨	t	吨	T	公吨
力	牛顿	N	牛	n	牛顿
压力 压强	帕斯卡	Pa	帕	PA, pa, pA, atm	大气压
	千帕斯卡	kPa	千帕	KPa, kpa	
	兆帕斯卡	MPa	兆帕	Mpa, mPa	
时间	秒	s	秒	S, (″)	
	分	min	分	(′)	
	小时	h	小时	hr, H	
	天(日)	d	天(日)	D	
温度	开尔文	K	开	°K	度、开尔文、开氏度
	摄氏度	℃	摄氏度	(°)	度
电能	千瓦时	kWh	千瓦时	KWH hph(马力小时)	度 $1hph = 2.65 \times 10^6 J$
流量	立方米每小时	m^3/h	立方米/小时	m^3/h, m^3/H	m^3/小时
	立方米每天	m^3/d	立方米/天	m^3/d, m^3/D	立方米/d
密度	克每立方厘米	g/cm^3	克/立方厘米	g/cm^3	g/立方厘米
	千克每立方米	kg/m^3	千克/立方米	Kg/m^3	kg/米³
转速	转每分	r/min	转/分	rpm	转分钟、转/min
物质的量浓度	摩尔每升	mol/L	摩尔/升	Mol/L	摩尔升

3.5.2 天然气计量系统

3.5.2.1 天然气计量系统仪表组成及作用

(1)天然气计量系统由流量计、流量计算机、温度变送器、压力变送器、色谱分析仪、上下游直管段及整流器等组成。

(2)天然气计量系统各类仪表的作用。

流量计：测量气体的流速或工况流量，将信号传输至流量计算机。属于流量测量仪表。

温度变送器：测温度，其测量结果影响气体密度、压缩因子等。相关知识见自控仪表篇。

压力变送器：测压力，其测量结果影响气体密度、压缩因子等。相关知识见自控仪表篇。

色谱分析仪：测组分，其测量结果影响气体密度、压缩因子、热值等。

流量计算机：利用气体的压力、温度、组分计算气体的工况密度、标准密度、压缩因子、热值等，计算气体工况流量，并将工况流量转换成标况流量。

3.5.2.2 流量测量仪表

流量计：通常指用于流量测量的仪表，也称流量表。

1. 流量测量仪表的分类

(1)按测量原理分类：

①按力学原理：分为差压式、浮子式、可动管式和冲量式、质量式、叶轮式、涡街式、旋进式等流量测量仪表；

②按热学原理：热分布式、散热效应式和冷却效应式流量测量仪表；

③按声学原理：超声式和声学式流量测量仪表；

④按电学原理：电磁式、电容式、电感式和电阻式流量测量仪表；

⑤按光学原理：激光式和光电式流量测量仪表；

⑥按原子物理原理：核磁共振和核辐射流量测量仪表。

(2)按测量方法分类：

①面积式流量计；②差压式流量计；③速度式流量计；④容积式流量计。

(3)按结构分类：

①差压式流量计；②容积式流量计；③浮子流量计；④叶轮流量计；⑤电磁流量计；⑥流体振动流量计；⑦超声流量计；⑧质量流量计。

2. 气体超声流量计

(1)工作原理：气体超声流量计是通过测量高频声脉冲传播时间得出气体流量的速度式流量计，让声脉冲在管道内向逆流和顺流沿斜线方向传播，分别测量它们的传播时间，其传播时间差与气体的轴向平均流速有关，从而使用数值计算技术计算出在工作条件下通过气体超声流量计的气体轴向平均流速和流量。图 3-5-1 是几种常见的气体超声流量计工作原理图。

(2)声道布置：声道布置方式有透过法、反射法、交叉法、平行法(图 3-5-2)，可根据生产现场实际需要进行选择。其中 Elster 超声波流量计声道布置方式为反射法，DANIEL、SICK、中核维思超声波流量计声道布置方式为平行法。

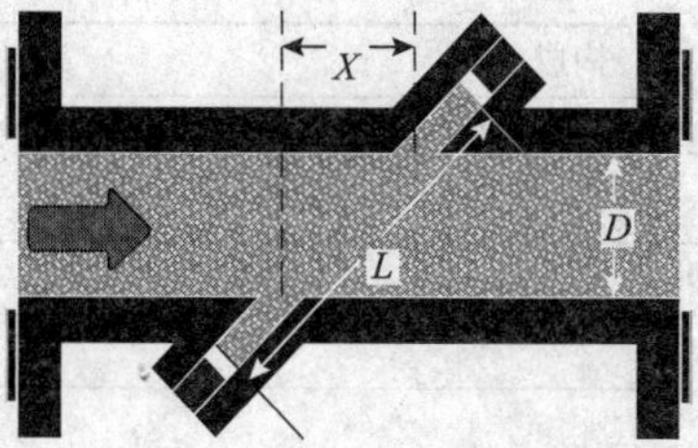

(a)DANIEL超声流量计工作原理图(单声道)

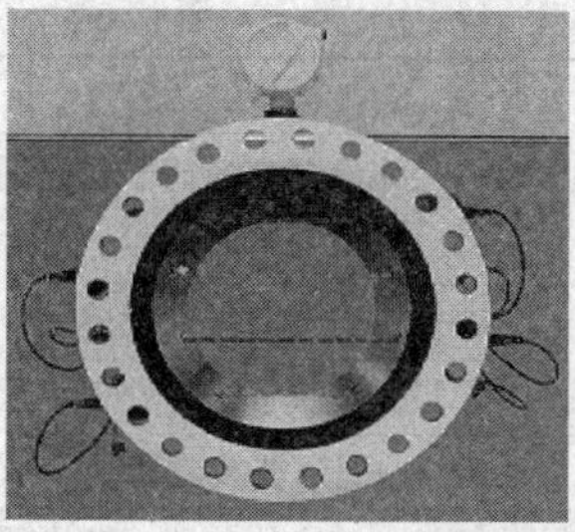

(b)DANIEL超声流量计工作原理图(四声道)

(c)Elster Q.Sonic-4超声波流量计工作原理图

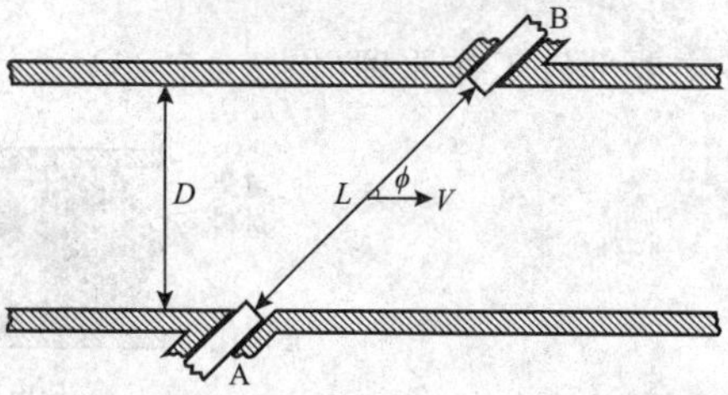

(d)Elster Q.Sonic-plus超声波流量计工作原理图

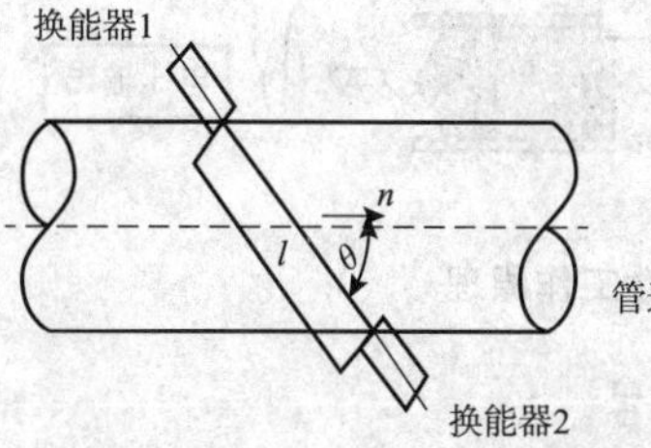

(e)中核维思系列超声波流量计工作原理图

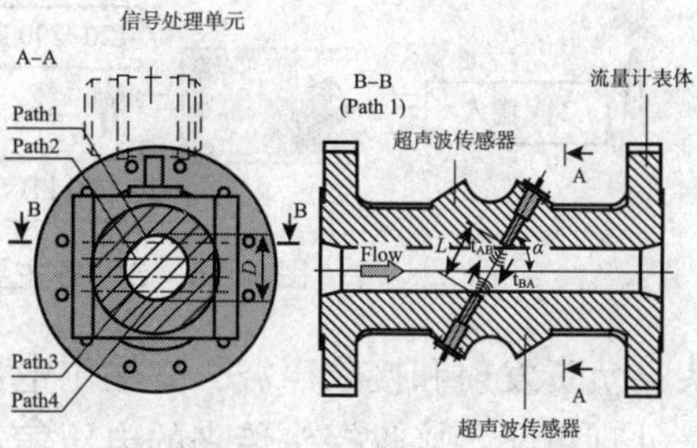

(f)SICK系列超声波流量计工作原理图

图3-5-1　气体超声流量计工作原理

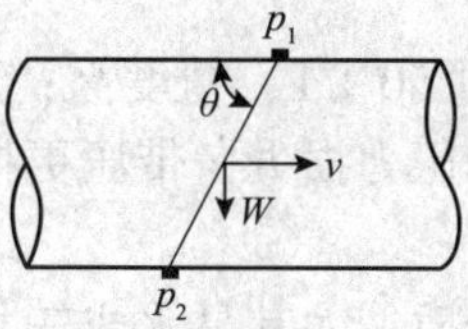

(a)Z法(透过法)

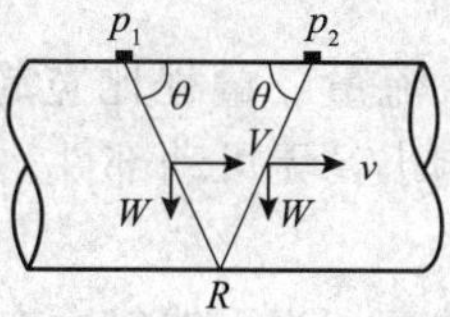

(b)V法(反射法)

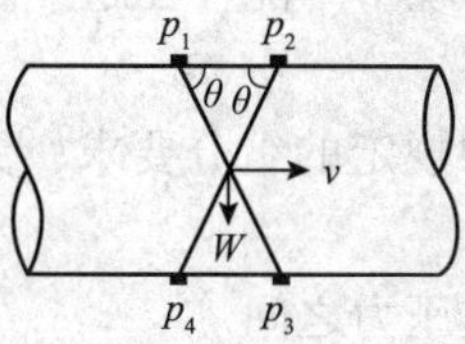

(c)X法(交叉法)

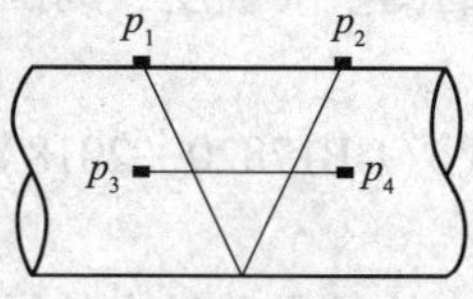

(d)ZV法

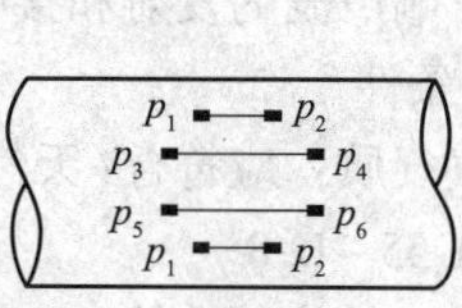

(e)平行法

图3-5-2　声道布置方式

(3)类型：插入式、管道式、外夹式、便携式、手持式、防爆型、超声热量计。目前常用的贸易交接用气体超声流量计多为插入式。

(4)结构：主要组成为流量计表体、超声换能器(探头)、信号处理单元。不同品牌及规格型号的超声波流量计结构基本相同，只是各部件名称略有不同。详见表3-5-4。

表3-5-4　超声波流量计结构

流量计类型	构成
DANIEL	表体、超声换能器(探头)、信号处理单元、流量计算机、压力变送器、温度变送器、色谱分析仪等辅助仪表
Elster Q. Sonic-4	本体、电子数据处理单元、超声换能器
Elster Q. Sonic-plus	流量测量室、信号处理单元(SPU)、探头
SICK	表体、超声波换能器、信号处理单元
中核维思系列	表体、超声换能器、转换器(信号处理单元 SPU)

(5)各主要部件工作原理(图3-5-3)

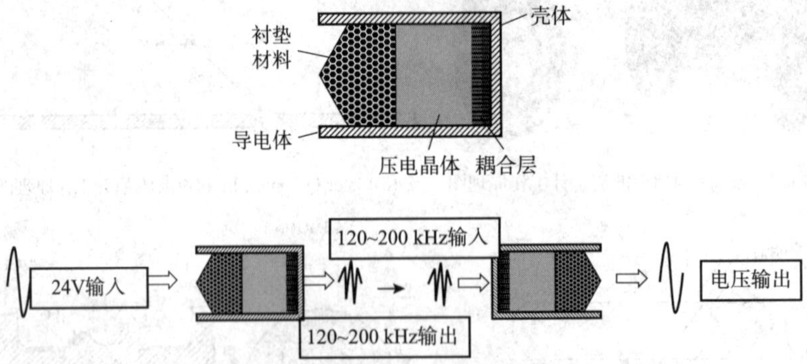

图3-5-3　各主要部件工作原理

①探头：负责发射和接收声波，并输出电压信号。

②信号处理单元：接收探头传来的电压信号、测量传播时间、测量气体流速、将信息传输至流量计算机。

(6)常见超声波流量计的外观结构图如图3-5-4所示。

(7)特点。

①优点：高压力、大流量、量程比宽超过50∶1、精度高；双向流，具有同等精度，抗干扰性强，受流态影响小，无可动部件，无压力损失，带压更换探头，不停气，同时不影响精度。

②缺点：对气质要求高。当天然气中有杂质，尤其是水或三甘醇等液体时，会附着在探头表面，影响声波的发射和接收的测量准确度，周围环境中不能存在超声波。

(8)工作条件。

①天然气气质：应符合《天然气》(GB17820—2018)中规定的组分要求，天然气的真实相对密度为0.55~0.8。

②压力：一般控制在铭牌上规定的最小和最大的操作压力之间。

③环境温度：流量计铭牌上规定的温度环境。

④气体流速：一般控制在0.3~30m/s。

⑤速度分布：应该处于紊流速度分布状态。

(9)安装要求。

①振动：流量计的主板、探头、其他零部件有自振频率，安装环境不能激发这些部件的自振频率。

②电子噪声：超声波流量计本体和导线不能暴露在电子噪声中。

(a)Elster Q.Sonic-plus超声波流量计外部结构图

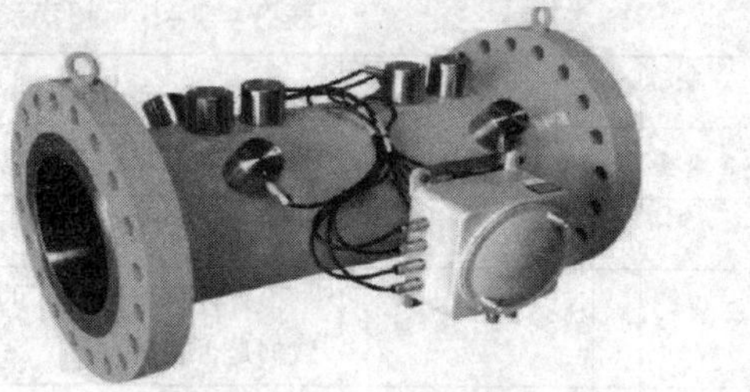

(b)Elster Q.Sonic-4超声波流量计外观图

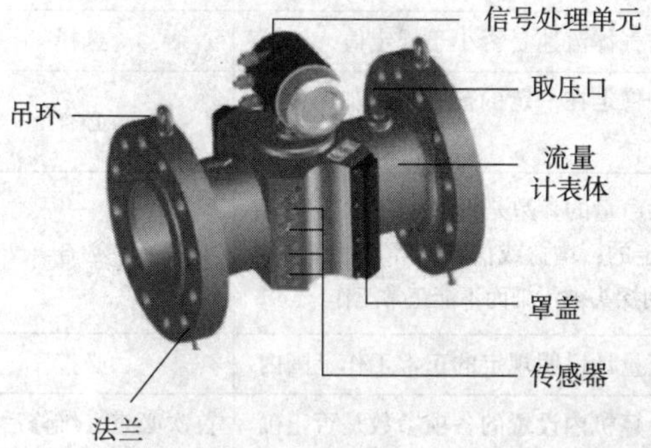

(c)SICK超声波流量计外部结构图

(d)DANIEL3400超声波流量计外观图

(e)DANIEL3414超声波流量计外观图

(f)中核维思CL-1-4S超声波流量计外观图

(g)中核维思CL-2-2超声波流量计外观图

图3-5-4 常见超声波流量计的外观结构

③声学噪声：周围环境中不能有高强度的超声波，否则影响流量计的正常运行。

④管道的安装：管道的安装应注意上下管道的配置。

⑤温度计套管：流量计下游法兰面到温度计套管的距离应在2～5*D*(*D*为套管直径)，若双向流，应在3*D*的位置。

(10)测量准确度影响因素。

流量计的测量准确度受下列因素影响：

①流量计表体几何尺寸和超声换能器位置参数的准确度。

②流量计设计中所采用的积分技术。

③速度分布剖面性质、气流脉动程度和气体均匀度。

④传播时间测量准确度。

(11)日常维护检查见表3－5－5。

表3－5－5　超声流量计日常维护检查的参数和方法

序号	检查参数	检查方法	备注
1	工作温度	按相关要求检查温度测量系统是否正常	必查
2	工作压力	按相关要求检查压力测量系统是否正常	必查
3	组分	检查计算机内输入的天然气组成数据或在线分析系统的分析数据是否正确	必查
4	系数	是否与检定证书一致	必查
5	声道运行状态	检查各声道的参数，确认各声道运行是否正常	必查
6	零流速读数	在零流速下各声道所测得的气体流速是否小于规定值	选择
7	声速	检查各声道所测的声速是否稳定在一定的范围内，如果发生跳变，表明存在故障	必查
8	增益值/噪声	检查反映背景噪声和/或电噪声量的参数是否稳定在正常范围，通常情况下增益应该是相对稳定的；增益或信噪比等不能超出说明书规定的技术范围，否则表明探头被污染而不能正常工作	必查
9	流速	检查气体流速是否在超声流量计说明规定的正常工作范围内	必查
10	流量参数核查	首次安装时必须检查流量计算机内设置的各项参数是否正确	首次必查，维修后必查

3. 涡轮流量计

(1)工作原理：当气流进入流量计时，首先经过机芯的前导流体并加速，在流体的作用下，由于涡轮叶片与流体流向成一定角度，此时涡轮产生转动力矩，涡轮克服阻力矩和摩擦力矩后开始转动。当诸力矩达到平衡时，转速稳定，涡轮转动角速度与流量成线性关系。

对于机械计数器式的涡轮流量计，涡轮轴承的转动通过磁耦合机构转化成机械表头内齿轮的转动，经多级齿轮减速后带动计数器旋转计数，显示出被测气体的工况累积量。

对采用电子式流量积算仪的流量计，当涡轮叶轮旋转时，通过高频接近传感器(由旋转的发讯盘或信号传感器以及放大电路)输出代表涡轮旋转速度的脉冲信号，叶轮旋转的速度与高频信号数成正比，通过检测高频脉冲信号数得到被测气体瞬时流量，即

$$f = KQv,\ Qv = f/K \qquad (3-5-1)$$

式中，K为涡轮流量计的仪表系数，其含义为单位体积流体通过流量计时输出的脉冲数，在流量计的使用范围内，它应该是个常数，$1/m^3$；f为流量计输出高频信号的频率，Hz；Qv为工况下体积流量，m^3/h。

(2)结构：流量计本体、导流架、涡轮叶片、测量芯(轴承)、高频脉冲发生器、注油泵及注油管、磁耦合机构、取压口、测温套筒、计数器(机械表头)(图3－5－5)。

不同品牌及规格型号涡轮流量计结构基本相同，只是各部件名称略有不同。常见几种涡轮流量计外观图，详见图3－5－5(a)、图3－5－6。

①计数器。

工作原理：涡轮流量计叶轮带动轴承转动，通过磁耦合机构将轴承转动转化成表头内部的齿轮转动，机械表头内部齿轮转动带动机械表头计数器旋转，形成工况累积量的增加。涡轮流量计铭牌常安装在计数器处，具体信息见图3－5－7。

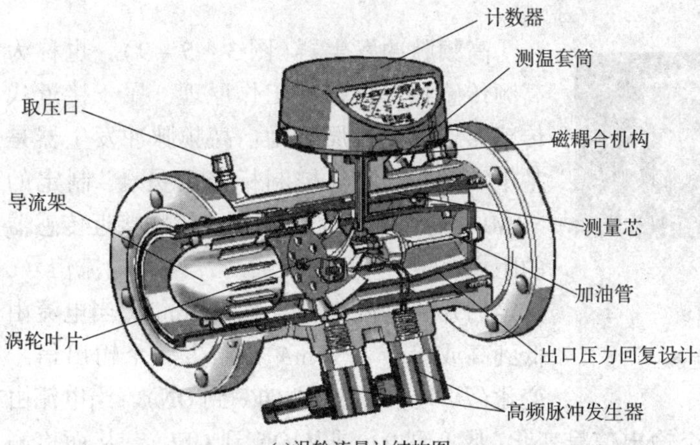

(a)涡轮流量计结构图

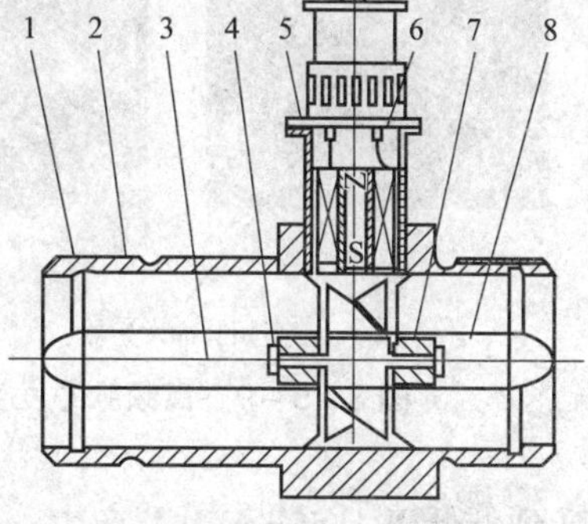

(b)涡轮流量计结构剖面图

图3-5-5　涡轮流量计结构图

1—紧固件；2—壳体；3—前导向体；4—止推片；5—叶轮；6—电磁感应式信号检测器；7—轴承；8—后导向体

FLUXI 2000剖切图

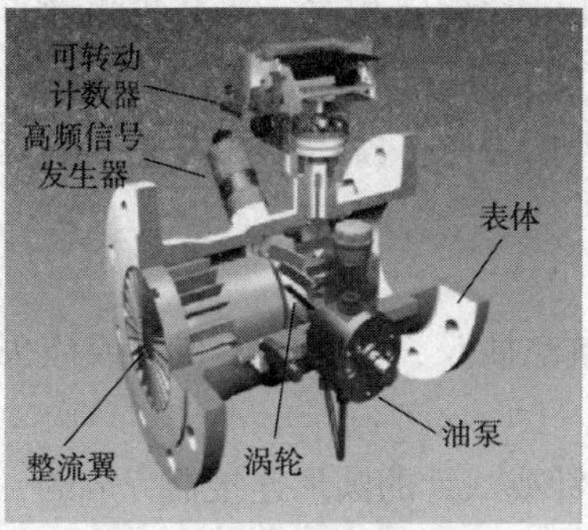

图3-5-6　涡轮流量计外观
(Itron系列涡轮流量计)

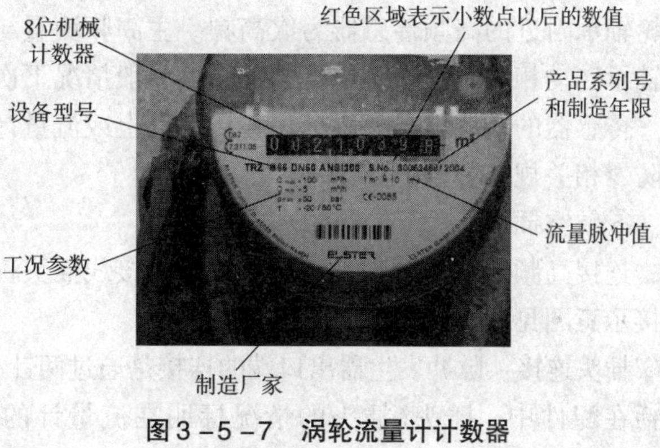

图3-5-7　涡轮流量计计数器

②低频脉冲发生器。

低频脉冲发生器，其实质上是带干簧片的开关。干簧管是一种磁敏的特殊开关，它的两个触点由特殊材料制成，被封装在真空的玻璃管里。当用磁铁接近时，干簧管的两个节点就会吸合，电路导通，输出信号。涡轮流量计叶轮带动轴承转动，通过磁耦合机构将轴承转动转化成表头内部的齿轮转动，因齿轮转动，带动对应磁铁旋转，接近或者离开干簧管，导致干簧管闭合、断开，从而产生脉冲信号。另外，每立方米的脉冲数(C_p值)标在铭牌上。参见图3-5-8。

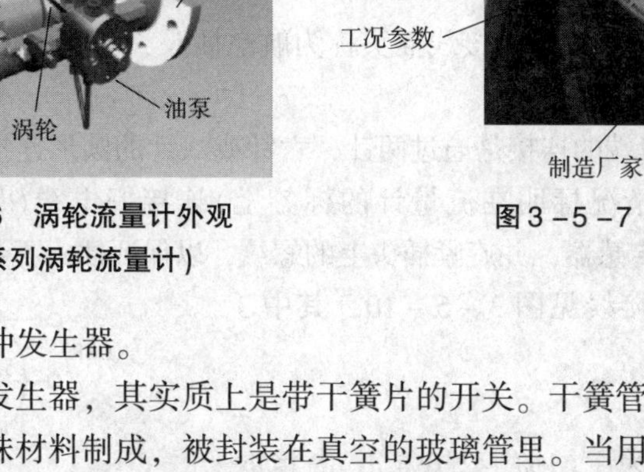

U_{max}=24V

I_{max}=50mA

P_{max}=0.25W

R_i=100Ω(绝缘保护)

图3-5-8　低频脉冲发生器(带簧片开关)原理图

③高频脉冲发生器。

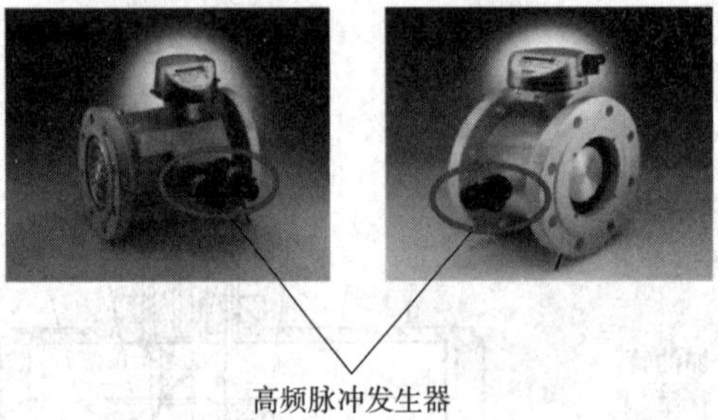

图3－5－9　高频脉冲发生器

高频脉冲发生器(图3－5－9)，也称为高频传感器，根据其工作原理，属于接近式传感器。其工作原理为：高频脉冲发生器是基于“德国测量与控制标准委员会”制定的NAMUR标准设计的，根据金属物接近传感器的距离，会产生一个1.2～2.1mA电流信号，标定的开关电流典型值为1.55mA，当电流由低到高或等于1.75mA会产生一个输出信号变化(从0到1，或从OFF到ON)，当电流由高到低低于1.55mA时，产生一个输出信号变化(从1到0，或从ON到OFF)，从而检测金属物是否接近。涡轮流量计叶轮的金属叶片接近或者远离传感器，产生电流信号，形成脉冲传输至流量计算机。

④ 主高频与次高频。

双高频是指有两个高频传感器，一般安装在叶轮附近的高频传感器为主高频，安装在涡轮轴承附近的高频传感器为次高频。主高频测量与涡轮叶片旋转相关，次高频测量与涡轮轴承转动相关。因安装位置的关系，一般情况下次高频约为主高频的一半。

传感器的接线情况一般标识在传感器上或流量计铭牌信息中。使用脉冲发生器时应遵守防爆相关规范要求。

⑤航空插头。

连接高频传感器至流量计算机线缆的接线插头称为航空插头，插头的俯视图或插头的焊接示意图见图3－5－11。

插头连接：脉冲发生器出口端的连接是通过两针、六针或八针的圆形连接器完成的，它包括在配件中。插头(插头的情况标明在流量计的标签上)连接好电线(最大截面直径：0.35mm^2)后，将插头插入高频传感器，并旋紧插头上的螺纹，以保证插头不会被轻易拔出。

例：高频传感器航空插头接线见图3－5－10，其中3号端子为正，5号端子为负。

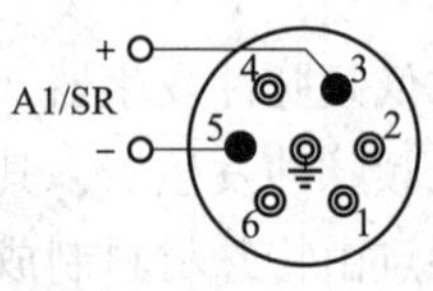

图3－5－10　航空插头接线图

(3)主要优点：

①精确度高：全量程一般为±(1%～2.0%)，高精度型为±(0.5%～1.0%)；属于高精确度的一种。

②重复性好：一般可达0.05%～0.2%，由于其具有良好的重复性，通过经常校准或在线校准后可达到极高的精确度，因此是贸易结算中优先选用的流量计之一。

③范围度宽：中大口径一般可达20∶1以上，小口径为10∶1，始动流量也较低。

④压力损失较小：在常压下一般为0.1～2.5kPa。

⑤结构紧凑，体积轻巧，安装使用比较方便，流通能力大。

⑥可采用多种显示方式，可只带机械计数器或只配普通型流量积算仪，也可在机械计数器上增加温压补偿仪，或只带温压补偿仪，且可长期采用电池供电，使用方便。

⑦由于一般采用脉冲频率信号输出，适于总量计量及与计算机连接，无零点漂移，抗干扰能力强。同时若采用高频信号输出，可获得很高的频率信号(3～4kHz)，信号分辨力强。

(4)主要缺点：

①要长期保持校准特性，需要定期校验。介质中含有的悬浮物或腐蚀性成分，会造成轴承磨损及卡住等问题，会改变其精度并限制其适用范围，虽然采用耐磨硬质合金轴和轴承后情况有所改进，但此问题还是存在。因此必须定期校准，对于贸易储运和有高精度测量要求的，最好配备现场校验设备。

②定期加油以保证轴承的充分润滑，以保证计量精度和延长使用寿命。

③介质的物理特性(如密度、黏度等)对涡轮流量计的特性有较大影响。气体流量计易受密度影响，与温度、压力关系密切，因此要进行温压修正。

④涡轮流量计受流场分布影响较大，因此对入口无整流器的流量计应按要求对传感器的上下游侧设置直管段，对入口设计有整流器的流量计也应按使用说明的要求设置直管段长度。

⑤不适合于存在较强脉动流的场合使用，也不适于混相流的测量。不允许使用在存在快速开关的场合。

⑥对被测介质的清洁度要求较高，需按要求安装过滤器，但这也带来压损的增大。

(5)工作条件：

①环境温度应该为 $-25\sim55$℃。

②流量计尽可能远离脉动和振动的测量环境。

③在安装流量计及其相关的连接导线时，应避开可能存在电磁干扰或较强腐蚀性的环境。

(6)安装及操作使用注意事项：

①流量计一般为水平安装，也可以垂直和任意角度倾斜安装。流量计建议水平安装，计数器向上；在竖直安装时，通过流量计的气体流向应从上到下(注意：如果有的话，油泵应旋转90°)。

②安装时，被测介质流向应与流量计外壳的流向标志相同，进、出口不得反装。

③被测介质较脏时，在流量计上游应安装效果良好的气体过滤器或过滤筛，过滤器的结构和尺寸应能保证在最大流量下产生尽可能小的压力损失和流态改变。使用过程中，应检测过滤器差压，定期进行污物排放和清洗，确保过滤器在良好的状态下工作。

④流量计上游宜具有最短 $10D$(D 为管子直径)的直管段长度，且流动调整器(也称整流器)宜安装在流量计上游 $5D$ 处，多为法兰夹装式多孔整流板。流量计下游直管段长度至少为 $5D$。

⑤流量计安装在室外时，其上部应有遮盖物，以免雨水渗入或烈日晒而影响流量计的正常使用。

⑥流量计安装应避开电磁干扰和较强腐蚀性的环境，避开振动和脉动流的测量环境。

⑦流量计安装前应根据流量计使用要求，审核使用环境条件，选择安装的位置时尽量减小管路安装时产生的应力，在有液体的地方，应采取措施防止液体积聚，应便于流量计的维护及检修。

(7)测量准确度影响因素：

①轴承摩擦力的大小。

②气体黏度变化。

③气体密度变化。气体密度变化可能带来流量计范围度、压力损失以及准确度的变化。

④气体温度、压力的变化。当工作时流体的温度、压力与校准或检定时的温度、压力

有显著不同时，将引起系数变化。

⑤介质脏污的影响。

⑥管道安装结构的影响。

⑦脉动的影响，应尽量把流量计设置在远离脉动的地方，或者在脉动源后附加脉动衰减器。

(8)日常维护保养及检查：

①流量计投入使用前，应按相应国家标准或规程进行检定或实流校准。

②涡轮流量计运行过程中，注意听涡轮是否有异响，若有，仔细分析，判断原因，并排除。

③检查流量计的脉冲输出信号，并与一次指示装置(机械表头)进行对比。

④检查涡轮流量计机械表头计数器是否转动正常，有无卡顿现象。

⑤涡轮流量计维护过程中禁止转动机械表头。

⑥涡轮流量计的检查周期取决于气质状况，应结合运行实际情况确定适当的检查周期。

⑦注油润滑维护要求：

由于涡轮流量计轴承自身存在摩擦力，在无润滑情况下长期连续运行，会造成磨损，阻尼力增加导致运行变慢，计算结果产生误差并且缩短运行使用寿命，因此在使用过程中要注意对涡轮流量计轴承的维护。应按照厂家规定的润滑油加注周期、数量和品种进行定期加油维护。

注油润滑前应检查润滑剂等级、质量和黏度是否符合制造厂要求。润滑油的具体型号有：Shell Voltol Gleitoel 22、ShellRisella D15、Shell Tellus T15。其他不含树脂、没有酸性、黏度在20℃时大约为30cst($1cst = 1mm^2/s$)凝固点低于−30℃的润滑油，以及其他等同性质的润滑油也可以使用。

需按时给油腔补充加油以确保没有空气进入流量计润滑油管道系统。油泵必须与水隔绝，不得有进水现象。(注意加油孔盖子上的粘贴物或螺钉须紧固完好)。

加油步骤如下：

a. 先检查油量是否合格，再检查油质是否合格；

b. 分析判断原用润滑油的类型，选择适用的润滑油；

c. 逆时针旋转油杯盖，卸下油杯盖在油杯盖内加注适量的润滑油，顺时针旋转油杯盖，用棉纱清洁流量计表面的灰尘油污。加润滑油的次数取决于运行条件、气质情况及日常的操作。通常情况下，应至少3个月加注一次润滑油，润滑周期及油的用量可参照下表。对于长期不运转的涡轮流量计，注油量、注油周期等可以适当调整。润滑周期及用量的说明见表3−5−6。注油操作按照油泵的操作说明书进行。拉杆式油泵，用手向外拉油泵的手杆直到停止，再向前推动手杆一次即一个冲程。按钮式油泵，用手向下按压一次按钮即一个冲程。

表3−5−6 润滑周期及用量的说明

DN50(elster)	DN50−DN200(elster、Itron)
按钮式油泵(型号：PM04)	拉杆式油泵(型号：HP03)
15个冲程/3个月	4个冲程/3个月
初次运行的润滑：30个冲程	初次运行的润滑：10个冲程

(9)常见故障及解决方法：

1)不计量。

①流量计有气流通过，但机械表头不运转，流量计算机不计量，则为流量计的叶轮被卡，需拆卸检查。

②流量计有气流通过，机械表头运转正常，流量计算机不计量，则为流量计的脉冲信号异常，可能为脉冲航空插头松动、接触不良，或高频传感器内部焊接的接线柱脱焊、高频传感器异常等。

③管道内的气体流量已超过流量计的最大量程，流量计算机无法计量，出现超量程报警。

④涡轮流量计输出脉冲信号异常，流量计算机不计量或者流量计算机累积的工况累积量远远少于机械表头的累积数据，则需要检查涡轮流量计高频传感器及航空插头的接线，并测试相应的电压、电流等参数，如果航空插头连接正确、极性正确，则说明涡轮流量计高频传感器内部的电路出现了故障。

⑤流量计算机故障，可能是流量计算机组态丢失，或者是硬件出现故障。

2)计量工作不稳定或不准确。

①流量计已超过检定周期，未能及时进行标定。

②管道内气质脏污或润滑清洗不够等，造成叶轮上的轴承磨损，导致计量不准确，计量误差增大。

③涡轮流量计脉冲信号线路异常，有偶发丢量问题。

④气流通过时，涡轮流量计有异常的噪声或者振动，可能是涡轮叶轮或叶片有不规则的转动或者计数器被阻塞而损坏了机械部件。如果需要检查涡轮流量计的内部，需要放空管段压力后实施。

⑤流量计算机有温度、压力或其他报警等，未及时消除，导致流量计算机参数出现偏差，甚至是不计量。

3)涡轮流量计机械表头故障。

①如果涡轮流量计内部机械转动正常(高频信号正常、没有明显的噪声或振动)，但是机械表头不转动，则可以在管线带压的情况下对机械表头进行检测。注意：大多数情况下，机械指示头是有铅封的，维修后需要重新铅封。

②如果涡轮流量计的机械表头里有过多的凝结液，则需更换机械表头的密封硅胶，可取掉机械表头颈部下面的排污/放空螺钉，排除过多的凝结液。

4. 腰轮流量计

(1)工作原理。图3-5-11为腰轮流量计工作原理图。

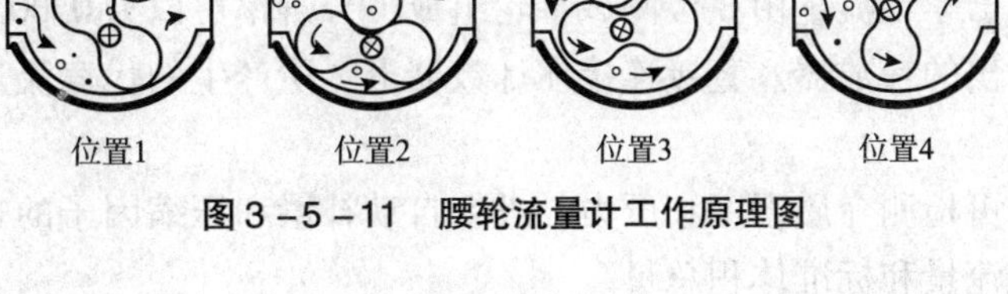

图3-5-11 腰轮流量计工作原理图

位置1：当下转子以反时针方向转向水平位置时，气体进入壳体和转子的空间。

位置2：下转子转至水平位置时，计量室底部室内存有一个固定量的气体。

位置3：当上、下转子继续旋转时，计量室底部室内气体被排出。

位置4：与上述过程同时，上转子以顺时针方向转至水平位置时，计量室上部存有与计量室底部相同体积的气体，每对转子转一圈，排出等体积气体4次。

当被测气体流过流量计，在入口和出口产出压差，驱动腰轮转动。在这期间，腰轮和壳体内壁形成密闭空间——计量腔，周期性地充气和排气。腰轮的转数与流过流量计的气体体积成正比，腰轮的旋转经由磁电转换器变为电脉冲信号，根据气体状态方程式换算标况累积流量。

由于气体腰轮流量计的计数器显示的读数值为输气管路实际工作压力、温度下的体积，所测温度、压力不同，同一读数所反映的体积也不同，因此把工作状态下的压力、温度测得的体积换算成标准状态下的体积，其换算公式如下：

$$Q_n = \frac{293.15}{T_1} \times \frac{P_1}{P_a} \times Q_S \qquad (3-5-2)$$

式中，Q_n为气体标准体积流量，m^3/d；T_1 为流量计工作状态下气体的平均温度，K；P_1为流量计工作状态下气体的平均压力，MPa；P_a 为标准大气压，$P_a = 0.101325$MPa；Q_s 为工作状态下流量计的指示值，m^3/d。

(2)结构：气体腰轮流量计由表体组件、附件两大部分构成(图3-5-12)。

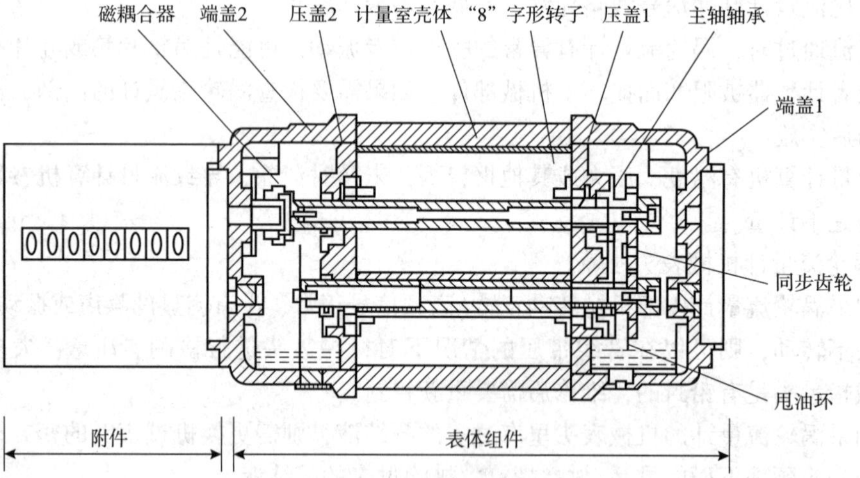

图3-5-12 气体腰轮流量计结构示意图

①表体组件：计量室壳体、一对“8”字形转子、端盖1、端盖2、压盖1、压盖2、同步齿轮、磁耦合器、主轴轴承、甩油环等主要零部件组成，两个端盖兼作储油器，甩油系统可以对主轴承、同步齿轮进行清洁和润滑。

②附件：计数器累计流量由8位测试字轮组成，分辨率可以为0.002m^3或0.02m^3。

带电路脉冲输出的计数器。直接连接在计数器上，所产生的代表流量的低脉冲信号可用于远传读表。

流量补偿仪。可检测介质温度和压力，进行自动补偿和压缩因子的自动修正，直接检测气体的标准体积流量和标准体积总量。

(3)优点。

①长：使用寿命长，可达20年，体积计量精度保持不变，不需调整。

②宽：范围宽，(23：1)~(24：1)，精度不受压力和流量变化的影响。

③高：精度高(低于5% Q_{min}，±1%；高于5% Q_{min}，±0.5%)，经过精密加工的非磨损计量腔和转动部件，保证了腰轮流量计的精确计量。

④低：始动流量较低(30~100mL/h)，保证计量不丢量，减少输差。

⑤小：压力损失小(小于30mm水柱)。

⑥独特的磁信号耦合方式，实现了全量程的温度和压力自动补偿(配补偿仪)。

⑦具有成熟的电话网络通信功能，可满足管理自动化的需要(配补偿仪)。

⑧是一种容积式流量计，对直管段无要求。

(4)缺点：

对介质精度要求比较高，需安装过滤器并定期加油。

(5)安装使用要求：

①安装前检查转子是否灵活、清除管道内的杂质，避免异物进入流量计。

②安装时，密封垫不得突入管道中，流量计与管道轴线目测不得有明显偏差，不产生安装应力。

③安装完毕，要检查转子是否旋转灵活，否则拆下清除杂物重装，正确安装后，应按要求注入专用润滑油，并注意补充润滑油(一般周期为3~5年)。

④腰轮流量计无论是水平安装还是垂直安装，上游必须配置过滤器，垂直安装时，介质进口端在上方，水平安装时，进口端轴线不得低于管道轴线。

⑤腰轮流量计视镜中的油位最低不得低于视镜中心线3mm。

⑥腰轮流量计允许过载是20%，但持续时间不得超过30min。

⑦腰轮流量计更换重要元件后，恢复使用前，必须重新检定。

(6)日常维护保养及检查。

长时间下仪器的性能会大大地降低，腰轮流量计的用户需要懂得仪器的日常维护和保养，用户自己经常对仪器进行维护和保养，可以保证仪器工作在最佳状态。

1)腰轮流量计日常维护与保养。

腰轮流量计无须经常性地维护与保养，只要对减速器或调整机构以上部分的轮系经常加润滑油，就能保证仪表正常运行。

①润滑油：硅油或钟表油。

②加油周期：连续运行的流量计每隔半年加油一次；断续运行的流量计每隔一年加油一次。对有加油孔的流量计需每半月加油一次，每次加油不得少于10mL。

2)腰轮流量计运行时的维护与保养。

为了延长使用寿命和计量的准确性，运行过程中应注意做好以下工作：

①清洗过滤器：保证过滤器处于良好的工作状态，是流量计正常运转的必要条件，运行过程中观察过滤器前后的压力损失，当压力损失大于0.05MPa时，就应当清洗过滤器；若过滤器前后无压力表，可视流量大小判别是否需要清洗过滤器，在其他条件不变的情况下，流量示值比预定值下降30%时，就应当对过滤器拆开清洗。

②在流量计铭牌规定的流量和压力范围内使用，不要超限。

流量计允许的过载能力是20%，但不得超过30min。长期过载运行，将会加速内部的磨损，并有可能降低计量精确度。

③注意鉴别流量计内部有无异常声音。正常运转时，振动与噪声甚小，如果振动与噪声加剧，应当停机检查原因。

④勿使液体倒流。

(7)常见故障及排除方法见表3－5－7。

表3－5－7　腰轮流量计常见故障及排除方法

<table>
<tr><th>序号</th><th colspan="3">故障类型</th><th>故障原因</th><th>排除方法</th></tr>
<tr><td rowspan="9">1</td><td rowspan="9">表头死机（积算仪）</td><td colspan="2">液晶显示乱码或压力和温度、瞬时量和总量均维持不变。</td><td>(1)液晶板损坏；(2)CPU的时钟晶振损坏</td><td>更换相关元件</td></tr>
<tr><td colspan="2">液晶空白无显示</td><td>(1)电源供电故障；(2)14位串行计数、分频、振荡器(4060集成块)和相应的晶体振荡器出问题(32.768kHz晶振)</td><td>更换4060集成块或32.768kHz晶振</td></tr>
<tr><td rowspan="7">无流量信号</td><td rowspan="3">表头有瞬时量显示，但接上电源时脉冲放大无输出</td><td>电源供电异常</td><td>检查外部电源是否是24V</td></tr>
<tr><td>接线错误</td><td>按说明书接线</td></tr>
<tr><td>外部仪器不匹配</td><td>更换相关元件</td></tr>
<tr><td rowspan="4">表头无瞬时量显示</td><td>压电晶体探头或前置放大器损坏</td><td>更换相应元件</td></tr>
<tr><td>线圈或前置放大器损坏</td><td>更换相应元件</td></tr>
<tr><td>磁阻传感器或前置放大器损坏</td><td>更换相应元件</td></tr>
<tr><td>TBQZ系列可能是叶轮卡住不转</td><td>及时清理</td></tr>
<tr><td rowspan="5">2</td><td colspan="3" rowspan="5">流量信号不稳定</td><td>对于TDS系列压力、温度波动正常，前置放大器灵敏度过高或过低</td><td>更换探头或前置放大器</td></tr>
<tr><td>用户本身气流不稳定</td><td>解决气流不稳定</td></tr>
<tr><td>场所有不稳定的振动或电气干扰</td><td>消除不稳定振动和干扰</td></tr>
<tr><td>仪表接地不良</td><td>确保接地正常</td></tr>
<tr><td>前置电源不稳定</td><td>电源控制在2.3～3.3V</td></tr>
<tr><td rowspan="3">3</td><td colspan="3" rowspan="3">管道中无流量，但有信号输出</td><td>管道有振动或其他强电及地线干扰</td><td>减少振动，排除干扰</td></tr>
<tr><td>仪表受旁通气源波动影响</td><td>提高下线截止频率</td></tr>
<tr><td>压力波动引起的瞬时量高于用户的最小量</td><td>更换流量计</td></tr>
<tr><td rowspan="2">4</td><td colspan="3" rowspan="2">关闭仪表上游阀门，表头仍有流量信号</td><td>前置放大器灵敏度过高或自激</td><td rowspan="2">检查线路或更换放大器</td></tr>
<tr><td>压电晶体与前置放大器之间接地不良或断线</td></tr>
</table>

续表

序号	故障类型		故障原因	排除方法
5	流量值与实际不符		仪表系数不正确或相关参数变动	输入正确的系数或参数
			用户气量低于或高于流量计正常范围	调整管道流量或更换流量计
			流量计本身系数超差	重新标定流量计
			高压仪表未进行压缩因子修正	输入相关参数加以修正
6	二次仪表与一次仪表无法通信		一次仪表与二次仪表通信序号不一致	调整序号
			一次仪表未加外电源或两根线接错	加24V外电源，正确接线
			一次或二次仪表通信芯片485损坏	更换485芯片
			通信电缆线两线之间分散电容过大	更换通信电缆
7	有流量信号但无4~20mA输出		一次仪表未加24V输出	正确接线
			接线错误，导致D/A转换集成块或V-I转换集成块损坏	更换损坏的芯片
8	压力、温度示值异常	压力正常，温度异常	温度传感器损坏	更换传感器
		温度正常，压力不正常	仪表参数设置错误	按前表盖内部标签上的参数输入
			压力传感器因介质过压而损坏	更换传感器
			电路中电子模拟开关4052损坏	更换4052集成块
			压力传感器三通阀未打开	打开三通阀
			压力传感器接线错误	正确接线

5. 质量流量计

(1)分类：质量流量计大致分为两大类：一类是直接式质量流量计，直接得到与质量流量成比例的信号，即检测元件能够直接反映出质量流量的大小；另一类是补偿式或推导式质量流量计，是一种体积流量测量装置，它的输出经过补偿后换算成质量流量。

(2)直接式质量流量计工作原理：直接式质量流量计有差压式、科氏力式、动量式等，主要介绍科氏力质量流量计。

科氏力质量流量计结构：科氏力质量流量计的整个测量系统一般由传感器、变送器以及数字式指示累积器三部分组成 。

科氏力质量流量计特点：①可直接测量质量流量，与被测介质的温度、压力、黏度及密度等参数变化无关；②无可动部分，可靠性较高，维修容易；③线性输出，测量精确度高，可达±(0.1%~0.2%)；④可调量程比宽，最高可达1：100；⑤适用于高压气体和各种液体的测量。

(3)补偿式质量流量计：是在分别测量几个相应参数的基础上，再通过一定形式的数学运算而间接推导出质量流量。

①流速－密度补偿法：根据质量流量基本方程式 $M=A\rho v$ 分别测量出流体密度与流速，就可以间接得到质量流量 M。

②压差－密度补偿法：根据质量流量基本方程式 $M=A\rho v=\rho Q$，只要分别测量出流体密度 ρ 和体积流量 Q，就可以间接得到质量流量 M。

(4)工作条件：

①工作介质温度为－40～93℃，同时介质温度应保持在烃露点温度以上。

②环境温度控制在－25～55℃。

(5)安装使用注意事项：

①环境温度：在极限环境温度下，应采取措施对流量计进行保护 。

②振动：避免把流量计安装在环境振动频率与振动管固有振动频率发生谐振的场合。

③多台流量计相互影响：多台流量计串联或并联安装时，每台传感器的振动可能会相互影响，从而影响输出的测量结果。可以通过改变管道、安装隔离阀或/和使用支撑来隔离或抑制振动。

④电子干扰：既不要暴露在干扰的环境中，也不要与干扰源(电磁干扰、无线电频率干扰、电磁线圈顺变等)连接。

⑤接地要求：屏蔽接地，应选择合适的接地点；交流工作接地电阻不大于4Ω；安全保护接地电阻不大于4Ω。

6. 气体流动调整器

(1)作用：用于消除气体流量计上游阻流件对流态的干扰，调整管道内气体的流态，使之成为流量计准确计量所需的平行对称的充分发展的紊流速度分布。

(2)类型：目前主要有三种类型的调整器。

①消除旋涡为主。径向叶片式、栅格式(AMCA)、4～8 根管束式、压损式。

②消除旋涡和改善中等程度速度分布畸变。板式(单板和多板)、9 根或以上管束式和管板式、压损式。

③消除旋涡和改善严重程度速度分布畸变。平板交叉式(赞克)、三菱式、压损式。

(3)安装要求：与超声流量计相匹配的板式整流器的安装位置和前后直管段长度应符合 GB/T 18604—2014 的规定，板式整流器在超声流量计前 $10D$(D 为管子直径)直管段处。除板式整流器外，流量计的安装应保证其上游直管段长度为≥$30D$(包括整流器在内)，下游直管段为≥$10D$。整流器的法兰为 JB/T82.2 凹面法兰，采用 O 形橡胶圈密封，具有良好的对中性。

7. 流量计直管段

(1)作用：调整气体在管内的流动状态处于紊流状态，确保测量的准确性。

(2)材质要求：直管段选用 16Mn 材质，法兰及配对法兰材质选用 16MnⅡ材质，配对法兰应考虑与用户工艺管线钢管的可焊性能。管子选用无缝钢管。采购的原材料进厂后进行 100% 的复验，化学成分分析，机械性能及冲击(或低温冲击)复验，复验合格后才能使用。

(3)加工要求：法兰根据锻件级别进行相应的无损检测，直管段焊接完成后，所有对接焊缝必须进行 100% RT 射线无损检测和 100% UT 超声无损检测，RT 检测达 JB4730 Ⅱ级合格，UT 检测达 JB4730 Ⅰ级合格。所有角接焊缝进行 100% MT 磁粉无损检测，达到

JB4730 Ⅰ级为合格。

精加工合格的直管段必须符合 AGA №3 和 AGA №9 的有关规定，直管段的内表面粗糙度应优于 $Ra=3.2\mu m$，外表面的表面粗糙度优于 $Ra=6.3\mu m$，并保证两端法兰平行，螺栓孔同轴度 $\leqslant \phi 1mm$，法兰端面垂直轴心线的垂直度 0.05mm。内孔的尺寸公差为 ±0.1mm，内径加工公差 GB1804 的 H9 级精度加工；外径加工公差按 GB1804 的 m 级精度加工。直线度及圆度达 GB/T 1184 中的 D 级要求。

(4)安装精度要求：上、下游直管段、连接法兰及相邻流量计必须有相同的内径，其偏差应在管径的 ±1% 以内，且不超过 3mm。流量计及前后管段在组装时应严格对中，保证同轴度一致，并保持其内部流通通道的光滑、平直，不得在连接部分出现台阶及突入的垫片等扰动气流的障碍。与流量计匹配的直管段，其内壁应无锈蚀及其他机械损伤。

(5)安装长度要求：

①单向流情况下，紧邻超声波流量计的上、下游须安装一定长度的直管段，上游 30*D*、下游 10*D*，在流量计前 10*D* 处安装整流器(*D* 为管段直径)。

②双向流情况下，要求超声流量计的前后直管段的长度一致，均为 30*D*，且在流量计前、后 10*D* 处安装整流器。

③对于涡轮流量计，上游宜具有 10*D* 的直管段长度，流动调整器出口到流量计入口的直管段长度为 5*D*，流量计下游宜具有最短 5*D* 的直管段。

④如果空间受限，流量计应内置一体化流动调整器，流动调整器安装在流量计上游，最小直管段长度为 4*D*，流动调整器出口到流量计入口的直管段长度应不小于 2*D*，流量计可通过弯管或三通与立管之间的最大缩径为立管公称直径的一倍。阀、过滤器可安装在立管上，安装配置见图 3-5-13。

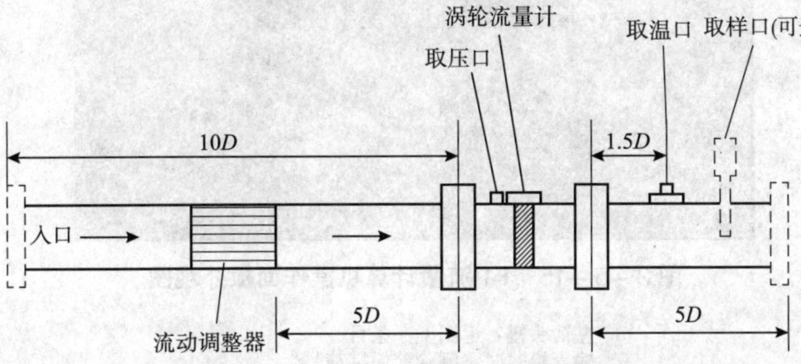

图 3-5-13 直通式流量计的安装配置

3.5.2.3 流量计算机

流量计算机的功能：利用气体的压力、温度、组分计算气体的工况密度、标准密度、压缩因子、热值等，计算气体工况流量，并将工况流量转换成标况流量。

常用流量计算机：目前我公司常用的流量计算机的型号有 FloBoss S600(+)、F1、FC2000、FC1、FLOW-X、FCL-3、FloBoss 107 型七种。

1. 各类计算机的图示及面板布局

(1)FloBoss S600(+)流量计算机外观及图示(图 3-5-14)。

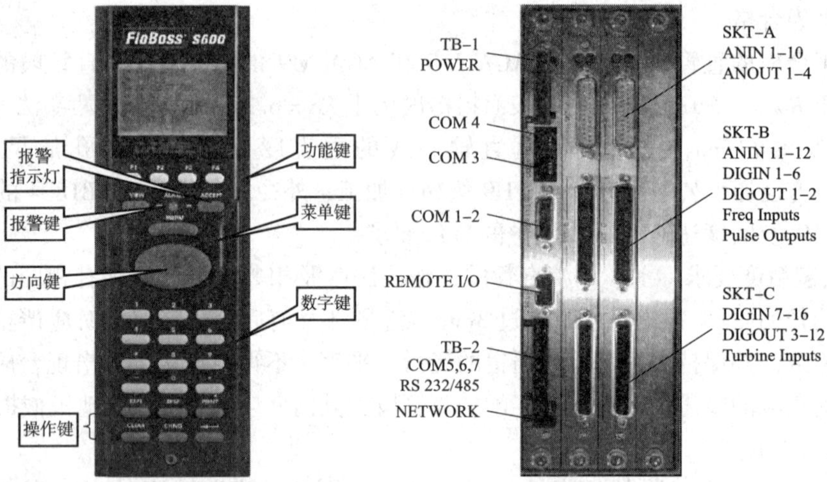

(a)前板图　　(b)背板图

图 3-5-14　FloBoss S600(+)流量计算机外观图

背板图中英文缩写的解释：POWER—电源；COM—通信口；REMOTE I/O—远程 I/O 接口；NETWORK—网络接口；ANIN—模拟量输入；ANOUT—模拟量输出；DIGIN—数字量输入；DIGOUT—数字量输出；Freq Inputs—频率输入；Pulse Outputs—脉冲输出；Turbine Inputs—涡轮输入

(2)F1 流量计算机操作面板外观及图示(图 3-5-15、图 3-5-16)。

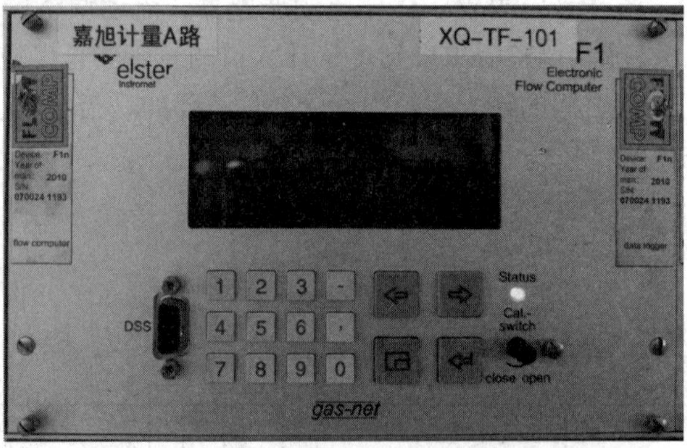

图 3-5-15　F1 流量计算机操作面板外观图

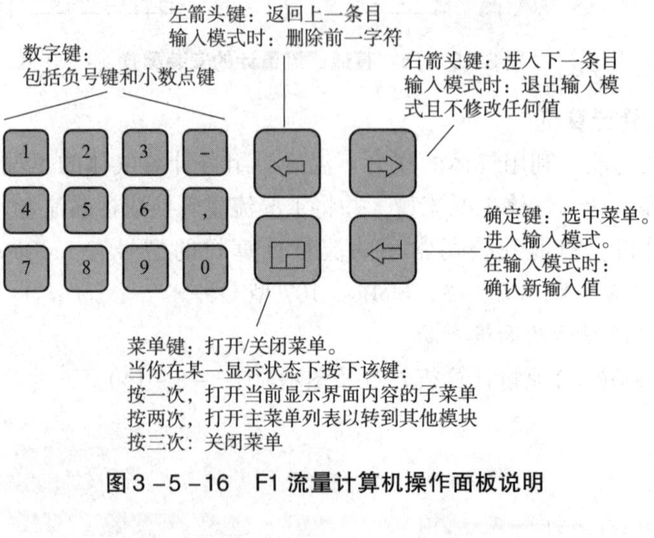

图 3-5-16　F1 流量计算机操作面板说明

F1 流量计算机 LED 灯的颜色、状态显示的含义见表 3－5－8。

表 3－5－8 LED 的颜色、状态显示的含义说明

LED 的状态	含义
红色闪烁	正在发生一个警告即发生一个影响体积修正的错误
黄色闪烁	正在发生一个警报即发生了一个事件但该事件不影响体积修正
绿色闪烁	在电源供电失败后的启动阶段出现一个绿色闪烁的灯
红色不闪烁	发生了一个警告但该警告已经不存在，接受该警告可以从错误列表中删除它
黄色不闪烁	发生了一个警报但该警报已经不存在，接受该警报可以从错误列表中删除它
绿色不闪烁	该设备正在无故障运行

(3)FC2000 流量计算机操作面板基本布局(图 3－5－17)。

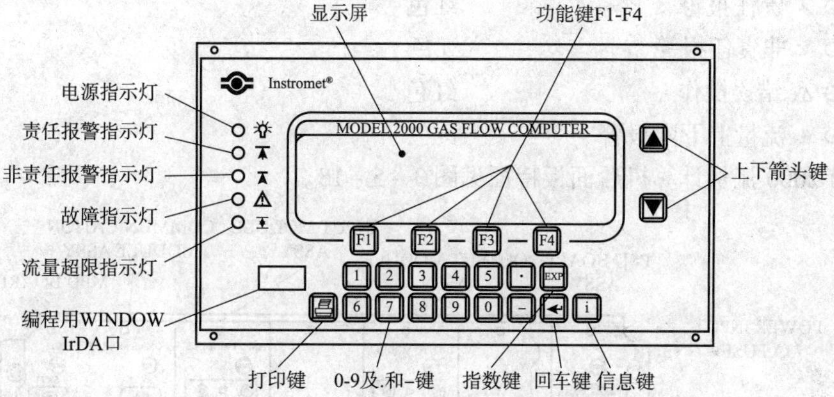

图 3－5－17 FC2000 流量计算机操作面板布局

1)键盘功能：

①菜单的上翻和下翻键。

▲ 上翻键 用来把菜单上的高亮条向上移动到所需的数据行上。

▼ 下翻键 用来把菜单上的高亮条向下移动到所需的数据行上。

②返回或者回车键。

↵ 返回或者回车键 回车键确认数据值的输入，还有高亮显示的条目能够被选中。一般在一条数据要进行编辑或者选中或者确认时使用。

③信息键。

i 信息键 用于显示附加的屏幕帮助或者是信息。任何时候都可以按下这个键，帮助和信息都会以文本框的形式显示出来。

④功能键。

F1 功能键 面板上显示的有[F1][F2][F3][F4]字样的就是功能键。这几个键将会有不同的功能，这取决于正在使用的当前页的内容。每一个键的特定功能将会在不同的当前页的键的正上方以高亮的方式显示出来。但也不是所有的功能键都需要在每一页被使用，所以如果在当前页上该功能键无任何功能，在该键的正上方将不会有任何显示。

⑤指数键。

[EXP] 指数键　在允许的地方，指数键将用来表示指数类型的一些数字。

⑥数字键。

[7] 数字键　[1][2][3][4][5][6][7][8][9][0][.]&[-]当输入或者编辑数据到存储器中的时候使用。

⑦ 打印键。

[打印] 打印键　是打印机的快捷键，但只有在打印机已经正确安装合理配置后才会起作用。

2)发光二极管指示器。

2000 型的流量计算机上有 5 个指示器，从上到下显示为：

○ ☼ 电源接通	绿色
○ 责任报警	红色
○ 非责任报警	红色
○ ⚠ 错误操作	红色
○ 流量上下限报警	黄色

Model 2000 流量计算机后面板特征见图 3 – 5 – 18。

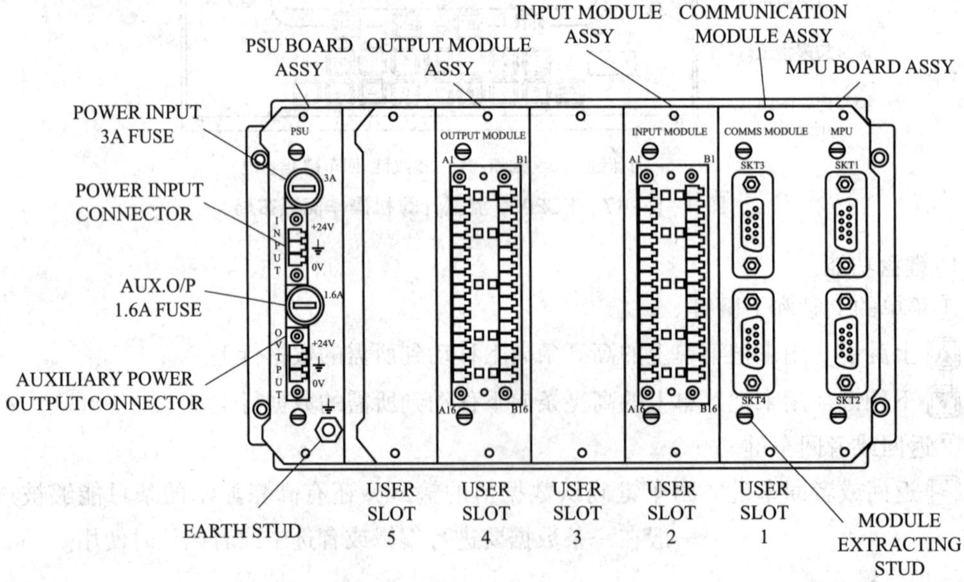

图 3 –5 –18　Model 2000 流量计算机后面板特征图

图中英文的解释：PSU—电源；POWER INPUT CONNERTOR—输入电源；AUXILIARY POWER OUTPUT CONNECTOR—辅助电源输出；FUSE—保险管；PSU BOARD ASSY—电源板组件；OUTPUT MODULE ASSY—输出板组件；INPUT MODULE ASSY—输入板组件；COMMUNICATION MODULE ASSY—通信模块组件；MPU MODULE ASSY—主板组件；EARTH STUD—接地螺栓；MODULE EXTRACTING STUD—模块拆卸螺栓

(4)FC1 流量计算机外观图(图 3 – 5 – 19)。

(5)FlOW – X 流量计算机外观图(图 3 – 5 – 20)。

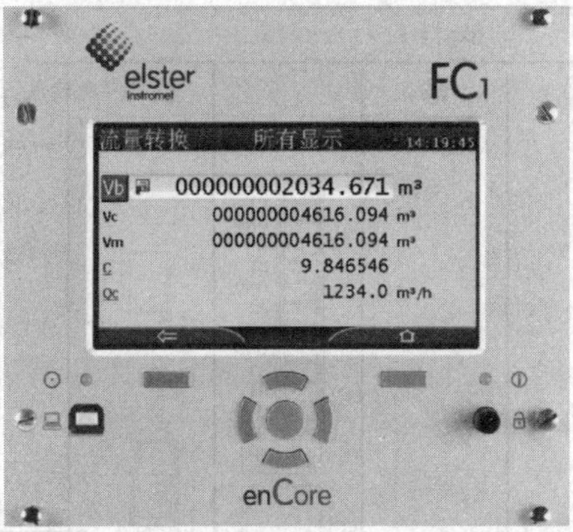

图3－5－19　FC1流量计算机外观图

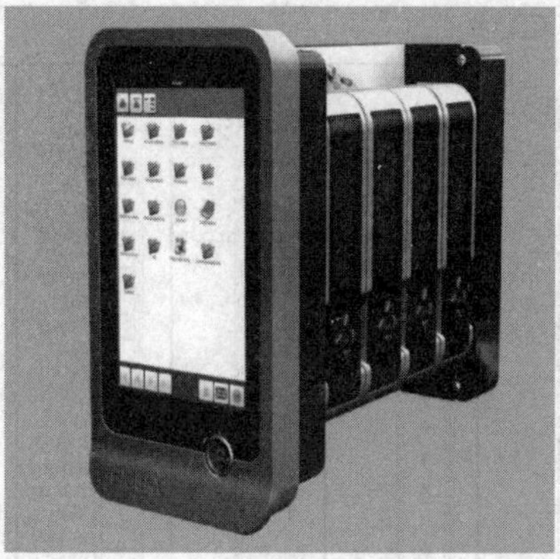

图3－5－20　FlOW－X流量计算机外观图

(6)FCL－3流量计算机的面板基本布局(图3－5－21)。

(7)FloBoss 107流量计算机(图3－5－22)。

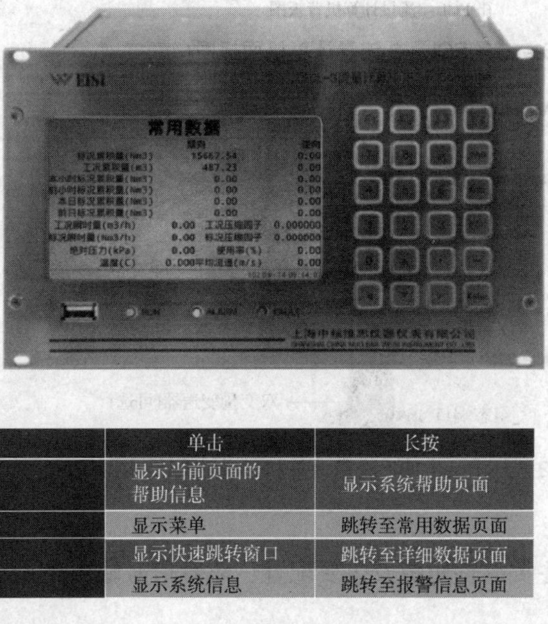

快捷键：

	单击	长按
F1	显示当前页面的帮助信息	显示系统帮助页面
F2	显示菜单	跳转至常用数据页面
F3	显示快速跳转窗口	跳转至详细数据页面
F4	显示系统信息	跳转至报警信息页面

方向键：

上▲、右▸、下▼、左◂四个方向移动键；方向键一般用于界面的滚动，当一些较大的页面无法单屏显示时，可以使用方向键进行滚动；另外在输入框中可以用左右键移动光标，在下拉菜单中可以用上下键选择不同的项目。

数字键：

数字键用于在输入框中输入对应的数字。

其他按键：

TAB：用于切换界面上选中的目标；

DEL：在输入框中删除光标后的内容(如果光标在最后面，则删除最后一个字符)；

ESC：在菜单界面用于返回上一级菜单；

Enter：确认当前的选择；

负号和小数点：输入对应的字符。

(a)FCL–3流量计算机面板图及键盘注释

图3－5－21　FCL－3流量计算机面板图

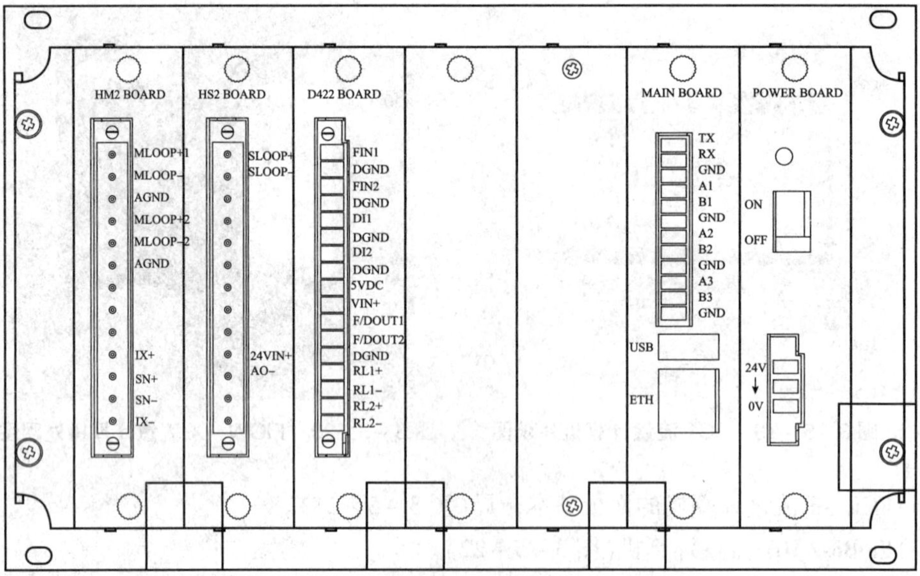

(b)FCL-3流量计算机背板图

图 3-5-21　FCL-3 流量计算机面板图(续)

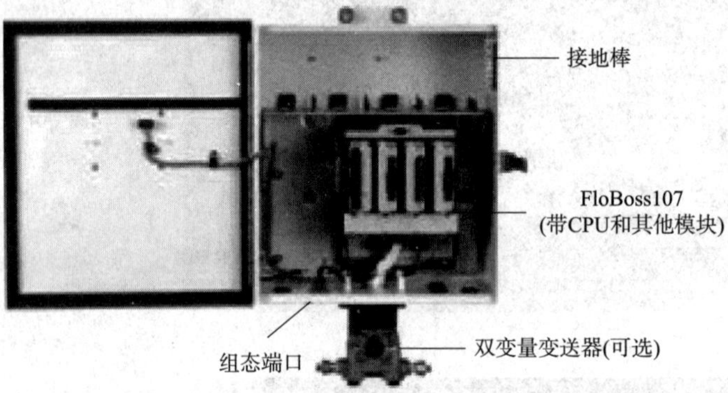

图 3-5-22　FloBoss 107 流量计算机箱体内部结构图

2. 主要硬件组成及配置

常用各型号流量计算机的主要硬件组成及主要配置、流量信号输出类型、供电要求等见表 3-5-9。

表 3-5-9　流量计算机的主要硬件组成、主要配置及流量信号输出类型、供电要求

型号	供电电压	主要配置	流量信号输出类型	主要组成
FloBoss 107	8～30V	32 位微处理器	电子方式测量、监视和管理流量	面板
FCL-3	24V DC		体积(质量、能量)流量的累积量，瞬时量；温度，压力以及累积量、气体组分	标准机箱、转接板、CPU 主板卡、电源板卡、扩展接口板卡、人机接口板(显示和键盘面板)、接口背板
FC2000		4 个 RS232/RS485 串行数据通信接口	总能量、体积量和瞬时流量	面板、背板

续表

型号	供电电压	主要配置	流量信号输出类型	主要组成
FC1	24VDC	I/O 板卡位	总累积量，小时累积量、日累积量、瞬时流量、压缩因子、温度、压力、气质组分等数据	面板(键、触摸屏、安全开关、指示灯、端口、流程卡)
F1	24VDC		总累计流量、当前小时流量、累积流量、压力、温度、气体组分	面板(键盘、显示器、状态显示 LED 和标定开关)
FloBoss S600(+)	20～32VDC	带有浮点快速处理器的 50MHz Intel 32－bit 80486 DX2 CPU	计算、数据处理、批量下载数据和仪表校检	四个黄色的功能键 F1～F4
FlOW－X	24V			

3. 常用各型号流量计算机的报警种类(表3－5－10)

表3－5－10　常见报警种类

型号	报警灯类别	故障类型
FloBoss 107	LED 未在 CPU 或模块上显示	CPU 电源输入为最低 8V DC
	串行通信连接(LOI、EIA－232 或 EIA－485)的故障	FB107 未通电
	I/O 点的故障	FB107 未通电
FCL－3	黄色灯常亮	表示有管理员或工程师登陆
	红色灯闪烁	表示故障状态
FC2000	presN max	压力高于 pressureN max 的值
	presN min	压力低于 pressureN min 的值
	PresN hart	流量计算机和压力变送器通信失败，或者是压力变送器处在报警状态
	tempN max	温度高于 temperatureN max 的值
	tempN min	温度低于 temperatureN min 的值
	TempN hart	流量计算机和温度变送器通信失败，或者是温度变送器处在报警状态
	qN high	未修正的流量值高于 HiN q. 的值超过 1min
	znN high	基准的压缩因子超出允许的 znN high 值
	znN low	基准的压缩因子超出允许的 znN low 值
FC1	红色闪烁	一个警报正等待处理
	黄色闪烁	一个警告正等待处理
	红色常亮	没有待处理的错误。至少一条已结束的警报尚未被接受。在状态 LED 的颜色恢复绿色前，用户必须在设备中确认这些警告
	黄色常亮	没有待处理的错误。至少一条已结束的警告尚未被接受。在状态 LED 的颜色恢复绿色前，用户必须在设备中确认这些警告
F1	红色闪烁	正在发生一个警告即发生一个影响体积修正的错误
	黄色闪烁	正在发生一个警报即发生了一个事件但该事件不影响体积修正

续表

型号	报警灯类别	故障类型
FloBoss S600(+)	红色	报警事件分别用“ACCEPT”和“VIEW”查看确认
	黄色	显示屏、键盘故障，或电源供应背板与CPU模板之间通信中断，或CPU板故障
FlOW-X	HINT	提示
	WARNING	警告
	ALARM	报警

3.5.2.4　色谱分析仪

1. 工作原理

气相色谱仪是一种多组分混合物的分离、分析工具，它是以气体为流动相，采用冲洗法的柱色谱技术。当自动制样进样装置将多组分的分析物质推入到色谱柱时，由于各组分在色谱柱中的气相和固定液相间的分配系数不同，因此各组分在色谱柱的运行速度也就不同，经过一定的柱长后，顺序离开色谱柱进入检测器，经检测后转换为电信号送至数据处理单元进行处理，从而完成对被测物质全自动的定性定量分析(图3-5-23)。

图3-5-23　气相色谱仪

2. 结构

气相色谱仪的基本构造有两部分，即分析单元和显示单元。前者主要包括气源及控制计量装置、进样装置、恒温器和色谱柱。后者主要包括检定器和自动记录仪。色谱柱(包括固定相)和检定器是气相色谱仪的核心部件。

(1)载气系统：气相色谱仪中的气路是一个载气连续运行的密闭管路系统。整个载气系统要求载气纯净、密闭性好、流速稳定及流速测量准确。

(2)进样系统：进样就是把气体或液体样品匀速而定量地加到色谱柱上端。

(3)色谱柱：分离系统的核心是色谱柱，它的作用是将多组分样品分离为单个组分。色谱柱分为填充柱和毛细管柱两类。

(4)检测系统检测器：作用是把被色谱柱分离的样品组分根据其特性和含量转化成电信号，经放大后，由记录仪记录成色谱图。

(5)信号记录或微机数据处理系统：主要采用色谱数据处理机。色谱数据处理机可打印记录色谱图，并能在同一张记录纸上打印出处理后的结果，如保留时间、被测组分质量分数等。

(6)温度控制系统：用于控制和测量色谱柱、检测器、气化室温度，是气相色谱仪的重要组成部分。

3. 气相色谱仪报警操作

(1)确认某个报警。

①转到 Current Alarm 屏幕。可通过两种方法实现：在 Home 屏幕，按键盘上的2，从

Main Menu 导航到 View 菜单，选择 Current Alarm。

②在 Current Alarm 屏幕，使用上/下箭头键，将光标移至要确认的报警。

③按确认键将确认该报警。

(2)确认全部报警。

①转到 Current Alarm 屏幕。可通过两种方法实现：在 Home 屏幕，按键盘上的2，从 Main Menu 导航到 View 菜单，选择 Current Alarm。

②在 Current Alarm 屏幕，使用上/下箭头键，将光标移至要确认的报警。

③按键盘上的1。

(3)确认并清除全部报警。

①转到 Current Alarm 屏幕。可通过两种方法实现：在 Home 屏幕，按键盘上的2，从 Main Menu 导航到 View 菜单，选择 Current Alarm。

②按键盘上的2，将确认并从 GC 和屏幕上清除全部报警。

4. 常见故障及排除(表3-5-11)

表3-5-11 常见故障及排除

报警	描述和建议措施
MaintenanceMode(维护模式)	维护模式开启。维护模式 Modbus 映射中的标记启动，用于激活公共报警(如果配置)的离散开关量输出将开启
Power Failure(电源故障)	GC 的24VDC 电源发生故障。请注意，"SETtime(设置时间)"指示 GC 恢复供电的时间。要确定断电时间，请查看电源发生故障前最后一次分析的时间
User Calculation Failure(用户计算失败)	用户定义的计算出现一个错误。检查用户计算是否发生除以零的错误，或者是否引用不正确的参考
Low Battery Voltage(电池低电压)	CPU 电池电压过低。由于电池焊在电路板上，因此需要将 CPU 板返回厂家，以便正确更换电池
Stream Skipped(跳过流路)	流路排序出错，造成无法对流路序列中的一个流路进行分析。如果流路使用状态切换为"Un-used(未使用)"，但又未从流路序列中将该流路删除，将会发生此报警。要纠正此问题，启动 MON2020，并从 Application 菜单中选择 Stream Sequence。从序列中删除未使用的流路
GC Idle(GC 空闲)	分析模式切换到"GC 空闲"，且未与 MON2020 软件会话建立联系。在连接 MON2020 的情况下，如果将模式更改为"空闲"，将不会生成此报警。如果通过就地操作界面，将模式切换为"空闲"，或者在 MON2020 软件会话断开时，GC 是"空闲"模式，则此报警会激活
Warm Start Failure(热启动失败)	在断电后，GC 未能返回分析模式。如果 GC 在"自动分析"模式下断电，则恢复供电后，仪器会加热，并分析标定气体，直到识别出所有组分的峰值。如果识别出所有峰值，且分析情况良好，则 GC 将返回"自动分析"模式。但是，如果在"系统"窗口的"最大热启动延迟"字段指示的时间内，未能识别这些峰值，GC 将会发出"热启动失败"报警，并进入"空闲"模式，且不分析流路气体
Heater 1 Out Of Range(加热器1越限)	分析恒温炉加热器在15min 内未达到设定温度，或读数高于设定值。请参阅加热器故障的诊断排除指南
Heater 2 Out Of Range(加热器2越限)	对于370XA 的默认配置，不使用此报警。加热器屏幕上用于加热器2的 Switch 设置必须设为 Fixed ON，Fixed PWM Output 设置为0

5. 操作运行注意事项

(1)仪器开机后应先通载气再升温，待检测器温度高于100℃时才能通氢气点火。

(2)本检测器是高灵敏度检测器，必须用高纯度的载气(99.99%)，而且载气、氢气及空气应经净化器净化。

(3)柱子老化时不要把柱子与检测器连接，以免检测器被污染，同时在老化柱子时不要打开氢气气源。

(4)在使用仪器最高灵敏度挡或程序升温分析时所用的色谱柱应经过彻底老化。

(5)检测器在高温工作时或关机后短时间内，请不要用手直接接触检测器表面，以免烫伤。

(6)按【停止】键停止加热，关闭空气和辅助气，等各加热室设定温度降至100℃以下时关掉电源和载气。停机时，必须先使氢焰检测器熄火；这一操作原则是为了避免造成检测器积水而导致放大器输入级绝缘下降，引起噪声增大。

3.5.3 计量管理

3.5.3.1 工作目标任务

(1)计量设备配备率达100%，年度完好率达95%以上。

(2)按照国家《计量法》要求，强制检定的计量设备要求进行周期检定。强制检定设备的周检率达100%，周检合格率98%以上。

(3)公司综合计量输差处于±1.0%以内。

3.5.3.2 管理机构及职责

公司计量管理工作实行统一领导、分级管理、分工负责的管理体制。

(1)计量工作服从公司总经理的统一领导。

(2)按单位行政设置，对计量工作实行分级管理。建立公司级、输气站级两级计量管理模式。

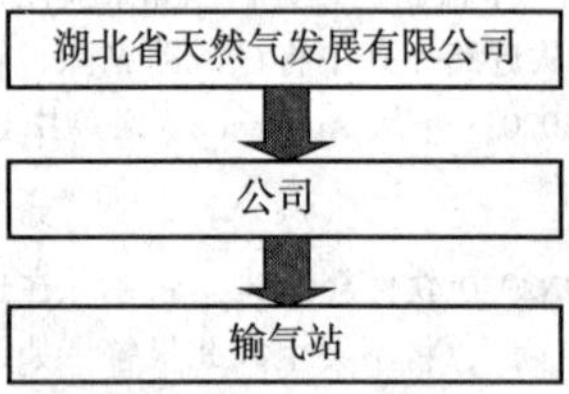

图3-5-24 公司计量管理机构图

公司建立专业化的计量管理机构(图3-5-24)，设立专职(或兼职)计量人员，公司计量管理工作实行统一领导、分级管理、分工负责的管理体制。

(3)分工职责：

①机关部门负责计量管理。主要包括：制定计量制度、签订计量协议、计量人员管理、计量监护、处理一、二级输差、计量争议的仲裁解决。

②输气站负责计量操作。主要包括计量交接、计量设备维护、处理三级输差、计量争议的协商解决。

③各部门、各输气站的负责人对本单位的计量管理工作负责。

④生产运行部和各输气站专职(兼职)计量人员负责本单位日常计量管理工作。

3.5.3.3 计量人员管理

计量人员的配备数量与素质应当满足计量管理、检定校准、检验检测、计量操作、内审工作的需要，均应持证上岗。

(1)人员资质。

①计量管理员负责本单位计量管理工作的组织和实施，应当掌握相关的法律法规、规

章制度和计量基础知识，熟悉和掌握计量工作流程和业务内容。

②计量技术人员应当掌握基本的误差理论和统计方法，熟知相关的测量技术文件，掌握测量新技术、量值溯源和传递新方法的知识。

③从事测量设备检定、校准的人员，应熟悉国家计量法律法规和相关计量检定规程、校准规范，掌握基本的误差理论和数据处理方法，正确出具检定(校准)证书。持证率应当达到100%，证书有效期为4年，证书到期后重新培训考核。

④从事交接计量的人员、实验室的检验检测人员、计量操作人员应当：

a. 取得计量操作员证；

b. 应了解计量法律法规，熟悉相关检验检测技术标准和规程，正确实施检验检测和数据处理，出具检测(测试)报告；

c. 计量操作人员应当熟悉所辖测量设备的基本原理和结构、安装规范、常见故障及其排除方法；

d. 正确操作计量器具，按照规定录取计量参数，准确计算气量，资料齐全、准确、上报归档保存完好；

e. 坚持各计量器具日常维护保养，达到上级归档的标准，及时发现、反映计量器具在使用中出现的问题并认真整改或提出改进意见；

f. 严格按操作规程做好气体分离、调压，使气体尽可能干净、压力稳定。按规定开展查漏、堵漏活动，确保各密封点无内外漏现象；

g. 严格执行岗位责任制，按规定时间巡视检查计量仪表设备运行工况，及时发现和处理问题；

h. 按期检查计量装置，按规定清洗节流件。

(2)计量员职责。

1)计量检定/校准人员职责。

①正确使用、维护和保养计量标准器具或计量检定/校准装置，负责维护保养，使其保持良好的技术状态。

②执行计量技术法规或校准方法，正确进行计量设备的检定/校准工作。

③保证计量检定/校准原始数据的准确和有关资料的完整。

④出具计量检定合格证书或校准测试报告。

2)计量操作人员职责。

①正确使用计量测试仪器、设备，负责维护、保养，使其保持良好的计量测试性能。

②按照有关标准、规范，正确进行计量检测以及计量交接操作工作。

③保证计量检测、计量交接原始数据的准确和有关资料的完整。

④出具有关计量检测报告。

3.5.3.4　计量设备管理

1. 选型与配备管理

(1)计量系统中的仪表及设备的选型以性能稳定、可靠性高、性能价格比高、满足所需准确度要求、满足现场环境及工艺条件要求、符合环保要求等为原则。

(2)所选用的仪表、设备和材料需经业主批准，业主保留确定仪表、主要设备和材料供货商及型号的权力。

(3)所有检测仪表和设备为隔爆型(Exd)，防爆等级不低于 ExdⅡBT4，防护等级不低于 IP65。

(4)开关型信号的输出接点采用 DPDT 无源接点，接点容量最小为 24VDC，3A。补偿仪表的信号采用数字信号。

(5)计量系统中选用的所有仪表的量程应根据工艺参数进行选择，仪表的正常工作范围应在满量程的 1/3 ~ 2/3。

(6)计量系统中的所有带现场显示的仪表，在安装时，仪表盘或指示器应面向容易观察的方向。

2. 分类与建账管理

企业应根据计量器具计量特性、安装环境、测量目的、使用频率等，对使用中的计量器具进行 A、B、C 分类管理：

(1)A 类计量器具。

①用于贸易结算的计量设备，如涡轮流量计、超声波流量计、流量计算机、参与计量的温度变送器、压力变送器及在线色谱分析仪等。

②用于计量比对的计量设备，如安装在进站撬块上的超声波流量计、涡轮流量计、流量计算机、参与计量的温度变送器、压力变送器及在线色谱分析仪等。

③属于强制检定管理且用于安全防护的计量设备，如压力容器或压力管道上安装的压力表、压力变送器等。

④安装在输气站进站和出站的压力变送器，进撬和出撬的温度变送器。

(2)B 类计量器具。

①用于内部过程检验、测量和实验用的一般性测量设备、不属于强制检定管理的计量设备。如双金属温度计、温度变送器、压力(差压)变送器、压力表等。

②用于内部能源管理、物料管理的计量设备。如自用气流量计等。

③用于生产过程控制中二次显示的仪器、仪表。

④仓库备用的计量设备。

(3)C 类计量器具。

①用于生产过程非关键工序中，对准确度无严格要求的，一般情况下不会发生技术风险或安全风险的仪器、仪表。

②用于测量准确度要求不高、使用频次低，仅作定性观察和粗略定量判别的计量设备。

③用于非生产过程测量，低值易损耗或计量特性不易改变的常规仪表。如游标卡尺、三角板、直尺、卷尺、量筒量杯等。

④输气站未投产或闲置工艺设备或辅助设备上的计量设备。

3. 分类检定与校准

(1)A 类计量设备的检定。

①A 类计量设备实行周期检定，检定周期按国家相关规定执行。

②在规定周期内，必须保证 A 类计量设备的周检率为 100%，合格率为 98% 以上。

③强检类计量设备应及时送到有检定资质的机构检定。对不能送外检定的，可委托相关检定机构到现场完成检定/校准。

(2)B类计量设备的检定。

①B类计量设备自行定期检定，检定时间按国家相关规定执行。

②B类计量设备的检定方式，由各单位根据生产实际需要确定，可以送计量检定单位检定或委托相关检定单位到现场检定/校准。

③根据国家检定规程，编制B类计量设备的年度检定/校准计划，保证B类计量设备的检定率为95%以上，合格率为95%以上。

④对于连续运转装置上拆卸不方便的仪器仪表，可根据有关规定随设备检修周期同步安排检定周期，但对其运转过程要加强监视。

(3)C类计量设备的检定。

C类计量设备不具体规定检定/校准周期，不列入年度计量设备检定计划，但为保证正常使用，需采用以下措施加以控制。

①各输气站根据工作需要自行安排，原则上不送其他计量检定机构检定。各使用单位或个人自行开展计量校准和计量比对工作，确保量值误差在允许范围内。

②用于非生产关键工序，起指示作用、使用频率低、性能稳定而耐用以及连续运转设备上固定安装的计量设备，可实行有效期管理，即在有效期限内发现损坏随即确认、更换。

③对于一些准确度无严格要求、性能不易改变的低值易耗的计量设备，可实行用前领用首检等措施。

4. 不合格处理

(1)使用单位对任何不合格的计量设备都要停止使用并隔离存放，且应采取措施防止有人误用或错用。

(2)重要部位发现的不合格计量设备，应对已产生的数据进行追溯处理，以免造成损失。

(3)具有多功能和多量程的仪器，有一种或几种功能或量程出现问题，处于正常状态的功能和量程经检定合格后可继续使用，但该仪器须贴上专用标记，明确可使用功能和量程。

(4)不合格计量设备，由维修主管部门采取修理、调整、保养、重新校准等纠正措施。若需要限制(量程、功能)使用、降级使用、报废等，由设备使用单位申请，按照相关规定处理。

(5)需要修理或调整的计量设备，质保期内的联系厂家处理；质保期外且不能自行修理的，送制造厂家或有修理能力的单位进行修理。经修理或调整后的计量设备，必须由第三方具有相关资质的检定机构重新进行检定，检定合格后方可使用。若检定达不到原误差精度的要求，但能满足下一挡次精度等级要求的，且其他技术性能均属正常，经审批后，可以降级使用。

(6)新采购计量设备经验收不合格的或使用的计量设备发现不合格但还在质保期的，由建设管理部负责退换。

5. 计量监督与检查

计量监督检查分为政府和上级计量行政部门的监督检查、用户的监督。应自觉接受计量监督检查，并为计量监督、检查的顺利开展提供方便。

3.5.3.5　天然气计量数据

1. 流量计量相关概念

流量是流体在单位时间内(如秒、分、小时)流过管道横截面积的数量，或称为瞬时流量。

(1)体积流量：体积流量是指单位时间内流过某一截面的流体体积，称为体积流量用 q_v表示。

$$q_v = v \times A \tag{3-5-3}$$

式中，q_v为体积流量；A 为流体通过的有效截面积；v 为截面 A 上的平均流速。

体积流量常用 m^3/s、m^3/h、m^3/d 表示。

《天然气计量系统技术要求》(GB/T 18603—2014)规定：标准状态下体积流量是指在温度 20℃(热力学温度为 293.15K)，压力为一个大气压(101.325kPa)，干基，单位时间内流过某一截面的流体体积。

标准参比条件下的体积 V_n的计算：

$$V_n = V_f \times \rho_f / \rho_n \tag{3-5-4}$$

式中，V_n为标准参比条件下的体积，m^3；V_f 为工作条件下的体积，m^3；ρ_f为工作条件下的天然气密度，kg/m^3；ρ_n为标准参比条件下的天然气密度，kg/m^3。

(2)质量流量 q_m：质量流量是指单位时间内流经某一有效截面的流体质量，质量流量可表示为 q_m。

$$q_m = q_v \times \rho \tag{3-5-5}$$

式中，q_m为质量流量；q_v为体积流量；ρ 为介质密度。

质量流量常用 kg/s、kg/h、kg/d、t/d 等来表示。

(3)能量流量计量：能量流量是指单位时间内流经横截面的气体能量，天然气的能量 E_n可以通过体积或质量与发热量 H_{snv} 的乘积计算得到。

$$E_n = V_n \times H_{snv} \quad 或者 \quad E_n = m \times H_{snv} \tag{3-5-6}$$

式中，H_{snv}为标准参比条件下的体积(质量)发热量，J/m^3(J/kg)；E_n 为天然气能量，J。

(4)流体总流量(即累积流量)：累积流量是指一段时间内流经某截面的液体数量的总和，用体积和质量表示。

$$V = \int_{t_1}^{t_2} q_v \mathrm{d}t \tag{3-5-7}$$

体积用 m^3、L 等单位表示。

$$m = \int_{t_1}^{t_2} q_m \mathrm{d}t \tag{3-5-8}$$

质量常用 t、kg 等单位来表示。

2. 常见天然气贸易结算计量的方式

在天然气贸易计量中，能量计量最能体现同质同价、优质优价、公平交易原则，以能量的方式进行贸易结算是最公平的方法。国际上通常用能量计量，国内天然气贸易结算计量目前采用体积(质量)流量计量、能量流量计量两种。天然气贸易单位中涉及能量(热值)、质量、体积等量时，经常遇到一些非法定计量单位，其与法定计量单位的换算关系见附件1，LNG与标准状态天然气之间换算关系见附件2。

天然气计量数据。某座场站的计量数据包括交接计量、比对计量、自用气计量、放空损耗气计量等计量数据。输气管线(阀室)计量数据包括线路沿线各场站的进气量和输气量、某一时间段内管道存气量变化、管线及场站阀室的检修放空量、输气场站自用气量等。

3.5.3.6　交接管理

1. 依据

天然气计量交接应执行《石油天然气交接计量站计量器具配备规范》(SY/T 5398—2017)，《天然气计量交接协议》《天然气计量系统技术要求》(GB/T 18603—2014)以及《天然气》(GB 17820—2018)标准质量要求。

2. 原则

依法、公平、公正、准确。

3. 日交接与周期结算

(1)每日交接：天然气计量交接的气量每个供气日在网上签认，气量累计时间为前一日8：00起至当日8：00止。

网上签认方法：交方登录，在系统录入气量交接数据，形成《天然气计量交接凭证》，交接双方核对无误后，给予确认，作为当日交接气量的依据。

(2)周期结算：按照天然气输送相关合同约定，根据每个供气日交接双方签认的气量，汇总结算气量，形成结算周期的《天然气计量结算凭证》，交接双方核对无误后，给予确认，作为结算气量的依据。

(3)网上签认条件不满足时，采用现场签认。即交方填写纸质版《天然气计量交接凭证》或结算周期的《天然气计量结算凭证》，确认无误后双方签名盖章确认，作为当日或结算周期的交接气量依据。

(4)计量签认应在规定时间前完成，超过规定时间用户还未签认时，输气站计量人员应提醒用户签认。用户拒签时，输气站计量人员应在规定时间内向公司主管部门说明原因。

4. 计量争议处理

(1)处理依据。

《中华人民共和国计量法》《中华人民共和国质量法》、国家计委《关于原油、天然气和稳定轻烃销售交接计量管理规定》、签订的天然气计量交接协议。

(2)处理原则。

①在天然气计量交接过程中，如果接方对交方的计量结果有异议时，交方应本着实事求是的原则，积极配合接方查找原因。对出现的差量，交接双方本着多退少补的原则，自计量值发生偏差时起进行调整。如未能在当日的交接签认时间之前查找到发生偏差的原因，则以交方的计量结果为准，接方不得拖延和拒签。

②在天然气计量交接过程中发生争议或分歧，交接双方首先应按自下而上的顺序逐级协商解决。经协商不成时，交接双方报上级计量主管部门，交接双方计量主管部门依照计量交接协议中的有关约定，协商或仲裁解决。

③在协商或仲裁期间，合同交接双方仍应严格履行相关计量协议，接方应先按交方提供的计量数据进行结算，不得拒付天然气款和管输费。计量争议量待查明原因后多退少补。

(3)计量争议的处理程序。

①公司与上游单位发生的计量争议，交接双方首先应按自下而上的顺序逐级协商解决。若协商不成时，则申请由第三方检定机构对计量异议进行审核。

②公司与下游单位发生的计量争议，交接双方首先应按自下而上的顺序逐级协商解决。经协商不成时，由买方写出书面材料，申请由第三方检定机构对计量异议进行审核。

③当计量争议发生时，先由发生计量争议的输气站协商解决；如果协商不成，交接双方应首先按交方的计量数据在凭证上签字，并在交接计量凭证上注明计量争议量的时间、原因、争议量等。

④在协调解决计量争议期间，要及时做好处理期内双方的计量数据记录，计量争议解决后，要及时记录计量争议的处理过程和处理结果。

(4)处理用户计量争议的注意事项。

①当用户对交接气量提出疑义时，交接双方需按照交方计量数据按时对气量进行签认，但可以在凭证上备注存在争议的原因。输气站应及时将相关情况如实上报至生产运行部，不得擅自允许用户检查计量设备和拍照等。在用户向我方正式发函，得到公司同意后，生产运行部计量管理人员到现场进行操作，用户可查看相关参数，严禁用户单方面操作计量设备。

②如经过检查后计量数据的确存在偏差，生产运行部计量管理人员负责与用户进行差量协商，取得一致后写出书面的《交接气量协商纪要》(以下简称协商纪要)，经相关领导批准后，就确定的争议气量(正数为增加交接气量，负数为补偿用户气量)增加至次日的气量交接数据中。

③如经过双方共同检查后，未发现设备存在问题，但用户人员还有疑议，根据与用户签订的供气协议，可通过政府授权的有资质的计量检定机构进行检定。通过计量检定机构对该计量设备检定后，若检定结果说明是该计量设备存在问题，就按照检定结果多退少补，并由该计量设备所有方承担检定过程中产生的一切费用；若检定结果说明该计量设备均正常，则按计量设备的数据进行交接，由用户承担检定过程中产生的一切费用。

3.5.3.7 管道存气量、管存变化量计算

1. 管存变化量的计算

$$Q_{储} = \frac{V \times T_0}{T \times P_0} \times \left(\frac{P_{1m}}{Z_1} - \frac{P_{2m}}{Z_2}\right) \tag{3-5-9}$$

式中，$Q_{储}$为管道的储气量($P_0 = 0.101325\text{MPa}$，$T_0 = 293.15\text{K}$)，m^3；V为管道容积，m^3；P_{1m}为管道计算段内气体的最高平均压力(绝)，MPa；P_{2m}为管道计算段内气体的最低平均压力(绝)，MPa；Z_1，Z_2为对应P_{1m}，P_{2m}时的气体压缩系数；T为气体的平均温度，K。

2. 管存气量计算

$$Q = (V/Z) \times (P + P_0) \times (T_0 + 273.15)/[P_0 \times (T + 273.15)] \tag{3-5-10}$$

式中，Q为管道储气量，m^3；V为管道容积，m^3；P为平均压力，MPa；P_0为大气压力，取0.101325MPa；T为平均输气温度，℃；T_0为标准状态温度，取20℃；Z为压缩因子。

3.5.3.8 天然气放空及放空气量计算方法

1. 天然气放空操作要求

(1)天然气放空操作必须满足 HSE 规定。

(2)天然气放空操作必须上报调控中心审批。

(3)当按计划放空操作时，输气站应提前上报调控中心，经调控中心批准后，才能执行天然气放空操作。

(4)当处理突发故障操作时，输气站应即时上报调控中心。

2. 天然气放空分站内日常放空和长输管线放空

(1)输气场站天然气放空。

当对站区内过滤分离器、汇管、管段等进行放空操作时，现场操作人员必须填写书面的《输气场站天然气放空气量记录》(以下简称放空记录)。在放空记录上，至少有现场操作人员、输气站站长等人签字。

(2)输气管线天然气放空规定：

①当天然气放空气量小于 10000Nm^3 时，现场操作人员必须写出书面的《输气管线天然气放空气量记录》。在放空记录上，至少有现场操作人员、输气站站长等人签字。

②当天然气放空气量大于或等于 10000Nm^3 且小于或等于 50000Nm^3 时，生产运行部应安排人员到现场核准，并在放空记录上确认签字。

③当天然气放空气量大于 50000Nm^3 时，由公司领导安排人员到现场核准，并在放空记录上确认签字。

3.5.3.9 输差分类及其计算方法

1. 输差分类

输差分为单点输差与综合输差。

单点输差是指某一个交接计量点的输差。与上、下游贸易交接产生的输差称为单点输差。输气站级输差一般为单点输差。

综合输差一般是指整个管网的输差。各输气管线的输差也可称为综合输差。

2. 绝对输差计算

$$Q_{差} = (V_1 + Q_1) - (Q_2 + Q_3 + Q_4 - V_2) \tag{3-5-11}$$

式中，$Q_{差}$ 为某一时间输气管道平衡输气量之差，Nm^3；Q_1 为同一时间内的输入气量，Nm^3；Q_2 为同一时间内的输出气量，Nm^3；Q_3 为同一时间内生产、生活自用气量，Nm^3；Q_4 为同一时间内检修放空气量，Nm^3；V_1 为计算时间开始时，管道计算段内的储存气量，Nm^3；V_2 为计算时间终了时，管道计算段内的储存气量，Nm^3。

注：单位 Nm^3 为标准立方米，气体体积的标准参比条件是 P_0 = 0.101325MPa，T_0 = 293.15K。

3. 相对输差计算

$$\eta = Q_{差} / (V_1 + Q_1) \times 100\% \tag{3-5-12}$$

式中，η 为相对输差。

3.5.3.10 输差分析及治理

1. 输差分析

就是采用科学的分析方法，从计量器具、系统设计和选型、设备安装、操作维护、运行管理、环境因素控制等方面出发，对造成输差的因素进行逐一分析、排查和验证，找到问题原因。

2. 主要的分析方法

(1)计量先行法则；

(2)瞬时流量平衡法则；

(3)计量数据跟踪法则；

(4)输差曲线对比法则；

(5)逐一剔除法则；

(6)缩短周期法则；

(7)量值溯源法则。

3. 根据输差大小划分输差级别，按输差级别分级治理

(1)输气站计量输差。

①一级计量输差：日供气量达20万 Nm^3/d 及以上的输气站|相对输差|≥1.0%，生产运行部组织治理。

②二级计量输差：日供气量达10万 Nm^3/d 及以上、20万 Nm^3/d 以下的输气站|相对输差|≥1.0%，或供气量达20万 Nm^3/d 及以上的输气站|相对输差|={≥0.5%且<1.0%}，生产运行部安排治理。

③三级计量输差：日供气量达10万 Nm^3/d 及以上、20万 Nm^3/d 以下的输气站|相对输差|={≥0.5%且<1.0%}，或日供气量为10万 Nm^3/d 以下的输气站|相对输差|≥1.0%，输气站组织处理。

(2)输气管线计量输差。

①一级计量输差：输气管线的|相对输差|≥1.0%，公司生产运行部组织治理。

②二级计量输差：输气管线的|相对输差|={≥0.5%且<1.0%}，输气管线首站组织治理。

③三级计量输差：区域管网的|相对输差|≥1.0%，输气站治理。

3.5.4 天然气质量要求

按照GB 17820—2018《天然气》标准规定，天然气按照高位发热量、总硫、硫化氢和二氧化碳含量分为一类和二类；天然气分类质量要求应符合表3-5-12规定。

表3-5-12 天然气质量要求

项目		一类	二类
高位发热量/(MJ/m^3)	≥	34	31.4
总硫(以硫计)/(mg/m^3)	≤	20	100
硫化氢/(mg/m^3)	≤	6	20
二氧化碳摩尔分数/%	≤	3.0	4.0

注：①本标准中使用的标准参比条件是101.325kPa，20℃；

②高位发热量以干基计。

3.5.5 接收管理

(1)签订有天然气输送及气量交接相关协议，就天然气的质量检验、气量计算以及交

接程序和方法等内容已协商一致。

(2)天然气压力处于协议约定的接收天然气设备设施(包括但不限于输气管道、LNG气化撬、CNG减压撬等)接收压力范围内。

(3)管道天然气的质量符合《天然气》(GB 17820—2018)技术指标，液化天然气质量符合《进出口液化天然气质量评价标准》(SN/T 2491—2010)指标，压缩天然气质量符合《车用压缩天然气》(GB 18047—2017)的技术指标。天然气的硫化氢等有害物质含量符合要求，不损害设备安全、人身安全。

(4)天然气计量数据准确，符合公平、公正的原则。

3.5.6 标准物质管理

3.5.6.1 标准物质的配备

(1)每台在线色谱仪应配备1瓶标气。

(2)标气组分的摩尔浓度应尽可能与实测天然气组分的摩尔浓度相同。

(3)标气应有合格证。

3.5.6.2 标准物质的使用

(1)标气使用前，必须严格检查，并由保管人员做好相应的检查记录。检查的主要内容包括：标气的钢瓶和充装压力满足使用要求、标气生产厂家、资质、合格证、气瓶编号、产品编号、充装容量、充装压力、组分的摩尔浓度、生产日期、有效日期等。

(2)严格按标气更换的操作规程更换标气。严禁使用不合格或不能满足天然气组分分析要求的标气。标气瓶应安装固定在有利于使用和检查的位置。

(3)标气使用过程中，每天检查标气瓶是否有位移、破损、泄漏；使用有效期是否过期；每天检查记录标气压力，若标气压力低于100psi时应及时更换；每月检查标气组分是否发生大的变化，若组分发生变化应及时更换。

3.5.6.3 标准物质存放

(1)标气由保管人员维护保管，并建立维护保管档案。

(2)标气应在干燥、清洁、避光、阴凉、通风良好的环境保存，温度控制在20～30℃，相对湿度45%～65%左右。严防污染、碰撞和泄漏。

(3)标气的存放应远离火源，且应有“易燃易爆”标识。

(4)每季度对库存标气进行检查。发现变质、破损、压降超标和超过有效期的标气，认定为不合格标气，按照报废程序处理，报废的标气证书和标气瓶上注明“报废”。

3.5.7 计量系统技术要求

3.5.7.1 计量系统分级及配套仪表要求

计量系统分级及配套仪表精度要求见表3-5-13。

表3-5-13 计量系统分级及配套仪表精度要求

测量参数	最大允许误差		
	A级	B级	C级
温度	0.5℃	0.5℃	1.0℃
压力	0.2%	0.5%	1.0%
密度	0.35%	0.7%	1.0%

续表

测量参数	最大允许误差		
	A 级	B 级	C 级
压缩因子	0.3%	0.3%	0.5%
在线发热量	0.5%	1.0%	1.0%
离线或赋值发热量	0.6%	1.25%	2.0%
工作条件下的体积流量	0.7%	1.2%	1.5%
计算结果	1.0%	2.0%	3.0%
当使用超声流量计并计划开展使用中检验时，温度测量不确定度应优于 0.3℃			

3.5.7.2 流量计准确度等级与最大允许误差、重复性的对应关系

根据 SY/T 5398—2017《石油天然气计量站计量器具配备规范》规定，对不同流量计结合等级不同配备不同级别的计量器具，详见表 3-5-14。

表 3-5-14 流量计配备精度表

序号	计量器具名称	计量性能			数量	用途	备注
		A 级	B 级	C 级			
1	超声流量计	±0.5%，$q_t \leq q \leq q_{max}$，±1.0%，$q_t \leq q \leq q_{min}$	±1.0%，$q_t \leq q \leq q_{max}$，±2.0%，$q_t \leq q \leq q_{min}$	±1.5%，$q_t \leq q \leq q_{max}$，±3.0%，$q_t \leq q \leq q_{min}$	按需要配备	测定天然气体积工况流量	声道不小于 4 个(换能器 4 对)的内插式超声波流量计，重复性优于最大允许误差 1/5
2	涡轮流量计	±0.5%，$q_t \leq q \leq q_{max}$，±1.0%，$q_t \leq q \leq q_{min}$	±1.0%，$q_t \leq q \leq q_{max}$，±2.0%，$q_t \leq q \leq q_{min}$	±1.5%，$q_t \leq q \leq q_{max}$，±3.0%，$q_t \leq q \leq q_{min}$	按需要配备	测定天然气体积工况流量	重复性优于最大允许误差 1/3

3.5.7.3 流量计检定周期、检定流量点

根据 JJG1030 和 JJG1037 流量计检定规程，超声流量计和涡轮流量计的检定周期和检定流量点以及每个检定点的检定次数见表 3-5-15。

表 3-5-15 流量计标定参数

序号	计量器具名称	检定周期	检定流量点		检定次数(次)
1	超声流量计	2 年	一般流量计	q_{min}、q_t、$0.4q_t$、q_{max}	一般流量计检定 3 次，准确度等级优于 0.5 级，不少于 6 次
			准确度等级不低于 0.5%，且量程比不大于 20:1	q_{min}、$0.2q_{max}$、q_t、$0.4q_t$、$0.7q_{max}$、q_{max}	
			准确度等级优于 0.5%，且量程比大于 20:1	q_{min}、$0.1q_{min}$、$0.2q_{max}$、q_t、$0.4q_t$、$0.7q_{max}$、q_{max}	
2	涡轮流量计	2 年	一般流量计	q_{min}、q_t、$0.4q_t$、q_{max}	一般流量计检定 3 次，准确度等级优于 0.5 级，不少于 6 次
			准确度等级不低于 0.5%	q_{min}、$0.25q_{max}$、q_t、$0.4q_t$、$0.7q_{max}$、q_{max}	
			准确度等级优于 0.5%，且量程比大于 20:1。	q_{min}、$0.1q_{min}$、$0.2q_{max}$、q_t、$0.4q_t$、$0.7q_{max}$、q_{max}	

3.6　天然气管输的主要设备

3.6.1　手动球阀的操作与维护保养规程

3.6.1.1　结构

手动阀的结构如图 3-6-1 所示。

3.6.1.2　操作

1. 操作前检查

(1)确认阀门状态；

(2)开阀操作前，应缓慢操作，将阀门前后压差控制在 0.5MPa 以下。

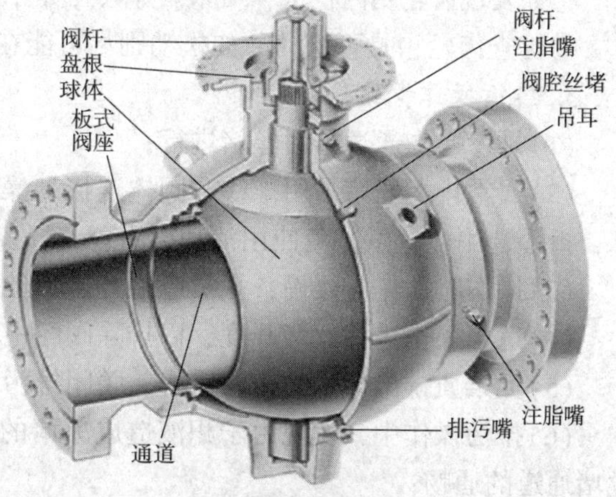

图 3-6-1　手动球阀

2. 开关操作

(1)开阀：逆时针方向连续转动手轮(或手柄)，直到阀位指示显示“全开”为止，手轮旋转到位后，回转 1/4 圈；

(2)关阀：顺时针方向连续转动手轮(或手柄)，直到阀位指示显示“全关”为止，手轮旋转到位后，回转 1/4 圈。

3. 确认阀门状态

3.6.1.3　检查与维护保养

1. 日常检查的主要内容

(1)根据巡回检查路线对阀门进行目视外观检查；

(2)使用检漏液检查阀门本体是否有外漏点；

(3)通过听，检查阀门是否有异响；

(4)通过摸，检查阀门是否有异常振动；

(5)及时清除阀门本体的油迹及污渍。

2. 月度检查的主要内容

(1)检查阀杆填料处、连接部位是否存在外漏；

(2)检查球阀本体上附属设备接合处是否存在外漏；

(3)检查阀位指示是否正确；

(4)检查球阀本体的螺栓连接处是否存在锈蚀现象；

(5)检查球阀及其附属设备是否存在连接松动现象。

3. 半年检查的主要内容

(1)三个月以上未开关操作的球阀进行开关测试；

(2)对球阀进行内、外漏检查；

(3)检查所有齿轮箱内是否存有积水，轴承、齿轮齿等是否损坏、润滑良好；

(4)检查齿轮箱连接螺栓是否松动。

4. 维护保养方法

(1)长期不动作的球阀，三个月进行一次开关测试，应保证一人在不使用加力杆的情况下可以操作；

(2)手轮(手柄)直径(长度)小于320mm的阀门，只允许一个人操作；

(3)严禁用过大过猛的力操作阀门，以免损坏手轮、手柄、擦伤阀杆和密封面，甚至压坏密封面；

(4)每年入冬前，打开齿轮箱检查所有齿轮操作内部部件(轴承、齿轮齿等)是否损坏，必要时进行修理或更换，并对齿轮箱内部部件进行充分的清理和润滑。

①如发现齿轮箱内积水、结冰，则除去所有水、冰和旧的润滑脂，重新涂上新润滑脂。

②检查齿轮箱是否松动，如松动则尽可能在阀门全关的状态下进行紧固底部螺栓。

5. 排污操作步骤

(1)排污操作通过排污丝堵进行；

(2)通常排污丝堵采用螺纹和阀体连接，操作时使用两个扳手，保证根部螺纹连接可靠，扳手选用应尽量避免使用活动扳手；

(3)操作时动作应缓慢，人员应避开排污丝堵排气方向，防止人员受伤；

(4)适当操作排污丝堵开度，以排除阀腔中杂质为宜；

(5)无杂质排出即认为排污完毕，关闭排污嘴/阀；

(6)排污操作中，发现由于积液造成冻堵的情况，应不断反复活动排污阀，保证排污丝堵通道的通畅；

(7)建议每季度对阀门进行一次排污操作。

6. 注脂操作步骤

(1)按照操作5进行排污操作；

(2)在排污后，按照注脂要求量注入清洗液，浸泡2～6h；

(3)开关操作多次(3～4次)，再进行排污，将清洗液排出；

(4)注入润滑脂，开关操作多次(3～4次)，使润滑脂均匀涂抹于密封圈上；

(5)每半年对齿轮箱内积水进行清理，并对轴承、齿轮齿等进行润滑，更换新润滑脂；

(6)对阀体松动部件进行操作时，阀门不得带压。

7. 阀门内漏的判断及处理方法

(1)阀门内漏的判断。

①判断阀门内漏必须在全关的状态下进行；

②操作前确定阀门状态，避免误判断；

③利用防爆扳手(尽量避免使用活动扳手)缓慢打开阀腔压力泄放丝堵，打开过程中要注意气流喷出方向避免人员受伤；

④观察气流喷出速度并监听气流声音；

⑤当在长时间内气体无法排尽时，则判断阀门为内漏(排气时间由于管线压力和阀门口径不同则排气时间也不同，具体操作时应尽可能延长排气时间避免出现误判断)；

⑥当在长时间内喷出的气流由大渐小最终无气体喷出后，关闭排污丝堵，等待10min重新打开排污丝堵，当无气流喷出后，则判断阀门无内漏；当有气流重新喷出后，则判断该阀门内漏。

(2)阀门内漏的处理：由专业维护人员调整球阀限位，检查内漏情况。若调整后内漏依然存在，则进行清洗注脂处理，具体处理方法参见6。

①内漏的处理尽可能在阀门全关的状态下进行；

②进行清洗注脂处理；

③重新检查内漏状况；

④仍有内漏时，继续注入规定用量的加强型密封脂，检查内漏情况；

⑤需要更换球阀或由厂家来现场维修。

(3)阀门内漏处理时的注意事项。

①阀门内漏的处理以清洗、活动为主要解决方法，注密封脂密封为辅助手段；

②阀门内漏的检查和处理应尽可能在阀门全关的状态下进行；

③阀门的活动尽可能做全开关的活动，不能做全开关活动的阀门要尽可能大范围地活动阀门；

④清洗液和密封脂必须缓慢注入，尽量使用手动注脂枪进行操作。

8. 阀杆外漏的处理方法

(1)有阀杆注脂结构的球阀，缓慢注入球阀密封脂，当泄漏止住时就应停止加注；

(2)填料损坏引起泄漏，则更换阀杆填料；

(3)无阀杆注脂结构的球阀，则上紧阀杆顶部的压紧螺栓，直到泄漏止住为止。

9. 球阀操作力矩过大的处理方法

(1)检查阀门的阀杆填料上紧螺栓是否太紧，如太紧则缓慢松动直到阀门可以操作为止；

(2)阀座可能与球抱死，注入一定量的清洗液浸泡一段时间然后进行操作；

(3)因杂质把球或阀座环卡死，可向球阀注入清洗液来除去杂质。

10. 球阀法兰连接处存在外漏的处理方法

(1)球阀前后管线泄压至安全状态(尽量避免带压操作)；

(2)紧固连接螺栓；

(3)如紧固后仍泄漏，泄压后拆卸连接螺栓，更换法兰垫片。

11. 及时做好相关记录

3.6.1.4　常见故障及处理方法

常见故障及处理方法见表3－6－1。

表3－6－1　常见故障及处理方法

常见故障	原因	处理方法
阀杆转动不灵	(1)填料压得过紧。 (2)阀杆与其配合部位有损伤或积有污物	(1)松动螺栓重新调整；操作时注意人身安全，避免物件飞出伤人。 (2)拆开修整，清除污物；拆卸时注意人身安全，避免物件坠落伤人
内漏	(1)球体和阀座密封面间存在杂物。 (2)密封圈损坏。 (3)限位调整不当	(1)注入清洗液或密封脂。 (2)更换密封圈；作业时注意人身安全，避免机械伤害。 (3)适当调整球阀限位
阀杆填料处渗漏	(1)填料压紧力不够。 (2)填料损坏或失效	(1)拧紧压盖螺栓。 (2)更换填料；不得带压更换，更换前放空设备
法兰连接面泄漏	(1)连接螺栓松动。 (2)连接部垫片损坏或失效	(1)拧紧螺栓。 (2)更换连接部垫片，不得带压操作

续表

常见故障	原因	处理方法
开关不动作	(1)长时间不动作，球和阀座抱死。 (2)阀座和球卡住。 (3)阀座环卡死。 (4)开关操作力度不够	(1)注入球阀清洗液或润滑脂；作业时注意注脂设备的压力安全范围。 (2)适当增加操作力矩
注脂嘴泄漏	(1)注脂嘴内有杂物。 (2)注脂嘴损坏	(1)拆卸注脂嘴并清洗；拆卸时不得带压操作。 (2)更换新注脂嘴

3.6.2 节流截止放空阀操作与维护保养规程

3.6.2.1 工作原理

节流截止放空阀的阀芯节流方向与流道方向垂直，依靠阀芯的上下运动调节阀门开度，从而调节或截断介质的流动，因此具有一定的节流调节功能。同时启闭速度快，密封性能好，对阀芯的冲击较小。

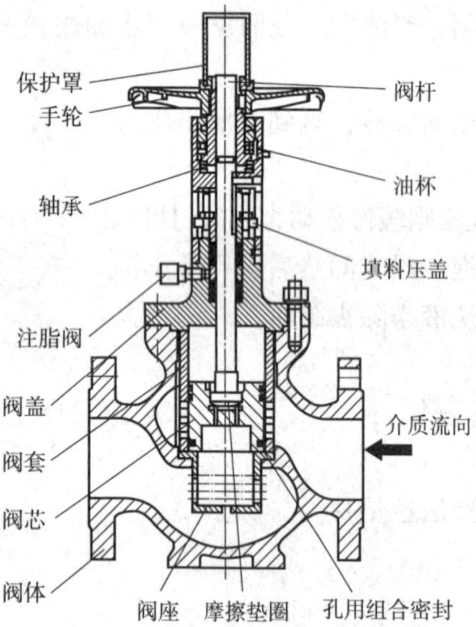

图3-6-2 节流截止放空阀

3.6.2.2 结构及特点

节流截止放空阀主要由阀体、阀盖、阀芯、阀套、阀杆、密封圈、阀座、阀杆螺母、填料、支架、手轮等组成(图3-6-2)。采用新型软硬双重密封副结构，抗冲刷、耐磨损；节流部位采用对称式结构，降低气流噪声；阀芯与阀套之间采用高性能组合滑环，润滑良好，启闭力矩小。阀芯上设计有平衡调节孔，阀门开启力矩小。

3.6.2.3 安装、使用和维护

(1)安装前应清洁内腔和密封面。

(2)安装时必须使介质的流动方向与阀体上的箭头方向一致。

(3)安装在水平管路上，阀杆垂直于管路。

(4)安装后应定期检查。

(5)手轮旋转方向：手轮顺时针转动为关，逆时针转动为开。

(6)填料处密封脂的加注方法：当阀杆填料泄漏时，填料中部可加注密封脂。在没有压力情况下，可先用铜丝拨动注脂阀内钢球，泄放阀体内腔压力，再用注脂枪向填料函内加注密封脂。

3.6.2.4 常见故障和处理方法

常见故障和处理方法见表3-6-2。

表3-6-2 常见故障和处理方法

可能发生的故障	发生故障的原因	消除方法
密封面渗漏	密封面间夹杂污垢、杂物	清洗密封面
	密封面磨损或损坏	研磨或报废、更换

续表

可能发生的故障	发生故障的原因	消除方法
填料渗漏	填料压盖松动	压紧填料压盖
	填料损坏或磨损	更换填料或加注密封脂
注脂阀渗漏	阀内钢球、弹簧以及密封圈损坏	更换已损坏的零件
	螺纹未旋紧	旋紧螺纹
法兰连接密封面渗漏	法兰螺栓未拧紧或松紧不匀	将螺栓均匀地拧紧
	连接密封面损坏	重新修整连接密封面
	密封元件“O”形密封圈损坏	更换密封圈
手轮转动不灵活	填料压得过紧	适当放松填料压盖螺母，使其均匀对称压紧
	填料压盖倾斜	
	阀杆与螺母间有污垢或严重磨损	消除阀杆与螺母间的污垢或更换螺母
	阀杆因非正常操作变形	更换阀杆

3.6.3　阀套式排污阀操作与维护保养规程

3.6.3.1　工作原理

阀套式排污阀主要通过阀芯的上下运行改变阀门开度。开阀时，阀芯缓慢开启，阀芯密封面与阀座密封面有一定空间距离时，气体和杂质一同经过节流轴、套垫窗口、阀套窗口节流后，由阀套排污窗口排出。嵌在阀芯内腔的软密封面利用进口介质流道方向与介质流道出口方向改变产生的涡流，实现自清扫，使软密封面不黏附杂质。关闭时嵌在阀芯内腔的聚四氟乙烯端面紧压在阀座端面形成一道软密封；阀芯硬密封副内腔锥面压在阀座凸台锥面上形成第二道硬质密封。硬软双质密封保证气体介质零泄漏。

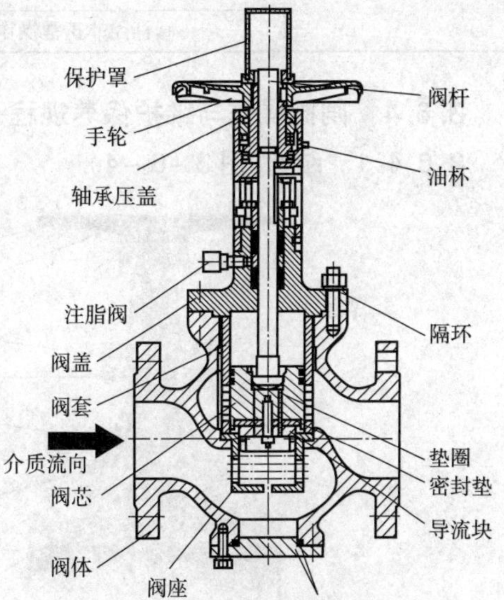

图3-6-3　阀套式排污阀

3.6.3.2　结构及特点

阀套式排污阀的结构主要由阀体、阀盖、阀芯、阀套、阀杆、密封圈、阀座、阀杆螺母、填料、支架、手轮等组成(图3-6-3)。采用可更换式阀座浮动结构，排污结构设在阀套断开部位，排污方便、快捷；阀芯与阀座采用硬、软双重密封副，确保阀门密封性能。增加了导流块，使介质从导流孔流出，避免了介质对密封面的直接冲刷。阀芯上设计有平衡调节孔，阀门开启力矩小。

3.6.3.3　安装、使用和维护

(1)安装前应清洁内腔和密封面。

(2)安装时必须使介质的流动方向与阀体上的箭头方向一致。

(3)安装在水平管路上，阀杆垂直于管路。

(4)安装后应定期检查。

(5)手轮旋转方向：手轮顺时针转动为关，逆时针转动为开。

(6)填料处密封脂的加注方法：当阀杆填料泄漏时，填料中部可加注密封脂。在没有压力情况下，可先用铜丝拨动注脂阀内钢球，泄放阀体内腔压力，再用注脂枪向填料函内加注密封脂。

3.6.3.4 常见故障和处理方法(表3-6-3)

表3-6-3 常见故障和处理方法

可能发生的故障	发生故障的原因	消除方法
密封面渗漏	密封面间夹杂污垢、杂物	清洗密封面
	密封面磨损或损坏	研磨或报废、更换
填料渗漏	填料压盖松动	压紧填料压盖
	填料是否损坏或磨损	更换填料或加注密封脂
注脂阀渗漏	阀内钢球、弹簧以及密封圈损坏	更换已损坏的零件
	螺纹未旋紧	旋紧螺纹
法兰连接密封面渗漏	法兰螺栓未拧紧或松紧不匀	将螺栓均匀地拧紧
	连接密封面损坏	重新修整连接密封面
	密封元件“O”形密封圈损坏	更换密封圈
手轮转动不灵活	填料压得过紧	适当放松填料压盖螺母，使其均匀对称压紧
	填料压盖倾斜	
	阀杆与螺母间有污垢或严重磨损	消除阀杆与螺母间的污垢或更换螺母
	阀杆因非正常操作变形	更换阀杆

3.6.4 闸阀操作与维护保养规程

3.6.4.1 结构(图3-6-4)

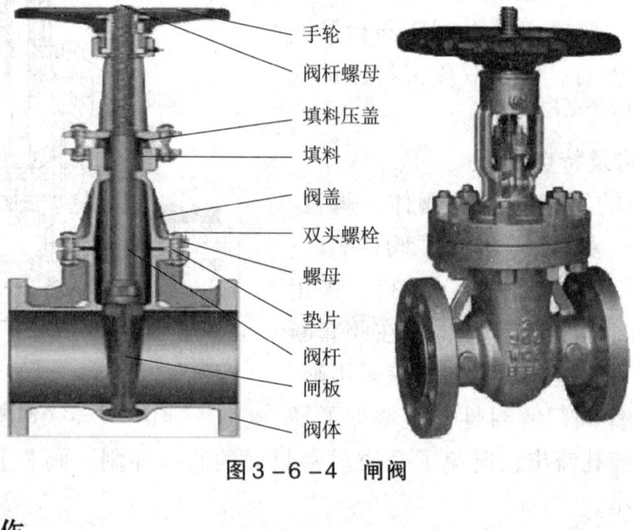

图3-6-4 闸阀

3.6.4.2 操作

1. 闸阀的开启操作

(1)操作阀门前应注意检查阀门的开闭标志后再操作；

(2)双手握住手轮按照阀门开关指示器上的方向指示(一般为逆时针方向)转动，同时应密切注意蜗轮－蜗杆传动装置有无转动、有无异常声响；

(3)按照阀门上的开关指示确定开到位；

(4)开到位后手轮往回转一圈，以保证轮齿啮合部分不再处于受力状态。

2. 闸阀的关闭操作

(1)操作阀门前应注意检查阀门的开闭标志后再操作；

(2)按照开关指示器的方向(一般为顺时针方向)旋转操作(柄)手轮；

(3)按照开关指示确定开关到位；

(4)关到位后手轮往回转一圈，以保证轮齿啮合部分不再处于受力状态。

3. 注意事项

闸阀只能在全开或全关状态下运行，不能用于节流或在非全开关位上运行，闸阀在操作时用力要均匀、平稳，不要使冲击力进行操作。

3.6.4.3 闸阀的维护保养

(1)保持闸阀的清洁、无锈蚀、无油污、无漏气；

(2)控制闸阀的工作压力在设计压力之下；

(3)对阀门的阀杆及其他配合活动的部位，应根据阀门能否正常开启，进行润滑油的定期加注；

(4)每两月至少进行一次阀门的全开关操作，以保证阀门的正常运行，对操作时出现的问题及时处理，确保阀门处于可控状态，需要切换流程或影响输气的，应预先给调控中心汇报；

(5)每年入冬前，检查裸露在外的阀杆螺纹的润滑情况，除去旧的润滑脂，涂抹新的润滑脂，对于有阀杆保护套的应定期从注油嘴注入润滑脂；

(6)闸阀的润滑。

①对闸阀进行润滑维护是延长阀门寿命的必要方法；

②在工艺操作上起主要作用关键阀门(*DN*200min及以上)要每年九、十月份加注润滑脂；

③在注入阀门润滑脂后，开关阀门2～3次，使润滑脂均匀涂抹于闸板上。

3.6.4.4 闸阀的故障判断与处理

1. 填料处泄漏与处理方法

(1)填料已老化造成泄漏，此时将老化的填料进行更换，逐圈安放，接头的角度为30°～40°；

(2)填料压盖未拧紧造成泄漏，此时均匀拧紧填料压盖螺栓，紧固时对角紧固。

2. 阀座密封面泄漏与处理方法

(1)关闭不到位造成闸板与密封面不能完全密封，转动手轮，关闭到位；

(2)密封面划伤。将阀门关闭，加注阀门专用润滑脂进行密封。

3.6.4.5 闸阀故障处理中的注意事项

(1)闸阀阀座密封不严的处理以活动为主要解决方法，注密封脂密封为辅助手段；

(2)闸阀阀座密封不严的检查和处理应尽可能在全关的状态下进行；

(3)闸阀的活动尽可能做全开关的活动，不能做全开关活动的阀门要尽可能大范围地活动阀门；

(4)密封脂必须缓慢注入，尽量使用手动注脂枪进行操作；

(5)注入密封脂时注意观察注入压力的变化，注入压力不能超过管线压力的4000psi(注脂枪上的压力表量程为10000psi)；

(6)阀门在维护时密封脂的用量可能比规定使用量多，但不能超过规定用量的200%。

3.6.5 安全阀操作与维护保养规程

3.6.5.1 工作原理

先导式安全阀：当系统正常工作，先导式安全阀处于关闭状态时，系统压力通过进口压力管、导阀和气室压力管传到主阀阀瓣顶部的圆顶气室，从而在主阀瓣上产生了一个向下的净作用力，使主阀处于关闭状态。当系统压力达到整定压力时，导阀开启且滑梭封闭导阀进气通道，主阀气室的压力通过导阀排放卸压，由于系统压力高于回座压力，滑梭封闭进气通道，从而隔断流体在导阀中的流动，这时主阀气室的压力急剧下降，主阀阀瓣完全打开，流体通过主阀泄放降压。当系统压力降到一定值时，导阀的弹簧力克服了阀进口压力作用在滑梭上的力，导阀回座，顶杆顶开滑梭，最后使得流体重新进入主阀的圆顶气室，关闭主阀。

弹簧式安全阀：安全阀弹簧的预紧力 F_T 通过阀杆传递给阀瓣上方，而系统内介质的压力作用在阀瓣下方，在 F_T 的作用下阀瓣的密封面与喷嘴密封面紧紧结合，从而起到密封作用。当系统的介质的作用力 F_x 与 F_T 平衡时，阀门开始起跳，即安全阀开始起座。起跳压力等于 F_T+f，其中 f 表示阀门内部零件的机械摩擦力。当安全阀起跳排放降压，直至压力容器内的介质的压力降低到作用于阀瓣上的力小于弹簧的作用力时，安全阀才能回座关闭，其结果是保证压力容器设备在规定的压力范围内工作。

3.6.5.2 先导式安全阀和弹簧式安全阀结构(图3-6-5)

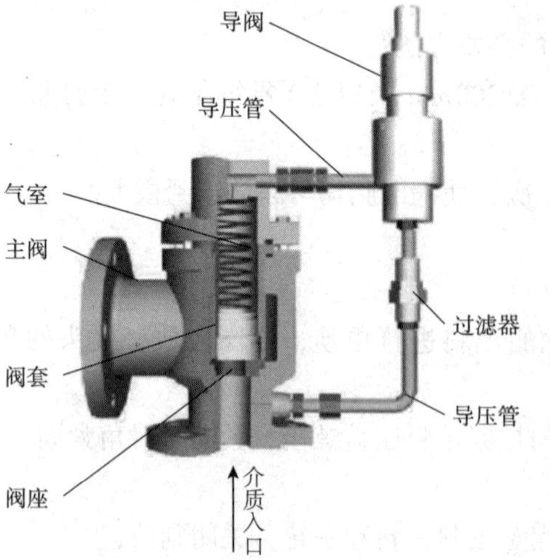

(a)先导式安全阀

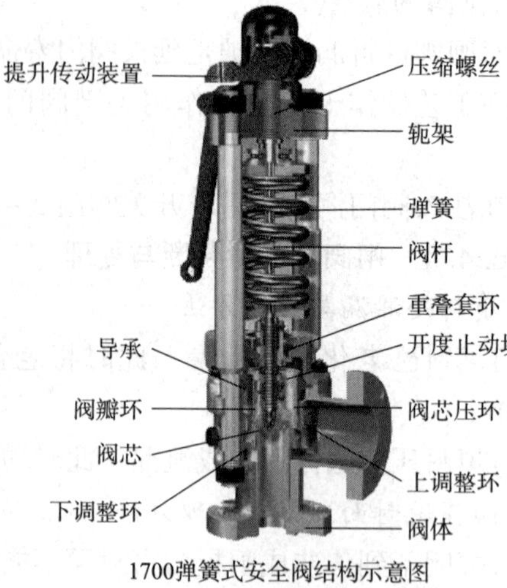

1700弹簧式安全阀结构示意图

(b)弹簧式安全阀

图3-6-5 安全阀结构图

3.6.5.3 操作步骤

1. 先导式安全阀的调试、操作

(1)先导式安全阀的标定，标定介质为空气或其他气体，禁止用液体；标定时控制安全阀前压力，旋转导阀上的压力调节螺钉，使先导式安全阀在到达规定的压力值时起跳、排放和回座，反复测试，合格后，锁紧调节螺钉，装铅封；

(2)管线、撬装设备吹扫及试压时，应关闭先导式安全阀前的阀门，避免液体或杂质进入安全阀的导压管或导阀，造成堵塞，主阀无法起跳；

(3)先导式安全阀通气时，应缓慢开启其前面的阀门，若听到主阀出口有连续泄漏声，属正常现象；停止开启，待出口处无泄漏声，再缓慢开启其前面阀门至全开。

2. 弹簧式安全阀的调试、操作

(1)弹簧式安全阀的标定，标定介质为空气或其他气体，禁止用液体；标定时控制安全阀前压力，旋转弹簧式安全阀顶部的压力调节螺钉，使弹簧式安全阀在到达规定的压力值时起跳、排放和回座，反复测试，合格后，锁紧调节螺钉，装铅封；

(2)管线、撬装设备吹扫及试压时，应关闭弹簧式安全阀前的阀门，避免液体或杂质进入安全阀内部，附着在阀口处，造成阀口关闭不严，漏气；

(3)弹簧式安全阀通气时，应缓慢开启其前面的阀门，若听到主阀出口有连续泄漏声，属正常现象；停止开启，待出口处无泄漏声，再缓慢开启其前面阀门至全开。

3.6.5.4 安全阀的维护保养

(1)安全阀应按时标定，发现安全阀动作不灵敏，起跳和回座压力偏离设定压力较多时，应对安全阀进行检查维修；

(2)检测安全阀是否灵敏，主要是检测导阀动作精度。

3.6.5.5 注意事项

(1)仔细核对安全阀的型号、连接形式与设计要求是否一致；

(2)安全阀前应装设阀门，利于日后的检查维护与标定；

(3)安全阀安装前管道内的杂质等应吹扫干净，若气质较脏，可在导阀进口处装过滤器；

(4)外观检查各先导式安全阀是否完好；

(5)安全阀的标定按规定，每年在当地的锅检所标定一次；

(6)对安全阀的维修、维护操作均需记录在维护保养检修记录中。

3.6.6 中寰气液联动执行机构操作与维护保养规程

3.6.6.1 工作原理与结构

1. 原理

中寰气液联动执行机构是把管线天然气或氮气作为动力，液压油作为传动介质驱动管线阀门的开启和关闭。基本控制功能包括：就地气动操作，手动液压泵操作，破管自动保护，远程电控开关，ESD紧急关断等(图3－6－6)。

图3－6－6 中寰气液联动执行机构

2. 气液联动组件(图3-6-7)

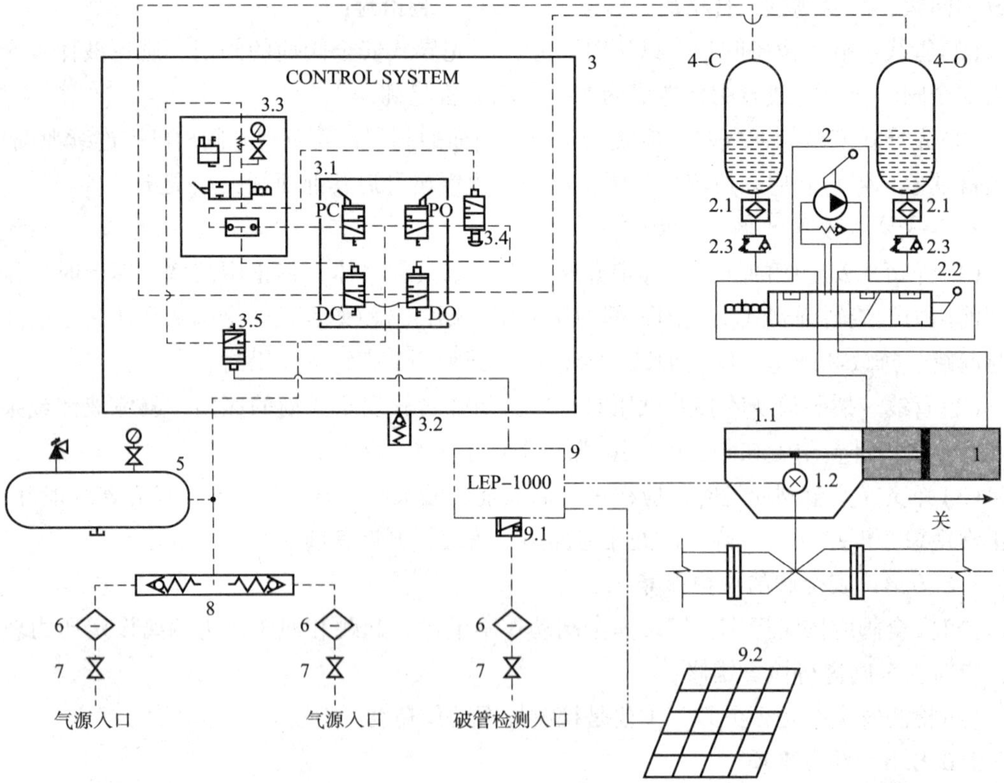

图3-6-7 气液联动组件

1—液动执行机构；1.1—拨叉箱体，1.2—阀位开关；2—液压手动泵；2.1—液压滤芯，2.2—方向控制阀；2.3—流量调节阀；3—气动控制阀组；3.1—3/2可控制阀；3.2—排气口；3.3—3/2控制气排气；3.4—手动复位先导阀；3.5—3/2常闭电磁阀；4—气液转换罐；5—储气罐；6—气体过滤器；7—切断阀；8—高压梭阀；9—LBP-1000电子控制单元；9.1—压力传感器；9.2—太阳能供电系统

3.6.6.2 操作

1. 气动开关阀门

当储气罐有足够压力气体时，将手动泵换向阀置于自动位(REMOTE/AUTO)。气动开关阀门时，手动泵手柄上的安全销必须插入，手柄处于锁定状态。

气动开阀：手动按下开阀手柄(OPEN)并保持，阀门开始开阀动作，直到阀门到达全开位，松开手柄，系统排气。

气动关阀：手动按下关阀手柄(CLOSE)并保持，阀门开始关阀动作，直到阀门到达全开位，松开手柄，系统排气。

2. 手动液压泵开关阀门

当储气罐压力不足时，可利用液压手动泵和换向阀来实现阀门开关。

手动泵开阀：将手动泵换向阀手柄拉出旋转至开位(OPEN)，拔出安全销，手动泵加压，阀门开始开阀动作，直到阀门到达全开位。停止加压。复位换向阀于自动位(REMOTE/AUTO)，插入安全销。

手动泵关阀：将手动泵换向阀手柄拉出旋转至关位(CLOSE)，拔出安全销，手动泵加压，阀门开始关阀动作，直到阀门到达全关位。停止加压。复位换向阀于自动位

(REMOTE/AUTO)，插入安全销。

3. 破管紧急关断

当检查到天然气管线的压降速率或管线高、低压超出电子控制单元预先设定的参数值时，系统发出信号给电磁阀 3.5，电磁阀 3.5 先导 3.1 – DC 动作，控制系统让执行机构关闭阀门。与此同时，系统安全锁 3.4 锁定控制系统的操作。只有破管控制信号消失，且必须现场人工手动复位安全锁 3.4 后，执行机构才能恢复正常操作。

4. 阀门远程开关

电磁阀 3.1 PO 通电，执行机构打开。在行程终点电磁阀必须断电。

电磁阀 3.1 PC 通电，执行机构关闭。在行程终点电磁阀必须断电。

3.6.6.3　气液联动执行器 LBP – 1000 控制单元

1. 防爆电控箱

LBP – 1000 防爆电控箱(图 3 – 6 – 8)的主要功能是自动实时采集、监测管道压力，并在管线出现事故时，给执行机构发送信号，关闭阀门，保证系统安全。

2. LBP – 1000 架构原理与参数说明(图 3 – 6 – 9、表 3 – 6 – 4)

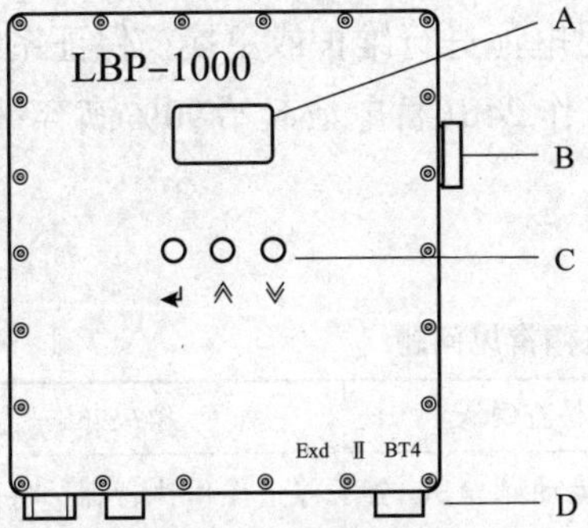

A—OLED显示屏；B—USB接口；
C—按键；D—电气接口

图 3 – 6 – 8　防爆电控箱

A—OLED 显示屏；B—USB 接口；C—按键；D—电气接口

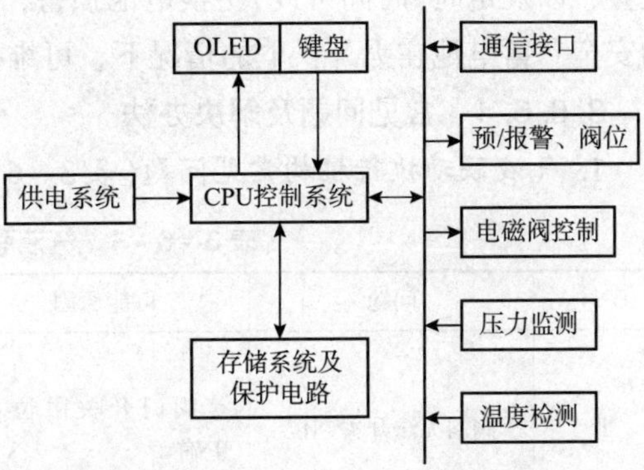

图 3 – 6 – 9　LBP – 1000 架构原理

表 3 – 6 – 4　LBP – 1000 架构参数说明

选项	包含参数	说明
阀门控制	阀控高限	阀控主要是针对管线运行中发生重大事故。超限且持续超过确认时间不消失将会触发阀门动作，并会记录该阶段的数据；若发生阀门动作，将会有报警发出
	阀控低限	
	阀控压降速率	
波动记录	波动高限	波动记录针对管线压力不稳定、上下浮动较大，但又不至于使阀门动作的情况。超限会将该阶段数据记录下来，并能发出预警提示
	波动低限	
	波动压降速率	
管线运行监控	压力增量	运行监控主要是记录管线压力变化。当压力变化量超过 5bar 时会记下该点；将所有记录点连接起来，即可获得管线长期运行压力状况。5bar 可理解为记录的误差
	压力减量	

注：1. 以上几项是执行器工作中的关键参数，需要特别注意。

2. 运行监控的压力增、减量恒定为 5bar 不可调，如需调整，需要在订货时说明(1bar = 0.1MPa)。

3. 太阳能控制器

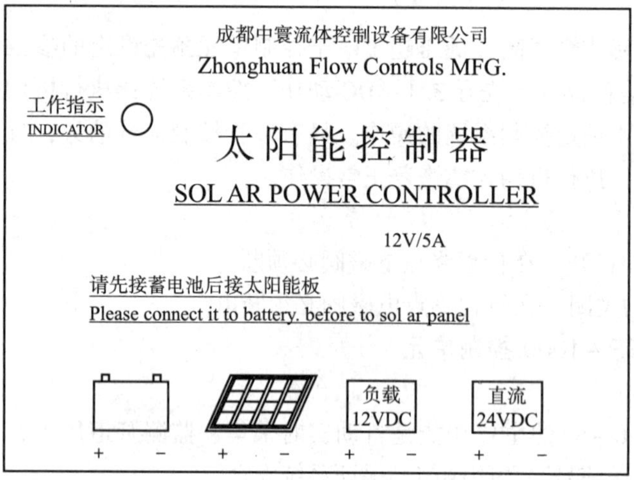

图 3－6－10 太阳能控制器

LBP－1000 太阳能控制器配有专门的电源控制器和蓄电池，外供电源可以是太阳能板、24VDC 或 220/110VAC（交直流转换器），太阳能和 24V 充电控制器、蓄电池都放在防爆控制箱内。图 3－6－10 为太阳能控制器面板图，它既可以外接太阳能板，也可以接 24VDC 电源对蓄电池充电；控制器具有过放和过充保护以及抵抗浪涌冲击能力，有效保证了蓄电池的使用寿命。LBP－1000 设置有供电高、低压报警，以及定时（时间可设）更换电池预警，可及时对电池进行维护或更换，保证系统供电的安全。蓄电池在无外供电的情况下，可维持系统工作 24d（蓄电池起始 90% 满容量）。

3.6.6.4 常见问题及解决办法

1. 气液联动执行机构常见问题（表 3－6－5）

表 3－6－5 气液联动执行机构常见问题

序号	问题	可能原因	检查确认	解决办法
1	阀门无法开关到位	阀门开关限位不正确	阀门运动到全开/全关位置时，两端限位螺栓被顶住，明显受力无法旋出	停止操作执行器，将两端的开/关限位调节螺栓旋出，将阀门分别处于全开位和全关位，重新设定限位
2	就地无法气控开/关阀门	储气罐压力不足	观察储气罐压力显示是否达到管道设计的最低压力；取气回路阀门是否打开	打开取气回路，保证储气罐内气压足够
		手动泵位置不正确	手动泵的换向阀位置是否正确	将手动泵换向阀旋转处于“自动/远程”位置，并锁定
		系统破管保护或 ESD 动作后未复位	气控阀组上的小型压力表有示数；复位手柄向上翘起	通过气控阀组排气阀排气后，将复位手柄按下复位
		ESD（可选功能）电磁阀失电，且未屏蔽	ESD 24VDC 信号是否正常	上位控制系统复位，ESD 电磁阀回路通电；或者通过选择阀将 ESD 暂时屏蔽

续表

序号	问题	可能原因	检查确认	解决办法
3	电磁阀无法动作	24VDC 信号异常	检查控制回路连接和控制是否正确	更改控制回路
		电磁阀电压偏低	测量电磁阀线圈两端电压，应在 24(1±15%)VDC 范围	升高回路电压
		线圈短路	用万用表蜂鸣挡或 kΩ 挡测试电磁阀两个端子间电阻，正常电阻在 220Ω 左右，若阻值明显偏小，可能有短路故障	更换线圈

2. LBP－1000 控制单元常见问题(表 3－6－6)

表 3－6－6　LBP－1000 控制单元常见问题

序号	问题	可能原因	检查确认	解决办法
1	系统通电后没有反应，而且电路板未有 12V 直流供电输入	蓄电池电量不足	万用表测量蓄电池电压 <12.2V	太阳能或直流 24V 对蓄电池充电，系统将自动恢复供电
		蓄电池保险熔断	万用表测量蓄电池电压＝0V	更换保险管
2	OLED 显示的压力与管线实际压力不符	传感器设置不正确	检查传感器量程(通常是 10MPa 和 16MPa 两挡)，确认系统参数中传感器的设置是否匹配	重新设置电控单元中传感器参数
		系统精度不准	精度误差超过 0.5%，压力传感器回路正常	通过精度校正软件和标准信号发生器进行精度校验
3	阀位状态错误	接线不正确	对照电气接线图	调整接线
		阀位开关触点调整不到位	阀门开、关到位时确保触点分别触碰	调整阀位开关触点
4	RS485 通信异常	RS485 通信未开启	进入通信设置操作菜单，查看 RS485 是否处于开启状态	开启 RS485
		接线不正确	对照电气接线图	调整接线
		参数设置不当	RS485 子站编号(Slave ID)不正确(默认 ID 是 1，波特率 9600，数据位 8，停止位 1，奇偶校验)	根据要求修改
5	LBP－1000 控制异常	M2 模式未就绪	使用按键查看 M2 模式状态	按照流程图设置就绪

3.6.6.5 注意事项

(1)维修人员必须穿戴防静电工作服、安全帽、防静电鞋、护目镜，作业时必须有专人监护；

(2)进行维护检修时，必须使用防爆工具，严禁使用能产生火花的铁器等工具进行敲击作业；

(3)消防器材应摆放到位；

(4)应用可燃气体检测仪进行可燃气体检测达到要求后(可燃气体浓度低于爆炸下限的20%)，可进行维修作业。

(5)现场必须有HSE监督员进行监督。

3.6.6.6 气液联动执行器维护

1. 日常巡检项目

(1)储气罐压力；

(2)现场阀位状态；

(3)LBP－1000电控单元：现实压力、压降速率、阀位状态、预/报警信息、供电电压、管线极值记录、管线异常记录、管线运行记录；

(4)太阳能板板面清洁。

2. 定期保养项目

(1)检查气路和油路密封情况；

(2)检查气液罐液位，液压油的油质状况；

(3)打开电控箱，检查蓄电池电压，外供电源(如太阳能板)电压是否正常；

(4)检查气动操作、手动泵操作是否正常；

(5)检查破管保护和其他电控功能(如ESD)是否正常；

(6)检查安全阀，压力容器；

(7)清洗引压取气过滤器；

(8)清洗气液罐流量调节阀上部滤芯。

3. 部件更换周期

(1)电控单元蓄电池每三年进行更换一次；

(2)太阳能电池板每五年进行更换一次；

(3)非金属密封件每五年更换一次；

(4)液压油每五年更换一次。

3.6.7 SHAFER气液联动执行机构操作与维护保养规程

3.6.7.1 工作原理与结构

SHAFER阀操作系统的基本功能是爆管紧急切断和人为开关阀，其中人为开关阀操作分为远程操作、就地手泵操作和就地自动操作三种方式。

SHAFER阀操作系统在安装调试测试正常后，一般不需要修改系统参数或调整阀位操作。需要时由专业技术人员通过便携PC机进行有关参数重新设定或修改。

1. SHAFER气液联动执行机构结构原理

SHAFER气液联动执行机构包括三大部分，分别是：控制器、驱动器、液压操作系统。

(1)控制器的功能是：导通动力气的引进流程，切换阀门开关方向，进行动力气的过滤。

(2)驱动器的功能是：将动力气的气压在气液罐中变为液压，液压传到液缸中推动叶轮装置做旋转运动，带动阀杆转动。

(3)液压手动系统的功能是：导通手动泵至驱动器流程，手动泵排出的油压直接作用在驱动器叶轮上，带动阀杆转动。

(4)气液联动执行机构基本结构见图3-6-11。

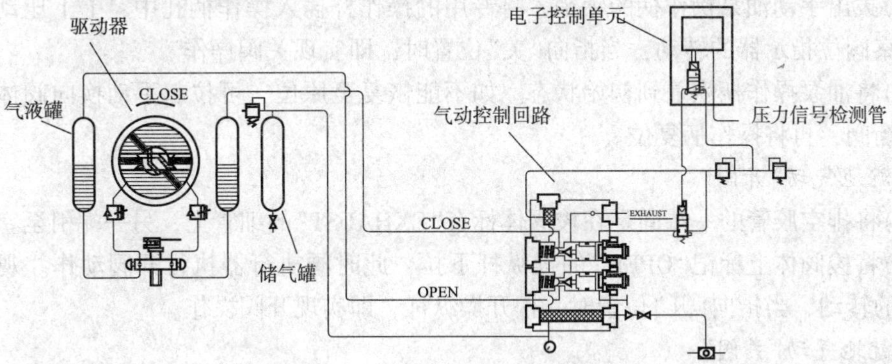

图3-6-11 气液联动执行机构图

2. 气液联动球阀结构图(图3-6-12)

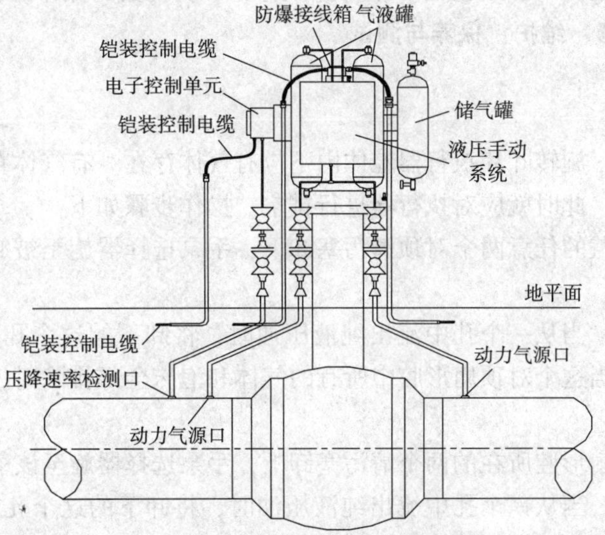

图3-6-12 气液联动球阀结构图

3.6.7.2 使用操作

1. 手泵"开阀"

(1)将排空胶管的一端套在梭阀体标有"EXHAUST"的细管上，另一端引至室外。

(2)把手动换向阀上标有"OPEN"侧的手掌按钮推入，确认另一侧标有"CLOSE"的手掌按钮处于拉出状态。

(3)拔出手动油泵操作柄的锁销，将专用的操作杆插入操作柄孔中，上下压动油泵柱塞，观察阀位指示器转动，当指向"开"位置时，即实现开阀操作。

(4)将油泵操作柄恢复到初始状态。如不能恢复至原位，可拉起手动换向阀体上部的泄放平衡阀，再将操作柄复位。

2. 手泵“关阀”

(1)将排空胶管的一端固定在梭阀体标有“EXHAUST”的细管上，另一端引至室外。

(2)将手动换向阀上标有“CLOSE”侧的手掌按钮推入，确认另一侧标有“OPEN”的手掌按钮处于拉出状态。

(3)拔出手动油泵操作柄的锁销，将专用的操作杆插入操作柄孔中，上下压动油泵柱塞，观察阀位指示器的转动，当指向“关”位置时，即实现关阀操作。

(4)将油泵操作柄恢复到初始状态。如不能恢复至原位，可拉起手动换向阀体上部的泄放平衡阀，再将操作柄复位。

3. 就地气动“开阀”

(1)将排空胶管的一端固定在梭阀体标有“EXHAUST”的细管上，另一端引至室外。

(2)将梭阀体上标记“OPEN”的操纵杆下拉，此时阀执行器执行开阀动作。观察阀位指示器的转动，当指向“开”位置时，松开操纵杆，即实现开阀操作。

4. 就地气动“关阀”

(1)将排空胶管的一端固定在梭阀体标有“EXHAUST”的细管上，另一端引至室外。

(2)将梭阀体上标记“CLOSE”的操纵杆下拉，此时阀执行器执行关阀动作。观察阀位指示器的转动，当指向“关”位置时，松开操纵杆，即实现关阀操作。

3.6.7.3 检修、维护、保养与测试

1. 检修

(1)执行器排空。

在正常情况下，旋转叶片执行器腔体内不应有气体存在。有气体存在时，执行器动作迟缓或运行不稳定。此时就应对执行器进行排空。操作步骤如下：

①将执行器上盖的任意两个对顶清污塞卸下，手泵选择器旋至被卸去清污塞所在腔注油的位置；

②用手泵打油，当从一个孔中流出纯液压油时，将卸下的这个孔的清污塞装上拧紧，继续用手泵打油，当这个对顶扇形腔中所有的气体和泡沫全部排除时，装上并拧紧第二个清污塞；

③将另外对顶扇形腔所在的两个清污塞卸下，手泵选择器旋至该扇形腔注油的位置；

④用手泵打油，当从一个孔中流出纯液压油时，将卸下的这个孔的清污塞装上拧紧，继续用手泵打油，当这个对顶扇形腔中所有的气体和泡沫全部排除时，装上并拧紧第二个清污塞。

⑤在完成排空操作后，应重新恢复气液罐中的油位，油位正确后方可进行正常的操作。

(2)执行器排污。

执行器应定期排污，以除去沉积的天然气凝液、水、残渣和磨损的铁屑。排污频率取决于天然气组分和气候条件，通常在冬季来临前应进行排污。排污时卸下执行器底部的四个排污塞，凝液和污物就会排出。排完积液后，应按执行器排空的方法重新建立正确的油位。

(3)正确操作油位。

由于排污、排空或其他原因造成的泄漏会使油量减少，应及时补充。一般气液罐中的油量是执行器充满油量的1.5倍，执行器的容积参数印在其规格型号标签上，标签已贴在

了执行器醒目的位置。

2. 维护与保养

日常应检查操作系统各接口处不应有漏油、气现象。SHAFER阀门执行器在运行中应定期检查，检查周期应按组织内部对设备管理要求确定。检查不少于以下内容：

(1)检查执行器各连接点无漏气、漏油。

(2)检查执行器底部无凝液积存。

(3)检查动力气罐压力。正常情况下应与管道压力基本相同。

(4)检查各引压管、截止阀完好，无泄漏、无振动、无腐蚀、无形变等。

(5)检查所有连接无松动。

(6)检查各指示仪表工作正常，准确度在允许范围内。

(7)检查蓄电池工作情况正常。

3. 更换电池

(1)所配的蓄电池使用寿命一般在2~3年，太阳能板系统中的蓄电池由于经常充放电，使用寿命可能达不到2年，维护人员需时常检测蓄电池的工作情况，到期需进行更换。

(2)拆掉电池正负极两端的红色及黑色连接线，拆除旧电池，安装新电池。

4. 更换干燥剂

(1)电子控制单元中的干燥剂每年更换2~3次即可，在湿度比较大的地区，每年需更换3~5次。

(2)每次打开电控箱之后都需重新更换干燥剂。

5. 入冬前检查和维护

(1)入冬前检查在日常巡检和维护的基础上进行。

(2)关闭动力源根部阀，反复拉动任何一个手柄直至控制器中的余气放空，带储气罐的装置要将储气罐放空。

(3)拆除控制块左上方和右侧的螺帽，取出滤芯，检查控制块滤芯是否清洁，并用煤油进行清洗，如滤芯破损或无法清除杂物，则更换控制块滤芯，吹扫引压管。

(4)缓慢松开储油罐下方排污丝堵，观察排出的油是否清洁，直到排出的油清洁为止。

(5)如果从储油罐排出的油品中含有大量杂质，则待储气罐排污完毕后，缓慢松开执行器下方的排污丝堵进行排污，直到排出的油品清洁为止。

(6)在装置全开位的状态下，松开储油罐顶部的卡套接头和注油堵头，用标尺检查储油罐中油位，储油罐液位应位于1/2罐高±5cm，如油位不足则加入执行机构专用液压油到规定的位置。

(7)检查控制箱参数的设置及时间记录。

(8)恢复装置，进行功能测试。

6. 参数设置、检查及下载

(1)准备工作。

①打开LineGuard－2300控制箱连接口保护帽；

②用专用电缆连接到便携式PC机的RS232串行接口上；

③开启便携式PC机，进入LineGuard－2300操作界面；

④输入“SVLT. EXE”进入英制单位的操作界面；

⑤输入“SVLT MPA. EXE”进入公制单位的操作界面。

(2)事件检查。

①进入主菜单，选择 Read All Events W/Parameters 项读取事件和参数；

②选择进入 Event Review Menu 事件菜单；

③选择 Save Event File 储存读取的事件；

④进入 Examine Events Parameters 程序检查设置参数，如不正确则重新进行设置；检查阀门控制状态；分析事件记录和阀门关断记录；

⑤如有事件记录和阀门关闭记录，选择“Chronological Sort”“High Pressure Sort”“Low Pressure Sort”“Rate of Pressure Sort”和“Valve Closing Event”检查记录的事件；

⑥检查无误后，退出检查程序。

(3)参数的设置及下载。

①按照(2)进行参数和记录的事件检查；

②检查参数设置及事件后，选择 Parameter Menu 项；

③选择“Establish Setpoints”菜单进行参数设置，设置确认无误后，退出该菜单并储存参数设置；

④选择“Reset Events and Clock”将控制复位并删除控制箱中记录的事件；

⑤退出程序，重新开启程序检查参数设置及阀门控制状态是否正确，最后退出程序；

⑥完成上述工作后，应将连接电缆摘离 RS232 串行接口，检查控制箱指示灯是否闪亮，将 LineGuard－2300 控制箱连接口保护帽装回原处并下载数据保存到其他的计算机中进行归档。

(4)注意事项。

①参数设置后，确认与控制功能是否相符，无误后，操作人员方可离开；

②阀门关闭时间设置值必须大于在管线压力条件下实际阀门关闭所需的时间，设置值一般为 60s；

③LineGuard－2300 控制软件参数的确定需根据管线运行的具体要求确定，参数的设置必须保证管线在安全压力下运行。

(5)自动控制功能的启动和取消。

①进入“Establish Setpoints”选择“Data Collect Function”项和“Valve Control Function”项置于“ON”状态；

②选择“Arm/Re－arm Control”重新装载程序；

③退出程序，重新启动程序，检查各参数及控制状态是否符合要求。

7. 功能测试

(1)带远控功能装置的功能测试。

①确认装置动力气源、检测气源开启；

②检查装置和控制箱设置参数是否符合要求；

③由调控中心发出关闭 GOV 阀门的命令，现场人员检查阀门是否关闭并关闭到位；

④装置驱动阀门执行到位后，余气排空，现场人员和调控中心共同确认装置和阀门是否关闭到位；

⑤气动开启装置；

⑥测试低压、高压自动关断功能是否满足要求。

(2)压降速率自动关断的测试。

①方法一：关闭检测气源，重新设定控制箱压降速率自动关断值，设定值设置为最小值，缓慢松开控制箱进气球阀前部卡套(带排气阀的缓慢打开排气阀)，使引压管内压力降低，检查装置自动关断性能；

②方法二：关闭检测气源、动力气源，重新设定控制箱压降速率自动关断值，设定值设置为最小值，缓慢松开控制箱进气球阀前部卡套(带排气阀的缓慢打开排气阀)，使引压管内压力降低，仔细观察在延时时间后，控制箱内电磁阀是否动作；

③测试结束后恢复装置及 LineGuard－2300 参数设置。

8. 维护过程中的注意事项

(1)在进行拉手柄气动操作时，应用手拉住手柄不放，直至阀门到位为止。

(2)气动操作时，因气液罐放出剩余带压可燃气体，阀门周围必须严格注意防火。

(3)用手动液压摇杆操作时，当阀门到位而液压摇杆无法继续下压，可按下液压摇杆下部的平衡阀，然后放下液压摇杆达垂直位置。

(4)定期检查 LineGuard－2300 控制盒是否严密关闭，防止进水。

(5)取消装置的自动关闭功能时，必须做到关闭根部阀和更改控制箱中参数两种方法同时进行。

3.6.7.4　故障诊断及处理(表3－6－7)

表3－6－7　故障诊断及处理

故障特征	可能原因	解决方法
执行器运行不稳或爬行	执行器缺油或有气体	排出执行器中气体和泡沫，补充液压油至合适的油位
执行器动作过慢	(1)使用了不合适的液压油。 (2)动力气有节流、压力低，原因： ①系统管路堵塞。 ②控制滤网上有污物、润滑脂、杂物。 ③调试不当。 (3)速度控制阀开度过小。 (4)阀门或执行器扭矩过大	(1)更换液压油。 (2)解堵，重新调试。 (3)调节速度控制阀的开度。 (4)充分清洗阀门或执行器
执行器不动作	(1)动力气压力低或阀门阻力矩过大。 (2)阀门卡滞。 (3)速度控制阀没有打开。 (4)动力气源没有打开。 (5)气路通道堵塞	(1)检查动力气压，尝试用手泵操作。 (2)润滑阀门，进一步确认。 (3)调节速度控制阀到一定开度。 (4)打开动力气源。 (5)检查气路并清除故障
手泵操作不动作	(1)缺液压油。 (2)手泵故障。 (3)执行器内漏	(1)补充液压油，排空。 (2)检修手泵。 (3)检修执行器
控制箱无法读取数据	(1)控制箱电路板损坏。 (2)控制箱或笔记本电脑接口没有正确连接。 (3)控制软件损坏	(1)更换电路板。 (2)检查电缆和接口的连接。 (3)重新安装控制软件

3.6.7.5 注意事项

(1)维修人员必须穿戴防静电工作服、安全帽、防静电鞋、护目镜，作业时必须有专人监护。

(2)进行维护检修时，必须使用防爆工具，严禁使用能产生火花的铁器等工具进行敲击作业。

(3)消防器材应摆放到位。

(4)应用可燃气体检测仪进行可燃气体检测达到要求后(可燃气体浓度低于爆炸下限的20%)，可进行维修作业。

(5)现场必须有HSE监督员进行监督。

3.6.7.6 LineGuard－2300参数设置(表3－6－8)

表3－6－8 LineGuard－2300参数设置

序号	参数名称	设置原则	设置值	参数英文名称
1	低压自动关断压力设定值	高于装置所要求的最低操作压力，低于管线运行最低压力	0.7～1.7MPa	Valve Control Setpoints－Minimum Pressure
2	高压自动关断压力设定值	管线设计压力的90%～110%		Valve Control Setpoints－Maximum Pressure
3	压降速率自动关断设定值	根据管线最大允许压降速率确定		Valve Control Setpoints－Rate of Pressure Drop
4	低压数据采集压力设定值	低压自动关断压力设定值的110%～130%		Data Collection Setpoints－Minimum Pressure
5	高压数据采集压力设定值	高压自动关断压力设定值的80%～90%		Data Collection Setpoints－Maximum Pressure
6	压降速率数据采集设定值	压降速率自动关断设定值的50%～90%		Data Collection Setpoints－Rate of Pressure Drop
7	自动关断事件延时	防止瞬时干扰的前提下设定足够的延时时间	120s	Valve Control Setpoints－Delay
8	数据采集事件延时	防止瞬时干扰的前提下设定足够的延时时间	56s	Data Collection Setpoints－Delay
9	数据采集功能	根据是否需要采集管线异常压力数据设定	ON/OFF	Data Collect Function
10	自动关断功能	根据是否需要开启装置自动关断功能设定	ON/OFF	Valve Control Function
11	阀门关断时间	大于装置在最低工作压力下关断时间	60s	Time Setpoint Valve Closure

3.6.8 PL3000调压器操作与维护保养规程

3.6.8.1 工作原理与特点

1. 原理

调压器的皮膜组成部分将调压器的执行机构分成两个腔室。一个腔室与要控制的下游压力相通，另一个腔室与指挥器所产生的驱动压力相通。没有气通过时，在调压器主弹簧的作用下，调压器的阀口是关闭的。

当调压器工作时，在指挥器的作用下，指挥器输出的驱动力大于出口压力加上弹簧的作用力时，调压器的阀口打开。当作用在皮膜腔两边的力相等时，阀筒保持当前位置不动，出口压力等于调压器的设定压力。

当下游的流量发生变化时，调压器的出口压力与指挥器的控制压力进行比较，通过指挥器的控制，开大或关小调压器的阀口来保持下游压力的稳定。如图3－6－13、图3－6－14所示。

图3－6－13　PL3000调压器

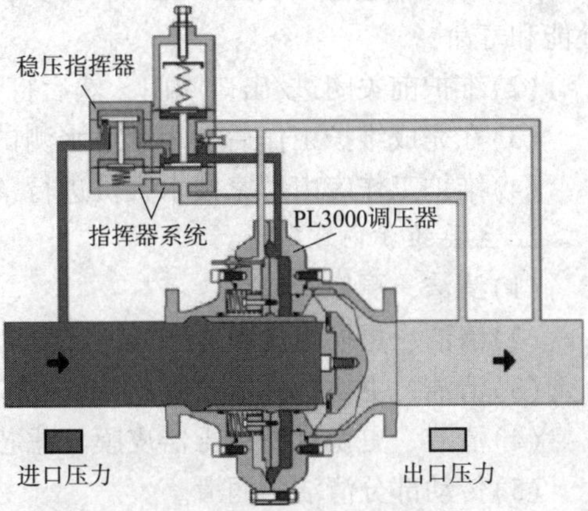

图3－6－14　PL3000调压器

2. 特点

PL3000是指挥器作用式调压器，非常适合用于需要持续不断提供下游压力的高压及大流量工作环境。调压器的指挥器可以快速精确地反应压力的变化；指挥器有独立的精密过滤器来保护；稳压指挥器可以消除入口压力变化对调压器的影响。

3.6.8.2　操作

1. 启动

调压器系统从不带压状态到试压状态是一个相对缓慢的过程，操作时请勿过快。调压器启动前检查调压器前后阀门是否关闭，前后的放空及排污阀是否关闭，调压器是否安装好，前后信号管线连接是否正确。确认以上工作后，可以对调压系统进行启动。

(1)对单个调压器的启动步骤。

①关闭调压器出口阀门；

②将调压器上的调节螺栓全松开(逆时针转动)；

③打开信号管上前后小阀门；

④缓慢打开调压器进口阀门，听到过气声后停止转动，直到无过气时，将阀门全部打开；

⑤打开出口管线上小放气阀门到30%开度；

⑥缓慢调节指挥器调节螺栓(顺时针转动)，使出口压力升到需要的设定值，并将调节螺栓锁母锁紧；

⑦缓慢关闭出口管线上的小放气阀门，等待10min，检查出口关闭压力；

⑧缓慢开启出口管线上的阀门，使出口管线充满气体，即可正常供气。

(2)压力设定。

①如果是要提高出口的检测压力，则先松开调压器指挥器调整螺钉的锁紧螺母，然后

顺时针慢慢向里旋进调整螺钉，每次以1/4圈为一步。观察下游出口压力，直至达到需要的压力值为止，最后拧紧调整螺钉的锁紧螺母；

②如果是要降低出口的检测压力，则先松开调压器指挥器调整螺钉的锁紧螺母，然后逆时针慢慢向外旋出调整螺钉，每次以1/4圈为一步。观察下游出口压力，直至达到需要的压力值为止，最后拧紧调整螺钉的锁紧螺母。

3.6.8.3 维护

1. 一般要求

(1)每三年进行一次全面的维护保养，每一年进行一次小修保养，以保证良好的使用性能和寿命；

(2)维护前关闭进/出口阀门，然后打开放气阀彻底放气；

(3)在完成维护工作后，用肥皂水测试其密封性；

(4)维护工作应由厂家技术人员进行，非专业人士不得私自拆卸、更换。

2. 主要维护内容

(1)清洁、更换阀口垫；

(2)清洁、更换主皮膜；

(3)清洁、更换指挥器皮膜；

(4)清洁、更换过滤稳压器皮膜、滤芯；

(5)传动部分清洁、润滑。

3.6.8.4 故障诊断(表3-6-9)

表3-6-9 故障诊断

故障现象	原因
调压器不能正常打开	(1)调压器前端的供气流量是否正常； (2)指挥器的供气是否正常； (3)调压器的主皮膜是否破损
出口压力过低	(1)调压器的供气是否充足； (2)调压器的流通能力是否满足工况需求； (3)指挥器的供气是否充足； (4)进口端过滤器是否堵塞
出口压力过高	(1)密封件是否损坏； (2)密封垫是否太脏，导致阀口处发生内漏
发生喘动	(1)信号管的安装位置是否正确； (2)下游需求是否过低； (3)指挥器的设定是否正确(见指挥器相关文件)
发生结冰情况	(1)控制单元是否有足够的加热措施； (2)下游需求是否过低

3.6.9 阻火器结构原理

3.6.9.1 结构及性能

1. 结构

阻火器主要由壳体和滤芯两部分组成(图3-6-15)。壳体应具有足够的强度，以承受爆炸产生的冲击压力。滤芯是阻止火焰传播的主要构件，常用的有金属网型滤芯和波纹型滤芯两种。金属网型滤芯用直径0.23～0.315mm的不锈钢或铜网，多层重叠组成。目前国内的阻火器通常采用16～22目金属网，为4～12层。

图3－6－15　阻火器结构

2. 主要性能

(1)阻爆性能合格，阻火器连续13次以亚音速火焰试验，每次都能阻止火焰的通过。

(2)耐烧性能合格，耐烧试验1h无回火现象。

(3)壳体水压试验合格，水压试验2.4MPa无渗漏。结构合理，重量轻、耐腐蚀。易检修，安装方便。阻火器芯子采用不锈钢材料，耐腐蚀易于清洗。

3.6.9.2　工作原理

关于阻火器的工作原理，主要有两种观点：一是基于传热作用；一是基于器壁效应。

1. 传热作用

燃烧所需要的必要条件之一就是要达到一定的温度，即着火点。低于着火点，燃烧就会停止。依照这一原理，只要将燃烧物质的温度降到其着火点以下，就可以阻止火焰的蔓延。当火焰通过阻火元件的许多细小通道之后将变成若干细小的火焰。设计阻火器内部的阻火元件时，则尽可能扩大细小火焰和通道壁的接触面积，强化传热，使火焰温度降到着火点以下，从而阻止火焰蔓延。

2. 器壁效应

燃烧与爆炸并不是分子间直接反应，而是受外来能量的激发，分子键遭到破坏，产生活化分子，活化分子又分裂为寿命短但却很活泼的自由基，自由基与其他分子相撞，生成新的产物，同时也产生新的自由基再继续与其他分子发生反应。当燃烧的可燃气通过阻火元件的狭窄通道时，自由基与通道壁的碰撞概率增大，参加反应的自由基减少。当阻火器的通道窄到一定程度时，自由基与通道壁的碰撞占主导地位，由于自由基数量急剧减少，反应不能继续进行，也即燃烧反应不能通过阻火器继续传播。

3.6.9.3　常见故障及处理

(1)故障现象主要是阻火器堵塞、外壳破裂、垫片不严密。

(2)产生原因主要是阻芯片结冰、尘土黏附而堵塞；外壳冻裂或人为损坏，垫片老化及密封面不平整。

(3)处置措施：

①清理阻芯片上的污物、尘土；

②严寒潮湿地区应采取防结霜措施；

③对外壳破裂的更换阻火器；

④更换垫片及研磨密封面。

3.6.9.4　维护保养

(1)在安装阻火器前，一定要认真阅读厂家提供的说明书，且一定要核对好标牌与所装管线的要求是否一样，如此的做法是为了确保阻火器的性能可以达到使用的实际效果。

(2)查看阻火器的流向标记和介质流向是否一致。

(3)检查的时间应该每年2次以上。

(4)要定时检查阻火器的阻火层是否有堵塞或者腐蚀等问题。

(5)如果阻火器被堵塞一定要及时地清洗干净，对于变形或者腐蚀的阻火层一定要及时更换，必须确保每个孔眼的流畅。

(6)在清洗阻火器的芯件时，不能采用锋利的硬件刷洗，一定要采用高压蒸汽、压缩空气或者非腐蚀性溶剂等吹扫。

(7)在重新安装阻火层时，必须要确保密封面已经清洗、不漏气且没有损伤后，还要及时更换垫片。

3.6.9.5 注意事项

(1)选择阻火器的时候要充分考虑阻火器的阻火速度是否大于此位置火焰的传播速度。在和其他可燃气体相连接的地方，应该设置防爆阻火器用来防止火焰的窜入。

(2)根据管道设备膨胀效果的不同，选择适合的阻火器，如果燃气膨胀呈现一种亚速度状态，那么阻火器就要考虑它防爆的特点。在安装的时候是靠近火源还是远离火源要根据安装说明书的要求和实际情况进行位置调整。

(3)安装在管道上的阻火器也应该具备防雨防风罩，防止风雨影响阻火器。

3.6.10 加臭装置操作与维护保养规程

3.6.10.1 操作

1. 控制柜开机

(1)保证系统内其他设备是否处于可工作状态，供气调压设备的出口压力应为0.05MPa，阀门状态正确。

(2)开启加臭系统的外部电源。

(3)开启加臭控制柜右侧的电源开关。

(4)打开控制柜机箱查看显示情况，如果显示的是一个频率值则表示变频器输出正常，否则进行重新启动操作：按下STOP/RESETE键，这时变频器的面板上STOP指示灯亮；按下RUN键，这时变频器的面板上RUN指示灯亮，正常情况下有一定的频率输出。

2. 控制柜停机

(1)正常情况下的停机操作。

按下STOP/RESETE键，这时变频器的面板上STOP指示灯亮。

(2)异常情况下的紧急停机。

在加臭系统出现异常时立即作停机处理，无效时可进行紧急停机。直接切断加臭系统的电源，并通知调度室。

(3)涉及控制柜内的硬件的电气连接以及编程控制器、变频器的软件设置时，必须通知调度室，并由专业人员严格按照相应设备的手册或规范进行处理。

3.6.10.2 加臭剂灌装操作

1. 作业前检查与准备

(1)正确穿戴防静电工作服、防静电工鞋、安全帽、橡胶耐油手套、活性炭口罩、化学护目镜、鞋套、袖套。

(2)携带上料装置、生料带、防爆活动扳手、F型扳手、钢丝钳、手推车、除臭剂等。

(3)雷雨天气不能进行加臭作业。

2. 对储液罐灌装加臭剂

(1)执行加臭系统停机操作。

(2)将储液罐泄压为零。

(3)检查抽液泵运行状况，泵连接头及管道的密封情况，确保其正常。

(4)打开储液罐灌装工艺孔，将抽液泵的排出管道与储液罐灌装工艺孔连接。

(5)将储液桶运至储液罐侧，打开储液桶上盖旋塞，露出上盖孔。将抽液泵的抽入管道与储液桶上盖孔连接。

(6)开启抽液泵进行灌装，观察液位指示计，直至臭剂注满，储液罐盛装不超过液位指示计满刻度的90%。

(7)当储液桶内加臭剂抽空后，立即关闭储液桶上盖旋塞，将其运离罐装区，须用多个储液桶对储液罐进行灌装的，重复该步骤。

(8)灌装人员在灌装过程中应注意观察抽液泵工作情况，如有异响或连接管道、接头泄漏等情况，立即关闭抽液泵、停止灌装操作，并按《加臭剂安全使用规定》要求进行处理。

3. 从储液罐向工作罐倒罐操作

(1)按《加臭剂安全使用规定》配置防护用具、防护用品，并在工作场地采取合适的防范措施确保工作人员安全。

(2)执行加臭系统停机操作。

(3)检查磁翻板指示位置是否正确，不正确用磁块调整翻板显示。

(4)开启对应阀门，使加臭剂由储液罐流至工作罐。

(5)根据液位计显示器的变化，控制相关阀门，使储液罐压力表压力显示回零，储液罐压力表无变化为止。按照《加臭剂安全使用规定》完成现场恢复及空桶处置工作。

3.6.10.3　维护

(1)定期开展加臭设备的日常性检查和专项性检查，定期开展使用人员的知识培训，定期开展加臭剂泄漏应急演练。

(2)加臭装置应每日巡查，及时发现有无泄漏和异常。

(3)集液池应定期检查，保持集液池清洁、无杂物、积水，当有杂物、积水或泄漏的加臭剂液体时，应立即清除，并消除加臭剂气味。

(4)每半年更换一次加臭剂气体吸收器内的吸附剂，当吸附剂吸附能力不足时，应立即更换。

(5)当加臭剂低于加臭剂储罐容积10%时应及时补充加臭剂，加臭剂充装应采取密闭方式进行充装，充装量禁止超过加臭剂储罐容积的90%，且储存时间不得超过加臭剂的保质期。

(6)未使用完的加臭剂需按危化品相关要求进行保存，废弃或残余加臭剂、罐需按相关要求进行处理，防止发生环保安全事故。

(7)加臭装置维修时，现场应备有消防器材以及除臭剂、消除剂的稀释液和吸附剂等。

3.6.10.4　注意事项

(1)回流状态下的单次注入量是不准确的，向燃气管道加臭时，在有管线压力作用下的标定才是正确的。

(2)新设备调试、设备维修检修后、停运重新启用、长时间停电重新启用都必须先进行内循环试验再投运。

3.6.11　净化水装置的操作与维护保养规程

3.6.11.1　操作

1. 设备工艺流程及编号

如图 3－6－16 和表 3－6－10 所示。

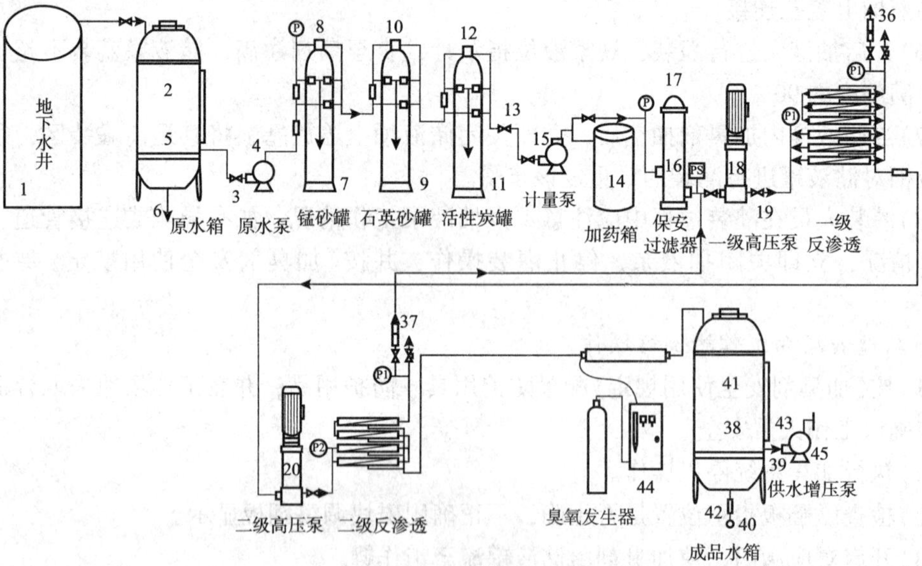

图 3－6－16　净化水装置工艺流程

表 3－6－10　设备工艺编号

1	潜水泵	24	电源指示灯
2	原水箱	25	欠水指示灯
3	原水箱出水阀	26	电导率显示器
4	原水增压泵	27	电压表
5	原水箱液位显示器	28	一级反渗透进水压力表
6	原水箱排污阀	29	一级反渗透净水压力表
7	锰砂预处理罐	30	二级反渗透进水压力表
8	锰砂预处理罐多路阀	31	二级反渗透净水压力表
9	石英砂预处理罐	32	一级反渗透净水流量表
10	石英砂预处理罐多路阀	33	一级反渗透废水流量表
11	活性炭预处理罐	34	二级反渗透净水流量表
12	活性炭预处理罐多路阀	35	二级反渗透废水流量表
13	预处理罐防护阀	36	一级调节阀
14	阻垢剂药箱	37	二级调节阀
15	加药箱计量泵	38	净水箱
16	精密过滤器	39	净水箱出水控制阀
17	精密过滤器压力阀	40	净水箱排污阀
18	一级高压泵	41	净水箱液位显示器
19	压力调节阀	42	水箱排污总阀
20	二级高压泵	43	净水箱原水箱旁通阀
21	增压泵开关	44	臭氧发生器
22	一级高压泵开关	45	供水增压泵
23	二级高压泵开关	46	压力供水器

2. 开机前的准备工作

(1)先检查“5 – 原水箱液位显示器”是否有水。

(2)再检查“3 – 原水箱出水阀”(一般情况下处于常通状态)是否打开。

(3)依次检查“8 – 锰砂预处理罐多路阀”“10 – 石英砂预处理罐多路阀”及“12 – 活性炭预处理罐多路阀”是否都处于“运行”状态。

(4)检查“13 – 预处理罐防护阀”(一般情况下处于常通状态)是否打开。

(5)检查“19 – 压力调节阀”(压力阀阀口保持30°角位置，非专业维修人员请勿随意更改阀口转向大小)是否正常。

(6)检查“21 – 增压泵开关”“22 – 一级高压泵开关”及“23 – 二级高压泵开关”是否复位至关闭状态。

3. 开机操作流程

(1)开机准备工作完毕后，打开主机“电控面板”，按下“电源开关”，接通主机电源，检查电控面板“24 – 电源指示灯”是否通电，“27 – 电压表”电压是否指向380V，“25 – 欠水指示灯”是否报警。

(2)首先打开“21 – 增压泵开关”，电机正常工作后打开“17 – 精密过滤器压力阀”排出管路中多余气体直至水流以均衡速度流出不再喷射即可；正常排水后关闭“17 – 精密过滤器压力阀”。

(3)打开“22 – 一级高压泵开关”，电机正常工作约5s后，打开“23 – 二级高压泵开关”。

(4)设备正常启动后，依次检查一级反渗透系统及二级反渗透系统32号，33号，34号，35号流量表确保均有流量产生，检查28号，29号，30号，31号压力表压力情况是否正常。

3.6.11.2 检查及维护保养

1. 日常检查主要内容(表3 – 6 – 11)

表3 – 6 – 11 日常检查主要内容

名称	巡检次数	正常范围	注意事项
原水箱液位	每天巡检5次	不低于1/2	若发生故障参照常见故障排查表3 – 6 – 14
净水箱液位	每天巡检5次	不低于1/3	及时制水保证用水量
一级反渗透进水压力表	每天巡检5次	0.5 ~ 0.8MPa	若发生故障参照常见故障排查表3 – 6 – 14
一级反渗透净水压力表	每天巡检5次	0 ~ 0.2MPa	
二级反渗透进水压力表	每天巡检5次	0.4 ~ 0.7MPa	
二级反渗透净水压力表	每天巡检5次	0 ~ 0.2MPa	
一级反渗透净水流量	每天巡检5次	6 ~ 10GMP	若发生故障参照常见故障排查表3 – 6 – 14
一级反渗透废水流量表	每天巡检5次	1 ~ 3GMP	
二级反渗透净水流量表	每天巡检5次	6 ~ 9GMP	
二级反渗透废水流量表	每天巡检5次	1 ~ 3GMP	
电导率	每星期巡检1次	40μS/cm以下	超出正常范围则代表需进行清洗或更换反渗透膜

续表

名称	巡检次数	正常范围	注意事项
阻垢剂加药箱	每星期巡检 1 次	用完即加	取 500mL(约一矿泉水瓶)阻垢剂倒入加药箱，然后加入净水稀释至加药箱一半为止
预处理系统	每四天巡检一次		每个罐体正反洗各 5min
原水箱	每四天巡检一次		打开相应需排污水箱的排污阀，每次排污 2min，然后关闭即可
净水箱	每个月巡检一次		
无塔供水	每个月巡检一次		打开罐体下方排污阀，排污 2min

2. 维护保养方法

(1)预处理清洗流程见表 3－6－12。

表 3－6－12　预处理清洗流程

预处理多路阀指针向左	预处理多路阀指针居中	预处理多路阀指针向右
运行	正洗	反洗

清洗前的准备工作：

首先按照开机之前的准备工作流程逐一检查，确保无误后打开控制面板的“电源开关”(若无法开启开关发生按下去又弹回来的状况，说明净水箱中水满，待用去一定水量后再进行清洗过程)。

预处理清洗流程：

①清洗罐体的顺序按照“锰砂预处理罐”→“石英砂预处理罐”→“活性炭预处理罐”的顺序来进行清洗，每次只能清洗一个罐体。

②清洗流程的顺序按照先“反洗”后“正洗”的方式来进行。

③首先调整需要清洗罐体的阀头使指针指向“反洗”并确保其他两个罐体阀头处于“运行”状态，然后打开控制面板上的“21－增压泵开关”进行清洗，时间为 5min；清洗完毕后关闭“21－增压泵开关”，调整罐体的阀头至“正洗”，然后打开“21－增压泵开关”进行清洗，时间为 5min，然后调整罐体阀头至“运行”状态；至此第一个预处理罐的清洗进行完毕，其余罐体清洗均按如此操作流程。

注意事项：

清洗某罐体时，其余两个罐体阀口指针确保指向“运行状态”；切换罐体阀头清洗状态时需确保“21－增压泵开关”处于关闭状态；预处理清洗完毕务必恢复所有阀头至“运行”状态，预处理罐体的清洗间隔时间建议为每 4d 一次。

(2)滤料的清洗周期及更换周期见表 3－6－13。

表 3－6－13　滤料的清洗周期及更换周期

系统名称	系统滤料	使用寿命	定期维护保养
锰砂过滤器	锰砂滤料	3 年	每 4 天正、反冲洗各一次，每一次冲洗各 5min
多介质过滤器	石英砂滤料	3 年	每 4 天正、反冲洗各一次，每一次冲洗各 5min

续表

系统名称	系统滤料	使用寿命	定期维护保养
活性炭过滤器	椰壳活性炭	2年	每4天正、反冲洗各一次，每一次冲洗各5min
保安过滤器	20inPP棉	6个月	6个月更换一套滤芯
阻垢系统	阻垢剂	依情况而定	根据实际使用情况，用完即换
反渗透系统	反渗透膜	3~5年	3~5年更换一次，(根据当地水源来定)1年清洗一次，每次清洗时间60min

3. 及时做好相关记录

3.6.11.3 常见故障排除方法

1. 主机发生故障无法检修时的应对方法

(1)打开“3－原水箱排污阀”，关闭“39－净水箱出水控制阀”。

(2)关闭“42－水箱排污总阀”，打开“43－原水箱净水箱旁通阀”。

(3)关闭机器控制面板内的空气开关。

2. 常见故障排查表(表3－6－14)

表3－6－14 常见故障排查

常见故障	原因	处理方法
增压泵、高压泵不吸水	管内存在空气	需把泵的排气阀打开放气，然后注满水
增压泵不启动	(1)无电源进入； (2)线头松动，脱落； (3)继电器故障，无法吸合	(1)检查市电是否输入； (2)紧固松动的线头； (3)更换继电器
高压泵不启动	(1)无电源进入； (2)线头松动，脱落； (3)欠水指示灯亮起	(1)检查市电是否输入； (2)紧固松动的线头； (3)水箱注水
高压泵发出异响	循环系统内存在空气	(1)若内部空气很少，异响通常会在1~3min自动消失； (2)如异响长时间不消失，应将高压泵排气阀打开排气或注水
管道爆裂	RO膜堵塞导致管道内压力增高	(1)检查熔喷滤芯是否需要清洗或更换，然后清洗RO膜即可； (2)原水中添加阻垢剂，以消除水中杂质，从而提高产水质量、增加RO膜的使用寿命
出水量越来越小	RO膜部分堵塞	定期对预处理流程进行反冲、精密过滤器滤芯进行更换、RO膜进行清洗
原水箱无水	(1)潜水泵开关没有打开； (2)电线连接处松动； (3)地下水井无水	(1)打开配电箱中空气开关； (2)紧固松动的线头； (3)检修潜水泵
欠水指示灯报警	(1)“预处理防护阀”及“原水箱出水阀”未打开； (2)原水水源不够增压泵要求	(1)打开相关阀门； (2)使用断水保护器切断高压泵电源，从而起到保护高压泵的作用。提供充足的水源，使欠水保护器压力达到高压泵的工作压力要求，欠水保护器指示灯灭，即可启动高压泵

续表

常见故障	原因	处理方法
净水箱水满不自动关机	液位控制开关损坏	及时报修处理
按下电源开关弹起，无法通电	净水箱水位处于高位，液位控制开关无法启动	用去一部分净水
流量表流量不正常	(1)水质较差，杂质较多； (2)调节阀使用不当； (3)膜体堵塞	(1)定时进行反冲洗流程，及时添加阻垢剂； (2)确保调节阀处于合适位置，切勿将调节阀向右关死，以免引起废水无法排除，造成膜体堵塞； (3)对膜体进行清洗
压力表压力不正常	(1)电压过高或过低； (2)压力调节阀阀口方向调整不当； (3)反渗透系统故障	(1)委托专业电工处理； (2)调整阀口方向进行压力调节，切勿将阀口完全打开或关闭，一般保持在原有30°角位置即可； (3)清洗操作

3.6.12 机器人CLHS燃气热水锅炉操作与维护保养规程

3.6.12.1 原理

机器人CLHS型燃气热水锅炉是一种全自动取暖设备，洗浴、取暖兼用，有三种类型十二个品种，采用国内外先进的燃气锅炉技术。锅炉本体由炉体、波形炉胆和两回程螺纹烟管组成。燃料在燃烧器内与空气混合后被电子点火棒点燃，喷入波形炉胆中燃烧，高温烟气由炉胆经燃烧室进入两级对流管束，最后由后烟箱通过烟囱排向大气。

锅炉采用湿背式结构，波形炉胆为第一回程，由螺纹烟管构成第二回程，光烟管构成第三回程。锅炉配备有完善的全自动控制装置和安全保护装置，实现工作压力自动控制及超压超温报警；锅炉具有自动点火、燃烧器火力自动调节和熄火保护功能，保证锅炉的安全运行。

3.6.12.2 正常运行

锅炉正常运行时要求做到：保持锅炉房的整洁，做好交接班工作。遵守岗位责任制，加强对各机械设备和仪表的监察。确保安全可靠，防止事故发生，注意节约燃料。操作人员应定期总结操作经验，不断提高运行水平。锅炉房管理人员应熟悉锅炉安全知识，任何领导不得强迫操作人员违章作业。

1. 启动前的准备

(1)检查电源电压是否正常，是否满足所有电机运转的要求。

(2)检查气路、回水、给水和供水管路上的阀门状态是否符合要求。

(3)检查水箱液位是否满足要求，及时进行补水。

(4)检查燃气进气压力是否满足要求。

(5)检查软化水装置、电子除垢器是否正常投用。

2. 功能设定

功能选择分别有：取暖、热水、停用三种。使用时按“选择”，指示灯亮表示此功能已经启用。

(1)取暖。

①温度显示窗所显示的是实际炉体水温，查看取暖设定温度，上限停止温度按“上限”

键查看或设定（设定范围40～95℃）；

②下限启动温度按“下限”键查看或设定（设定范围30℃至上限设定温度减5℃）。

（2）热水。

①上限停止温度按“上限”键查看或设定（设定范围40～95℃）；

②下限启动温度按“下限”键查看或设定（设定范围30℃至上限设定温度减5℃）；

③循环温度设定：按“复位”键显示水泵温度，再按“复位”键调整循环温度；

④在此功能时循环泵始终处于关闭状态。

（3）停用。

①上限停止温度按“上限”键查看，防冻上限温度是下限所设定温度加15℃之和；

②下限启动温度按“下限”键查看和设定防冻下限温度（设定范围5～20℃）；

③按“复位”键查看和设定过热报警温度（设定范围9～99℃）。

（4）设定注意事项：

①按住“上限”或“下限”或“选择”键，由数码显示窗可看到设定，可以循环改变；

②在取暖/热水状态下，要先设定上限温度后再设定下限温度；

③在温度显示窗显示“AAA”参数超限或其他无法解决的现象时，同时按“选择”和“复位”即可恢复出厂设置，必须要重新设定温度上限及下限设定值；

④自动控制本身具有自动储存记忆功能，只设定一次即可，不需要重新设定数值。

（5）数码显示。

①温度显示误差±3℃以内；

②按“上限”或“下限”时，短时间内显示所设定的温度数值；

③故障显示介绍：“HHH”水温过高，温度传感器或连接线问题；“LLL”水位过低或连接线接触不良；“AAA”参数超过设定限制。

（6）多种功能保护。

①低水位保护：当水位低于水位传感器安装高度时，燃烧器和水泵停机，显示LLL闪烁并有蜂鸣声响；

②一次过热保护：当水温传感器损坏或断线接触不良，显示HHH闪烁并有蜂鸣声响；

③二次过热保护：当一次过热保护失败时，炉壁温度升到95℃±5℃，燃烧器保护停机，超温亮；

④防冻保护：停用状态不断电情况下，炉内水温低于+5℃时燃烧器、水泵自动运行，待测到炉内水温超过20℃时，自动停止运行，防止系统冻裂。

3.6.12.3 自动调试及故障检修

（1）启动。

①接通电源：锅炉系统安装完毕，检查无误即可接通220V电源，此时数码显示炉体内水温，同时可听到蜂鸣器一声鸣响，控制已正常启动；

②检查水位：检查锅炉内水位情况，或看低水位保护是否启控，不启控说明水位正常；

③选择状态：按“选择”键，选择“取暖/热水”面板上相应指示灯亮，该功能已经选定；

④温度选定：请参照前面功能设定介绍。

（2）运行。

锅炉启动后，将按照程序和所设定的上限、下限温度，燃烧器、水泵自动运行。

(3)停止。

①选择停用：需要暂时停止工作，按“选择”键停用灯亮即停止运行，燃烧器、水泵呈关闭状态，但各项保护功能依然有效；

②断开电源：需要维修或长时间停止运行时，应断开220V锅炉总电源，防止触电。

(4)维护。

①保持控制器与各传感器、燃烧器的正确连接；

②定期清洗各传感器；

③防水防潮。长时间停用，应定期通电运行；

④定期对过滤系统安全部件进行检查，确保安全运行；

⑤安装或维修控制器时，应切断总电源开关；

⑥控制器异常时，非电气专业人员不得自行拆修，应由专业人员维修；

⑦出现故障应查明原因并排除，排除后按任意键即可恢复正常运行，出现“AAA”按“选择”和“复位”键并重新设置上下限数值；

⑧锅炉控制器工作出现异常不能排除时，请与厂家售后服务联系。

(5)故障检修见表3-6-15。

表3-6-15　故障检修

序号	故障现象	原因分析	检修处理
1	控制器不能启动	控制器电源线有断路点	检查电源线及相关接插件
		控制器内保险管断路	检查、更换保险管
		交流电源不正常	检查供电线路是否有问题
2	启动后“AAA”报警	工作参数超限	同时按下“选择”和“复位”键恢复到出厂设置后重新设定
3	“LLL报警”	水位过低	检查、进出水是否有问题
		水位传感器连接线断	检查连线是否有问题
4	“HHH”报警	水温过高	测量二次过热是否启控
		过热报警设置低	重新设定过热保护温度
		温度传感短路或断路	检查温度传感连线
		温度传感损坏	更换温度传感
5	控制器燃烧灯亮，燃烧器不工作	燃烧器输出线路问题	检查输出线路
		中间继电器坏或线断路	更换继电器和检查线路
		燃烧器故障	检修燃烧器
6	控制器循环灯亮，循环泵不工作	循环泵输出线路问题	检查输出线路
		中间继电器坏或线断路	更换继电器和检查线路
		循环泵故障	检修循环泵

3.6.12.4　运行安全守则

(1)锅炉房应有足够的光线和良好的通风，周围不应有可燃物并保持清洁；

(2)出现故障和经销商联系维修，不得擅自进行维修、拆改线路；

(3)不定期和经销商联系，保证技术上的服务；

(4)每年一次以上对锅炉、烟道、燃烧器等进行清理。

3.6.12.5　燃气锅炉简单故障处理(表3-6-16)

表3-6-16　燃气锅炉简单故障处理

故障现象	故障原因	故障处理
点不着火	燃气中间阀关闭	打开阀门
	电极棒短路	清理电极棒
	点火线圈损坏	更换高压点火线圈
	高压线圈无供电	高压电源线接触不良或继电器损坏，检查并更换
	供气不足或气压低	检查供气管道气压及气量
	烟筒排气不畅通	清理烟筒及烟道
	送风电机风量低	更换送风电机
	风压保护损坏或接触不良	更换风压保护，清理风压风管
	火焰检测断路或短路	更换或清理异物
	程控器保护	按程控器上的复位按钮重新启动
点火及运行噪声大	烟筒排气不畅通	清理或更换烟筒
	烟管烟室堵或有积炭	清理烟管及烟室
	燃气供气压力过高不稳定	降低压力并安装稳压调节阀
	燃气中可燃气体含量低	更换燃气或与燃气公司联系解决
	燃气类型选择错误	更换燃气或更换适合该燃气的燃烧器
燃烧有废气气味	供燃气量过高	降低燃气量或加大供风量
	供风量过低	加大风量或降低燃气量
	烟管内积炭	清理积炭
	室内烟筒连接处漏气	做好密封加固
	燃气干燥度低	排除管道内水分或换气
	风机送风量低	更换送风电机
燃烧火焰发红	燃气压力高	调整降低燃气压力
	送风量低	调整加大送风量
	燃气水分含量过高	换气或干燥处理
	室内通风不良	增加通风口
	室内干燥度低	单独设立锅炉房

3.6.12.6　维护保养

(1)锅炉在运行期间应注意下列各点：

①锅炉的给水及炉水的监测。锅炉的给水和炉水水质应符合《工业锅炉水质》(GB/T 1576—2008)的规定。并定期取样化验。由化验人员确定排污的数量及次数。化验与排污应有详细记录。

②转动机械的监测。对于水泵、风机等要采用“一看二听三摸”的方法进行监视。发现异常现象，即采取办法处理。必要时要停炉检修，均不可大意。

③水处理设备的运行状态。要定期检查水处理设备中的离子交换剂是否失效，或定期进行反洗。

(2)锅炉运行2～3星期，应检查一次。主要检查阀门、管道法兰等处，如有渗漏应予修复。

(3)锅炉运行3～6个月后，应停炉进行全面的检查维修，除做上述(1)(2)的各项工作外，尚需进行下列工作：

①清除炉体内部的水垢和泥渣，并用清水洗清；

②锅炉内外进行检查，如受压部分的焊缝，钢板内外有无腐蚀现象。若发现有严重缺陷应及早修理。若缺陷并不严重，亦可留待下次停炉时修理。如发现有可疑之处，但并不影响安全生产时，应做出记录以便日后参考；

③检查完毕后可在着水面涂锅炉漆，以防腐蚀。

(4)锅炉长期不用的保养方法：有干法和湿法两种，停炉一个月以上应采用干保养法，停炉一个月以下可采用湿保养法。

干保养法：锅炉停炉后放去炉水，将内部污垢彻底清除，冲洗干净，在炉膛内微火烘干(注意不要大火)，然后将10～30mm块状的生石灰分盘装好，放置在炉体内，不使生石灰与金属接触，生石灰粉的质量以炉体容积每立方米8kg计算，然后将所有的人孔、手孔、管道阀门关闭，每三个月检查一次，如生石灰粉碎成粉状须即更换，锅炉重新运行时应将生石灰和盘取出。

湿保养法：锅炉停炉后放出炉水，将内部污垢彻底清除，冲洗干净，重新注入已处理的水至全满，将炉水加热到100℃，让水中的气体排出炉外，然后关闭所有阀门。气候寒冷的地方不可采用湿保养法，以免水冻结后损坏锅炉。

3.6.12.7 注意事项

(1)使用前，管理、操作人员应详细阅读产品安装使用说明书，熟悉图纸，对设备做到心中有数。

(2)锅炉运行时，必须先启动循环水泵，然后再开启燃烧器。

(3)水质不符合要求，会使泥沙沉淀炉体下部，形成水垢并破坏水循环。

(4)不按规定排污，会导致炉水浓度过大，造成炉体底部结垢。

(5)锅炉水温不低于50℃时，循环泵严禁停止运行。

(6)锅炉温度上下限的设定应根据实际情况进行调整，在保证经济性的情况下确保锅炉自动启停频率在合理的范围内。

(7)锅炉使用期间切勿频繁切换循环泵，启停频繁极易导致循环泵烧毁。

(8)巡检过程中要注意循环泵散热风扇是否正常工作，可以通过触摸泵体温度进行判断，如风扇损坏需立即更换，散热不良极易导致循环泵损坏。

(9)如有条件，在保证系统内水循环的条件下，可将变频器频率设定在较小的固定频率运行，可大大提高循环泵的使用寿命。

3.6.13 过滤器的操作与维护保养规程

3.6.13.1 过滤分离器的工作原理

1. 立式过滤分离器

立式过滤器基本结构见图3－6－17，主要由过滤器外壳、封闭法兰、滤芯、差压表和排污阀等组成。气体从图中左侧进口进入过滤器筒身内，从滤芯外周通过滤芯上的空隙进入滤芯内部，然后从右侧出口流出，被过滤的气体中所含的固体微粒及液体为滤芯网所挡滞留在滤芯之外，或者粘在滤网上，或跌落至过滤器筒身底部。打开排污阀将滞留筒身底部的液体排出。

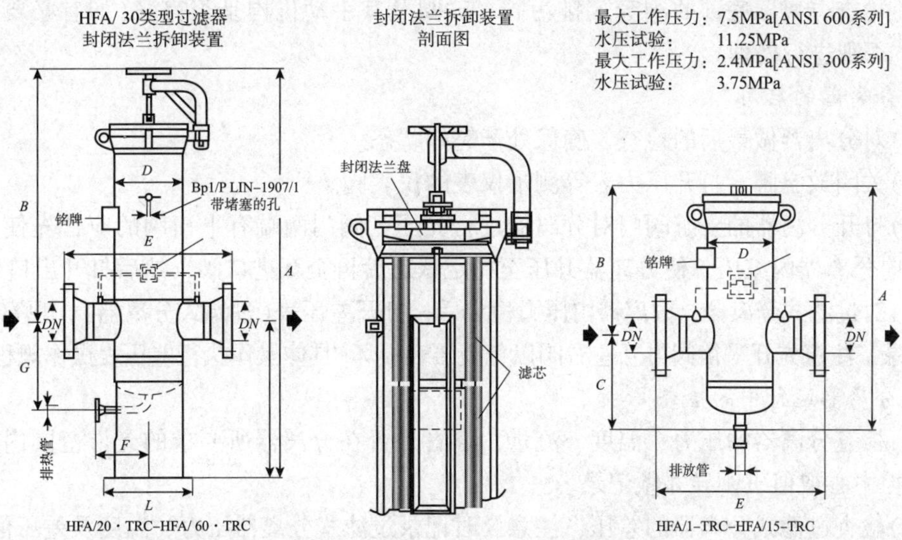

图3－6－17　立式过滤分离器

2. 卧式过滤分离器

卧式过滤分离器主要有滤芯、壳体、快开盲板及内外部件组成，采用卧式、快开盲板结构，基本结构如图3－6－18。

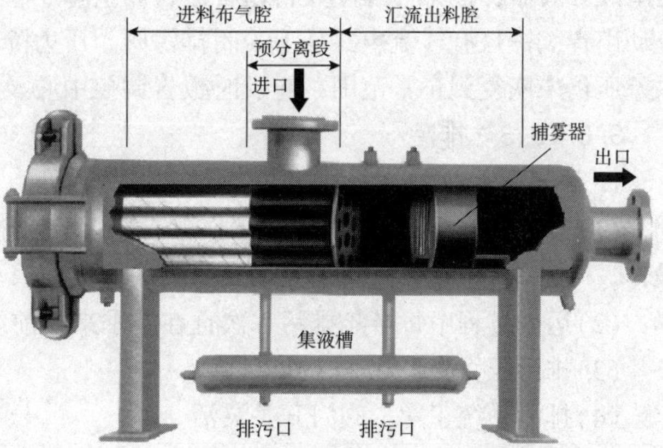

图3－6－18　卧式过滤分离器

天然气首先进入进料布气腔，气体首先撞击在支撑滤芯的支撑管(避免气流直接冲击滤芯，造成滤材的提前损坏)上，较大的固液颗粒被初步分离，并在重力的作用下沉降到容器底部(定期从排污口排出)。接着气体从外向里通过过滤聚结滤芯，固体颗粒被过滤介质截留，液体颗粒则因过滤介质聚结功能而在滤芯的内表面逐渐聚结长大。当液滴到达一定尺寸时会因气流的冲击作用从内表面脱落出来而进入滤芯内部流道而后进入汇流出料腔。在汇流出料腔内，较大的液珠依靠重力沉降分离出来，此外，在汇流出料腔，还设有分离元件，它能有效地捕集液滴，以防止出口液滴被夹带，进一步提高分离效果。最后洁净的气体流出过滤分离器。随着燃气通过量的增加，沉积在滤芯上的颗粒会引起燃气过滤器压差的增加，当压差上升到规定值时(从压差计读出)，说明滤芯已被严重堵塞，应该及时更换。

3.6.13.2　过滤分离器操作维护

1. 使用前的检查

(1)确认进口阀、出口阀在关闭状态，放空阀在打开状态，筒体压力为零，确保设备和人身安全。

(2)确认分离器上的压力表及差压表(过滤式分离器)液位计等测量仪表的值是否正确，否则进行校正或更换。

(3)检查分离器底部的阀套式排污阀、球阀及其手动机构是否完好(如有必要可拆开检查)，否则进行处理。

2. 分离器的启用

(1)对分离器做最后的检查，确保处于完好状态。

(2)关闭放空阀，打开压力表等测量仪表的仪表阀。

(3)打开分离器的上游阀门对分离器进行充压，阀门两端有平衡阀的应首先使用平衡阀缓慢向分离器内充压，使分离器升压至稳定状态后再全开进口阀，然后打开出口球阀。

(4)对过滤式分离器，分离器内压力稳定后，打开差压表(过滤式分离器)，观察差压值并作记录，注意先开平衡阀再开左右阀以免差压表损坏(具体操作执行差压表操作规程)。

3. 分离器运行中的检查

(1)检查分离器的压力、温度、流量，查看是否在分离器所要求的允许范围内，否则上报调控中心或值班领导并做记录。

(2)检查过滤式分离器的差压，注意及时记录过滤式分离器压力、温度及差压值。

(3)如果过滤式分离器前后差压达到报警极限(0.1MPa)，应立即切换备用分离器，停运事故分离器，按排污程序先将设备进行放空降压，然后打开排污阀排污，注意倾听管内流动声音，一旦有气流声，马上关闭排污阀。压力降为零后，打开快开盲板更换滤芯。如果差压仍未恢复到正常范围，应及时报告调控中心及有关领导组织维修。

3.6.13.3 排污

1. 排污要求

(1)当过滤分离器前后压差达到0.01MPa(或者液位计液位达到1/3)时，应进行排污操作。

(2)运行过程中每半年排污一次且在冬季来临前统一进行排污操作。

(3)排污压力降至0.2MPa。

(4)排污系统正常，阀门开关灵活。

(5)提前通知调控中心并按调控中心下达的指令进行操作。

2. 排污操作

(1)接调控中心通知按照流程切换操作规程切换至备用过滤分离器支路。

(2)按设备放空流程进行过滤分离器的放空操作，放空至0.2MPa时关闭放空阀并确认。

(3)打开排污球阀。

(4)缓慢开启阀套式排污阀。

(5)仔细监听排污管内污物的流动或喷出声。

(6)当排污管内流体流动声音突变时，迅速关闭阀套式排污阀。

(7)确认排污阀套式排污阀关闭后，及时关闭排污球阀。

(8)排污后应及时确认排污阀门关严无内漏。

(9)在排污过程中出现渗漏、堵塞等异常情况要及时停止排污并做相应处理。

(10)及时通知调控中心并做好排污记录。

3.6.13.4　维护保养

1. 过滤式分离器的清洗维护操作

(1)准备工作。

①清洗维护前向调控中心或有关领导申请，批准后方可实施清洗维护操作；

②准备安全警示牌、可燃气体检测仪、隔离警示带等；

③检查分离器和排污罐区周围情况，杜绝一切火种火源；

④检查、核实排污罐液面高度；

⑤准备相关工具。

(2)检修维护操作。

①关闭过滤器进出口球阀及差压表；

②打开分离器放空阀将压力下降到0.2MPa左右，按排污程序将分离器内的污物排净，然后放净过滤分离器内的压力直至压力表读数为零；

③拧松过滤分离器顶盖螺母查看是否漏气，如果不漏气则打开过滤器顶盖，除掉壳体O形圈；

④抓住滤芯扭转，从管板上拔除滤芯，清除滤芯上的脏物，用清洁的布擦净壳体内表面污物，检查滤壳中的各部件，特别是壳体O形圈和滤芯O形圈，看是否有损坏或过度磨损、腐蚀的现象，更换已破坏或磨损的部件；

⑤装好滤芯及其他组件，特别要注意检查过滤器滤芯的密封圈是否与滤芯密封面紧贴，保证滤芯的内端密封可靠，不出现气体短路现象；

⑥仔细检查过滤器的内部组件，确保组件齐全、安装正确；

⑦盖好盖子，上好螺栓和拧紧螺母，关闭排污阀；

⑧打开过滤器上游阀门对过滤器进行置换，将空气置换干净，检查是否漏气，如果漏气，则进行紧固；

⑨关闭过滤式分离器上游阀门及排污阀，作为备用，或恢复分离器生产工艺流程；

⑩整理工具、收拾现场；

⑪向调控中心汇报清洗维护操作的具体时间和清洗维护情况。

2. 过滤分离器维护

(1)每周检测各连接处有无泄漏。

(2)按照规定定期对球筒的压力表进行检验。

(3)每月的第一周对球筒的地脚螺栓、各连接处螺栓进行紧固。

(4)定期排污，防止污物积淤过多窜出过滤分离器进入输气管线，对排出的硫化铁粉末，进行挖坑深埋处理，避免污染环境。

(5)定期测试过滤分离器厚度，发现问题及时处理。

(6)保持过滤分离器表面清洁。

(7)每半年对过滤分离器快开盲板及内部滤芯进行检查。检查滤芯表面有无裂口、表面黏附的杂质多少，根据滤芯外表黏杂质的情况来判断是否更换。

3. 注意事项

(1)过滤分离器属压力容器，维护保养人员须取得压力容器操作证。

(2)在打开筒体前，首先检查压力表有无压力，确保无压力下操作。

(3)操作过滤分离器上下游阀门时，要平稳缓慢，开排污阀不能过猛。

(4)操作时尽量使用防爆工具，若防爆工具无法打开，可采用非防爆工具并对接触面做防火花处理。

(5)在清洁硫化铁粉时，要有防火措施，湿式作业。

(6)打开盲板时一定要站在盲板的侧面。

(7)过滤分离器筒体做密封性检查。

(8)给过滤分离器筒体缓慢送气至一定压力，检查并确认盲板护罩与盲板的缝隙及盲板上各个装置的螺纹连接处喷检漏液，检查是否有泄漏。

(9)如无泄漏，再进一步升压，继续进行检漏，直至球筒的工作压力。

(10)设备维护保养完毕后将操作记录记在设备维护保养检修记录中。

3.6.13.5 过滤分离器盲板

1. 三瓣式快开盲板维护保养规程

(1)盲板的开合丝杠、铰接轴、销轴等转动装置必须定期涂(注)润滑油，保持润滑。上述部位每3个月加注润滑油(脂)一次；铰接轴、丝杠用黄甘油润滑，销轴从注油孔处用机油润滑。

(2)保持盲板外表面油漆完整光洁，无锈蚀、无油污、无漏气。

(3)定期对盲板的主要承压件盲板盖、盲板座、卡箍、铰接轴、丝杠等部位进行检查，若发现有变形、严重腐蚀或裂纹，要及时查找原因，并妥善处理。

(4)盲板每次关闭前，应对密封槽、密封面和O形密封圈进行清洗、检查并涂抹润滑油，以防使用时不能密封。

(5)若发现密封圈在回装时，密封圈的长度变长，可将密封圈放置到冰箱冷冻室里冷冻(利用热胀冷缩的原理)一段时间，待密封圈回缩后，将其回装到盲板上。若冷冻后依然无法回装上，则表明密封圈变形严重，需更换新的密封圈。

2. 锁环式快开盲板维护保养规程

(1)日常巡检检查。

①检查锁环及锁环耳有无变形；

②检查门的密封面是否干净并且没有机械损伤和锈蚀；

③检查门和锁环接触面是否干净并没有锈蚀；

④使用可燃气体检测仪检测盲板是否泄漏。发现问题及时处理。

(2)保持盲板外表面油漆完整光洁。

(3)盲板开启后的维护保养：

①按照操作规程步骤要求打开盲板，从门上取下密封圈，检查密封圈表面有无机械损坏，如有，则进行更换；如没有，用一块干净的布蘸上脱脂剂清洗，然后用干净的布擦干暂放在干净的地方保管；

②检查密封凹槽内有无锈蚀和污物，如有，用优质细砂纸清理干净，用一块干净棉布擦干；

③检查盲板颈的内部和门在关闭时接触的部分，包括门的槽，如发现有脏物或锈蚀(特别是底部)，用砂纸清理干净，用干净棉布擦干；

④上述几个地方都清洁干净后，涂抹硅油或其他类似的油脂(锂基润滑脂)，需要涂油

脂的地方包括：凹槽(位于密封圈下部涂完后，安装密封，密封向外的一面也要涂油脂)；门关闭后和颈内部的接触面；锁带和门的接触面(密封圈和筒体的接触部分)；

⑤若发现密封圈在回装时，密封圈的长度变长，可将密封圈放置到冰箱冷冻室里冷冻(利用热胀冷缩的原理)一段时间，待密封圈回缩后，将其回装到盲板上。若冷冻后依然无法回装上，则表明密封圈变形严重，需更换新的密封圈。

3.6.13.6 检维修周期及内容

1. 检修周期、内容及方式(表3-6-17)

表3-6-17 检修周期、内容及方式

检修类别	小修	大修
检修周期	根据实际定	3年(同时按当地质检部门相关规定执行)
检修内容	(1)检查外表面腐蚀情况，保温层破损、脱落、潮湿状况，必要时进行修复或更换。 (2)更换损坏、失效的滤芯。 (3)清理滤芯粉尘	检验人员应当根据压力容器的使用情况、失效模式制定检验方案。定期检验以宏观检查、壁厚测定、表面无损检测为主，必要时可以采用超声检测、射线检测、硬度测定、金相检验、材质分析、涡流检测、强度校核或者应力测定、耐压试验、声发射检测、气密性试验等
检修方式	自行维修	外委维修

2. 维护保养周期、内容及方式(表3-6-18)

表3-6-18 维护保养周期、内容及方式

周期	维护保养内容	保养标准	备注
每周	(1)检查过滤分离器外观。 (2)检查压力容器与相邻管道或者构件有无异常振动、响声或者相互摩擦。 (3)检查分离器的本体、接口(阀门、管路)部位、焊接接头等是否有变形、损伤等。 (4)检查安全附件是否齐全，是否在有效期内，排放(疏水、排污)装置是否完好，检查伴热带是否存在漏电、短路情况	(1)外观清洁、无锈蚀、无油污、无漏气、无腐蚀，无异常结霜、结露等，标识正常。 (2)无异常振动、响声或者相互摩擦。 (3)无变形、损伤等。 (4)安全附件齐全有效，排放(疏水、排污)装置完好，伴热带无漏电、短路情况	按液位、流量和压差等情况确定是否需要排污
每月	(1)防雷检查，检查安全接地线是否符合要求。 (2)检查支承或者支座有无损坏，基础有无下沉、倾斜、开裂，紧固螺栓是否齐全、完好	(1)安全接地线符合要求。 (2)支座完好，基础无下沉、倾斜、开裂，紧固螺栓齐全、完好	
每半年	(1)防雷检测。 (2)清除过滤分离器滤芯上的污物	(1)防雷相关参数符合要求。 (2)滤芯干净，过滤效果良好	
每年	年度检测，根据实际更换滤芯	分离器前后压差在正常范围内	压差超过0.1MPa，且通过排污、除尘无法使压差小于0.1MPa时，需更换滤芯

3.6.13.7 常见故障及处理

1. 法兰或快开盲板泄漏

运行或升压过程中，使用皂液法检查，发现泄漏时必须立即切换流程，停运事故分离

器，然后进行放空排污操作，压力降为零后方可进行维修操作。

2. 分离器前后压差增大或流量减小

运行过程中，由于天然气杂质增多或固体颗粒较多，引起分离器前后压差增大，当超过0.1MPa时，表明过滤器内部出现堵塞，应及时停运更换滤芯。若2台以上分离器同时运行时，当某台过滤分离器后的流量计的流量值比其他几路小30%（此设定值可在运行时调整）时，表明这路过滤分离器可能堵塞，需进行检修或更换滤芯。

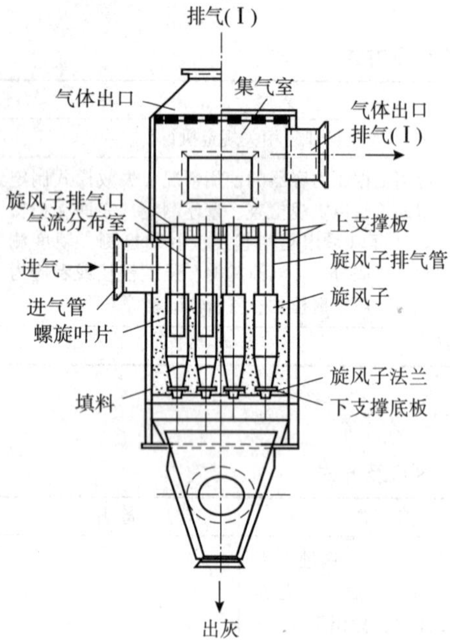

图3-6-19 旋风分离器结构图

3.6.14 旋风分离器的操作与维护保养规程

3.6.14.1 工作原理与结构

1. 原理

含尘气体从进气管切向进入进料布气室，经过旋风子支管的碰撞、折流，使气流均匀分布，流向旋风子进气口。均布后的气流由切向进入旋风子，气体在旋风管中形成旋风气流，强大的离心力使得气体中固体颗粒和液体颗粒甩脱出来，并聚集到旋风管内壁上，最终落入集污室中。干净的气流继续上升到排气室，由排气口流出旋风分离器。

2. 结构（图3-6-19）

3.6.14.2 运行中的检查

检查分离器的压力、温度、流量、压差，查看是否在分离器所要求的允许范围内，否则上报调控中心或值班领导并做记录，如果旋风分离器前后压差过高（>0.2MPa）等其他异常情况时，应立即切换备用分离器，停运事故分离器并排除故障。

3.6.14.3 法兰或连接处泄漏

运行或升压过程中，使用皂液法检查，发现泄漏时必须立即切换流程，停运事故分离器，然后进行放空排污操作，压力降为零后方可进行维修操作。

3.6.14.4 分离器前后压差增大或流量减小

运行过程中，由于天然气杂质增多或固体颗粒较多，引起分离器前后压差增大，当超过0.2MPa时，表明分离器内部出现堵塞，应及时停运进行检修。若2台以上分离器同时运行时，当某台分离器后的流量计的流量值比其他几路小30%（此设定值可在运行时调整）时，表明这路分离器可能堵塞，需进行检修。

3.6.14.5 排污

1. 排污要求

（1）运行过程中每季度（每年3月、6月、9月和12月）排污一次且在冬季来临前统一进行排污操作；

（2）排污前压力放空降至0.2~0.5MPa；

(3)排污系统正常，阀门开关灵活；

(4)提前通知调控中心并按调控中心下达的指令进行操作。

2. 排污操作

(1)接调控中心通知按照流程切换操作规程切换至B路供气；

(2)按设备放空流程进行旋风分离器的放空操作，放空至0.2~0.5MPa时关闭放空阀并确认；

(3)打开排污球阀；

(4)缓慢开启阀套式排污阀；

(5)仔细监听排污管内污物的流动或喷出声；

(6)当排污管内流体流动声音突变时(由液流声变成气流声)，迅速关闭阀套式排污阀；

(7)确认阀套式排污阀关闭后，及时关闭排污球阀；

(8)排污后应及时确认排污阀门关严，无内漏；

(9)在排污过程中出现渗漏、堵塞等异常情况要及时停止排污并做相应处理；

(10)排污完成及时通知调控中心并做好排污记录。

3.6.14.6　旋风分离器的清洗

1. 清洗要求

(1)将清洁水源引至旋风分离器，并与注水口安全连接；

(2)旋风分离器清洗前，宜先进行排污(排污步骤按要求进行)；

(3)及时通知调控中心并按调控中心下达的指令进行操作。

2. 清洗操作

(1)关闭旋风分离器进出口截断阀；

(2)缓慢打开旋风分离器的手动放空阀，放空旋风分离器内天然气；

(3)打开排污阀；

(4)打开水源阀门，向旋风分离器内注水；

(5)观察排出液体的清洁情况；

(6)排出液体清洁后停止注水，将旋风分离器内水排尽；

(7)打开人孔增强通风，同时目视检查清洗效果；

(8)待旋风分离器干燥后，关闭人孔、放空阀、排污阀；

(9)缓慢开启上下游截断阀，同时检查旋风分离器各部位有无渗漏现象；

(10)检查无异常后，先开启上游截断阀，再开启下游截断阀，使旋风分离器恢复正常运行状态；

(11)及时通知调控中心并做好清洗记录。

3.6.14.7　维护保养

1. 日检查内容

(1)确保运行参数不超出设计参数范围；

(2)保持旋风分离器清洁、无锈蚀、无油污、无漏气。

2. 月度检查内容

(1)检查紧固件是否齐全，是否松动；

(2)检查设备基础是否下沉、倾斜、开裂；

(3)检查地脚螺栓、螺母是否有腐蚀，连接是否紧固。

3. 半年检查内容

(1)检查安全接地线是否连接紧固；

(2)定期测试设备接地电阻，确保其阻值符合规范要求(≤4Ω)。每年3月、6月、9月、12月进行一次测试且保证入夏前进行一次测试。

3.6.14.8 检维修周期及内容

1. 检修周期、内容及方式(表3－6－19)

表3－6－19 检修周期、内容及方式

检修类别	小修	大修
检修周期	根据实际	三年(同时按当地质检部门相关规定执行)
检修内容	(1)检查外表面腐蚀情况，保温层破损、脱落、潮湿状况，必要时进行修复或更换。 (2)清理粉尘，仔细检查分离器的内部构件，确保组件齐全好用、安装正确	检验人员应当根据压力容器的使用情况、失效模式制定检验方案。定期检验方法以宏观检查、壁厚测定、表面无损检测为主，必要时可以采用超声检测、射线检测、硬度测定、金相检验、材质分析、涡流检测、强度校核或者应力测定、耐压试验、声发射检测、气密性试验等
检修方式	自行维修	外委维修

2. 维护保养周期、内容及方式(表3－6－20)

表3－6－20 维护保养周期、内容及方式

周期	维护保养内容	保养标准	备注
每周	(1)检查旋风分离器外观。 (2)检查压力容器与相邻管道或者构件有无异常振动、响声或者相互摩擦。 (3)检查旋风分离器的本体、接口(阀门、管路)部位、焊接接头等是否有变形、损伤等。 (4)检查安全附件是否齐全，是否在有效期内，排放(疏水、排污)装置是否完好，检查伴热带是否存在漏电、短路情况	(1)外观清洁、无锈蚀、无油污、无漏气、无腐蚀，无异常结霜、结露等，标识正常。 (2)无异常振动、响声或者相互摩擦。 (3)无变形、损伤等。 (4)安全附件齐全，排放(疏水、排污)装置完好，伴热带无漏电、短路情况	按液位、流量和压差等情况确定是否需要排污
每月	(1)防雷检查，检查安全接地线是否符合要求。 (2)检查支承或者支座有无损坏，基础有无下沉、倾斜、开裂，紧固螺栓是否齐全、完好	(1)安全接地线符合要求。 (2)支座完好，基础无下沉、倾斜、开裂，紧固螺栓齐全、完好	
每半年	防雷检测	防雷相关参数符合要求	
每年	年度检测、清理粉尘，末端场站以及高低压分界场站每季度清理粉尘	分离器前后压差在正常范围内	分离器前后压差超过0.5MPa，且通过排污压差仍未恢复正常，需清理粉尘

3.6.15　收发球筒操作与维护保养规程

3.6.15.1　操作步骤

1. 发球操作(图3-6-20)

(1)发送清管器前，将管道输气压力调整到方案要求的压力；

(2)打开5#、6#发球筒放空阀门，确认发球筒无压，打开发球筒快开盲板，把清管器送入发球筒底部大小头处，将清管器在大小头处塞紧；

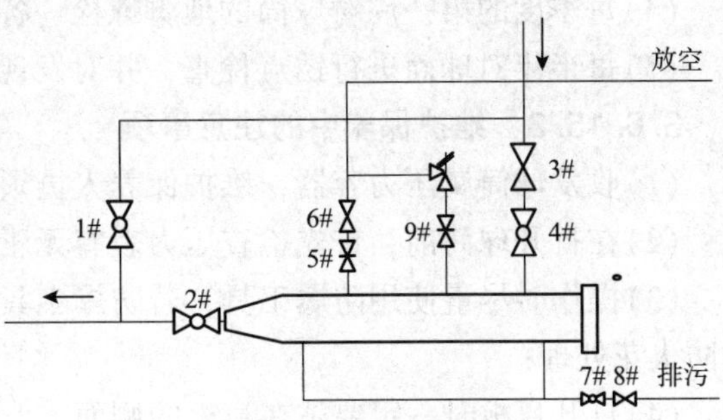

图3-6-20　发球筒操作步骤示意图

(3)关快开盲板，装好保护装置；

(4)关5#、6#发球筒放空阀门；

(5)先全开4#阀门，再缓慢开启3#发球筒发球进气阀门，平衡筒压；

(6)全开2#阀门；

(7)关1#输气管线进气阀门，发送清管器；

(8)确认清管器发出后，打开1#输气管线进气阀门，关闭2#阀门与3#、4#发球筒进气阀门；

(9)开5#、6#发球筒放空阀门泄压至零，检查2#阀门确已关闭不漏气，打开快开盲板，检查清管器是否发出。

2. 收球操作(图3-6-21)

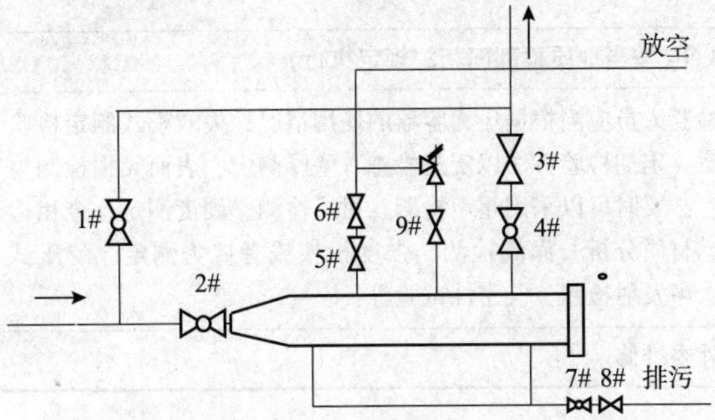

图3-6-21　收球筒操作步骤示意图

(1)关闭5#、6#收球筒放空阀门与7#、8#排污阀门，全开4#阀门，缓慢开启3#接收筒旁通阀门平衡接收球筒压力，全开2#阀门，关闭1#阀门，收球筒处于接收状态；

(2)一般情况下，清管指示器发出过球信号后，关闭3#、4#阀门，打开7#、8#排污阀门排污；如果遇到污水、污物较多情况，应当在污水、污物到达接收站时，关闭3#、4#阀门，打开7#、8#排污阀门排污；

(3)确认清管器进入接收筒后，关闭7#、8#排污阀门，关闭2#阀门；

(4)打开1#阀门，恢复正常输气；

(5)打开7#、8#排污阀门，打开5#、6#接收球筒放空阀门，当接收球筒压力降为零，打开快开盲板，取清管器。如果接收筒内硫化铁粉较多，打开快开盲板前，应先向接收筒内注水，或打开快开盲板后立即向筒内注水，避免硫化铁粉在空气中自燃；

(6)清除接收球筒内污物，清洗后关闭快开盲板；

(7)关闭5#、6#接收球筒放空阀门，关闭7#、8#排污阀门。

3.6.15.2　收发球筒的维护保养

(1)收发球筒作为一种清管设备，应定期进行维护；

(2)每天检查压力表有无压力指示，每周检测各连接处有无泄漏；

(3)按照规定定期对球筒的压力表进行检验；

(4)每季度的第一周对球筒的地脚螺栓、各连接处螺栓进行紧固；

(5)每半年对球筒进行锈点检查，并对发现的锈点除锈防腐。

3.6.15.3 维护保养中的注意事项

(1)收发球筒属压力容器，维护保养人员须取得压力容器操作证；

(2)在打开球筒前，首先检查压力表有无压力，确保无压力下操作；

(3)操作时尽量使用防爆工具，若防爆工具无法打开，可采用非防爆工具并对接触面做防火花处理；

(4)打开盲板时一定要站在盲板的侧面。

3.6.15.4 球筒密封性检查

(1)给球筒缓慢送气至一定压力，检查并确认球筒盲板的安全锁锁芯已外伸，然后在报警螺杆周围和盲板护罩与盲板的缝隙及盲板上各个装置的螺纹连接处喷检漏液，检查是否有泄漏；

(2)如无泄漏，再进一步升压，继续进行检漏，直至球筒的工作压力；

(3)设备维护保养完毕后将操作程序记在设备维护保养检修记录中。

3.6.15.5 检维修周期及内容

1. 检修周期、内容及方式(表3-6-21)

表3-6-21 检修周期、内容及方式

检修类别	小修	大修
检修周期	根据实际定	3年(按当地质检部门相关规定执行)
检修内容	检查外表面腐蚀情况，保温层破损、脱落、潮湿状况，必要时进行修复或更换	检验人员应当根据压力容器的使用情况、失效模式制定检验方案。定期检验方法以宏观检查、壁厚测定、表面无损检测为主，必要时可以采用超声检测、射线检测、硬度测定、金相检验、材质分析、涡流检测、强度校核或者应力测定、耐压试验、声发射检测、气密性试验等
检修方式	自行维修	外委维修

2. 维护保养周期、内容及方式(表3-6-22)

表3-6-22 维护保养周期、内容及方式

周期	维护保养内容	保养标准	备注
每周	检查筒体支承、支座、基础、紧固螺栓等	支承、支座完好，基础无下沉，螺栓紧固	
每月	(1)检查筒体及接头部位变形、泄漏、损伤情况。 (2)检查筒体外表面腐蚀、异常结霜、结露情况。 (3)检查筒体接地装置是否合格	(1)筒体及接头部位无变形、泄漏、损伤等情况。 (2)外表无腐蚀、结霜、结露现象。 (3)装置必须符合要求	
每半年	防雷检测	防雷相关参数符合要求	
每年	测量筒体壁厚，检查收发球筒本体及运行状况、检查安全附件，对收发球筒进行全面检定	各项指标达到要求	

续表

周期	维护保养内容	保养标准	备注
收发球时	(1)清洁收发球筒的快开盲板、异径管、鞍式支架等。 (2)使用验漏液检查快开盲板与收发球筒接口处是否存在泄漏，如漏气及时处理。 (3)对收发球筒运行状态进行监测，对其工况进行判断	(1)表面无脏污。 (2)密封良好，无渗漏。 (3)运行状况正常	

3.6.16　管壳式换热器操作与维护保养规程

3.6.16.1　结构与技术参数

1. 结构

常用管壳式换热器，经锅炉加热后软化水通过循环水泵进入换热器中，为温度较低的天然气进行水浴式加热。

图3－6－22为一种最简单的管壳式换热器示意图。它由许多管子组成管束，管束构成换热器的传热面。此类换热器又称为列管式换热器。换热器的管子固定在管板上，而管板又与外壳连接在一起。为了增加流体在管外空间的流速，以改善换热器的传热情况，在筒体内间隔安装了许多折流板。换热器的壳体和两侧管箱上开有流体的进出口，有时还在其上装设有检查孔，以及安置仪表用的接口管、排液孔和排气孔等。在换热器中，天然气从一侧管箱(称为前管箱)流进管子里，经另一侧管箱(称为后管箱)流出(奇数单管程换热器)，或绕过管箱，流回进口侧前管箱流出(偶数单管程换热器)，这条路径称为管程。热水从筒体上的连接管进出换热器壳体，流经管束外，这条路径称为壳程。

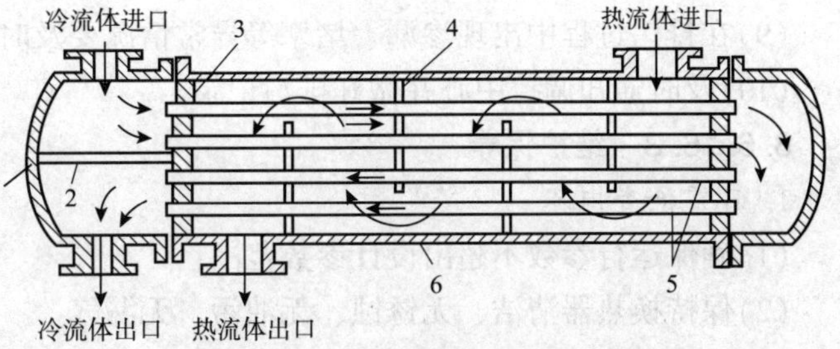

图3－6－22　管壳式换热器示意图

1—封头；2—隔板；3—管板；4—挡板；5—管子；6—外壳

2. 技术参数(表3－6－23)

表3－6－23　技术参数

	管程(夹套)	壳程(壳体)
设计压力/MPa	6.3	1.6
耐压试验压力/MPa	9.45	2.4
工作压力/MPa	≤5.0	<1.6
设计温度/℃	50	95
工作介质	天然气	热水
容器净质量/kg	600	
换热面积/m^2	10	
折流板间距/mm	360	

3.6.16.2　排污

1. 排污要求

(1)运行过程中每季度排污一次且在冬季来临前统一进行排污操作；

(2)排污压力降至0.5MPa;

(3)排污系统正常，阀门开关灵活;

(4)提前通知调控中心并按调控中心下达的指令进行操作。

2. 排污操作

(1)接调控中心通知按照流程切换操作规程切换至旁通路;

(2)按设备放空流程进行换热器的放空操作，放空至0.2MPa时关闭放空阀并确认;

(3)打开排污球阀;

(4)缓慢开启阀套式排污阀;

(5)仔细监听排污管内污物的流动或喷出声;

(6)当排污管内流体流动声音突变时，迅速关闭阀套式排污阀;

(7)确认排污阀套式排污阀关闭后，及时关闭排污球阀;

(8)排污后应及时确认排污阀门关严，无内漏;

(9)在排污过程中出现渗漏、堵塞等异常情况要及时停止排污并做相应处理;

(10)及时通知调控中心并做好排污记录。

3.6.16.3 维护保养

1. 日常检查内容

(1)确保运行参数不超出设计参数范围;

(2)保持换热器清洁、无锈蚀、无油污、无漏气。

2. 月度检查内容

(1)检查紧固件是否齐全，是否松动;

(2)检查设备基础是否下沉、倾斜、开裂;

(3)检查地脚螺栓、螺母是否有腐蚀，连接是否紧固。

3. 半年检查内容

(1)检查安全接地线是否连接紧固;

(2)定期测试设备接地电阻，确保其阻值符合规范要求(≤10Ω)。每半年进行一次测试且保证入夏前进行一次测试。

3.6.17 风险识别与安全措施

3.6.17.1 天然气置换及升压作业风险识别及消减措施(表3-6-24)

表3-6-24 天然气置换及升压作业风险识别及消减措施

工作任务简述		天然气置换及升压作业			
步骤编号	工作步骤描述	潜在危害	后果与影响	风险等级	建议措施
1	作业前准备	工器具不匹配或有故障	延误作业时间，操作过程中造成人身伤害	中	作业前试用工器具，确保工器具正常使用
2		作业人员方案学习不到位	延误作业时间，操作过程中易造成人身伤害	低	对作业人员进行方案系统培训，现场进行模拟演练及应急演练

续表

工作任务简述		天然气置换及升压作业			
步骤编号	工作步骤描述	潜在危害	后果与影响	风险等级	建议措施
3	天然气置换作业	天然气流速过快，放空流量过大，造成管线及放空管的异常振动	易发生人员窒息，设备破坏	中	缓慢调节流量控制阀，控制天然气流速在3～5m/s；注意倾听气流声响并观察设备管线情况，确保置换作业平稳连续
4		天然气置换不彻底	混合气头未排净，作业时易发生着火、爆炸危险	低	提高检测仪表精度；采取至少3种方式检测均合格后确认置换完成
5	天然气升压作业	泄漏检测不到位，不能及时发现泄漏点	泄漏量持续增加，易发生人员中毒、窒息或天然气着火事件	中	做好升压方案的系统学习，进行各验漏点的模拟验漏及泄漏事件的应急演练
6		升压速度过快	产生不必要的温降，在一定程度上造成设备与人员的伤害	中	严格按照升压作业方案进行平稳升压
7		各升压节点稳压时间短	不能准确判断压降情况，泄漏点不能及时发现	低	严格落实升压投产作业方案，确保不遗漏泄漏点

3.6.17.2 快开盲板维护作业风险识别及消减措施(表3-6-25)

表3-6-25 快开盲板维护作业风险识别及消减措施

工作任务简述		快开盲板维护作业			
步骤编号	工作步骤描述	潜在危害	后果与影响	风险等级	建议措施
1	作业前准备	劳保穿戴不齐全	人身伤害	中	严格按照操作规程操作
2	流程切换	设备放空不完全	发生人身伤害	高	开启放空管段及设备上的各截断阀门，保证管段及设备内的天然气能放空彻底
3		放空管段前后阀门内漏	开启盲板过程中易出现天然气爆燃现象	高	放空完成后可关闭放空阀门，观察放空管段压力，压力不升高后保持放空阀开启并开始作业
4		操作不规范	造成人员发生机械伤害	中	严格按照操作规程操作
5	开启盲板	带压操作	造成人员伤害	高	在开启盲板过程中严禁人员正对盲板
6		管段及设备内常压天然气逸散到空气中	天然气爆炸燃烧	高	在维修现场划出警戒区域，时刻检测可燃气体浓度
7	盲板恢复使用	盲板操作不规范	损坏设备，人身伤害	中	按操作规程操作避免损坏设备及造成人身伤害

3.6.17.3 单体设备停气维修作业风险识别及消减措施(表3-6-26)

表3-6-26 单体设备停气维修作业风险识别及消减措施

工作任务简述		单体设备停气维修作业			
步骤编号	工作步骤描述	潜在危害	后果与影响	风险等级	建议措施
1	作业前准备	工器具不匹配或有故障	延误作业时间，操作过程中造成人身伤害	中	作业前试用工器具，确保工器具正常使用
2	设备停运放空	设备放空不完全	发生人身伤害	高	开启放空管段及设备上的各截断阀门，保证管段及设备内的天然气能放空彻底
3		放空管段前后阀门内漏	维修过程中易出现天然气爆燃现象	高	放空完成后可关闭放空阀门，观察放空管段压力，压力不升高后保持放空阀开启并开始作业
4		操作不规范	造成人员发生机械伤害	中	严格按照操作规程操作
5	设备维修	管段及设备内常压天然气逸散到空气中	天然气爆炸燃烧	高	在维修现场划出警戒区域，时刻检测可燃气体浓度
6	设备恢复使用	充压速度过快	损坏设备，人身伤害	中	在充压过程中对各连接点进行验漏

3.7 天然气管输电气系统

3.7.1 常用电气术语及作业要求

3.7.1.1 常用电气术语

(1)低电压：用于配电的交流电力系统中1000V及其以下的电压等级；

(2)高电压：

①通指超过低电压的电压；

②特定情况下，指电力系统中输电的电压等级。

(3)运用中的电气设备：是指全部带有电压或一部分带有电压及一经操作即带有电压的电气设备；

(4)配电设备：用于向一个用电区域供电的变压器、高低压开关、线路、控制和计量等设备的统称；

(5)低压间接带电作业：系指工作人员与带电设备非直接接触，即手持绝缘工具对带电设备进行作业；

(6)高处作业：凡在坠落高度基准面2m以上(含2m)有可能坠落的高处进行的作业。

3.7.1.2 作业要求

1. 作业现场的基本条件

(1)作业现场的生产条件、安全设施、作业机具、安全工器具和作业环境等符合国家或行业规定的标准；

(2)安全工器具和劳动防护用品在使用前应确认合格齐备；

(3)尘土、毒、噪声、辐射等作业环境应采取防护措施；

(4)经常有人工作的场所及作业车辆上宜配备急救箱及存放相应的急救用品并指定专人检查、补充或更换。

2. 电气工作人员必须具备的条件

(1)经医师鉴定，无妨碍工作的病症；

(2)具备必需的电气知识，按其职务和工作性质，熟悉安全规程的全部或有关部分，并经考试合格；

(3)具备必要的电气知识和业务技能，按工作性质熟悉安全规程的相关部分；

(4)学会紧急救护法，首先学会触电解救法和人工呼吸法；

(5)电气工作人员对安全规程应每年考试一次，不合格者停止工作。因故间断电气工作连续三个月以上者，必须重新温习安全规程，并经考试合格后，方能恢复工作；

(6)带电作业人员，应经专门培训，并考试合格，经主管领导批准后方能参加工作。

3.7.2　常用电气设备检查、维护

3.7.2.1　电气设备检查的基本要求

为了监视设备的运行情况，及时发现和消除设备缺陷，预防事故的发生，应对电气设备进行巡视检查。每个电气值班人员必须严格按照规程要求，认真负责，一丝不苟地做好设备巡视工作，以杜绝事故发生，确保电气设备安全运行。

1. 设备巡视的基本方法

巡视人员在巡视中一般通过看、听、摸、嗅、测的方法对设备进行检查。

看：主要用于对设备外观、位置、温度、压力、颜色、灯光、信号、指示等检查项目的分析判断，例如变压器油温检查，高压负荷开关的绝缘性检查等，记录温度、动作次数、泄漏电流等相关数据。

听：主要通过声音判断设备运行是否正常。例如变压器正常运行时其声音是均匀的嗡嗡声，过负荷运行时会发出较高而且沉重的嗡嗡声等。通过对设备运行中声音是否正常，有无异常声响，有无异常电晕声、放电声等分析判断，可以确定设备运行是否存在异常。

摸：通过以手触试不带电的设备外壳，判断设备的温度、振动等是否存在异常。例如触摸变压器外壳、散热片，检查温度是否正常，与往常比较有无明显差别等。

嗅：通过气味判断设备有无过热、放电等异常。例如通过嗅觉判断电气设备高压室的气味是否正常，有无焦糊等异常气味。

测：通过测量的方法，掌握确切的数据。例如根据设备负荷变化情况，及时用红外线测温仪测试设备连接、接触点温度是否异常，有无超过正常温度；对电压互感器二次电压(包括开口三角电压)进行测量，检查有无异常波动等。

2. 设备巡视的基本要求

(1)设备巡视时，必须严格遵守《电业安全工作规程》的有关规定，并做到不漏巡，不错巡，不断提高巡视质量，防止设备事故的发生。

(2)设备巡视分为正常巡视、全面巡视、夜间巡视、特殊巡视，其巡视内容、巡视周期及巡视时间等应按照《设备巡视制度》执行。

(3)进行设备巡视时，值班人员应穿戴劳保用品，按照规定的设备巡视路线、巡视项目认真进行巡视并做好巡视记录。

(4)当设备巡视发现缺陷时，应按照《设备缺陷管理制度》的有关规定，及时汇报电力调度及相关上级，并填写缺陷记录及有关运行记录。

(5)值班人员除按时进行正常的巡视工作外，在系统、设备、气候等有变化的情况下，值班负责人应及时安排以下特巡工作：

①大风后巡视设备及构架上有无异物搭挂。

②雷雨过后巡视避雷器动作情况，其他设备有无放电现象。

③冰雪后巡视设备冰凌及覆冰情况；冰雹后巡视设备有无受损。

④雾天巡视设备有无危害到正常运行的放电情况。

⑤设备大修、改造、变动及新设备投动后应加密巡视次数。

⑥异常情况下的巡视。主要是指：过负荷或负荷剧增、设备超温、设备发热、系统冲击、跳闸、有接地故障情况等，应加强巡视。必要时，应派专人监视。

⑦设备缺陷近期有发展时和法定节假日、上级通知有重要保电任务时，应加强巡视。

(6)若巡视中遇有特殊情况，巡视人员应立即停止巡视，待处理完成后，再继续巡视。

(7)巡视检查至少有两人一起进行，其中一人进行监护，巡视过程中不得移开或穿越遮栏。

(8)雷雨天需要巡视户外设备时，应穿绝缘靴，不得接近避雷针和避雷器。

(9)高压设备发生接地时，室内人员不得接近故障点4m以内，室外人员不得靠近故障点8m以内，进入上述范围人员必须穿绝缘靴，接触设备外壳或构架时应戴绝缘手套。

(10)巡视高压室等室内设备后必须随手将室门锁好，防止小动物进入。

(11)巡视过程中应与带电设备保持安全距离，不得出现误碰设备、触及带电部分等不安全情况。

3.7.2.2 常用电气设备检查

1. 干式变压器

(1)干式变压器的检查维护。

三相干式变压器，干式是针对冷却方式的分类，变压器按照冷却方式可以分为干式和油浸式，前者是空气对流自然冷却或者风机冷却，后者是油浸冷却。冷却的方式不同，应用领域和范围也是不一样的(图3-7-1)。

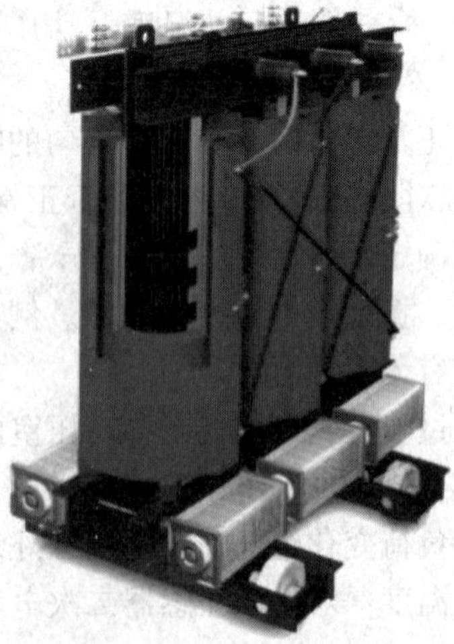

图3-7-1 三相干式变压器

①检查浇注型绕阻和相间接线有无积灰，有无龟裂、变色、放电等现象，绝缘电阻是否正常；

②检查铁芯风道有无灰尘异物堵塞，有无生锈或腐等现象；

③检查绕阻压紧装置是否松动，各连接处连接是否正常；

④检查指针式温度计等仪表和保护装置动作是否正常；

⑤检查冷却装置包括电动机风扇是否良好油位正常，有无渗漏油情况；

⑥检查有无由于局部过热、有害气体腐蚀等使绝缘表面出现爬电痕迹和炭化现象等造成的变色；

⑦检查变压器所在的房屋或柜内温度是否特别高，其通风，换气状态是否正常，变压器风冷装置运转是否正常；

⑧变压器接地装置是否可靠。

(2)干式变压器预防性试验项目、周期及要求见表3－7－1。

表3－7－1　干式变压器预防性试验项目、周期及要求

序号	项目	周期	判剧	方法及说明
1	红外测温	(1)6个月； (2)必要时	按DL/T664执行	(1)用红外热像仪测量； (2)测量套管及接头等部位
2	绕组直流电阻	(1)A级检修后； (2)≤6年； (3)必要时	(1)1600kVA以上变压器，各相绕组电阻相互间的差别不应大于三相平均值的2%，无中性点引出的绕组，线间差别不应大于三相平均值的1%； (2)1600kVA及以下的变压器，相间差别一般不大于三相平均值的4%，线间差别一般不大于三相平均值的2%； (3)与以前相同部位测得值比较，其变化不应大于2%	不同温度下电阻值按下式换算： $R_2 = R_1(T + t_2) / (T + t_1)$ 式中，R_1、R_2为在温度t_1、t_2下的电阻值；t为电阻温度常数，铜导线取235
3	绕组、铁芯绝缘电阻	(1)A级检修后； (2)≤6年； (3)必要时	绝缘电阻换算至同一温度下，与前一次测试结果相比应无显著变化，不宜低于上次值的70%	采用2500V或5000V绝缘电阻表
4	交流耐压试验	(1)A级检修后； (2)必要时(怀疑有绝缘故障时)	一次绕组按出厂试验电压值的0.8倍	(1)10kV变压器高压绕组按35kV×0.8＝28kV进行； (2)额定电压低于1000V的绕组可用2500V绝缘电阻表测量绝缘电阻代替
5	穿心螺栓、铁轭夹件、绑扎钢带、铁芯、线圈压环及屏蔽等的绝缘电阻	必要时	220kV及以上者绝缘电阻一般不低于500MΩ，其他自行规定	(1)采用2500V绝缘电阻表； (2)连接片不能拆开者可不进行
6	绕组所有分接的电压比	(1)A级检修后； (2)必要时	(1)各相应接头的电压比与铭牌值相比，不应有明显差别，且符合规律； (2)电压35kV以下，电压比小于3的变压器电压比允许偏差为±1%；其他所有变压器：额定分接电压比允许偏差为±0.5%，其他分接的电压比应在变压器阻抗电压值(%)的1/10以内，但不得超过±1%	
7	校核三相变压器的组别或单相变压器极性	必要时	必须与变压器铭牌和顶盖上的端子标志相一致	

续表

序号	项目	周期	判剧	方法及说明
8	空载电流和空载损耗	(1)A级检修后； (2)必要时	与前次试验值相比，无明显变化	试验电源可用三相或单相：试验电压可用额定电压或较低电压值(如制造厂提供了较低电压下的值，可在相同 电压下进行比较)
9	短路阻抗和负载损耗	(1)A级检修后； (2)必要时	与前次试验值相比，无明显变化	试验电源可用三相或单相：试验电流可用额定值或较低电流值(如制造厂提供了较低电流下的测量值，可在相同电流下进行比较)
10	局部放电测试	(1)A级检修后； (2)必要时	按GB/T 1094.11规定执行	施加电压的方式和流程按照GB/T 1094.11的规定进行
11	测温装置及其二次回路试验	(1)A、B级检修后； (2)≤6年； (3)必要时	(1)按制造厂的技术要求； (2)指示正确，测温电阻值应和出厂值相符； (3)绝缘电阻不宜低于1MΩ	

2. 互感器

(1)电压互感器的检查与维护。

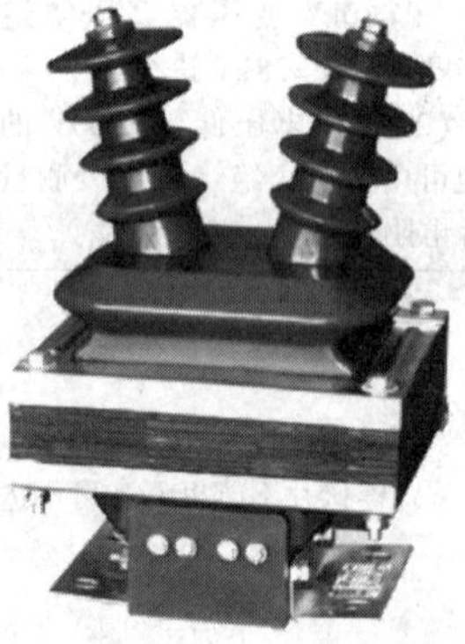

图3-7-2 电压互感器

电压互感器(Potential transformer 简称 PT，Voltage transformer 也简称 VT)和变压器类似，是用来变换线路上的电压的仪器。主要是用来给测量仪表和继电保护装置供电，用来测量线路的电压、功率和电能(图3-7-2)。电压互感器检查维护内容：

①电压互感器的绝缘子应清洁、无裂纹、无破损及放电痕迹；

②检查运行中的电压互感器发出“嗡嗡”响声是否正常，有无放电声及放电痕迹；

③检查油位是否正常，有无渗油和漏油，呼吸器的硅胶是否受潮变色；

④检查二次回路接线是否牢固，各接头有无松动；

⑤检查接地是否牢固，接触是否良好；

⑥检查电压互感器一二次熔断器是否完好；

⑦检查隔离开关及辅助触点接触是否良好。

(2)电流互感器的检查与维护。

电流互感器的作用是可以把数值较大的一次电流通过一定的变比转换为数值较小的二次电流，用来进行保护、测量等(图3-7-3)。检查和维护内容：

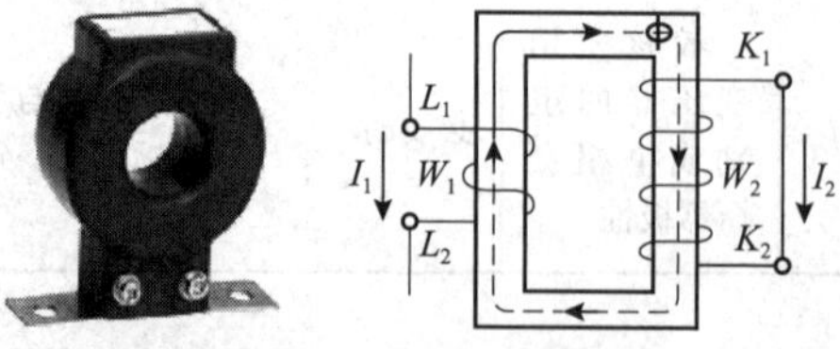

图3-7-3 电流互感器

①检查电流互感器各接头是否发热及松动现象；

②检查电流互感器的二次侧接线是否牢固、可靠；

③检查油色、油位是否正常，有无渗油和漏油，呼吸器的硅胶是否受潮变色；

④检查绝缘子是否清洁，有无破损纹及放电痕迹；

⑤检查运行中电流互感器发出“嗡嗡”响声是否正常，满负荷运行有无异常气味。

3. 高压负荷开关

高压负荷开关是一种功能介于高压断路器和高压隔离开关之间的电器，高压负荷开关常与高压熔断器串联配合使用，用于控制电力变压器。高压负荷开关具有简单的灭弧装置，因此能通断一定的负荷电流和过负荷电流。但是它不能断开短路电流，所以它一般与高压熔断器串联使用，借助熔断器来进行短路保护(图3-7-4)。

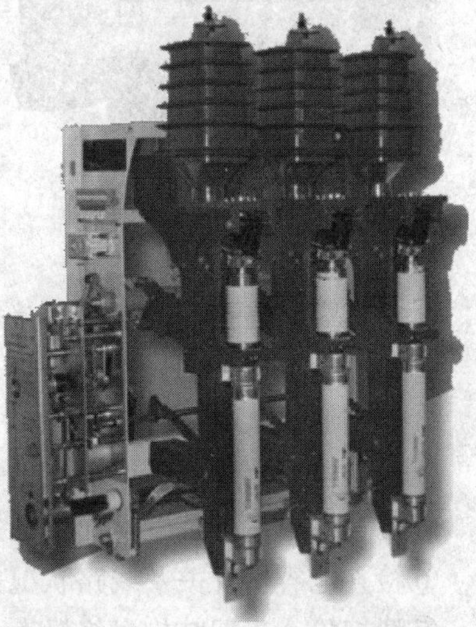

图3-7-4 高压负荷开关

①瓷绝缘应无掉瓷、破碎、裂纹以及闪络放电的痕迹，表面应清洁；

②连接点应无腐蚀及过热的现象；

③应无异常声响，无异常气味；

④动、静触头接触应良好，无过热现象；

⑤操动机构及传动装置应完整，无断裂，操作杆的卡环及支持点无松动和脱落的现象；

⑥负荷开关的消弧装置应完整无损。

4. 隔离开关

隔离开关又称隔离刀闸或刀闸、闸刀等，是一种主要用于“隔离电源、倒闸操作、用以连通和切断小电流电路”，无灭弧功能的开关器(图3-7-5)。

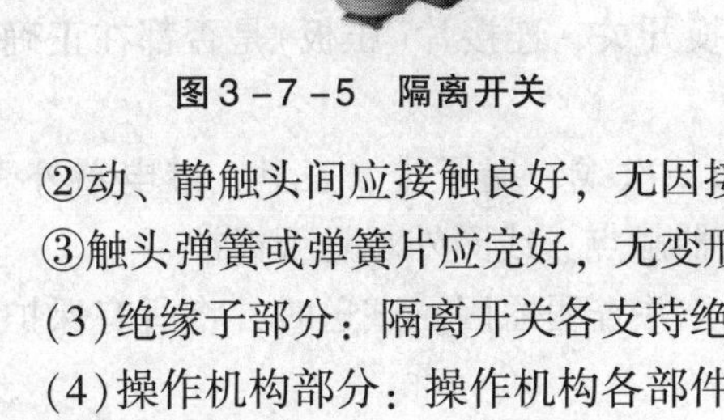

图3-7-5 隔离开关

检查与维护的内容主要有：

(1)隔离开关本体检查。

隔离开关本体应该完好，三相触头在合闸时应同期到位，无错位或不同期到位现象。

(2)触头部分检查。

①触头应平整光滑，无脏污锈蚀变形；

②动、静触头间应接触良好，无因接触不良而引起过热发红或局部放电现象；

③触头弹簧或弹簧片应完好，无变形损坏。

(3)绝缘子部分：隔离开关各支持绝缘子应清洁完好，无放电闪络和机械损坏。

(4)操作机构部分：操作机构各部件应无变形锈蚀和机械损伤，部件之间应连接牢固和无松动脱落现象。

(5)接地部分：对于接地的隔离开关，其触头接触应良好，接地应牢固可靠，接地体可见部分完好。

(6)底座部分：底座连接轴上的开口销应完好，底座法兰无裂纹，法兰螺栓紧固无松动。

5. 电容器

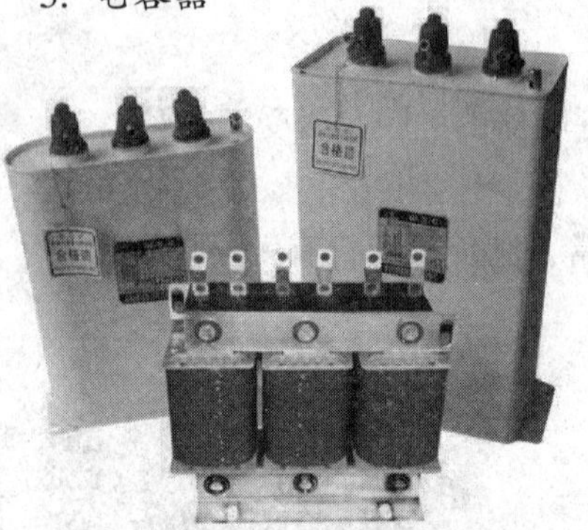

图3－7－6 低压电容器

低压电容器通常指额定电压在400V～6kV之间的电力电容器。低压电容器作用是改善功率因数从而减小用电费用，并能够减轻设备的负荷，增加其使用寿命，减少供电端到用电端之间的线路损失（图3－7－6）。

（1）电容器长期运行中的工作电压不能超过电容器额定电压的5%，工作电流不能超过额定电流的30%。

（2）电容器组应定期进行停电检查，检查内容如下：

①检查螺丝连接点的松紧及接触状况是否良好；

②检查放电回路的完整性是否良好；

③检查通风状况是否良好；

④检查电容器外壳的保护接地是否良好；

⑤检查继电保护装置动作情况及熔丝是否良好；

⑥检查电容器开关及线路状况是否良好；

⑦清扫检查支架结构瓷绝缘有无破裂等情况；

⑧清扫检查电容器组回路其他设备元件是否良好；

⑨检查电容器有无漏油、破裂现象。

6. 继电保护及自动装置

继电保护装置：当电力系统中的电力元件（如发电机、线路等）或电力系统本身发生了故障危及电力系统安全运行时，能够向运行值班人员及时发出警告信号，或者直接向所控制的断路器发出跳闸命令以终止这些事件发展的一种自动化措施和设备。实现这种自动化措施的成套设备，一般通称为继电保护装置。继电保护装置由测量部分、逻辑部分和执行部分组成。检查与维护内容主要有：

（1）检查表计是否正确完好，微机保护系统设备表面是否清洁。

（2）检查各种灯光、音响信号设备。监视灯、指示灯是否正确，光字牌、灯泡是否完好，试验警铃、蜂鸣器是否完好，保护动作后信号继电器是否掉牌。

（3）检查各操作部件。小熔断器、小开关、切换开关、连接片（压板）是否都在正确位置，并且接触良好。

（4）二次设备的维护检查。值班员应定期清扫二次线、端子排、表盘、继电器外壳，但要严防误碰设备。巡视检查各二次接线端、继电器触点、线圈外观是否正常。

（5）若断路器自动跳闸，要检查保护动作情况，并查明原因。试送时，将所有保护装置的信号复归。

（6）定期做重合闸试验。

7. 10kV 高压配电柜

高压配电柜用于电力系统发电、输电、配电、电能转换和消耗中起通断、控制或保护等作用，见图3－7－7。

检查与维护主要内容有：

(1)高压配电装置周围环境是否清洁。

(2)接地线是否完好。

(3)触头盒的安全隔板启闭是否灵活。

(4)手车推、拉灵活、轻便，有无卡阻和碰撞。

(5)瓷绝缘是否完好，有无爬闪痕迹，瓷铁咬合处有无松动。

(6)机械和电气联锁动作是否准确、可靠。

(7)架构及各部位螺栓应紧固、混凝土架构应无严重裂纹和脱落，钢架构无锈蚀。

图3-7-7 高压配电柜

(8)控制回路插接件连接是否紧密，接触、照明是否良好。

8. 低压配电装置

低压配电装置包括低压配电柜、无功功率补偿柜、动力配电箱、照明配电箱以及非标准控制箱、屏、台等，见图3-7-8。检查与维护内容主要有：

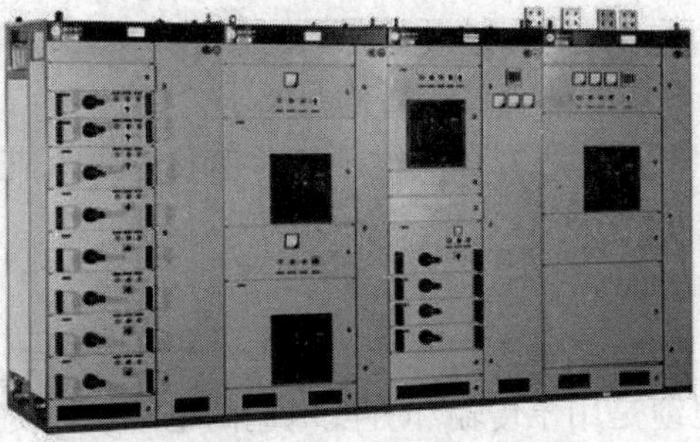

图3-7-8 低压配电装置

(1)低压配电装置表面及周围环境清洁，各配电装置和低压电器内部应无异声、异味。

(2)空气开关、启动器和接触器的运行正常、无噪声、线圈过热现象。

(3)刀开关的动静触头接触良好，无蚀伤、氧化过热痕迹。

(4)带灭弧罩的电器、三相灭弧罩完整无破损、松动。

(5)电路中各连接点无过热现象，母线固定卡子无松脱，低压绝缘子无损伤及放电痕迹。

(6)电流互感器铁芯无异状，线圈无损伤。

(7)接地线连接完好。

(8)室外配电箱无渗漏雨水，室内缆线沟无进水，房屋无漏雨。

(9)自动开关、磁力启动器热元件的连接处无过热，电流整定值与负荷相匹配。

9. 低压控制箱

低压控电箱：可以起到控制和保护末端用电设备的作用，在维修的时候可以关掉开关进行维修，当电压不稳定或发生短路过载等情况，开关也会自动断开，保护用电设备不被烧坏，见图3-7-9。检查与维护内容主要有：

(1)低压控制箱表面及周围环境是否清洁。各低压控制

图3-7-9 低压控制箱

箱和低压电器内部有无异声、异味。

(2)各连接头接触是否良好，导线有无发热，母线固定卡子有无松脱，低压绝缘子有无损伤及放电痕迹。

(3)配电盘及闸箱内各接头有无过热，各仪表及指示灯是否正常完好。

(4)闸箱及箱门有无破损，室外箱盘有无漏雨进水等现象。

(5)箱、盘金属外皮接地是否良好。

(6)内部有无灰尘，开关接点是否紧固，闸刀和操作杆连接是否紧固，动作是否灵活可靠。

(7)室外配电箱有无渗漏水现象。

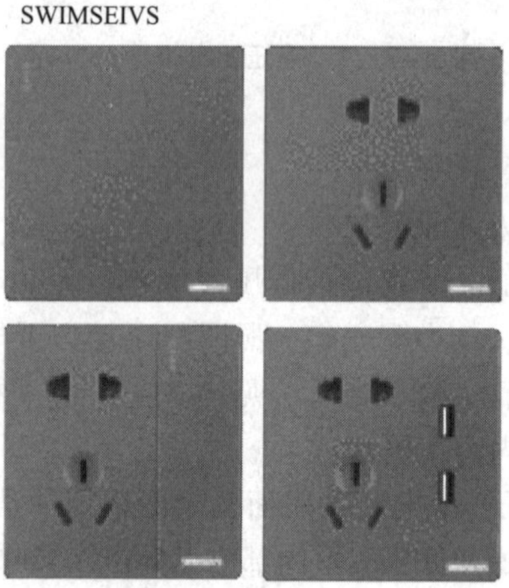

图 3－7－10　接线插座

10. 电源线路及接线插座

提供一个并联到电路的接口。未插用电器时插座的插口间处于断路状态，并无电流，见图 3－7－10。检查与维护内容主要有：

(1)电源线路及接头是否有松动、老化。

(2)插座的过载保护开关是否可用。

(3)接线插座的容量是否满足要求。

(4)接线插座是否有接触不良、氧化、爆火花等现象。

11. 辅助设备

(1)电缆。

电力电缆是用于传输和分配电能的电缆，电力电缆常用于城市地下电网、发电站引出线路、工矿企业内部供电及过江海水下输电线，见图 3－7－11。检查与维护内容主要有：

①检查电缆头有否渗漏油、发热熔化、放电等现象。

②检查电缆外皮有无损伤，外皮接地是否良好。

③检查电缆沟内是否有渗水和积水。

④检查沟内是否有不准堆放的杂物和易燃品。

⑤检查电缆支架是否牢固，有无松动或锈烂现象，接地是否良好。

图 3－7－11　电力电缆

(2)防雷设备。

避雷器是一种能释放雷电或兼能释放电力系统操作过电压能量，保护电工设备免受瞬时过电压危害，又能截断续流，不致引起系统接地短路的电器装置。是连接在导线和地之间的一种防止雷击的设备，通常与被保护设备并联。避雷器可以有效地保护电力设备，一旦出现不正常电压，避雷器产生作用，起到保护作用，当电压值正常后，避雷器又迅速恢复原状，以保证系统正常供电，见图 3－7－12。检查与维护内容主要有：

①避雷针、避雷器、避雷线的引线接头是否牢固和有无断股现象，焊接点有无脱落。

②瓷套是否清洁，有无破损和放电痕迹。

③避雷器的放电记录指示器动作是否正确。

图3－7－12　避雷器

④避雷针有无断裂倾斜，铁件有无锈蚀，各连接部分是否牢固，基础有无沉陷。

⑤各防雷设备的接地线是否牢固可靠。

(3)房屋建筑物。

①检查主控制室、高压室、配电室的门窗是否严密，有无小动物可进入的孔洞。

②房屋有无漏雨、渗水现象。

③雨季排水是否良好。

④所有建筑物和设备的基础是否牢固，有无下沉。

3.7.3　常用电气仪表、仪器的使用

值班人员应掌握常用电工仪表的使用，包括万用表、绝缘电阻表、钳型电流表、接地电阻仪、双臂电桥。

万用表是一种具有多种用途和多个量程的携带式直读式仪表，分为指针万用表和数字万用表，可以用来测量电阻、直流电流、直流电压、交流电压，并可用来检验电路的通断情况。

绝缘电阻表是测量线路和电气设备绝缘电阻，判别其绝缘状况好坏的一种携带式仪表，测量读取的数据以兆欧(MΩ)为单位。绝缘电阻表俗称为摇表、兆欧表。

钳型电流表实质上是电流表与电流互感器的组合，可在不切断电路的情况下进行电流测量。

接地电阻测试仪又称为接地绝缘电阻表，用于测试电气设备接地电阻，外形和绝缘电阻表相似，也称接地绝缘电阻表。

红外测温仪的测温原理是将物体发射的红外线具有的辐射能转变成电信号，红外线辐射能的大小与物体本身的温度相对应，根据转变成电信号的大小，可以确定物体的温度，常用手持式非接触红外测温仪来对设备巡视测温。

3.7.3.1　数字式万用电表

1. 准备工作

(1)检查万用表外观正常，表笔接线无破损。

(2)将黑表笔插入“COM”插孔，红表笔插入V/Ω/Hz插孔。

(3)检查万用表电池电量充足。

2. 面板简介

数字万用表(9205型，图3－7－13)面板显示及作用如下：

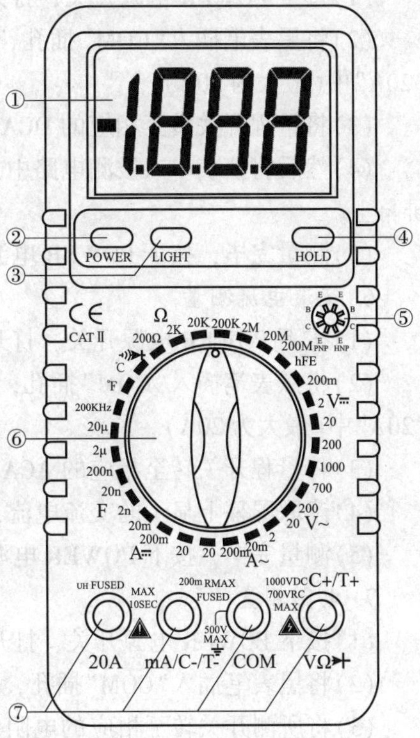

图3－7－13　9205型数字万用表

①—液晶显示器：显示仪表测量的数值及单位；②—POWER电源开关：开启及关闭电源；③—

LIGHT 背光开关：开启及关闭背光灯；④—HOLD 保持开关：按下此功能键，仪表当前所测数值保持在液晶显示器上，再次按下，退出保持功能状态；⑤—HFE 测试插座：用于测量晶体三极管的 HFE 数值大小；⑥—旋钮开关：用于改变测量功能及量程；⑦—电压、电阻、频率及温度插座、小于 2A 电流及温度测试插座、20A 电流测试插座、公共地。

3. 直流电压测量

(1)按下 POWER 电源开关，打开数字万用表。

(2)将黑表笔插入“COM”插孔，红表笔插入 V/Ω/Hz 插孔。

(3)将量程开关转至相应的 DCV 量程上。

(4)将测试表笔跨接在被测电路上，红表笔所接的该点电压与极性显示在屏幕上，单位为 V；若显示正读数，表明红表笔接的是正极；若显示负读数，表明红表笔接的是负极。

(5)测量完毕，按下 POWER 电源开关，关闭数字万用表，清理现场。

4. 交流电压测量

(1)按下 POWER 电源开关，打开数字万用表。

(2)将黑表笔插入“COM”插孔，红表笔插入 V/Ω/Hz 插孔。

(3)将量程开关转至相应的 ACV 量程上，然后将测试表笔跨接在被测电路上。

(4)读取屏幕上显示的交流电压，单位为 V。

(5)测量完毕，按下 POWER 电源开关，关闭数字万用表，清理现场。

5. 直流电流测量

(1)按下 POWER 电源开关，打开数字万用表。

(2)将黑表笔插入“COM”插孔，红表笔插入“mA”插孔中(最大为 2A)，或红笔插入“20A”中(最大为 20A)。

(3)将量程开关转至相应的 DCA 挡位上。

(4)然后将仪表串入被测电路中，被测电流值及红色表笔点的电流极性将同时显示在屏幕上。

(5)测量完毕，按下 POWER 电源开关，关闭数字万用表，清理现场。

6. 交流电流测量

(1)按下 POWER 电源开关，打开数字万用表。

(2)将黑表笔插入“COM”插孔，红表笔插入“mA”插孔中(最大为 2A)，或红笔插入“20A”中(最大为 20A)。

(3)将量程开关转至相应的 ACA 挡位上，然后将仪表串入被测电路中。

(4)读取屏幕上显示的交流电流，单位为 A(安培)。

(5)测量完毕，按下 POWER 电源开关，关闭数字万用表，清理现场。

7. 电阻测量

(1)按下 POWER 电源开关，打开数字万用表。

(2)将黑表笔插入“COM”插孔，红表笔插入 V/Ω/Hz 插孔。

(3)将所测开关转至相应的电阻量程上，将两表笔跨接在被测电阻上(电阻测试经常用来测试保险是否熔断或电路是否接通。蜂鸣挡也可用来测试 200Ω 以内的电阻。当被测电阻小于 200Ω，一般蜂鸣挡会响，提示线路通断)。

(4)读取屏幕上显示的电阻，单位与所在量程挡位一致。

(5)测量完毕，按下 POWER 电源开关，关闭数字万用表，清理现场。

8. 温度测量

(1)按下 POWER 电源开关，打开数字万用表。

(2)将量程开关置于℃或℉量程上。

(3)将热电偶传感器的冷端(自由端)负极(黑色插头)插入“mA”插孔中，正极(红色插头)插入 V/Ω/Hz 插孔，热电偶的工作端(测温端)置于待测物上面或内部。

(4)直接从显示器上读取温度值，读数为摄氏度或华氏度。

(5)测量完毕，按下 POWER 电源开关，关闭数字万用表，清理现场。

9. 注意事项

(1)在使用数字万用表过程中若产生很大的测量误差，并且在显示屏左下角出现标记符号，表示需更换电池了。

(2)尽管数字万用表内部有比较完善的各种保护电路，使用时仍应用正确挡位测量。

(3)当屏幕无显示或显示数值不变时，可能是挡位错误，也可能是按下了“HOLD”键。

(4)测 lOΩ 以下精密小电阻时(200Ω 挡)，先将数字万用表两表棒短接，测出表棒线电阻(约 0.2Ω)，然后在测量中减去这一数值。

(5)为了节省用电，数字万用表设置了 15min 自动断电电路。自动断电后若要重新开启电源，可连续按动电源开关两次。

3.7.3.2 接地电阻测试仪

1. 三(四)端式

(1)操作。

①如图 3-7-14、图 3-7-15 所示，将被测接地极 E 与电位探测针 P' 和电流接地探测针 C' 成直线排列，彼此相距 20m，且电位探测针 P' 应插于接地极 E' 与电流探测针 C' 之间，P 和 C' 插入地下 0.5~0.7m。

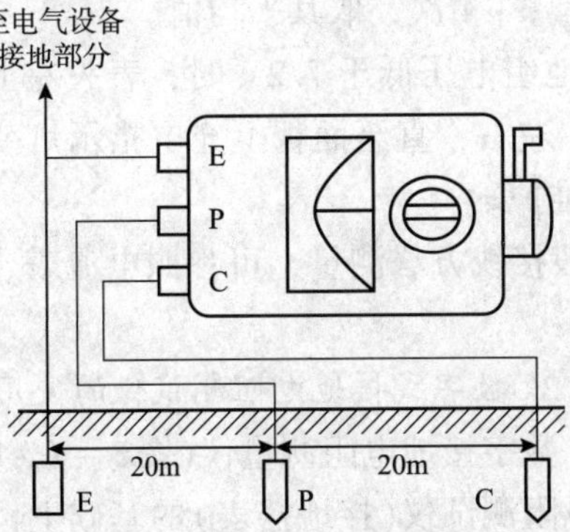

图 3-7-14 三端钮式

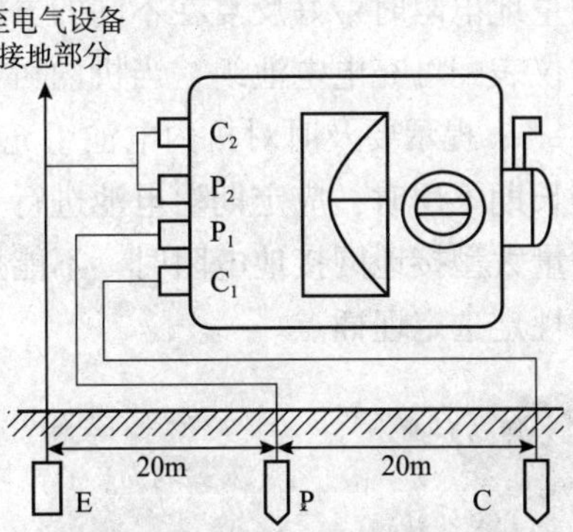

图 3-7-15 四端钮式

②使用专用导线将 E、P 和 C 分别与仪表相应端钮相连。

③将仪表放在水平位置上，检查检流计指针是否在中心线上，若未指在中心线上，则用零位调整器将其调整到中心线位置。

④将“倍率标度盘”置于最大倍数，慢慢转动发电机的摇把，同时旋动“测量标度盘”，使检流计的指针平衡(置于中心线上)。

⑤当检流计的指针接近中心线时，加快发电机摇把的转速(达到120r/min)，再调整“测量标度盘”，使指针指于中心线上。

⑥如果“测量标度盘”的读数小于1，应将“倍率标度盘”置于较小的倍数，再重新调整“测量标度盘”，以得到正确的读数。

⑦当检流计的指针完全平衡在中心线上以后，用“测量标度盘”的读数乘以“倍率标度盘”的倍数，即为所测电阻值。

(2)使用注意事项。

①摇测绝缘电阻过程中，转速由慢逐渐到快摇动手柄，不得忽快忽慢，以免指针摆动过大而引起误差。

②如果检流计灵敏度过高，则使电位探测针P插入土中浅一些；如果检流计灵敏度过低，则沿电位探测针P和电流探测针C注水，使其湿润。

③测量时，接地线路应与被保护的设备断开，以便获得准确的测量数据。

④当接地极E和电流探测针C之间的距离大于20m时，电位探测针P可插在离E、C之间的直线几米以外，此时测量误差可以不计，但E、C之间的距离小于20m时，则应将电位探测针P正确地插于E和C的直线中间。

⑤如果在测量探测针附近有与被测接地极相连的金属管道或电缆，则整个测量区域的电位将产生一定的均衡作用，从而影响测量结果。在这种情况下，电流探测针C与上述金属管道或电缆的距离应大于100m，电位探测针P与它们的距离应大于50m。如果金属管道或电缆与接地回路无连接，则上述距离可减少1/2~2/3。

(3)保养。

①存放、保管本表时，应注意环境温度、湿度，应放在干燥通风的地方为宜，避免受潮，应防止酸碱及腐蚀气体。

②测量保护接地电阻时，一定要断开电气设备与电源连接点。在测量小于1Ω的接地电阻时，应分别用专用导线连在接地体上，C_2在外侧P_2在内侧。

③测量地电阻时最好反复在不同的方向测量3~4次，取其平均值。

④本仪表配可充电电池组。当机内可充电池组电压低于7.2V时，表头左上角显示欠压符号“←”。提示要及时对机内电池组充电8h左右，直至面板上充电指示灯变暗以至熄灭。仪表长期不用时，应定期对电池进行充电维护。

⑤测量大型接地网接地电阻时，不能按一般接线方法测量，可参照电流表、电压表测量法中的规定选定埋插点。

2. 数字式接地电阻测试仪的使用

数字接地电阻测量仪(图3-7-16)是在接地电阻测试仪(接地摇表)的基础上，摒弃了传统的人工手摇发电工作方式，采用先进的大规模集成电路，应用DC/AC变换技术将三端钮、四端钮测量方式合并为一种机型的新型接地电阻测量仪。

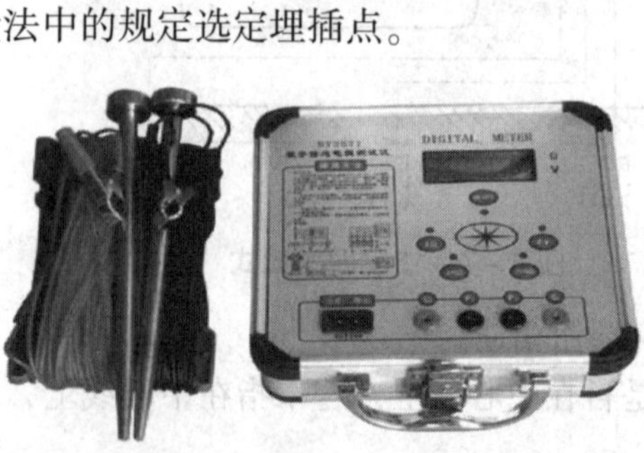

图3-7-16 数字式接地电阻测试仪

(1)操作前准备。

①准备数字接地电阻测量仪一台及取测量用探针、导线及其他相关仪器配件。

②检查测量仪外观及部件是否完好，并进行测试功能检测。

③若发现设备接地部位已锈蚀，应先使用砂纸进行打磨，以免接触不良，影响测量准确度。

(2)操作步骤。

①沿被测接地极 E(C_2、P_2)和电位探针 P_1 及电流探针 C_1，依直线彼此相距20m，使电位探针处于E、C中间位置，按要求将探针插入大地，见图3-7-17。

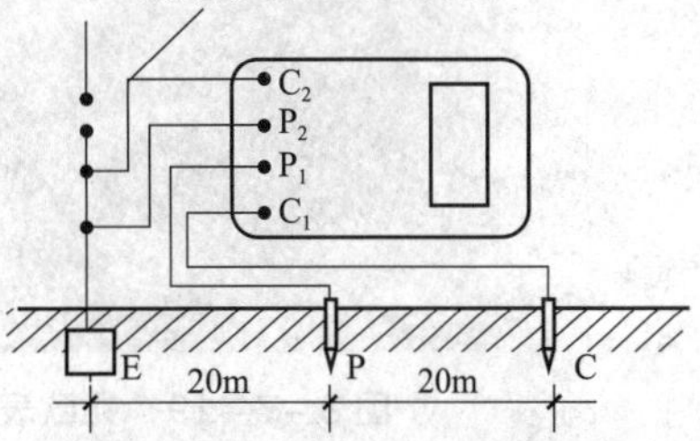

图3-7-17 数字式接地电阻导线连接示意图

②用专用导线将电阻仪端子 E(C_2、P_2)、P_1、C_1 与探针所在位置对应连接。

③开启电阻仪电源开关"ON"，选择合适挡位轻按键一下，该挡指示灯亮，表头LCD显示的数值即为被测得的接地电阻。

④将读取的数值记录至接地电阻记录本中。

⑤测量完毕，按一下电源"OFF"键，仪表关机。

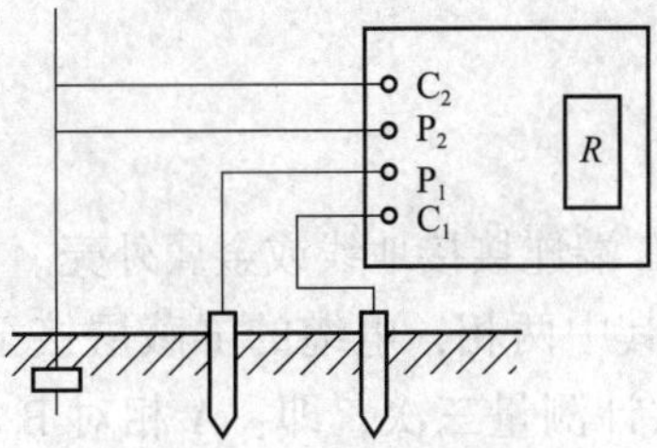

图3-7-18 测量图

(3)操作要点。

①存放、保管本表时，应注意环境温度湿度，应放在干燥通风的地方为宜，避免受潮，应防止酸碱及腐蚀气体。

②测量保护接地电阻时，一定要断开电气设备与电源连接点。在测量小于1Ω的接地电阻时，应分别用专用导线连在接地体上，C_2 在外侧 P_2 在内侧，见图3-7-18。

③测量大型接地网接地电阻时，不能按一般接线方法测量，可参照电流表、电压表测量法中的规定选定埋插点。

④测量地电阻时最好反复在不同的方向测量3~4次，取其平均值。

⑤本仪表为交直流两用，不接交流电时，仪表使用电池供电，接入交流时，优先使用交流电。

⑥当表头左上角显示"←"时表示电池电压不足，应更换新电池。仪表长期不用时，应将电池全部取出，以免锈蚀仪表。

(4)安全注意事项。

①测量接地电阻时，E-C或E-P端子间会产生大于50V的交流电压，请勿接触测试导线以免触电。

②测量保护接地电阻时，一定要断开电气设备与电源连接点。在测量小于1Ω的接地电阻时，应分别用专用导线连在接地体上，C_2 在外侧，P_2 在内侧。

③测量时要遵守《电力安全规程》，严格执行现场安全要求，做好安全防护措施，测量时要安排专人监护，注意与带电体保持安全距离。

3.7.3.3 兆欧表

兆欧表(图3-7-19)是用来检查电气设备和供电线路的对地或相间的绝缘电阻，通过测量结果可判断其绝缘性能好坏，保证这些设备、电器、线路工作在正常状态，避免发生触电伤亡、设备损坏等事故。兆欧表的接线如图 3－7－20 所示。

图 3－7－19　兆欧表

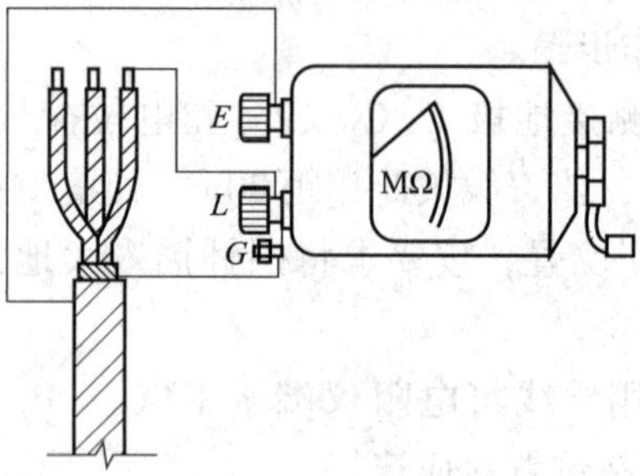

图 3－7－20　兆欧表接线示意图

1. 操作前准备

（1）劳保穿戴整齐、兆欧表 1 块、待测设备 1 台、常用电工工具 1 套、（放电）线或棒 1 根。

（2）测量前，应切断被测电器及回路的电源，使用专用接地线对被测设备进行充分放电，以保证人身安全、测量结果准确，防止兆欧表损坏。

2. 操作步骤

（1）L、E、G 连接线连接。

①测量电缆对地电阻时，L 端连接三相中任意一相，E 端连接接地线或金属外壳。

②测量电缆相间绝缘时，L、E 端分别连接电缆导体其中两相，电缆的屏蔽层接至 G 端；测量完毕后，进行放电，然后使用同样方法测量，共计测量三次，即：A 相对 B 相、B 相对 C 相、A 相对 C 相。

（2）测量前要检查兆欧表是否处于正常工作状态，主要检查其“0”和“∞”两点。

（3）确认兆欧表的 L、E、G 三个接线端已连接正确。

（4）左手中指与食指按住兆欧表右上端，大拇指按住兆欧表左上端，右手轻轻摇动摇把，缓慢加快速度，转速约 120r/min。

（5）肉眼观察表盘上数字屏幕，常用设备合格绝缘阻值见表 3－7－2、表 3－7－3。

表 3－7－2　电动机绝缘阻值

电压等级/V	绝缘阻值/MΩ
1000 以下	≥0.5
1000 以上	≥1

表 3－7－3　电力电缆绝缘阻值

电压等级/kV	绝缘阻值/MΩ
0.38	≥0.5
1～10	≥400
20～35	≥600

（6）然后缓慢降低转速，使用专用接地线对 L、E 端进行放电。

（7）测量完毕后，清理现场。

3. 操作要点

(1)测量时，应将兆欧表保持水平位置，左手按住表身，右手摇动兆欧表摇柄，转速约120r/min，指针应指向无穷大(∞)，否则说明兆欧表有故障。

(2)测量时保持稳定转速1min后取读数。

(3)测量电缆的绝缘电阻时，为防止电缆表面泄漏电流对测量精度产生影响，应将电缆的屏蔽层接至G端。

(4)停止摇动兆欧表后，使用"L"表笔碰触接地线进行放电，放电时间不小于2min。

(5)兆欧表接线柱引出的测量软线绝缘应良好，两根导线之间和导线与地之间应保持适当距离，以免影响测量精度。

4. 安全注意事项

(1)测试时人体不要接触被测电缆及L和E端，测量完毕要先断开L端后停摇。

(2)摇动兆欧表时，不能用手接触兆欧表的接线柱和被测回路，以防触电。

(3)摇动兆欧表后，各接线柱之间不能短接，以免损坏仪表

(4)测量电缆绝缘电阻时，在电缆的另一端应有专人监护，以免过往行人触电。

3.7.3.4　电缆故障测试仪

低压脉冲法探测电缆故障。低压脉冲法的适用范围是通信和电力电缆的断线、接触不良、低阻性接地和短路故障以及电缆的全长和波速的测量。测量电缆故障时，电缆可视为一条均匀分布的传输线，在电缆一端加脉冲电压，则此脉冲按一定的速度(决定于电缆介质电常数和导磁系数)沿线传输，当脉冲遇到故障点(或阻抗不均匀点)就会发生反射，用闪测仪记录下发送脉冲和反射脉冲之间的传输时间ΔT，则可按已知的传输速度V来计算出故障的距离L_x，$L_x = \frac{V \times \Delta T}{2}$，测全长则可利用终端反射脉冲：$L = \frac{V \times T}{2}$，同样已知全长可测出传输速度：$V = \frac{2L}{T}$，如图3-7-21和图3-7-22所示。

图3-7-21　测试仪面板示意图

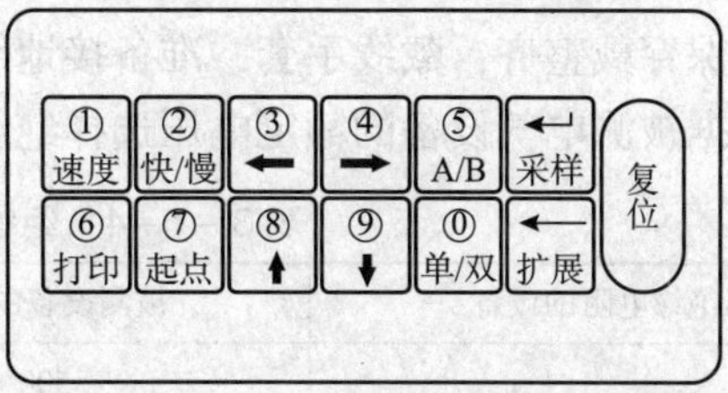

图3-7-22　闪测仪键盘排列示意图

1. 操作前准备

(1)电缆故障测试仪1台。

(2)测试仪附件1套。

(3)脉冲触发工作状态下，按下电源开键，液晶显示屏上将显示仪器主视窗口，显示屏上有故障距离、波速、测量范围，比例等字样及数据。

(4)按面板"◀或▶"键，仪器中间位置的活动光标将会移动，此时，故障距离数据相应变动。

(5)调节增益电位器，仪器屏上显示的波形幅度将会增大或减小。

2. 操作步骤

(1)用兆欧表或万用表在电缆一端测量各相对地及相之间的绝缘电阻，根据阻值高低确定是低阻短路或断线开路，或者是高阻闪络性故障，当阻值低于1000Ω为低阻故障，0～几十欧姆为短路故障，阻值极高到无限大为开路或断线故障。

(2)测全长操作步骤如下：开机(上电复位)→复位(主菜单)→键1(工作选择菜单)→键1(脉冲菜单)→键1(测全长)。

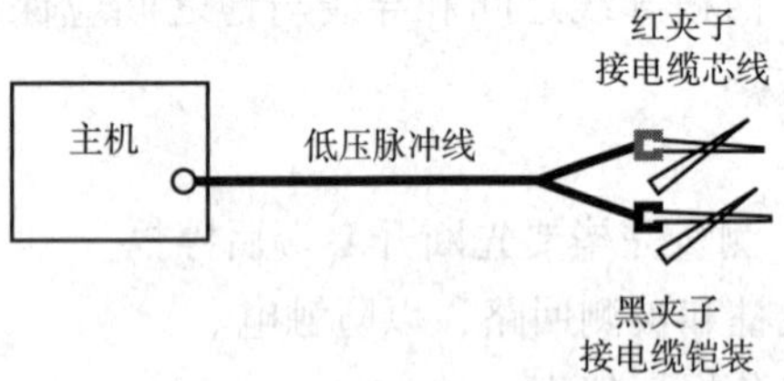

图3-7-23 低压脉冲法接线图

(3)测电波在电缆中传输速度时，必须知道电缆全长。操作方法如下：开机(上电复位)→复位(主菜单)→键1(工作选择菜单)→键1(脉冲菜单)→键3(测速度)，然后按图3-7-23接线，键入全长值并回车。采样波形、定光标方法与测全长时相同，当分别定光标起点、终点后，屏幕左上角将显示测试速度值。

(4)根据$L=\frac{V\times T}{2}$计算出电缆故障点。

3. 操作要点

(1)脉冲法测试时，将故障电缆始端及电缆终端从接线端子上拆掉。电缆上不要留有任何负载及互感器。

(2)测试人员必须注意，每次与电缆接线前，将电缆各相线与地用短路线连接放电，放电时必须先将短路线一端接地，另一端分别接电缆各相线放电。

4. 安全注意事项

(1)个人劳保齐全，穿戴好工衣。

(2)在对电缆测试前，应对电缆进行充分放电。

3.7.3.5 ZC25型绝缘电阻表

1. 准备工作

(1)劳保穿戴整齐，戴线手套，准备接地线1组。

(2)根据被测电气设备的额定电压选择绝缘电阻表，参照表3-7-4。

表3-7-4 绝缘电阻表的选择

被测绝缘电阻的设备	被测设备的额定电压/V	选用摇表的电压/V
各种线圈	500及以下	500
	500及以上	1000
电机、变压器绕组	380及以下	100
	500以上	1000～2500
电气设备绝缘	500及以下	500～1000
	500以上	2500
绝缘子、母线、开关		2500～5000

(3)检查绝缘电阻表外观无异常，接线无破损裸露。

2. 面板简介

绝缘电阻表有三个接线柱：线路(L)、接地(E)、屏蔽(或称保护环)(G)。ZC25 型绝缘电阻表结构见图 3－7－24。

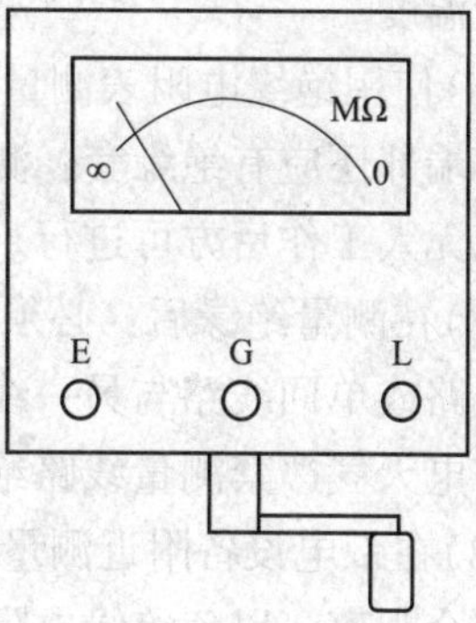

图 3－7－24 ZC25 型绝缘电阻表

3. 接线方法

(1)测量设备对地绝缘电阻时，E 端接于地线上，L 端接被测的线路上。

(2)测量电动机或电气设备外壳绝缘电阻时，E 端接在被测设备的外壳上，L 端接在被测导线或绕组的一端。如果泄漏电流过大，则应将 G 端接于导线与外壳之间的绝缘介质上，以消除漏电流。

(3)测量电动机、变压器及其他设备的绕组相间绝缘电阻时，将 E 与 L 端分别接于被测两相的导线或绕组 E。

(4)测量电缆芯线时，将 E 端接在电缆的外表皮(铅套)上，L 端接芯线，G 端接在芯线最外层的绝缘包扎层上，以消除表面泄漏电流而引起的读数误差。

4. 操作方法

(1)在摇测前，对绝缘电阻表先做一次开路和短路检查试验。先将 E 和 L 端钮两根连线开路。摇动手柄达到发电机的额定转速(120r/min)，观察指针是否指到"∞"处，再将两根连线短路，慢慢加速，观察指针是否指"0"处，如两次试验指针指示不对，则说明绝缘电阻表本体内有故障需调修后再使用。

(2)若测量设备为停电设备，需要对被测设备验放电，检查设备安全可靠。

(3)根据被测设备不同，按 3.(1)所述接线方法接线。(若被测设备有绝缘击穿的可能，为保护摇表，可先接 E 端，摇动过程中另一人戴好绝缘手套，持 L 端表笔轻碰被测设备，表针指向零则停止继续摇动。)

(4)将绝缘电阻表水平放置，左手按住表身，右手转动摇柄，转速应由慢到快，至 120r/min 左右，此时速度应均匀稳定。

(5)待表针稳定时，读取表盘显示数据，单位为兆欧(MΩ)。

(6)用接地线对被测设备放电。

(7)拆除接线，先拆除设备接线再拆除表盘接线，清理现场。

5. 注意事项

(1)应根据被测量对象选用不同电压的绝缘电阻表。

(2)测量时绝缘电阻表要放置平稳，与表计端钮相连接的导线不能用双股绝缘线或绞线，应当用单股线分开单独连接，以免双股线或绞线绝缘不良引起误差。

(3)为保证安全，测量之前应断开设备电源。对容性负载要进行放电，测量完后，也应当进行放电。放电时间一般不应少于 2～3min。对于高电压、大电容的电缆线路，放电时间还应适当延长。

(4)测量过程中，如果指针指向"0"位，表明被测物绝缘已经失效，应停止转动摇柄，以免损坏绝缘电阻表。

(5)测量要尽可能在被测设备刚停电时进行，目的是使测量时的温度尽可能接近于实际运行温度。

(6)使用绝缘电阻表测量高压设备绝缘时，应由两人担任。测量用导线应选用绝缘导线，其端部还应有绝缘套；测量绝缘时，必须将被测设备从各方面断开，验明无电并确认设备上无人工作后方可进行。测量中禁止其他任何人接近设备。

(7)在测量绝缘后，必须将被测设备对地放电。在有感应电压的线路上(同杆架设的双回线路或单回线路与另一线路有平行段)测量绝缘时，必须将另一线路同时停电方可进行；雷电天气严禁测量线路绝缘。

(8)在带电设备附近测量绝缘电阻时，测量人员和绝缘电阻表安放位置必须选择适当，保持安全距离，以免绝缘电阻表引线或引线支持物触碰带电部分；移动引线时，必须注意监护，防止工作人员触电。

3.7.3.6 低压钳型电流表

1. 使用方法

(1)根据被测对象，选择正确的量程，区分是交流还是直流。

(2)注意与被测对象的裸露带电体保持安全距离，握下手柄，打开钳口。

(3)将钳口穿过被测导线后合上，使被测导线从钳口内穿过。

(4)从表盘读取数据，单位为 A(安培)。

2. 注意事项

(1)由于钳形电流表本身精度较低，在测量小电流(小于 5A)时，可采用下述方法：先将被测电路的导线绕几圈，再放进钳形表的钳口内进行测量。此时钳形表所指示的电流值并非被测量的实际值，实际电流应当为钳形表的读数除以导线缠绕的圈数。

(2)钳形表每次只能测量一相导线的电流，被测导线应置于钳形窗口中央，不可以将多相导线都夹入钳口测量。

(3)测量时，可以每相测一次，也可以三相测一次，三相测量时，表上数字应为零(因三相电流相量和为零)，当钳口内有两根相线时，表上显示数值为第三相的电流值。

(4)钳形表测量前应先估计被测电流的大小，再决定用哪一量程。若无法估计，可先用最大量程挡位然后适当换小些，以准确读数。

(5)观测表计时，要特别注意保持头部与带电部分的安全距离，人体任何部分与带电体的距离不得小于钳形表的整个长度。

(6)测量低压保险或水平排列低压母线电流时，应在测量前将各相可熔保险或母线用绝缘材料加以保护隔离，以免引起相间短路。

(7)使用高压钳形电流表时应注意钳形电流表的电压等级，严禁用低压钳形表测量高电压回路的电流。用高压钳形表测量时，应由两人操作，非值班人员测量还应填写第二种工作票，测量时应戴绝缘手套，站在绝缘垫上，不得触及其他设备，以防止短路或接地。

(8)钳形电流表测量结束后，把开关拨至最大程挡，以免下次使用时不慎过流；并应保存在干燥的室内。

(9)当电缆有一相接地时，严禁测量。

3.7.3.7 手持式非接触红外测温仪

1. 准备工作

(1)劳保穿戴整齐，戴线手套。

(2)检查红外测温仪外观正常。

(3)按动测温按钮，对手心试测，以检查电池电量是否充足，测温是否正常。

2. 使用方法

(1)手持红外测温仪(图3-7-25)把手，手臂伸直，与高压设备保持足够的安全距离，指向被测设备及各电气接点。

(2)按动把手上的测温按钮，将红外线射点对准要测的设备。

(3)读取显示屏上显示的温度。

(4)可按动MODE操作按钮，用于改变显示模式，即在最大温度(MAX)和平均温度(AVE)间变换显示。

(5)夜间测温时可打开测温仪显示屏背光按钮(LIGHT)。

(6)日间测温射点不易见时，可利用测温仪上部准星瞄准测温。

图3-7-25　手持式非接触红外测温仪

3. 注意事项

(1)不得将测温仪射线对眼部照射。

(2)测温时应注意设备巡视时相关要求，不得边测温边行走，以防摔伤。

(3)对低压交直流设备测温时，注意头部与设备的距离，以防误碰带电体。

3.7.4　关键设备的操作维护保养规程

3.7.4.1　柴油发电机操作、维护保养规程

1. 操作步骤

(1)全面检查。

重要事项：在检查前应把控制屏的开关关掉。

①确保在机组周围无易燃易爆物品，确保机房进出风顺畅，无阻碍。

②全面检查并确保电气、控制部分连接正确、可靠、无老化现象。

重要事项：不要把电池输出电极短路。

③检查紧固件，确认各操纵机构灵活、轻便、可靠，检查水泵皮带、充电机皮带及风扇皮带的预紧情况。

④清洁机组表面，检查确保没有冷却液、燃油、机油泄漏。

(2)检查机油位。

检查确保机油油位在最高和最低标记之间，并尽可能靠近上限而不要超出。

(3)检查燃油位。

①检查燃油箱内的燃油量，必要时添加。

重要事项：任何情况下，不应向柴油机中注入未经过滤的油。

②检查确保燃油中无空气，如有空气，旋松柴油滤清器上的放气螺丝，用手动油泵泵油到放气螺丝处喷油，再拧紧放气螺丝。

(4)冷却液位。

以刚好在填口盖下5cm内为宜。确保散热器外部没有阻塞。

(5)检查空气滤清器。

检查空气滤清器阻塞指示器，如指示器为红色，则更换空气滤清器。

重要事项：禁止柴油机无空气滤清器工作。

(6)检查电池电量。

检查电池是否够12V，达不到启动要求时，应重新充电到满。

图3-7-26 启动机组示意图

(7)启动机组(图3-7-26)。

①完成开机前检查的全部工作；

②连接电池到机组，先接正极，再接负极；

③用手动输油泵连续地泵油，至感到泵油有阻力、喷油器发出清脆的吱吱声，且困在燃油过滤系统中的空气已排出；

④启动：把锁匙从“STOP”顺时针转动到位，给机组通上电源。控制屏上显示“候命中”，按下绿色的“START”键，机组启动。如果机组不能实现正常着车，则机组会自动再次启动。如果连续启动了3次仍未能实现正常着车，则要停下来检查机组未能正常着车的原因，或可查看《柴油机使用说明书》。在确保机组故障已经排除后，把钥匙重新转到启动位置，启动柴油发电机组。

重要事项：禁止机组带载启动。

(8)机组运行。

①检查机组是否有不正常的噪声或振动；

②检查是否有泄漏或排烟系统泄漏现象；

③检查控制系统仪表有无异常的指示，尤其是高水温或低油压，油压应在机组正常着车后大约10s内进入正常范围；

④从控制屏检查输出电压和频率。机组的输出电压在工厂已调好，因此应指示在正常范围内。对于机械调速的机组，频率在空载情况下应接近52Hz；对于电子调速或电喷调速的机组，频率在空载情况下接近50Hz；调整应由有资格的电工或技术人员进行，发电机输出电压可通过安装在交流发电机终端盒子内的自动电压调节器AVR上的一个电位器来进行调整。详细情况请参考《交流发电机安装使用及维护手册》；

⑤检查电压是否为400V；

⑥每次开机、停机及每次运行需记录机组运行参数1次；

⑦建议机组冷机带大量负载；

⑧确认用电设备允许用机组供电时才可在配电人员的监督下合上空气开关；

⑨保持机组的负载不要超出额定值。

重要事项：机组不允许有超过半小时的连续空载或低于30%负载运转，以防机组发生润滑油泄漏现象。

严禁在机组运转时拆卸机组任何零部件。

不要把手伸到风扇防护罩以下和其他有相对运动的任何部位。

不要试图用手触摸机组排气管、涡轮增压器、高温冷却液、加热器等高温表面，会有被灼伤的危险。

(9)机组停机。

①停机：先卸载，按下空气开关，再按下控制屏上的红色按键“Stop”，机组会空载运行10min后自行停机；

②取出锁匙，并妥善保存，以备后用。

重要事项：当接上或拆除负载电缆时，必须关机并拆除电池的负极接线。

(10)紧急停机。

当发生下列情况之一时，必须紧急停机：

①机油压力低故障灯亮为红色；

②冷却水温高故障灯亮为红色；

③当机组转速超过1650r/min时(即频率表读数超过55Hz)；

④当机组发出急剧异常的敲击声；

⑤当零件损坏，可能使机组的某些部件遭到损伤时；

⑥当气缸、活塞、轴瓦、调速器等运动部件卡死时；

⑦当机组输出电压超出表上的最大读数时；

⑧当发生可能危害到机组、操作人员安全的火灾、漏电或其他自然灾害时。

此时，按下"紧急停机"按钮，机组会迅速切断负载，并立即关断油门，同时红色"紧急停机"指示灯亮。该按钮需重新旋出才有可能解除急停信号。

当机组正常运行时或正在给设备供电时，如无特殊紧急的情况发生，建议用户不要随意进行紧急停机的操作。

(11)停机之后。

①检查发动机和机房内有无泄漏；

②长期停机要放尽燃油和冷却水，按保养规范将蓄电池定期充电；

③环境温度低于5℃时，停机后的机组一定要做好防冻措施，以免机体及水箱冻裂。

(12)严寒环境下启动机组。

在严寒环境下启动机组，必须要做好准备工作。使用适用于当地气温的冬季燃油(合格品牌)。这可以减小在燃油喷射系统内产生蜡质沉积物的危险。在环境温度特别低的情况下，建议使用燃油加热器。

用发动机的水套加热器加热冷却液。

重要事项：确保给冷却系统加注防冻剂。

蓄电池必须处于良好状态。低温会降低蓄电池的容量。根据实际情况可能需要增加蓄电池的容量。

2. 机组的维护保养

除柴油机和发电机各自的维护、保养工作外，机组总体应当进行定期维护和保养。

(1)维护。

月维护。机组在连续工作时，除进行日常维护保养外，还应在每月或机组累计运行200～500h后，进行一次维护保养，其主要内容如下：

①进行一次彻底的清洁工作，去除油污、尘埃、杂物以及备、附件和工具的擦拭、加油，检查空气滤清器的清洁状况，如污浊应清洗干净；

②全面检查各电气连接部位接触是否良好。各机械连接部位是否牢靠，尤其要注意转动机件、地脚螺栓的紧固情况，各种保护装置的保护作用是否可靠，并排除所发现的故障和不正常现象，预防接触不良、短路或断路等各种事故的发生；

③根据机组使用要求和自然环境条件的变化，做好防护工作。冬季：应及时更换防冻

油料和冷却液；夏季：应加强通风散热措施；雨季：应注意防潮。

年维护。年维护除对机组的各部分进行全面的清洗外，还需检验、调整、修理或更换已损坏不合要求的零部件。如果现场条件下无法进行，则需请有关厂家协作进行，如喷油泵的检验和调整、电机轴承的清洗等。

(2)注意事项

①机组在短期停放期间，每周或定期做一次维护保养；

②机组长期停放时，每个月应进行一次启动保养。

3. 机组总体的故障及排除(表3-7-5)

表3-7-5 机组总体的故障及排除表

序号	故障特征及原因	排除方法
1	壳体带电； 接触不良，绝缘电阻过低； 相线与机壳相碰	用500V兆欧表测量绝缘电阻，电阻值低于1mΩ，则应检查线路绝缘有无损坏。 使接地零线接触良好。检查线路、接好断线处或更换导线
2	电压表无读数： (1)发电机不发电； (2)熔断器烧断； (3)仪表损坏； (4)接线处接触不良或断路	(1)对发电机按步骤逐一检查； (2)更换熔断器，并查明原因； (3)更换仪表，并查明原因； (4)找出断路处并接好或更换导线
3	元件及接点、触点过热； 接头松脱，接触不良； 触点或接点烧伤氧化	检查并接好
4	绝缘电阻过低； 导线或元件损坏后碰地，绝缘电阻为零； 发电机线圈受潮； 配线电路受潮	查找出故障处，更换损坏元件，消除接地故障； 烘干线圈； 检查故障处，擦干净、烘干或风干
5	机组振动过大； 联轴器中心不对； 地脚螺钉或地盘安装不稳； 轴承损坏	调整中心； 紧固地脚螺钉或检查机组安装情况； 检修或更换轴承
6	信号灯不亮； 灯泡或灯座接触不良； 灯泡损坏； 线路断路	检查修复； 更换灯泡； 检查修复

3.7.4.2 UPS系统操作、维护保养规程

1. 操作维护安全措施(表3-7-6)

表3-7-6 UPS系统操作维护安全措施

危害因素	危害后果	安全措施
误操作	财产损失	(1)严格按照操作说明进行； (2)操作由经过专业培训的人员进行； (3)禁止单人操作
电池深度放电	财产损失	严格控制电池放电时间，放电时间控制在总时间的3/4
带电检修	人员伤亡、财产损失	(1)检修必须由经过专业培训人员进行； (2)确认系统停机且内部电容器放电完毕后才可进行检修

2. 开机前的检测工作

为了使UPS正常运转，开机前需要做如下工作：

(1)将输入开关(位于背面板)置于OFF处；

(2)用手摇动检查蓄电池组与主机接线、交流电源输入线及各端子的接线是否准确，有无松动，如有，需拧紧；

(3)将负载插头全部拔起；

(4)用万用表检查市电是否符合UPS要求；

(5)确认保险丝安装好，不能有断路(烧毁)情况。

3. 操作程序

(1)第一次开机。

①确认输入开关(位于背面板)为“ON”，主机风扇启动，并无任何负载连接于UPS的输出插座；

②摁下整流器(位于主机正面)启动开关1s以上，指示灯渐亮；

③开机后UPS主机进行自检，逆变器负载/电池灯全亮，且从右至左逐一熄灭，几秒后逆变指示灯亮，此时UPS处于市电模式运行；

④开机后UPS充电时间不得少于12h。

(2) UPS关机。

①持续按关机键(位于主机正面)1s以上，进行关机；

②关机时UPS进行自检，此时负载/电池指示灯全亮，并逐一熄灭，逆变指示灯熄灭，此时UPS工作处于旁路模式；

③关机步骤完毕后，UPS的旁路是有输出的，若使UPS的旁路也无输出，只要将输入开关(位于背面板)置于“OFF”即可。

4. UPS/电池的保养与维护

(1)UPS保养与维护。

①UPS与电池组应定期清洁保养，避免沾染灰尘，确保机器寿命，清洁时用软抹布，切勿使用磨砂作为清洁剂；

②每月应定期检查各种连线，并防止碰损或松动；

③一般情况下，UPS电池每季度充、放电一次，放电到指示灯的最后一格时，再连续充电，充电时间不少于12h；

④UPS应置于通风良好的地方，左右背面至少离墙10cm，前后左右的排气孔保持通畅，勿将主机置于不平或倾斜之处；

⑤避免置于阳光直射、雨淋或潮湿处；

⑥远离火源及高温，以防温度过高；

⑦请勿在上方放置物品；

⑧避免置于含腐蚀气体处；

⑨保证工作环境的整洁，室内温度要控制到25℃左右为好。

(2)电池保养及维护。

①位于机器之内电池为干式完全免保养电池，不需要保养，且充电电池及充电电流已

经依照电池特性调整完毕；

②若要延长放电时间需要另外加电池；

③电池使用寿命为3～5年，电池更换时电池组应整体更换，且遵循数量一致、型号一致的原则。

5. UPS报警类型

(1)若电池指示灯亮，市电指示灯闪烁，则表示市电的电压、频率超出正常范围，此时UPS工作在电池放电的模式下；

(2)若UPS过载，则过载指示灯亮，主机的蜂鸣器会每半秒报警一次，直至将负载降至其负荷的90%，报警消除；

(3)UPS在放电时，电池容量指示灯会逐一熄灭，表明电池的储电量在下降，若下降至报警电位时，主机蜂鸣器每秒鸣叫一次，表明电池容量不足，将会自动关闭；

(4)UPS放电时其主机的蜂鸣器每4s鸣叫一次，若取消鸣叫，按开机键1s以上，声音取消；若恢复鸣叫，则再按开机键1s以上，声音恢复。

6. 注意事项

(1)维护时手上不能佩戴任何金属物品；

(2)打开UPS主机除尘时需断开电池开关与电源输入开关；

(3)UPS与电池组的电源线进行更换时，需注意要更换原材料、大容量的电源线避免电源线发热或打火等情况，引发火灾；

(4)电池具有高电压、大电流的危险，维护时应避免触摸蓄电池端子；

(5)个别蓄电池有漏液现象或本体温度过高，应立即汇报有关部门，及时进行更换，因其电解液具有很强的毒性，注意要保持好通风；

(6)设备维护保养完毕后将操作过程记在设备维护保养检修记录中。

3.7.4.3 箱式变电站操作、维护保养规程

1. 操作

开关柜的操作和相关工作，应该由经过培训和有经验的人员进行。持证上岗，严格遵守相关安全规则的规定。

(1)第一次投入使用前的准备工作。

①应认真核对箱式变电站铭牌所标技术数据与运行电力线路所要求的技术数据是否一致；

②检查元件如断路器、可移开单元、绝缘件等；

③检查主接地排和接地排是否可靠连接；

④清除所有开关柜内的异物，如工具、剩余材料等；清洁开关柜，用干净、柔软、干燥的布擦去绝缘件上的油脂或灰尘；

⑤检查安装或调试过程中被移走的封板、电缆盖等是否安装好。

(2)一次回路试送电前的准备工作。

①确认系统中断路器处于分闸位置、抽出单元处于试验/隔离位置；

②移走现有的接地线和短接线；

③接通二次电源，进行开关柜操作的调试，注意观察相关的位置指示；

④检查机械和电器联锁。

(3)送电时应将高、低压室，变压器室内门关闭。

(4)先送高压电，第一次送高压电至变压器高压侧后应观察高压侧有无异常声音、异常气味，如有异常情况应立即断开高压电，查看原因并做相应处理；如无异常情况应在变压器运行平稳后再对变压器进行二次冲击送电，时间隔依次为5min、3 min。

(5)最后一次变压器冲送电完成后，再合低压总开关。观察片刻无异常情况后依次合上各开关，观察指示表示值是否正确。

(6)低压侧无负载或负载轻时禁止低压电容补偿柜投入运行。

(7)送电注意事项。

①遵守相关安全规程和操作规程；

②操作人员必须持证上岗，一人操作一人监护；

③一次回路试送电，在此过程中，要特别注意电压互感器，电缆等的情况。

2. 维护、维修

(1)要求。

①日常的检查与维护工作应遵循供电部门相关规定，或每年对箱式变电站停电检查一次，具体应根据当地环境和操作的情况；

②检查、维护、维修工作只能由经过培训、熟悉本开关设备的人员担任，持证上岗，并且应符合国际和电力部门颁发的各种安全规程的要求；

③检查、维护、维修工作时必须在确认已断开高压电源，确认高压出线端无可能反馈电源，确认高压出线端无人员操作的情况下进行。所有的辅助电源必须断开且没有再送电的危险；

④维护工作与设备或零部件(如易磨损件)和老化情况有关。所需进行的维修工作的时间间隔取决于开关操作的频率、运行时间、断路器的开断次数。另一方面，还取决于不同的操作模式或个别原因、误操作或环境因素(空气中的水汽及粉尘)。

(2)维护。

基本维护工作包括以下几个方面，但不应局限于下列内容：

①仔细清洁开关柜特别是绝缘件的表面，当发现其由于受到盐雾的污染，发霉时，需用软布清除污染物，如果产品表面含有油污，可用在软布上蘸少许家庭用碱性清洁剂擦拭，再用干布擦干；

②安装在箱式变电站内电容补偿柜应考虑通风散热条件。有条件的可加装风机或空调使电容器散热，延长使用寿命；

③检查回路连接和接地连接的螺钉是否紧固。

(3)维修。

①当开关自动跳闸后应检明原因，故障被排除后方可合闸；

②如操作电源并接充放电装置，在维修电源供电装置前，须将充放电装置内的电能放尽后方可检修；

③维修工作只能是由经过培训、熟悉本开关设备的人员担任，持证上岗，并且应符合国标和电力部门颁发的各种安全规程的要求；

④维修工作可聘请供电部门专业人员或制造商售后服务人员进行。

3.8 天然气管道的管理

3.8.1 管道地面标识类型及管理要求

管道地面标识用来标识埋地管道与公路、铁路、河流、管道、光缆、电缆和地下构筑物等的交叉点，标识埋地管道的附属设施、水工、地质灾害保护设施以及管道抢修作业点的地面标记。常用的标识主要包括：里程桩、测试桩、转角桩、穿越桩、交叉桩、加密桩、警示牌等。

3.8.1.1 定义

1. 里程桩/测试桩

里程桩是用于标记管道距离和位置的设施，测试桩是用于监测和测试管道阴极保护等参数的地面标记。一般应每千米设置一个，特殊情况下可隔桩设置，里程桩和阴极保护测试桩可合二为一。两条及两条以上管道同沟敷设时，当输送介质相同，里程桩/测试桩可共用，只在标记上区别，当输送介质不同，里程桩/测试桩宜分别设置。

2. 转角桩

转角桩指标记管道水平转角位置与参数的设施。一般要求埋地管道干线在水平方向一次转角大于5°时，应设置转角桩，转角桩设置在转折管段中点正上方。

3. 穿越桩

穿越桩指标记管路穿跨越铁路、公路、河渠处管道主要参数的设施。管道穿越铁路处，宜在铁路用地边界线外两侧设置穿越桩。管道穿越高速公路、Ⅰ级Ⅱ级公路宜在两侧设置穿越桩。管道穿越河塘沟渠，宜在两侧设置穿越桩，穿越桩设置在河渠堤边坡坡脚或距塘沟边3m处。

4. 交叉桩

交叉桩指标记管道与其他建(构)筑物发生交叉位置及相互关系的设施。埋地管道与其他地下建(构)筑物(如其他管道、电缆、坑道)交叉时，应在交叉处设置相应的标记。

5. 结构桩

结构桩是指表示输气管道管体或防护结构发生变化位置与变化特征的地面标识设施。

6. 加密桩

加密桩是指管道靠近人口集中居住区、工业建设地段，可根据需要设置加密的桩。

7. 阀室标牌

阀室标牌是指在管道沿线各类阀室的墙面上应设置相关的标识牌。

8. 警示牌

警示牌指用于标记管道位置、警告存在潜在的危险、提供紧急联系方式的设施。管道经过下列区域宜设置警示牌：①采石场、取土场、采矿区域；②易发生或已多次发生危及管道安全行为的区域；③人口集中居住区、工业建设地段等。管道穿跨越铁路、公路、通航河流及在航空港附近，除按本标准设置标记外，还应按有关部门规定设置警告标记。

9. 标识带

标识带是用于防止第三方施工破坏管道而设置的带状标记，敷设于埋地管道上方。管道靠近人口集中居住区、工业建设地段等需加强管道安全保护的地方，可设置标识带。

10. 反光膜粘贴纸

反光膜粘贴纸是用于标志桩、警示牌上标记因字迹不清而无法重新喷字时进行粘贴整改。

3.8.1.2　设置原则

(1)同一条管道标记的外观尺寸、形式、颜色与内容应保持一致，内容规范，标记清晰，安装可靠，维护方便。

(2)标志桩设置应尽量减少对土地使用的影响，标记的尺寸应能容纳下标记的内容。

(3)里程桩编号宜以每条管线自起点至终点按顺序统一编号。

(4)地面标示设置位置应在输气管道正上方，埋设位置控制在管道中心线两侧0.25m范围内。

(5)管道干线沿线设置的标记应坚固、耐久、美观、统一，便于管理。

3.8.1.3　维护和管理要求

(1)地面标识1/3以上标记的字迹不清时，应及时使用反光膜进行粘贴修复；桩体位置变化时，应及时恢复原位。

(2)各线路地面标识损坏、丢失达到总数20%及以上时，应编制增补技术方案并委托有资质的单位开展地面标识增补工作。

(3)所管理的地面标识按照年淘汰率小于5%考虑，每年在安全生产费预算中列支，并统一上报计划、统一采购、统一增补。

(4)如需在管道经过的特殊地区增设地面标识，可按照当地相关要求进行处理。

(5)新建管道标记应与管道主体同时设计、施工并交付使用，已建成管道环境发生变化的应及时增减或变更标记，定期组织标记检查，发现损坏或丢失时应及时处理。

3.8.2　管道完整性及高后果区管理

3.8.2.1　管道完整性

1. 完整性定义

根据国家标准《油气输送管道完整性管理规范》(GB 32167—2015)，管道完整性是指管道处于安全可靠的服役状态，主要包括：管道在结构和功能上是完整的；管道处于风险受控状态；管道的安全状态可满足当前运行要求。

2. 完整性管理

对管道面临的风险因素不断进行识别和评价，持续消除识别到的不利影响因素，采取各种风险消减措施，将风险控制在合理、可接受的范围内，最终实现安全、可靠、经济地运行管道的目的。

完整性管理是持续循环的过程，主要包括数据采集与整合、高后果区识别、风险评价、完整性评价、风险消减与维修维护、效能评价等六个环节(图3-8-1)。

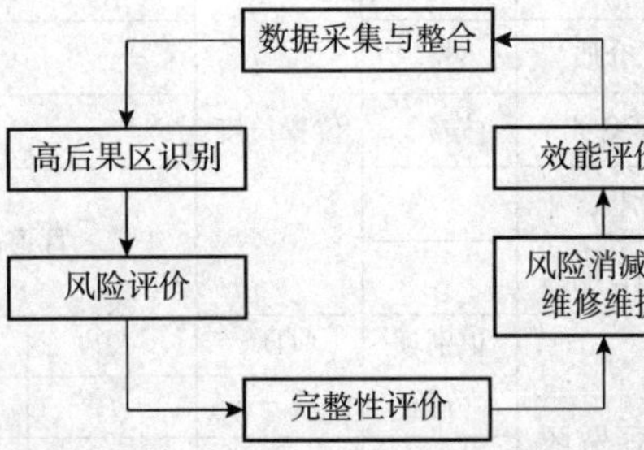

图3-8-1　管道完整性管理循环过程图

3.8.2.2　高后果区管理

1. 高后果区定义

根据目前我国制订的国家标准《油气输送管道完整性管理规范》(GB 32167—2015)中的术语，高后果区是指管道泄漏后可能对公众和环境造成较大不良影响的区域。典型的高后果区为人口密集区和环境敏感区，输气管道对于河流、湖泊、自然保护区等环境敏感区危害相对较小。

2. 法规要求

从法律法规来讲，2017 年国家安监总局等八部门下发了《关于加强油气输送管道途经人员密集场所高后果区安全管理工作的通知》(安监总管三〔2017〕138 号)，要求管道企业要及时准确掌握人员密集型高后果区状况，识别时间间隔最长不能超过 18 个月。

管道企业要依据人员密集型高后果区风险评价报告，及时维修维护或更新有缺陷的设备设施，提高管道本体及附属设施安全可靠性。要严格执行国家法律法规、标准规范和有关规定，防止油气输送管道与市政地下管网、公路、桥梁、航道相互交叉、穿(跨)越时形成安全隐患。要采取提高日常巡护频次、加密设置地面警示标识、安装全天候视频监控等人防、物防、技防措施，及时阻止危及人员密集型高后果区管段安全的违法施工作业行为。要组织排查油气输送管道途经容易发生崩塌、滑坡、塌陷、泥石流、地面沉陷等地质灾害地段的安全风险和隐患，获取掌握地质灾害预警信息，因地制宜采取治理避灾措施，及时降低风险、消除隐患，最大限度地减少地质灾害对油气输送管道安全运行的影响。要加强相关人员岗位技能培训和考核，实时进行泄漏监测，及时发现并有效处置油气输送管道泄漏事故事件。

3. 标准要求

从标准来讲，高后果区的定义、识别和管理主要依据来源于《油气输送管道完整性管理规范》(GB 32167—2015)的要求，对于专门的输气管道，主要执行标准是《输气管道高后果区完整性管理规范》(SY/T 7380—2017)的要求。

3.8.2.3 高后果区数据收集及记录

1. 高后果区识别信息评分表

长输管道高后果区(HCA)识别评分见表 3－8－1，管道高后果区识别分级评分见表 3－8－2。

表 3－8－1 长输管道高后果区(HCA)识别评分表

<table>
<tr><td>管道名称</td><td></td><td rowspan="3">位置长度</td><td colspan="7">起始点：</td></tr>
<tr><td>输送介质</td><td></td><td colspan="7">终止点：</td></tr>
<tr><td>HCA 编号</td><td></td><td colspan="7">里程：</td></tr>
<tr><td>识别人</td><td></td><td colspan="4" rowspan="2">管道高后果区长度/管径</td><td colspan="4">长度： m</td></tr>
<tr><td>识别日期</td><td></td><td colspan="4">管径： mm</td></tr>
<tr><td rowspan="5">高后果区特征描述</td><td>识别项</td><td>①</td><td>②</td><td>③</td><td>④</td><td>⑤</td><td>⑥</td><td>⑦</td><td>⑧</td></tr>
<tr><td>分值</td><td></td><td></td><td></td><td></td><td></td><td></td><td></td><td></td></tr>
<tr><td>数量</td><td></td><td></td><td></td><td></td><td></td><td></td><td></td><td></td></tr>
<tr><td>总分</td><td></td><td></td><td></td><td></td><td></td><td></td><td></td><td></td></tr>
<tr><td>备注</td><td></td><td></td><td></td><td></td><td></td><td></td><td></td><td></td></tr>
<tr><td colspan="3">审核人：</td><td colspan="7">建议下次识别时间：</td></tr>
</table>

说明：

(1)起始点和终止点：按管道里程桩号 ±m，或采用 GPS 坐标表示。

(2)①～⑧：分别代表高后果区的评分标准，见管道高后果区识别分级评分表 3－8－2。

表 3-8-2　管道高后果区识别分级评分表

序号编码	识别因素	打分标准
①	管道经过的四级地区	四层以上楼房每幢5分
②	管道占压重大隐患风险区域	5分/处
③	管道经过的三级地区	建筑物4分/处
④	管道两侧各200m内有加油站、油库等易燃易爆场所	4分/处
⑤	根据《输气管道工程设计规范》(GB 50251—2015)中管道通过的地区按照沿线居民数和建构筑物密度标准设计的地区等级，在管道中心线两侧各200m范围内由于形成的管道占压改变了原有地区等级及设计强度标准，造成管道安全等级变化的风险区域	超过原设计条件(地区等级标准)，户数在15~100户的区段为4分/区段，100户以上为5分/区段
⑥	管道占压一般隐患风险区域	2分/处
⑦	潜在影响区域内有特定场所Ⅰ	4分/处
⑧	潜在影响区域内有特定场所Ⅱ、Ⅲ	每处单次20~100人之间聚集为4分，100人以上，得分为总人数×(5/100)分(分值取整)

2. 长输管道高后果区统计(表3-8-3)

表 3-8-3　长输管道高后果区统计表

管道名称：　　管径：　　输送介质：　　分析时间：　　识别人：　　负责人：

序号	起始里程	结束里程	长度/m	HCA识别分类得分						HCA总分	可能存在的威胁分类得分								可能存在的威胁总分	高后果区级别	下次识别/分析时间
				①	②	③	④	⑤	⑥		外腐蚀	内腐蚀	第三方破坏	地质灾害	实际/施工记录	误操作	打孔盗气	其他			

说明：①~⑥：分别代表高后果区的评分标准。

3. 可能存在的风险和评分方法

对高后果区管段可能存在的风险进行初步分析，见表3-8-4，包括外腐蚀、内腐蚀、第三方破坏、地质灾害、设计或施工缺陷、误操作等。

表 3-8-4　可能存在的风险初步分析评分表

序号	风险类型	描述	评分标准
1	外腐蚀	是否已经发现外腐蚀点	是5分，否0分
		阴极保护是否正常	是0分，否4分
		不清楚	3分
2	内腐蚀	是否已经发现存在内腐蚀	是5分，否0分
		是否进行内腐蚀检测	是0分，否4分
		不清楚	3分

续表

序号	风险类型	描述	评分标准
3	第三方破坏	是否已经有第三方破坏	是5分，否0分
		是否容易被第三方破坏	是5分，否0分
		是否有警示	是0分，否4分
		不清楚	3分
4	地质灾害	是否已经发现有地质灾害的可能性	是5分，否0分
		是否有监测	是0分，否4分
		不清楚	3分
5	设计或施工缺陷	是否发现有设计或施工缺陷	是5分，否0分
		不清楚	3分
6	误操作	是否存在误操作	是5分，否3分
		不清楚	3分
7	其他	其他严重影响管道安全因素	是5分，否0分
		有预防措施	是0分，否4分

3.8.2.4 高后果区识别

1. 主要区域

根据《油气输送管道完整性管理规范》(GB 32167—2015)，输气管道沿线高后果区主要包括以下区域：

(1)管道经过的三级地区、四级地区。

(2)管道潜在影响区域内有医院、集市、学校、托儿所、幼儿园等人群疏散困难的特定场所。

(3)管道中心线两侧各200m范围内有化工厂、加油站、油库等易燃易爆场所。共分为Ⅰ、Ⅱ、Ⅲ三个等级，其中Ⅰ级表示最小的严重程度，Ⅲ级表示最大的严重程度。

(4)特定场所，特定场所Ⅰ：医院、学校、托儿所、幼儿园、养老院、监狱、商场等人群疏散困难的建筑区域；特定场所Ⅱ：在一年之内至少有50d(时间计算不需连贯)聚集30人或更多人的区域。例如集贸市场、寺庙、运动场、广场、娱乐休闲地、剧院、露营地等。特定场所类型的高后果区识别需根据潜在影响半径计算公式确定与管道中心线的距离。

2. 高后果区识别分级

高后果区识别工作主要依据《油气输送管道完整性管理规范》(GB 32167—2015)，其中第6章对高后果区的识别、管理有明确规定。根据管道的不同类型，识别内容，确定不同等级(表3-8-5)。

识别高后果区时，高后果区边界设定为距离最近一幢建筑物外边缘200m，输气管道的潜在影响区域是依据潜在影响半径计算的可能影响区域。按照式(3-8-1)计算：

表3－8－5　高后果区识别分级表

管道类型	识别项	分级
输气管道	①管道经过的四级地区，地区等级按照GB50251—2015中相关规定执行	Ⅲ
	②管道经过的三级地区	Ⅱ
	③如管径大于762mm，并且最大允许操作压力大于6.9MPa，其天然气管道潜在影响区域内有特定场所的区域，潜在影响半径按照式(3－8－1)计算	Ⅱ
	④如管径小于273mm，并且最大允许操作压力小于1.6MPa，其天然气管道潜在影响区域内有特定场所的区域，潜在影响半径按照式(3－8－1)计算	Ⅰ
	⑤其他管道两侧各200m内有特定场所的区域	Ⅰ
	⑥除三级、四级地区外，管道两侧各200m内有加油站、油库等易燃易爆场所	Ⅱ
	⑦管道占压风险区域	Ⅱ
	⑧根据GB 50251—2015中管道通过的地区按照沿线居民和建构筑物密度标准设计的地区等级，在管道中心线两侧各200m范围内由于管道占压而改变了原有地区等级及设计强度标准，造成管道安全等级变化的风险区域	Ⅰ

$$r = 0.099\ \sqrt{d^2 p} \qquad (3-8-1)$$

式中，r为受影响区域的半径，m；d为管道外径，mm；p为管段最大允许操作压力，MPa；0.099为系数，仅适用于天然气管道。

3. 高后果区识别报告

高后果区识别报告应包含但不限于以下内容：

(1)概述。概述应包含以下内容：

①本次高后果区识别工作情况概述，包括识别单位、识别日期等；

②长度、外径、壁厚、材质、最大允许操作压力、制造方式、施工质量等级等管道参数及获取方式；

③管道周边人口和自然环境情况。

(2)识别结果。

①高后果区管段识别统计表；

②减缓措施；

③再识别日期。

(3)附表。报告应包含：

①高后果区管道识别评分表；

②高后果区管道识别统计表；

③管道埋深和高程图；

④高后果区管段长度比例图。

3.8.2.5　风险评价

风险评价是一种基于数据资料、运行经验的科学方法，通过将风险量化，便于进行分析、比较，为风险管理的科学决策提供可靠的依据，以能够合理运用有限的人力和物力等资源，采取最适当的措施，达到最有效地减小风险为目的。对于新建管道，选线时不仅要选省工时、省费用的线路，而且要考虑风险小的方案，通过综合考虑确定最优方案，这样不仅能节省投资，加快进度，方便运行管理，而且能减少管道的建设和运行风险，得到较好的经济效益与社会效益。对已建成的管道进行风险评价，可以摸清事故原因中可变因素与不可变因素的组成，通过对其分析，制定安全维护计划，从而将风险降至最低。管道风险评价是指识别对管道安全运行有不利影响的危害因素，评价事故发生的可能性和后果大小，对风险大小进行计算并提出风险控制措施的分析过程。管道风险评价是管道完整性管理的核心环节之一，是管道管理人员全面了解管道风险的重要手段。

1. 风险评价流程

根据《油气管道风险评价方法》(SY/T 6891.1—2012)要求，风险评价的原则是管道风险评价的数据应全面和准确，评价过程中应与运营企业相关人员进行讨论和沟通，实施风险减缓措施后或当管道运行状况、周边环境发生较大变化时，就再次进行风险评价。管道风险评价流程见图3-8-2。

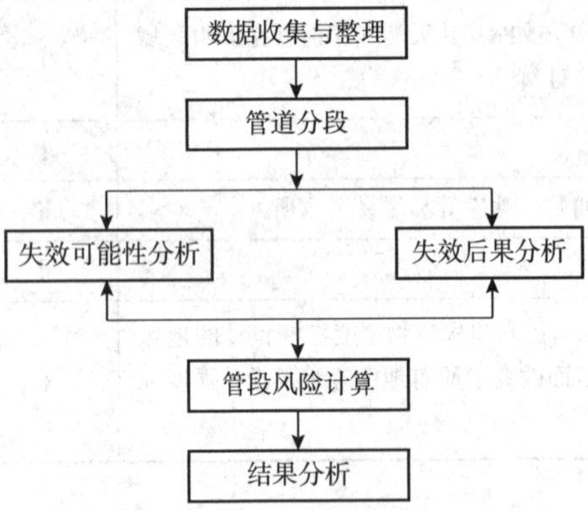

图3-8-2　管道风险评价流程图

2. 风险评价方法

管道风险评价方法通常按照结果的量化程度可以分为三类：定性方法、半定量方法和定量方法。定性评价方法通常比较简单，易于理解和使用，但具有较强的主观性，需要大量的经验判断。定量评价方法通常比较复杂，采用了大量计算公式和经验模型，需要较多数据。

(1)定性风险评价法。

管道的定性风险评价技术是基于决策科学和贝叶斯统计理论的决策分析方法，它是利用事件树和故障树的概率进行风险评估(PRA)的，失效模式、影响和评价分析(FMECA)是其常用的方法。它包括安全检查、初步危险分析、列表检查、假设事故与后果分析、破坏模式与效果、临界状态分析、危险与危险性调节研究等多种危险识别方法。

定性评价法可以根据专家的意见提供高、中、低风险的相对等级，但危险性事故发生的频率和事故损失后果均不能量化，其特点是不需要建立精确的数学模型和计算方法。它是在有经验的现场操作人员和专家意见的基础上进行打分评判的，评价的精确性取决于专家经验的全面性、划分影响因素的细致性、层次性以及权值分配的合理性。评价结果一般为风险等级或其他定性描述，代表方法有风险矩阵法、安全检查表法等。

(2)半定量方法。

以风险的数量指标为基础，分别给事故损失后果和事故发生频率各分配一个指标，然后用加和除将两个对应事故概率和损失严重程度的指标进行组合，从而形成一个相对风险指标。半定量评价法所需原始数据较少，评价成本较低，目前被公认是一种普遍实用的管道风险评价方法。评价结果一般是指标体系法，结果为一相对数值，用其高低来表示风险的高低，代表方法有肯特打分法。

(3)定量评价法。

定量风险评价技术利用结构力学、有限元方法、断裂力学、可靠性与维修技术和各种强度理论，对管道的风险进行定量评价和决策。先给固定的、重大的和灾难性的事故的发生概率和事故损失后果都约定一个具有明确物理意义的量，所以其评价结果是最严密和最准确的。它与定性风险分析技术的不同之处在于必须在大量设计、施工和运行资料的基础上，建立完善的数据库管理系统，并掌握裂纹缺陷的扩展规律和管材的腐蚀速率，由此运用确定性或不确定性方法来建立评估的数学模型，然后进行分析求解。其结果的精确性取决于原始数据的完整性、数学模型的精确性和分析方法的合理性。代表方法有概率风险评价、故障树分析、事件树分析、数值模拟方法等。

管道风险评价过程由于涉及大量的数据处理和计算工作，通常需要软件来辅助完成。国内外比较知名的软件有：加拿大 CFER 公司的 Pyramid 软件、美国 GE－Ⅱ公司的 PVI 软件、挪威 DNV 开发的 Offshoring 软件、中国石油管道科技研究中心的 Corkscrew 软件等。

3.8.2.6 完整性评价

完整性评价就是采取适用的检测或测试技术，获取管道本体状况信息，结合材料与结构可靠性等分析，对管道的安全状态进行全面评价，从而确定管道适用性的过程。常用的完整性评价方法有：基于管道内检测数据的适用性评价、压力试验和直接评价等。

内检测通常是借助于流体压差使检测器在管内运动，检测管道缺陷(如外壁腐蚀、损伤、变形、裂纹等)、管道中心线位置和管道结构特征(如焊缝、三通、弯头等)的方法。直接评价通常是一种采用结构化过程的完整性评价方法，即通过整合管道物理特性、系统的运行记录或检测、检查和评价结果等信息，给出预测性的管道完整性评价结论。

1. 评价方法和评价周期

新建管道在投用后 3 年内完成完整性评价，应根据管道失效的历史和风险评价的结果选择适用的检测内容和技术指标，宜优先选择基于内检测数据的适用性评价方法进行完整性评价，如管道不具备内检测条件，宜改造管道使其具备内检测条件。对不能改造或不能清管的管道，可采用压力试验或直接评价等其他完整性评价方法。

内检测时间间隔需要根据风险评价和上次完整性评价结果综合确定，宜通过压力试验和管材性能的综合分析、所需要的实际运行压力和最高试压压力的差值大小、随时间增长的缺陷增长速率等提出压力试验的再评价周期。直接评价的再评价周期宜根据风险评价结论和直接评价结果综合确定，最长不超过 8 年，对特殊危险因素应适当缩短再评价周期。

2. 内检测

管道系统的设计应保障内检测器的可通过性，投产前最好开展内检测，对其发现的特征进行分类，依据相关施工标准的要求进行修复并记录在案。投运前或投运后 3 年内的基线检测与评价结论可作为工程验收依据。

内检测应建立检测管理程序，综合考虑风险评价建议和管道缺陷特征等确定需要选择的检测器类型制订检测计划。应定期进行清管作业，保证管道的可检测性。

3. 压力试验

压力试验适用于评价管道本体在当时状态的承压能力，管道长期低于设计压力运行，需要提压运行，压力仍然低于设计压力，在确保风险可控条件下，可采用输送介质进行压力试验。

管道试压介质应按照地区等级、高后果区、管道当前运行压力与计划运行压力、管道服役年限、管道腐蚀状况等因素选择，一般应采用水试压。输气管道推荐在三类地区和四类地区采用水试验，压力试验压力小于设计压力，经过评价并采取相应安全措施后，也可采用气体试压。考虑管道当前运行状况，无论输送何种介质，当工艺条件满足停输条件，且能够进行置换和排空时应选用水试压。输气管道试压压力、稳压时间和合格标准见表3-8-6。

表3-8-6　输气管道试压压力、稳压时间和合格标准

介质	分类	试压压力及稳压时间	
输气管道	一般地区	压力/MPa	拟运行压力1.1倍
		稳压时间/h	24
	高后果区Ⅰ级	压力/MPa	拟运行压力1.25倍
		稳压时间/h	24
	高后果区Ⅱ级	压力/MPa	拟运行压力1.4倍
		稳压时间/h	24
	高后果区Ⅲ级	压力/MPa	拟运行压力1.5倍
		稳压时间/h	24
	合格标准	压降≤1%试压压力，且≤0.1MPa	

注：不论地区等级如何，服役年限大于30年小于40年的管道建议至少按照1.25倍运行压力试压，对于超过40年的管道按1.1倍试压。

4. 直接评价方法

直接评价只限于评价三种具有时效性的缺陷，即外腐蚀、内腐蚀和应力腐蚀开裂。需要事先了解管道的主要风险，有针对性地选择评价方法，对同时面临其他风险的管道具有局限性。

如管道不具备开展直接评价条件，为了对管道防腐层或阴极保护等质量进行检测，也可以参照直接评价的某些内容进行检测，外观检查或其他传统的无损检测方法或其他新发展的技术，可用于开挖或地面管道检测，但只能作为对部分点或区段的检测，其结论不能作为管道系统完整性评价结果。

5. 适用性评价

适用性评价内容主要包括：评价数据收集、缺陷数据统计与致因分析、评价方法选择、剩余强度评价、剩余寿命预测与再检测周期、措施与建议等。

评价应对管道缺陷进行评估，确定其可接受度，完整性评价报告宜作为评估管道施工质量的依据，缺陷评价应确定管道在规定的安全极限范围内是否有足够的结构强度承载运行过程中的载荷。管道的运行工艺条件发生重大变化时，宜重新进行评价。

6. 管道继续使用评估

对于运行时间长、事故频发，有证据表明存在大量缺陷，但无合适的方法进行完整性管理的管道，应评估管道是否继续使用。管道经评估如可继续使用，应根据完整性评价建议进行如管体缺陷的维修维护等相应措施，并确定在继续使用期内的再评估周期。当评估结果显示不适宜继续使用时应报废，对于已停用的管道在重新启用前应进行完整性评价。

3.8.2.7　高后果区管理措施

(1)可根据情况，提升高后果区管段的缺陷可接受准则，并对高后果区内的管体缺陷优先进行修复，高后果区内的腐蚀等缺陷经过完整性评价暂不需要修复的，纳入重点风险点列表，通过腐蚀监测手段和定期开挖验证等方法对缺陷的发展进行跟踪，并实施针对性

的重点巡护。

(2)应将高后果区作为管道日常巡护的重点，增加巡检点和巡线频次，并通过加强高后果区管段周边信息排查及其他可能的方式，及时获取第三方活动信息。宜通过GPS巡检、视频监控等方式提高高后果区的巡线效果。

(3)应对高后果区管段内的第三方交叉施工进行审批。施工现场应对管道采取保护措施并实施24h监护，应依据高后果区级别和周边情况，相应增加警示桩、警示牌、加密桩等地面标识。

(4)高后果区管段宜采用泄漏监测、安全预警系统等技防措施。对高后果区内的地质灾害风险点宜实施监测。

(5)高后果区管段周边的管道保护公众宣传应包括管道泄漏迹象、燃烧爆炸后果影响范围、人员疏散逃生路线及政府管理部门和管道企业的联系方式等内容。

(6)应根据高后果区管段的主要风险因素制定针对性的应急预案。对Ⅲ级高后果区应制定现场处置预案，对其他高后果区可根据情况确定是否需要制定现场处置预案。预案中应将泄漏报警、人员疏散、危险区域通行控制等作为重点内容。如管道的潜在影响半径大于200m，应急预案中应考虑管道泄漏对潜在影响半径范围内的人口和建筑的影响。

3.8.2.8　高后果区等级升高的管理

(1)高后果区等级升高后应复核完整性评价结果，宜根据升高后的高后果区等级对计划修复缺陷和需重点监测的缺陷重新进行评价并调整管体缺陷修复计划。

(2)与原设计相比高后果区等级升高2级或达到Ⅲ级高后果区的管道应进行定量风险评价，判定个人风险和社会风险是否可接受。如不可接受，应采取进一步风险控制措施，包括降压、换管、改线以及其他经证明有效的措施等。

(3)对存在以下情况的管道，不宜采用AQ/T 3046—2013推荐的定量风险评价方法来确定地区等级增加后的安全性：未进行过内检测，已发现存在裂纹缺陷，无法判定腐蚀、疲劳等与时间相关的本体缺陷的增长速率，判定存在内检测难以检测的其他缺陷，发生过管道本体缺陷导致的泄漏，且管道上还存在难以修复的同类缺陷。管道设计、施工、投产压力试验及运行维修数据缺失，且不能满足定量风险评价所需的基本数据要求。

(4)高后果区等级升高后，管道如未进行换管、改线，宜每年开展一次风险再评价，并评估升级后的各项管理措施和效果，提出改进建议。

(5)高后果区等级升高的管道宜缩短检测周期，检测周期根据风险评价建议设定。

3.8.3　第三方施工管理及控制措施

第三方破坏是指由于在天然气管道附近进行的施工、采挖、耕种、偷盗等人为活动行为而造成的管道结构或性能的破坏。是危害管道安全平稳运行的重要危险源，是管道失效的主要因素之一。随之管道面临第三方破坏的安全问题也更加突出。长期以来，管道运输业为维护管道的完整性和防止第三方破坏投入了巨大的人力和财力，管道第三方破坏起因复杂，随机性强，不易预测和控制，是管道保护工作的重点内容。

3.8.3.1　第三方破坏的主要因素

1. 管道占压

随着我国能源需求加剧，天然气管道建设步伐的不断加快，越来越多的管道需要通过经济发达人口稠密的地区，由此引起的非法占压事件不断上升。管道占压存在较大的危害性，造成管道变形发生裂管事件，管道不能正常检测维护，容易腐蚀发生穿孔，造成天然气泄漏，泄漏后无法及时抢修，产生次生灾害。由于城镇发展，占压区域居住人口增多，一旦发生事故时，容易发生群死群伤事件，影响管道的安全运营。

2. 第三方施工

管道上方第三方施工损伤管道的事件时有发生，如2009年12月30日发生在我国兰郑长成品油管道渭南支线第三方施工损伤管道事件，造成大量漏油进入赤水河、渭河，给中国石油造成了严重的负面影响和经济损失。近年来由于城镇建设发展比较快，不少油气管道的位置已经处于城镇的地带，面临着第三方施工的风险比较大，所以防止第三方施工损伤管道的任务非常严峻。

3.8.3.2 第三方施工管理

在处理第三方施工过程中，一旦发现有施工迹象或接到施工申请，立即根据企业制度文件要求，安排专人进行现场勘察了解详细情况，对危及管道安全的施工行为彻底制止，并进行宣传教育，做到早沟通、早协调、早控制、早解决。

针对此情况，做到以下几点：①完善信息员管理制度、建立管理台账，针对信息员主要由所在村组的负责人构成的特点，对信息员的管理实行“包片负责制”，由所在管道区段的巡线员负责其所巡护区段信息员的日常管理工作，坚持定期与巡线员进行联系沟通，询问是否有施工或开发计划。②要求巡护队管理人员实行包片管理，定期与不定期地与所负责区段信息员进行走访联系，全力收集第三方施工信息，并建立台账以便更加巩固信息员的管理。③加大企地联合沟通、达到信息共享，与地方政府部门的联系沟通一直以来是防止违章施工的一项重要工作，每季度积极与管道沿线各级地方政府部门、水利、电力、公路等部门联系，收集其辖区近期内是否有开发、施工计划，以便及时与施工单位联系。④实现信息资源共享，共同做好管道保护工作，建立企地共建的良好氛围，防止违章施工行为的发生。⑤第三方施工全过程监控，杜绝违章施工。在处理第三方施工过程中，从接到施工信息至施工完毕，整个过程安排专人进行监控。

(1)实行第三方施工审批制度，禁止任何单位和个人未经审批、未采取相应的保护措施前，擅自在管道安全保护范围内动土施工。经批准允许的第三方施工必须在工程技术人员和管道安全监护人员在场的情况下进行，实行24h监护。

(2)加强第三方施工现场管理，对第三方施工现场监护严格按照操作程序、技术规程、施工方案进行，加强过程监督和技术参数的控制，监护人员认真做好现场检查记录，保存好各项资料。

(3)加强与管道交叉情况的管理，铁路、公路、城市道路和公用设施、河流疏浚等工程与管道相遇交叉时，应严格按照《石油天然气管道保护法》等国家法律法规执行，并按有关技术标准及行业相关规定采取相应的管道保护措施。

(4)潜在第三方施工风险管理，在发现潜在第三方施工和交叉施工时，实行预警机制，派专人进行监护，并及时采取相应管道保护措施，并对现场进行持续防控。

(5)加密管道“三桩” 分区段地域，加密“三桩”让沿线群众一眼就能够准确地判断出管道的所在位置以及管线的实际走向，特别是道路两旁、河沟两岸等地面活动频繁的地段，必须在醒目位置埋设警示桩，提醒过往行人、车辆等注意保护地下管道。对管道沿线部分管段“三桩”丢失、缺少或坏损的进行补栽，对阴极保护测试桩连接线脱焊、断线的进行修补恢复。

(6)充分识别风险做好应急准备工作。想做好第三方破坏因素的预控工作，首先要做好管道第三方风险因素的识别，建立风险台账，制定切合实际的、切实可行的应急预案，如果有条件可以和地方相关部门联合起来进行应急演练，提高与各部门的协调应急能力。

3.8.3.3　预控措施

做好天然气管道安全工作，预防第三方破坏，应树立"以人为本、安全第一、预防为主、油地结合、综合治理"的理念，建立健全天然气管道保护的预防机制。

1. 巡护措施

为保障管道安全运营，防止管道占压、打孔盗气、第三方施工等第三方因素破坏管道的事件发生，严格执行各级巡线制度。从巡线工、技术员、专业管理人员及主管领导应按相关要求及职责对管道进行巡线，做好记录，对发现的问题及时整改。

2. 宣传措施

2010 年 10 月 1 日，《石油天然气管道保护法》正式实施，为进一步宣传贯彻落实《石油天然气管道保护法》，管道企业要积极向管道沿线各级政府和人民群众进行《石油天然气管道保护法》以及相关法律法规的宣传教育，提高管道沿线群众保护管道的意识，自觉维护油气管道建设和运营安全，有效遏制油气管道的破坏、占压行为，有利于油气管道的长治久安。

3.8.3.4　违章占压类型及要求

1. 标准依据

管道违法占压物分类及划级的依据是《石油天然气管道保护法》《输气管道工程设计规范》《石油天然气工程设计防火规范》。管道违法占压根据占压物类型划分为七类，即管道直接(5m 范围内)占压(圈占)、种植物类占压、围墙类圈占圈挡、河道类占压、定向钻类占压风险、地区等级变化风险区域、站场和阀室周边安全间距不足。管道违法占压根据各类占压对管道可能造成的危害程度和管道事故造成的风险大小将占压划分为 A、B、C、D 类四个等级。其中 A 类占压为最高级别占压，按风险依次排列。

2. 管道直接占压物

管道直接(5m 范围内)占压物是指管道被(建筑物、构筑物，生产、生活和公共类设施，大型物料场，易燃易爆设施)直接(5m 范围内)占压。包括在管道正上方占压和在管道 5m 范围内占压。直接占压(5m 范围内)划分三个风险等级：

A 级：为危害严重处，事故可造成重大人员伤亡的占压区域。主要指居民小区、学校、综合办公楼、医院、车站、商场等人口密集的建筑物和大型公众聚集场所(设施)，易燃易爆设施区域的占压。

B 级：为危害较为严重处，事故可引发人员伤亡的占压区域。主要指(单体)民居、小型商贸区、工业生产区、货料场等人口居住和生产的建筑物，以及一般公众聚集场所(设施)和易燃易爆设施；或影响管道安全运行的建、构筑设施区域的占压。

C 级：为一般占压，指除 A、B 类之外的其他占压。

3. 种植物类占压物

种植物类占压物是指：在管道正上方种植根深类可损害管道防腐层的植物；在管道正上方(含 5m 范围内)建造温室或蔬菜大棚(非密闭式)。种植物类占压物划分两个风险等级：

B级：为危害较为严重处，指温室（密闭不利于泄漏的扩散、加热易发生明火、下沉式易伤害管道本体及光缆电缆）占压。

C级：为一般占压处，指管道正上方种植根深类植物或蔬菜大棚（非密闭式）。

4. 围墙类圈占圈挡

围墙类圈占圈挡是指在管道5m范围内被（围墙、围场，圈挡，水产养殖设施等）圈占圈挡。围墙类圈占圈挡划分三个风险等级：

B级：为危害较为严重处，指在管道5m范围内被圈占圈挡，影响管道正常巡检和抢修通道。以及有重车碾压，或公众聚集场所（设施），或易燃易爆设施。

C级：为一般占压处，主要指在管道5m范围内被圈占，不影响管道正常巡检和抢修通道；管道在围墙外5m范围内，围墙内有人员居住和活动。

D级：为次一般占压处，指管道在围墙外5m范围内，围墙内无人员居住和活动。

5. 河道类占压物

河道类占压物是指在隧道、定向钻、大开挖穿越的管道正上方（含500m范围内）建造采用锚固的大型构筑物、易燃易爆设施。河道类占压物划分两个风险等级：

C级：为一般占压处，主要指易燃易爆设施。

D级：为次一般占压处，指C级以外的其他类占压风险。

6. 定向钻类占压风险

定向钻类占压风险是指在管道定向钻正上方（含5m范围内）建造的有人居住和活动的建筑物、构筑物，生产、生活和公众聚集场所（设施），以及易燃易爆设施。定向钻类占压划分两个风险等级：

C级：为一般占压处，主要指居民小区、学校、综合办公楼、医院、车站、商场等人口密集的建筑物和大型公众聚集场所（设施），易燃易爆设施。

D级：为次一般占压处，指C级以外的其他类占压风险。

7. 管道地区等级变化风险区域

管道地区等级变化风险区域，即运行管道因形成的占压物使地区等级升级造成管道设计强度不足的风险区域，是根据《输气管道工程设计规范》中管道通过的地区按照沿线居民数和建构筑物密度标准设计的地区等级，在5~200m范围内由于形成的管道占压改变了原有地区等级而影响管道设计强度标准，造成管道安全等级变化的风险区域。地区等级变化区域划分四个风险等级：

A级：为危害严重处，指国家骨干管道和公司主干管道因其有占压物造成地区等级升级，经评价管道现有运行压力高于评估压力，需对管道进行改线或周边建构筑物拆除的风险区域。

B级：为危害较为严重处，指占压物造成管道地区等级升级，经评价管道现有运行压力高于评估压力，需管道降压运行的风险区域。

C级：为一般占压处，指占压物造成管道地区等级升级，经评价管道现有运行压力等于评估压力，不需管道降压运行的风险区域。

D级：为次一般占压处，指占压物造成管道地区等级升级，经评价管道现有运行压力低于评估压力，不需管道降压运行的风险区域。

8. 站场和阀室周边安全间距不足

根据《石油天然气工程设计防火规范》(GB 50183—2004)，天然气站场、阀室安全间距应满足规范要求，周边占压物安全间距不足，易造成安全隐患。

3.8.3.5　违法占压的治理

1. 预防新的管道占压

(1)公司应在管道竣工验收完成的60日内将管道走向图(或竣工测量图)报所在地县(市)级以上地方人民政府主管管道保护和规划的部门备案，并抄送有关部门，避免管道上方被“规划”和占压。

(2)公司所属单位应定期(每年至少一次)走访各级国土、城建、发改委等部门，掌握管道沿线在管道周边200m范围内各类工程建设规划信息，掌握与管道保护相矛盾的相关规划情况，并进行《石油天然气管道保护法》及国家、地方和行业有关管道保护与管理的法律法规、政策、管理规定的宣传和沟通。

(3)所属单位(每年至少一次)走访管道沿线的相关企业、单位等，了解其在管道沿线在管道周边200m范围内各类工程建设规划信息，并进行《石油天然气管道保护法》等国家、地方和行业有关管道保护与管理的法律法规、政策、管理规定的宣传和沟通。

(4)所属单位每年在沿途乡镇、集市开展2次及以上《石油天然气管道保护法》等国家、地方和行业有关管道保护与管理的法律法规、政策、管理规定的宣传和教育，宣传管道保护和天然气常识，提高沿线居民的管道保护意识及识别、规避天然气事故风险的能力，并预防占压特别是预防群体占压物的形成。

(5)地区管理处应通过巡线或其他信息反馈，及时掌握管道被违法占压迹象，一旦发现有违法占压的迹象和征兆，立即制止，并上报公司；无法制止的，应与地方政府相关部门协调解决；对危及管道安全的应立即报告当地公安部门，坚决制止；对于解决有困难的，应上报管道管理公司协调解决。

(6)对于所属单位无法解决的违法占压，公司应积极协调当地人民政府及有关部门，联合行动，采取有效措施遏制违法占压。

(7)对于无法避让的第三方施工工程，所属单位、公司应采取有效保护措施。

(8)所属单位、公司应确保居民、经营场所、工厂等建设设施在《石油天然气管道保护法》规定的安全距离之外，避免由于形成的管道占压改变了原有地区等级而影响管道设计强度标准，造成管道安全等级变化的风险，杜绝在管道安全距离内形成占压。

2. 加强占压风险的可控管理

(1)对已形成的占压定期进行占压风险分析和评价，定期向地方各级政府及安监、管道保护主管部门、占压业主进行告知和对接。

(2)对造成管道地区等级升级的管道(段)，进行压力等级校核与评估，以及降压运行的方式，使其达到符合地区等级的强度压力标准。

(3)对管道周边的学校(幼儿园)、居民区进行专业的安全评价，满足安全风险等级的增加防护措施，限制风险的扩大。

(4)对管道沿线的易燃易爆设施(炸药库、加油站等)，根据爆炸模型论证确定方案，采取防冲击、防隔离等措施减缓事故对管道的破坏及不利影响。

(5)定期进行管道检测与评价，达到管道本体无缺陷，无泄漏和爆管风险。

(6)符合高后果区的按照管道高后果区管理。强化管道占压高后果区的识别和分析，分区(段)编制“一点一案”，加强风险告知和宣传，加密增设警示、标识、电子探测等设施，增加巡查频率和安排专业人员24h盯守等措施，强化高后果区管道完整性管理。

3. 已形成管道占压的治理

(1)对已存在的管道占压要定期进行安全等级再评价，加密巡护和监控。对暂时不能有效治理的违法占压要加强监控，控制风险的扩大。

(2)对已存在的管道占压要定期向地方政府及管道主管部门进行告知、对接，发挥地方政府安全监管责任，形成责任共担。

(3)所属单位应积极与地方政府各有关部门积极协调，制订违法占压的清理计划。

(4)加大企地联合占压治理力度，充分利用地方政府、安监、公安、部际联席会议等管道保护部门的配合，消除重大安全隐患。对重大占压要定期向国家及相关省、市安全生产监督管理部门报告违法压占情况，督促彻底清理。

(5)占压物治理的基本原则：

A、B级：要限期治理。

C级：①经评价分期治理；②经评估符合高后果区条件的按管道高后果区管理。

D级：①经评价分期治理或进行安全监控；②经评估符合高后果区条件的按管道高后果区管理。

经地方省、市级政府或部门(安监、管道保护主管部门)组织专项评审的占压，可按照评定的结论进行处置。

4. 占压物分类治理措施

(1)对于直接占压在管道上的占压物采取以企地联动治理为手段，强制拆除或对管道进行改线。

(2)对于管道5m范围内占压物采取以企地联手治理为手段，强制拆除或采取技术手段上的保护措施。

(3)对于种植物类占压物，重点治理温室占压或改为非密闭式种植。

5. 对于围墙类圈占圈挡

(1)对在管道5m范围内被圈占圈挡，影响管道正常巡检，无抢修通道，以及有重车碾压，或公众聚集场所(设施)，或易燃易爆设施，采取清除措施，保证管道巡检和抢险通道的通行。

(2)对在管道5m范围内被圈占，不影响管道正常巡检和抢修，采取对围墙占压处进行支撑及与占压单位或个人签订管道保护协议等措施。

(3)对管道在围墙外5m范围内，围墙内有人员居住和活动的采取监护和加密巡护措施。

(4)对管道在围墙外5m范围内，围墙内无人员居住和活动的采取安全告知措施。

6. 对于河道类占压物

天然气管道穿越河道防护按《石油天然气管道穿越工程施工及验收规范》(SY/T 4079—1995)，该标准规定了保护方法：①是涂层保护；②是阴极保护。

河道类占压物重点治理易燃易爆设施。

7. 对于定向钻类占压

占压风险处进行管道埋深轨迹测绘，开展管道应力检测和出入土处检查，按照管道高后果区进行管理。

(1) 对于地区等级变化风险区域的占压物，主干管线采取管道改线或强制拆除占压物以恢复原有地区等级标准或采取技术手段上的保护措施；管道支线或已降压运行的管道采取技术手段上的保护措施。

(2) 对公路、河流拓宽引起的占压应由专业设计部门制订方案对管道实施保护。

(3) 对无法实施拆除的一般占压物，可采取加栽安全警示桩、加密巡检次数、定期进行管道检测维护、对围墙占压处进行支撑及与占压单位或个人签订管道保护协议等措施。

8. 新建管道工程项目的占压治理

(1) 管道工程项目建设和所属单位应强化主体意识，注重过程监督，加强对新建在建长输管道的安全保护，避免形成管道占压。

(2) 落实建设期的管道保护措施，做到合法设计、合规施工、合理管控，达到新建管道“零占压”。

3.8.4 管道地质灾害类型、控制及措施

根据《油气管道地质灾害风险管理技术规范》(SY/T 6828—2017) 要求，管道地质灾害是指对管道工程建设、管道输送系统安全和运营环境造成危害的地质作用或与地质环境有关的灾害。特别是天然气管道安全运输责任重大，但具有点多线长、环境复杂、易燃易爆等特点，而且随着天然气市场和管道建设的变化，气源、流向、管网日益复杂，平衡管道安全难度系数和不可预见因素都大大增加，给天然气管道建设和运营管理工作提出了更高标准。

地质灾害不但会破坏天然气管道，而且还容易导致火灾、爆炸等事故的发生，给人员、经济带来巨大损失。对此，明确天然气管道在运输中常见的地质灾害的破坏机理、形式，才能为防范地质灾害风险提供依据。

3.8.4.1 地质灾害常见类型

1. 滑坡

滑坡是指斜坡上的土体或者岩体，受河流冲刷、地下水活动、雨水浸泡、地震及人工切坡等因素影响，在重力作用下，沿着一定的软弱面或者软弱带，整体地或者分散地顺坡向下滑动的自然现象。依据滑坡对天然气管道的影响，可以将滑坡分为复杂滑坡、横向滑坡、纵向滑坡。当天然气管道在运输中经过滑坡区时，不同的经过方式会对天然气管道有不同的影响，具体情况如下：

(1) 当天然气管道顺坡敷设时滑坡的主滑方向与管道敷设方向平行，滑坡处于下滑状态，而管道处于静止状态，滑坡和管道之间就会产生相对拉张作用，当管道所受下滑应力小于管道强度允许的应力极限时，管道未受到破坏性损坏。但其外部的绝缘保护层及防腐保护层可能受到一定程度的损伤，当下滑产生的应力超过管道强度允许的应力极限时，则有极大的可能性在管道焊缝、转弯处或相对薄弱处产生裂隙，甚至直接被拉断。

(2) 当天然气管道横坡敷设时，管道的敷设方向与主滑方向垂直，坡体若产生下滑，则管道受到横向剪切力。当管道的抗剪强度低于坡体下滑造成的剪切力时，管道因坡体下滑的应力被剪断。值得注意的是，在相同的管道材质及管径等情况下，管道的抗剪能力要远低于管道的抗拉能力。

(3)当天然气管道被敷设在滑坡剪出口下方，下滑山体下滑时会不断在天然气管道上部堆积、覆盖，破坏管道施工区的地貌地形，形成稳定性差的斜坡，在极端天气和突发事件(暴雨、地震)的影响下，移动的滑体可能导致天然气管道被剪断。

(4)当天然气管道敷设于滑坡体后缘外侧时，受极端天气或较差岩土体性质影响，滑坡进一步向滑坡体后缘扩大或因其他原因引起滑坡体二次发育时，也有可能造成管道受剪切力而产生破裂、断裂。

2. 泥石流

泥石流是指在山区或者其他沟谷深壑、地形险峻的地区，因为暴雨、暴雪或其他自然灾害引发的山体滑坡并携带有大量泥沙以及石块的特殊洪流。是由于长时间的降水使沟床或山坡的固体堆积物被大量水体浸透而导致稳定性降低，在一定的地形条件和自身重力作用下，进行向下运动，形成泥石流。典型的泥石流是由富含黏土及粉砂和含量为30%，甚至高达80%的悬浮着的固体碎屑物的黏稠泥浆组成。泥石流具有突然性以及流速快、流量大、物质容量大和破坏力强等特点。

天然气管道一般以穿越、顺沟以及跨越等方式穿过泥石流沟谷进行敷设。泥石流具有较强的侵蚀和冲刷能力，一方面可能会导致管道被淤埋，使管道承受的外压力增加；另一方面在冲刷力作用下，还可能使管道外露、悬空，引发管道安全事故。通常对于穿过泥石流区域的天然气管道存在管道移位、变形甚至冲断的风险。

3. 水毁灾害

管道水毁是指由水动力引发的灾害，主要分为河沟道水毁和坡面水毁两类，其表现形式有：洪水冲击、溪流冲击、河床下切、河流改道、冲沟、地表冲刷、坡面滑垮塌等。

4. 危岩崩塌

危险岩石崩塌是在一定的自然条件、地质条件、重力条件的作用下，部分组成斜坡的岩石土体向下崩落运动，岩体崩落称为危岩体，大规模的崩塌被称为山崩。与上述的几种常见地质灾害相比较，由于危岩崩塌地面积小，对管道的破坏规模并不大，但其具有突发性强的特点，同时，存在威胁巡线人员的安全可能。

3.8.4.2 地质灾害风险控制

管道地质灾害风险控制规划方案应在风险评价、分级基础上制定，不同的风险等级采取相应的控制措施，风险控制以管道为主要保护对象。地质灾害风险等级控制措施见表3－8－7。

表3－8－7 地质灾害风险等级控制措施

风险等级	风险控制措施
高	防治、改线等风险消减措施，在风险消减措施实施前宜先进行监测
较高	重点巡检、专业监测或风险消减措施
中	重点巡检或简单监测
较低	巡检
低	不采取措施

1. 巡视检查

加强对天然气管道全面巡检，观察滑坡体变形情况，判断是否出现垮塌、沉陷、松弛、裂缝等问题，重点检查裂缝的宽度变化情况。对于地质灾害易发生区域以及地形地貌复杂区域，需要进行定期巡视检查，将日常巡检方式与定期巡检方式进行有效结合。

2. 地质灾害专业监测

(1)在管道设计与勘察阶段，对沿线地质情况进行考察、评估，判断可能发生的地质灾害，依据预评估结果选择或调整方案，加强地质灾害防护。

(2)利用地球遥感图像进行监测，再用地理信息系统对管道沿线可能造成地质灾害的重点区域(例如地震多发区、断裂带等)进行标度，掌握宏观地理环境，有效应对管道工程将会面临的地质灾害问题，提升地质灾害监测效率。

3. 跨断层管道防护措施

天然气管道应敷设在开阔区域，并采取有效的抗震措施，提升天然气管道的抗震能力。天然气管道应该注意适当增加管道壁厚度，减小应力集中。管道敷设时应尽量避免与断裂带相交。此外，管沟回填时选择黏度小、密度中等并且易于运输的土料。

4. 不稳定斜坡区域的管道防护措施

天然气管道施工中穿越稳定性比较差的斜坡土层时，为降低事故发生率，应加强水土治理。具体方式有：对滑动面进行加固处理，同时结合实际情况应用抗滑桩、挡土墙等方式稳固斜坡体，加强斜坡排水，通过导流的方式，将滑坡地表水引入地下。

5. 管道防洪措施

天然气管道穿越河床、河滩等复杂地形时应采取有效的防护措施。对河床段的破坏情况进行巡视检查，根据河道特点选用刚性防护措施或者柔性防护措施。天然气管道穿越大型河道，则应该采用刚性防护措施。管道敷设位置为容易受到冲刷作用的土质，则应该尽量选用柔性防护措施。除此以外，如果河床稳定性比较差，可采用管桩加固施工方式进行加固处理。

3.8.4.3 地灾治理措施

1. 滑坡灾害治理

(1)局部覆盖。滑坡体由于巨大的体积会产生巨大的重力，应力分布在滑坡体的底部最为明显，滑坡现象的逐渐加剧，滑坡体的重力和应力负荷也会逐渐加重，特别在降雨条件下，雨水渗入到滑坡体内部，会使滑坡体的重力增大，滑坡体底部的应力作用也愈加明显。在未对滑坡体进行全面治理的情况下，应对滑坡体采取覆盖措施，避免雨水渗入，进而避免更大滑坡险情发生。

(2)工程治理。①将边坡放缓。此种施工方式治理滑坡体最为简洁，且安全、经济，通过削坡作业降低滑坡体的坡度，提升整体坡体的稳定性。②滑坡体的削坡。对边坡的实际情况进行考察，滑坡体的开挖以及分级削坡需要进行一定的挡墙设计。③抗滑支挡工程。用抗滑桩＋桩间挡板＋截排水系统进行设计治理。

(3)植被保护。在对滑坡体清除之后，应在附近区域进行必要植被保护措施，针对当地的实际情况选择适宜生存的植被种植，利用植被根系之间的连接作用，使土体结构受到自然作用加固，进而避免降雨对边坡造成剧烈的冲刷作用，降低滑坡可能。

2. 危岩崩塌灾害治理

(1)危岩清理。针对危岩体以及坡面崩塌堆积体，可采用爆破清理孤立的危岩体以及人工清除分布于整个坡面的不稳定危石。危岩清理分为两部分，对稳定性差、孤悬于斜坡顶部的危岩，采用爆破方式清除；人工清除分布于整个坡面除防护部分以外的零星不稳定堆积体、危岩。为避免危岩在清除过程中滚落，威胁周边居民生命安全，在施工前，应采用钢管脚手架结合竹胶板于公路内侧搭设安全防护挡板。

(2)主动防护网。SNS主动防护系统是用高强度钢丝格栅为主的各类柔性网覆盖或包裹在需防护的斜坡或危石上，以限制坡面岩土体的风化剥落或破坏以及危岩崩塌，并且不破坏和改变坡原有地貌形态和植被生长条件。

(3)截水沟。为防止上游水较大冲刷现有坡面，应在距坡顶边缘修建浆砌石截水沟。根据汇水面积，准确计算过流断面面积。

3. 水毁治理

(1)冲刷防护。洪水冲刷是造成水毁的一个主要原因，对此，可以在坡脚、坡面、沿河段等位置布设防护措施，根据河床泥沙流动规律、河道的弯度、水流的特点等因素，结合冲刷变形的具体情况，明确水毁类型，预测冲刷范围，制定有针对性的防护措施。

(2)水毁灾害防治。针对水毁灾害的类型不同制定相应的灾害防护措施，主要有坡面防护和冲刷防护两种类型。其中坡面防护分为植物防护和灰浆防护，植物防护的方式可以采用植草、植树、铺草皮等，灰浆防护可以采用抹面、喷浆、灌浆、勾缝等。冲刷防护中的直接防护有修建护面墙、砌石护坡、抛石、土工织物等方式，间接防护有河道整治、导流构造等方式。

(3)完善防护工程。在防护工程的建设过程中，根据不同水毁类型制定相应防护措施，保障防护策略的有效性。

3.8.5 管道防腐

3.8.5.1 腐蚀的定义及分类

广义的腐蚀定义为：材料在环境的作用下引起的功能失效。

金属及其合金的腐蚀主要是化学、电化学引起的破坏，有时伴随有机械、物理或生物作用，不包含化学变化的纯机械破坏不属于腐蚀范畴。目前广泛接受的材料腐蚀定义是：材料因受环境介质的化学作用而破坏的现象。

按材料种类分为金属腐蚀和非金属腐蚀。非金属腐蚀对油气田输送管道来讲，最主要的是塑料、油漆等；对聚乙烯塑料讲，主要是光氧老化和热氧老化；对碳钢和低合金钢，常见的腐蚀按其作用原理分为化学腐蚀和电化学腐蚀。

1. 化学腐蚀

化学腐蚀指金属与非电解质直接发生化学作用而引起的破坏，它细分为气体腐蚀和在非电解质溶液中的腐蚀。

(1)气体腐蚀。

一般是指金属在干燥气体中发生的腐蚀，如轧制氧化皮、焊接氧化皮。

(2)在非电解质溶液中的腐蚀。

化学腐蚀是在一定的条件下，非电解质中的氧化剂直接与金属表面的原子相互作用，即氧化还原反应是在反应粒子相互作用的瞬间与碰撞的那一个反应点上完成的。在化学腐蚀过程中，电子的传递是在金属与氧化剂之间直接进行，因而没有电流发生。

2. 电化学腐蚀

电化学腐蚀指金属与电解质发生电化学反应而产生的破坏。任何一种按电化学机理进行的腐蚀反应至少包括一个阳极反应和一个阴极反应，并与流过金属内部的电子流和介质中定向迁移的离子联系在一起。阳极反应是金属原子从金属转移到介质中并放出电子的过程，即氧化反应；阴极反应是介质中的氧化剂夺取金属的电子发生还原反应的还原过程。

3.8.5.2　管道的腐蚀防护

腐蚀是影响系统使用寿命和可靠性的关键因素，是造成管道事故的主要原因之一。油气管道，特别是大口径、长距离、高压力油气管道的用钢量及投资巨大，因腐蚀引起泄漏、管线破裂等事故不但损失重大、抢修困难，而且还可能引起火灾爆炸及环境污染。因此，必须针对管道可能出现的腐蚀危害，采取可靠的保护措施。

1. 涂层保护

涂层保护是在金属表面覆以防腐绝缘层，使金属与腐蚀环境隔离，无法构成金属电化学腐蚀条件，从而达到保护目的。

埋地钢质管道所使用的防腐覆盖层主要有石油沥青、煤焦油瓷漆、聚乙烯胶黏带、熔结环氧粉末及复合覆盖层等。好的防腐层具有良好的热稳定性、化学稳定性、生物稳定性及机械强度高、电阻值高、渗透性低等特点。防腐层性能越优良，在保证良好的安装条件和后期管理的前提下，油气管道的防腐情况就越好，使用寿命就越长。

石油沥青防腐层在大多数干燥地带使用良好。煤焦油瓷漆具有较好的抗细菌腐蚀和抗植物根茎穿透能力，施工工艺也较成熟，应用较广。聚乙烯胶黏带具有较好的防腐性，价格便宜，施工工艺方便，质量容易控制。熔结环氧粉末涂层具有较好的黏结力、防腐性及较好的耐温性，因其黏结力强、抗阴极剥离性良好，故能很好地与阴极保护相配合。

常用防护涂料的种类和品种相当多，工程中应根据不同的使用环境、性能和要求，同时考虑涂层寿命、价格、施工条件、环保等因素进行选择。

2. 电化学保护

电化学保护分为阳极保护和阴极保护。

(1)阳极保护。

阳极保护是使被保护金属处于稳定的钝性状态的一种防护方法，可通过外加电源进行极化或添加氧化剂的方法达到防护目的。阳极保护方法要求金属管道在所处腐蚀环境中具有钝化性，仅适用于强酸、强碱腐蚀环境的容器和管道上。

(2)阴极保护。

阴极保护是一种借助外加电源对管道施加电流，使管道成为阴极，从而得到保护的方法。根据提供电流的方式不同，对埋地管线的阴极保护通常有外加电流法、牺牲阳极法两种保护方法。①外加电流法是利用外部直流电，通过辅助电极向被保护体施加电流，使被保护体成为电化学反应阴极的阴极保护方法。②牺牲阳极法是利用活泼的合金与被保护体连接，向被保护体提供电流，使被保护体成为电化学反应阴极的阴极保护方法。

对于一般的埋地段管线可采用外加电流法的阴极保护，而对于穿越铁路、公路、河流或江河等带有外套管的管道，由于金属套管的屏蔽作用而不宜采用外加电流法时，可采用镁或镁合金、锌或锌合金作阳极的牺牲阳极保护。

外加电流阴极保护方式需要建立由电源设备和站外设施两部分组成的阴极保护站。其中电源设备是外加电流阴极保护站的“心脏”，它由提供保护电流的直流设备及其附属设施(如交、直流配电系统)构成。站外设施包括汇流点装置、阳极地床、架空阳极线路或埋地电缆、测试桩、绝缘法兰、均压线等，站外设施是阴极保护站不可缺少的组成部分。

阳极地床又称辅助阳极，是外加电流阴极保护中的重要组成部分。阳极地床的用途是通过它把保护电流送入土壤，再经土壤流入管道，使管道表面进行阴极极化而防止腐蚀。阳极地床在保护管道免遭土壤腐蚀的过程中自身会遭受腐蚀破坏，因此阳极地床代替管道承受了腐蚀。

阳极地床与管道的距离决定了保护电位分布的均匀程度。阳极地床与管道的距离越远，电位分布就越均匀。一般认为，长输管道阳极地床与管道通电点的距离在300～500m较为适宜，在管道较短或管道密集的地区，采用50～300m的距离较为适宜。

采用阴极保护的长输管道，保护效果的好坏主要取决于管道沿线防腐绝缘层质量、土壤腐蚀性能、阴极保护参数等因素。油气长输管道和油气田外输管道必须采用阴极保护；油气田内的集输干线管道应采用阴极保护；其他管道和储罐宜采用阴极保护并且阴极保护系统应有检查和监测设施。阴极保护工程应与主体工程同时勘察、设计、施工，并应在管道埋地6个月内投入运行。长输管道的阴极保护是防止管道腐蚀的重要措施，在国内的管道防护中得到了广泛应用。

3. 杂散电流排流保护

杂散电流是指在土壤介质中存在的一种大小、方向都不固定的电流，管道受到的杂散电流腐蚀是由于外界的杂散电流使处于电解质溶液中的金属发生电解而造成的腐蚀。其腐蚀来源有两种，一种是直流杂散电流腐蚀来源：直流电气化铁路、地下电缆漏电、电解电镀车间、直流电焊机等。另一种是交流杂散电流腐蚀来源：高压交流输电线路、交流电气化铁路供电线路等。杂散电流虽然会引起管道的腐蚀，但利用杂散电流也可以对管道实施阴极保护，即排流保护。通常的排流保护有以下三种：

(1)直接排流保护。当杂散电流的极性稳定时(直流干扰)，管道接干扰源的负极，在排流的同时管道得到保护。

(2)极性排流保护。当杂散电流的极性正负交变时(交流干扰)，通过串入二极管将杂散电流正向排回干扰源，保留负向电流作阴极保护。

(3)强制排流。在没有杂散电流时通过电源、整流器供给管道保护电流，当有杂散电流存在时，利用排流进行保护。

3.8.5.3 管道外壁土壤腐蚀

1. 土壤腐蚀的原因

(1)土壤是固态、液态、气态三相物质组成的混合体，土壤中的水溶解有离子导电的盐类，使土壤具有电解质特征，因而碳钢、低合金钢在土壤中将会发生电化学腐蚀。

(2)由于工业和民用直流电有意或无意排入或漏泄至大地，当这些杂散电流流过埋地的碳钢、合金钢构筑物时，在电流流出点发生电解，产生电解腐蚀。

(3)土壤中细菌作用引起细菌腐蚀。

2. 土壤性质对腐蚀过程的影响

(1)含盐量对腐蚀的影响。氯离子和硫酸根离子含量越大，土壤腐蚀性越强。

(2)在一定范围内，含水量越高，腐蚀性越强。

(3)土壤含氧量差异越大，氧浓差腐蚀越大。

(4)土壤电阻率越低，腐蚀性越强。

3. 土壤腐蚀的特点

(1)由于土壤性质及其结构的不均匀性，不仅在小块土壤中能形成腐蚀原电池，而且通过不同土壤地带的埋地管道会形成宏电池腐蚀，其腐蚀原电池可达数十千米远。

(2)除酸性土壤外，大多数裸钢腐蚀的主要形式是氧浓差腐蚀。

(3)腐蚀速度比在一般水溶液中慢，特别是受土壤电阻率的影响，有时土壤电阻率的大小成为腐蚀速度的主要控制因素。

4. 土壤中的细菌腐蚀

在透气性差的环境中，当土壤中含有硫酸盐时(一般都有)，硫酸盐还原菌(一种厌氧性细菌)在缺氧的条件下繁殖，在它们的代谢过程中需要氢或某些还原物质，将硫酸盐还原成硫化物，利用能量而繁殖。

由于硫酸盐及 H^+ 的存在，金属在土壤腐蚀过程中阴极反应会产生原子态氢，在土壤中它附着在金属表面不能形成连续气泡逸出，造成阴极极化使腐蚀速度明显下降。但硫酸盐还原菌的存在恰好给原子态氢找到了出路，把 SO_4^{2-} 还原成 S^{2-}，再与 Fe^{2+} 化合成黑色的 FeS 沉积物，硫酸盐还原菌起到了去极化剂的作用，使腐蚀速度加快。

细菌参加阴极反应过程加速了金属腐蚀，当土壤 pH 值在 5～9、温度为 25～30℃时最有利于细菌繁殖，pH 值为6.2～7.9 的沼泽地和洼地中，细菌活动最激烈，当 pH 值超过9时，硫酸盐还原菌的活动受到抑制。

5. 管道的应力腐蚀

在天然气工业发展较早的美国、加拿大、俄罗斯等国，曾经发生压气站下游 30km 内的管道外壁产生应力开裂事故。经深入调查发现，高强度钢在输送温度超过60℃时，在某些条件下，会产生应力开裂现象。最常见的是防腐层剥离部位，在剥离层下聚积 Na_2CO_3 或 $NaHCO_3$溶液，有时有 $NaHCO_3$ 晶体，这是诱发高强度钢发生 SCC(应力开裂)的环境。阴极反应生成的 OH^- 和 CO_2 反应生成 CO_3^{2-} 和 HCO_3^-，再与 Na^+ 反应生成 Na_2CO_3 或 $NaHCO_3$，在温度超过60℃时，高强度钢在内压、残余应力及腐蚀产物三者综合作用下，净应力便是应力腐蚀开裂过程的推动力。为防止应力开裂，在美国规范 NACE RPO169 中就明确规定：当管道运行压力和条件有利于产生应力腐蚀开裂时，为使管道实现阴极保护，所用的电极电位要注意不能只比 -0.85V 略负一点。德国标准 DN30676 则明确规定，输送温度在 60℃以上，管道最小保护电位为 -0.95V；德国标准 DIN30671《埋地钢质管道热固性塑料涂层》第 4.2.12 条规定："对于聚氨酯和焦油涂层，在 300h 后，每 100g 涂层材料的 CO_2 释放量 48h 内不允许大于 3mg。"所有这些规定都是为防止高强度钢管在使用过程中出现阴极保护产生的应力开裂问题。

从相关资料获悉，目前发现的应力开裂管道多为石油沥青、煤焦油瓷漆、聚乙烯胶黏带防腐管道。这些防腐层涂敷前钢管的表面处理很不严格，都没有要求除去附着紧密的氧化皮。德国曼内斯曼研究所曾经进行了长期的防腐层实验室试验，得出的结论为：表面有氧化皮的钢管出现开裂，表面无氧化皮的钢管均未出现开裂，彻底的表面处理是防止应力开裂的有效手段。这项结论就解释了加拿大未发现熔结环氧粉末涂层钢管产生应力开裂的根本原因，因为熔结环氧粉末涂层要求涂敷前钢管表面必须除锈至 S2.5 级，氧化皮已基本除净。国内新建工程广泛采用的三层 PE，底层为熔结环氧粉末，所以钢管的表面处理要求也至少达到 S2.5 级，不用太担心应力开裂问题。

6. 电偶腐蚀

在土壤中，电极电位不同的金属相互连接起来，由于电极电位差也产生电偶腐蚀，比钢的电极电位更正的铸铁、球墨铸铁、不锈钢、铜等都不能在土壤中与钢质管道电气直接连通。因为这些金属电极电位正将成为腐蚀电位的阴极，钢因电极电位负，而成为阳极不断消耗。阴极保护的第一个实例就是英国化学家戴维将铁焊在包有铜板的战舰上，铜板在海水中基本无腐蚀，而铁块则严重腐蚀。日常生活中常见的自来水管接头特别容易生锈就是电偶腐蚀的例子。除了不同金属在土壤中存在电偶腐蚀外，钢管表面的热轧氧化皮与钢管之间也存在电极电位的差异，氧化皮电极电位较钢管为正，钢管成为氧化皮的腐蚀阳极，在强腐蚀性土壤中会造成严重腐蚀。另外，光亮新管道和锈蚀的旧管道的电极电位也不相同，新管成为阳极比旧管腐蚀要快。在薄涂层条件下，由于薄涂层水汽渗透率高，绝缘电阻不高，有涂层处的电极电位比无涂层裸露部电极电位正，无涂层部位成为阳极，形成大阴极小阳极。这就是一些涂层管道腐蚀穿孔的速度比裸管更快的原因之一。

7. 杂散电流腐蚀

大地中的杂散电流通常有交流和直流两种，直流杂散电流的强度强，发生频率高，危害严重。直流杂散电流主要来源于电气化铁路、直流电解系统，管道外加的阴极保护系统等，流入大地中的直流杂散电流一旦导过土壤流入埋地钢质管道，在流出点将发生严重的电解腐蚀。钢铁溶解速度服从法拉第定律，大约为10kg/(A·a)。一般来说，交流杂散电流引起的腐蚀比直流杂散电流小很多，在正半周只有1%的腐蚀是按阳极反应进行，其余99%的腐蚀或者是氧化原系统电容放电所致。

铁在交流电流密度达20A/m^2时，腐蚀速率为0.1mm/a，德国的研究结果是，只有交流电流密度不小于50A/m^2才会产生严重腐蚀。中国于1973年开始研究交流电流腐蚀，1976年中国科学院福建物质结构研究所二部得出的结论是交流电流密度不小于30A/m^2时，才会带来加速腐蚀，其腐蚀速度相当于直流电的0.3%～0.5%，阴极保护能明显减轻交流电流腐蚀。但是当交流电流密度超过50A/m^2时，即使阴极保护电位满足比-0.85V更负，照样存在明显的腐蚀。

3.8.5.4 碳钢、低合金钢土壤腐蚀控制

埋设于土壤中的钢质管道和设备，为减缓土壤腐蚀采用涂层防腐和阴极保护两种腐蚀控制措施。涂层防腐的原理就是使钢与电解质隔离，彻底防止电解质(土壤)对钢的电化学腐蚀。但现实情况是防腐层不可能完整，总是有着或多或少的破损，破损点的钢铁暴露在电解质中将遭受电化学腐蚀。根据钢铁在土壤中的极化曲线，对钢铁施加阴极电流，使金属的表面成为电化学电池的阴极而减缓金属的腐蚀。这就是阴极保护技术。对处于电解质中的碳钢、低合金钢的腐蚀控制，一般都是采用涂层加阴极保护的办法来控制腐蚀速度，达到延长使用寿命的目的；在直流杂散电流干扰的条件下，往往采取电隔离加排流保护；对于异种金属接触，一般应采取电隔离技术阻止电偶腐蚀的产生。

3.8.5.5 常用外防腐涂层

常用外防腐涂层有石油沥青、煤焦油瓷漆、环氧煤沥青、聚乙烯胶黏带、熔结环氧粉末、挤压聚烯烃(两层PE、三层PE、三层PP)。

1. 石油沥青

用石油沥青作埋地钢质管道外防腐涂层，曾经在中国居垄断地位。石油沥青的防腐性

能较好，材料来源充足、施工技术成熟。主要缺点是：石油沥青低温时硬而脆，随着温度的升高硬度急剧下降，压痕硬度低，受到压力后极易产生冷流现象；机械强度低，吊装、运输、施工各环节稍有不慎极易损伤；随着输送介质温度升高，老化速度明显加快；抗植物根穿透性能差；不耐微生物腐蚀；熬制过程中对环境有一定程度的污染，因此目前用量呈大幅度下降之势。

2. 煤焦油瓷漆

煤焦油瓷漆是由高温煤焦油分馏得到的重质馏分和煤沥青，添加煤粉和填料(如滑石粉)加热熬制而成，按行业标准，根据环球软化点、针入度、低温开裂三项指标的不同分为A、B、C三种牌号，按结构不同又分为三种级别防腐涂层，即普通级为一油一布，加强级为二油二布，特强级为三油三布。与石油沥青防腐层采用中碱玻璃布不同的是中间布采用无纺玻璃布；外缠带不是聚氯乙烯工业膜而是浸渍了煤焦油瓷漆的加厚无纺玻璃纤维毡；按1S05256标准分为三种级别，最小厚度分别为3.0mm、4.0mm及6.0mm(国内标准为2.4mm、3.2mm、4.0mm)。

煤焦油瓷漆在西方如同石油沥青在前苏联和中国一样是传统的埋地钢质管道外防腐材料，早期为纯煤焦油沥青，加强物为黄麻织品，为提高防腐层的热稳定性和机械强度，改进为煤焦油瓷漆。它具有优异的防腐性能、耐植物根制、耐细菌腐蚀；但与石油沥青一样，低温时硬而脆，随着温度升高硬度迅速下降、压痕硬度低、机械强度差，对操作工人和环境有一定的毒副作用。

3. 聚烯烃胶黏带

早期的聚烯烃胶黏带的致命弱点是对未作极化处理的背材黏结力低，基于使用过程中出现的问题，20世纪90年代发展起来一批自黏性胶黏带、双面胶带等改进型产品，解决了背材的黏结问题，但聚烯烃胶黏带的致命弱点是耐土壤应力差。温度较高时发软、抗冲击耐划伤性能差等缺陷没有得到根本的改善，所以20世纪80年代中期起，聚烯烃胶黏带就很少用于长距离、中口径以上的管道防腐；由于聚烯烃胶黏带施工比较方便，目前广泛用于涂层管道翻修、埋地三通、弯头以及不便于预制厂预测的短、小管道外防腐。

4. 熔结环氧粉末

单层FBE阴极剥离半径小、抗土壤应力好、原材料耗量少、成本相对便宜；但涂层薄而脆，水汽渗透率高，与挤压聚烯烃涂层相比，机械强度低，运输、施工过程中极易产生贯穿性损伤。为提高熔结环氧粉末涂层的耐水性和耐磨性，美国OBRIEN公司于1922年推出了双层熔结环氧粉末(双层FBE)涂层，内层还是原有的环氧粉末，外层添加了约15%聚烯烃的环氧粉末。

5. 聚烯烃

聚烯烃涂层是指采用挤压法和熔结法生产的聚乙烯涂层以及挤压法生产的聚丙烯涂层。聚乙烯(PE)和聚丙烯(PP)都是非极性材料，挤压法生产的聚烯烃涂层都有一层黏结剂，熔结法生产聚乙烯涂层是在聚乙烯粉末中添加了极化剂，否则与金属材料不粘。目前两层PE的胶黏剂已改为性能更优良的共聚或接枝型硬质胶黏剂。聚乙烯防腐层按德国、法国和中国标准最高使用温度为70℃；70~100℃输送温度的管道采用聚丙烯防腐涂层。聚乙烯的最高熔化(HDPE)温度为131℃，聚丙烯的熔化温度达到170℃，所以聚丙烯的高温性能优于聚乙烯；但聚丙烯(PP)的低温性能远不如聚乙烯，其低温脆化温度在-10~

27℃之间，而聚乙烯的低温脆化温度随分子质量的增加而降低，一般高密度聚乙烯的脆化温度低于－70℃，低密度聚乙烯脆化温度低于－50℃，根据这一特性，不是输送温度超过70℃，尽可能采用PE而不太用PP。

两层结构聚乙烯涂层具有抗冲击强度高、水汽渗透率低、耐细菌腐蚀、几乎无针孔等优异性能，但是采用热熔胶等软质黏结剂的两层PE防腐管，埋地之前，随环境温度的变化，会出现聚乙烯涂层伸长与收缩的缺陷，且可能产生涂层脱落的弊病。德国曼内斯曼研究所和巴斯夫化学工业公司合作研究10年，于20世纪80年代中期将熔结环氧粉末和两层PE结合起来，推出了著名的MAPEC结构即三层PE和三层PP涂层。MAPEC结构既充分利用了环氧树脂对钢材表面的高黏结力，又充分发挥了外层聚烯烃的机械强度高、水汽渗透率低等优点，形成了一个比较完善的涂层结构，该涂层是目前欧洲的首选涂层。我国于20世纪90年代中期从国外引进MAPEC结构，名称定义为挤压聚乙烯(或聚丙烯)三层结构防腐层，简称三层PE和三层PP。

6. 外防腐涂层补口

常用的外防腐涂层基本上采用在专业的防腐厂预制，一根根涂敷好的防腐管在现场再焊接起来，因此存在着环焊缝补口问题。美国防腐工程师协会规范《埋地或水下金属管线系统的外部腐蚀控制》(NACE RP0169)规定："焊口、管接头和相配物必须采用与原有涂层相容的材料予以涂敷"。《埋地钢质管道外壁有机防腐层技术规范》(SY/T 0061—2004)要求："设计部门应根据管道主体防腐层材料类型和管道使用要求、环境条件、施工条件及经济性等方面的要求，选用相应的补口及修补材料。防腐层补口及修补材料应与主体防腐层相容，并保证补口及修补处防腐层的完整性且满足施工工艺对防腐层补口及修补处的机械性能要求"。

3.8.6 阴极保护

3.8.6.1 阴极保护原理

埋地钢质管道主要受到浓差腐蚀，裸露部位总会出现阳极区和阴极区。在阳极区，腐蚀电流从钢铁表面流出，进入周围的土壤，钢表面遭受腐蚀；在阴极区，腐蚀电流从周围土壤中流入钢的表面，该区域腐蚀速率极小。阴极保护就是给埋地钢质管道提供一个直流电源，使钢质管道的裸露部位都是电流的流入点，使其电位负移，调节电流量，使整个管道都成为阴极区，达到控制腐蚀的目的，这就是阴极保护技术。

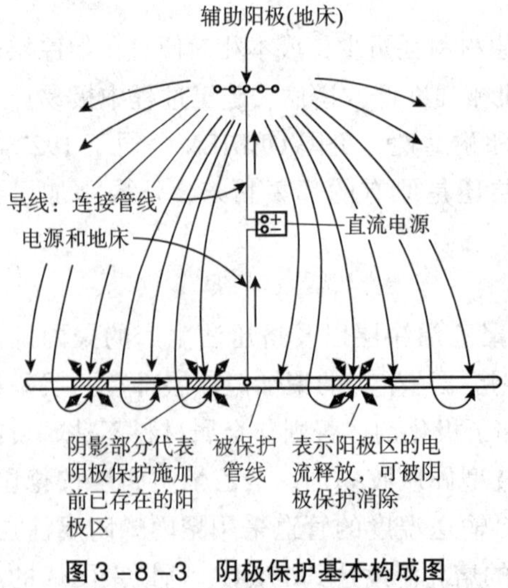

图3－8－3 阴极保护基本构成图

图3－8－3是阴极保护的基本构成图，图中直流电源正极接辅助阳极(地床)，负极接受保护的管道，直流电通过地床流入土壤中，再经过土壤流入裸露的埋地管道，最后通过电缆回到直流电源负极。在图中，要使得阴极保护强制性地流入原来流出腐蚀电流的阳极区，其驱动电压必须比原管道腐蚀电池的驱动电压高，

否则不可能实现被保护管道的阴极保护；同理，原腐蚀电池的阴极区(自然电位较阳极区正)将得到比阳极区更多的阴极保护电流，使其电极电位负移得更多。

3.8.6.2 阴极保护方式

向埋地钢质管道(含水下)提供阴极保护电流的方式有两种。

1. 牺牲阳极保护

牺牲阳极保护又名牺牲阳极保护法；牺牲阳极的阴极保护法。是利用原电池的原理，防止金属腐蚀的方法。具体方法是将还原性强的金属作为保护极，与被保护的金属相连构成原电池，还原性强的金属将作为负极发生氧化还原反应而牺牲消耗，被保护的金属作为正极，免于被腐蚀。这种方法是消耗牺牲了作为阳极(原电池的负极)的金属，保护了阴极(原电池的正极)金属，因此称作牺牲阳极保护法。通俗地说就是利用阳极金属的腐蚀来保护阴极金属减缓腐蚀。

牺牲阳极保护是一项系统工程，需要进行详细工程计算、阳极金属材料选取，搭配方式等设计施工，才能实现最佳的阳极牺牲保护阴极设备、管道等设施减缓腐蚀，延长使用寿命。

2. 强制电流阴极保护

牺牲阳极对管线钢的驱动电压低，输出电流有限，强制电流则不然，其输出电压能够根据需要大范围地调节，输出电流也可很方便地根据管道阴极保护需要量进行人工或自动调节，更适合于较长管道的阴极保护。强制电流阴极保护是采用一个直流电源(最常用的是恒电位仪和硅整流器)，正极接辅助阳极，负极接管道；直流电源提供的直流电流，通过辅助阳极(地床)流入大地，再通过土壤流入管道回到电源负极。辅助阳极通常采用消耗率低的材料，使其使用寿命较长；为了充分发挥强制电流阴极保护站的保护范围，原则上辅助阳极形成地电位上升的影响区与被保护管道产生的地电位下降区不应重叠，因此，辅助阳极与被保护管道的距离与土壤电阻率、入地电流、辅助阳极长度有关。

3.8.6.3 阴极保护准则

阴极保护准则是用来判断金属构筑物是否达到充分有效保护的判据标准。保护电位 E_p，是腐蚀速率小于0.01mm/a时的金属对电解质电位。这一腐蚀速率足够小，以至于在设计寿命内不会发生腐蚀破坏。阴极保护的准则为 $E \leqslant E_p$。

某种金属的保护电位一定程度上取决于腐蚀环境，但主要取决于所用的金属类型。保护电位准则仅适用于金属构筑物/电解质界面处的电位，即不含介质 IR 降的电位。

有些金属在很负的电位下可能受到腐蚀破坏。对于这些金属，保护电位不应比极限临界电位 E_1 更负。在这种情况下：$E_1 \leqslant E \leqslant E_p$。

目前普遍认可的阴极保护准则有三种，分别是通电电位 -850mV 准则、极化电位 -850mV 准则和100mV 极化值准则。

1. 通电电位 -850mV 准则

该准则是在施加阴极保护时阴极电位至少为 -850mV，这个电位是相对于电解质接铜/饱和硫酸铜参比电极测得的。为了准确地分析电压测量结果，必须考虑除去构筑物 - 电解质界面之外的那些电压降。这种方法简单易行，但目前对测量降的影响没有引起足够的重视，其结果是很多被认为阴极保护良好的金属构筑物发生腐蚀穿孔。

尽管通行的管地电位测量方法简便省事，但所测得的电位并不是管道的真实保护电位，而是含有相当大电压降成分在其内，只有断电电位通常才是管道真实的保护电位。有效的方法是实际测量几个点的 *IR* 降，保护电位按 0.85*IR* 降来确定。*IR* 降可以通过通电电位减去瞬时断电电位来获得。对于最大保护电位的确定也应以断电电位为准，只要管道断电电位不超过标准要求，通电点电位再大也不会引起氢致破坏。

综上所述，通电电位 -0.85V(CSE)准则的最大优点：简单方便，省工省事，所需测量时间最少。缺点：测得的电位值含有金属构筑物、电解质界面以外的所有电压降；在解释准则的有效性时，应考虑到电压降问题。

2. 极化电位 -850mV 准则

当构筑物相对于铜/饱和硫酸铜参比电极的极化电位至少 -850mV 时就能达到充分保护，极化电位的含义是构筑物/电解质界面上的电位，它是腐蚀电位与阴极极化值之和。主要应用于可以切断直流电源的带涂层的构筑物。对于输气管线而言，切断所有的电源、牺牲阳极等是极为困难的。因此，该准则的优缺点都很突出。与其他方法相比，极化电位 -0.85V(CS)准则的优点：已消除由保护电流所引起的电压降误差；主要适用于可以切断直流电源的带涂层的构筑物。缺点：需要设备多，且费工费事；如果有杂散电流，或牺牲阳极与构筑物直接相连，或存在外部强制电流设备并且不能被中断的话，其结果有很大的不确定性；受测量方法、测量季节、测试点的变化，以及构筑物表面涂层状况、大地电流效应、介质条件的影响等，也存在误差问题。

3. 100mV 极化值准则

当构筑物表面与稳定参比电极之间的最小阴极极化值达到 100mV 时，便可认为达到充分保护。极化值可通过测量极化形成或衰减来测得。在测量之前，应确认阴极保护正常运行，构筑物已充分极化。测量时，对测量区间有影响的阴极保护电源应安装电流同步中断器，同步中断所有阴极保护电流。

采用极化形成法测量是在施加阴极保护之前，先测量金属构筑物的自然腐蚀电位，然后施加阴极保护电流，待构筑物充分极化后，进行断电电位测量。然后比较断电电位和自然电位，如果电位差超过 100mV，那么便满足了本准则的要求。

采用极化衰减法测量时首先断开保护电流，可立即测得金属构筑物的瞬间断电电位，此后持续测量到的是金属构筑物的去极化电位。该瞬间断电电位和去极化电位之差值就是实际极化值。只要去极化达到了 100mV，即可满足极化值准则要求。但不一定要求去极化电位完全回复到自然电位。

100mV 极化值准则不仅可以用于钢质和铸铁构筑物，也可用于铝质、铜质构筑物，以及混凝土中的钢筋。与其他方法相比，100mV 极化值准则的优点：裸管或涂覆层很差的管道特别适用；裸管或涂覆层很差的管道特别适用；在腐蚀电位非常低(例如，-500mV 或更负)或达到 -850mV 极化电位准则所需的电流非常大的情况下，该方法是非常有效的；以减小对涂覆层的破坏，避免产生氢脆。缺点：需测量时间长、费用高；如果有杂散电流，或牺牲阳极与构筑物直接相连，或存在外部强制电流设备并且不能被中断的话，很难测得理想结果，或者说测量结果无法分析；不能用于高温条件下，SRB 的土壤中存在杂散电流干扰及异种金属电连接的构筑物。

除以上准则外，尚有净保护电流准则和 300mV 电位偏移准则等。净保护电流准则，是在预先确定的放电点处测量从电解质流向金属构筑物表面的净保护电流，就可认为达到阴极保护。其腐蚀活性点的测定，可采用密间隔电位测试法(CPS)。此项技术最适用于裸管。通常不适用于多条管道处于同一通道，电解质电阻率较高、管道埋设较深、大直径的管道，杂散电流区域或与其他埋地构筑物没有绝缘的管道。

300mV 电位偏移准则，是以金属构筑物的自然电位为基准，再将电位负移 300mV 为最小保护电位。该准则在有些情况下似乎是可行的，但在有些情况下，是不可采用的。因为电位偏移含有 *IR* 降引起的误差。这项准则在早期版本 RP0169 中曾提出，目前国内外的标准中都已不再使用。

为了保证阴极保护准则执行准确，这些年来，国内外发布的标准规范中，对通电电位 -0.85V(CSE)准则、极化电位 -0.85V(CSE)准则及 100mV 极化值准则的测量方法进一步细化，并做了注释说明。例如，国外标准 BSEN12954：2001、ISO 15589—2003 和 NACE SP 0169—2007 等；国内标准 CJJ 95—2003、GB/T 21447—2008、GB/T 21448—2008 和 GB 50393—2008 等。其中 GB/T 21448 与 NACE SP0169 相比，更便于理解和操作。国标不仅给出了埋地钢质管道阴极保护的最小保护电位，而且给出了最大保护电位。

3.8.6.4 管道电位测试内容

1. 电位测量的一般原则

管/地电位的测量在阴极保护测量技术中有着重要意义：

(1)自然电位(自腐蚀电位)是衡量土壤腐蚀性的一个参数。

(2)施加阴极保护的管/地电位是判断阴极保护程度的一个重要参数。

(3)当有干扰时，管/地电位的变化是判断干扰程度的重要指标。

(4)测量管道阴极保护电位所配置测量仪表可选万用表。

2. 测量管道阴极保护电位参数的方法

主要选用“地表参比法”测量电位，在测量管道保护电位时，硫酸铜参比电极(CSE)应安放在管道顶端上方。地表处(一般距测试桩 1m 以内)且应选择性置于潮湿地表处，据此可以减小土壤 *IR* 降及土壤接触面电阻的影响。地表参比法主要用于测量管道自然电位和牺牲阳极的开路电位，也可用于测量管道保护电位和牺牲阳极的闭路电位。

3. 参比电极

参比电极的内阻和接地电阻是影响测量精度的一个重要因素，使用便携式参比电极前，首先要检查铜电极体表面不能有污垢，露出金属本色与光泽，其次是硫酸铜溶液必须是饱和溶液。饱和的标志是在使用过程中，溶液中一直保持有过剩的硫酸铜晶体，溶液应使用蒸馏水(不能用矿泉水)。

4. 使用万用表测量牺牲阳极电流的方法

功能转换开关指向 A，按黄色按钮键，万用表显示器就会显示 DC 符号，这是测量直流电流，再按一次键显示器就会显示 AC 符号，这是测量交流电流。在测量牺牲阳极电流时红色测试笔接在管道阴极线上，黑色测试笔接在牺牲阳极线上。

5. 使用万用表测量干扰电压方法

将功能转换开关指向 V 时万用表显示器就会显示 AC、V，这是测量交流电压的标识。再按“RANGE”键，小数点就会在这 0000 之间来回跳动，在测量干扰电压时，干扰电压都在几十伏，所以要选择 00.00，测量时如果显示数值变化不稳定，按 HOLD 键就会固定在一个数值上了。按一次就恢复原来状态。

测量交流电压时将参比电极置于管道一侧1m左右的位置，这样能减小测量误差。

6. 使用万用表测量阴极保护电位的方法

将功能转换开关指向V，万用表显示器就会显示DC、V，这是测量直流电压标识。再按“RANGE”键，小数点就会在0000之间来回跳动，在测量管道保护电位时因为要求的是整数1，后边要保留三位小数，应选0.000的标识。在测量时如果显示数字变化不稳定，按HOLD键数字就会固定在一个数值上了，再按一次就恢复原来状态。

黑色表笔应与参比电极连接，红色表笔应与测试桩接线连接，记录读数时应注意正负号，读数出现异常应及时与防腐工程师联系。

7. 牺牲阳极保护电流的测量

选用“直接测量法”，此法操作简单，主要用于管理测试，为了减小测试中数据的误差。测量时选用电流表的最大挡位，因为最大量挡的内阻一般最小。

8. 牺牲阳极开路电位测量

(1)测量前，应断开牺牲阳极与管道阴极线的连接；

(2)测量中，按正确的接线方式进行测量；

(3)将硫酸铜电极放置在牺牲阳极埋设位置上方的潮湿土壤上，保证硫酸铜电极底部与土壤接触良好；

(4)将数字万用表调至直流挡10V位置读取读数；

(5)测量完成后将牺牲阳极与管道阴极线连接。

3.8.6.5 恒电位仪定义及原理

恒电位仪整体说是一个负反馈放大－输出系统，与被保护物(如埋地管道)构成闭环调节，通过参比电极测量通电点电位，作为取样信号与控制信号进行比较，实现控制并调节极化电流输出，使通电点电位得以保持在设定的控制电位上。

从广义上讲，恒电位仪也是整流器。它是一种能自动保持被保护结构上控制点电位常数的电子仪表。为了达到稳压的目的，电路设计必须满足两个基本条件：第一，它应该有一个参考电位并且可以调节。二是调整阴极保护系统的电位。当控制的潜力点发生变化时，如电源电压的变化，环境条件的变化，或电化学反应的延续，稳压器应该有能力自动调整控制点的电势恒定的和等于给定的潜力。

1. 定义

只要仪器的放大倍数计算设计得正确，取样信号特性与仪器输入输出特性有足够的线性一致，并且调整良好，恒电位仪在额定工作范围内可使被保护物通电点的电位与设定的控制电位一致，误差一般在5mV以下。正因其有使通电点电位保持近于恒定的性质，因此称为恒电位仪。

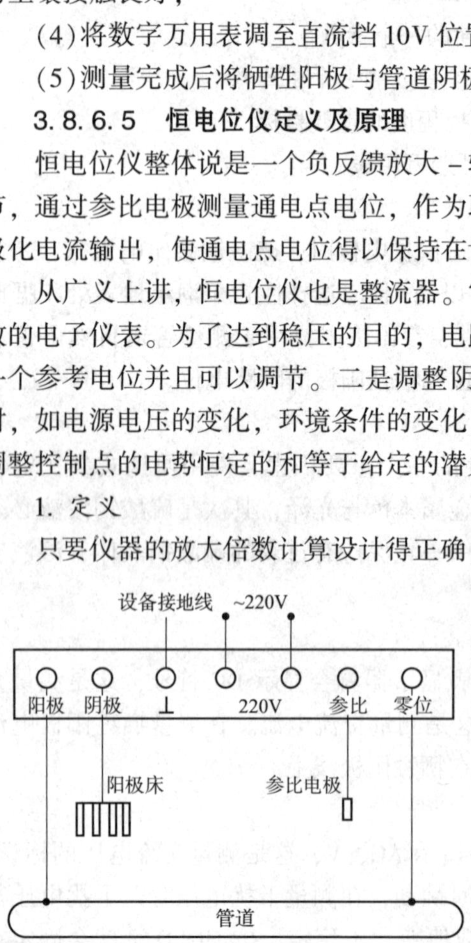

图3－8－4　恒电位仪原理图

2. 工作原理

恒电位仪是将参比信号经阻抗变换后与控制电位加到比较放大器，经比较放大后，输出与误差成正比的信号(图3－8－4)。在仪器处于“自动”工作状态下，该信号加到移相触发器，移相触发器根据该信号电压的大小，自动调整触发脉冲的产生时间，改变极化回路中可控硅的导通，从而改变输出电流、电压的大小，直至达到参比电位等于给定电位，这个过程是在不断进行的。

3.8.7 管道检测技术

3.8.7.1 管道外检测

管道外部检测项目按《石油天然气管道安全规程》(SY6186)相关规定执行，管道外部检测应适时正常开展。外部检测内容：①管道损伤、变形等缺陷；②管道防腐层；③管道附件；④管道标志桩、测试桩、转角桩、警示牌等；⑤管道防护带、防护堡坎、水工保护等；⑥阴极保护系统。

1. 外部检测方法

(1)管道损伤、变形是对裸露管道、开挖后管道外表面及历次损伤记录损伤处的检测，采用目测及无损探伤的方式进行。

(2)防腐层检测：防腐层破损点使用SL型检测仪的皮尔逊法或PCM管中电流法A型架检测、DCVG直流电位梯度法检测。对漏点处进行定位，绘制外防腐层破损分布图，选取典型点为加密开挖点，根据PCM检测结果确定加密的风险检测点布点图。防腐层破损点定位后，采用木桩和GPS地理坐标定位，以方便开挖维修。

(3)管道附件检测是对弯头、弯管的外沿壁厚、焊缝处防腐补口处腐蚀情况、焊缝处无损探伤；三通、异径接头、管封头、绝缘接头、绝缘法兰检测是对接头的外腐蚀情况检测和焊缝的无损检测(无损探伤部分可以委托有资质单位完成)；针对检测数量太多的问题，可根据不同部位、不同压力级别、不同管径、不同风险级别采取抽检方式进行检测。

(4)管道附属设施：标志桩、测试桩、转角桩、警示牌、警示桩主要是对是否缺失、损坏，字迹是否清晰等进行检查。

(5)管道防护设施：管道防护带、防护堡坎、水工保护主要是对其是否损坏、被冲毁等进行检查。

(6)管道阴极保护系统：阴极保护系统包括自然电位、保护电位、阳极接地电阻、牺牲阳极输出电流、绝缘接头绝缘电阻、排流保护设施接地电阻等。测试方法见《埋地钢质管道阴极保护参数测量方法》(GB/T 21246—2020)。

(7)管道检测完毕，编制检测与评价报告。管道外部检测可先地表后地下，管道地面检测完成后，即进行管道开挖检测，开挖检测是对检测出的管道防腐层破损点、管道风险点、风险管段进行开挖检测及评价。

2. 全面检测与评价

管道全面检测与评价的项目按《石油天然气管道安全规程》(SY6186—2020)相关规定执行，检测与评价以下项目：

(1)外部检测的全部项目。

(2)防腐层绝缘电阻。

(3)管道内检测。

(4)管道测厚和从外部对管壁内腐蚀进行有效检测。

(5)无损检测和理化检测。

(6)土壤腐蚀性参数测试。

(7)杂散电流测试。

(8)管道监控系统检查。

(9)管内腐蚀介质测试和挂片腐蚀情况检测。

(10)耐压试验。

3. 检测要求

(1)检测单位和检测人员应做好检测的安全防护工作，严格遵守管道使用单位的安全生产制度。

(2)检测单位还应结合使用单位提供的历次检测资料、穿孔或管道焊缝开裂资料、维修资料，确定管道检测的重点部位。

(3)检测单位要对腐蚀、裂纹、变形部位及弯头弯管、爬坡的特殊位置管道进行应力评价，确定管道承压能力。

(4)全面检验应对管道材质试验，试验材料可利用管道建设余料或管道维修更换下来的废料，以确定管道力学性能。

3.8.7.2 管道内检测

管道内检测技术主要是通过装有无损检测设备及数据采集、处理和存储系统的智能清管器在管道中运行，完成对管道管体的逐级扫描，达到对缺陷大小、位置的检测目的。

1. 常用内检测技术

内检测器按功能可分为用于检测管道几何变形(凹陷、椭圆变形、位移)的测径仪、用于管道泄漏的泄漏检测仪、用于对因腐蚀产生的体积型缺陷(腐蚀、划伤)检测的漏磁通检测器、用于裂纹类(疲劳裂纹、应力腐蚀开裂)平面型缺陷检测的涡流检测仪、超声波检测仪以及以弹性剪切波为基础的裂纹检测设备等。

2. 测径检测技术

该技术主要用于检测管道因外力引起的几何变形，确定变形具体位置。有的采用机械装置，有的采用磁力感应原理，可检测出凹坑、椭圆度、内径的几何变化以及其他影响管道内有效内径的几何异常现象。

3. 泄漏检测技术

目前较为成熟的技术是压差法和声波辐射法。前者由一个带测压装置的仪器组成，被检测的管道需要注以适当的液体。泄漏处在管道内形成最低压力区，并在此处设置泄漏检测仪器。后者以声波泄漏检测为基础，利用管道泄漏时产生的20～40kHz范围内的特有声音，通过带适宜频率选择的电子装置对其进行采集，通过里程桩和标记系统检测并确定泄漏处的位置。

4. 漏磁通检测技术(MFL)

在所有管道内检测技术中，漏磁通检测历史最长，因其能检测出管道内、外腐蚀产生的体积型缺陷，对检测环境要求低，可兼用于输气管道，可间接判断涂敷层状况，其应用范围最为广泛。由于漏磁通量是一种相对的噪声过程，即使没有对数据采取任何形式的放大，异常信号在数据记录中也很明显，其应用相对较为简单。值得注意的是，使用漏磁通检测仪对管道检测时，需控制清管器的运行速度，漏磁通对其运载工具运行速度相当敏感，虽然目前使用传感器替代传感器线圈降低了对速度的敏感性，但不能完全消除速度的影响。该技术在对管道进行检测时，要求管壁达到完全磁性饱和。因此测试精度与管壁厚度有关，厚度越大，精度越低，其适用范围通常为管壁厚度不超过12mm。该技术的精度不如超声波的高，对缺陷检测精度的确定还需依赖操作人员的经验。

5. 电磁波传感检测技术(EMAT)

超声波能在一种弹性导电介质中得到激励，而不需要机械接触或液体耦合。这种技术是利用电磁物理学原理以新的传感器替代了超声波检测技术中的传统压电传感器。当电磁波传感器在管壁上激发出超声波能时，波的传播采取已关闭内、外表面作为"波导器"的方式进行，当管壁是均匀的，波延管壁传播只会受到衰减作用。当管壁上有异常出现时，在异常边界处的声阻抗的突变产生波的反射、折射和漫反射，接收到的波形就会发生明显的改变。由于基于电磁声波传感器的超声波检测最重要的特征是不需要液体耦合剂来确保其工作性能，因此该技术提供了输气管道超声波检测的可行性，是替代漏磁通检测的有效方法。

3.8.7.3　清管器

清管器是由气体、液体或管道输送介质推动，用于清理管道的专用工具。它可以携带电磁发射装置与地面接收仪器共同构成电子跟踪系统，还可配置其他配套附件，完成各种复杂管道作业任务。

1. 主要作用

(1)运营中天然气管线。主要是清除管线内部积水、轻质油、甲烷水合物、氧化铁、碳化物粉尘、二硫化碳、氢硫酸等腐蚀性物质，降低腐蚀性物质对管道内壁的腐蚀损伤，重新明确管线走向，检测管线变形，检查沿线阀门完好率，减小工作回压。

(2)新建管线。主要是分段清管扫线试压，清除管线杂物、浮锈、排水、排气，总通清管试压，检测管线变形、施工质量。水压试验前排气、生产前排水、干燥、介质隔离。

2. 工作原理

在准备作业的管道中，按作业的要求置入相应系列的清管器。清管器皮碗的外沿与管道内壁弹性密封，用管输介质产生的压差为动力，推动清管器沿管道运行，依靠清管器自身或其所带机具所具有的刮削、冲刷作用来清除管道内的结垢或沉积物。

3. 清管器类型

国内外广泛应用的管道清管器类型包括清管球、聚氨酯泡沫清管器、机械清管器、测径清管器、智能清管器(漏磁检测清管器)和凝胶清管器等。

3.8.8　管道外腐蚀直接评价技术方法及适用性

埋地钢质管线的腐蚀检测及评价是指对管线的防腐层、阴极保护状况、管体腐蚀损伤、土壤腐蚀条件进行全面检测之后，结合管道的运行历史，对管道腐蚀进行现状评价的过程。准确地掌握防腐层的缺陷、阴极保护的有效性及土壤腐蚀条件等状况，通过实施必要的开挖验证，进而确定管体的腐蚀缺陷程度，是成功地实施腐蚀直接评价的关键。近年来，在新行业标准的推动下，我国越来越多的管道单位开展了外腐蚀直接评价(ECDA)方法的实践。推动了管道的安全管理工作水平提高，取得了令人瞩目的进展。

3.8.8.1　外腐蚀直接评价定义

外腐蚀直接评价(简称ECDA)是评价外腐蚀对管道完整性影响的一种方法。ECDA按照一个规范化程序，通过外检测手段获取管道外腐蚀及防腐系统的现状信息，并结合开挖检查结果和管道相关资料的收集和分析对管道外防腐系统提供一个系统而全面的评价，

ECDA 过程包括预评价、间接检测、直接检查、后评价、检测结果。

由于埋地管线所处地区的不同，土壤腐蚀环境、管道防腐层的状况、阴极保护有效性、管道运行条件等差异的原因，导致了管体腐蚀损伤状况的不同。这些差异使得在腐蚀检测的过程中，实施检测项目的重点应有所不同，也可能需要采用不同的间接检测工具和方法。

3.8.8.2 一般腐蚀检测的实施范围

1. 腐蚀环境的检测

①土壤电阻率的测定；②氧化还原电位(细菌腐蚀)的测定；③管/地电位测定；④土壤及水的 pH 值测定；⑤直流杂散电流干扰的测定。

2. 防腐层状况的检测

①管线路由的精确定位、测埋深；②精确定位管道外防腐层的破损点；③防腐层完好性能的测量和评价；④防腐层机械理化性能的测定。

3. 阴极保护运行状况的检测

①全线的阴极保护电位测量；②阴极保护故障的检测；③牺牲阳极状况的检测。

4. 管体腐蚀状况的检测

①管体腐蚀损伤检测点的布置；②管体的机械损伤及缺陷形态；③管体最小剩余壁厚测量；④管体的应力疲劳测量。

3.8.8.3 间接检测

(1)防腐层缺陷检测：使用地面检测工具(如 DCVG、ACVG 等)确定管道防腐层存在缺陷的位置和缺陷严重程度。对于某些管道还需分段测试防腐层绝缘性能，并用另一种适用的地面检测工具进行验证性测试。防腐层缺陷点处还应测量 GPS 坐标和管顶埋深，并做好标记。

(2)腐蚀活性测试：对于发现的防腐层缺陷点通过 DCVG 等方法判断其是否具有腐蚀活性并确定其类型。

(3)阴极保护有效性检测：管道阴极保护电位强制电流阴极保护运行参数、牺牲阳极阴极保护运行参数、其他相关设施情况。

(4)土壤腐蚀性调查：通过测量土壤电阻率评价土壤的腐蚀性，对于已经发现的腐蚀活性点可测试其附近土壤的腐蚀电流密度，或采样分析土壤的腐蚀性。

(5)交直流干扰检测：对可能存在干扰影响的地区进行交、直流干扰检测，查明干扰分布和变化规律，调查干扰来源，评价干扰影响。

(6)其他异常检测：在上述地面检测中，可能会发现一些意外短路搭接等异常现象，应详细记录并分析原因。

3.8.8.4 直接检查

(1)确定开挖点的位置：首先对地面检测结果指示的防腐层缺陷点和腐蚀活性点进行排序，根据其严重程度确定缺陷维修的优先顺序，将最可能出现腐蚀活性的区域确定为开挖点。此外，每个 ECDA 管段还应选择两处用于地面检测有效性检验的开挖检查点。

(2)开挖和数据采集：土壤腐蚀性、防腐层情况、管体腐蚀情况、管体剩余强度评价所需数据管/地电位、拍摄影像资料。

(3)开挖点管道的修复：开挖检查完成后，对在开挖点发现的管体缺陷和扒开的防腐层应立即采取措施进行修复，并恢复地面原貌。

(4)管道安全评估：目前国内ECDA标准是以全线管道最薄弱危险点部位管壁减薄程度为依据进行评价。管壁减薄程度是综合反映管道腐蚀与防护的各种单项因素对管道安全性的影响，所以评价结果是对外腐蚀导致安全状况的整体评价。管壁减薄程度采用三种评价方法，分别为：最小剩余壁厚评价、危险截面评价和剩余强度评价。根据评价结果可给出评价等级和维护处理建议。

(5)腐蚀原因分析：根据上述评估结果，分析造成管道外腐蚀的主要原因，并确定针对主要原因应采取的维护措施。

(6)指标修正：根据直接检查的评价结果及原因分析修正间接检测评价指标。通过修正，使间接检测结果与直接检查接近。

3.8.8.5　后评价

(1)确定再评价的时间间隔：再评价时间间隔是开展下一轮ECDA评价的最低时间要求。根据上一阶段对管道安全性的评价结果及管道腐蚀速率安全裕量、公称壁厚等因素估算管道的剩余寿命，据此确定最大再评价的时间间隔。

(2)评价ECDA过程的有效性：在这一评价过程中，要对直接检查结果进行分析，确认此次ECDA过程的有效性。通过跟踪ECDA过程中分级和重排优先次序的数目变化，跟踪ECDA的应用过程，跟踪ECDA的应用结果，从而确认ECDA过程的长期有效性。

(3)反馈：每次ECDA评价后，需要归纳反馈ECDA过程中的相关数据和信息，这样可以进一步完善ECDA评价方法。反馈的主要内容包括：对间接检测结果的确认和分类；间接检测的分级评价准则；直接检查中收集的数据、安全评价结果；腐蚀原因分析；周期性再评价的时间安排等。

ECDA技术采用多种检测手段从管道防腐层、阴极保护、环境腐蚀性等多方面对管道外腐蚀及防腐保护系统进行评价，是一种综合的完整性评价方法，其评价结果可作为管道完整性管理的可靠依据，可据此制定管道的维修方案和预防措施。

3.8.9　管道检测设备

3.8.9.1　超声波测厚仪

超声波测厚仪是根据超声波脉冲反射原理来进行厚度测量的，当探头发射的超声波脉冲通过被测物体到达材料分界面时，脉冲被反射回探头通过精确测量超声波在材料中传播的时间来确定被测材料的厚度。凡能使超声波以一恒定速度在其内部传播的各种材料均可采用此原理测量。

超声波测厚仪主要由主机和探头两部分组成(图3-8-5)。主机电路包括发射电路、接收电路、计数显示电路三部分，由发射电路产生的高压冲击波激励探头，产生超声发射脉冲波，脉冲波经介质界面反射后被接收电路接收，通过单片机计数处理后，经液晶显示器显示厚度数值。它主要根据声波在试样中的传播速度乘以通过试样的时间的一半而得到试样的厚度。

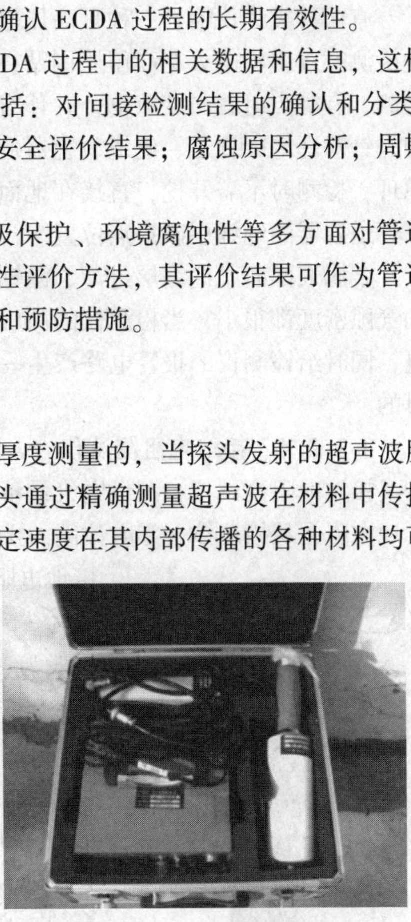

图3-8-5　超声波测厚仪

图3-8-6　管线探测仪

3.8.9.2　地下管线探测仪

地下管线探测仪(图3-8-6)能在不破坏地面覆土的情况下，快速准确地探测出地下自来水管道、金属管道、电缆等的位置、走向、深度及钢质管道防腐层破损点的位置和大小。

一般由两大部分组成：

(1)发射机：给被测管线施加一个特殊频率的信号电流，一般采用直连法、感应法和夹钳法三种激发模式。

(2)接收机：接收机内置感应线圈，接收管道的磁场信号，线圈产生感应电流，从而计算管道的走向和路径。一般有三种接收模式：峰值模式(最大值)、谷值模式(最小值)、宽峰模式。更先进的仪器都带有峰值箭头模式(结合了峰值与谷值两者的优点，使操作更直观)以及罗盘导向(用于指明管线的走向)。

3.8.9.3　防腐层检测仪

防腐层检测仪是一种检测金属表面涂层好坏的仪器(图3-8-7)。

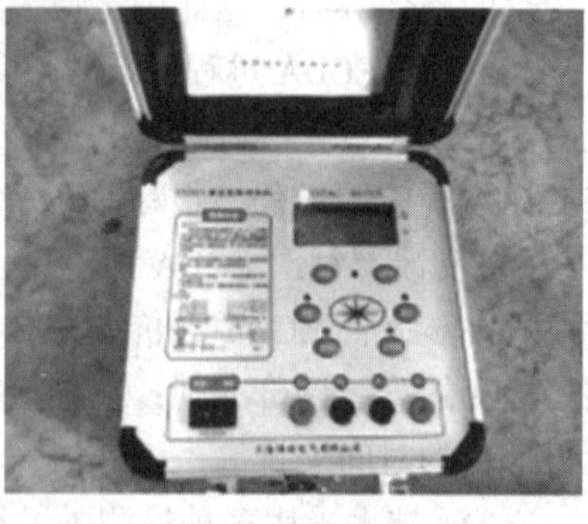

图3-8-7　防腐层检测仪

有两种类型仪器，一种是高压电火花检测，也就是检测时直接将电火花高压探刷贴在绝缘层表面进行检测，有漏点时就击穿放电，并伴有声光报警。另一种是针对埋地的管道、电缆、容器使用的是电磁感应原理，检测时不需开挖，直接在地面上就能检测到地下管道容器的绝缘层破损点位置。

金属表面防腐绝缘层过薄、漏铁微孔处的电阻值和气隙密度都很小，当检测仪的高压探极经过针孔缺陷处时，形成气隙击穿产生电火花放电，同时给检测仪的报警电路产生一个脉冲信号，驱动检测仪电路声光报警，来达到检漏目的。

3.8.9.4　接地电阻测试仪

接地电阻测试仪，测量电气设备接地装置的接地电阻值和土壤电阻率的仪器。接地体对地电阻是从接地体至零电位间的土壤电阻，一般采用补偿法进行测量。基于补偿原理的接地电阻测试仪称“电位计式接地电阻测试仪”，误差范围一般为±5%。此外，尚有流比计式接地电阻测试仪，误差范围一般为±10%。

图3-8-8　电火花检漏仪

3.8.9.5　电火花检漏仪

电火花检漏仪(图3-8-8)，又称电火花检测仪、电火花测漏仪等。该仪器主要用来检测金属基材上厚的非导电基体是否存在针孔、砂眼等缺陷的仪器。该仪器使用很简单，一头接地，另一头是探头，(探头形式很多，有碳刷型、圆圈弹簧型、平板橡胶型)，仪器通过高压探头发出直流高压电，当探头经过有缺陷的涂层表面时，仪器会自动声光报警。

金属表面绝缘防腐层过薄、漏金属及漏电微孔处的电阻值和气隙密度都很小，当有高压经过时就形成气隙击穿而产生火花放电，给报警电路产生一个脉冲信号，报警器发出声光报警，电火花检漏仪就是根据这一原理实现防腐层检漏目的。

3.8.9.6 测试桩

测试桩(图3－8－9)是一种专门用于管道阴极保护配以电位测试探头对保护管道进行测试的附属设备。主要用于阴极保护参数的检测，是管道管理维护中必不可少的装置，按测试功能沿线布设。测试桩可用于管道电位、电流、绝缘性能的测试，也可用于覆盖层检漏及交直流干扰的测试。

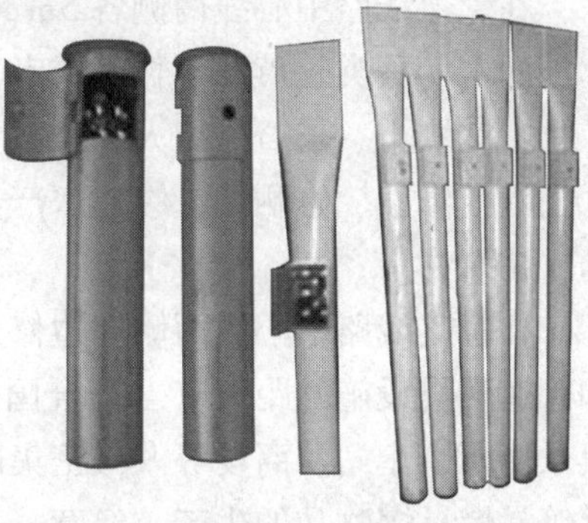

图3－8－9 测试桩

3.8.9.7 PCM检测仪

1. 基本原理

管道的防腐层和大地之间存在着分布电容耦合效应，且防腐层本身也存在弱而稳定的导电性，信号电流在管道外防腐层完好时的传播过程中呈指数衰减规律，当管道防腐层破损后，管中电流便由破损点流入大地，管中电流会明显衰减，引发地面磁场强度的急剧减小，由此对防腐层的破损进行定位。在得到检测电流的变化情况后，根据评价模型可推算出防腐层的性能参数值R_g。采用这种方法不但可对防腐层的破损进行定位，推算出防腐层的性能参数值R_g，而且可对管道路由精确定位描述及测量深度。

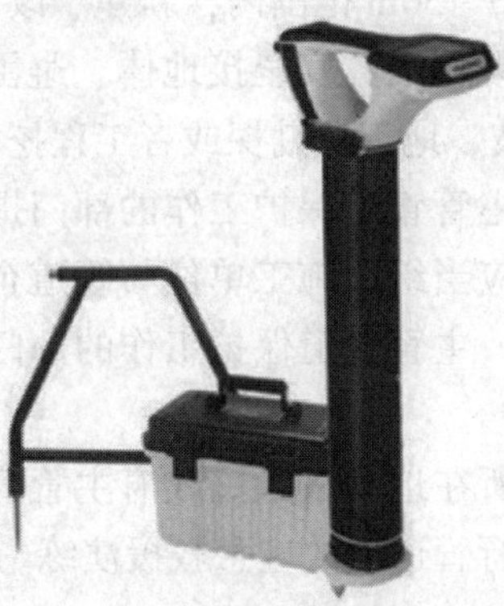

图3－8－10 PCM检测仪

2. 组成部分

仪器组成：发射机、接收机、A字架、磁力座、软件等(图3－8－10)。

PCM发射机工作要求：最大输出功150W，最大输出电流3A，4Hz混频信号220V交流、24～25V直流电源。

PCM接收机定位精度：深度的±5%。

深度测量精度：深度的±5%。

电流测绘精度：实际电流的±5%；储存100个记录数据。

3.8.10 管道巡护管理

《石油天然气管道保护法》第二十二条规定，管道企业应当建立、健全管道巡护制度，配备专门人员对管道线路进行日常巡护。管道巡护人员发现危害管道安全的情形或者隐患，应当按照规定及时处理和报告。

管道企业对管道进行巡护、检测、维修作业，管道沿线的有关单位、个人应当给与必要的便利。因管道巡护、检测、维修等作业给土地使用权人或者其他单位、个人造成损失的，管道企业应当依法给予赔偿。

3.8.10.1 管道保护措施相关知识

天然气管道一经投入使用如果不是因为特殊的原因是不会停止运输工作的，所以对于运行管道的维护管理工作显得尤为重要，所以应当加强管道保护经费的投入，加大科学化监测和技术的使用，应当大范围地使用安全预警装置。

危害管道安全的行为：①擅自开启、关闭管道阀门；②采用移动、切割、打孔、砸撬、拆卸等手段损坏管道；③移动、毁损、涂改管道标志；④在埋地管道上方巡查便道上行驶重型车辆；⑤在地面管道线路、架空管道线路和管桥上行走或者放置重物。

在管道线路中心线两侧各5m地域范围内，禁止下列危害管道安全的行为：①种植乔木、灌木、藤类、芦苇、竹子或者其他根系深达管道埋设部位可能损坏管道防腐层的深根植物；②取土、采石、用火、堆放重物、排放腐蚀性物质，使用机械工具进行挖掘施工；③挖塘、修渠、修晒场、修建水产养殖场、建温室、建家畜棚圈、建房以及修建其他建筑物、构筑物。

在管道线路中心线两侧周边修建下列建筑物、构筑物的，建筑物、构筑物与管道线路和管道附属设施的距离应当符合国家技术规范的强制性要求：①居民小区、学校、医院、娱乐场所、车站、商场等人口密集的建筑物；②变电站、加油站、加气站、储油罐、储气罐等易燃易爆物品的生产、经营、存储场所。

在穿越河流的管道线路中心线两侧各500m地域范围内，禁止抛锚、拖锚、挖砂、挖泥、采石、水下爆破。

在管道专用隧道中心线两侧各1000m地域范围内，禁止采石、采矿、爆破。因修建铁路、公路、水利工程等公共工程，确需实施采石、爆破作业的，应当经管道所在地县级人民政府主管管道保护工作的部门批准，并采取必要的安全防护措施，方可实施。

未经管道企业同意，其他单位不得使用管道专用伴行道路、管道水工防护设施、管道专用隧道等管道附属设施。

进行穿跨越管道的施工作业、在管道线路中心线两侧各5～50m范围内，新建、改建、扩建铁路、公路、河渠，架设电力线路，埋设地下电缆、光缆，设置安全接地体、避雷接地体；在管道线路中心线两侧各200m地域范围内，进行爆破、地震法勘探或者工程挖掘、工程钻探、采矿。施工单位应当向管道所在地县级人民政府主管管道保护工作的部门提出申请，县级人民政府主管管道保护工作的部门接到申请后，应当组织施工单位与管道企业协商确定施工作业方案，并签订安全防护协议，协商不成的，主管管道保护工作的部门应当组织进行安全评审，做出是否批准作业的决定。

管道企业应当制定本企业管道事故应急预案，并报管道所在地县级人民政府主管管道保护工作的部门备案；配备抢险救援人员和设备，并定期进行管道事故应急救援演练。

3.8.10.2 管道保护宣传

在天然气长输管道安全保护工作的实施中，宣传管理应该通过多种渠道展开，例如，利用企业中的展板或是宣传手册等途径加大员工以及大众对其安全重视度的提高。强化天然气长输管道安全保护工作实施下，对宣传所使用的方式加以优化，提高大众对其全面认知，形成正确的使用理念，以此促进在天然气长输管道的使用中，系统安全性的稳固保障，确保在长距离天然气的输送过程中，能够实现保质保量的安全运输。

1. 天然气长输管道的安全保护宣传

(1)天然气长输管道安全保护宣传工作的现状。

当前的天然气长输管道安全保护工作实施中，企业实际所开展的宣传工作力度较弱，将工作重心主要放置在促进天然气管道建设经济效益的提升，对安全保护工作的重视度不足，没有形成明确的保护管理意识，在安全宣传中工作的展开浮于表面，无法保证安全保护工作的贯彻落实，可能会在天然气的运输中存在一定的隐患，对安全运输造成极大的风险。

(2)天然气长输管道安全保护宣传工作实施的重要性。

在天然气长输管道的安全保护工作实施中，通过长期宣传工作的展开，能够更好地促进长输管道实际运行中安全效率的提升。实现对管道运行中出现的各种破坏活动有效降低，避免有更多的截阀管道对天然气进行盗取等案件的出现，对管道系统的安全运行做到全面保护，消除在管道运行中所存在的安全风险，能够对天然气资源做到有效保护。通过对群众的全面动员，调动群众在安全保护与宣传工作实施中的参与积极性，最具代表性的是对天然气长输管道进行安全保护的工作人员，在管道系统的运行中，通过安全保护的全面实施，避免多种违法犯罪活动的出现，为管道的安全运行提供全面保障。

2. 天然气长输管道安全保护宣传方式

(1)设置安全警示标志。

天然气长输管道的系统运行中，应该在管道的沿线放置警示牌，用以安全提示，告知大众安全活动注意事项，警示人员在工作中需要对管道系统运行的安全加以注意，避免有随意挖掘等现象的出现，对管道的天然气运行产生安全影响。采取举报奖励的宣传保护制度，同时在警示牌上标记举报电话，对采取措施对管道进行保护的人员应该予以奖励。调动全民的积极参与性，对管道系统做到全面的保护，保证天然气长输管道所有阶段的管道运行安全性，实现设计输送力的需求。通过天然气长输管道安全系统保护工作实施，结合宣传教育活动进行，有利于促进全员安全认知的提高，借助多种安全标语以及警示标志加大宣传力度，获得全员对安全工作的认可，形成整体的安全意识，借助对安全警示标志的识别，以此提高管道保护工作实施的有效性。

(2)对天然气长输管道系统的安全保护措施进行告知

借助多种方式，促进长输管道安全保护工作的实施，对相关知识进行宣传，天然气集输场所建设与运行的管道系统是在国家保护的范围之内，依法对其实施保护不允许被随意破坏，对周边长输管道做到安全保护十分必要。避免在大众群体中引发恐慌心理的产生，凡是在区域内有天然气管道的建设，需要对区域大众进行集中教育，以及开展相关保护工作的培训，以此促进安全保护理念的提升。定期巡检管道系统运行的实际状况，通过使用自控系统，促进长输管道在运行中安全性的提升，避免发生天然气泄漏等情况，加大对周围居民的安全保护。

(3)加强安全教育提高自我保护能力。

一旦在天然气长输管道运行中，有泄漏事故的发生，需要加强全员安全保护理念，形成正确的自我保护意识。在日常的安全宣传工作中，定期开展规范逃生训练，在逃生时应该以逆风方向进行紧急逃生，避免会有人员中毒情况的发生。对人员进行疏散时，禁止对机动车辆进行启动，避免形成火花引发火灾或爆炸等事故。

同时，需要将所有带电设备及时关闭，避免由静电造成火花四溅。禁止拨打电话、使用明火、抽烟等行为。需要认真听取现场人员所做出的指挥，采取有序地撤离，以此避免更为严重的事故发生，同时需要尽快针对事故采取相应的应急处理预案，将实际损失控制到最小。

(4)天然气长输管道安全保护宣传方式的科技化。

科技的发展推动了更多宣传方式的展开，借助多媒体渠道，对天然气长输管道在运行中所发生的安全事件等相关案例进行报道与播放，促进全员安全意识的提升，形成正确的安全理念，避免发生更多相似事故。

3.9 天然气消防安全

3.9.1 消防安全基础知识

3.9.1.1 燃烧

1. 燃烧的定义

燃烧是指可燃物与氧化剂作用发生的放热反应，通常伴有火焰、发光和(或)发烟的现象。

近代连锁反应理论认为：燃烧是一种自由基的连锁反应，也称链式反应，其反应机理大致可分为链引发、链传递、链终止三个阶段。

2. 燃烧的必要条件

任何物质发生燃烧，都有一个由未燃烧状态转向燃烧状态的过程，只有具备一定的条件，燃烧才能发生和发展。

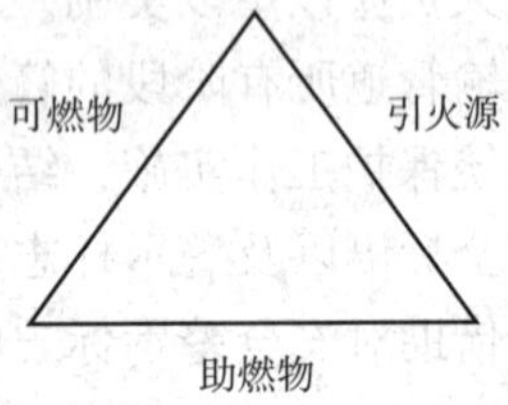

图 3－9－1　燃烧三角形

燃烧必须具备三个必要条件：可燃物、助燃物(氧化剂)和引火源，这三个条件我们称之为“燃烧三角形”(图 3－9－1)。

只有在三个条件同时具备的情况下，可燃物质才能发生燃烧。用“燃烧三角形”来表示无焰燃烧的必要条件非常确切，但对有焰燃烧，因过程中存在未受抑制的自由基作中间体，因而燃烧三角形需增加一个坐标，形成燃烧四面体，即有焰燃烧的发生需要四个必要条件：可燃物、助燃物(氧化剂)、引火源和链式反应，我们称之为燃烧四面体。

其中，凡是能与空气中的氧或其他氧化剂发生燃烧反应的物质，都称为可燃物，如纸张、天然气、酒精等。

与可燃物质相结合能导致燃烧的物质称为助燃物(也称氧化剂)。通常燃烧过程中的助燃物主要是氧。

使物质开始燃烧的外部热源称为引火源。引火源温度越高，越容易点燃可燃物质。根据引起物质着火的能量来源不同，生产生活中引火源通常有明火、高温物体、化学热能、电热能、机械热能、生物能、光能和核能等。

链式反应就是当某种可燃物受热时，它不仅会发生气化，而且可燃物的分子会发生热裂解作用，即它们在燃烧前会裂解成为更简单的分子。这些分子中一些原子间的共价键常常会发生断裂，生成自由基。由于它是一种高度活泼的化学形态，能与其他的自由基和分子反应，从而使燃烧持续下去。

3. 燃烧的充分条件

具备了燃烧的必要条件，并不意味着燃烧必然发生。在各种必要条件中，还应有“量”的要求，即燃烧发生的充分条件：

①一定的可燃物浓度；②一定的氧气含量；③一定的点火能量；④未受抑制的链式反应。

3.9.1.2 火灾

1. 火灾的定义

火灾是指在时间或空间上失去控制地燃烧所造成的灾害。火灾按照可燃物的不同，可以划分为A、B、C、D、E、F六类，分别为固体物质火灾、液体和可熔化的固体物质火灾、气体火灾、金属火灾、带电火灾、烹饪器具内的火灾。

2. 火灾事故等级划分

依据《生产安全事故报告和调查处理条例》(国务院令493号)，公安部办公厅《关于调整火灾等级标准的通知》(公消[2007]234号)将火灾等级确定为四个等级，分别为特别重大火灾、重大火灾、较大火灾和一般火灾。

特别重大火灾是指造成30人以上(“以上”含本数，下同)死亡，或者100人以上重伤，或者1亿元以上直接财产损失的火灾。

重大火灾是指造成10人以上30人以下(“以下”不含本数，下同)死亡，或者50人以上100人以下重伤，或者5000万元以上1亿元以下直接财产损失的火灾。

较大火灾是指造成3人以上10人以下死亡，或者10人以上50人以下重伤，或者1000万元以上5000万元以下直接财产损失的火灾。

一般火灾是指造成3人以下死亡，或者10人以下重伤，或者1000万元以下直接财产损失的火灾。

3. 轰燃和回燃

(1)轰燃。

轰燃是指在某一限定空间内可燃物的表面全部卷入燃烧的瞬变状态。轰燃的出现是燃烧释放的热量在室内逐渐积累与对外散热共同作用、燃烧速率急剧增大的结果。一般来说，发生轰燃后，室内所有可燃物的表面都开始燃烧，但不一定每一个火场都会出现轰燃，如大空间建筑、可燃物较少的建筑、可燃物比较潮湿的场所等就不易发生轰燃。

(2)回燃。

回燃是在烟气与空气交界面附近发生的非均匀预混燃烧，是建筑物火灾的另一种危害严重的燃烧现象。

当建筑物发生火灾时，在门窗关闭的情况下，生成的热烟气中往往含有大量的未燃可燃组分。如果房间由于某种原因造成突然形成通风口，例如门被打开或者窗户碎裂或进行机械送风等，致使新鲜空气突然进入，则积累的可燃烟气与新进入的空气可以发生不同程度的混合，进而发生强烈的气相燃烧。回燃与轰燃常常连锁发生。

3.9.1.3 爆炸

1. 爆炸的概念

从广义上说，爆炸是物质从一种状态迅速转变成另一状态，并在瞬间放出大量能量，同时产生声响的现象。《消防基本术语第一部分》将爆炸定义为：由于物质急剧氧化或分解反应产生温度、压力增加或两者同时增加的现象。

2. 爆炸的分类

按爆炸的性质，通常分为物理爆炸、化学爆炸和核爆炸三类。

(1)物理爆炸。

装在容器内的液体或气体，体积迅速膨胀，使容器压力急剧增加，由于超压力和(或)

应力变化使容器发生爆炸，并且爆炸前后物质的化学成分均不改变的现象，称为物理爆炸。例如压缩气体或液化气钢瓶、油桶受热爆炸等。物理爆炸可能直接或间接地引发火灾。

(2)化学爆炸。

因物质发生化学反应，产生大量气体和高温而发生的爆炸，称为化学爆炸。如可燃气体、蒸气或粉尘与空气形成的混合物遇火源而引起的爆炸，炸药的爆炸，煤矿瓦斯的爆炸等。

(3)核爆炸。

由于原子核裂变或聚变反应，释放出核能所形成的爆炸，称为核爆炸。如原子弹、氢弹、中子弹的爆炸就属核爆炸。

3. 爆炸浓度极限

可燃气体、蒸气或粉尘与空气混合后，遇火会产生爆炸的最高或最低的浓度，称为爆炸浓度极限(简称爆炸极限)。气体、蒸气的爆炸极限，通常以体积百分比表示。其中，遇火会产生爆炸的最低浓度，称为爆炸下限；遇火会产生爆炸的最高浓度，称为爆炸上限。爆炸上、下限值之间的范围越大，爆炸下限越低、爆炸上限越高，爆炸危险性就越大。

3.9.2 常见危险化学品及其危险特性

3.9.2.1 天然气

1. 天然气基本性质

天然气是存在于地下岩石储集层中以烃为主体的混合气体的统称，比空气轻，具有无色、无味、无毒的特性。天然气主要成分烷烃，其中甲烷占绝大多数，另有少量的乙烷、丙烷和丁烷，此外一般有硫化氢、二氧化碳、氮和水气和少量一氧化碳及微量的稀有气体，如氦和氩等。天然气不溶于水，密度为0.7174kg/m^3，相对密度(水)为0.45，燃点为650℃，爆炸极限(体积百分比)为5%～15%。在标准状况下，甲烷至丁烷以气体状态存在，戊烷以上为液体。燃烧分解产生一氧化碳、二氧化碳 。一般油田伴生气略带汽油味，含有硫化氢的天然气略带臭鸡蛋味。

2. 天然气防火

(1)点火源。

1)明火。

①爆炸危险场所严禁吸烟和携带火种，并应在明显处设立警示标志。

②在具有火灾和爆炸危险性的厂、站、库内，必须使用防爆型电器设施和照明。

③在工艺操作过程中，加热天然气时，必须采用热水、水蒸气及其他较安全的加热方法。

④对设备、塔、容器及管道进行检修动火时(如气焊、电焊、喷灯、熔炉等)，必须严格执行动火制度。

2)摩擦和撞击。

在生产中，摩擦和撞击往往是造成天然气着火爆炸事故的根源之一。因此，具有爆炸危险性的生产场所应采取严格的措施，使所有设备不产生火花。

①机器轴承等转动部分，应润滑良好。机件摩擦部分，应采用有色金属制造的轴瓦，以消除火花。

②工具和通风机上的风翼，应用铜的合金制造，或用镀铜的钢板制造。

③搬运储存天然气和易燃液体的金属容器时，禁止在地上抛掷或拖拉，并防止铁器相互撞击，以免发生火花。

④禁止穿铁钉鞋和不穿防静电工作服进入易燃易爆场所。

3)电火花。

电火花是引发天然气着火爆炸的一个主要火源。因此具有爆炸危险的厂、站、库内的所有电气动力设备和照明装置，必须符合防火防爆的安全要求。

①电线要绝缘，并用钢管保护，免受生产过程中产生的蒸汽及气体腐蚀，电线的绝缘材料也应具有耐腐蚀的性能。

②具有爆炸危险的场所，应采用防爆式电气设备，如防爆电机、防爆开关、防爆接线盒、防爆灯具、防爆控制器、防爆电话、防爆仪表及其他防爆电气设备。

③电气设备的保险丝必须与额定的容量相适应。

④对一切电气设备，都应有规章制度，并经常检查。

⑤严禁在天然气工艺装置区拖拉电源线和设置临时电源线。

⑥工作结束后，应及时切断电气设备的电源。

4)静电放电。

静电的产生或起电过程是相当复杂的，方式也是多种多样的，如感应起电、介质的极化起电、温差起电、压力起电、吸附起电、电解起电和接触起电等，有时几种起电方式同时存在。接触起电是产生静电电荷的主要方式。在生产过程中，当物体的静电积聚到一定程度，或其电位高于周围介质的击穿场强时，就会发生静电放电现象。即静电能量转变为热能、光能和声能的过程。放电火花的能量大于点燃可燃性气体所需最小点火能量时，便可使可燃气体着火或爆炸。因此，在油气集输场所，必须设置可靠的接地并定期进行测试检查。接地泄漏是消除静电的主要方法。

下列生产设备应有可靠的接地：

①生产或加工天然气的设备、容器和储罐；

②输送天然气的管道以及各种阀门；

③易燃易爆场所通风管道上的金属网过滤器；

④金属管道上的接地电路，因工艺要求被法兰填料的绝缘中断，应该在法兰上设置金属连接片导电；

⑤其他能产生静电的生产设备；

⑥易燃易爆的生产厂房、工艺装置区应采用环形接地网，将各个设备的接地线连接起来。

5)雷电。

如果雷电通过有燃烧爆炸危险性的厂房、仓库和装置区，不仅能引起天然气燃烧，也能引起爆炸。因此，为避免雷电引起的危害，对于易遭受雷击的建筑物、构筑物、露天生产的设备及储存容器，特别是遭受雷击能够引起燃烧爆炸的厂房和仓库，必须安装避雷设备和防雷接地。

(2)可燃物。

厂区中油漆、纸和木材等可燃材料都不能存放在危险区内。当发生天然气泄漏时，应及时对现场进行通风和强制换气，防止达到爆炸极限范围内的空气与天然气混合气体，倘若已经发生火灾，在工艺措施处置完毕前不可贸然灭火，防止天然气持续泄漏聚集造成爆炸。

(3)氧化剂。

在燃烧的三要素中，氧化剂是很难避免的，因为空气无处不在，但在发生火灾时，应设法减少空气的对流。对于限制空间内的火灾事故，可以使用充N_2、CO_2等惰性气体替代氧气的方式实现内部空气惰化，从而消除爆炸条件。

3. 天然气防爆

天然气的防爆措施从爆炸的5个要素(点火源、可燃物、氧化剂、扩散、限制空间)考虑进行防爆，其中点火源、可燃物、氧化剂的防爆措施在燃烧三要素的控制中已经说明，不再赘述，下面从其余两方面进行说明。

(1)扩散。

发生火灾或爆炸后，为防止进一步扩散，需要及时采取关闭防爆阀门、隔板等工艺措施，同时采用水幕、开花水枪、消防炮等方式减少爆炸冲击。防止扩散的本质就是控制天然气的泄漏，防止天然气泄漏积聚，使其不能达到爆炸极限，这是防爆的首要措施。

①将有泄漏危险的装置和设备尽量安装在露天或半露天的厂房中，以利于泄漏的天然气扩散稀释。当必须采用室内厂房时，则厂房建筑应具有良好的自然通风，或加装必要的机械通风设备。

②生产设备在投入生产前和定期检修时，应检查其密闭性和耐压程度。所有机泵、管道、阀门、法兰、管件及接头等易漏部位，应经常检查，避免产生“跑、冒、滴、漏”现象。设备流程在运转和运行时，可用肥皂液、化学试剂或分析仪器检查其气密情况。

③天然气流程的罐、塔、容器和管道等，在检修时(尤其是需动火时)，必须用惰性气体(如氮气、蒸汽等)进行充分的置换，并经彻底清洗分析合格。与外部相连的管道，应用盲板隔开。

④当长输管线无法用惰性气体进行置换，又需动火时，应严格防止空气进入形成爆炸混合气体，引起管内燃爆。

⑤设备上的一切排气放空管都应伸出室外，并考虑周围建筑物的高度与四邻环境。如果排放的气体污染性大，数量又多，需接受城市环境保护部门的监督。排气放空管不能形成真空或被堵塞。

⑥应注意带压生产设备、塔、容器和管道的密闭性，防止天然气逸出形成爆炸混合气体。对于负压生产设备，应防止空气侵入而使设备内部的天然气达到爆炸极限。

⑦锅炉、加热炉等的燃烧室，由于突然熄火，在燃烧室内会形成可燃性混合气体，此时如果处理不当，就有可能引起爆炸。可采用火焰检测器对燃烧状态进行监测，一旦发生熄火，检测器能迅速检测出来，并自动接通控制装置，立即切断气源。

(2)限制空间。

对于在罐体等限制空间内发生的泄漏，应及时进行强制通风，消除限制空间因素。同时，可采取爆破片、防爆门、放空管等泄爆措施进行主动预防，当存在于围包体内的粉尘云发生爆炸时，在爆炸压力尚未达到围包体的极限强度之前，爆炸产物通过泄压膜泄除，使围包体不致被破坏，从而实现控爆。

3.9.2.2 油漆

1. 理化特性

具有光泽，耐水和防腐性能好，易燃，遇明火、高热能引起燃烧爆炸。与氧化剂能发生强烈反应。其蒸气比空气重，能在较低处扩散到相当远的地方，遇火源会着火回燃。

(1)各种喷漆 $<40℃$ 本品易燃，应远离热源与明火，严禁暴晒，刺破或焚烧罐子。

(2)各种硝基漆、调和漆、防锈漆 $<65℃$ 避免明火。

2. 火灾、爆炸预防措施

(1)在油漆的调配、使用过程中，尽量避免敲打、碰撞、冲击、摩擦等动作，防止产生火花，引起燃烧。

(2)作业现场，应保持良好通风，避免因空气中可燃液体的蒸气浓度过高，而达到爆炸下限。

(3)作业工人应该佩戴口罩、穿着喷漆服等劳保用品进行作业。

(4)作业场所严禁吸烟，并有相应防火警示标志牌。

(5)下班时，作业人员应仔细清点，将盛装油漆的桶及滚筒、刷子等物品及时放置在规定的场所，不得随意乱丢乱放。

(6)擦拭油漆的棉丝、破布等物品应集中妥善存放在有清水的密闭桶中，避免引起火灾。

(7)作业现场一旦发生火灾，在场工作人员应及时扑救，并立即报告单位负责人。

3.9.2.3 稀释剂

1. 理化性质

稀释剂主要由二甲苯(含量60%~80%)、丁醇组成，为无色透明液体，密度比水小，可混溶于有机溶剂，闪点为20℃，易燃，燃烧可产生一氧化碳、二氧化碳、NO_x 等有毒烟雾。

2. 危险性及处置措施

稀释剂具有易燃性，可用二氧化碳、干粉、泡沫进行灭火，灭火中需用水喷雾冷却火场中的容器。消防员必须佩戴通气式面罩或正压自给式呼吸器。对泄漏区进行通风，要排除火种，避免吸入蒸气，大量泄漏用泡沫覆盖，降低蒸气危害，可用砂土或其他类似物质吸收。

3.9.2.4 固化剂

1. 理化性质

固化剂为无色液体，主要成分由异氰酸(50%~70%)和溶剂组成，易燃，吸入及接触皮肤有害，使皮肤不适，闪点为25℃，爆炸极限为1.0%~6.5%，不溶于水，自燃点为500℃，性质稳定，燃烧过程会产生二氧化碳、一氧化碳和其他有毒的气味及强烈的黑烟。

2. 危险性及处置措施

易燃，可用泡沫、二氧化碳、干粉等灭火器灭火，除冷却密封容器外，不要使用水。当温度升到一定程度或因暴露在外而接触到火苗和火星，可能会引起爆炸。当固化剂泄漏时，应及时去除火源，在转移泄出来的液体时，确保空气流通和适当的人身保护。避免皮肤及眼睛接触。

3.9.2.5 柴油

1. 理化性质

稍有黏性的棕色液体，可燃，燃烧产生一氧化碳、二氧化碳，爆炸浓度极限为0.6%~6.5%，相对密度0.85，沸点180~370℃。

2. 危险性及处置措施

遇明火、高热或与氧化剂接触有可能引起燃烧爆炸。若遇高热，容器内压增大，有开裂和爆炸的危险。如着火，可用泡沫、二氧化碳、干粉灭火，用水灭火无效。

应储存于阴凉、通风的库房。远离火种、热源。应与氧化剂、卤素分开存放，切忌混储。

3.9.2.6 液态烃

1. 理化性质

无色气体或黄棕色油状液体，易燃，燃烧产生一氧化碳、二氧化碳，有特殊臭味，闪点-74℃，沸点为120~200℃。

2. 危险性及处置措施

与空气混合能形成爆炸性混合物，遇明火、高热极易燃烧爆炸。与氟、氯等能发生剧烈的化学反应。其蒸气比空气重，能在较低处扩散到相当远的地方，遇明火会引着回燃。若遇高热，容器内压增大，有开裂和爆炸的危险。液化石油气与皮肤接触会造成严重灼伤。

储存于阴凉、干燥、通风良好的不燃库房。仓温不宜超过30℃。远离火种、热源。防止阳光直射。应与氧气、压缩空气、卤素(氟、氯、溴)、氧化剂等分开存放。

如发生火灾，立即切断气源。若不能立即切断气源，则不允许熄灭正在燃烧的气体，喷水冷却容器，可能的话将容器从火场移至空旷处，用雾状水、泡沫、二氧化碳灭火。

3.9.3 主要装置的安全风险

3.9.3.1 管道

输送天然气的管道除本身质量问题外，还可能存在管道腐蚀、焊接质量不过关的风险。常用的钢制管道有的直接暴露在空气中，有的埋在地底下，长期服役不可避免会发生腐蚀，为了防止腐蚀风险，可以采用涂层保护、阴极保护、缓蚀剂防护等方式。而对于焊接质量问题，就要求焊工按照规定的工艺和流程来进行焊接，对于不符合规定和有问题的管道要及时停工，并及时上报给上级相关部门，待查明原因后再进行焊接。

3.9.3.2 换热装置

1. 燃烧爆炸风险及对策

(1)焊接质量差，特别是焊接接头处未焊透，又未进行焊缝探伤检查、爆破试验，导致焊接接头泄漏或产生疲劳断裂，进而大量易燃易爆流体溢出，发生爆炸。因此制造换热器时，要保证焊接质量，并对焊缝进行严格检查。

(2)由于腐蚀(包括应力腐蚀、晶间腐蚀)，耐压强度下降，使管束失效或产生严重泄漏，遇明火发生爆炸。因此，当流体为腐蚀介质时，应当提高管材质量和焊接质量，增加管壁厚度或在流体中加入腐蚀抑制剂，并定期检查管材表面腐蚀情况和对易腐蚀损坏的设备进行检测，采取有效措施。

(3)长期不进行排污，易燃易爆物质(如三氯化氮)积聚过多，加之操作温度过高导致换热器(如液氯换热器)发生猛烈爆炸。应对于易结垢的流体定期进行清洗，将污垢清洗掉。

2. 严重泄漏及对策

(1)因腐蚀(如蒸气雾滴、硫化氢、二氧化碳)严重，引起列管泄漏。需定期进行清洗；选择耐蚀管材；流体中加入腐蚀抑制剂；控制管内流速；视泄漏情况决定停车更换或采取堵漏措施。

(2)由于开停车频繁，温度变化过大，设备急剧膨胀或收缩，使花板胀管泄漏。日常应制定合理开停工程序，控制系统温度不要发生较大的波动。

(3)换热器本身有制造缺陷，焊接接头泄漏。要保证焊接质量，对焊缝进行认真检查。

(4)因操作温度升高，螺栓伸长，紧固部位松动，引起法兰泄漏。要尽量减少法兰连接，升温后及时重新紧固螺栓，紧固作业要力求方便。

(5)因管束组装部位松动、管子振动、开停车和紧急停车造成的热冲击，以及定期检修时操作不当产生的机械冲击而引起泄漏。因此对胀管部位不允许有泄漏的换热器宜采取焊接装配。

3.9.3.3　箱式变压器

箱式变压器在使用过程中存在火灾、触电风险。

1. 火灾危险有害因素

(1)箱式变电站无整体防雨、防腐的性能。

(2)箱式变电站变门向内开，无防水防雨功能。

(3)箱式变电站的箱体及柜体无自然通风或强制通风措施。

(4)箱式变电站变压器室内的温度控制器装在调控不方便、影响正常运行的地方且未安装牢固。

(5)变压器接地无连接。

2. 管控措施

(1)所用变压器规格、型号符合设计要求，安装符合规范及制造厂要求；油浸式变压器附件完好无损，变压器无渗漏油、油位正常，无锈蚀，油漆完好，相位标志正确；手动调压装置正常；所有密封良好，瓷件无损伤、裂纹。

(2)箱式变电站的箱体外部表面应美观、平整、光洁和防止磕碰损伤导致喷涂层脱落，影响整体防雨、防腐的性能。

(3)箱式变电站的箱体及柜体需有足够的自然通风或强制通风措施，换气扇、百叶窗的安装要牢固并正常运行，确保设备运行温升不超标。

(4)变压器接地必须是硬连接，而且连接牢靠，箱式变电站的箱体及柜体的过门接地应牢固并留有一定余量。

3.9.3.4　柴油发电机

1. 火灾危险有害因素

(1)金属物品将导致电线短路，可引发火灾隐患。

(2)发动机要保持清洁，过量的油污有可能引发机体过热造成损坏及火灾发生。

(3)要在发电机房内方便的地方放置数个干粉或二氧化碳气体灭火器。

2. 管控措施

(1)接出室外的排气管道与邻近建筑物或附近易燃物料应有足够的距离，以免在任何运转情况下达到燃点温度而引发火灾。

(2)保持电气接线，包括蓄电池端线或其他接线端的良好状态。更换任何有开裂，擦伤，或接线端被磨损、腐蚀的接线，应当保持所有接线端清洁牢固。

(3)接地导电的物体，如工具等应远离暴露的带电部件，如接线端，以防止飞弧成为火种。

(4)燃料箱或管路损坏时应当立即更换，而不可试图用焊接或其他修理方法。

(5)当机组启动运转或维修时应备有合适种类灭火器。

(6)蓄电池内可能留有氢气，有易燃和爆炸性危险，所有明火、火花或其他火种必须远离。主机房内严禁吸烟或使用明火，工作场地保持卫生，并积极采取措施消除发电机周围的易燃物。

3.9.3.5 锅炉

1. 锅炉的火灾危险性

锅炉房发生火灾的原因主要有烟囱靠近建筑物的可燃结构、炽热炉渣处理不当引燃周围的可燃物、烟囱飞火、锅炉房操作间和附属房间可燃物起火等等。

锅炉爆炸的主要原因：汽、水系统的物理爆炸主要原因是设计、制造、安装上存在的缺陷，质量不符合安全要求：安全装置失灵，不能正确反映水位、压力和温度等，丧失了保护作用，操作人员违规操作造成缺水，汽化过猛、压力猛升引起爆炸。

2. 锅炉的防火防爆要求

(1)对锅炉的管理必须贯彻国家有关部门颁布的有关规程和规定。

(2)锅炉的设计必须符合《锅炉房设计规范》等标准规定。

(3)司炉工应熟悉司炉工技术等级标准，熟知锅炉参数、水循环原理、水质、停炉等有关安全规定。

(4)企业要重视对锅炉的管理，指定专人负责管理，严格按照蒸汽锅炉安全监察规程要求，搞好锅炉运行、维护和定期检查等各项工作。

(5)锅炉使用单位必须根据本单位的实际情况，健全和建立以岗位责任制为中心的各项规章制度。

(6)司炉工必须严格执行锅炉安全操作规定，严格劳动纪律，不得擅离工作岗位，保证锅炉安全运行。

(7)对锅炉及其辅助设备上所装设的安全阀、压力表一定要定期检查，保证其灵敏、安全和可靠。

(8)要确保锅炉给水系统能安全可靠地供水，并设置备用的气动给水设备，以防突然停电时因无法供水而造成事故。

(9)锅炉的除尘设备应保持完好，定期检查。

(10)锅炉每运行三个月要进行一次一级保养，每年要进行一次内外检验，每六年进行一次超水压实验。新安装以及停炉一年以上的锅炉，未经水压试验，不得使用。

(11)认真做好运行记录。

3.9.3.6 消防(水)泵

1. 危险因素

(1)消防泵燃油不足，应急时无法启动。

(2)消防泵吸水管有漏气现象，无法引水。

(3)消防泵部件缺失，不能正常使用。

2. 管控措施

(1)责任人要按时检查消防泵的燃油、机油等情况，确保消防泵燃油充足。

(2)为使消防泵组能在应急时正常工作，必须每周运转一次，时间一般在15min左右，工作结束后应对附件(吸水管、水带、水枪)进行妥善保养。

(3)消防泵组接触过有腐蚀的液体后，应立即进行淡水清洗，以防泵内零件腐蚀。

(4)在冬季或寒冷地区等冰冻时期，消防泵使用后，应放光水泵内余水，以防因冰冻而损坏部件。

3.9.4 电气防火防爆

由于电气线路和设备在正常运行及异常情况下可能产生电弧、火花与高温，如遇到火灾及爆炸危险环境，就可能引发电气火灾与爆炸，电气火源是目前火灾爆炸的主要点火源之一，占各类火灾30%左右。另外，雷电及静电也是爆炸危险场所的重要防范对象。

3.9.4.1 电气火灾的预防和应急处置

1. 电气火灾的预防

发生电气火灾的原因主要有线路或设备短路、超负荷用电、接触不良、电气产品质量差、违规操作等，其中，短路是引发电气火灾最常见的原因。日常应保证各类电气产品，如电线、电缆、开关箱及用电设备符合3C认证标准，避免潮湿、腐蚀等环境用电，设置断路器等合适的保护装置，避免过载使用电器和连接点松动等接触不良的情况，加强散热通风，用电场所应与易燃物保持安全距离。

2. 电气火灾的应急处置

当发现电气线路和电气设备有温度过高、出现焦糊味、冒烟等异常情况应及时断开电源，查明异常原因。若已经发生电气火灾时，应立即组织人员使用正确方法进行处置、疏散和逃生。发生电气火灾时，应尽可能先切断电源，而后再灭火，以防人身触电。扑灭火灾时应注意与带电部分保持足够的安全距离，且应使用二氧化碳和化学干粉等不导电的灭火剂，严禁使用泡沫或水灭带电火灾。

3.9.4.2 电气防爆技术

在爆炸性气体危险环境中，任何电气火花、高温、电弧都可能引发爆炸事故，可能出现爆炸性气体的场所内应尽可能避开电气线路及用电设备，无法避开时必须满足电气防爆的要求，采取可靠的电气防爆措施。

1. 爆炸危险环境内的电气设备要求

(1)必须符合现行国家标准，并有国家检验部门防爆合格证。

(2)防止周围化学、机械、热等危害，与环境温度、湿度、风沙等环境条件相适应。

(3)设备安装应固定牢靠，设备外壳要完整，不得有裂缝，没有明显的腐蚀。

(4)各部位螺丝及垫圈应齐全，无松动现象。

(5)防爆电气设备进线装置应完整牢靠，密封完好，接线不得有松动或脱落，多余的进线口应封闭。

(6)隔爆型电气设备电缆引入装置的橡胶密封圈的内径应与引入电缆外径相适应，并用原配压紧螺母或压盘充分压紧。

(7)隔爆面紧固件应设弹簧垫圈，并充分拧紧。

2. 防爆电气线路的要求

在爆炸危险环境中，电气线路的安装位置、敷设方式、导线材质、连接方法等均应与区域危险等级相适应。

3.9.4.3 静电防治

在生产过程中，液体或气体物料在管道与设备中的流动、搅拌、喷射、晃动及人员的活动等，都会产生静电。静电与流电相比，具有电压高、泄漏慢、容易发生放电的特点。在爆炸危险环境中，特别容易引起火灾或爆炸事故。静电防治方法主要有环境危险程度的控制、静电接地、增湿、抗静电添加剂、静电中和器、人体静电预防。

3.9.4.4 雷电防护

雷电是在带有不同电荷雷云之间或在雷云及由其感应而生的不同电荷之间发生击穿放电的情形。由于雷电具有放电电流大、放电时间短、电流陡度高、电压高等特点，无论是雷电流的机械效应、热效应、电气效应，都具有极大的破坏性，特别是雷电可能引发火灾爆炸事故，对石油天然气行业来说防雷工作尤为重要。雷电的主要危害有火灾和爆炸、触电、设备和设施毁坏、大规模停电等，其中对石油天然气行业来说，火灾和爆炸最为危险。防雷装置包括接闪器、引下线、接地装置、电涌保护器(SPD)及其他连接导体。

3.9.5 火灾的预防

3.9.5.1 建筑物火灾

1. 建筑物分类

建筑物可以从多方面进行分类。按其使用性质分为民用建筑和工业建筑，工业建筑包括厂房和仓库。按地上层数或高度分类可分为单层、多层民用建筑和高层民用建筑。

(1)单层、多层民用建筑。建筑高度不大于27m的住宅建筑(包括设置商业服务网点的居住建筑)和建筑高度不超过24m的公共建筑以及建筑高度超过24m的单层公共建筑。

(2)高层民用建筑。建筑高度大于27m的住宅建筑(包括首层设置商业服务网点的住宅)和建筑高度超过24m的公共建筑(不含单层主体建筑高度超过24m的公共建筑)，其中，建筑高度大于50m的公共建筑属于一类高层民用建筑。

2. 建筑构件的燃烧性能和耐火极限

(1)建筑构件的燃烧性能。

建筑物是由建筑构件组成的，诸如基础、墙、柱、梁、楼板、屋顶、楼梯等。建筑构件的燃烧性能，由做成构件的材料的燃烧性能而定，分为不燃烧体、难燃烧体和燃烧体。

(2)建筑构件的耐火极限。

在标准耐火试验条件下，建筑构件、配件或结构从受到火的作用时起，到失去稳定性、完整性或隔热性时止的这段时间，称为耐火极限，用小时(h)表示。当建筑构件失去稳定性、完整性或隔热性时，表明该建筑构件达到了耐火极限。

(3)建筑物的耐火等级。

建筑物的耐火等级，是由组成建筑物的建筑构件燃烧性能和构件的最低耐火极限决定的。在诸多建筑构件中，我国现行规范选择楼板作为确定耐火极限等级的基准，因为对建筑来说楼板是最具代表性的一种至关重要的构件。

3. 安全疏散

公共建筑内每个防火分区或一个防火分区的每个楼层，其安全出口的数量应经计算确定，且不应少于2个。建筑内的安全出口和疏散门应分散设置，且建筑内每个防火分区或一个防火分区的每个楼层、每个住宅单元每层相邻两个安全出口以及每个房间相邻两个疏散门最近边缘之间的水平距离不应小于5m。

一类高层公共建筑和建筑高度大于32m的二类高层公共建筑，其疏散楼梯间应采用防烟楼梯间。裙房和建筑高度不大于32m的二类高层公共建筑，其疏散楼梯间应采用封闭楼梯间。6层及以上多层公共建筑的疏散楼梯，除与敞开式外廊直接相连的楼梯外，均应采用封闭楼梯间。

公共建筑内疏散门和安全出口的净宽度不应小于0.9m，疏散走道和疏散楼梯的净宽度不应小于1.4m。

4. 消防车道

消防车道应符合如下要求。

(1)消防车道的净宽和净空高度均不应小于4.0m，消防车道的坡度不宜大于8%，转弯半径应满足消防车转弯的要求，消防车与建筑之间不应设置妨碍消防车操作的树木、架空管线等障碍物，消防车道靠建筑外墙一侧的边缘距离建筑外墙不宜小于5m，消防车登高操作场地坡度不宜大于3%。

(2)环形消防车道至少应有两处与其他车道连通。尽头式消防车道应设回车道或回车场，回车场的面积不应小于12m×12m，对于高层建筑，不宜小于15m×15m；供大型消防车使用的回车场面积不宜小于18m×18m。

(3)消防车道的路面、救援操作场地、消防车道和救援操作场地下面的管道和暗沟等应能承受大型消防车的压力。

(4)消防车道穿过建筑物的门洞，其净高和净宽不应小于4m；门垛之间的净宽不应小于3.5m。

(5)高层建筑周围应设置环形消防车道，当设置环形消防车道有困难时可沿建筑两个长边设消防车道。

(6)街区内的道路应考虑消防车的通行，其道路中心线间的距离不宜大于160.0m。当建筑物沿街道部分的长度大于150.0m或总长度大于220.0m时，应设置穿过建筑物的消防车道。当确有困难时，应设置环形消防车道。

(7)在穿过建筑物或进入建筑物内院的消防车道两侧，不应设置影响消防车通行或人员安全疏散的设施。

(8)供消防车取水的天然气水源和消防水池应设置消防车道。消防车道的边缘距离取水点不宜大于2m。

5. 消防电梯

(1)消防电梯的概念及用途。

消防电梯是在建筑物发生火灾时供消防人员进行灭火与救援使用的电梯，主要用于消防人员携带灭火器材进入高层灭火、抢救疏散受伤或老弱病残人员，以期提高灭火救援效率。

消防电梯应具有完整的消防功能：

①消防电梯应当是双路电源，当建筑物中工作电梯电源中断时，消防电梯的备用电源能自动启用开始继续运行。

②消防电梯应当具有紧急控制功能，即当楼上发生火灾时，它可以接受指令，及时返回首层，而不再继续接纳乘客，只可供消防人员使用。

③消防电梯应当在轿厢顶部预留一个紧急疏散出口，万一电梯的开门机构失灵时，也可由此处疏散逃生。

(2)消防电梯设置要求。

消防电梯可与客梯或工作电梯兼用，建筑高度大于33m的住宅建筑；一类高层公共建筑和建筑高度大于32m的二类高层建筑需要设置消防电梯，每个防火分区不应少于1台消防电梯。消防电梯应符合每层可停靠、载重量不应小于800kg、首层至顶层的运行时间不宜大于60s、内部装修采用不燃材料、电器线路防水等要求，电梯内部应设置专用消防对讲电话，首层入口处应设置供消防队员专用的操作按钮。

6. 防排烟系统

(1)防排烟系统概述。

防排烟系统指高层民用建筑的防排烟设施，主要包括防烟楼梯间及前室、消防电梯前室、合用前室、封闭楼梯间、避难层(间)等场所设置的防烟设施，地下室、内走道、中庭、无窗或设有固定窗房间等部位设置的排烟设施，防烟分区之间的挡烟垂壁等。防排烟设施主要由送排风管道、管井、防火阀、门开关设备、送、排风机等设备组成。高层建筑的排烟设施分为机械排烟设施和可开启外窗的自然排烟设施。

(2)防排烟系统设置要求。

对于一类高层建筑和建筑高度超过32m的二类高层建筑的下列部位应设排烟设施：

①长度超过20m的内走道。

②面积超过100m^2，且经常有人停留或可燃物较多的房间。

③建筑物的中庭和经常有人停留或可燃物较多的地下室。

机械加压送风和机械排烟的风速，应符合下列规定：

①采用金属风道时，不应大于20m/s。

②采用内表面光滑的混凝土等非金属材料风道时，不应大于15m/s。

③送风口的风速不宜大于7m/s；排烟口的风速不宜大于15m/s。

7. 地下车库

地下车库的火灾具有火势蔓延迅速，发生火灾后有爆炸危险性，易造成连锁燃烧；车辆疏散困难，有序组织车辆疏散难度很大；扑救难度高，火场高温浓烟严重；火灾损失大的特点。因此采取以下预防措施：

(1)管理单位需要加强监管，定期对地下车库的消防设施进行维护和保养，定期开展对地下车库的巡查，如发现违规住人、私拉电线、堆放易燃物等现象应立即处理。

(2)规范地下车库内电动车的停放及充电，电动车一律不停放楼道间等区域，一律不过夜充电，对发现的违规停放充电问题采取强制搬离，强制断电。

(3)车辆定时维护，车主切勿私自改装汽车，定期检查车辆的电路油路，给车辆配备一个车载灭火器，并定期对灭火器检查更换，在发生事故时能够做到自救。

(4)发生火警及时拨打“119”，管理单位应定期开展消防安全演练，提高全体职工消防应急能力，提高消防安全意识。

(5)进入地下停车场的人员要有逃生意识，一定要对其内部设施和结构布局进行观察，熟记疏散通道安全出口的位置。火灾逃生时，要服从相关工作人员的疏导，决不能盲目乱窜，已逃离地下建筑的人员不得再返回。

(6)逃生时尽量放低姿势前进，不要做深呼吸，可能的情况下用湿衣服或毛巾捂住口鼻，防止烟雾进入呼吸道。地下场所排烟性差，火灾情况严重时会看不清路向，逃生时应冷静地观察烟气流动的方向，顺着同一方向，沿着墙壁，边移动边寻找出口。

3.9.5.2　应急疏散逃生

1. 火场逃生的方法

火场逃生的方法并不是唯一固定的，不同的火灾有不同的特点，其发展蔓延的速度，及其产生物对人员的危害程度也是不同的。针对不同的火灾、不同的建筑类型、不同的场所采取不同的逃生方式，即结合实际，安全逃生才是正确的方法。

(1)当紧急事件发生后，消防控制室人员应立即启动应急广播，提醒厂区内所有人员进行疏散，应急疏散广播应包括起火部位、疏散基本要求、提醒工作人员引导疏散和其他说明事项。消防志愿者、安全工作人员、疏散引导人员应及时就位，尽快组织人员疏散撤离。

(2)岗位其他人员听到火灾报警，启动紧急疏散方案后，所有部门各级领导指挥本部门所有人员在时间允许的情况下先关闭所有电器的电源，然后从最近的安全出口或楼梯往室外疏散，由最后撤离本部门或房间的人员负责关闭电源总开关。撤至安全地点后，立即清点人员。

(3)高层建筑遇到火灾，切勿乘坐电梯，要向安全出口方向逃生，如果房内有防毒面罩，逃生时一定要将其戴在头上。如果有避难层或疏散楼梯，可先进入避难层或由疏散楼梯撤到安全地点。

(4)如逃生通道畅通，可用折叠毛巾、口罩蒙鼻，用水浇身，匍匐前进。如果楼层已着火燃烧，但楼梯尚未烧断，火势并不十分猛烈时，可披上用水浸湿的衣被，俯身捂住口鼻从楼上快速冲下。

(5)低楼层火灾，如楼梯已经烧断，或者火势已相当猛烈时，可利用房屋的阳台、落水管、床单拧成的长绳等逃生，家里配备缓降器的，可通过缓降器逃生，切勿盲目跳楼。

(6)如各种逃生路线都被切断，用手摸到房门已感发烫，此时开门，火焰和浓烟将扑来，这时应退居室内，关紧门窗，用湿毛巾、湿布塞堵门缝，或用水浸湿棉被，蒙上门窗，防止烟火渗入，等待救援人员到来，有条件可向门窗上浇水，以延缓火势蔓延过程。同时，可向室外扔出小东西，在夜晚则可向外打手电，发出求救信号。

2. 火灾逃生的路线

逃生时留心疏散通道、安全出口及楼梯方位指示等，当大火燃起、浓烟密布时，可以较易摸清道路，尽快逃离现场。通常情况下，火场逃生时应遵照逃生原则，依托建筑物本身的疏散设施，选择最短、最安全的线路。例如某高层写字楼着火，此时楼内人员应选择走廊→疏散楼梯→首层出口(或避难层)这一路线进行逃生。生产车间发生火灾时，就应选择最近的出口进行撤离。

3.9.6　消防器材及设施

3.9.6.1　灭火器

1. 灭火器设置要求

灭火器应设置在位置明显、便于取用、不影响安全疏散的地方，摆放稳固，铭牌朝外，手提式灭火器应放置在消防箱、托架、挂钩上，顶部距离地面不大于1.5m，底部距离地面不小于0.8m。

2. 灭火器的维护和管理

(1)使用单位必须加强对灭火器的日常管理和维护。

(2)使用单位要对灭火器的维护情况至少每半月检查一次。

(3)单位应当至少每12个月自行组织或委托维修单位对所有灭火器进行一次功能性检查。

3. 灭火器报废要求

(1)灭火器的使用期限，达到如下年限必须要报废：手提式化学泡沫灭火器，5年；手提式酸碱灭火器，5年；手提式清水灭火器，6年；手提式干粉灭火器(储气瓶式)，8年；手提储压式干粉灭火器，10年；手提式1211灭火器，10年；手提式二氧化碳灭火器，12年；推车式化学泡沫灭火器，8年；推车式干粉灭火器(储气瓶式)，10年；推车储压式干粉灭火器，12年；推车式1211灭火器，10年；推车式二氧化碳灭火器，12年。

(2)有下列情况之一者，应直接报废：

①筒体、器头水压试验不合格的；

②二氧化碳灭火器的钢瓶残余变形率测试不合格的；

③筒体严重锈蚀(漆皮大面积脱落，锈蚀面积大于筒体总面积的三分之一，表面产生凹坑者)或连接部位、筒底严重锈蚀的；

④筒体严重变形的；

⑤筒体、器头有锡焊、铜焊或补缀等修补痕迹的；

⑥筒体、器头(不含提、压把)的螺纹受损、失效的；

⑦筒体与器头非螺纹连接的灭火器；

⑧器头存在裂纹、无泄压结构等缺陷的；

⑨水基型灭火器筒体内部的防腐层失效的；

⑩没有间歇喷射机构的手提式灭火器；

⑪筒体为平底等结构不合理的灭火器；

⑫没有生产厂名称和出厂年月的(含铭牌脱落，或虽有铭牌，但已看不清生产厂名称；出厂年月钢印无法识别的)；

⑬被火烧过的灭火器；

⑭不符合消防产品市场准入制度的灭火器；

⑮按照国家或有关部门规定应予以报废的灭火器，如1211灭火器。

图3-9-2 手提式干粉灭火器

4. ABC类手提式干粉灭火器(图3-9-2)

(1)规格：2kg/4kg/6kg/8kg。

(2)使用说明：

①当发生火灾时边跑边将筒身上下摇动数次，使里面的干粉松动。

②拔出保险销，一只手握住压把，另一只手抓好喷管。

③选择上风位置接近火点，将灭火器竖直放置，将出粉口对准火苗根部。

④用力压下握把，摇摆喷射，将干粉射入火焰根部。

⑤熄灭后并以水冷却降温。

(3)使用范围：适用于扑救易燃固体、易燃液体及可燃气体的初起火灾，也可扑救带电设备的火灾。

(4)注意事项：

①干粉灭火器在使用过程中应始终保持直立状态，不得横卧颠倒使用，否则不能喷粉。

②注意干粉灭火器灭火后防止复燃。

③用干粉扑救流散液体火灾时，应从火焰侧面，对准火焰根部喷射，并由近而远，左右扫射，快速推进，直至把火焰全部扑灭。

④扑救容器内液体火灾时，亦应从火焰侧面，对准火焰根部左右扫射，当火焰被赶出容器时，应快速向前，将余火全部扑灭。注意不要直接对准液面喷射以防止油液飞溅，引起火势扩大。

⑤用多用干粉灭火器扑救固体火灾时，应对准火势最猛处左右扫射，并应尽量使干粉灭火剂均匀喷洒在燃烧物表面，直至把火全部扑灭。

5. 推车式干粉灭火器(图3－9－3)

(1)规格：35kg/60kg。

(2)使用说明：

推车式干粉灭火器一般由两人操作。

①当发生火灾时将灭火器推至现场在离起火点上风方向大约10m处停下。

②拔出保险销，筒体与地面垂直手握胶管。

③选择上风位置接近起火点，将出粉口对准火苗根部。

④用力压下握把，摇摆喷射，将干粉射入火焰根部。

熄灭后以水冷却降温。

注意：灭火时应顺风不宜逆风；推车式灭火器在停止灭火时应先关闭灭火器罐上的阀门，再关喷枪(嘴)。防止压力过大造成罐体和胶管爆裂。

图3－9－3 推车式灭火器

6. 手提式二氧化碳灭火器(图3－9－4)

(1)型号：MT－7。

(2)规格：7kg。

(3)使用说明：

适用于电气设备/精密仪器/贵重设备/图书馆等区域，使用时将灭火器提至着火点上风口处，距离火源2m左右，不要离火源太远或者太近。放下灭火器，调整喇叭筒的位置，因为二氧化碳灭火器没有黑色软管，应把喇叭筒向上扳70°~90°，对准上风火源根部进行扫射；拔掉铅封和保险栓，一手紧握启闭阀的压把，另一只手固定筒体，对准火源根部进行扫射灭火(二氧化碳灭火器有黑色软管时，灭火人

图3－9－4 手提式二氧化碳灭火器

员应手持软管喷筒的专用手柄处，对准火源根部灭火)，灭火的时候，人员应站在上风处。

注意：使用时不能直接用手抓住喇叭筒外壁或金属连接管，以防止手被冻伤。灭火时，当可燃液体呈流淌状燃烧时，使用者应将二氧化碳灭火剂的喷流由近而远向火焰喷射；如果可燃液体在容器内燃烧时，使用者应将喇叭筒提起，从容器的一侧上部向燃烧的容器中喷射，但不能将二氧化碳射流直接冲击在可燃液面上，以防止可燃液体冲出容器而扩大火势，造成灭火困难。使用二氧化碳灭火器时，在室外使用的，应选择在上风方向喷射，在室内窄小空间使用的，灭火后操作者应迅速离开，以防窒息。

图3-9-5 安全出口疏散标志

3.9.6.2 消防标志、照明

1. 疏散标志(图3-9-5)

消防安全疏散标志指的是用于火灾时对引导人员安全疏散有指示作用的消防应急标志灯具和指示牌。在下列部位应设置消防安全疏散标志：

(1)安全出口；

(2)防烟楼梯间的前室或合用前室；

(3)超过20m的走道、超过10m的袋形走道；

(4)疏散走道拐弯处；

(5)高层建筑或多层建筑中建筑面积大于300m^{2}的会议室、多功能厅等公共活动用房；地下建筑中各房间总面积超过200m^{2}且经常有人停留的活动场所的房间疏散门；

(6)避难层(间)。

设置的消防安全疏散标志应符合下列要求：

(1)消防安全疏散标志应独立设置在醒目位置，不应被遮挡。疏散出口和安全出口标志不应设置在可开启的门、窗扇上或其他可移动的物体上；

(2)安全出口和疏散出口标志应设在靠近其出口一侧的门上方或门洞两侧的墙面上，标志的下边缘距门的上边缘不宜大于0.3m；

(3)疏散走道转角区域1m范围内应设置消防安全疏散标志；

(4)消防安全疏散标志应设置在距离地面高度1m以下的墙面上，间距不应大于10m；

(5)消防安全疏散标志蓄电池组的初装容量应保证建筑高度100m及以下建筑不小于90min，100m以上的建筑不小于180min。

2. 消防应急灯(图3-9-6)

消防应急灯，包括消防照明应急吸顶灯，消防应急筒灯、射灯和双头消防应急照明灯。消防应急灯应安装在消防疏散通道或安全逃生出口的上方，楼梯拐角处距离地面2.2m左右的位置，布灯密度一般不应超过20m/台，在出口通道的拐角处或安全出口通道环境较复杂等位置，应该适当增加应急照明灯具的数量。消防应急照明灯具应急状态光通量不应小于其标称光通量，且不应小于50lm。

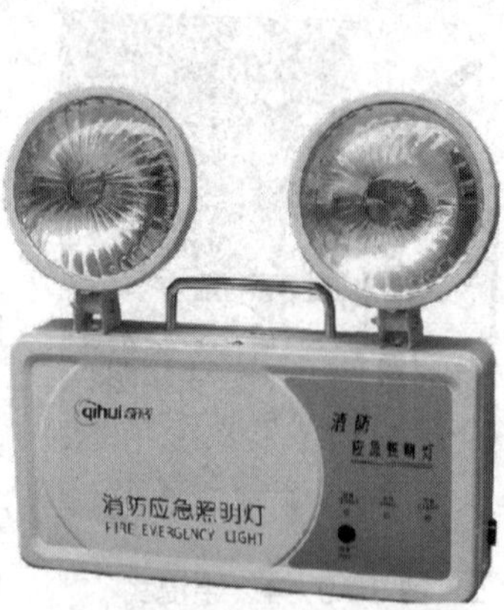

图3-9-6 消防应急灯

当发生火灾或停电时，消防应急灯会自动工作照明，指示人们安全信道和出口的位置，消防应急灯具系统的转换时间不应大于5s，工作时间不应小于90min。

应急照明灯的自检主要是检查电路转换时间、照度、工作时间，方法有以下两种：

(1)通电检测，在通电情况下直接按下应急照明灯试验按钮。

(2)断电检测，直接拔掉应急照明灯的插头。

3.9.6.3　室内、外消火栓

1. 室内消防栓箱基本构成

消火栓箱是用于存放消火栓的箱子，是起火的时候用来灭火的，要配水带、水枪等，规格为650cm×450cm(图3-9-7)。

图3-9-7　室内消防栓箱

有火警时，根据箱门的开启方式，按下门上的弹簧锁，销子自动退出，拉开箱门后，取下水枪拉转水带盘，拉出水带，同时把水带接口与消火栓接口连接上，把室内消火栓手轮顺开启方向旋开，即能进行喷水灭火。也可快速拉取橡胶水管至事故地点，同时缓慢开启球阀开关，进行喷水灭火。

消火栓箱内配置包括消火栓(*DN*65mm或*DN*50mm)，水枪(ϕ16~19cm)，麻质衬胶水带(20m或25m)，自救式消防软管卷盘(20~40m)，指示红灯，报警按钮，消防泵启泵按钮。

2. 消防栓箱的检查

室内消火栓的检查主要包括消火栓、管路和水源三部分的检查。

(1)消火栓的检查。

室内消火栓箱内应经常保持清洁、干燥，防止锈蚀、碰伤或其他损坏。每半年至少进行一次全面的检查维修。主要内容有：

①检查消火栓和消防卷盘供水闸阀是否渗漏水，若渗漏水及时更换密封圈；

②对消防水枪、水带、消防卷盘及其他进行检查，全部附件应齐全完好，卷盘转动灵活；

③检查报警按钮、指示灯及控制线路，应功能正常、无故障；

④消火栓箱及箱内装配的部件外观无破损、涂层无脱落，箱门玻璃完好无缺；

⑤对消火栓、供水阀门及消防卷盘等所有转动部位应定期加注润滑油。

(2)供水管路的检查。

①对管路进行外观检查，若有腐蚀、机械损伤等及时修复；

②检查阀门若有漏水及时修复；

③室内消火栓设备管路上的阀门为常开阀，平时不得关闭，应检查其开启状态；

④检查管路的固定是否牢固，若有松动及时加固。

(3)水源的检查。

①对水泵设施按有关要求进行检查，要特别注意启动水泵设备的工作状态是否良好；

②对水箱(或气压给水设备)进行检查，若有损坏及时修复。特别注意水箱内的检测信号设施，应检查其功能是否正常；

③检查水泵接合器上的设施是否良好，特别是单向阀、安全阀及接口等部件。检查时

还应注意水泵接合器附近的室外消火栓或其他水源是否符合有关要求。

(a)地上式室外消火栓　(b)地下式室外消火栓

图3-9-8　室外消火栓

3. 室外消火栓

室外消火栓就是安装在室外的、当出现火情灾害时供消防部队用于取水灭火的一种装置。室外消火栓系统是最基本的消防设施。在城镇、居民区、企事业单位等进行规划时要设置室外消火栓；工业建筑、民用建筑、堆场、储罐等周围也必须设置室外消火栓系统。按照其安装形式可分为地上式和地下式两种(图3-9-8)。按其进水口连接形式可分为承插式和法兰式两种。地上消火栓适用于温度较高的地方，地下消火栓适用于寒冷地区。

室外消火栓的公称压力有1.0MPa和1.6MPa两种。其中，承插式室外消火栓为1.0MPa，法兰式室外消火栓为1.6MPa。地上消火栓用SS表示，地下消火栓用SA表示，如出水口为65mm两个、公称压力为1.6MPa的地下消火栓表示为：SA65/65-1.6。

4. 室外消火栓的操作方法

室外消火栓主要是满足于消防管理部门使用，它的用途包括两个方面，一是迅速给消防车加水满足火场供水需要；二是当消火栓周围发生火灾时，直接出水枪灭火。

*DN*100mm、*DN*150mm出水口专供灭火消防车吸水之用。*DN*65mm出水口供连接水带后放水灭火之用。当使用*DN*100mm、*DN*150mm出水口时，必须将两个*DN*65mm出水口关闭；使用*DN*65mm出水口时，必须将不用的出水口关紧，防止漏水，以免影响水流压力。

室外消火栓的操作方法为：第一步将消防水带铺开；第二步将水枪与水带快速连接；第三步连接水带与室外消火栓。连接完毕后，用室外消火栓专用扳手逆时针旋转，把螺杆旋到最大位置，打开消火栓。

室外消火栓使用完毕后，需打开排水阀，将消火栓内的积水排出，以免结冰将消火栓损坏。

3.9.6.4　防火服的使用及管理要求

1. 防火服的定义

防火服是消防员及高温作业人员近火作业时穿着的防护服装，用来对其上下躯干、头部、手部和脚部进行隔热防护，包括防火上衣、防火裤、防火头套、防火手套以及防火脚套，具有防火、隔热、耐磨、耐折、阻燃、反辐射热等特性。

如果想要去除防火服上残留的污垢，可用自来水和中性肥皂，假如防火服已经和化学品接触，或发现有气泡现象，则应清洗整个镀铝表面。防火服在重新存放前务必进行彻底的干燥，晾好，最好不要折。假如防火服的表面泛起小面积的不是很严重的灼烧痕迹或磨损，则可以用镀铝的喷枪进行修补。

2. 防火服穿戴方法

取出防火服，小心卸下包装，展开防火服，检查其是否完好无损。拉开防火服背部的拉链，先将腿伸进连体防火服，然后伸进手臂，最后戴上头罩。拉上拉链，并将按扣按好，穿上安全靴，确认裤腿完全覆盖住安全靴的靴筒，最后戴上手套。

3.9.6.5　火灾自动报警系统

火灾自动报警系统是由触发装置、火灾报警装置、联动输出装置以及具有其他辅助功能装置组成的，它具有能在火灾初期，将燃烧产生的烟雾、热量、火焰等物理量，通过火灾探测器变成电信号，传输到火灾报警控制器，并同时以声或光的形式通知整个楼层疏散，控制器记录火灾发生的部位、时间等(图3-9-9)。

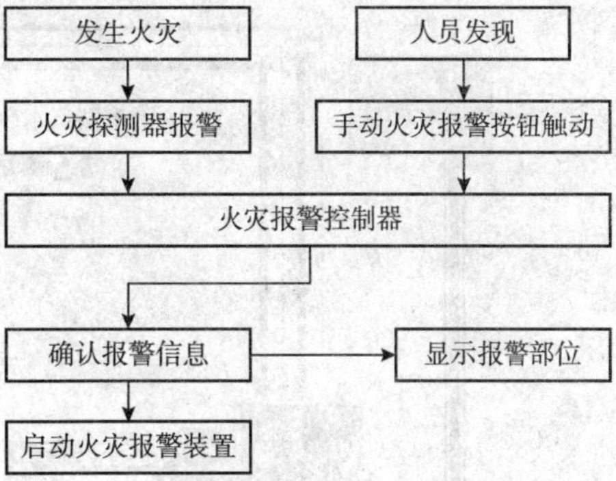

图3-9-9　火灾自动报警系统

1. 触发装置

在火灾自动报警系统中，自动或手动产生火灾报警信号的器件称为触发件，主要包括火灾探测器和手动火灾报警按钮。其中火灾探测器能对火灾参数(如烟、温度、火焰辐射、气体浓度等)响应，并自动产生火灾报警信号。手动火灾报警按钮是手动方式产生火灾报警信号、启动火灾自动报警系统的器件。

2. 火灾报警装置

在火灾自动报警系统中，用以接收、显示和传递火灾报警信号，并能发出控制信号和具有其他辅助功能的控制指示设备称为火灾报警装置。火灾报警控制器就是其中最基本的一种。火灾报警控制器担负着为火灾探测器提供稳定的工作电源、监视探测器及系统自身的工作状态；接收、转换、处理火灾探测器输出的报警信号；进行声光报警；指示报警的具体部位及时间；同时执行相应辅助控制等诸多任务，是火灾报警系统中的核心组成部分。

3. 联动输出装置

在火灾发生时联动控制器按设定的控制逻辑准确发出联动控制信号给消防栓、喷淋泵、防火门、防火阀、防排烟阀和通风、应急照明等消防设备，完成对灭火系统、疏散指示系统、防排烟系统及防火卷帘等其他消防有关设备的控制功能，当设备接收到火灾报警后，能自动或手动启动相关消防设备并显示其状态的设备，称为消防联动控制设备。主要包括自动喷水灭火系统的控制装置、室内消火栓系统的控制装置、防烟排烟系统、常开防火门及防火卷帘、火灾应急广播、火灾应急照明与疏散指示标志的控制装置。

3.9.6.6　自动喷水灭火系统

自动喷水灭火系统是一种由洒水喷头、报警阀组、水流报警装置(水流指示器或压力开关)等组件，以及管道、供水设施组成，并能在发生火灾时，自动打开喷头喷水灭火并同时发出火警信号的消防灭火设施(图3-9-10)。

自动喷水灭火系统在火灾发生后能通过各种方式自动启动，并能同时通过加压设备将水送入管网维持喷头洒水灭火一定时间(1h)。是当今世界上公认的最为有效的自救灭火设施，是应用最广泛、用量最大的自动灭火系统。具有安全可靠、经济实用、灭火成功率高等优点。自动喷水灭火系统扑灭初期火灾的效率在97%以上。

自动喷水系统启泵有三种方式，分别是自动控制启动、远程启动、现场手动应急操作。当火灾报警系统探头接收到火灾信号后，会在规定时间内启动自动喷水灭火系统。同时，还可采用消防控制室(盘)远程控制启动。当保护区出现火情而灭火控制系统失灵时，也可手动打开相应保护区控制柜，按下控制柜上的启动按钮，实施灭火。

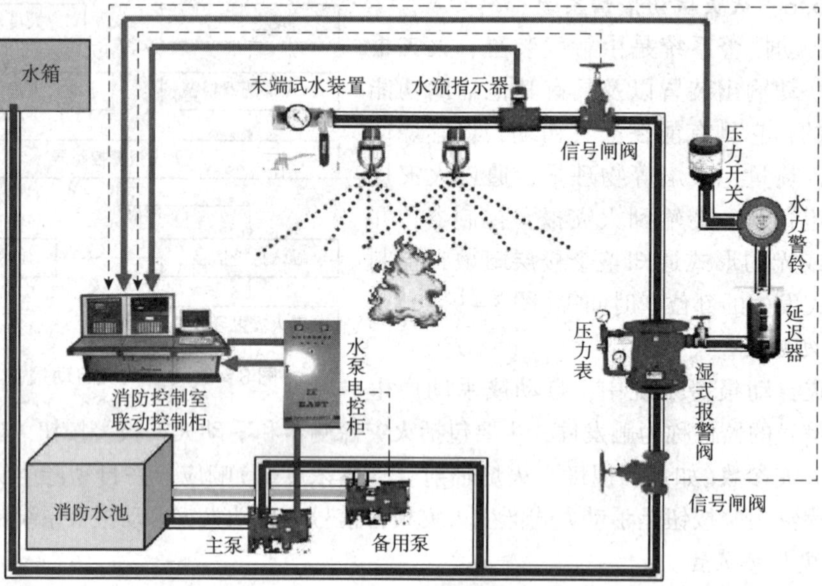

图 3-9-10　湿式自动喷水灭火系统

采用闭式喷头的灭火系统；准工作状态下管网中充满用于启动系统的有压水；当喷头保护范围内发生火灾，喷头热敏元件受热达到或超过公称动作温度时，热敏元件动作(熔化、破碎)，从而喷头开启，出水灭火，同时系统自动启动。可通过末端试水装置对管网压力进行测试。具有结构简单、施工和管理维护方便、使用可靠、灭火速度快、控火效率高，应用范围广等优点。但由于管网中充有有压水，当渗漏时会损毁建筑装饰和影响建筑的使用，该系统只适用于环境温度 4℃ < t < 70℃的建筑物。

3.9.6.7　气体灭火系统

1. IG541 灭火系统特点

IG541 混合气体灭火剂是通过降低防护区内的氧气浓度(由空气正常含氧量的 21% 降至 12.5%)，利用窒息作用使其不能维持燃烧而达到灭火的目的，是纯物理作用。具有以下特点：

(1)系统结构合理，动作准确可靠，操作维护简便，外形美观。

(2)采用自动启动、手动启动和机械应急启动三种启动方式。

图 3-9-11　IG541 灭火系统

(3)系统主要由灭火剂容器、容器瓶头阀、启动气瓶、启动瓶头阀、选择阀、单向阀、气路单向阀、安全阀、压力开关、集流管、节流孔板、压力表、喷嘴、连接软管、管路管件、整体安装钢瓶架及火灾(感温、感烟)探测器、气体灭火控制盘等组成。

(4)根据不同应用场所使用要求，可以组成单元独立系统或组合分配系统(图 3-9-11)。

2. IG541 灭火系统的组成

IG541 混合气体自动灭火系统主要由火灾探测控制单元(包括火灾感温、感烟探测器、报警控制器、气体灭火控制盘、声光报警器、喷射指示灯、紧急启动/停止按钮等)、灭火系统单元(包括混合气体灭火剂瓶组、整体安装钢瓶架、单向阀、气路单向阀、集流管、安全泄压装置、驱动装置、启动瓶组、连接管、选择阀、管网及喷嘴等)等组成。

3. IG541 灭火系统的控制方式

(1)自动控制：将气体灭火控制盘和手自动转换开关的控制方式选择到“自动”位置；通过探测器或手动启动按钮报警，火灾报警控制器通过气体灭火控制盘按预定模式延时30s后启动相应防护区的启动装置进行灭火。

(2)手动控制：通过气体灭火控制盘上的启动按钮和防护区入口处的紧急启动按钮启动气体灭火系统进行灭火。

(3)机械应急操作：当火灾自动报警控制器或气体灭火控制盘发生故障时，现场人员确认火灾发生时，在钢瓶间打开相应防护区的启动装置进行灭火。

3.9.7　消防安全管理

3.9.7.1　消防安全责任

消防安全重点单位及其消防安全责任人、消防安全管理人应当报当地公安消防机构备案。消防安全重点单位应当设置或者确定消防工作的归口管理职能部门，并确定专职或者兼职的消防管理人员；其他单位应当确定专职或者兼职消防管理人员，可以确定消防工作的归口管理职能部门。归口管理职能部门和专兼职消防管理人员在消防安全责任人或者消防安全管理人的领导下开展消防安全管理工作。

1. 消防安全责任人

(1)贯彻执行消防法规，保障单位消防安全符合规定，掌握本单位的消防安全情况；

(2)将消防工作与本单位的生产、科研、经营、管理等活动统筹安排，批准实施年度消防工作计划；

(3)为本单位的消防安全提供必要的经费和组织保障；

(4)确定逐级消防安全责任，批准实施消防安全制度和保障消防安全的操作规程；

(5)组织防火检查，督促落实火灾隐患整改，及时处理涉及消防安全的重大问题；

(6)根据消防法规的规定建立专职消防队、义务消防队；

(7)组织制定符合本单位实际的灭火和应急疏散预案，并实施演练。

2. 消防安全管理人

(1)拟订年度消防工作计划，组织实施日常消防安全管理工作；

(2)组织制订消防安全制度和保障消防安全的操作规程并检查督促其落实；

(3)拟订消防安全工作的资金投入和组织保障方案；

(4)组织实施防火检查和火灾隐患整改工作；

(5)组织实施对本单位消防设施、灭火器材和消防安全标志的维护保养，确保其完好有效，确保疏散通道和安全出口畅通；

(6)组织管理专职消防队和义务消防队；

(7)在员工中组织开展消防知识、技能的宣传教育和培训，组织灭火和应急疏散预案的实施和演练；

(8)单位消防安全责任人委托的其他消防安全管理工作；

(9)消防安全管理人应当定期向消防安全责任人报告消防安全情况，及时报告涉及消防安全的重大问题。未确定消防安全管理人的单位，前款规定的消防安全管理工作由单位消防安全责任人负责实施。

3.9.7.2 消防安全检查

消防安全重点单位应当进行每日防火巡查，并确定巡查的人员、内容、部位和频次。其他单位可以根据需要组织防火巡查。巡查的内容应当包括：

(1)用火、用电有无违章情况；

(2)安全出口、疏散通道是否畅通，安全疏散指示标志、应急照明是否完好；

(3)消防设施、器材和消防安全标志是否在位、完整；

(4)常闭式防火门是否处于关闭状态，防火卷帘下是否堆放物品影响使用；

(5)消防安全重点部位的人员在岗情况；

(6)其他消防安全情况。

机关、团体、事业单位应当至少每季度进行一次防火检查，其他单位应当至少每月进行一次防火检查。检查的内容应当包括：

①火灾隐患的整改情况以及防范措施的落实情况；

②安全疏散通道、疏散指示标志、应急照明和安全出口情况；

③消防车通道、消防水源情况；

④灭火器材配置及有效情况；

⑤用火、用电有无违章情况；

⑥重点工种人员以及其他员工消防知识的掌握情况；

⑦消防安全重点部位的管理情况；

⑧易燃易爆危险物品和场所防火防爆措施的落实情况以及其他重要物资的防火安全情况；

⑨消防(控制室)值班情况和设施运行、记录情况；

⑩防火巡查情况；

⑪消防安全标志的设置情况和完好、有效情况；

⑫其他需要检查的内容。

防火检查应当填写检查记录。检查人员和被检查部门负责人应当在检查记录上签名。

3.9.7.3 重大火灾隐患判定标准

重大火灾隐患，应根据实际情况，进行直接判定或综合判定。

(1)符合下列情形之一的，应直接判定为重大火灾隐患：

①生产、储存和装卸易燃易爆化学物品的工厂、仓库和专用车站、码头、储罐区，未设置在城市的边缘或相对独立的安全地带；

②甲、乙类厂房设置在建筑的地下、半地下室；

③甲、乙类厂房与人员密集场所或住宅、宿舍混合设置在同一建筑内；

④公共娱乐场所、商店、地下人员密集场所的安全出口、楼梯间的设置形式及数量不符合规定；

⑤旅馆、公共娱乐场所、商店、地下人员密集场所未按规定设置自动喷水灭火系统或火灾自动报警系统；

⑥易燃可燃液体、可燃气体储罐(区)未按规定设置固定灭火、冷却设施。

(2)符合下列情形之一的，应判定为重大火灾隐患：

①人员密集场所，存在(5)安全疏散及灭火救援方面的综合判定要素第①至⑨款2个及以上的；

②易燃易爆化学物品场所，存在(3)总平面布置方面的综合判定要素第①至④款以及(6)消防给水及灭火设施方面的综合判定要素第⑤至⑥款中2个及以上的；

③人员密集场所、易燃易爆化学物品场所、重要场所，存在全部综合判定要素3个及以上的；

④其他场所，存在全部综合判定要素4个及以上的。

(3)总平面布置方面的综合判定要素：

①未按规定设置消防车道或消防车道被堵塞、占用；

②建筑之间的既有防火间距被占用；

③甲、乙类仓库或丙类厂房与人员密集场所或住宅、宿舍混合设置在同一建筑内；

④城市建成区内的液化石油气加气站、加油加气合建站的储量达到或超过GB50156—2018对一级站的规定；

⑤丙类厂房或丙类仓库与集体宿舍混合设置在同一建筑内；

⑥托儿所、幼儿园的儿童用房及儿童游乐厅等儿童活动场所，老年人建筑，医院、疗养院的住院部分等与其他建筑合建时，所在楼层位置不符合规定；

⑦地下车站的站厅乘客疏散区、站台及疏散通道内设置商业经营活动场所。

(4)防火分隔方面的综合判定要素：

①擅自改变原有防火分区，造成防火分区面积超过规定的50%；

②防火门、防火卷帘等防火分隔设施损坏的数量超过该防火分区防火分隔设施数量的50%；

③丙、丁、戊类厂房内有火灾爆炸危险的部位未采取防火防爆措施，或这些措施不能满足防止火灾蔓延的要求。

(5)安全疏散及灭火救援方面的综合判定要素：

①擅自改变建筑内的避难走道、避难间、避难层与其他区域的防火分隔设施，或避难走道、避难间、避难层被占用、堵塞而无法正常使用；

②建筑物的安全出口数量不符合规定，或被封堵；

③按规定应设置独立的安全出口、疏散楼梯而未设置；

④商店营业厅内的疏散距离超过规定距离的25%；

⑤高层建筑和地下建筑未按规定设置疏散指示标志、应急照明，或损坏率超过30%，其他建筑未按规定设置疏散指示标志、应急照明，或损坏率超过50%；

⑥设有人员密集场所的高层建筑的封闭楼梯间、防烟楼梯间门的损坏率超过20%，其他建筑的封闭楼梯间、防烟楼梯间门的损坏率超过50%；

⑦民用建筑内疏散走道、疏散楼梯间、前室室内的装修材料燃烧性能低于B1级；

⑧人员密集场所的疏散走道、楼梯间、疏散门或安全出口设置栅栏、卷帘门；

⑨公共娱乐场所、商店、地下人员密集场所之外的其他场所，其安全出口、楼梯间的设置形式及数量不符合规定；

⑩除首层外，设有人员密集场所的建筑既有外窗被封堵或被广告牌等遮挡，影响灭火救援；

⑪高层建筑的举高消防车作业场地被占用，影响消防扑救作业；

⑫一类高层民用建筑的消防电梯无法正常运行。

(6)消防给水及灭火设施方面的综合判定要素：

①未按规定设置消防水源；

②未按规定设置室外消防给水设施，或已设置但不能正常使用；

③未按规定设置室内消火栓系统，或已设置但不能正常使用；

④除旅馆、公共娱乐场所、商店、地下人员密集场所之外的其他场所，未按规定设置自动喷水灭火系统；

⑤未按规定设置除自动喷水灭火系统外的其他固定灭火设施；

⑥已设置的自动喷水灭火系统或其他固定灭火设施不能正常使用或运行。

(7)防烟排烟设施方面的综合判定要素：

人员密集场所未按规定设置防烟排烟设施，或已设置但不能正常使用或运行。

(8)消防电源方面的综合判定要素：

①消防用电设备未按规定采用专用的供电回路；

②未按规定设置消防用电设备末端自动切换装置，或已设置但不能正常工作。

(9)火灾自动报警系统方面的综合判定要素：

①除旅馆、公共娱乐场所、商店、地下人员密集场所之外的其他场所，未按规定设置火灾自动报警系统；

②火灾自动报警系统处于故障状态，不能恢复正常运行；

③自动消防设施不能正常联动控制。

(10)其他综合判定要素：

①违反规定，在可燃材料或可燃构件上直接敷设电气线路或安装电气设备；

②易燃易爆化学物品场所未按规定设置防雷、防静电设施，或防雷、防静电设施失效；

③易燃易爆化学物品场所未按规定设置防爆电气设备，或防爆电气设备失效；

④违反规定，在公共场所使用可燃材料装修。

3.9.7.4 消防安全宣传教育和培训

1. 基本要求

各级消防管理部门和内部单位都要设立专门的宣传机构，采取丰富多彩的宣传教育形式，并围绕每一时期的消防安全工作的重点与要求，用好“119”消防宣传月等时机，做好消防宣传教育工作，争取收到良好的社会效果。

消防安全重点单位对每名员工应当至少每年进行一次消防安全培训。单位的消防安全责任人、消防安全管理人；专、兼职消防管理人员；消防控制室的值班、操作人员需要接受消防专门安全培训，且需持证上岗。

2. 宣传培训内容

宣传教育和培训内容应当包括：

(1)有关消防法规、消防安全制度和保障消防安全的操作规程；

(2)本单位、本岗位的火灾危险性和防火措施；

(3)有关消防设施的性能、灭火器材的使用方法；

(4)报火警、扑救初起火灾以及自救逃生的知识和技能；

(5)普及消防安全管理的科技知识；以及消防工作的方针、政策、法律法规；灾害致灾机理及形成要素；消防安全管理的性质和任务；风险分析和危机控制；消防安全防范措施；抗灾与救灾的知识；

(6)总结及公布消防安全管理的经验及教训。

3. 消防宣传教育的基本形式

良好的宣传形式可以吸引群众、扩大教育等，使宣传工作产生巨大力量。所以，要加强宣传工作，就必须下工夫研究宣传形式，使其向科学性、群众性以及艺术性的方面发展。可以采用消防法制宣传、消防技术培训、火灾现场会、公开处理火灾责任者、新闻媒体宣传等多种方法进行宣传教育，以宣传面广、影响力大为目的即可。

3.10　天然气管道的应急抢修

3.10.1　相关国家、行业标准

3.10.1.1　相关国家标准

1. GB/T 28055—2011 钢制管道带压封堵技术规范

2. GB 50423—2013 油气输送管道穿越工程设计规范

3.10.1.2　相关行业标准

1. AQ/T 9011—2019 生产经营单位生产安全事故应急预案评估指南

2. SY/T 6186—2020 石油天然气管道安全规范

3. SY/T 7477—2020 埋地钢质管道机械化补口技术规范

4. AQ/T 3055—2019 陆上油气管道建设项目安全设施设计导则

5. SY/T 6827—2011 油气管道安全预警系统技术规范

6. SY/T 6554—2011 石油工业带压开孔作业安全规范

7. SY/T 6150.2—2018 钢质管道封堵技术规范第2部分：挡板-囊式封堵

8. SY/T 6150.1—2017 钢质管道封堵技术规范第1部分：塞式、筒式封堵

9. SY/T 6649—2018 油气管道管体缺陷修复技术规范

10. SY/T 6186—2007 石油天然气管道安全规程

3.10.2　概述

管道运输是石油及天然气最主要的运输方式。与铁路、公路、水运相比，管道运输具有运输量大、安全密闭、便于管理、易于实现远程集中监控等优点。特别是天然气，由于其密度小、体积大，陆上运输时管道是最佳的运输方式。在日常运行过程中，管道会不可避免地出现多种缺陷，影响到管道的安全运行，需要进行维修或抢修。管道维抢修是油气储运生产中必不可少、经常性的一项工作内容。随着科技不断发展与进步，管道维抢修新技术、新工艺不断涌现。

管道维修、抢修一般是指管道的修补、修复和更换管段，包括管道清管作业、管道本体缺陷的修复、管道阴极保护及防腐保温层的修复。通过修补、修复、改造等技术措施，达到修复缺陷、改变流程、更换设备部件等目的，使管道恢复正常运行。

维修和抢修是根据施工的紧急程度而分。维修是指计划性作业，抢修是指应急性作业。根据施工作业的大小，维抢修又可分为小修和大修。小修多指管道局部的维护、维修、修补；大修多指修复和更换管段。

3.10.3 管道事故与缺陷

3.10.3.1 管道事故

1. 定义

管道事故是指导致输送介质泄漏，影响正常输送的意外事件。

2. 输气管理事故特点

(1)管线事故率曲线。

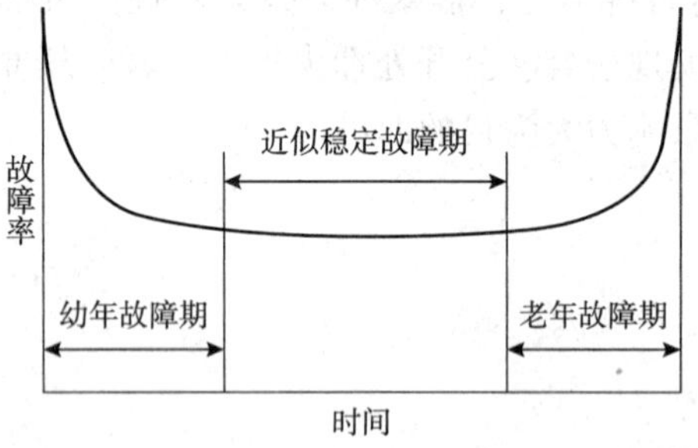

图3-10-1 管道事故率与时间的关系曲线

事故率随工程项目运行时间变化的曲线，即通常称为“浴盆曲线”，也适用于管道运输行业。浴盆曲线可分为三个阶段，即投产初期的事故多发段、稳定工作期的较低事故率平稳段、后期的事故率上升阶段。浴盆曲线的示意图见图3-10-1。

管道运行初期的事故多发段，一般是在投产后半年至两年期间，这期间首先暴露的是管道系统内在的质量隐患，包括管材质量、设计缺陷、焊接和施工质量等问题。在管道事故统计的数据中，这一阶段的事故占据了主要份额。第二阶段为稳定工作期，一般可以持续15～20年，这期间运行环境对管道造成的损伤引发事故较明显，这与管道质量、输送介质种类、腐蚀控制等条件有关。第三阶段已达到管道设计寿命后期，由于设施老化、系统腐蚀及磨损程度加剧，使这期间的事故率明显上升。若采用先进的安全管理体系，通过检测和有效的维护手段，提高管道的安全水平，就能够延长浴盆曲线的稳定工作部分，并进一步降低其平均事故率。

(2)输气管道事故基本规律。

1)压力越大，着火燃烧半径越大。

美国交通运输部安全办公室(NTSB)关于天然气管道的重大事故调查资料表明中，13次事故均着火，6次发生爆炸。调查的数据范围如下：输气管的管径为152～914mm；运行压力为3.4～7.0MPa。研究表明，着火燃烧的半径随着管道运行压力的增高而增大。

2)管道事故以泄漏为主。

根据欧、美等各国对输气管道事故严重程度的划分标准，管道事故一般被分为三类：泄漏、穿孔和破裂。划分标准与管道本身的特征(如直径、壁厚等)有关。一般按照以下划分：

①穿孔的当量尺寸≤20mm，为泄漏；

②20mm≤穿孔的当量尺寸≤管半径，为穿孔；

③穿孔的当量尺寸≥管半径，为破裂。

事故统计表明泄漏事故最多，其次是穿孔事故，再次是破裂事故。

3. 输气管道泄漏事故的后果

天然气泄漏的后果基本上是急性危害，若形成的天然气云没有遇到火源，则随着气云逐渐扩散，浓度降低，危害性下降；若遇到火源，会发生火灾爆炸，人员伤亡及财产损失巨大(图3-10-2)。

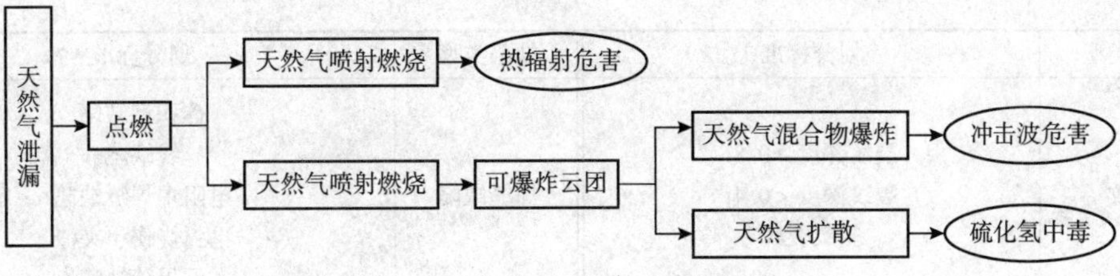

图3-10-2 天然气管道泄漏后果分析

4. 火灾爆炸危险性的影响因素

天然气泄漏引发火灾爆炸的可能性大小和事故后果的严重程度与以下因素有关：

(1)天然气的易燃易爆性及毒性。

天然气的爆炸极限范围宽，爆炸下限较低，火灾危险等级为甲级。管输天然气经过净化处理，符合管输气质标准的天然气的毒性属低等，但浓度大时会使人窒息或中毒。

(2)管道内天然气泄漏速率。

天然气云的大小主要与泄漏速率有关，而不是泄漏的总量。在管内压力最高和泄漏孔径最大时产生的泄漏速率最大。随着时间推移，管内压力下降，泄漏速率减小，气云开始收缩。泄漏事故刚发生初期，泄漏速率最大。它还与管内输送压力高低与管子破坏开裂情况有关。

(3)天然气的扩散情况。

天然气扩散快可以较迅速地降低气云内天然气的浓度，减少危险，但同时又扩大了混合气分布范围，增加了危险性。天然气扩散情况与其密度大小、当地的地形、泄漏点的风速、风向及气温等多种因素有关。天然气密度较小、风力较强时扩散较快。在顺风方向扩散的距离最远，这个方向的火灾爆炸范围要比其他方向大很多倍。

(4)管道沿线的人口密度。

输气管道火灾爆炸事故在人口稠密地区将带来人员伤亡和财产损失。人口越密集，事故后果越严重。

3.10.3.2 管道缺陷

1. 造成缺陷的主要原因

有腐蚀、磨损、第三方破坏、材料缺陷、施工缺陷、自然灾害、操作失误等多种原因。

2. 缺陷类型

(1)管体缺陷。

油气管道管体缺陷主要有金属损失、裂纹、变形、焊缝缺陷四大类型，见表3-10-1。

表3-10-1 油气管道管体缺陷类型及划分

缺陷类型	划分标准	缺陷类型	划分标准
金属损失	缺陷深度≥0.8t 缺陷深度<0.8t 点蚀深度≥0.8t 焊缝损伤或腐蚀 内部缺陷或腐蚀 凿槽或其他金属损失	变形	凹坑深度≥0.6%D 凹坑深度<0.6%D 环焊缝有应力集中的凹坑 皱弯、弯曲缺陷

续表

缺陷类型	划分标准	缺陷类型	划分标准
裂纹	裂纹深度≥0.8t 裂纹深度<0.4t 氢致裂纹	焊缝缺陷	体积型缺陷 线缺陷 电阻焊焊缝缺陷 电弧烧伤、夹渣 环焊缝缺陷

注：t为壁厚，D为管道外径。

1）金属损失。

金属损失是指由于腐蚀等原因所造成的管壁减薄、穿孔等缺陷，它又分为腐蚀坑穿孔、点状腐蚀坑、多点密集腐蚀坑、大面积多点密集腐蚀坑等多种形式。

①腐蚀坑穿孔形式是指管道表面腐蚀坑的腐蚀深度接近母材壁厚时，被管道工作压力击穿形成的通孔，见图3－10－3。

②点状腐蚀坑形式是指管道内壁或外壁一定范围内有单个腐蚀坑或多个腐蚀坑，腐蚀坑之间有一定距离，面积小，见图3－10－4。

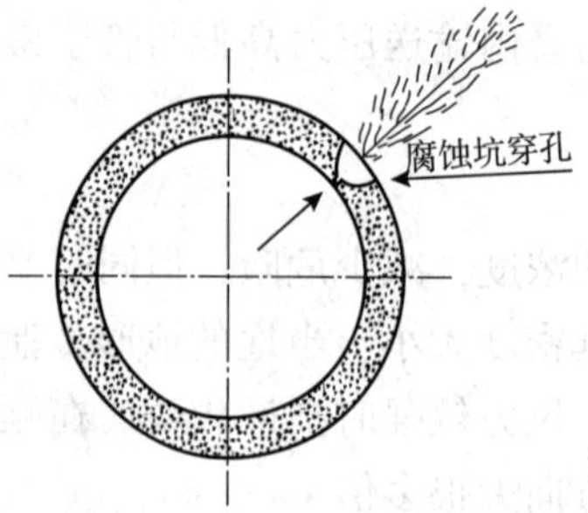

图3－10－3　管道腐蚀坑穿孔示意图

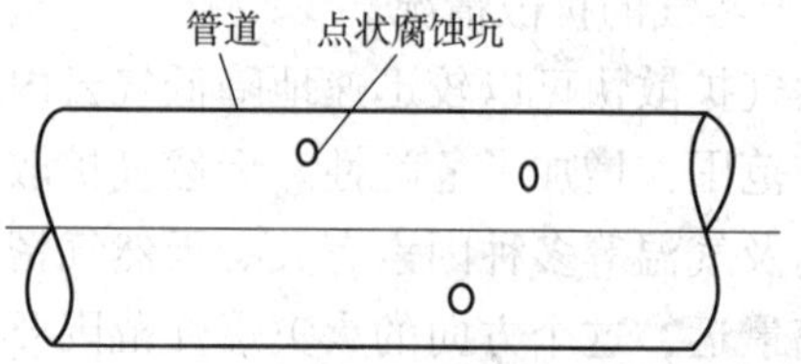

图3－10－4　管道点状腐蚀坑穿孔示意图

③多点密集腐蚀坑形式是指管道内壁或外壁一定范围内腐蚀坑密集且间距小，见图3－10－5。

④大面积多点密集腐蚀坑形式是指管道表面腐蚀坑密集而且间距小、面积大，见图3－10－6。

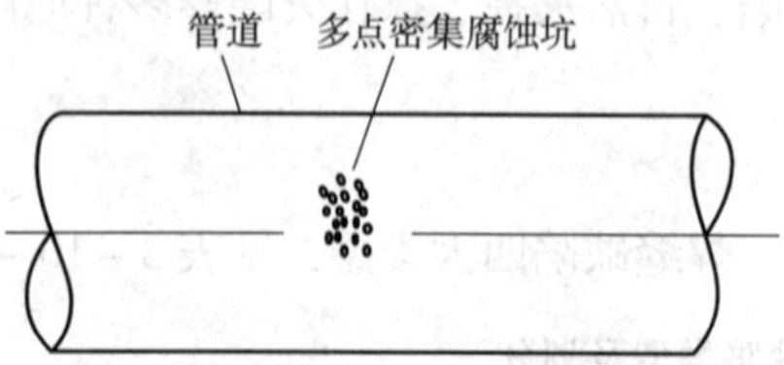

图3－10－5　管道多点密集腐蚀坑穿孔示意图

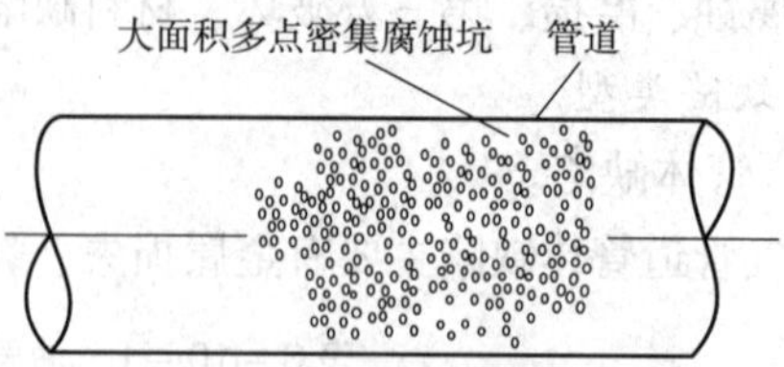

图3－10－6　管道大面积多点密集腐蚀坑穿孔示意图

2）裂纹。

管体经腐蚀、疲劳等作用后，经长期承受载荷产生疲劳或因焊缝中残余应力导致产生焊缝处裂纹，称为焊缝表面腐蚀产生的裂纹，见图3－10－7。

3）变形。

变形是指管体受到内压或外力作用导致管体产生凸起、凹坑、褶皱、弯曲等。

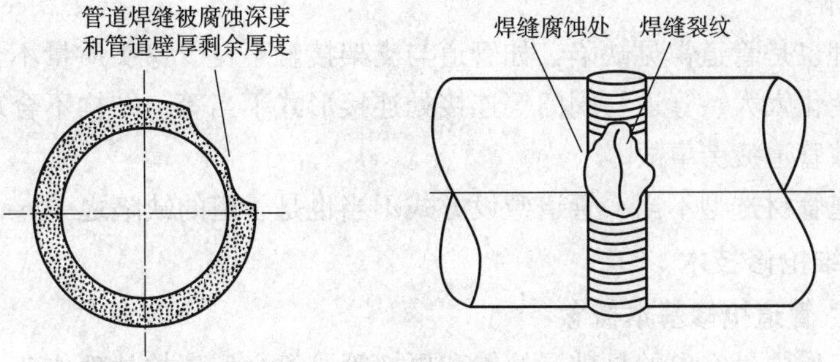

(a)焊缝腐蚀深度和管道壁厚度　　(b)焊缝腐蚀处形状与产生的裂纹形状

图3－10－7　焊缝表面腐蚀产生裂纹形式

4)焊缝缺陷。

焊缝缺陷包括体积型缺陷、线缺陷、电阻焊焊缝缺陷、电弧烧伤、夹渣、环焊缝缺陷等。

特别是未焊透、未熔合、气孔等典型内部缺陷是导致管道失效的重要因素。导致这种现象的原因大多是安装时造成的。GC1级管道安装要求100%无损伤，而GC2级只要求10%或更低比例的抽查探伤检验。焊缝内部缺陷是很难修复处理的缺陷，也是管道存在安全隐患最大的问题之一。对这类缺陷的处理只能是焊缝返修，消除缺陷，而焊缝返修工程量大，需要时间也长，返修成本很高，还存在返修后焊缝质量更差的风险。

(2)阴极保护缺陷。

阴极保护常见问题或缺陷有：

1)管道外防腐层缺陷。

管道外防腐层质量不合格，会影响到阴极保护的效果，缩短管道的使用寿命，影响管道的正常运行。主要体现在：一些管道外防腐层在出厂时就不合格，如有针孔、漏防腐、黏结不牢固等，随着使用年限延长，缺陷不断扩展；施工过程中，施工人员偷工减料，或者工艺技术不规范，操作水平较低，对管道的保护措施不到位，导致外防腐层受损；由于各种第三方破坏或其他原因导致外防腐质量下降，如老化剥离、破损等。

2)土壤电阻率低。

油气管道一般深埋于地底下或者低洼地带，环境恶劣，地形复杂，这样的外部环境也会对管道腐蚀造成一定的威胁。同时，土壤成分结构复杂，涵盖各类成分物质，可能含有容易腐蚀管道的物质，也可能会因为发生反应而生成导致管道腐蚀的物质。此外，地底下的土壤含水量较多，非常湿润，导电性较强，并含有一定的矿物质，土壤电阻率低，会加重管道的腐蚀性。这就要求管道要采取阴极保护措施，才能保证管道的正常运行。

3)恒电位仪器设备老化。

为保证管道两端的阴极保护站能持续运行，需要采用恒电位仪器设备。但在实际过程中，很多恒电位仪器设备质量不合格，使用寿命短，发生老化，容易出现各类仪器故障，无法维持正常的使用。或者仪器设备已被淘汰，无法满足工艺的要求，难以保证管道的运行。仪器设备长期出现问题，会影响到阴极保护站的运行，达不到管道阴极保护的要求。

4)阴极保护不合理。

欠保护或过保护等均会影响保护效果，进而加速管道腐蚀。

(3)其他缺陷。

结构不合理也是管道常见缺陷，如管道与支架接触不良、弯头质量不合格、异径管单位长度内直径变化太大、管道与阀门等连接处连接形式不当等。结构不合理容易引起管道振动，从而导致管道疲劳事故。

另外，管道管材选型不当、管道敷设方式不当也是管道的缺陷之一。

3.10.4 维抢修技术

3.10.4.1 管道抢修基本概念

管道维护工作中最突出的是破漏抢修和更换管段等大型事故处理作业。如果破漏是因腐蚀穿孔造成的，可以用夹具堵住管道上的漏孔，然后进行补焊。如果管道严重损坏或发生变形，就必须切除管道并更换新管段。切除管道时漏出的油气很容易引起火灾，因此在低处切除管道时，必须防止大量油气漏出，常使用机械式封堵器封堵管道，在不停输的情况下进行抢修作业。

3.10.4.2 管体缺陷修复技术

目前，国内常见的缺陷修复技术有补焊、补板、A 型套筒、B 型套筒、环氧钢套筒、复合材料、机械夹具、内衬、换管等管体缺陷修复技术。其中，补焊、补板、B 型套筒以及换管属于焊接修复技术。A 型套筒、环氧钢套筒、复合材料、内衬和机械夹具属于非焊接修复技术。油气管道管体的不同缺陷及适用的修复技术见表 3-10-2。

表 3-10-2 油气管道管体缺陷类型及修复技术类型

缺陷类型	划分标准	修复技术
金属损失	缺陷深度≥0.8t	可采用机械夹具进行临时修复或换管进行永久修复
	缺陷深度<0.8t	可采用补焊、补板、A 型套筒、B 型套筒、环氧钢套筒、复合材料或换管修复中的任意一种技术进行永久修复。其中补焊和补板技术由于存在应力集中和焊接工艺要求的限制，宜用于 X52 及以下等级钢管道的修复，补焊修复时管道剩余壁厚应不低于 3.2mm
	点蚀深度≥0.8t	可采用补板、B 型套筒、环氧钢套筒与柔性夹具组合或换管进行永久修复。补板和 B 型套筒修复时，管道压力应降低到修复工艺要求的压力评估计算值，且不超过 0.8 倍的运行压力
	焊缝损伤或腐蚀	宜采用 B 型套筒或复合材料永久修复
	内部缺陷或腐蚀	建议采用 B 型套筒或换管进行永久修复。若内部缺陷或腐蚀明确不会继续发展后，也可采用 A 型套筒、环氧钢套筒进行修复
	凿槽或其他金属损失	当缺陷深度≤0.125t，可采用打磨修复。当 0.125t<缺陷深度≤0.4t，打磨清理缺陷部位后，经检测合格，采用 B 型套筒永久修复；否则，采用换管修复。当管体 0.4t<缺陷深度<0.8t，打磨清理缺陷部位，检测合格后，采用堆焊、补板、A 型套筒、环氧钢套筒和复合材料中的任意一种技术进行永久修复
裂纹	裂纹深度≥0.8t	应采用换管修复
	裂纹深度<0.4t	可采用打磨、堆焊、A 型套筒、环氧钢套筒或复合材料修复中的任意一种技术进行永久修复
	氢致裂纹	可采用补板、A 型套筒、环氧钢套筒或 B 型套筒进行永久修复

续表

缺陷类型	划分标准	修复技术
变形	凹坑深度≥0.6%D	应采用换管进行永久修复：若无法换管时，可采用B型套筒或环氧钢套筒临时修复
	凹坑深度<0.6%D	当管体凹坑深度<6%D，并伴有金属损失、开裂或应力集中，应采用B型套筒或换管进行永久修复。若打磨尺寸满足规范要求，且裂纹深度≤0.4t，采用打磨消除裂纹，检测合格后经树脂填充固化，采用A型套筒、环氧钢套筒或复合材料进行永久修复
	环焊缝有应力集中的凹坑	应采用B型套筒或换管进行永久修复。若打磨尺寸能满足规范要求，可采用打磨修复
	皱弯、弯曲缺陷	若形变不大，可采用B型套筒或环氧钢套筒进行永久修复，修复套筒的形状、尺寸应与管道相符。若管体形变较大应采用换管进行修复
焊缝缺陷	体积型缺陷	应采用B型套筒或换管进行永久修复
	线缺陷	可采用换管修复，若缺陷金属的去除量满足要求，可采用打磨修复。如果焊缝缺陷深度<0.8t，打磨去除缺陷金属，检测合格后，采用A型套筒、B型套筒、环氧钢套筒或复合材料进行永久修复。如果缺陷长度小于其扩展临界值，可采用B型套筒永久修复
	电阻焊焊缝缺陷	当管体缺陷长度小于其扩展临界值，可采用B型套筒永久修复，反之采用换管进行修复
	电弧烧伤、夹渣	可采用A型套筒、B型套筒、环氧钢套筒或换管进行永久修复：如果缺陷金属的去除量满足要求，可采用打磨修复
	环焊缝缺陷	当油气管道的环焊缝表面浅裂纹、气孔、夹渣等表层缺陷深度≤12.5%t时，可采用打磨修复：当环焊缝缺陷>12.5%t时，应采用B型套筒进行永久性修复

1. 焊接类维修技术

该技术就是采用焊接补强金属，如采用堆焊、补焊等方法。其优点是费用较低；缺点是焊穿的危险性大，存在焊缝材料与母材的性能匹配问题和管体与补强钢板之间的应力问题，并存在氢致裂纹和氢脆的危险性。

对于焊接类维修技术，应关注管材等级，如等级在X60及以上时，需要按相应在线焊接工艺评定规定的程序进行修复。A型套筒、环氧钢套筒、复合材料、机械夹具、内衬属于非焊接类维修技术，对一般环向缺陷(如环向裂纹、环焊缝缺陷)不建议使用该类维修技术。其中，内衬修复技术适用于低压(压力小于4MPa)管道缺陷修复，修复过程中需要停输。选用复合材料进行修复时，应充分考虑管道服役期间的温度波动范围、复合材料性能老化和树脂固化条件等因素对修复可靠性的影响。

对于缺陷程度较高、轴向长度较大的缺陷，在开挖过程中要注意管道悬空长度，具体允许悬空距离可参见《在用含缺陷压力容器安全评定》(GB/T 19624—2019)规定。

(1)焊接工艺的分类。

焊接是指被焊工件的材质(同种或异种)，通过加热或加压，或两者并用，也可能用填充材料，使工件达到结合的方法。通常有熔焊、压焊和钎焊三种。

①熔焊是在焊接过程中将工件接口加热至熔化状态，不加压力完成焊接的方法。

②压焊是在加压条件下，使两工件在固态下实现原子间结合，又称固态焊接。

③钎焊是使用比工件熔点低的金属材料作钎料，将工件和钎料加热到高于钎料熔点、低于工件熔点的温度，利用液态钎料润湿工件，填充接口间处并与工件实现原子间的相互扩散，从而实现焊接的方法。

(2)焊接设备和材料。

①焊接设备是指实现焊接工艺所需要的装备。焊接设备包括焊机、焊接工艺装备和焊接辅助器具。

焊机包括焊接能源设备、焊接机头和焊接控制系统；焊接工艺装备是完成焊接操作的辅助设备，包括保证焊件尺寸、防止焊接变形的焊接夹具；焊接小型工件用的焊接工作台；将工件回转或倾斜，使焊件接头处于水平或船形位置的焊接变位机；将工件绕水平轴翻转的焊接翻转机；将焊件绕垂直轴作水平回转的焊接回转台；带动圆筒形或锥形工件旋转的焊接滚轮架；以及焊接大型工件时，带动操作者升降的焊工升降台。焊接辅助器具包括防止操作人员被焊接电弧或其他焊接能源产生的紫外线、红外线及其他射线伤害眼睛的护目眼镜，电弧焊时保护焊工眼睛、面部和颈部的面罩，白色工作服、焊工手套和护脚等。

②焊接材料是指焊接时所消耗材料的通称，例如焊条、焊丝、金属粉末、焊剂、保护气体等。

(3)常见焊接工艺。

焊接工艺是指焊接过程中的一整套技术规定。包括焊接方法、焊前准备、焊接材料、焊接设备、焊接顺序、焊接操作、工艺参数以及焊后热处理等。不同的焊接方法有不同的焊接工艺。焊接工艺主要根据被焊工件的材质、牌号、化学成分、焊件结构类型、焊接性能要求来确定。首先要确定焊接方法，如手弧焊、埋弧焊、钨极氩弧焊、熔化极气体保护焊等，焊接方法的种类非常多，只能根据具体情况选择。确定焊接方法后，再制定焊接工艺参数，焊接工艺参数的种类各不相同，如手弧焊主要包括：焊条型号(或牌号)、直径，电流、电压，焊接电源种类、极性接法，焊接层数、道数，检验方法等。

(4)焊接安全技术与质量检验。

焊接时可能发生的事故主要有：电流伤害、电光性眼炎、皮肤灼伤、有害气体中毒、烧烫伤以及火灾、爆炸等。除采取相应的电气安全措施、防火防爆措施外，还应加强个人防护。焊缝质量检验主要包括以下几方面：

①外观检查。

②气密性检查。承受气压、液压的焊件必须进行气密性试验。常用的检查方法有煤油试验、气压及水压试验。钢制油罐壁的煤油试验主要检查焊件有无渗漏，钢制油罐和管道的水压试验主要检查容器的强度及气密性。

③无损探伤检查。无损探伤检查属于物理检查方法，能在不破坏焊件的前提下有效地确定焊缝缺陷的位置、大小和形状。常用的方法有X射线，γ射线检查和超声波检查。钢制油罐和管道的焊缝一般用X射线和超声波检查。无论用哪种无损探伤法，操作人员都应经过专门培训并通过资格考试。

④机械性能试验。焊接接头的机械试验包括拉伸、弯曲、冲击和硬度等试验。通过试验检查焊接材料选用是否正确，焊接工艺是否恰当，并检验焊接接头是否达到了设计要求或加工工艺要求。

2. 夹具类维修技术

夹具类维修技术包括机械夹具、A 型套筒、B 型套筒、环氧钢套筒等。

环氧钢套筒修复技术作为一种免焊修复技术，具有可修复多种缺陷类型、适用范围广等特点。但是该技术在高寒地区及天然气管道缺陷修复中使用时，常温固化型填充树脂存在低温固化周期长、强度低、固化后热膨胀系数与管材匹配性差等问题，有待于进一步完善。

(1)刚性夹具。

刚性夹具是最常用的消除低压泄漏的专用工具，俗称“卡子”“卡具”。刚性夹具由钢(或不锈钢)管夹、密封垫(如铅板、石棉橡胶板)和紧固螺栓组成。常用的夹具是对开两半的，使用时，先将夹具扣在穿孔处附近后穿上螺栓，以用力能使卡子左右移动为宜；然后将卡子慢慢移动至穿孔部位，上紧螺丝固定。在操作中可用铜锤敲击卡具外表面，以便使密封垫嵌入漏点内。密封垫(如铅板)的厚度必须适中，太薄没有补偿作用，太厚则不能完全压缩，不易堵漏，而且漏点的位置及介质压力、温度等因素都要认真考虑。

这种方法费用低，安装方便快速，适用于压力不高(一般低于 2MPa)的情况。如果长期使用，可将夹具跟管道焊接在一起。步骤是：首先将夹具的端部填角焊好，然后焊接侧部，最后将螺栓头部及螺母全部焊死。

(2)柔性卡具。

柔性卡具相对于刚性夹具来说，该型卡具小巧方便，使用时可将卡具放置在小型工具箱中迅速运送至现场，在进行封堵作业时先将卡具预紧在紧靠漏点处，以稍加用力能将卡具移动为宜，然后将卡具移动至漏点，上紧螺丝固定即可完成应急堵漏，无须焊接。

该型卡具最大封堵压力为 10MPa，可适用于陆上、水下的管线。其堵漏带主要分为 4in、6in、8in、10in 四种型号，通过不同尺寸的柔性带压堵漏带的拼接，可适配于不同的管径。仅需 1 ~ 2 套柔性带压堵漏套具便可完成绝大多数管径泄漏封堵作业。该型卡具占用空间小，使用方便，适配灵活，是目前市场上最先进的应急封堵卡具。

在操作中应注意将卡具两侧的螺丝均匀预紧，将堵漏垫的中心处对准漏点，以便达到最好的预紧效果。这种方法所需要的资源最少，往往 2 ~ 3 人在 10 ~ 20min 即可快速完成封堵作业，无须调用大型维修设备，安装简单快速，可靠性高，有很高的实用价值。

(3)注胶夹具。

注胶夹具跟前面提到的夹具相比，不同之处在于其夹具与泄漏部位之间加有一个封闭的空腔(高度一般为 6 ~ 15mm)，以包容注入的密封剂。这样一来，就可降低夹具与泄漏部位外表面接触部分的间隙要求，允许有一定的间隙。密封剂在固化前，都具有一定的流动性，在注射压力下能到达密封空腔的任何位置，固化后变成弹性体，以其良好的密封作用堵住泄漏点。

所使用的工具有手动高压油泵、高压软管、快装接头、高压注射枪。

操作步骤：先按泄漏部位的外形制作一个两半的钢制夹具，安装固定在泄漏处；然后把密封剂用高压注射枪注入夹具和泄漏部位之间的空腔内；当注射压力大于泄漏压力时，泄漏停止，直到注射压力稳定，关闭注入阀，堵漏结束。在堵漏过程中，起关键作用的是夹具；其次是密封剂，夹具不严，密封剂可弥补；最后是操作技术。

3. 复合材料类修复技术

现在常用的纤维复合材料主要有玻璃纤维、碳纤维、芳纶(凯夫拉)纤维等。玻璃纤维的优点是绝缘性好、抗腐蚀、机械强度高；缺点是质脆、耐磨性差。碳纤维的优点是轴向强度高、耐疲劳性好、耐腐蚀性好、质量轻；缺点是抗冲击性较差，具有导电性，不利于管道阴极保护。芳纶纤维的特点是强度高、弹性模量高、耐高温、耐腐蚀、耐酸碱、绝缘性好、低密度、抗老化，是理想的补强材料。

复合材料修复技术跟传统修复技术相比，具有无须焊接、材料强度高、可设计性强、修复时间短等优点。但是该技术在我国刚刚起步，在管道压力波动、温度波动、土壤剪切、弯曲应力等条件下的长效性尚待开展进一步研究。

4. 维抢修涉及的其他技术

常规管道泄漏封堵所涉及的有带压开孔封堵技术、带压堵漏技术、管内智能封堵技术、黄油墙封堵技术等维修技术及氮气置换工艺。

(1)带压开孔封堵技术。

带压开孔封堵是指在待维修管段或阀门两侧安装机械三通、夹板阀与开孔机，利用开孔机及筒刀进行管道开孔作业，然后进入封堵头完成管道封堵。近年来，管道带压开孔封堵技术已成为重要的油气管道维修方式，尽可能地降低了管道维抢修过程中因管道停输或降压输送而造成的损失。

采用该技术甚至实现了不停输带压开孔封堵抢修，它是靠临时改变管道内介质的流道，实现在管道不停输、带压状态下完成维抢修任务的。它在实施封堵之前，先在两个法兰短节之外再焊接两个法兰短节，按照同样的程序开孔后，将外侧两个法兰短节之间连接旁通管道，导通油流后，再由内侧两个短节进行封堵。

带压开孔封堵抢修技术根据实际采用的不同机械装置封堵的分类不同，可分为筒式封堵、悬挂式封堵、挡板囊式封堵以及盘式封堵。这种封堵方式是在需要维修的管段处建立起临时的旁通管道，这样就可以一直保持整段管道正常的运行，不会因为维修作业而中断该管段的正常作业，且不会对管道的下游服务产生太大的影响。虽然说不停输带压开孔封堵抢修技术其优势极为明显，技术也很成熟，施工的安全性高，不会给中下游用户带来直接的经济损失，但是这种技术要求的施工工艺较高，耗费的时间较长，封堵的成本较高，加上需要在管道上开孔，对管道有一定的破坏，从而影响未来管道正常的运行。

(2)带压堵漏技术。

1)卡具注胶堵漏。

在泄漏部位装上专用卡具，采用特制液压工具(图3－10－8)将密封剂注入管道与卡具构成的密封空间内，并充满整个密封空间，使密封剂的挤压力与天然气的运行压力相平衡，从而建立一个新的密封结构来堵塞泄漏孔洞和通道，以阻止天然气的外泄(图3－10－9)。

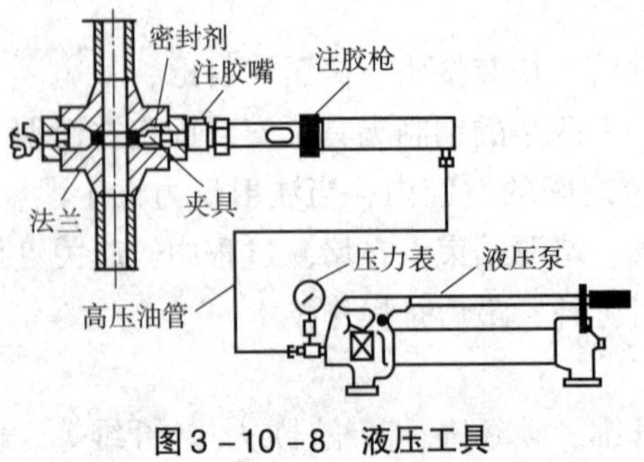

图3－10－8　液压工具

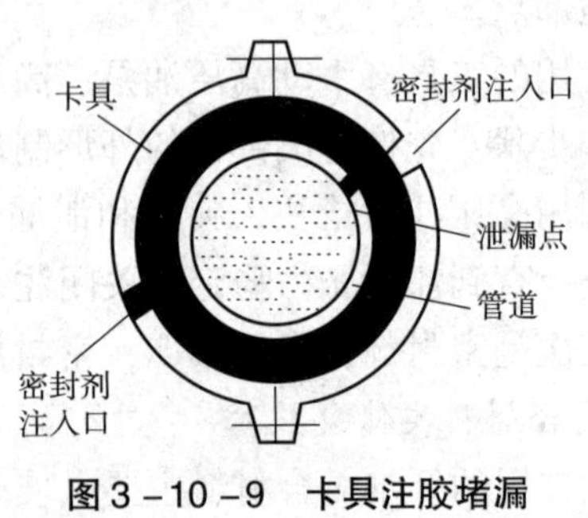

图3－10－9　卡具注胶堵漏

卡具上要预先装设若干个注射阀，并处于打开状态，确保有1个注射阀对准泄漏点，卡具现场安装完毕后，便可注入密封剂。使用液压工具的外部推力(推力大于管道内天然气运行压力，最大推力可达70MPa)，将具有可塑性、固化性、能耐泄漏介质压力和温度的密封剂注入并充满密封空间，堵塞泄漏孔洞和通道，密封剂在一定条件下迅速固化，在泄漏部位建立起一个密封结构，从而消除天然气泄漏。

注入顺序为：从泄漏点对面即最远端的注射阀1开始注入，按注射阀2、3、4、5、6、7、8顺序依次注入(图3-10-10)，注满1个注射阀即关闭，直至消除泄漏。

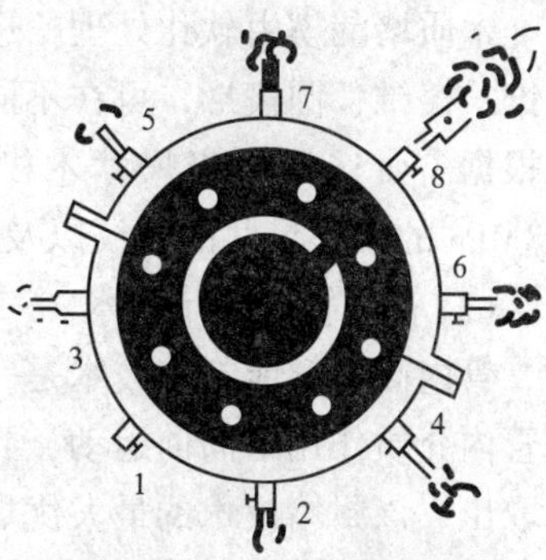

图3-10-10　注胶顺序

若一开始直接对泄漏点注入密封剂，由于初期密封剂不具备抗拉伸、抗撕裂性能，容易被吹散外喷。而且吹散成颗粒状的密封剂，受系统温度的影响，表层呈现一定固化特性，丧失自黏性能，硬颗粒间夹杂泄漏介质，结构松散，容易内溢到管道系统。

从远离泄漏点开始注入，泄漏介质喷射相对压力较小，有利于建立稳定的密封结构。随着密封剂移动距离增加，推进阻力逐渐增大，中间部位压实，自然推进层夹杂泄漏介质和反应产物。密封剂填至相邻注射阀停止注入，按顺序更换注射阀。此方法有利于控制推进速度与密封剂固化时间的协调，通过区域挤压，使前序形成的自然推进层得到压实，确保结构均匀致密，顺序注入逐渐向泄漏点靠近，应控制好推进速度，监视注入压力变化，注意密封剂用量，避免密封剂注到管道系统。

2)钢带捆扎堵漏。

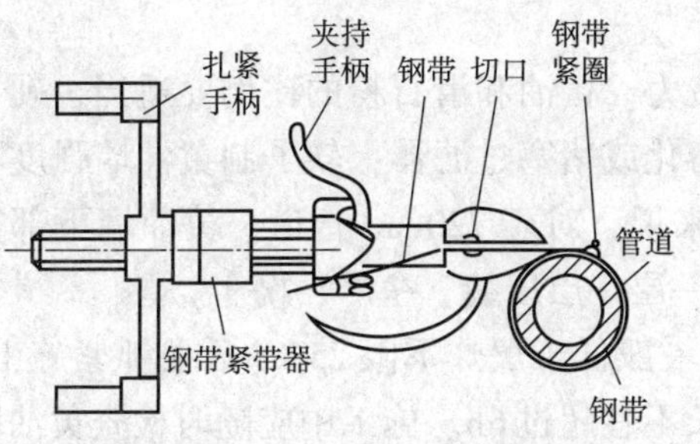

图3-10-11　钢带捆扎堵漏

当泄漏管道外径大于89mm(管径太小时钢带不好扎)且管道压力较低时，可直接采用钢带捆扎堵漏法(图3-10-11)先止住泄漏，然后再进行卡具注胶或管道补强处理。

使用方法：把钢带(宽25~30mm、厚1~1.25mm)的一端打折带上带扣，绕过钢管将另一端穿入带扣，用钢带紧带器将置于泄漏孔处的片状软橡胶垫、圆形胶棒压在钢带下并紧钢带，止住泄漏后锁紧钢带扣上的螺钉，切断钢带并使钢带头反折。本方法止漏迅速简单，非常适用于中低压和泄漏孔较小的直管泄漏。

3)磁压堵漏。

借助磁铁产生的强大吸力，使涂有胶黏剂或堵漏胶的非磁性材料与泄漏部位黏合，达到堵漏密封的目的，见图3-10-12。

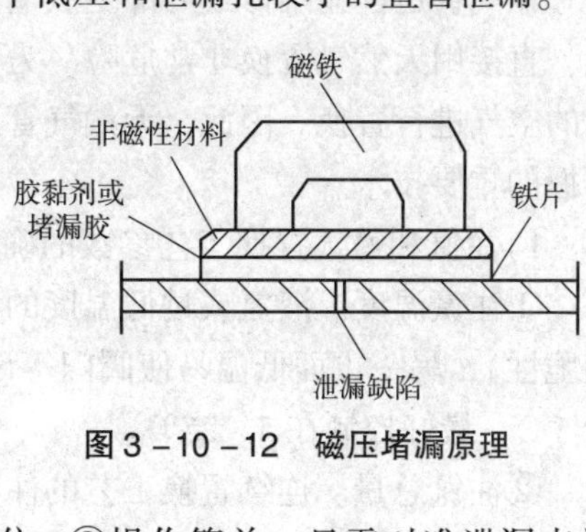

图3-10-12　磁压堵漏原理

磁压堵漏技术适用于亲磁性管道的泄漏封堵。它具有以下技术特点：①应根据不同形状的泄漏部位预制形状相吻合的铁片，以实现多种不同曲率半径部位的泄漏封堵(裂纹、开焊、孔洞)；②耐受压力高，磁铁的强磁力在高压状态下可轻松实现对准定位；③操作简单，只需对准泄漏点施放结合即可；④具有磁压、粘贴、捆绑等诸多综合功能；⑤具有优良的耐化学腐蚀、阻燃、防静电、耐压、抗震等优点。

4）塞楔堵漏。

利用韧性大的金属、木材、塑料等材料挤或塞入泄漏孔、裂缝内，实现带压密封的目的。

木质堵漏楔由软化处理的进口红松木制成，经专门绝缘处理，防裂、不变形，外形有圆锥、棱锥、圆楔形，可在不同环境下使用。其特点是质地较软，尺寸齐全，形状多样，可根据需要选择适当尺寸木楔，对泄漏处进行快速封堵，可用于 -70 ~ 120℃、0.1 ~ 0.8MPa 的较小尺寸的裂纹以及不规则漏洞的抢险封堵。

(3)管内智能封堵技术。

管内高压智能封堵技术是一种用于管内的高压封堵技术。封堵器从管道发球端进入，在管内介质作用下向前运动，到达预定位置坐封完成封堵，解封后在介质的推动下直至收球取出。该封堵技术的最大优点是不会破坏管道完整性，无须对管道进行开孔、焊接等操作减小了对管道的二次伤害，适用于管道阀门的更换与维修、海洋立管的更换与维修和管道改造等封堵作业。

(4)黄油墙封堵法。

目前很多企业还在普遍使用黄油墙封堵方法，甚至更简单的堵土。这种方法需要停输，不能带压作业，不仅影响生产，而且耗费时间长、油气损失大、安全性差。

黄油墙制作的质量好坏是动火施工安全的关键。黄油墙一般使用钙基黄油和滑石粉按一定比例掺和拌成的条形块一层层砌筑而成。这种方法使用时要泄放油气压力，一般只适用于常压下截断油流。

黄油砖大部分都靠抢修工人手工操作，费时费力。黄油和滑石粉的比例要适当，硬了制条形块不易黏合，造成封堵不严，投油后不易溶化或堵塞过滤器；软了制黄油墙强度不够，容易坍塌或产生缝隙，造成封堵失败。一般来说，对于720mm 管道，黄油墙下部宽度应不小于700mm，上部应不小于500mm，且需一层一层压缝、垒严、捣实。

黄油墙封堵后用可燃气体报警器检测，合格(一般低于爆炸下限25%)后要抓紧施工。施工中严禁敲打、振击管道。黄油墙封堵时间最长不宜超过6h。施工中应随时检查黄油墙的严密性，检查有无开口、裂纹，发现问题及时处理，保证动火施工安全完成。

(5)氮气置换工艺。

输气管道停输维修或局部更换管段之后，有时与新建天然气管道一样，内部存有空气，直接用天然气置换非常危险。为确保安全，有时也需要采用注入惰性气体氮气对管道内的空气进行置换。因此，天然气管道氮气置换工艺就成为管道维抢修中一项必须了解和掌握的重要技术。

1)注氮和氮气置换工艺参数的确定。

①注氮温度。液氮或过低温度的氮气进入管道后，一方面会影响管材的低温强度(低温脆性)，另一方面低温易使阀门等设备的密封泄漏。因此，氮气进入管道的温度不能低于5℃，最好控制在5 ~25℃。

②注氮总量。连续置换工艺的注氮量主要由注氮期间的氮气混合量、氮气段通过全线的混气量、沿线站场及阀室置换用氮气量、氮气段到达末站时的剩余量、保险富裕量组

成。若采用二次置换工艺，注氮总量为所要置换管段的全部管容和站场相关部分的管道容积，同时还要考虑部分混气段的放空量和灌充压力。

1t 液氮转化为 1 个标准大气压、5℃ 状态下的氮气体积为 808m^3，即比容 $u = 0.808m^3/kg$。

管道注氮总量的确定：

$$M = k \times \frac{V}{u} \qquad (3-10-1)$$

式中，M 为注液氮的质量，kg；k 为管道充压系数（结合具体情况一般取值为 1.2）；V 为管道总容积，m^3；u 为氮气的比容，m^3/kg。

③氮气置换速度和注氮速度的确定。为了减少在氮气置换过程中氮气和空气的混气量，缩短必要的置换时间，并确定注氮设备的配备参数，需要对氮气置换速度和注氮速度进行计算。

氮气置换推进速度主要考虑的因素有：一是确保混气量最少；二是确保合理置换时间，在保证实际作业可行的情况时，天然气推进速度越快越好，用于置换的时间越短越好；三是考虑注氮设备的供气能力，供气流量 = 汽化蒸发器的台数 × 每台蒸发器供氮气能力。

④注氮施工时间。注氮时间由注氮速度（氮气置换速度即等于注氮速度）和注氮总量计算得到。同时，还应考虑现场准备时间、操作时间、氮气的放空吹扫、收尾等时间，可以初步估算得出置换施工过程共需要的时间。

2）天然气置换工艺参数确定。

①天然气置换推进速度的确定。采用天然气推氮气，选取天然气推进速度要考虑的因素与氮气置换空气类似。天然气置换氮气的最小平均流速：

$$u_p = \sqrt{9.81 \times \Delta\rho \times d/\rho} \qquad (3-10-2)$$

式中，9.81 为重力加速度，m/s^2；$\Delta\rho$ 为不同气体密度差值，$\Delta\rho = |\rho_a - \rho_b|$，$kg/m^3$；$\rho$ 为两种气体密度算术平均值，$\rho = (\rho_a + \rho_b)/2$；$\rho_a$，$\rho_b$ 为两种气体密度，kg/m^3，在 20℃ 的温度下，其中氮气密度：$\rho_a = 1.2504kg/m^3$（液氮纯度应在 99.95% 以上，且其他腐蚀性组分符合相应的氮气标准要求），空气密度 $\rho_b = 1.293kg/m^3$；d 为管道内径，m；u_p 为平均速度，m/s。

根据《天然气管道运行规范》（SY/T 5922—2012）规定的最大推进速度为 5m/s。

然后，根据上述计算所得的置换速度结果，综合考虑减少置换时间和最大推进速度等因素，确定施工过程中的置换速度。

②天然气置换所需流量和累计气量。根据天然气在置换中的流动阻力和以往的置换操作经验，通常将天然气置换时管道内推进压力控制为 0.1MPa 左右。

a）天然气置换时所需流量：

$$Q_{置} = 240000F \times p \times u \qquad (3-10-3)$$

式中，$Q_{置}$ 为天然气供气流量，m^3/d；F 为管道横截面积，m^2；p 为置换管段的平均压力，MPa；u 为天然气置换平均推进速度，km/h。

b）天然气置换累计供气量：

$$Q_{累} = 10000F \times L \times p \qquad (3-10-4)$$

式中，$Q_{累}$为天然气置换累计供气量，m^3；L为管道长度，km；p为操作压力，MPa。

③天然气置换时间。为了确定施工工期，有必要对天然气的置换时间进行估算。天然气置换时间包括在推进中的时间 t_1和压力升到管线规定运行压力 p_2的时间 t_2之和。

推进完成时间：

$$t_1 = L/u \tag{3-10-5}$$

置换升压时间：

$$t = \Delta Q/Q_{置} \tag{3-10-6}$$

式中，ΔQ 为推进完毕后($p=0.1$MPa)到压力升为管线规定运行压力 p_2的累计进气量。

经计算得出推进完成时间和置换升压时间之后，根据两者总和，再考虑施工准备、操作等时间，就可以基本估算出管道置换总的需求时间。

3)工艺参数的控制。

①注氮温度和注氮速度的控制。一般情况下，注氮施工采用自然吸热汽化蒸发器设备，在环境条件确定和蒸发器的蒸发量确定的条件下，注氮温度和注氮速度成反比。因此，要根据厂家提供的蒸发器的蒸发量，通过工艺计算，配备适当数量的蒸发器，这样既可以保证注氮温度，又可以保证注氮速度。

②天然气置换压力。在控制好置换时的流量后，天然气置换时的推进压力主要由管道的流动阻力、放空阀的开度确定。天然气置换完毕后，压力控制在天然气所要求的安全运行压力。

③天然气置换推进速度控制。管道进行天然气置换时，根据规定，推进速度应小于5m/s，并控制在计算得出的范围之内。置换速度可采取控制置换管道上游集气(输气)站出站流量的方法来实现。具体可调节集气(输气)站内的节流阀，并通过外输流量计来进行控制。

4)置换的检测方法。

检测点一般选择在压力表的取样口，检测仪器一般为氧含量检测仪和可燃气体分析仪。

①氮气置换。被置换管内的气体分为：空气段、空气和氮气混合段、氮气段。在进行氮气置换空气时，检测方法是在置换末端进行氧含量检测。

在推进置换中，当氧含量检测仪检测到的氧含量由21%下降时，表示空气和氮气混合段到来，氧含量降低到2%以下时表示氮气段到来，氮气置换合格，此时可关闭进气和放空阀。

②天然气置换。被置换管道内的气体分为：氮气段、氮气和天然气混合段、天然气段。检测方法是在置换末端进行可燃气体含量(主要成分为 C_1、C_2和 C_3)检测。

在推进置换中，当可燃气体分析仪检测到可燃气体由0逐步升高时，表示氮气、天然气混合段到来；当可燃气体浓度升高到95%以上时，表示管道内已充满纯天然气，即天然气已置换完毕。

③检测时间的确定。在检测时，先根据上游检测到的氮气和天然气置换时的推进速度和置换点的距离，估算出到达末端检测点的大致时间，然后提前1~2h进行检测。检测的时间间隔开始为20min，然后不断缩短，最后为5min。当检测到氮气、天然气混合段中的可燃气体浓度达到10%以上时，进行末端放空管的点火，点火可多次进行，直到点火成功。当检测结果达到规定的可燃气体浓度时，表示置换完成。

④检测点的选择。注氮位置和注氮口可选择在站场清管器发送筒放空阀靠近发送筒一侧的法兰处；注氮压力观测点可选择集气(输气)站安装的注氮车出口压力表和温度表进行

监测控制，也可在收发球筒上的压力表上进行观测；放空口及控制阀门可选择在集气(配气)站放空管放空；放空检测点可选择在集气(输气)站收发球筒前的压力表取样口上进行含氧量检测。

3.10.5　常见管道维抢处置措施

3.10.5.1　穿越公路、铁路管道维抢修

管道穿越公路、铁路分为带套管穿越和不带套管穿越；穿越施工方法有顶管穿越、定向钻穿越等。

1. 穿越管道常见事故

管道穿越公路时容易发生的事故是：管沟下陷及重载车辆长期碾压，造成管道变形；阴极保护和牺牲阳极保护达不到要求，造成穿越管道腐蚀严重；洪水、地震等自然灾害的作用，致使管道变形或管道断裂；相关工程施工不慎，造成管道外防腐层破损、管道变形和管道断裂；穿越管道腐蚀穿孔，造成天然气大量泄漏。

管道穿越铁路时容易发生的事故是：长期的铁路震动，造成管道弹性疲劳；管道阴极保护和牺牲阳极保护达不到要求，从而导致穿越管道腐蚀严重；火车颠覆，造成管道变形或断裂；洪水、地震等自然灾害的作用，致使管道变形或管道断裂；相关工程施工不慎，造成管道外防腐层破损、管道变形和管道断裂；穿越管道腐蚀穿孔，造成天然气大量泄漏。

铁路穿越与公路穿越(主要是干线管道)相比，不仅事故类型和特点不同，而且事故的维抢修也略有区别。与公路穿越比较，铁路穿越事故维抢修的区别主要表现在以下三点：

(1)一旦发生油气管道泄漏，应及时通知铁路调度部门停止事故区段内的铁路运输。

(2)迅速关闭事故点上下游线路截断阀，切断油气源，同时做好事故点500m范围内的安全警戒工作，防止无关人员和车辆进入抢险现场。

(3)在铁路穿越处进行抢险施工时，一定要迅速有效，以防止次生灾害的发生。

2. 管道穿越事故抢修方法

(1)事故穿越管道可取出时的维抢修。

当穿越公路的干线管道发生事故时，通常采取用新管段更换旧管段。

1)施工准备。

在穿越段一侧建造工作地槽，在另一侧建造接收地槽。

工作地槽的尺寸应能放下所有必需的机器和机械，能完成从保护套管中拖出损坏管道和向保护套管内铺设管道的作业。

接收地槽的尺寸应能在其中完成损坏管段的拆除(割下损坏管段)，在遇卡时能相对于保护套管移动损坏管段，能安装(焊接)新管段和密封管子与保护套管的连接。

工作地槽、接收地槽四周有油迹的地方填干净沙土覆盖200mmm厚，地槽周围被油迹污染的地面均覆盖一层100mm厚的干沙，并喷洒泡沫灭火剂，且等露天抢修现场油气消散之后，用可燃气体测爆仪测量抢修地槽内达到动火条件，方可进行抢修作业。

2)更换作业主要工序。

①根据事故情况确定采用不停输带压封堵或停输带压封堵。

②从穿越套管的两侧截去损伤管段。

③将损伤管段从保护套管中取出，用钢索将损坏管段从保护套管中拖出来。钢索的一端用挂钩钩住事先焊接在损坏管段的耳环上或切割出来的窗口上，另一端拴在拖拉机或绞

车上。钢索的数量和特性由所需的牵引力确定。

在遇卡的情况下，为了减轻拖拉损坏管段的阻力，可采用预先移动法，即同时从工作地槽和接收地槽转动损坏管段，或从接收地槽一侧拉，同时从工作地槽一侧推的方法。

必要时可在管道上固定一些棍子或其他支撑装置，以减少新管段拖入保护套管和固定管道位置的过程，这样可消除管道与保护套管之间的接触。在不能将损坏管段从保护套管里拖出来的情况下，必须将修理改为构筑新的穿越。

④在套管中铺设新管道。将新管道穿进套管内。并分别在接收地槽里和工作地槽里焊接管道，使穿越段新管道与非穿越段管道连接；同时按要求进行防腐处理。

⑤将穿越段套管两侧封住，设置排水井或排水沟。

(2)事故管段无法取出时的维抢修。

当事故管段按上述办法无法取出时，则必须将修理改为构筑新的穿越。施工的方法一般是顶管或水平定向钻施工。它的特点是管道穿越公路铁路时不用大开挖土方，不影响公路铁路车辆通行；施工精度高，能满足管道穿越偏差要求；施工占地面积小。

顶管与水平定向钻施工虽然都可以运用，但是在具体使用环境、造价、工期上还是有区别的。一般来说，管径大于600mm就得用顶管机，定向钻适用于小于600mm直径管道施工，顶管机顶出来的管道是直的，定向钻管道线是抛物线形的。顶管需要作业井，定向钻不需要，顶管施工不确定因素多，风险大，定向钻相对要好。水平定向钻方案造价较高，但工期较短；顶管方案造价较低，但由于顶管坑需要养护期，其工期较长。因此，在实际工程中，应综合考虑工程的客观情况选择最佳方案。有时，根据需要也可以选择定向钻穿越与顶管穿越相结合的施工方法。

1)顶管穿越施工。

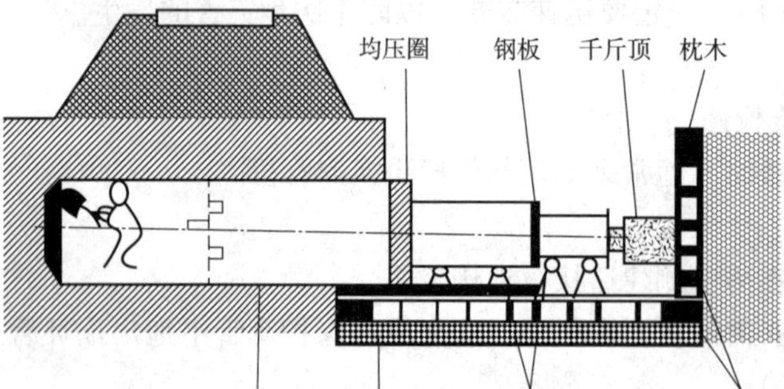

图3-10-13　顶管施工示意图

顶管穿越施工设备为道口穿越机，主要包括千斤顶、高压液压站、工具管、顶铁及运土设备等。见图3-10-13，施工前开挖工作坑，将设备安装就位，吊装套管、安装顶环，利用液压千斤顶顶推套管，每顶进一定行程，退回顶缸，操作人员进入套管内挖土外运，然后加入顶铁或套管继续顶进，循环作业，直至套管顶至对面接收坑；拆除设备，清理套管内余土，进行主管穿越。

①顶管施工。作业坑的开挖包括发送坑的开挖和接收坑的开挖。发送坑坑底尺寸为5m×3.6m，接收坑尺寸不小于2m×1m，坑底深度在保证穿越套管管底深度的基础上满足轨道架设的要求；发送坑开挖完后，在坑底基面铺设10cm碎石垫层，测量中心线及基面高程，其平面允许偏差均不大于20mm，然后浇筑30cm厚混凝土。根据经验，为防止套管穿越的倾斜，可适当抬高工作坑前部地基的高度或调整工具管的倾斜度，也可采用水平调整装置，视具体情况而定。为防止作业坑塌方，采用数次挖土，即先挖去部分深度的土方，浇筑300～500mm厚钢筋混凝土，分数层浇筑。作业坑开挖出的土方放置在施工区域

外的作业带内，以备回填。作业坑开挖完后，先浇筑基础然后安装导轨。导轨采用20号槽钢制作，其结构应顺直、平行、等高，其坡度应与管道设计一致。为避免出现斜钻，每顶进一根套管，应测量轴线方向及水平度一次。当方向发生偏斜时，应适当用人工铲削偏斜的相反的一侧，并在斜侧一侧垫上楔子继续顶进。施工作业开始后应尽量做到连续作业，直至顶进规定长度，将套管顶至接收坑。应尽量缩短停顶时间，防止套管推进阻力增大。在施工过程中，专职安全员随时对坑壁进行检查，以防止坑壁塌方伤人，造成事故发生。

②管线穿越。根据穿越管道的长度，相应挖出管道发送沟，与操作坑相接，管沟开挖符合设计和规范要求。挖通管沟及操作坑靠背墙，用1台吊管机和1台吊车配合作业吊主管下沟。穿越管段配置拖管头，在接收坑侧用挖掘机或吊管机牵引前进。穿越时，用吊管机和吊车将管子放入沟底，用钢丝绳牵引拖管头带动干线管穿进套管，后端用吊管机和吊车调整管子中心，辅助发放。干线管穿越前，必须将套管内的泥土、石子等杂物清除干净。干线管缓缓穿过套管就位，切下拖管头与穿越两端主管线连头，不能及时连头时，两端管口用盲板封死。

2)定向钻穿越施工。

使用水平定向钻机进行管线穿越施工，一般分为两个阶段：第一阶段是按照设计曲线尽可能准确地钻一个导向孔；第二阶段是将导向孔进行扩孔，并将管线沿着扩大了的导向孔回拖到导向孔中，完成管线穿越工作。

①钻导向孔。要根据穿越的地质情况，选择合适的钻头/导向板(或地下泥浆马达)，开动泥浆泵对准入土点进行钻进，钻头在钻机的推力作用下由钻机驱动旋转(或使用泥浆马达带动钻头旋转)切削地层，不断前进，每钻完一根钻杆要测量一次钻头的实际位置，以便及时调整钻头的钻进方向，保证所完成的导向孔曲线符合设计要求，如此反复，直到钻头在预定位置出土，完成整个导向孔的钻孔作业。

②预扩孔和回拖管线。一般情况下，使用小型钻机时，直径大于200mm时要进行预扩孔，使用大型钻机时，当管线直径大时就需进行预扩孔，预扩孔的直径和次数，视具体的钻机型号和地质情况而定。

③回拖产品管线。地下孔经过预扩孔，达到了回拖要求之后，将钻杆、扩孔器、回拖旋转活节和被安装管线依次连接好，从出土点开始，一边扩孔一边将管线回拖至入土点为止。回拖管线时，先将扩孔工具和管线连接好，然后开始回拖作业，并由钻机转盘带动钻杆旋转后退，进行扩孔回拖。管线在回拖过程中是不旋转的，由于扩好的孔中充满泥浆，所以管线在扩好的孔中处于悬浮状态，管壁四周与孔洞之间由泥浆润滑，这样既减少了回拖阻力，又保护了管线防腐层。经过钻机多次预扩孔，最终成孔直径一般比管子直径大，所以不会损伤防腐层。

3. 抢修的善后处理

地貌恢复和路基加固工程结束后，要完全恢复道路附近设施的原貌，清理施工现场的剩余材料、废料等杂物。设备撤离，做到工完、料尽、场地清，并把施工时破坏的地貌恢复到原来的形状。因为在雨水、风力等气候因素的影响下，未恢复的地貌会加速变形破坏。另外，回填道路路基要用鹅卵石，并分层填土夯实。道路结构(路面、路堤等)的恢复工作要与道路的使用单位协商确定。

3.10.5.2 穿越河流管道维抢修

1. *河流穿越管道破坏因素和破坏形式*

管道从河床下穿越河流时，由于具有不受水流速度、水域宽度、通航等限制优点，且比较安全可靠，因而成为很多管道工程通过河流的首选方案。但是穿越河流管道一旦受到破坏，则抢修困难，出事造成的后果也十分严重，一直是管道抢修的一个难点。河流穿越段管道破坏形式主要有以下几种。

(1)管道腐蚀。

在管道施工中为了防止油气管道腐蚀，虽然采用了防腐的措施，但是随着防腐层的老化和进水，阴极保护死角的出现，会造成管道局部腐蚀。调查发现，这些腐蚀点主要出现在管道防腐层老化严重的管道穿越河流的两岸、出站处和管道附近有高压线路的管段等。

穿越河流的管道处于潮湿的土壤环境中，这种环境易引起管道防腐层的老化和管道的腐蚀。此外，阴极保护和牺牲阳极保护达不到要求，会造成穿越管道腐蚀严重，甚至穿孔，引起外泄。

(2)冲管、漂管。

因洪水的冲蚀、地形长时间变化及各种工程施工等，使管道露出了河床，当管底剪切流的流速大于土壤颗粒的启动速度时，颗粒就会被流水从一个位置带到另一个位置，这便是冲刷现象。冲刷现象是由于管子周围稳定的和不稳定的流水及波浪引发的。在河床冲刷比较严重的部位，管线就会形成大小不同的管道悬空。当出现管道悬空后，水流对管道的冲击破坏作用就更为严重。由于水流绕流管道会产生涡激振动，加之动水推力，会造成管道发生疲劳断裂。

所谓漂管就是由于水的浮力大于管上载荷和管自身的重量，使管道上浮或漂出水面。漂管事故一般发生在油品停输管道上，空管或管道上的土层或覆盖物减少(如由于水流冲蚀覆土层厚度减小，石笼冲走或破坏)时也易发生漂管现象。发生漂管是相当危险的，管线受水冲击、上抬浮力、风力震荡等复杂力的作用下，有时会与水流产生共振，使管线有断裂的危险。

(3)管道变形。

由于地震、地质灾害、管道热应力、相关工程施工不慎等因素，造成管道外防腐层破损、管道变形和管道断裂。管道变形又可分为微变形和大变形。

管道微变形是指管道变形量在管材的弹性变形量范围之内，一般是由于管道的热应力、埋管土层的小变形引起的，管道微变形不会引起管道破坏，但有可能会使管道防腐层开裂，或变形应力引起管道的应力腐蚀。

管道大变形是指管道变形量已超出管材的塑性均匀应变量，随时会使管道破坏，一般是由于地层的大变形引起的。埋地管道对埋管土层的变形非常敏感。埋管土层变形成因总的来讲可分为两类：地震、坍塌、冲沟、滑坡等自然变形属于第一类；因人类活动在地壳中形成的各种采掘挖方，如矿山开采等人为变形属于第二类。这些自然或人为因素所致的埋管土层变形会对埋地管线产生重大影响。土层的坍塌和冲沟是两种典型的地质破坏形式，对埋地管道的破坏作用非常大。在长输管道工程中，大量管线处于地质条件恶劣的区域，在坍塌、冲沟作用下，管道将可能发生纵、横向大变形，造成管道断裂，对埋地管线的正常运行构成威胁。

2. 小型穿越河流管道抢修

小型河流的流速较低，流量较小，河水较浅，河床稳定。管道施工时大多采用断流施工，一般采用直线穿越，沟埋敷设，然后在沟内浇灌碎石混凝土层，上面再用块石、卵石回填加重，以保证管道稳定。河两岸修筑护坡，防止洪水冲刷。此类穿越平时在生产中出现的问题不大，主要是在枯水季节应检查管道埋深以及管道的回填层是否被冲散，管道有无裸露，两岸护坡有无裂缝和冲垮现象等。如果发现问题应立即修复，能够使河水断流的尽量采用断流施工，不允许断流的可用镀锌铁丝笼装块石加固或采取打桩稳管措施等。

小型穿越河流的管线有时也采用裸露敷设的形式，管道采用厚壁管、复壁管，或用石笼等方法加重管线稳管，将管线敷设在河床上。裸露敷设不需要挖沟设备，抢修速度快。可采用围堰断流法导流施工。围堰断流法导流施工将水下工程变为陆上施工。

(1)管道腐蚀维修。

当管道腐蚀严重，影响管道输送安全时，就必须对管道进行维修或更新，此时由于不是突发事件，是按计划进行的维修，所以有充分的时间进行计划、组织和安排，使维修质量达到最好。当管道腐蚀穿孔、油品泄漏时，应立即按照抢修预案进行抢修。

1)具备带压封堵能力与条件时的抢修方法。

若在管道抢修具备带压封堵能力及条件时，可以在不影响正常输送的情况下进行抢修。抢修时要清理施工作业面，必要时通过围堤、筑坝、引流的方式，在堰内用机械或人工方法开挖管沟，并实施带压封堵技术更换腐蚀严重的管段。抢修可以分为以下几个阶段：

①作业坑开挖。开挖前要进行地下物体探测，并询问生产人员有关地下构筑物情况，根据地下情况调整开挖方案，尽量避免损害地下管线、电缆和光缆等。沿管道泄漏点处小心开挖，直到露出泄漏点，在此处逐步扩大开挖形成作业坑，作业坑底部以低于管道1m为宜；在作业坑内，另外开挖更深的集油坑，汇集作业坑内喷涌出来的原油。

②封堵卡具。封堵卡具是用一段同材管道沿轴线剖开制成一对钢瓦，长度在500mm左右。在封堵钢瓦上开导流孔，导流孔外连接3in或2in的管子和管件阀门，不宜过大，再连接一段导流软管。这样，泄漏油品的流向为：泄漏孔→导流孔→导流管→泄压阀→导流软管→集油池→污油泵→蓄油池。

③导流与带压封焊。在封堵钢瓦内侧涂上防爆胶泥，将封堵钢瓦上的导流孔正对管道泄漏处，泄压网处于全开状态，分别将2片钢瓦安装在管道上，用两个倒链将一对瓦片锁死在油气管道上，此时泄漏点喷出的油品由导流软管导流到集油池。由于防爆胶泥的阻尼作用，钢瓦的四周没有原油渗出，保证了焊接工作能够进行。安装封堵钢瓦过程需要吊装设备或机械配合人力进行，动作要快速协调，不能拖泥带水，否则会出现防爆胶泥失去作用，或者导流孔没有对准管道泄漏处等问题，导致封堵钢瓦的安装不能一次完成。接着清理作业坑，清理打磨焊接面，调整封堵钢瓦与管壁间的焊缝间隙，在灭火器与消防泡沫车的保护下，进行焊接工作，焊工必须具备管道带压焊接资质和相应的资格证书，应挑选技术水平高、体力好的焊工，要有预备队。

注意事项：在进行动火作业前和人员进入作业坑前，要先进行气体探测，对作业坑送风，用干砂或干净的土覆盖原油污染的区域，用消防泡沫覆盖在作业坑内的集油坑的原油液面上，并办理动火许可证等。焊接过程中要持续进行气体检测。作业过程中，每位坑内作业人员腰间必须系一条紧急逃生索，每一条逃生索有一位坑上保镖人员牵着，密切注意坑内情况。

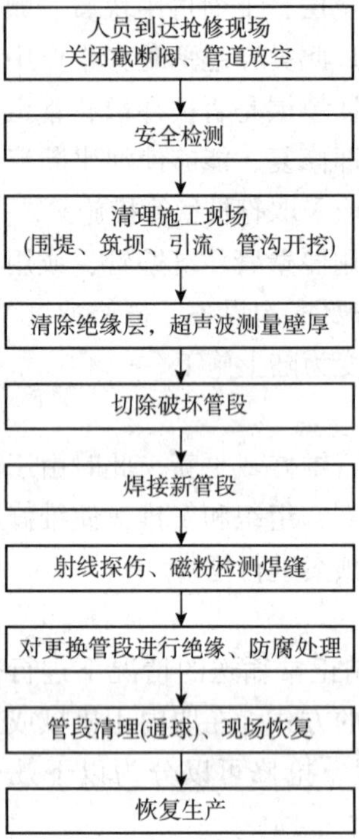

图3－10－14　抢修流程图

④检测与恢复生产。焊接完成后，首先进行外观检测合格，然后渗透检测(PT)，没有缺陷后，关闭泄压阀，恢复全线生产。为防止泄压阀长期埋在地下发生腐蚀导致二次事故，在恢复生产后，需要制作一段密封舱：用一段管子将泄压阀套在内部，管子一端焊在封堵钢瓦上，另一端用盖板封焊。做最终的防腐处理后，回填作业坑，恢复地貌。

2)不具备带压封堵能力或条件时的抢修方法。

若管道抢修不具备带压封堵能力或条件时，抢修前要关闭事故段上下游截断阀门，放空管道内的油料。在检测安全后进入现场，清理施工作业面，必要时进行围堤、筑坝、引流。在施工作业面达到要求后，进行腐蚀严重管段的更换。抢修的流程见图3－10－14。

(2)冲管事故隐患抢修。

在汛期，当管线被洪水冲蚀，保护管线的石笼被冲走或冲坏，露出河床时，为防止管道被冲断，就要马上对其实施抢修。冲管抢修是一种突发事件，要按照抢修预案进行抢修。抢修工序如下：

①在汛期，当管线被洪水冲出时，就要马上对其实施抢修，以防事态发展。

②抢修方案：在管道上、下游铺石笼，并相互连接成一体，管道附近冲沟用编织袋防护并打钢管固定。

③待枯水季节，对这段采取相应的水工保护。

④做好施工记录，整理归档。

(3)漂管事故隐患抢修。

当发现漂管或有漂管苗头时，应立即派车和人到现场查看漂管的形式、程度，制订出抢修方案。漂管抢修是一种突发事件，要按照抢修预案进行抢修。抢修工序如下：

①对有可能发生漂管的管段及时巡检，发现漂管或有漂管苗头立即向调度汇报，同时要求抢修队做好相应的准备。

②立即派车和人到现场查看漂管的形式、程度，制订出抢修方案。

③抢修队带上机具、材料，奔赴现场，进行抢险。一般用石笼或水泥U形块，压在管道之上限制住管道继续上漂，管道两端打桩限制住管道两边悠动。

④待枯水季节，对这段采取相应的水工保护。

⑤做好施工记录，整理归档。

(4)管道变形抢修。

当管道大变形后，应马上对其实施抢修，以防事态发展。抢修时在管道上、下游铺石笼、管道上铺石笼被，并相互连接成一体，管道附近冲沟用编织袋防护并打钢管固定。继续观察管道变形的发展，视管道变形程度，决定是采用补强措施还是更换受损管段。

当河流穿越段管道受到严重损坏时，采用换管抢修法。当管道局部腐蚀或有裂纹时，可采用管道外衬法。管道抢修流程见图3-10-14。管道的外衬修理，比较常用的有三种方法：

①对变形严重管段的管道外壁进行磨削后，补焊加强板。对于腐蚀孔和裂纹可直接焊补，也可先敛缝，然后盖上金属补丁将四周焊固；对于焊缝中的裂纹，应先在裂纹两端钻孔，以防止裂纹扩张，然后将两孔间焊缝金属凿掉或熔割掉，形成坡口，再分层焊补；当管子表面有较大面积的损坏时，可用半圆形盖板覆盖，沿四周焊固。

②在管道外壁涂敷加强的纤维涂层，以加强管道的承受能力。

③利用管卡对管道进行维护修复。

(5)管道断裂。

当管道发生断裂时，应立即关闭事故管段上下游阀门，放空事故段内油料。更换流程见图3-10-14。

3.10.5.3 跨越段管道维抢修

长输油气管道经常会遇到较深的河流、地势陡峭的峡谷等自然障碍物，这就需要采用跨越的方式通过。它包括悬索式、斜拉索式、悬缆、椅架式、拱式、托架式和梁式结构形成的跨越。

1. 管道跨越管段事故及预防处理

(1)跨越管道容易出现以下的事故：

①跨越设施防腐不合格，从而导致钢结构及管道腐蚀严重。

②车辆超高或驾驶不当，撞坏跨越设施，造成管道变形或断裂。

③工程质量不合格，致使跨越设施及管道变形损坏。

④设计不合理，致使跨越设施及管道变形损坏。

⑤洪水、地震等自然灾害的作用，致使跨越设施及管道变形损坏。

⑥相关工程施工不慎，造成管道外防腐层破损、跨越设施及管道变形损坏。

⑦跨越管道腐蚀穿孔，造成天然气大量泄漏。

⑧维护保养不到位，致使跨越设施及管道变形损坏。

⑨人为恐怖破坏，致使跨越设施及管道变形损坏。

(2)事故预防。

①在日常巡线工作中，加强对跨越设施的检查，内容包括对跨越的各种索具连接件、地脚螺栓、塔架、管桥结构件、防腐结构(索具、钢结构、管道)、钢结构的变形、跨越电缆等的检查。

②测量：定期对跨越轴线、基础沉降、塔架轴线及倾角、管桥拱度等参数的变化情况进行测量；定期对跨越两岸绝缘接头之间的阴极保护设施性能进行测试，如发现漏点，及时修补。

(3)事故处理程序。

通过巡线发现或当地居民报告发现管道跨越段泄漏后，事故处理程序如下：

①抢修队接到汇报，立即组织有关部门人员赶赴现场，同时与抢险队保持联系，随时听取汇报。

②抢险队接到通知，在了解清楚事故地点、类型后，准备相应的装备，在保证安全的前提下，全速赶赴现场。

③到达现场后，通信人员向调度汇报事故现场情况，随时报告现场抢修进展情况，并拍摄照片。

④安全组在确定泄漏点后，以100m为半径，设立警戒线和警戒标志。

⑤如事故现场离公路较近，应与交通部门联系，进行车辆疏导。

⑥焊接作业人员应将抢修车辆及装备摆放在上风口部位。

⑦工艺组赶到事故点两侧的阀室，检查阀室的状态，并向指挥组汇报，随时听取领导小组的命令，进行阀门的开关工作。

⑧指挥组下达放空命令，工艺组放空时，控制放空速度在5m/s左右，同时观察管中压力，向领导小组汇报。

⑨安全组检测现场可燃油气浓度达到安全值，向领导小组汇报。

⑩焊接组根据穿孔的大小，将事先准备好的补板用链卡子固定在管道上，用气体检测仪检查不漏气后进行焊接。

⑪探伤工利用超声波对焊道进行探伤，探伤合格后，防腐工进行补伤。

⑫管道工用火花检漏仪进行检漏(2～36kV)。

2. 管道跨越事故抢修方法

对于大中型跨越管桥，汛前应与水文、气象部门建立预报联系，做好防汛物资的准备工作。水中设有墩台的大型跨越管桥，每年汛期前、后必须对墩台进行检查，并将冲刷情况记录存档，若发现问题必须及时处理。对于大型河流阀室在汛期宜设专人看管，并作为汛前的重点检查对象，对阀门每4000h定期保养一次，以保证处于完好状态。对管桥、钢塔架的钢结构应定期刷漆，以防止锈蚀。

(1)桁架直管道跨越事故抢修。

1)桁架跨越结构及抢修特点。

桁架跨越是一种空腹梁结构。管道结构上弦，再用两副桁架组成三角形或矩形梁。这样结构刚度大，稳定性好，适用于跨越中、小河流。

桁架跨越管道抢修特点：桁架跨越管道抢修要克服高空作业的危险以及抢修位置的限制。其重点在运用三角形结构，使用保险带和保险绳等设施，使得抢修人员顺利施工。

2)抢修方案。

桁架直管道跨越事故抢修方案如下：

①索具松弛：采用手动葫芦调整连接螺栓；

②钢结构件破损：采用同种结构型号的钢材更换，更换时应设置临时支撑；

③管道泄漏：更换泄漏处管道。

利用两岸截断阀室，临时隔断跨越段管道或采取封堵措施更换管道。采用隔离球进行隔离，在确保动火安全的前提下更换管道。

3)临时跨越设施。

对于严重破坏不能恢复的跨越，为了尽量减少输送介质停输的时间，因地制宜可采取临时跨越设施，然后再重新修建跨越管桥。临时设施主要有以下几种方法：①修建临时管道。根据跨越的位置，首先可利用上游的公路悬索桥，修建一条临时管道。该方法临时占地较多，临时管道较长，但不受汛期影响。②在河面上铺设临时管道。利用浮船或浮筒在河面上直接铺设临时跨越管道，并在两岸设置临时锚固点。该方法受汛期影响，同时影响通航。③在河面下铺设临时管道。采用负重与管道相连，将管道预制发送过河后，将管道沉入河底，并在两岸设置锚固点。该方法受汛期影响，但不影响通航。④临时架空管道。可在河道内及两岸设置临时管桥，将管道架空。该方法施工周期较长。

(2)拱式跨越管道事故抢修。

1)拱式跨越特点。

①管拱跨越有单拱和组合拱两种形式。②单拱是将单根跨越管道制成抛物线形或圆弧形，尽量使它近似于均布静载作用下的压力线。这样管道截面上弯矩较小，扩大了跨越能力。③为了更好地发挥管拱跨越的潜力，常把几条单拱组合为呈三角形或矩形截面的组合拱。④单拱适于跨越中、小河流；组合拱可以跨越较大的河流。

2)抢修方案。

拱式结构跨越与桁架结构跨越抢修方案基本相似。在克服高空作业的危险以及抢修位置的限制的同时，需在管线上挂设对称形的站人筐栏。使用保险带和保险绳等设施，使得抢修人员顺利施工。

(3)悬索式管道跨越事故抢修。

悬索式管道跨越的优点是跨越能力大，管道受力小；缺点是抗风稳定性差，易受风力作用而激起振动。因此悬索管桥必须附加抗风索和减震装置。

悬索管道跨越与桁架结构跨越抢修方案也基本相似。在克服高空作业的危险以及抢修位置限制的同时，由于其抗风性差，稳定性不好，抢修人员不易顺利施工。可利用悬索和管道，运用保险绳将施工人员固定在需抢修的地方。

(4)管道跨越的技术要求。

①跨越管段与埋地管道相连接时的技术要求：a. 跨越管段的管径应与埋地管道的管径匹配，所用弯头的曲率半径应大于等于5倍管径；b. 大型跨越工程应在两岸设置截断阀；c. 跨越管段与埋地管道在入土连接点处应绝缘，并符合《埋地钢质管道强制电流阴极保护设计规范》(SYJ36)的规定；d. 跨越管段与埋地管道连接点一般应在埋地管道入土点延伸10m处。

②管道在无通航、无流筏的河流上路越时，其架空结构的最下缘，大型跨越应比设计洪水位高3m，中小型跨越应比设计洪水位高2m。

③管道跨越铁路或道路时，其架空结构的最下缘净空高度不应低于表3-10-3中的规定。

表3-10-3 管道跨越净空高度

类型	人行道路	公路	铁路	电气化铁路
净空高度/m	3.5	5.5	6.5~7.0	11

图3-10-15 液压渣浆泵

3.10.6 常用抢修设备

1. 油水抽吸设备

用于现场油、水及其混合物的快速抽排，根据机泵工作原理的不同，主要包括螺杆泵、离心泵、齿轮泵、渣浆泵、隔膜泵等。

(1)TP08型液压渣浆泵(图3-10-15)。

1)适用范围：适用于抽吸污水混合物等。

2）技术参数：①流量为180m^3/h，出水口径为100mm。②配套液压站流量范围为26～34L/min。

（2）PT6LT/PTS4V/ PT2型离心式排污泵（图3－10－16～图3－10－18）。

图3－10－16 PT6LT离心泵

图3－10－17 PTS4V离心泵

图3－10－18 PT2离心泵

1）适用范围：适用于抽吸污水混合物等。

图3－10－19 气动隔膜泵

2）技术参数：①PT6LT重型离心式排污泵，排量为296m^3/h，进出口径为150mm，扬程为30.5m，吸程为7.5m，通过颗粒直径为50mm，配套四冲程三缸柴油发动机，功率为23.7kW。②PTS4V自吸重型离心式排污泵，吸入管直径为100mm，扬程为32m，排量为160m^3/h，抽吸高度为7.6m，通过颗粒直径为50mm，功率为11.9kW。③PT2离心式排污泵，进出口径为*DN*50mm，排量为40m^3/h，配套3.2kW空冷单缸四冲程汽油发动机。

（3）QBY50/80气动隔膜泵（图3－10－19）。

1）适用范围：适用于易燃易爆环境各种流体的输送。

2）技术参数：以压缩空气为动力，进出口径为50～80mm，流量为12～24m^3/h，吸程为7m，扬程为50m。

2. 切割断管设备

管道切割分为手动切割、机械切割、水射流切割、火焰切割等方式。

（1）旋转式手动割管机（图3－10－20）。

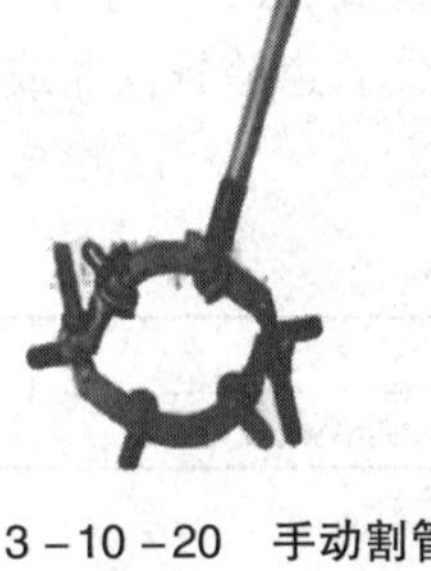

图3－10－20 手动割管机

1）适用范围：适用于狭小空间、不适合机械作业的钢质管道冷切割。

2）技术参数：根据管径范围，主要规格有LCRC8（6～8in）、LCRC12（10～4in）、LCRC16（16～18in）、LCRC20（20～22in）等。

（2）TRAV－L（HE）型液压爬管切割机（图3－10－21）。

1）适用范围：适用于油气钢质管道冷切割。

2）技术参数：①切割管径为152～1829mm、切割深度为25mm。②配套电动液压站功率为15hp（11kW），电压为380V，流量为30L/min。

（3）QSM25/15－Q移动式汽油机驱动水切割机（图3－10－22）。

图3-10-21 液压爬管切割机

图3-10-22 移动式水切割机

1)适用范围：适用于钢质管道环向、纵向或不规则形状的冷切割。

2)技术参数：①额定压力为30MPa，工作压力为25MPa，切割厚度为35mm，切割速度为40～50mm/min。②汽油机马力为15hp，水泵流量为10L/min，磨料罐容积为25L，使用介质清水、石榴砂，喷嘴直径为0.6～0.8mm。③可配套QSC55手持式切割器，用于各种形状的切割、表面除锈、清洗等。

(4)CG2-11型磁力管道气割机(图3-10-23)。

1)适用范围：适用于非油气环境下钢质管道火焰切割。

2)技术参数：切割钢管直径>Φ108mm，壁厚为5～50mm。

(5)Powermax 125型等离子切割机(图3-10-24)。

1)适用范围：适用于非油气环境下钢质管道火焰切割。

2)技术参数：①切割厚度为38mm，最大切割速度为457mm/min。②电压为380V、输出电流为125A。

3. 带压密闭开孔工具

用于管道带压密闭开孔作业，实现在抢修状态下管道介质快速排放泄压。

(1) RT3422型手动带压开孔器(图3-10-25)。

图3-10-23 磁力管道气割机

图3-10-24 等离子切割机

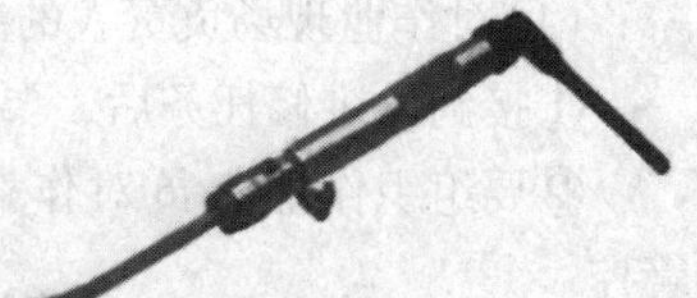

图3-10-25 手动带压开孔器

1)适用范围：适用于在狭窄空间和油气环境下钢、铸铁、球墨铸铁和塑料管道带压密闭开孔作业。

2)技术参数：①开孔能力为3/4～2in，刀具行程为14in，适应工作压力≤1MPa。②刀具倒钩钻头使锯块不会掉入管道中，可有效避免对后续设备可能造成的介质污染或损坏。

(2) K75A型半自动开孔机(图3-10-26)。

1)适用范围：适用于油气环境下钢质管道带压密闭开孔作业。

2)技术参数：①开孔范围为DN40～100mm，开孔行程为530mm，适应压力10MPa。

②配套电机功率为0.75kW。

4. 焊接设备

(1) YD－400AT型直流弧焊电机(图3－10－27)。

1)适用范围：适用钢质管道焊接作业。

2)技术参数：①额定输入三相电压为380V，频率为50/60Hz，额定输入容量为16.7kW，额定输出空载电压为71V；额定输出电流为400A，推力电流最大为200A，引弧电流最大为150A。②额定输出电压：手工焊为36V，简易TIG为26V，输出电流为20～410A。③控制方式为IGBT逆变方式。

(2)SHW190HS一体式发电电焊机(图3－10－28)。

图3－10－26 半自动开孔机

图3－10－27 直流弧焊电机

图3－10－28 一体式发电电焊机

1)适用范围：适用钢质管道焊接作业。

2)技术参数：①额定马力为13hp(9.56kW)，额定交流输出为50Hz/2.0kVA，额定电压为220V。②焊机额定输出为140A/26V，电流调节范围为50～190A。

3.10.7 抢维修作业安全管理要求

3.10.7.1 抢维修安全管理基本要求

1. 对人员要求

(1)对作业现场负责人的要求。

①接到抢维修任务后，要了解故障情况、研判故障类型、制定初步处理方案。

②要组织作业人员对作业任务和作业环境进行JSA分析，制定并落实相应的安全管控。

③要组织作业人员召开班前会，对作业任务、风险、安全技术措施和应急逃生措施等内容进行交底。

④要组织抢维修作业区域内的警戒设置和安全警戒。

⑤根据需要编制抢维修方案并上报，参与抢维修方案的制定，按批准后的抢维修方案组织实施作业。

⑥要指定现场作业监护人，并要对现场安全管控措施进行确认。

⑦要对抢维修作业区域和作业过程安全措施进行检查和巡查。

(2)对作业现场监护人的要求。

①监护人需接受培训，取得监护人资格证，监护时应佩戴明显标志。

②对抢维修方案和作业许可证中制定的各项安全管控措施进行逐项检查、确认；办理

各项作业许可证(票)，当发现安全措施不落实或不完善时，不得开始作业。

③对抢维修作业现场的安全进行全程监护与巡回检查。

④监护期间，要坚守岗位，不得脱岗，不得兼做与监护无关的其他工作；发现异常情况时要立即通知作业人员停止相关作业并撤离现场，及时联系有关人员采取应急处置措施。

⑤当发现现场人员存在违章指挥和违章作业时应立即制止。

⑥要熟悉作业区域及相邻周边地形地貌等环境和相关生产工艺情况，具有风险分析、判断和正确处理异常突发事件的能力，掌握必要的现场急救知识。

⑦要熟练掌握和使用可燃气体和有毒气体检测仪器，随时对现场进行气体检测。

(3)对现场作业人员的要求。

①参与抢(检)维修作业人员除接受本单位日常安全教育培训外，还需接受本专业(岗位)的培训，取得本专业(岗位)的操作资格证书，严禁无证和酒后上岗。

②作业人员要正确穿(佩)戴和使用与作业内容相适应的个体劳动防护用品，熟悉安全防护装备、消防器材的使用方法。

③作业人员不得携带火源(火种)、非防爆电子产品(如通信、摄影器材)进入站、库区码头和已知或潜在含有火灾、爆炸危险的作业场所和区域，所带个人物品需放在指定位置保管。

④作业人员不得随意触碰与作业无关的生产设施。

⑤作业人员要熟练掌握抢(检)维修作业的专业技能和抢维修设备、机具和工、卡的正确使用方法，严格遵守各项安全操作规程。

⑥作业人员在进入站库区、码头前，应按规定接受管理单位的 HSE 安全教育，经培训考试合格后，办理准入手续，并按要求佩戴入库证件进入指定作业区域。

⑦作业前，应熟知作业内容、程序和方法，参与 JSA 分析，识别作业中的危害因素做好相应安全管控措施；接受安全技术交底和风险告知并签字确认。

⑧在安全措施不落实、作业监护人不在场和特殊作业未办理作业许可证等情况下，不得进行作业。

⑨作业人员要清楚作业过程中与监护人员的沟通方式，熟知突发事故现场处置方案安全防护措施，严格履行相应应急救援抢险职责，懂得紧急情况下的逃生路线、应急处理和自救、互救措施。

⑩凡患有心脑血管疾病、癫痫病、精神病以及其他经相关医疗机构证明不适于高处作业的人员，不得从事高处作业。作业人员在作业中如发现情况异常或身体感到不适等情况时，应向监护人或周围其他人员发出信号，并迅速撤离现场。

2. 安全技术交底要求

每一项抢维修任务作业开始前，作业负责人必须组织所有作业人员进行安全技术交底。安全技术交底的相关要求如下：

(1)既可采取由作业负责人召集安全、技术、质量和班组长等管理人员进行交底，再由各班组长召集本班组的作业人员进行安全技术交底的逐级交底方式，也可由作业负责人召集全部作业人员采用集中交底的方式，采用哪种交底方式由作业负责人根据作业人数多少确定。

(2)交底内容必须具体、明确，要有针对性。

(3)应结合本次抢维修任务方案，把经 JSA 分析后的危害因素和制定的安全技术管控措施作为安全交底的主要内容。

(4)交底内容应当采用书面形式。

(5)交底内容要有表格记录，交底人和接受交底人均要在安全技术交底上签字确认，以备检查。

技术交底主要内容包括但不限于：

①抢维修任务概况和方案介绍；

②通过组织 JSA 分析，识别出抢维修作业过程中存在哪些危害因素和问题；

③告知针对危险因素和问题应采取哪些具体的安全技术管控措施；

④告知作业过程中个人应注意的安全事项和防护措施；

⑤告知作业人员本次作业应执行技术标准、规范和安全操作规程；

⑥告知作业人员发现全隐患和异常突发情况时应采取的应急处置措施和处置中采取的自救和急救措施；

⑦告知作业人员作业程序、采用的作业方法和技术、质量控制措施及达到的标准。

3. 对抢维修作业 JSA 分析要求

作业安全分析，英文全称 Job Safety Analysis，通常被简称为 JSA，是目前国内外石油化工行业较为常用的一种有效的安全管理工具。它通过借助整个 JSA 分析团队的力量，事先或定期对作业中存在的危害进行识别、评估并制定控制措施，从而最大限度地消除和控制风险。《中国石化安全管理手册》明确规定，所有施工作业都要在作业前运用 JSA 等方法进行危害识别及风险分析；直接作业环节“7 + 1”制度中也明确规定，将 JSA 分析作为作业前必须进行的关键环节和作业许可证签发的主要依据。

抢维修队要加强日常风险教育和技能培训，使员工掌握安全风险的基本情况及防范、应急处置措施。检维修作业前，按照“谁作业谁负责”的原则，由现场作业负责人组织安全、技术、设备、班组长和相关人员对设备、设施、环境和作业活动开展安全风险识别，进行 JSA 分析。

JSA 分析大概流程：选定作业活动，针对作业活动分成若干步骤，在每一个步骤中分析“人、机、环、管”中潜在的危害，并制定相应的安全风险管控措施；安全风险管控措施确定后，应对相关管理和作业人员进行培训和安全技术交底告知，确保措施落实到位。

3.10.7.2 抢维修涉及不同作业环境的安全管控措施

抢维修作业涉及的直接作业环节很多，每个环节根据不同作业环境，产生的危险性不尽相同，这就需要根据现场实际制定具体的安全管控措施。

1. 在含油气作业坑、槽、井、沟内作业安全管控措施

(1)着装要求。

①穿防静电工作服、防油服，穿防油防静电防砸防刺穿鞋，戴安全帽、防油手套，穿防水雨鞋。

②坑深超过 1.5m 要系扎阻燃或不燃材料安全带、安全绳。

(2)呼吸和监测装备。

①佩戴便携式四合一气体检测仪、便携式硫化氢报警仪。

②如坑内含有硫化氢，根据浓度检测选择佩戴过滤式防毒面具(硫化氢浓度10～$30mg/m^3$)、带防硫化氢型滤毒罐(盒)的防毒面具(硫化氢浓度30～$50mg/m^3$)、正压空气呼吸器或长管呼吸器(硫化氢浓度$>50mg/m^3$)。

(3)人员和监测要求。

①特种作业人员和监护人持证上岗。

②作业人员应熟知个体防护器具的使用方法、作业内容、风险管控措施、应急预案及逃生路线、自救知识。

③要指定监护人，要熟悉作业区域及相邻周边地形地貌等环境和相关生产工艺情况，具有风险分析、判断和正确处理异常突发事件能力，掌握必要的现场急救知识。

④监护人必须实行全过程监护，不得离开作业现场或做与监护无关的事。要对安全措施落实情况进行检查，作业中随时对现场及周边进行观察，当发现异常情况时，应及时通知作业人员停止作业，并立即采取救护措施或撤离。

⑤监护人按规定随时检测可燃气体、氧气和硫化氢含量，确保符合作业规定要求。可燃气体浓度低于爆炸下限值的10% LEL为合格，氧含量19.5%～23.5%为合格，H_2S最高允许浓度不大于$10mg/m^3$为合格。监测结果如有1项不合格，应立即停止作业并撤离，采取必要的防护措施后方可再作业。

(4)消防和逃生要求。

①坑底配小型灭火器、灭火毯，坑上配大型灭火器，必要时配备泡沫消防车。现场应预留消防逃生通道，机械、设备、材料停(摆)放不得堵塞消防通道。

②作业坑与地面深度大于2m时应最少设置两处小于30°的坡道、梯子或台阶等不同方向逃生通道，坡道应设阶梯，表面应采取防滑措施，通道不得堵塞。

(5)作业安全管控措施。

1)作业前安全管控措施：

①作业前，组织作业人员针对作业内容进行JSA分析，确定相应的作业程序和安全管控措施，做好安全技术交底和风险告知。

②坑内作业前，要根据作业内容、周边环境因素在作业坑外围设置警戒、围栏等警戒隔离设施和警示、疏导标志等，夜间还要在醒目位置设置警示灯，同时在作业区域高点设置风向标。

③作业前要检查逃生通道设置是否符合要求。作业坑深度大于2m时，应与地面设置两条不同方向的逃生通道，通道应设置在上风向，其宽度不小于1m，通道坡度不大于30°，通道表面应采取防滑措施。

④作业前要检查作业坑的边坡是否有裂纹或是否稳固，如发现边坡裂缝、疏松，要采用设置安全边坡和固壁支撑等安全技术措施。

⑤如原油还在泄漏时，要在下风向开挖导流沟(渠)和集油坑，将区域内的原油导入集油坑，或安装防爆抽油抽水设备进行抽排。做好地面和地下排水工作，作业坑底要设置集油集水坑，如作业坑有积水或地下水流出，提前安装应急抽油(水)泵，并安排专人抽排，严防地面油水渗入作业层面造成塌方。

⑥清理作业坑周围有可能发生滚落的所有物体。

⑦检查作业用的材料、设备、挖出的泥土在作业坑边的堆放距离和高度是否满足安全

要求(坑边堆土距边缘至少1m和堆土高度不大于1.5m)，挖出的泥土不应堵塞下水道和窨井。在坑边停放机械、铺设轨道及车辆通行时，应保持适当距离(在沟边停放施工机械，要距离坑边2m以上，施工机械行走安全距离距沟边应大于3m且缓慢通过)，采取有效的固壁支撑措施，确保人员和设备安全。

⑧检查安全防护措施并确认，办理作业许可，落实视频监控。

2)作业过程中安全管控措施：

①在坑内需进行吊装作业时，坑上的起重设备不得熄火，操作人员不得下车。起吊时，吊臂和起吊物件下方严禁站人，起吊物件与坑壁间严禁站人，确认物件平稳后两侧方可站人。

②在坑内两人以上同时挖土作业时应相距2m以上，防止工具伤人。

③使用机械挖掘时，作业人员不应进入机械旋转半径内。

④严禁在离电缆1m距离以内机械开挖作业。

⑤在油气环境下，应在上风向作业，面部不能垂直正对着可能泄压口位置，避开油气流可能喷射和封堵物射出的方位。

⑥所使用的工器具必须防爆，临时用电设施应做到“一机一闸一保护”，使用配电箱和电动工器具应安装漏电保护器。

⑦要安装通风设施，对坑道内进行连续通风降低油气浓度，监护人员需要对有毒和可燃气体进行连续监测。

⑧作业中坑上人员不得在坑道边缘站立和行走。不应在土壁上挖洞攀登上下坑道，也不得在坑、槽、井、沟内休息。

⑨作业中监护人应随时检查和观察坑、槽、井、沟边坡或固壁支撑，发现边坡开裂、松动或支撑出现位移、弯曲或折断等异常情况时，立即停止作业，撤离现场，采取隔离和加固等措施。

⑩拆除固壁支撑应从下而上，更换支撑应先装新的，再拆旧的。

⑪遇到6级以上大风或大雪、大雨、大雾等恶劣天气，禁止在坑内作业。

(6)其他许可证办理。

坑下作业如涉及作业坑内用火、起重、临时用电和受限空间等作业时，按相关安全管理规定落实相应的安全措施并确认，按规定办理相关作业许可。

2. 水上作业(含防洪防汛、水上溢油处置)安全管控措施

管线穿越河流、湖泊等水体，因洪水威胁管道本体安全，为了保护管道，需要进行临水或水上作业；因各种原因导致原油泄漏或流入到河流、湖泊等水体后，也需要进行水上溢油拦截和回收等作业，水上作业是抢维修常见的作业之一。

(1)着装要求。

①作业人员需根据现场具体作业内容选择合适的劳动保护用品，现场需穿一般工作服、救生衣、防砸防刺穿防滑鞋。但在易燃易爆场所进行水上作业的人员需穿防静电工作服、防油防静电防砸防刺穿防滑鞋，戴安全帽和防刺穿防滑手套。

②现场需准备足够的救生衣、救生圈、潜水衣、雨衣、雨鞋、雨伞、安全网、安全带和安全绳等，根据不同情况选用。

(2)呼吸和监测装备。

①如原油泄漏到水体，水上作业人员需佩戴便携式四合一气体检测仪、便携式硫化氢报警仪。

②如油气中含有硫化氢，根据浓度检测选择佩戴过滤式防毒面具（硫化氢浓度10～$30mg/m^3$）、带防硫化氢型滤毒罐（盒）的防毒面具（硫化氢浓度30～$50mg/m^3$）、正压空气呼吸器或长管呼吸器（硫化氢浓度$>50mg/m^3$）。

安全带和安全绳等，根据不同情况选用。

（3）人员和监测要求。

①水上船舶驾驶、潜水人员需要持证上岗，作业中涉及的其他特种作业人员也需要持证上岗。

②水上作业人员应接受过防洪抢险作业、溢油围截基本知识、水上作业安全防护知识的教育培训。熟知个体防护器具的使用方法、作业内容、风险管控措施、应急预案及逃生、自救知识。船舶驾驶人员应熟知船舶操作规程并严格遵守。

③要指定监护人，且应熟悉水上作业区域及相邻周边的环境和水上作业流程、内容，具有分析、判断和正确处理异常突发事件能力，掌握必要的现场急救知识。

④监护人会同船舶驾驶人、水上作业人员要分工明确，共同做好水上作业现场的安全措施和监护。

⑤监护人必须实行全过程监护，不得离开作业现场或做与监护无关的事。要对安全措施落实情况进行检查，当发现异常情况时，应及时通知作业人员停止作业，并立即采取有效救护措施或撤离。

⑥在溢油现场，监护人要随时检测可燃气体和硫化氢含量，气体浓度要合格（可燃气体浓度低于爆炸下限值的10% LEL为合格，H_2S最高允许浓度不大于$10mg/m^3$为合格）。监测结果如有1项不合格，应立即停止作业并撤离，在采取有效防护措施后方可恢复作业。

（4）消防和逃生要求。

①如在水上和岸边进行溢油回收作业，现场须配备小型灭火器、灭火毯、大型灭火器、泡沫消防车等。现场应预留消防逃生通道，机械、设备、材料停（摆）放不得堵塞通道。

②水上作业人员需穿好救生衣，如遇落水，船上人员和岸上人员应立即抛投救生设备和安全绳，船体靠近，牵引安全绳协助落水人员逃生救护。

（5）水上作业安全管控措施。

1）水上作业前安全管控措施：

①日常要制定水上溢油应急预案、外管道防洪应急预案及其现场应急处置方案，并进行演练。

②要切断水体泄漏点两侧的截断阀，紧急停输。

③及时了解当地天气、水文预报，勘查现场，制定现场作业方案并得到批准。

④作业前要进行JSA分析、安全技术交底和风险告知。要确保每名员工对安全措施、风险和紧急状况时逃生、落水自救和救护方法等相关安全知识有足够了解掌握。

⑤对周边环境进行安全检查，检测可燃气体和硫化氢浓度。根据检测结果划定警戒区域并拉设警戒，同时对外围交通道口、火种进行管控，对警戒区域内的人员进行疏散，必

要时通知当地公安、安监、消防等部门，协助疏散和管控。要将与抢修作业无关的人员清理到安全区域，并安排人员对警戒区域的各个道口进行警戒值守和引导，维持现场秩序。

⑥临水区域要设置防护设施和有关安全警示标志。对于被洪水淹没的堤岸和道路，除了拉设警戒外，还要设置引导标志、警示标志，甚至设置围栏，同时要专人看护，以防落水；对作业人员要通过淹没的堤岸和道路沿线还需拉设并固定引导绳，确保通过安全，防止落水和冲走。

⑦要对水上溢油区域的通行进行管控，必要时请求地方航道管理部门实行水域交通管制，封闭溢油区域，疏导区域内的船只向安全水域转移。

⑧上船作业前要向当地航道管理部门了解航道障碍物情况，或者向当地熟悉航道、水流情况的人员进行了解，以免行驶中被搁浅、碰撞和触礁等。

⑨水上作业船舶及其他水上设备必须检查，状况良好方可用于作业，对租用的船舶必须证照齐全，按规定配备足够的救生器材。

⑩船上要配备通信工具，随时与陆地人员保持联系。

⑪须在水上作业平台的周围设置防护栏杆并挂设安全网，确实无法设置时，作业人员在平台上必须系安全带(绳)。

⑫作业前应检查安全防护措施落实情况并确认。

2)水上作业过程中安全管控措施：

①水上作业时要穿戴好救生衣，配带对讲机等通信工具，船上要准备足够的救生圈、安全绳索。船舶驾驶人要持证上岗，严禁超载、超速，除船舶驾驶人外，其他人员一律不得擅自驾驶。

②临水作业人员和船舶行进中要随时观察四周有无高压线铁塔倾倒、电线低垂或断折，要远离避险，不可触摸或接近，防止触电。

③抢险车辆不得强行通过漫水路段，因抢险需要确需进入时，需做好引导、路况探测和其他安全技术措施，确保安全通过。

④在船舶行进和水上作业时，遇有恶劣天气或洪峰、大浪时，要紧急停靠，避风浪、雷电等。

⑤船舶停靠岸边时，要及时锚固。停稳后才能上下，并注意脚下岸距，不得强行跨越，最好安排人员接应，搭好跳板后，方可卸料作业。

⑥在船舶行进中或船上临水休息时，人员均不得在船头、船尾和船的边缘站立和骑坐。

⑦在两船之间进行搬(倒)运物件作业时，须将两船靠至最近距离并注意因浪涌造成两船上下左右晃动的影响，人员不得脚跨两只船。

⑧运料船在靠近作业船附近时，要相互防止锚缆挂住叶轮和船舵被打坏。遇有其他船只通过时，要采取适当的避让措施。

⑨当上游失去控制的船舶或巨大漂游物向作业船舶靠近，威胁到作业船舶安全时，要提前采取紧急避让措施，必要时可立即派出机动船舶协助避让。

⑩对在水上搭接的浮桥、跳板等辅助设施要绑扎紧固。

⑪在水上架设的栈桥、操作平台要验算承载力，要设置防护栏杆及有效防滑措施，要对各受力部位进行检查。

⑫在搭接浮桥、跳板、打桩、搬运和其他水上作业时，要注意互相观察，防止落水和误伤、碰伤、砸伤、扎伤等。

⑬水上作业现场所接临时用电要严格执行临时用电安全管理规定，规范布接。所接电线、电缆和电气设备要远离水源并做好防雨、防潮措施，经常巡查，非工作人员应远离带电设施，防止触电。移动工具、手持式电动工具应做到“一机一闸一保护”，搬运、移动电气设备时要先断开电源，对于含有油气的溢油现场使用的临时用电设施必须满足防爆要求。

⑭对于需要在夜间进行的水上作业、溢油拦截与回收作业，要在现场和所经过的道路上配备充足的照明设施以满足人员和作业使用要求。

⑮根据溢油范围、水体情况合理选定、布设围油栏类型、数量和地点，防止油污继续流动或扩散。要对水体中成功拦截的溢油及时进行回收，防止溢流，扩大污染。

⑯在人员跌(滑)落水中时，要采取适当救援措施及时救离水域，将溺水人员转移到空气新鲜平坦处，进行必要的人工救助措施，有条件时及时送医。

⑰临水作业现场若洪水迅速上涨时，要迅速撤离，应向河道两岸高处跑。山体滑坡时，不要沿滑坡体滑动方向跑，应向滑坡体两侧跑。

⑱雨、雪、霜天气在水上平台进行作业时，要做好 JSA 分析，制定和采取有效的防滑、防寒(冻)措施，及时清除平台上积聚的水、冰、霜、雪。在六级以上强风、浓雾等恶劣气候条件下，船舶应进入岸边停靠，不得行驶和进行其他水上作业。暴风雨(雪)前后，均应逐一检查水上作业安全设施，如发现有变形、松动、损坏或脱落等现象时，应立即修缮，不得带病投入使用。

3.11　盐穴储气库建设及运营

地下储气库是将天然气重新注入枯竭油气藏、含水层、盐穴、废弃矿坑等天然或人工的地下构造中，形成的一种人工气田或气藏，是集季节调峰、应急供气、战略储备等功能于一体的储气设施。地下储气库主要有 4 种类型，油气藏型、含水层型、盐穴型及其他类型(岩洞、废弃矿井/矿坑型)储气库，不同类型储气库储气构造、工作原理、投资等各不相同。油气藏型储气库根据改造前油气藏类型不同，又可分为油藏型和气藏型，其中气藏型是主要的建库类型，油藏型仅占极小部分。含水层型储气库是利用封闭的地下含水构造，通过向构造中注入天然气，将岩层孔隙中的水排走而形成的储气场所。盐穴型储气库是利用地下较厚的盐层或盐丘，采用水溶方式在盐层或盐丘中制造洞穴形成储存空间来存储天然气。

作为天然气产业链中不可缺少的重要组成部分，地下储气库具备两大作用：一是调节用气的不均衡性，削峰填谷，当夏季天然气市场用气量低于管道输气能力时，将富余的气量注入储气库中，当冬季市场用气量超过管道输气能力时，再从储气库中采出天然气向用户供气；二是作为应急储备和战略储备，当气源或上游输气系统发生故障、检修或由于政治、经济、外交、军事等方面的因素导致进口气中断时，储气库可以保证连续供气，保证输气系统的正常运转。

3.11.1 术语和定义

1. 地下储气库

利用地下的某种密闭空间储存天然气的地质构造，包括盐穴型、枯竭油气藏型、含水层型。

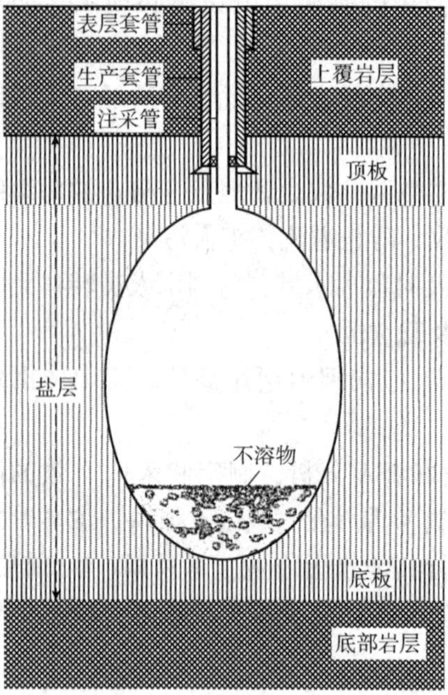

图 3-11-1 盐穴储气库形态示意图

2. 盐穴(腔)

通过人工注水溶盐方式在盐岩地层内形成的地下洞穴(图 3-11-1)。

3. 顶板

经溶解后盐穴顶部保留的盐岩体。

4. 底板

盐穴底部未被溶解的盐岩体。

5. 矿柱

两个盐穴腔壁之间的盐体。

6. 造腔

利用注水泵，通过井眼将淡水或低浓度卤水注入盐层或盐丘中溶解盐岩并排出卤水，在地下盐层或盐丘中形成稳定形态盐穴的过程。

7. 造内管

造腔过程中，置于造腔外管之中，形成注水与排卤通道的内管柱(图 3-11-2)。

8. 造腔外管

造腔过程中，置于生产套管之中，形成注水与排卤通道的外管柱(图 3-11-2)。

9. 造腔管柱

由造腔外管和造腔内管构成的管柱组合。

10. 垫层

一种密度低于水且不能溶解盐的流体，此流体可以有效控制岩盐溶解范围、保护生产套管鞋，实现盐穴腔体的设计形状(图 3-11-2)。

11. 造腔阶段

以调整造腔管柱深度或相对位置为标志，将整个造腔周期划分成的不同阶段。

12. 正循环

造腔过程中，由造腔内管注入淡水或低浓度卤水，由造腔内管和造腔外管之间的环空排出卤水的流体循环过程(图 3-11-2)。

13. 反循环

造腔过程中，由造腔内管和造腔外管之间的环空注入淡水或低浓度卤水，由造腔内管排出卤水的流体循环过程(图 3-11-3)。

14. 底坑

造腔初期建造的用于容纳盐岩中不溶物的空间(图 3-11-3)。

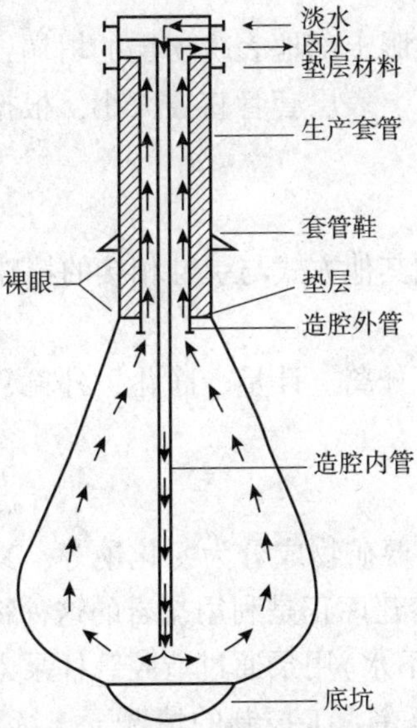

图3-11-2 正循环造腔方式

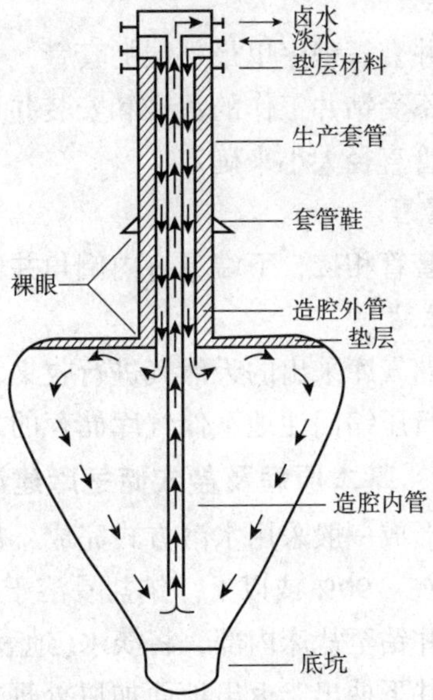

图3-11-3 反循环造腔方式

15. 上限压力

盐穴稳定运行过程中允许的最大压力(一般取套管鞋处)。

16. 下限压力

盐穴稳定运行过程中允许的最小压力(一般取套管鞋处)。

17. 排卤管

注气排卤作业中组成排卤管柱的油管。

18. 排卤管柱

由排卤管和井下工具组成，是注气排卤作业中将卤水排到地面的管柱通道。

19. 注气排卤

通过注采管柱和排卤管柱间的环空注入天然气，同时通过排卤管柱排出卤水的作业过程。

20. 注采管

注采气生产运行中组成注采管柱的气密封油管。

21. 注采管柱

由注采管和井下工具组成，是连接盐穴和地面管线的注气和采气管柱通道，同时也是注气排卤作业中形成注气环空通道的外层管柱。

22. 中间管

悬挂于生产套管之中，与生产套管之间的环形空间用于储存垫层材料的管柱。

23. 中心管

悬挂于中间管之中，并与中间管一起实现注水和卤水排放作业的管柱。

24. 技术套管

又称中间套管。是套管程序里中间一层或两层的套管。在井深较大，对井眼中间井段的易塌、易漏、高压、含盐等地层，起到隔离地层和保护井身的作用。

25. 表层套管

是油气井套管程序里最外层的套管，为防止井眼上部地表疏松层的坍塌，封隔上部淡水层，使之不受钻井工作的污染和安装井口防喷等。表层套管直径大小，根据下入套管层数和生产套管直径大小来确定。

26. 套管鞋

上端与套管相接，下端具有内倒角并以螺纹或其他方式与引鞋相接的特殊短节。

27. 集注站

对地下储气库采出的天然气进行收集、调压、分离、计量、净化、外输，并可对外部管道来气进行压缩回注地下储气库储存的站场。

3.11.2 基本原理及盐穴储气库建设

盐穴的形成一般采用水溶方式完成，盐岩的主要矿物成分为氯化钠等，其中，钠盐含量一般为70% ~90%或以上。钠盐易溶于水，水溶建库正是利用盐岩的这种物理性质，在地面打一口井钻至盐床内部，将淡水(地表水或地下水)用泵通过造腔管柱泵入盐层，水洗溶盐后，从井下抽出，返出地面加以处理或利用。在人工控制的情况下连续不断地溶滴，盐层中水洗溶盐形成的空间逐渐扩大，盐岩水溶易于成腔，最终形成达到设计要求的地下盐穴。

地下盐穴形成后，向其中注入天然气将卤水驱替出来，即完成了盐穴储气库的建设过程。盐穴储气库的建造大致经历以下几个阶段或过程：建库目标库址的确定、建库方案设计、储气库施工建设。

盐岩的物理特性：盐岩是一种特殊类型的岩体，主要表现为结构致密、孔隙度低、渗透率小、塑性大等特性。性脆，摩氏硬度为2 ~2.5，密度为2.1 ~2.2g/cm³；条痕为白色；易溶于水，在0℃时溶解度为35.7%，100℃时溶解度为39.8%，200℃时溶解度为26.4%；易潮解，味咸，有凉感；不导电，摩擦发光，熔点804℃；焰色浓黄；在1000℃时其可塑性很强，当温度、压力升高超过其临界点时软化，产生塑性变形，形成软流(固体流)。

盐岩主要是由易溶于水的钾、钠、钙、镁的卤化物和硫酸盐所组成的化学成因沉积岩。组成盐岩的矿物有一百多种，主要有岩盐、钾盐、光卤石、泻利盐、芒硝、石膏、硬石膏、重晶石、天青石、苏打等。盐岩中除盐类矿物外，往往还有白云石、黏土矿物、氧化铁等混入物。盐岩层本身含碎屑混入物一般很少，但在整个盐岩系中，黏土岩的夹层较多。

3.11.2.1 建库目标库址的确定

本阶段的目的是确定储气库建库目标、区块及层段，分为如下两个阶段。

1. 区域普查，确定建库目标库址

大多数盐岩矿床是通过地震普查、油气勘探钻井或盐矿开采过程中发现的。本阶段的任务就是利用现有的物探、钻探、地球物理测井及盐矿的水采等资料开展盐岩矿床构造、断裂系统、盐岩分布规律、含盐层系内部结构，盖层分布及封闭性、盐岩稳定性等分析评价，初步评价盐岩矿床是否具备建设盐穴储气库的基本条件。

2. 建库区块及层段的确定

本阶段借助地震、探井、采盐井或新钻资料井的手段，来确定盐体的埋深、分布、形态、边界、盖层特征和地层层序；借助岩心资料分析盐层及夹层的物理化学特性、分析盖层及夹层的密封性、分析含盐地层的力学特性，评价优选有利的建库区块及层段。

3.11.2.2　建库方案设计

建库方案设计包括储气库建设地质方案及工程方案(钻完井工程、造腔工程、注气排卤工艺、地面工程)两个方面。

1. 储气库建设地质方案

通常称为建库方案，此阶段重点评价盐岩在力学上的长期稳定性和闭合速度，考虑单腔的深度、体积、几何形态、高宽比、顶部形态、盖层的特性和完整性，确定单腔的基本形态参数及运行压力范围、合理注采气速度，同时确定合理的安全矿柱宽度，完成建库部署设计方案。

2. 储气库建设工程方案

钻完井工程：包括井身结构、套管程序、钻井液设计、钻机选择、固井液设计、水泥浆配方等。

造腔工程：包括造腔管柱优选、水力计算、阻溶剂设计及盐腔检测等。

注采气排卤工艺：包括注采管柱设计、注气排卤管柱设计、注气排卤施工程序和设备等。

地面工程：包括注采气站、输气干线、集输系统、公用工程、生产组织及定员等。

此外，还包括安全、环保、职业卫生、自然灾害评估等及其预案。

3.11.2.3　储气库施工建设

储气库施工建设要严格执行国家与行业现行的有关标准、规程和规范，严格按照设计进行施工，同时要保证重视整个工程所涉及范围内生态环境的保护。

储气库的施工建设是项复杂的系统工程，除了相配套的地面设施、设备、管线的建设外，还包括钻井、造腔、注气排卤等方面。

盐穴储气库一般由多个单腔构成，一般采用直井单腔的钻井方式。储气库建设步骤如下：

(1)钻完井：储气库井根据设计方案钻至设计深度后，下入设计尺寸的套管固井；然后再在套管内从外向内依次下入中间管和中心管，安装造腔井口装置。

(2)造腔：是个有控制的水溶采卤过程，在采卤管柱下到盐层内以后，利用高压大排量离心泵，通过地面管汇和采卤管柱，将淡水注入盐层，溶解盐层后形成卤水，再返回地面处理利用或排放。不间断地注入淡水和返出卤水，在盐层中便形成越来越大可供储存天然气的空间。为了建造规定体积和形态的稳定盐腔，造腔初期(建槽)和末期(修整)使用正循环，其余大部分时间使用反循环。在造腔不同阶段要及时调整管柱下入深度、阻溶剂界面位置、注入淡水排量。在盐腔建造完成之后，测量有效体积和形态，测试对气体的密封能力，评价各部位的稳定性能。

(3)密封性检测：目前国内在盐穴储气库盐腔密封检测方面主要使用单孔排泄氮气检测方法(图3-11-4)，其原理是：向井腔中下入一套试压管柱，安装可以坐挂试压管柱的试压井口，将气水界面测井仪器下至生产套管鞋以下的盐腔脖颈处。向井腔中注入适量的饱和卤水，使腔内卤水压力达到设计压力。向试压管柱和生产套管之间的环形空间中注入氮气，当气水界面深度达到生产套管鞋以下10m位置，且生产套管鞋处气体的压力达到储

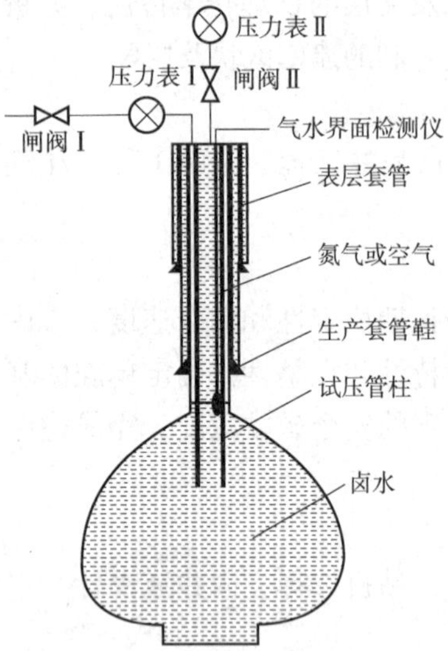

图3-11-4　单孔排泄氮气法

气库最大运行压力的1.1倍时，停止注入氮气。保持整个系统温度平衡8~10h后，通过补注气体，使气水界面深度重新处于生产套管鞋以下10m的位置。记录井口各测试仪表读数、气水界面深度及测试时间，每隔1h记录一次，连续测压24h。根据井口压力表读数和气水界面深度变化数值，计算出气体泄漏率随时间的变化趋势以及气体泄漏量的绝对数值。

此方法与国外API方法和Geostoc方法相比，测试原理简单，能够明确气体泄漏位置，测试成本低。通过该方法的测试结果可以明确盐穴储气库具体的泄漏位置。如果图3-11-4中的压力表Ⅰ和压力表Ⅱ读数均减小，且气水界面深度降低，则说明盐腔泄漏；如果压力表Ⅰ和压力表Ⅱ读数均减小，气水界面上升，则说明生产套管或套管鞋泄漏；如果压力表Ⅱ读数上升，试压管柱上部检测出气体，说明试压管柱泄漏。

(4)注气排卤：造腔作业完成后拆除井口装置，再下入注采气油管柱，通过密封性检测合格后，开始注气排卤作业。注气排卤过程是从油管环形空间向盐穴内注入天然气，卤水通过油管被置换到地面。这是盐穴地下储气库首次注入天然气的作业，标志着从建设阶段向生产运行阶段的过渡。

(5)注采排卤作业结束后，从井内起出排卤油管柱，安装注采天然气井口，至此，完成了盐穴储气库地下工程建设，可以转入储气库的正常运行。

值得指出的是：在造腔过程不同阶段及造腔结束须对盐腔形态进行检测；须对完钻井眼、完成的盐腔及井口装置、下入管柱等进行密封性检测。

3.11.3　盐穴储气库现状

3.11.3.1　我国已建成的储气库

我国从20世纪90年代开始开展地下储气库研究设计工作，于2000年投入运行的天津大港油区大张坨储气库是国内第一座投入商业化储气库。之后，又利用枯竭的板876、板中北等4座气藏改进储气库，形成了包括5座储气库的天津板桥库群，重点是配套陕京长输管道保障首都北京稳定供气。2005年，在江苏金坛地区开展国内第一座盐穴储气库——金坛储气库的研究设计工作，分期开展工程建设和水溶造腔。

随着国内天然气消费市场的迅猛增长和长输管道的快速发展，天然气季节用气峰谷差持续扩大，调峰保供需求日益紧迫。为缓解用气紧张局面和保障国家能源安全，2010年，中国石油、中国石化等单位全面加快储气库选址设计和工程建设工作，储气库建设进入了新的快速发展阶段，2012—2020年，先后投运了河南文96、文23、新疆呼图壁、西南相国寺等7座库群共13座储气库。

国内储气库经过20年发展建设，目前已建成气藏型和盐穴型两类储气库共29座，按地域可分为10座库群，分布在东北、环渤海、长三角、中南等7大区，具体包括东北地区辽宁双6储气库、环渤海地区天津大港(包括板桥和京58两座库群，共10座储气库)和河北苏桥库群(苏1、苏4和顾辛庄等5座储气库)、长三角地区江苏金坛储气库和刘庄储气库、中南地区河南文96、文23储气库、西南地区重庆相国寺储气库、西北地区新疆呼图壁储气库和中西部地区陕西陕224储气库。除文96、文23储气库由中国石化建设外，其余储气库均由中国石油建设运行，目前22座储气库已建成调峰能力超$100\times10^{8}m^{3}$，调峰覆盖10余省市，大大缓解了冬季用气紧张局面。

我国利用盐穴建设地下储气库的研究始于1998年，经多年行业发展，金坛盐岩储气库、潜江盐岩储气库以及平顶山盐岩储气库等相继立项、建设。其中金坛储气库于2005年开始注气，并在2008年南方大雪中发挥了重要的作用。利用盐矿开采后的盐穴开展天然气大规模地下储备，是世界上成熟通用的方式。因此，建设大型地下储气库是我国能源安全的重大战略需求。

3.11.3.2 盐穴型储气库资源分布

世界上盐穴型储气库一般选择建在分布稳定的盐丘或厚度大的盐层上，利用水溶的方法溶漓成洞穴储气。其特点是储气空间为洞穴，单井产能高，调峰能力强。盐穴地下储气库由于具有垫气少、注采气速率高、利用率高、调峰能力强等优势，成为重要的建库类型，尤其对我国非油气主产区的天然气消费市场而言，利用盐层建库成为重要目标。

我国盐岩矿床以陆相沉积(亦称内陆湖相沉积)为主，主要为硬石膏-钙芒硝-石盐矿床、硬石膏-石盐等层状矿床，目前已在湖北、湖南、江西、安徽、江苏、河南、河北、山东、广东、新疆等省(区)发现陆相盐岩矿床。

我国陆相盐矿矿床绝大多数埋藏于地下数十米至5000m，矿体一般呈层状、似层状或透镜状，产状平缓，其规模一般比海相盐矿小，品位比海相盐矿低，具有层数多、单层厚度小、共生组分多、相变大等特点。但也有含盐面积近千平方千米、储量数百亿吨的巨型盐矿，如陕西盐田等。

我国盐矿资源丰富，据不完全统计，全国有200余个盐矿。从建设盐穴地下储气库的角度考虑，只有在输气管线附近的盐矿才具备建库的地理优势。从气藏型储气库资源的分析中可以发现我国西部、中西部、西南地区气藏资源丰富，东北、环渤海地区油气藏多，气藏、油气藏成为这些地区的首选建库类型。而中南地区、长江三角洲、东南沿海以及西南四大天然气主要消费市场的油气资源相对较少，通过对这四个地区的盐矿资源调查发现：

(1)长三角地区的赵集盐矿，淮安盐矿含盐地层发育、埋深适中，已完成资料井钻探、三维地震资料采集等工作，地质情况较清楚，可作为长江三角洲地区储气库建库目标，以保障该地区的调峰保供需求。

(2)中南地区的有河南平顶山、湖北云应、湖北黄场、湖南湘衡、安徽定远东兴，江西清江6座盐矿可以作为建库资源。

平顶山盐矿位于西气东输二线沿线附近，盐顶埋深适中(500~1700m)，含盐地层厚度大(293~662m)，地质情况适合建设盐穴地下储气库。

湖北云应盐矿位于西气东输二线沿线附近，亦靠近忠武管线。该盐矿埋深较浅(150~650m)，含盐地层厚度大于300m，已完成造腔先导性试验。该盐矿埋藏不深，造腔灵活，注采周期短，便于生产调度。

云应盐矿位于云应盆地中部，它是典型的层状盐岩矿床，盐层、夹层呈不等厚互层结构，其中部分盐群则是密集互层结构。由北向南、由西向东逐步加深，符合该地盐层产状变化规律。层与层之间有明显的接触层理面，反映成层沉积环境，层面连接性良好，层面是承压的薄弱面，坑道中压水试验表明，初始压裂液大多沿层面破裂推进并溶解。此外，其岩石层面具有一定倾角，一是通过岩芯直接测量，二是通过同层等高线判定。实际测量和判定倾角4°~10°，由西向东增大即西东陡。倾角值小，对于水溶采矿应是一个有利因素，对稳定溶腔也是有利的。

云应盐矿含盐地层较厚，在优化建库层段时，可适当预留一定厚度的含盐地层作为上覆地层的隔水层。这样在保证固井质量的前提下，合理布井造腔，优化单腔运行参数，可有效保证地层的稳固性。

云应盐矿构造简单、埋藏适中、含盐地层厚度较大，盐体稳固性好，基本具备建设地下储气库的条件，其不利因素为含盐地层中夹层频繁出现，导致综合盐岩品位仅60%左右，这将造成单腔的成腔率减小，造腔成本增加。虽建库地质条件相对较差，但对于缺乏调峰储气设施的川渝外输管网，尤其是忠武线也不失为一个很好的选择。

湖北黄场盐矿位于湖北省潜江坳陷，含盐面积较大，开采区1.2km^2，其中王58井区13-16韵律段含盐率较高，盐岩品位较好，虽埋藏深度较深(1934~2045m)，但合理设计单腔运行参数，可以有效地控制蠕变。

安徽定远盐矿盐顶埋深不足500m，开采近30年，发生多次地面塌陷，建设盐穴地下储气库的有利区域较小。

江西清江盐矿、湖南湘衡盐矿的含盐率较低(小于70%)，盐岩品位较差(NaCl含量小于60%)，属于建库条件较差的类型。在现有工艺技术水平条件下，单位储气建设成本较高。如有新的工艺技术可以扩大单腔储气空间及单位储气能力，可作为建造盐穴地下储气库的潜在目标。

(3)西南地区的云南安宁盐矿位于中缅天然气管道沿线附近，从埋藏深度、含盐地层厚度、含盐率与盐岩品位来看，基本具备建设盐穴地下储气库的地质条件。

3.11.3.3 盐穴型储气库建库技术

我国盐穴型储气库相关研究开始于1998年，初期主要是对国内的盐矿进行调查，初步评价各盐矿的建库地质条件。随着西气东输管道战略工程的实施，正式启动了西气东输工程建设天然气地下储气库项目。由于西气东输管道工程沿线油气藏库址目标资源缺乏，盐岩资源发育，盐岩建库成为该地区的主要建库目标，但盐层薄、夹层多、品位较低，建库难度较大。经过20年的研究探索与实践，逐步形成了适合我国复杂地质条件的盐穴型储气库建库技术系列。

1. 盐穴型储气库建库基本特点

盐穴型储气库是在地下较厚的盐层或盐丘中，利用盐岩的主要成分为NaCl，易溶于水的特点，采用水溶造腔方式建造。地下盐腔形成后，向其中注入天然气将卤水驱替出来，即完成了盐穴型储气库的建造。

(1)建库地质条件复杂，建库难度大。

我国建库盐岩在区域上都属于断堑式湖相沉积构造，一般形成于该断堑凹陷中，即由于断陷而形成的一个低洼地带而形成湖泊，由于蒸发作用不断形成盐类结晶蒸发，在经过一系列的固结成岩作用，最终形成盐矿，属于典型的陆相盐湖沉积层状结构。矿床规模和分布面积较小，盐岩品位较低，不溶夹层较多且厚度较大；盐层埋藏深，如平顶山储气库、楚州储气库埋深均接近2000m(世界上95%的储气库埋深低于1500m)，建库难度较大，风险高。

(2)建库工艺流程复杂，建库周期长。

盐穴型储气库建库是一项复杂的系统工程，涉及地质、钻采、造腔、注气排卤及配套地面设施建设等多个方面，建库周期较长。造腔工程是储气库建设中耗时最长、工艺最复杂的环节。

以金坛储气库为例，于2004年8月开始老腔改造，至2007年9月5口老腔投产运行，老腔建库周期为3年。2005年6月开始第一批15口井钻井、造腔，到2013年6月5口新腔投产，建库周期为8年。

(3)建库难度大，建设投资高。

盐穴型储气库建设投资包括前期评价费(勘探和钻探费、测试费、先导试验费、研究费等)、工程投资(钻完井工程，造腔工程、注气排卤工程、地面工程等)、垫底气费、资产购置费(老腔收购、矿权获得等费用)等。

我国盐穴型储气库建设区块多为陆相盐湖沉积盐层，地质条件复杂、夹层多且厚、盐岩品位低、埋藏深，对技术要求高，使得建设难度大和建设周期长，最终导致盐穴型储气库建设投资较高。

2. 盐穴型储气库建造基本要素

盐穴型储气库建造经历3个阶段：建库库址确定、建库方案设计和储气库施工建设。

(1)库址确定。

建库库址的确定分为确定建库库址、建库区块及层段两个阶段。确定库址是在盐矿预查、普查、详查和勘探资料的基础上，利用现有的物探、钻探、测井及盐矿开采等资料，对盐岩矿床构造、断裂系统、盐岩分布规律、盖层分布及封闭性等进行分析评价，初步确定盐岩矿床是否具备建设盐穴储气库的基本条件。库址确定后还要进行更深入的研究，借助地震、探井、采盐井或新钻资料井资料，确定盐体的埋深、分布、形态、边界、盖层特征和地层层序；通过岩芯分析化验分析盐层及夹层的物理化学特性、盖层及夹层的密封性，分析含盐地层的力学特性，评价优选有利的建库区块和层段。

(2)建库方案设计。

建库方案设计包括建库地质方案设计和建库工程方案设计两个方面。

建库地质方案设计重点从盐岩力学角度上评价储气库长期稳定性。考虑单腔的深度、体积、几何形态、宽高比和顶部形态等，确定单腔的基本形态参数以及运行压力、合理注采气速度、合理的安全矿柱宽度，再根据单腔库容参数和井位部署进行储气库规模预测和运行方案设计和模拟计算，完成建库方案设计。

建库工程方案设计包括地下工程方案设计和地面工程方案设计。地下工程方案又包括钻完井工程、造腔工程、注气排卤工程方案。钻完井工程包括井身结构、套管程序、钻井液设计、钻机选择、固井液设计、水泥浆配方等。造腔工程包括钻柱优选、水力计算、阻溶剂设计及盐腔检测等。注气排卤工程包括注采管柱设计、注气排卤管柱设计、注气排卤施工程序和设备等。地面工程包括注采气站、集输系统、输气干线、公用工程等。

(3)储气库施工建设。

建库设计方案获得批复后，储气库开始施工建设。储气库施工建设是一项复杂的系统工程，包括钻完井、造腔、注气排卤工程及配套地面设施配套工程建设。

3. 国内外盐穴型储气库建库技术差异

国外盐穴型储存技术的研究起步于1916年的德国，已经有100多年历史；苏联于1959年建成了世界上第一座盐穴型储气库。目前，国外盐穴型储气库的数量94%以上分布于北美和欧洲，盐穴型储气库建库技术较为成熟。国内盐穴型储气库的研究起步较晚，通过借鉴和学习国外经验，依靠技术创新，建库技术取得了巨大进步。分析国内外盐穴型储气库建库技术的差异主要在以下两个方面：

(1)建库地质条件。

国外盐穴型储气库库址类型有盐丘和盐层两类，多以盐丘为主，盐岩埋藏较浅且盐岩厚度大多在200m以上，盐岩纯度在90%以上。国内盐穴型储气库库址类型为盐层，盐层埋藏较深，如平顶山储气库和楚州储气库最大埋深近2000m；盐层薄且夹层多，盐岩纯度较低，金坛储气库盐层NaCl含量为80%～85%，是目前国内发现的地质条件最好的储气库；楚州储气库和云应储气库盐层NaCl含量在60%左右，且地质夹层分布复杂，建库难度较大。

(2)造腔控制。

除地质因素外，造腔控制主要受井型(单井单腔、双井单腔、水平井造腔)以及造腔过程中造腔管柱组合及尺寸、管柱下入位置、循环方式、造腔排量等因素的影响。目前，国外盐穴型储气库主要以单井单腔造腔为主，循环方式为正反循环结合的方式，这在一定程度上能够提高造腔速度；双井单腔造腔工艺已在德国和法国的盐穴型储气库成功应用；水平井造腔在俄罗斯已经或即将应用于薄盐层建库中。目前，国内主要以单井单腔造腔为主，双井单腔造腔工艺在云应储气库开展了先导性试验(建槽期)，结果表明双井造腔能够提高造腔速度；水平井造腔尚未开始现场应用。

此外，国外对于造腔过程中采出的卤水除环保要求达标外，可以通过铺设管道排入海洋或湖泊，对造腔进度基本没有影响。国内造腔过程中采出的卤水需要由当地的盐化企业来接收与处理，不能随意排放，并且盐化企业的卤水接收能力和对接收的卤水浓度都有特定要求，因此很大程度上限制了造腔进度，导致建库周期增长。

4. 盐腔检测

图3-11-5　声呐检测盐腔空间展布示意图

盐腔形态检测是造腔过程中对盐腔形态的直接监测，通过监测掌握盐腔的发展过程。盐腔检测主要通过声呐检测设备完成，通过声呐检测可以比较精确地掌握盐腔的空间形态(图3-11-5)。盐腔声呐检测主要包括盐腔建造过程的监测和储气库运行阶段的监测。造腔过程中对盐腔形态进行监测，从而及时调整施工参数来控制腔体的形态，使腔体达到设计的要求。储气库运行阶段的盐腔监测，由于盐层属于塑性地层，盐腔在运行过程中由于压力不断变化，会导致盐层发生蠕变而使盐腔体积缩小。因此在运行过程中，每隔一定的周期需要对盐腔进行声呐检测，确定盐腔的变形状况，了解盐腔的稳定性，进而根据实际情况及时调整储气库运行方案来保证储气库的运行安全。

声呐检测技术已经广泛应用于盐穴型储气库的形态检测，目前世界上能够生产盐穴声呐检测设备的国家主要有德国、美国和俄罗斯。其中，德国 SOCON 公司生产的声呐检测仪具有精度高、适用于卤水和天然气两种介质中测量、仪器集成度高等优点，在世界范围内得到普遍认可。目前，国内尚无具有自主知识产权的这类盐腔检测仪器或设备，进行盐腔检测采用的是德国 SOCON 公司生产的声呐检测设备。

3.11.4　盐腔形态设计与稳定性

盐穴型储气库盐腔设计是根据盐层地质条件、现场制约条件等因素，设计腔体的形态、总体积与有效体积、造腔步骤等参数，包括腔体空间形态设计与造腔工艺参数设计两个步骤。腔体空间形态设计参数主要包括造腔过程中盐腔位置、盐腔形态、盐腔最大直径、盐腔体积等；造腔工艺设计参数包括造腔井型、造腔管柱组合、造腔方式、造腔排量、造腔方案等。造腔设计技术是盐穴型储气库建设的关键技术。

3.11.4.1　设计内容

1. 腔体空间形态设计

腔体空间形态设计是造腔设计的第一步。在对一定盐岩地质条件充分了解和认识后，根据盐层条件设计合适的盐穴型储气库腔体空间形态参数。这些参数主要包括：盐腔埋深、形态、造腔体积与有效储气体积等。

(1)盐腔在盐层中的位置。

在盐岩地层中，盐腔位置的确定也就是确定有效造腔的厚度，首先应保证储气库的安全性，保证盐腔与顶、底板之间有足够厚度的盐层。从盐层总厚度中去掉盐腔与顶、底板之间预留厚度之后，即可得到有效造腔的厚度，并以有效造腔的厚度作为盐腔(包括沉井)基本尺寸。合理地确定盐穴储气库有效造腔厚度，能够满足安全性准则的要求。盐腔顶部与顶板之间应有足够的距离。岩石盖层和盐层的力学性质存在很大差异，如果盐腔顶部和顶板之间的距离过小，则储气库在长期运行过程中，受盐腔内压力交替变化的影响，将导致盖层和盐层受力的不均匀，进而导致二者之间的变形差异，引起盖层和盐层之间产生裂缝，危及地下储气库的安全。

盐穴型储气库在长期运行过程中，盐腔内的压力交替变化，盐岩的蠕变会导致盐腔的变形，这些变化都会影响到底板的稳定性，若盐腔底部与底板之间厚度过小，将同样对储气库产生不利影响，盐腔底部与底板之间也应该有适当的距离。

因此，在设计盐腔有效厚度时，应考虑盐腔顶部和顶板之间的距离不能小于 30m；同时，为了防止盐腔内的压力变化和盐腔变形影响到底板的稳定性，盐腔底部和底板之间预留厚度也不得小于 10m。具体厚度要结合盐层厚度、盐腔形态、钻井完井工艺等多种因素综合确定。

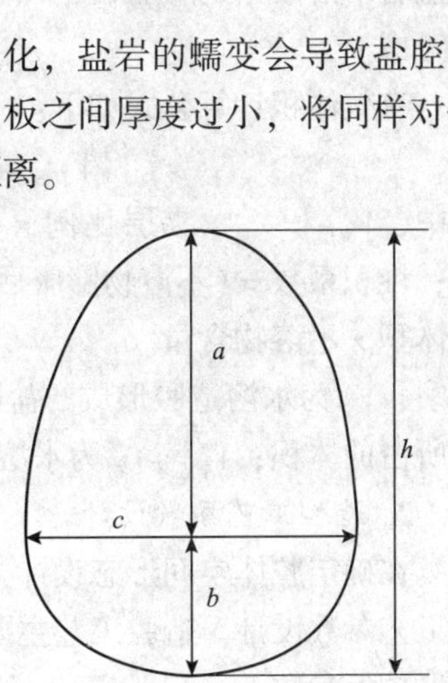

图 3-11-6　盐腔形态示意图

(2)盐腔形态。

盐腔的形态对于储气库的稳定性十分重要，因此盐腔形态的确定，要考虑盐腔稳定性的要求。为了描述盐腔形状稳定性特征，引入盐腔稳定性系数这一参数。假设盐腔的形状可视为上下非对称的椭球(图 3-11-6)，a 为椭球上半轴长度，b 为椭球下半轴长度，c 为盐腔最大直径，h 为盐腔高度。根据盐腔设计容积和盐腔高度确定盐腔最大直径，几何上可以证明，有效造腔高度和盐腔最大直径确定的情况下，盐腔体积与最大直径的位置无关。可见，在一定的盐腔高度和盐腔最大直径下，椭球盐腔上、下半轴相对变化时，盐腔的体积不发生变化，为了满足盐腔稳定性的要求，在盐腔高度和盐腔最大直径确定的情况下，盐腔的形态可以由盐腔稳定性系数 w 确定。

盐腔稳定性系数 w 定义为上半轴长度 a 与盐腔高度 h(即 a 与 b 之和)的比值：

$$w = a/(a+b)$$

取椭球形盐腔上、下半轴长度之比为对称因子，即：$f=a/b$

当 $w=0.5$ 时，$f=1$，盐腔呈上下对称的椭球形，此时上半轴长度与下半轴长度相等，盐腔不稳定；

当 $w<0.5$ 时，$f<1$，盐腔呈上大下小的倒梨形，此时上半轴长度小于下半轴长度，盐腔不稳定；

当 $w>0.5$ 时，$f>1$，盐腔呈上小下大的梨形，此时上半轴长度大于下半轴长度，盐腔稳定。

根据国外的建库经验，盐腔采用上小下大的梨形，稳定性系数大于0.5时，符合盐腔稳定性的要求，同时也适合于容纳不溶物杂质形成的沉降物。实际上，盐腔稳定性不仅取决于几何形状的稳定性，而且与地质构造和地层属性有关；不同稳定性参数的盐腔具有不同的力学特性。工程上合理的稳定性参数可以由岩石力学物理实验或相应的数值模拟给出。

(3)造腔体积及有效储气体积。

在设计盐穴型储气库盐腔时，首先根据建设盐穴型储气库的库容要求，设计盐腔体积，盐腔的体积包括盐腔总体积和有效体积。盐腔总体积是盐腔有效体积和不溶物杂质溶掉后落入盐腔内堆积的体积之和，盐腔有效体积的设计要考虑很多因素。盐腔滤洗溶液设计得合理与否，直接影响设计的盐腔有效体积是不是符合盐穴型储气库的库容要求。盐腔滤洗总体积的确定、盐岩地层中水不溶物杂质含量是主要的考虑因素；另外，不溶物杂质在盐岩水溶液中的膨胀性，以及不溶物杂质沉降后形成的堆积物具有一定的孔隙度，都需要考虑。

有效体积计算公式如下：

$$V_{有效} = V_{总} - (V_{夹层} + V_{盐层不溶物}) \times 堆积系数 \tag{3-11-1}$$

其中，$V_{夹层} = V_{总} \times$ 夹层比例 $\times$ 夹层不溶物量；$V_{盐层不溶物} = V_{总} \times$ 盐岩比例 $\times$ 盐层不溶物含量；堆积系数 =(不溶物膨胀后体积 + 孔隙体积)/不溶物原始体积；不溶物原始体积 = 盐岩体积 × 不溶物含量。

式中，$V_{总}$ 为水溶造腔形成的盐腔总体积；$V_{夹层}$ 为水溶造腔形成的盐腔中非盐岩夹层内不溶物所占的体积；$V_{盐层不溶物}$ 为水溶造腔形成的盐腔中盐岩中不溶物所占体积。

2. 造腔工艺参数设计

在确定腔体空间形态设计方案后，就可根据生产条件等确定合适的造腔工艺，完成造腔工艺参数设计。造腔工艺主要包括循环方式、管柱提升次数、管柱组合设计、排量、顶板保护等参数。

(1)循环方式。

造腔循环方式有两种：正循环和反循环。

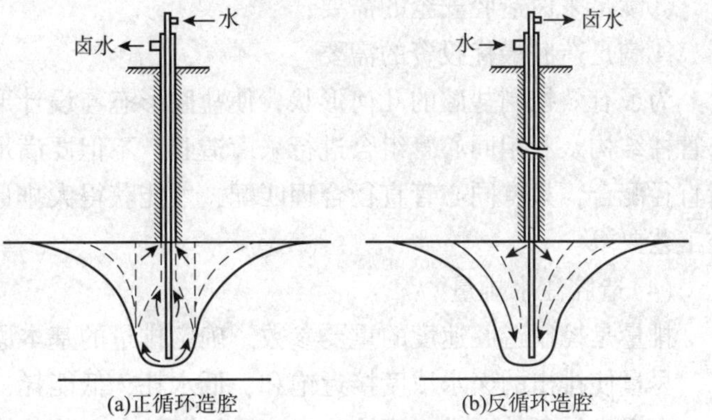

(a)正循环造腔 (b)反循环造腔

图3-11-7 水溶造腔正反循环示意图

正循环造腔就是淡水从中心管内注入盐腔，对盐岩进行溶解至近饱和状态，再通过中心管环形空间返出地面，即淡水从盐腔底部进入，卤水从盐腔顶部抽出。这种循环方式比较容易形成底部直径大、上部直径小的梨状盐腔[图3-11-7(a)]。

反循环造腔是淡水通过中心管外环形空间注入，对盐岩进行溶解，再从中心管内返出地面，即淡水从盐腔顶部进入，卤水从盐腔底部抽出。这种循环方式形成倒锥形盐腔[图3-11-7(b)]。

两种循环造腔方式各有优劣。反循环造腔排出的是盐腔底部盐水，其浓度相对较高，有利于提高造腔的效率；缺点是人为控制盐腔形状困难，造腔稳定性差，容易坍塌，顶板保护措施效果不佳。正循环造腔排出的是盐腔上部盐水，其浓度相对较低，造腔效率较低，优点是可以控制盐腔形状，造腔稳定性好，不易坍塌，顶板保护措施也比较简单有效。

(2)管柱提升次数。

盐穴型储气库在正循环建槽过程中，为了有效利用盐岩层空间，降低不溶物杂质的高度，开始时中心管应尽量接近盐腔底部，以便快速增加盐腔体积。由于建槽初期底部空间比较小，溶蚀的不溶物杂质很快能堵塞中心管柱，这就要求正循环建槽过程中，要不断地提高中心管位置，避免堵塞，同时，中间管和防护液面的位置变化不大。

盐穴型储气库正循环建槽后，进行反循环造腔，这一过程中由于盐腔底部在建槽期已形成足够大的空间，用来存放残渣，所以这一阶段主要改变中间管的位置，管柱的提升次数主要以中间管和垫层位置的提升为主。为了保持盐腔的连续性，反循环开始时，中间管前2次提升幅度较小，之后在盐腔中部边界曲率较小，提升幅度可相对大些，在盐腔顶部边界曲率较大，提升幅度可相对小些。

造腔末期，为形成穹顶状顶板形态提高盐腔结构稳定性，可采用正循环工艺进行短时间造腔。金坛储气库造腔末期，正循环收顶阶段的管柱提升次数为1次，如需形成特殊形态可多次提升管柱。

总之，正循环建槽过程比较复杂，反循环盐腔管柱提升规律性好。如果把正循环建槽过程认为管柱提升次数1次，则盐穴型储气库在水溶造腔过程中，管柱的提升次数越多，盐腔形状越符合要求，然而频繁地提升管柱次数会增加造腔的成本。根据国内外盐穴造腔的实际经验，管柱的提升次数一般应该控制在7~9次为宜。

(3)造腔管柱组合。

造腔管柱对控制盐腔形态、加速造腔进度具有重要的作用，设计造腔管柱时主要按以下原则进行：

①满足完井管柱尺寸的设定；

②满足最优化采卤造腔的功能需要；

③满足采卤造腔安全的需要；

④满足造腔最优投资的需要。

为了有效控制盐腔的几何形状，使盐腔形态与设计形态尽量一致，造腔管柱将采用同心管柱结构。利用同心管组合进行采卤造腔，不但要满足注采流量的要求，还要注重同心管直径配合，只有同心管直径合理匹配，才能获得大排量、低泵压和采出卤水浓度高的造腔工艺要求。

(4)造腔注水排量。

排量是控制造腔速度的重要参数。确定排量的基本原则是：满足管内流的最优工作状态，尽量使排出的卤水浓度接近饱和；低水耗，低能耗；满足造腔周期要求。

在定排量条件下进行溶蚀，在溶蚀初期，由于盐腔体积小，表面积小，注入的淡水来不及充分溶蚀便被采出，因而出口浓度低；随着盐腔体积的增大，出口浓度也增大，当溶蚀进行到一定程度，出口浓度接近饱和浓度。排量越小，出口浓度上升越快，越早接近饱和浓度；排量越大，出口浓度上升越慢，接近饱和浓度的时间越晚。

在定排量条件下进行溶蚀，在溶蚀初期，由于盐腔体积小，腔内卤水平均浓度低，溶蚀速度快，盐腔半径的增加较快；随着盐腔体积增大，腔内卤水平均浓度高，溶蚀速度慢，盐腔半径的增加幅度减缓。排量越大，相同溶蚀时间内，盐腔平均半径增加幅度越大，排量越小，盐腔平均半径增加幅度也越小。

采用较大的排量溶蚀，盐腔内卤水平均浓度较低，溶蚀速度较快，盐腔建设周期短；相反，采用较小的排量溶蚀，盐腔内卤水平均浓度较高，溶蚀速度较慢，盐腔建设周期长。随着腔体积的增大，出口浓度也增大，当溶蚀进行到一定程度，出口浓度接近饱和浓度。因此，在造腔过程中应综合考虑卤水浓度和造腔周期两方面的要求，确定溶蚀过程中合理的排量，一般选取在40~120m³/h范围内，排量不能过大，在大排量120m³/h以上造腔时，过高的管口流速可能引起造腔管柱振动而影响盐腔顶部稳定性，给卤水回收带来压力。

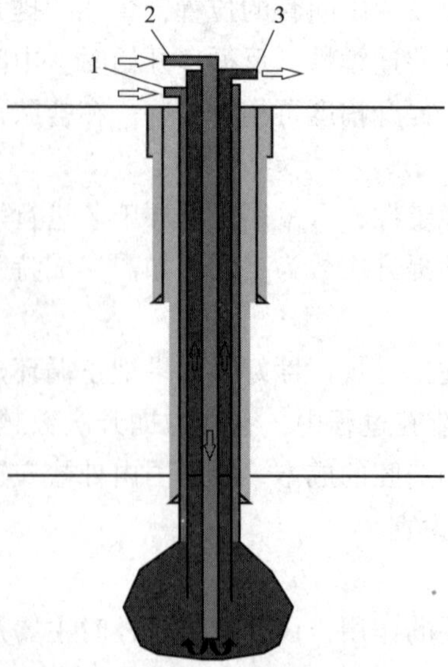

图3-11-8　阻溶剂垫层顶板保护示意图

1—注入阻溶剂；2—注入淡水；3—排出卤水

(5)垫层顶板保护。

国内外盐穴造腔的经验和国内盐矿的采卤实践证明，在盐腔溶解过程中，由于重力分层作用，纵向的上部盐层溶解相对较快，横向的盐层溶解相对较慢，如不加以控制，将很快溶解到岩层顶部，达不到储气库所要求的形态。因此，为了有效控制盐岩盐腔形状，防止含盐水泥密封座脱落以及保护顶板的密封性，需要采用合适的垫层隔断盐腔顶部直接与淡水接触。

垫层是在盐腔中加入阻溶剂而成，从而在盐水与腔体顶板之间形成一层保护层，隔断盐腔顶部盐层直接与盐水接触(图3-11-8)。阻溶剂主要有液态和气态两种，液态阻溶剂一般选用来源广泛、性能可靠、经济的柴油，如遇特殊情况，也可根据需要选择合适的其他油品；气态阻溶剂的种类比较多，主要有氮气或空气，目前中国盐穴型储气库中的气垫主要选用氮气，其费用低，并且还具有便于控制操作、卤水无污染和保护环境生态等优点。

根据国内外经验和现场生产实践情况，油垫的隔断效果要比气垫的效果好，这是因为气体压缩性强，并随着压力升高在水中的溶解度增大，气垫的厚度难以控制；同时，也易于渗漏和散失，受外在条件因素的制约较大；油垫可避免上述缺陷，但其成本较高。例如已建设好的金坛盐穴储气库，水溶造腔时使用柴油作为阻溶剂，不但不能随腔顶上移而将其回收，反而须适时做大量的补充，才能有效控制盐腔的形状，因此柴油消耗量大，水溶造腔的成本高。因此，垫层的材料需要根据现场情况和实际需要做出合适的选择。

垫层的注入方式主要有两种：一是与造腔淡水同时从中心管注入井内，二是从生产套管和中间管的环形空间内单独加入，后者应用较为广泛。

垫层的厚度没有统一的标准，以利于测量与控制为主，通常气垫比油垫的厚度要大，而且在不同的造腔阶段厚度有所不同，造腔初期为了增加淡水和盐岩接触面积，垫层的厚度相对厚一些；造腔中期由于盐腔较大，卤水和油垫的分界面相对平稳，垫层的厚度可相对薄一些；造腔后期为了保护盐腔顶板，垫层厚度应稍厚一些，一旦垫层保护剂的量不足时，应及时补注。

3.11.4.2 设计原则

在盐穴型储气库水溶造腔过程中，盐腔总体结构参数设计要考虑盐腔容量、储气库安全性、盐腔形状与稳定性等要求；水溶造腔工艺参数设计要考虑采卤浓度、造腔周期以及盐腔形状等要求。

(1)根据盐穴型储气库造腔应满足的要求，结合盐穴型储气库造腔的影响因素分析，盐穴型储气库水溶造腔工程设计时应考虑以下7点。

①考虑到安全性的要求，保证盐腔顶部距顶板有足够的距离。

②考虑到稳定性以及容纳沉降物的要求，盐腔形状采用上小下大的梨形。

③考虑到水不溶物含量及其具有膨胀性，设计体积可按照有效容积的适当比例进行设计(例如水不溶物含量为10%时，设计体积一般为有效容积的110%～120%)。

④考虑到水不溶物具有一定含量的特点，采用自下向上逐级提升阻溶剂界面，不断向上溶蚀盐层。

⑤在设备允许的条件下尽量采用大管径大排量。

⑥正循环建槽、反循环造腔。

⑦中间管接近阻溶剂，应随着阻溶剂界面的提升而提升，保持较长的两口距，最大程度扩展对流作用区域。

(2)盐穴型储气库水溶造腔过程中要考虑的因素很多，造腔设计要遵循的原则有以下4点。

①安全性准则。盐穴型储气库水溶造腔过程中，首先要保证其安全性。储气库的埋深太浅，安全性不能得到保证，但埋深过大会增加钻井费用和建库投资，盐穴型储气库的埋深最好在500～1200m，最深不超过2000m。另外，盖层要有良好的封闭性，盐腔顶部和顶板之间要留有足够大的距离，盐腔底部和底板也要有足够的距离。在水溶造腔过程中，盐腔的压力也不能过大，这就要求淡水的注入量不能无限地增大，必须选择合适的排量。

②稳定性准则。根据盐腔稳定性的要求确定盐腔形态，稳定的盐腔形状有助于提高盐腔的运行寿命。根据国外建库经验，盐腔形状采用上小下大的梨形符合稳定性的要求。为了设计符合要求的盐腔形状，就需对造腔施工参数如两口距、防护液面的位置提出要求，多夹层

的存在影响盐腔的形状，需要采取一定的措施，尽量形成边界连续性比较好的盐腔。

③造腔周期准则。盐腔的建造应按设计要求的时间完成，造腔周期不能过长，这样会消耗大量的人力、物力等。在盐岩品位高的地层建设盐穴型储气库，能提高造腔速度，缩短造腔周期；多夹层的存在，延缓了造腔的周期，盐穴型储气库应选择在无夹层或夹层很少的盐岩层中建设；增大排量能提高盐穴型储气库的造腔速度，储气库建设过程中应选择尽可能大的排量；两口距的距离也是影响盐穴型储气库造腔速度的一个重要因素。另外，采用合适的管径组合也能缩短造腔周期。

④采卤浓度准则。水溶造腔过程中，卤水浓度应满足要求，提高卤水浓度对加快盐穴型储气库建设进度具有重要作用，同时，也有利于减轻地方盐化公司在低浓度卤水消化方面的压力。排量过大时，进入的淡水尚未充分发挥溶解盐岩的能力就被排出，造成卤水浓度偏低，因此，在水溶造腔过程中，要采用合适的排量。

3.11.4.3 设计方法

(1)盐穴型储气库盐腔设计包括腔体空间形态设计与造腔工艺参数设计两个阶段：

①腔体空间形态设计，是根据盐层地质条件、生产需求等条件，初步确定盐腔的整体参数(盐腔位置、盐腔形态、盐腔总体积与有效体积、造腔管柱组合等)。

②造腔工艺参数设计阶段，是以上一阶段设计的盐腔整体参数为目标，采用造腔模拟软件，将造腔过程分解为数个阶段。每个阶段提供循环模式、管柱位置、注水流量、垫层位置、造腔时间、腔体体积与形态等详细参数。

(2)腔体空间形态设计采用的方法为：

①依据给定盐层的地质条件，决定盐腔在盐层中的位置(建库层段与建库区段)。

②根据盐腔在盐层中的位置(腔体埋深等)，选定合适的腔体形态。

③根据选定的区段与层段，结合盐层地质条件(盐层厚度、不溶物含量等)，计算盐腔体积及有效储气体积。

④根据地质工况(盐腔埋深等)、现场实际工况(卤水接受能力等)，确定造腔管柱选型。

(3)盐穴型储气库造腔工艺参数设计的主要方法为：采用造腔模拟软件，将造腔设计方案、造腔过程分为数个阶段，每个阶段需包含循环模式(正循环、反循环)、管柱位置(注水管、排卤管位置)，注水流量、垫层位置、造腔时间、腔体体积与形态等参数。目前，国外主要常用的造腔过程设计软件有荷兰的 UBRO，UBROASYM 和 WinUbro 等软件；德国的 CAVSIM，KASOMO，PROSACAV 和 PCL 等软件；美国的 SALGAS 和 SANSMIC 等软件；俄罗斯的 RAZMYV 软件；法国的 INVDIR 软件；意大利的 CAVITA 软件。而我国根据自身盐穴型储气库复杂盐层的特点，研发了多个造腔模拟软件，如中国石油勘探开发研究院研发的“多夹层高角度盐穴造腔软件”、中国石油钻井工程技术研究院研发的“盐穴盐腔模拟软件”等。

3.11.4.4 稳定性评价

储气库腔周岩体在造腔过程中尤其是随后的天然气注采过程中的稳定性至关重要，需要在盐穴型储气库设计及运行中开展稳定性评价。目前，稳定性评价方法主要采用室内岩石实验与数值模拟研究相结合的方法进行，从室内实验获得层状盐岩的力学特性，即弹性模量、泊松比、抗压强度及蠕变特性等岩石力学参数，以实验数据为基础，采用理论分析、数值分析及数值模拟等方法进行研究，综合进行稳定性评价，针对盐穴型储气库在长期注采运行过程中，运行压力的大小、采气速率的快慢、运行工况是否合理等进行分析。

如果盐穴型储气库建设及运行参数设置不合理，容易引起盐腔腔壁垮塌、顶板受损乃至破坏、盐腔体积过大、渗透性急剧升高等现象，最终对盐腔的结构产生破坏性损害，影响储气库的安全运行。因此，判别储气库的稳定性是保证储气安全运行的关键问题。

1. *层状盐岩力学特性实验*

岩石力学性质是指岩石在应力作用下表现的弹性、塑性、弹塑性、蠕变性、脆性、韧性等力学性质。为获得岩石的力学特性，需要开展相应的力学特性实验。主要有：

(1)单轴压缩实验：主要用于获得盐岩的单轴抗压强度及破坏形态。单轴压缩试验中盐岩采用轴向荷载控制进行加卸载循环，泥岩实验在弹性变形阶段仍采用轴向荷载控制，轴向加载速率为30kN/min，其后为横向位移控制。

单轴应力下测试岩石均为以张拉破坏为主。含有硬夹层的盐岩或杂质含量高且强度高的盐岩，在破坏过程中盐岩部分破坏较为严重，而夹层部分相对完整或裂纹数目较少。若夹层部分为软弱夹层，则在破坏时夹层可能会发生挤出变形，或者夹层破坏较为严重。夹层的类型和厚度对盐岩变形和破坏形态具有很大影响。

通过实验可得出结论：盐岩单轴抗压强度最低，其次是含泥岩盐岩，泥岩强度最大；破坏时盐岩变形最大，其次是含泥岩盐岩和泥岩，含钙芒硝盐岩破坏时变形最小；单轴压缩下盐岩破坏均为张拉破坏，含软弱夹层时，夹层和盐岩层均发生张拉破坏。

(2)三轴压缩实验：三轴压缩实验主要用于获得三轴条件下，盐岩的抗压强度及破坏方式。三轴压缩试验中，盐岩采用轴向荷载控制进行加卸载循环，加载速率为60kN/min，之后为轴向位移控制。

通过实验可得出结论：盐岩在较低围压下以大变形后的剪切破坏为主，较高围压下则以大变形破坏为主；泥岩则以剪切破坏为主，其变形量相对较小，含夹层的盐岩，在三轴应力下，可能会沿夹层面发生破坏。

(3)抗拉实验：抗拉实验主要用于获得盐岩的抗拉强度。抗拉实验采用巴西劈裂法进行，实验的试样一般为岩石圆盘，要求试样的高度和直径比为0.5~1。实验时沿着圆盘的直径方向施加集中荷载，试样受力后可能沿着受力方向的直径裂开。

拉伸实验采用轴向位移控制进行加载，加载速率为0.1mm/min，从实验结果可以知道，盐岩的抗拉强度在1MPa左右，泥岩夹层的抗拉强度为2MPa左右。大量的实验结果表明，目前我国已有的层状盐岩，抗拉由高到低依次是泥岩、含盐泥岩、含泥盐岩、钙芒硝盐岩、盐岩。

(4)蠕变特性实验：蠕变是指固体材料在保持应力不变的条件下，应变随时间延长而增加的现象。岩石在地质条件下的蠕变可以产生相当大的变形而所需要的应力却不一定很大。蠕变随时间的延续大致分3个阶段：①初始蠕变或过渡蠕变，应变随时间延续而增加，但增加的速度逐渐减慢；②稳态蠕变或定常蠕变，应变随时间延续而匀速增加，这个阶段较长；③加速蠕变，应变随时间延续而加速增加，直达破裂点。盐岩具有良好的蠕变性，盐穴型储气库运行时间长达几十年，在其稳定性评价中必须考虑盐岩的蠕变特性。

为研究盐岩的蠕变特性，对盐岩进行围压为5MPa，10MPa，20MPa和30MPa下的三轴蠕变实验，蠕变实验采用分级加载方式。实验表明盐岩蠕变在低围压压力下发生大变形后的剪切破坏，而在高围压下(例如20MPa)，则发生塑性大变形破坏，其破坏状态为鼓状。实验表明盐岩蠕变破坏对应的蠕变应变随围压压力增加而增大。

2. 盐腔稳定性评价

通过实验获得盐岩力学特性后，开展理论分析，获得盐岩的应力应变关系即本构模型，结合工程实际采用相应的评价方法开展稳定性评价。

(1)盐岩蠕变本构模型。

针对盐穴型储气库稳定性的研究，主要考虑盐岩蠕变特性对盐腔稳定性的影响。不同国家、不同的学者往往根据自己国家盐岩的特性和研究的发展应用不同的模型。如法国采用 Lemaltre 本构模型、德国采用 Lubby2 模型、美国采用 M－D 模型以及广泛通用的 Norton Power 模型等。

(2)稳定性评价方法。

目前，国内外通用的稳定性评价方法主要有：解析分析法、物理模拟法、数值模拟法，其中数值模拟方法应用最为广泛。数值模拟方法主要是在室内获得岩石力学参数的基础上，基于盐岩的本构模型，采用数值模拟软件，对储气库进行注采运行模拟，设计储气库运行参数及评价其稳定性。目前，国内应用较为广泛的主要是 FLAC3D 软件以及一些专用的数值模拟软件，如 GEOID 和 LOCAS 等。

(3)盐穴型储气库稳定性评价标准。

由于盐岩属于一类特殊的岩体，盐岩矿床中地下储气库的稳定性，实际上是一个气、液、固三相耦合的非常温、非线性、非均质的复杂的深部岩石工程问题，其显著特点是固体区域与流体区域相包含、互相融合，形成相互重叠在一起的连续介质，并且不同相的连续介质之间可以发生相互作用，难以明显地区分开。

我国层状盐岩单层厚度薄、夹层多、不溶性杂质含量高等诸多不利储气库稳定的因素，导致在层状盐岩中进行储气库设计和建设更为复杂。因此，盐岩地下储气库的稳定性分析方法与其他岩石地下工程有差别，其稳定性评价尚无统一的标准和设计规范，多数是用数值计算的方法来评价储气库的稳定性，主要做法是根据具体的储气库及其岩体力学特性，预先设置储气库稳定性的一些标准，然后对盐岩及其相关的岩石进行大量的试验研究，得到所需要的计算参数，最后通过数值计算来确定储气库的稳定性。层状盐岩中地下储气库稳定性评价涉及的内容多、范围广，不同国家往往有各自的标准，很多标准均是定性化描述，在实际工程中运用存在一定难度。在总结和参考国内外大量研究的基础上，结合工程实际情况，形成了稳定性判别标准。

准则 1：无拉应力判据

储气库在运行过程中，不允许在盐腔周围岩体中出现拉应力。拉应力产生可能会出现以下两种情况：盐穴受压过度或者在生产运行过程中天然气冷却的速度过快而造成热冲击；此外，如果盐穴顶部跨度过大，其顶部变形也有可能引起拉应力，在盐穴型储气库设计腔壁不允许存在拉应力。

准则 2：膨胀判据

岩石的体积膨胀是发生损伤的一个判据，岩石在受压变形过程中，岩石体积会经历一个由压缩转为膨胀的过程，体积在发生膨胀的过程中，岩石发生裂纹萌生、扩展、连通，导致岩石破坏，因此为保证储气库的密封性，必须避免盐腔周岩体出现裂纹，通过应力准则可以判断是否发生膨胀。

准则 3：蠕变应变判据

盐腔周盐岩的蠕变应变不能超过所给定的限值，一般情况规定盐岩的蠕变应变率不超过10%。

准则4：盐腔收敛性准则

受到盐岩蠕变的影响，在长期运行过程中，盐腔会发生向内收缩，对于不同深度的盐腔，有不同的体积收敛标准，具体参考国内外的经验。

3.11.5 生产运行

1. 注气生产

(1)应检查各控制参数设定值。

(2)应检查注气流程每个阀门的开关状态。

(3)应确认井下安全阀处于开启状态。

(4)启动压缩机前应对压缩机房进行可燃气体检测。

(5)应按操作规程启动压缩机。

(6)应确保单井不超压运行。

(7)应控制监测井与生产井的井底压差。

2. 采气生产

(1)应检查调压系统，控制单井流量。

(2)应检查切换流程。

(3)应检查露点控制装置，控制露点。

(4)应确认井下安全阀处于开启状态。

(5)应控制井口压力不低于下限压力。

(6)应检查甲醇加药系统，加药和维修过程中操作人员应穿戴好防护用品。

(7)应做好运行参数分析，防止冻堵。

(8)应控制监测井与生产井的井底压差。

(9)采气树主阀应处于常开状态，采气树外侧阀门应作为开关井操作阀门。

(10)采气结束后，应对工艺系统进行排污及维护保养。

3. 设备管理

(1)应按工艺、设备的维护保养规定、规程做好维护保养工作。

(2)备用期应定期对压缩机等设备进行试运和盘车。

(3)应按时对特种设备及其配套安全附件进行检验。

(4)应定期对紧急截断系统进行测试。

4. 监测

(1)应对压缩机房、法兰连接处、井口周围和库区内等易发生泄漏部位进行可燃气体监测。

(2)应定期对可燃气体监测装置进行检验。

(3)监测井、观察井应进行定期监测。

(4)应定期对采气树、注采管线、站场、管道进行检测。

(5)应定期对腔体形状进行检测。

(6)应定期对库区地面沉降进行监测。

附件1：天然气贸易非法定计量单位与法定计量单位的换算

量的名称	非法定计量单位		法定计量单位		换算关系
	名称	符号	名称	符号	
热量	千焦	kJ	焦耳	J	1kJ = 1000J
	兆焦	MJ	焦耳	J	$1MJ = 1\times10^{6}J$
	吉焦	GJ	焦耳	J	$1GJ = 1\times10^{9}J$
	英热单位	Btu	焦耳	J	1Btu = 1054. 350J
	百万英热单位	MBtu	焦耳	J	$1MBtu = 1054.350\times10^{6}J = 1.055GJ$
	千克力米	kgf · m	焦耳	J	1kgf · m = 9. 80665J
	大卡	cal	焦耳	J	1cal = 0. 00397Btu = 4. 184J
	兆瓦时	MWh	焦耳	J	$1MWh = 3.6\times10^{9}J$
	千瓦时	kWh	焦耳	J	$1kWh = 3.6\times10^{6}J$
质量	毫克	mg	千克	kg	$1mg = 1\times10^{-6}kg$
	厘克	cg	千克	kg	$1cg = 1\times10^{-5}kg$
	分克	dg	千克	kg	$1dg = 1\times10^{-4}kg$
	克	g	千克	kg	$1g = 1\times10^{-3}kg$
	1 盎司	oz	千克	kg	1oz = 28. 350g = 0. 002835kg = 1/16oz
	磅	lb	千克	kg	1lb = 0. 454kg = 16oz
	吨	t	千克	kg	1t = 1016. 047kg = 2240lb
体积	立方毫米	mm^3	立方米	m^3	$1mm^3 = 1\times10^{-9}m^3$
	立方厘米	cm^3	立方米	m^3	$1cm^3 = 1\times10^{-6}m^3$
	立方分米	dm^3	立方米	m^3	$1dm^3 = 1\times10^{-3}m^3$
	毫升	mL	立方米	m^3	$1mL = 1cm^3 = 1\times10^{-6}m^3$
	厘升	cL	立方米	m^3	$1cL = 10mL = 1\times10^{-5}m^3$
	分升	dL	立方米	m^3	$1dL = 100mL = 1\times10^{-4}m^3$
	升	L	立方米	m^3	$1L = 1dm^3 = 1\times10^{-3}m^3$
	立方英尺	ft^3	立方米	m^3	$1\ ft^3 = 0.028317m^3$
	立方英寸	in^3	立方米	m^3	$1in^3 = 16.3871\times10^{-6}m^3$
	立方码	yd^3	立方米	m^3	$1yd^3 = 0.7645m^3$
	加仑(英)	gal(UK)	立方米	m^3	$1gal(UK) = 4.5466092\times10^{-3}m^3$
	加仑(美)	gal(US)	立方米	m^3	$1gal(US) = 3.785412\times10^{-3}m^3 = 231in^3$
	桶	Barrel	立方米	m^3	$1Barrel = 42gal(US) = 0.1589m^3$

附件 2：LNG 与标准状态天然气之间换算关系

序号	不同量纲间换算关系
1	1m³ LNG(常压液态)≈430～470kg LNG
2	1m³ LNG(常压液态)≈600～625m³天然气(标况气态)
3	1t LNG≈51～53MMBtu
4	1MBtu 天然气≈24～29Nm³ 天然气(标况气态)
5	1kg LNG(常压液态)≈1.4～1.5Nm³天然气(标况气态)
6	1t LNG＝1300～1500Nm³天然气(标况气态)
7	1Nm³ LNG(液态)＝0.43～0.47kg LNG(液态)
8	1Nm³天然气＝0.65～0.75kg LNG
9	1kg LNG＝13000 cal/Nm³
10	1m³天然气(标况气态)≈0.7256kg LNG
11	1 英热单位/标准立方英尺(Btu/scf)＝37.25 兆焦/标准立方米(MJ/Nm³)
12	1 英热单位/标准立方英尺(Btu/scf)＝9.5 大卡/标准立方米(cal/Nm³)

备注：(1)LNG 密度按 430～470kg/m³ 计算；标准状态天然气为气态，其压力为 101.325kPa、20℃；标准气态天然气单位热值惯常值为 37MJ/m³。

(2)国际上，LNG 一般是用美元/百万英热单位计价。

(3)1 英热单位(1Btu)，等于 1 磅纯水温度升高 1℉所需的热量。测试温度选取在 39.2℉(相当于 4℃)，此时水的密度最大。

(4)较常用的有 60℉英热单位和平均英热单位。

60℉英热单位定义为：在 1 大气压的定压条件下，1 磅纯水的温度由 59.5℉上升到 60.5℉所需的热量。

平均英热单位定义为：在 1 大气压的定压条件下，1 磅纯水由 32℉上升到 212℉时，平均每升高 1℉所需的热量。

参考文献

[1]王华，王晓涛．油气计量．北京：石油工业出版社，2019. 8.
[2]孙金瑜．输气工．北京：石油工业出版社，2013. 7.
[3]康永华，孟凡忠，孔令启．天然气长输管道员工 HSSE 培训系列教材．北京：中国石化出版社，2020. 9.
[4]中国安全生产科学研究院．安全生产管理．北京：应急管理出版社，2022.
[5]孙万付．危险化学品安全技术全书(第三版)通用卷，北京：化学工业出版社，2020.
[6]韩文成．风险分级管控与隐患排查治理．北京：石油工业出版社，2021.
[7]韩文成．作业许可管理技术手册．北京：石油工业出版社，2021.
[8]王和琴．油气田开发安全能力提升指南．北京：中国石化出版社，2022.
[9]石仁委．天然气管道安全与管理．北京：中国石化出版社，2015.
[10]宋德琦．天然气输送与储存工程．北京：石油工业出版社，2004.
[11]戴明月．消防安全管理手册．北京：化学工业出版社，2016.
[12]中国消防协会．注册消防工程师考试辅导教材．北京：中国人事出版社，2021.
[13]石仁委，常贵宁，檀秀平．油气管道维抢修技术．北京：中国石化出版社，2017. 7.
[14]中国石化管道储运有限公司．管道抢维修技术．北京：中国石化出版社，2019. 10.
[15]张中伟．输气工．北京：中国石化出版社，2015. 7.
[16]邓李．ControlLogix 系统实用手册．北京：机械工业出版社，2008. 2.
[17]刘红平．S7－400PLC 工程应用技术．陕西：西北工业大学出版社．2016. 6.
[18]郑阿奇，徐斌．施耐德 PLC 应用技术．北京：电子工业出版社．2011. 2.
[19]马新华，丁国生．中国天然气地下储气库．北京：石油工业出版社，2018.
[20]丁国生，张昱文．盐穴地下储气库．北京：石油工业出版社，2010.
[21]韩文成．HSE 履职能力评估必备知识手册．北京：石油工业出版社，2020. 5.
[22]中国安全生产科学研究院．安全生产管理(2022 版中级)．北京：应急管理出版社，2022. 6.
[23]向波，陈渝，陈杰．长输管道．北京：石油工业出版社，2019.
[24]陈树东，任东江，李锦昕，等．Q/SY GDJ0356—2012 天然气管道试运行投产技术规范．北京：中国石油天然气管道局，2013.
[25]郑贤斌．油气管网生命周期安全保障关键技术．北京：石油工业出版社，2022.
[26]张城，张增强，左迎春，等．SY/T 5922—2012 天然气管道运行规范．北京：国家能源局，2012.